R. Kieffer / G. Jangg / P. Ettmayer

Sondermetalle

Metallurgie / Herstellung / Anwendung

Springer-Verlag Wien GmbH

Richard Kieffer
o. Prof. Dr. phil. nat., Technische Hochschule Wien

Gerhard Jangg
Doz. Dipl.-Ing. Dr. techn., Technische Hochschule Wien

Peter Ettmayer
Dipl.-Ing. Dr. techn., Technische Hochschule Wien

Mit 229 Abbildungen

ISBN 978-3-7091-3388-0 ISBN 978-3-7091-3387-3 (eBook)
DOI 10.1007/978-3-7091-3387-3

Ursprünglich erschienen bei Springer-Verlag / Wien 1971
Softcover reprint of the hardcover 1st edition 1971

Paul Schwarzkopf und Wilhelm Kroll
zwei großen Pionieren der Sondermetalle
gewidmet

Vorwort

Eine Gruppe von Elementen, ausnahmslos Metalle und vorzugsweise Übergangsmetalle, haben bislang im anorganisch-chemischen Fachschrifttum eine stiefmütterliche Behandlung erfahren. Diese „Sondermetalle" — im englischen Sprachgebrauch auch „Rare Metals" oder „Less Common Metals" genannt — haben in der Kernenergie, in der elektronischen Industrie und in der Raumfahrt große Bedeutung erlangt, stehen aber zum Teil noch an der Schwelle zu den Gebrauchsmetallen, d. h. zu den Werksmetallen des täglichen Lebens, zu denen beispielsweise das Eisen, das Nickel, das Kupfer, das Aluminium, das Magnesium, das Zinn und das Zink zählen.

Die Autoren — wissenschaftlich stark mit den Sondermetallen verbunden — haben es mit diesem Buch unternommen, die skizzierten „Noch-nicht-Gebrauchsmetalle" in das richtige Licht zu stellen, wobei die Auswahl der zu behandelnden Metalle zwangsläufig eine gewisse Willkürlichkeit aufweist. Wir haben uns allerdings die Richtlinie gesetzt, für Sondermetalle im Sinne unseres Buches eine, zumindest geringe, industrielle Nutzung vorauszusetzen. Die Autoren haben auch die Halbmetalle Bor und Silizium mitbehandelt, um der Bedeutung der „metallischen Hartstoffe" gerecht zu werden. Die Besprechung der einzelnen Sondermetalle geschieht gemäß ihrer Stellung im Periodensystem gruppenweise, um die „Familienähnlichkeit" bei der Metallgewinnung, bei der Weiterverarbeitung, bei den Legierungen und den industriellen Anwendungen herauszuarbeiten.

Prüft man das außerordentlich spärliche Fachschrifttum auf dem Gebiet der Sondermetalle, so stößt man auf zwei Bücher mit einer ähnlichen Zielsetzung, von denen das eine die extraktive Metallurgie der „Seltenen Metalle" sehr stark betont; das andere betont als heterogenes Mehrautorenwerk über „Rare Metals" vielleicht etwas wenig das Grundsätzliche und die Vielseitigkeit der Herstellungsmethoden. Auch die oftmals speziell für die „neuen" Metalle entwickelten Sonderverfahren der Metallverarbeitung und die zunehmende Bedeutung von Sondermetallegierungen kommen etwas kurz.

Mit dem vorliegenden Buch hoffen die Autoren — in Form und Inhalt — ein modernes und vielseitiges Handbuch für Metallchemiker und Metallurgen geschaffen zu haben, in dem die neuartigen Verfahren der Metallgewinnung und der Raffination, sowie die aktuellen Verfahren der Hochvakuum-Technik besonders berücksichtigt wurden. Der vergleichenden Erfassung von physikalischen, chemischen und legierungstechnischen Daten wurde ferner ein breiter Raum gegeben.

Wir sind überzeugt, daß jüngere Leser wahrscheinlich in den beiden nächsten Jahrzehnten den Durchbruch vieler Sondermetalle zu Gebrauchsmetallen mitverfolgen werden können. Vor allem für die Metalle Titan, Zirkonium, Molybdän und Tantal ist dies zu erwarten.

Als Vorbild für ihr Buch diente den Autoren die Monographie „Vanadin, Niob, Tantal" von KIEFFER und BRAUN, auf die bei den entsprechenden Kapiteln mehrfach Bezug genommen wurde.

Bei der Literaturzusammenstellung und der straffen Auswahl hat uns Herr Dr. E. LUGSCHEIDER wertvolle Hilfe geleistet. Es wurde besonders auf umfassende Durchsicht des Buchschrifttums, der Enzyklopädien von Einzelmetallen und der Veröffentlichungen der letzten 5 bis 10 Jahre Wert gelegt. Eine größere Literatursammlung über die letzten Dezennien wäre über den Rahmen des Buches hinausgegangen.

Für die freundliche Hilfeleistung bei der Beschaffung des Bildmaterials danken die Autoren den Herren Dir. Dr. F. BENESOVSKY (Metallwerk Plansee AG, Reutte, Tirol), Präsident STEVE YIH (Wah Chang Albany Corp., Division of Teledyne, Albany, Oregon, USA), Dir. F. CAPUTO (Oregon Metallurgical Corp., Albany, Oregon, USA), Dr. F. SPERNER (Leybold-Heraeus GesmbH, Hanau), Dr. H. BRAUN (Climax AG, Division of AMAX, Zürich), Prof. Dr. H. SCHREINER (Siemens AG, Nürnberg), Dir. Dr. H. E. SCHIMMELBUSCH und Ob.Ing. F. KRALL (NUKEM bzw. Degussa, Wolfgang bei Hanau), Dr. K. RÜDINGER (Contimet, Krefeld). Für die Kontrolle und Ergänzung statistischer Daten sind wir insbesondere den Herren Dir. Dr. F. BENESOVSKY, Dr. R. FICHTE und Dr. R. BINDER verbunden.

Nicht zuletzt gilt unser Dank dem Springer-Verlag in Wien bezüglich der — wie stets — erstklassigen Ausstattung des Buches und der moralischen Hilfe bei der Abfassung des umfangreichen Manuskriptes.

Wien, im Frühjahr 1971

R. KIEFFER
G. JANGG
P. ETTMAYER

Inhaltsverzeichnis

I. Einleitung

Von den 90 Elementen — wenn man die vom Menschen künstlich geschaffenen dazuzählt, sind es derzeit 105 — sind die überwiegende Anzahl Metalle. Einige von diesen hat sich der Mensch schon seit längerer Zeit zunutze gemacht. Die ersten bekannten und verwendeten Metalle waren naturgemäß diejenigen, die in der Natur gediegen vorkommen. Der Mensch hat dann zunehmend gelernt, die Metalle aus ihren Erzen zu gewinnen und sie zu gebrauchen. Für die klassische Hüttentechnik, bei der zur Reduktion der in den Erzen vorliegenden Metallverbindungen ausschließlich der Kohlenstoff und der in den Erzen selbst vorkommende Schwefel verwendet wird, liegt die Grenze der Möglichkeiten etwa beim Eisen. Bis zur Mitte des 19. Jahrhunderts stand daher nur eine relativ kleine Gruppe von Metallen als Werkstoffe in Verwendung, bei denen aber schon weitgehende Kenntnisse über die Herstellung und die Anwendungsmöglichkeiten vorlagen. Diese Metalle werden zur Gruppe der „*Gebrauchsmetalle*" gezählt.

Mit der beginnenden Entwicklung der Chemie als Wissenschaft wurden die Möglichkeiten zur Metallgewinnung stark erweitert und im Laufe von wenigen Jahrzehnten praktisch alle übrigen Metalle in elementarer Form — zuerst aus rein wissenschaftlichem Interesse in kleinsten Mengen — hergestellt. Die Kenntnisse über die Herstellungs- und Verwendungsmöglichkeiten waren anfänglich nur einem sehr kleinen Kreis von Forschern bekannt. Diese neuen Metalle waren im Gegensatz zu den „Gebrauchsmetallen" als „*Sondermetalle*"* zu bezeichnen. Mit zunehmender Beherrschung der Herstellungstechnik, der Verbilligung der Metalle und der zunehmenden Kenntnis der Eigenschaften nahm die Verwendung einzelner dieser „Sondermetalle" zu. Sie sind heute schon zu den „Gebrauchsmetallen" zu zählen. So war zum Beispiel Aluminium noch auf der Pariser Weltausstellung 1872 eine große Rarität und ist heute ohne Zweifel ein wichtiges Gebrauchsmetall. Eine ähnliche Entwicklung ist auch für andere Sondermetalle vorauszusagen. Magnesium ist heute ebenfalls schon ein Gebrauchsmetall und z. B. das Titan mit seiner rasch steigenden Verwendung am besten Wege, ein Gebrauchsmetall zu werden.

Wegen der schwierigen Herstellung der „Sondermetalle" haben diese zuerst in Form von Legierungen Eingang in die Technik gefunden. Die Gewinnung in Form der Legierungen ist einfacher als die der reinen Metalle und kann zum Teil sogar nach hüttenmännischen Methoden — man denke an einzelne der „Ferrolegierungen" — geschehen. Einige Sondermetalle werden auch heute noch in

* Wir verbinden mit dem Begriff Sondermetalle eine wenn auch noch so geringe technische Verwendung.

überwiegendem Maße in Legierungen eingesetzt („*Legierungsmetalle*"). Der Übergang zwischen den hier gewählten Gruppen der „Gebrauchsmetalle", der „Legierungsmetalle" und der „Sondermetalle" ist natürlich fließend. Mit der Weiterentwicklung der Technologie ist zu erwarten, daß eine ganze Gruppe von „Sondermetallen" in die Gruppe der „Gebrauchsmetalle" aufrücken und ein großer Teil der jetzt noch zu den „Legierungsmetallen" zählenden Elemente in reiner Form technisches Interesse gewinnen werden. Beim gegenwärtigen Stand der Entwicklung sind die einzelnen Metalle etwa wie folgt in die verschiedenen Gruppen einzuordnen (vgl. Abb. 1):

a) *Gebrauchsmetalle:* Eisen, Nickel, Kupfer, Blei, Zink, Kadmium, Zinn, Silber, Gold, Platin, Palladium, Quecksilber, Aluminium, Magnesium (Natrium, Kalium, Calcium).

b) *Legierungsmetalle:* Chrom, Mangan, Titan, Zirkonium, Vanadin, Niob, Tantal, Molybdän, Wolfram, Silizium, Bor, Cer/Lanthan, Calcium (Antimon, Wismut, Arsen).

c) *Sondermetalle:* alle Legierungsmetalle in reiner Form, ferner Lithium, Rubidium, Cäsium, Beryllium, Scandium, Yttrium, Lanthan, Cer, Thorium, Uran, Plutonium, Hafnium, Rhenium, Kobalt, Ruthenium, Rhodium, Iridium, Osmium, Gallium, Indium, Thallium, Germanium (Radium, Polonium).

Wenn auch viele der „Sondermetalle" heute noch keine große Bedeutung erlangt haben, so werden einige schon in Mengen und mit Kosten erzeugt, die durchaus

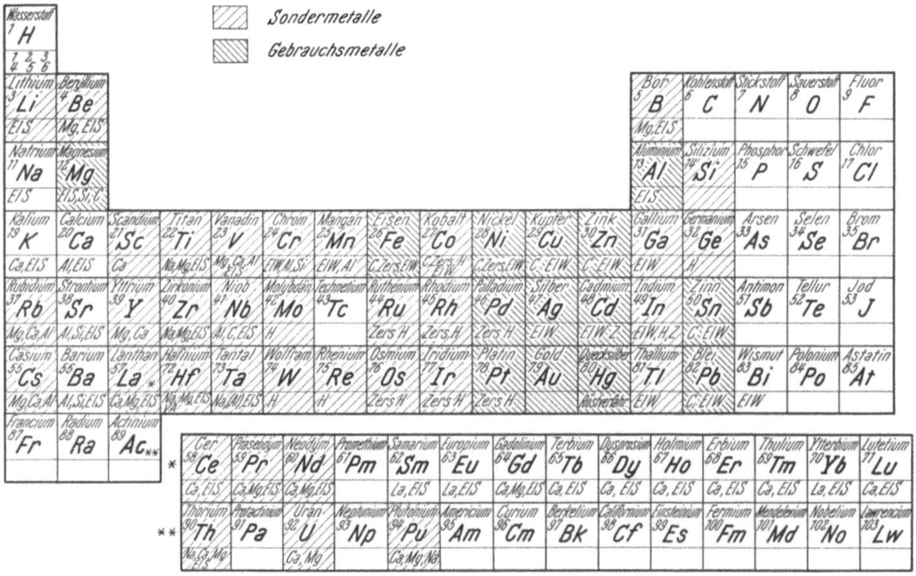

Abb. 1. Periodensystem der Elemente. Die wichtigsten Herstellungsmethoden der Metalle sind durch folgende Symbole gekennzeichnet:

Na Natriothermie, *Ca* Calciothermie, *Mg* Magnesiothermie, *Al* Aluminothermie, *C* Carbothermie, *H* Reduktion durch Wasserstoff, *ElS* Elektrolyse aus der Salzschmelze, *ElW* Elektrolyse aus wäßriger Lösung, *La* Reduktion durch Lanthan, *Zers* Zersetzung leichtzersetzlicher Verbindungen

einen Vergleich mit den Produktionsziffern und den Preisen mancher Gebrauchsmetalle aushalten (vgl. Tab. 1 und 2). Wegen der wesentlich schwierigeren Herstellung der Sondermetalle können sie preislich im allgemeinen mit den Gebrauchsmetallen zwar nicht konkurrieren, sie haben aber dort ihren Anwendungsbereich gefunden, wo sie in ihren Eigenschaften, z. B. hoher Schmelzpunkt (Molybdän,

Tabelle 1. *Welterzeugung einiger Metalle in jato (1968) aus verschiedenen Angaben zusammengestellt*

	in Ferrolegierungen und metallischen Verbindungen	in niedriglegierten und unlegierten Metallen
Eisen	25,000.000	530,000.000
Aluminium	—	7,800.000
Kupfer	—	5,200.000
Zink	—	4,600.000
Blei	—	3,300.000
Zinn	—	230.000
Magnesium	—	200.000
Mangan	1,000.000—1,500.000	20.000—30.000
Titan	4.000	22.000
Silizium	800.000—1,000.000	15.000—20.000
Kobalt	—	16.000—18.000
Quecksilber	—	12.000—15.000
Chrom	1,200.000	10.000
Uran	30.000—50.000*	5.000—10.000
Wolfram	12.000—15.000	8.500
Silber	—	7.650
Zirkonium	20—30	2.500—3.000
Gold	—	1.500
Molybdän	60.000	1.500
Mischmetall	300—500	1.500
Vanadin	12.000	~1.000
Tantal	400—500	470
Niob	3.000— 3.500	240
Thorium	12.000—20.000	50—100
Hafnium	—	40— 80
Beryllium	6.800 (in Cu-Be-Leg.)	>50
Palladium	—	33
Germanium	—	30—50
Platin	—	25
Plutonium	—	20*
Rhenium	—	5—10
Bor	100—200	>10
Rhodium	—	2—3
Ruthenium	—	~0,5
Indium	—	~0,5
Osmium	—	~0,1
Indium	—	50**
Thallium	—	20—25**
Gallium	—	>10

* Kernbrennstoff in Form von Verbindungen
** Gesamtproduktion, Produktion in metallischer Form nicht bekannt

Tabelle 2. *Weltmarktpreise für Metalle 1967/68 nach steigendem Preis geordnet*

	$/kg
Eisen	0,15— 0,20
Blei	0,28— 0,32
Zink	0,28— 0,32
Silizium (<99%)	0,30— 0,35
(>99,7%)	12,0 —14,0
Natrium	0,32— 0,48
Aluminium	0,54— 0,56
Mangan (elektrolytisch)	0,52— 0,56
Magnesium	0,78— 0,82
Kupfer	1,10— 1,15
Chrom (elektrolytisch)	1,80— 1,90
Nickel (massiv)	2,20— 2,40
(Pulver)	3,0 — 4,0
Zinn	3,2 — 3,4
Kobalt (massiv)	4,4 — 4,8
(Pulver)	5,0 — 8,0
Wolfram (Pulver bzw. massiv gesintert)	8,0 — 9,0
Kalzium (98—99%)	8,0 — 9,0
(destilliert)	10,0 —12,0
Molybdän (Pulver bzw. massiv gesintert)	9,0 —11,0
Thallium	10,0 —14,0
Quecksilber	15,5 —16,5
Kalium	16,5 —17,5
Lithium	20,0 —25,0
Barium	24,0 —32,0
Rubidium	25,0 —35,0
Uran (Natururan)	40,0 —60,0
(hoch angereichert)	bis 20000
Niob (Pulver)	50,0 —55,0
(elektronenstrahlgereinigt, massiv)	60,0 —70,0
Indium	50,0 —55,0
Tantal (Pulver)	60,0 —75,0
Silber	90— 95
Vanadin (massiv bzw. Pulver)	80— 150
Beryllium (massiv bzw. Pulver)	100— 150
Cer (Reinmetall)	110
(in Cereisen)	etwa 25
Germanium (99,99%)	310
Hafnium (massiv bzw. Pulver)	50— 360
Thorium (massiv bzw. Pulver)	350— 800
Rhenium (Pulver bzw. massiv)	1000— 1200
Gold	1300— 1400
Palladium	1500— 1600
Ruthenium	1600— 1700
Gallium	1300— 3000
Platin	4000— 5000
Cäsium	4000— 5000
Iridium	6000— 7000
Rhodium	8500— 9000
Osmium	10000—12000
Technetium	etwa 100000

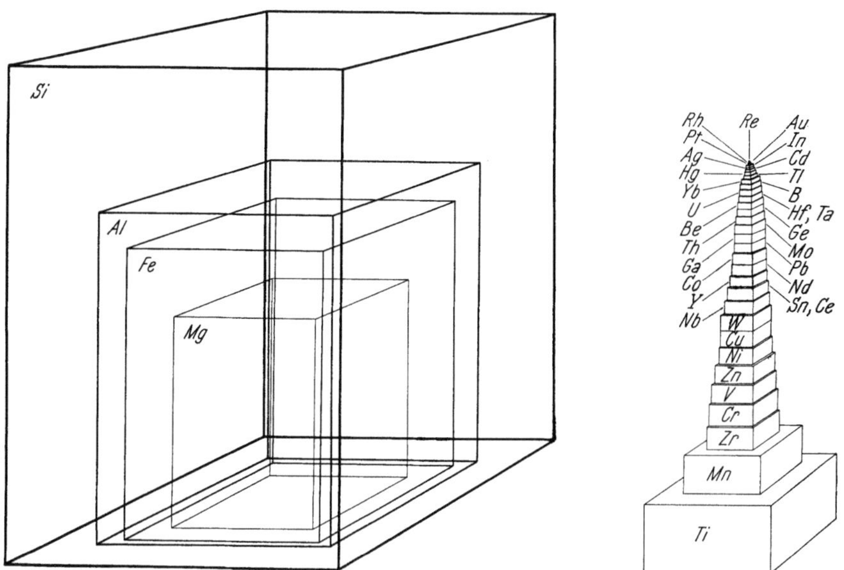

Abb. 2. Graphische Darstellung der relativen Häufigkeit einiger Metalle in der Erdkruste.

Tabelle 3. *Der durchschnittliche Gehalt der Elemente in der Erdkruste in g/t bzw. ppm**

O	466000	Li	65	Br	1,6
Si	277200	N	46	Ho	1,2
Al	81300	Ce	46	Eu	1,1
Fe	50000	Sn	40	Sb	1?
Ca	36300	Y	28	Tb	0,9
Na	28300	Nd	24	Lu	0,8
K	25900	Co	23	Tl	0,6
Mg	20900	La	18	Hg	0,5
Ti	4400	Pb	16	I	0,3
H	1400	Ga	15	Bi	0,2
P	1180	Mo	15	Tm	0,2
Mn	1000	Th	12	Cd	0,15
S	520	Cs	7	Ag	0,1
C	320	Ge	7	In	0,1
Cl	314	Be	6	Se	0,09
Rb	310	Sm	6,5	Ar	0,04
F	300	Gd	6,4	Pd	0,01
Sr	300	Pr	5,5	Pt	0,005
Ba	250	Se	5	Au	0,005
Zr	220	As	5	He	0,003
Cr	200	Ta	5	Te	0,002?
V	150	Hf	4,5	Rh	0,001
Zn	132	Dy	4,5	Re	0,001
Ni	80	U	4	Ir	0,001
Cu	70	B	3	Os	0,001?
W	69	Yb	2,7	Ru	0,001?
Nb	65	Er	2,5		

* MASON, B.: Principles of Geochemistry. Wiley & Sons, New York 1952, S. 41.

Tantal, Rhenium, Wolfram), hohe Korrosionsbeständigkeit (Titan, Zirkonium, Tantal, Molybdän), hohe mechanische Festigkeit (Titan-, Niob-, Molybdänlegierungen) und niedriges spezifisches Gewicht (Beryllium, Titan), den Gebrauchsmetallen überlegen sind. Mitbestimmend für die hohen Herstellungskosten ist die Tatsache, daß die Sondermetalle im allgemeinen trotz relativer Häufigkeit in der Erdkruste (Abb. 2 u. Tab. 3) keine reichen Erze bilden, so daß sie auch mit hohen Aufbereitungskosten belastet sind.

Mit fortschreitender Verbilligung der Sondermetalle werden diese ohne Zweifel auch als Konstruktionsmetalle und Werkstoffe für den Ingenieur interessant werden und die Werkstoffpalette wesentlich erweitern. Schon heute sind die Sondermetalle aus der modernen Technik nicht mehr wegzudenken. Raumschifffahrt, Kerntechnik und elektronische Industrie wären ohne den Einsatz der refraktären, der spaltbaren und der mit Halbleitereigenschaften ausgezeichneten Sondermetalle nicht mehr denkbar.

A. Die physikalischen Eigenschaften der Metalle

Der metallische Zustand von Elementen äußert sich in den typisch metallischen Eigenschaften, wie Metallglanz — bedingt durch das hohe Reflexionsvermögen für sichtbares Licht —, die gute elektrische und thermische Leitfähigkeit und die hohe Bildsamkeit. Gerade die gute Verformbarkeit im Verein mit der den Metallen im allgemeinen eigenen hohen Festigkeit und Zähigkeit ist es, die die hervorragende Stellung der Metalle für Konstruktions- und Maschinenelemente im Geräte- und Apparatebau begründet. Alle diese metallischen Eigenschaften sind in der Natur der metallischen Bindung begründet und aus ihr zu verstehen.

1. Atombau der Metalle und Atomradius

Nach den Vorstellungen von Riecke[1], Drude[2] und Lorentz[3], weiterentwickelt von Sommerfeld[4], Pauli[5] und Fermi[6], haben wir uns vorzustellen, daß die einzelnen Gitterpunkte im Metall von Metallatomen bzw. positiv geladenen Metallionen besetzt sind, die von einem frei beweglichen „Elektronen-Gas" umgeben sind. Die einzelnen Elektronen sind nicht einzelnen Metallatomen zugeordnet, sondern das Elektronengas gehört als Ganzes dem ganzen Metallkristall an. Die freie Beweglichkeit der Elektronen bewirkt die gute elektrische und thermische Leitfähigkeit der Metalle und das hohe Reflexionsvermögen. Dadurch, daß die Elektronen allen Metallatomen gleichmäßig angehören, ist die metallische Bindung in ihrem Wesen ungerichtet, d. h. die Metallstrukturen sind als Varianten einer möglichst dichten Packung von Kugeln anzusehen. Daß sich die Packungs-

---

[1] Riecke, E.: Ann. d. Physik u. Chemie *66* (1898) 1199; *2* (1900) 835.

[2] Drude, P.: Ann. d. Physik *1* (1900) 566.

[3] Lorentz, H. A.: Proc. Amsterdam Acad. *7* (1905) 684; *5* (1903) 666.

[4] Sommerfeld, A., Bethe, H.: Elektronentheorie der Metalle. Springer-Verlag, Berlin–Heidelberg–New York 1967.

[5] Pauli, W. jr.: Z. Physik *41* (1927) 81.

[6] Fermi, E.: Moleküle und Kristalle. Barth, Leipzig 1938.

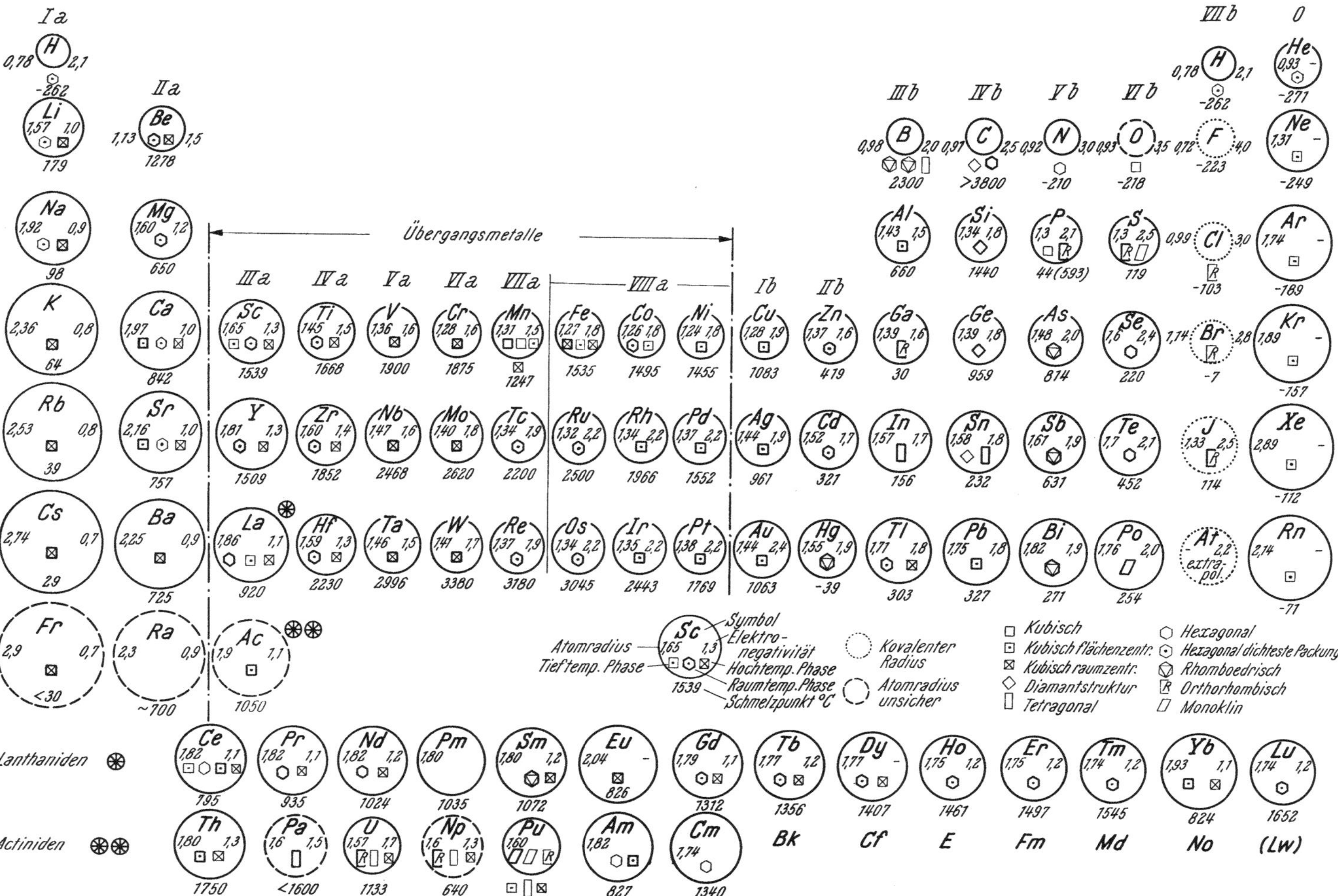

Abb. 3. Periodensystem der Elemente mit einigen legierungstechnisch wichtigen Daten

dichten, unter der Fiktion von Atomen als starren Kugeln, bei den häufigsten Gittertypen — kubisch raumzentriert, kubisch flächenzentriert und hexagonal dichtest gepackt — nicht sehr unterscheiden, zeigt folgende Aufstellung:

Packungsdichte der häufigsten metallischen Gittertypen:

kubisch raumzentriert,	A (1) = 68 %
kubisch flächenzentriert,	A (2) = 73,9%
hexagonal dichtest gepackt,	A (3) = 73,9%

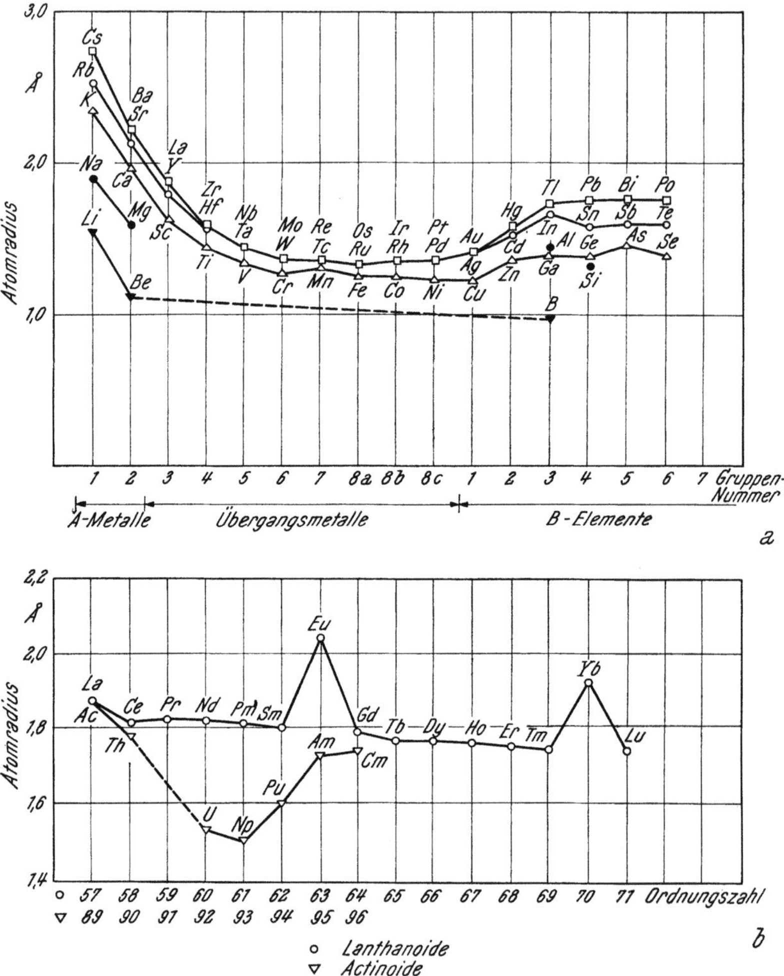

Abb. 4. a Atomradien der Metalle, b Atomradien der Lanthaniden und Actiniden

Daß für den Gitteraufbau jedoch auch andere als rein geometrische Prinzipien verantwortlich sind, zeigt die Tatsache, daß es eine Reihe von Metallen gibt, die in verschiedenen Modifikationen kristallisieren können, wobei die Gründe für dieses Verhalten noch nicht restlos geklärt sind.

Die Kenntnis der Gitterstrukturen ist in Verbindung mit der Kenntnis des Atomaufbaues und der Elektronegativitäten ein wichtiges Hilfsmittel zur Voraussage des Legierungsverhaltens der Metalle. Als Regel gilt, daß Metalle von gleichem Strukturtyp dann eine lückenlose Reihe von Mischkristallen bilden können, wenn sich die Atomradien um nicht mehr als etwa 10—15% (Regel nach HUME-

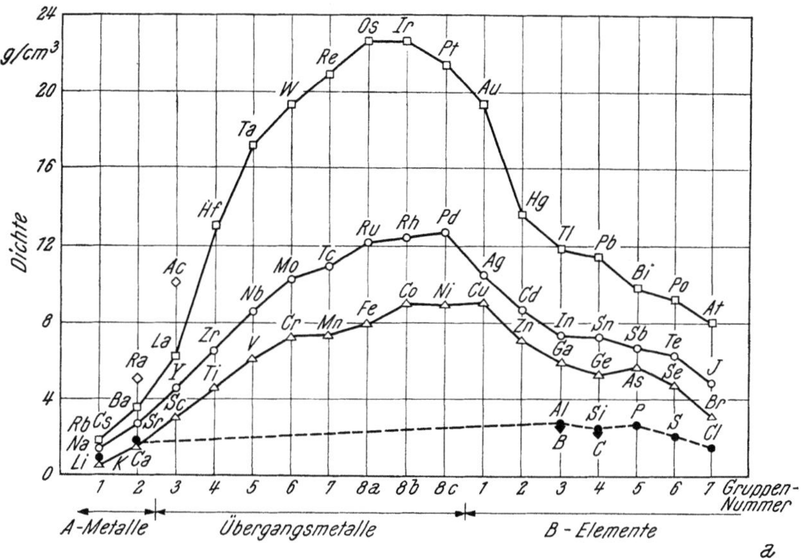

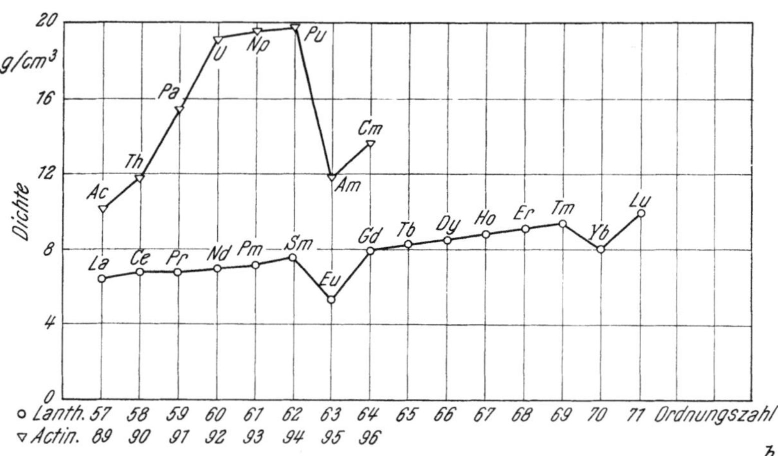

Abb. 5. a Dichten der Elemente, b Dichten der Lanthaniden und Actiniden

ROTHERY[1]) unterscheiden und die Elektronegativitäten nicht allzu verschieden sind. Allerdings kennt auch diese Regel Ausnahmen, von denen die auffallendste

[1] HUME-ROTHERY, W.: The Metallic State. Oxford 1931.

vielleicht die Mischungslücke im System Kupfer-Silber ist, obwohl nach der Regel von Hume-Rothery volle Mischbarkeit im festen Zustand zu erwarten wäre. Eine Zusammenstellung der für die Voraussage des Legierungsverhaltens der Metalle wichtigsten Daten ist in Abb. 3 gegeben.

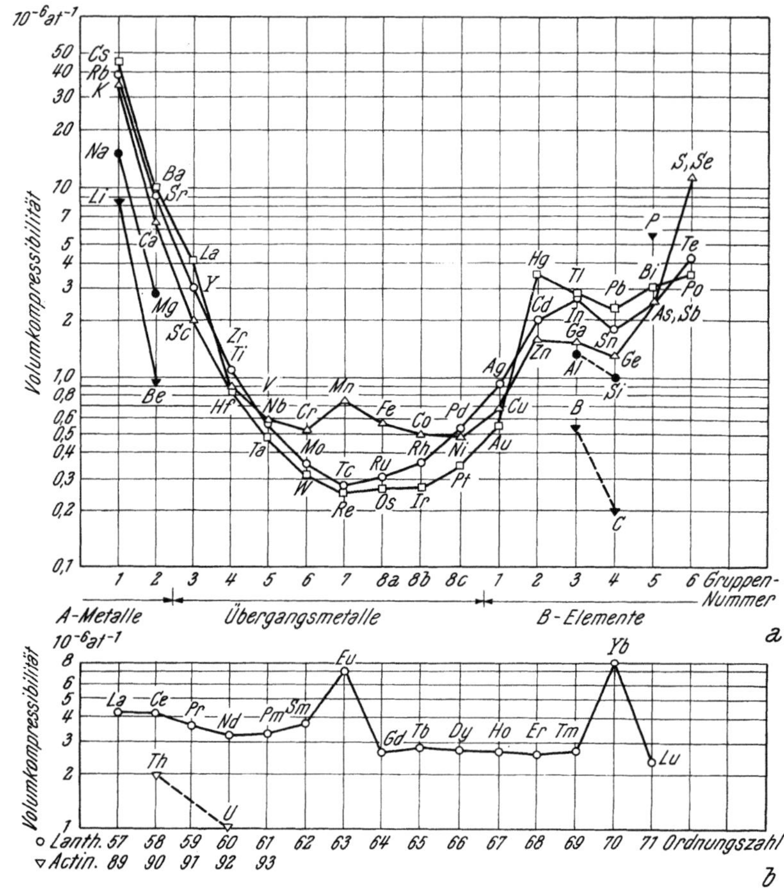

Abb. 6. a Volumkompressibilitäten der Elemente, b Volumkompressibilitäten der Lanthaniden und Actiniden

Wie aus Abb. 3 zu ersehen, zeigen die meisten physikalischen Eigenschaften der Elemente und von diesen wieder die der Metalle besonders deutlich ausgeprägte Abhängigkeit von der Stellung im Periodensystem der Elemente. Diese von D. J. Mendelejeff und Lothar Meyer erkannte Abhängigkeit hat ja zur Aufstellung des Periodensystems geführt, lange bevor der gesetzmäßige Aufbau der Atome bekannt war. Viele dieser periodischen Eigenschaftsänderungen können aus dem Atombau verstanden werden. Der in den Abbildungen 4 und 5 dargestellte Zusammenhang zwischen Atomradius und des mit diesem zusammenhängenden Atomvolumens und der Dichte der Metalle und ihrer Stellung im Periodensystem kann an Hand des Bohrschen Atommodells veranschaulicht werden.

Bei zunehmender Auffüllung der Elektronenhülle innerhalb einer Periode wirkt sich von der Gruppe 1 A bis zur Gruppe 8 A zunächst die mit steigender Kernladungszahl zunehmende Anziehung zwischen Elektronenhülle und positiv

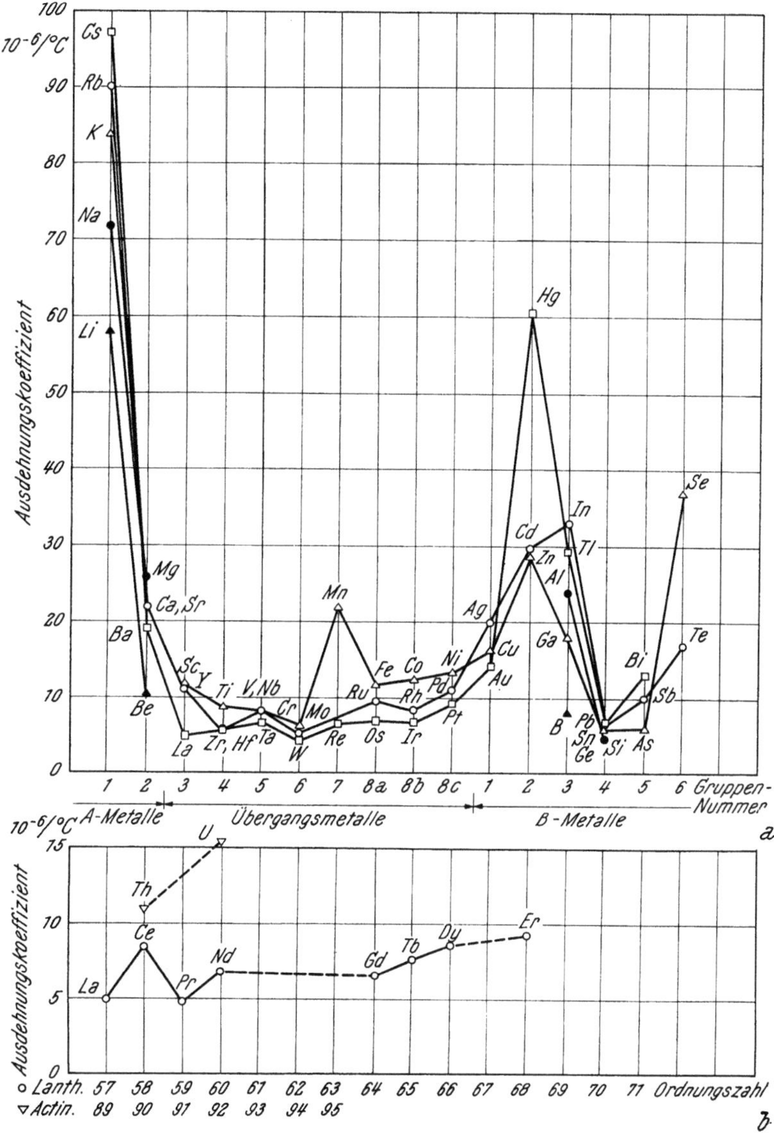

Abb. 7. a Mittlerer linearer Ausdehnungskoeffizient der Metalle (0—100 °C), b mittlerer Ausdehnungskoeffizient der Lanthaniden und Actiniden (0—100 °C)

geladenem Atomrumpf stärker auf den Atomradius aus als die wachsende gegenseitige Abstoßung der immer stärker aufgefüllten Elektronenschalen. Nach Auffüllung der d-Elektronenniveaus in den Übergangsmetallen und mit fortschreitender Auffüllung der p-Niveaus überwiegt dann umgekehrt der Einfluß der Schalen-

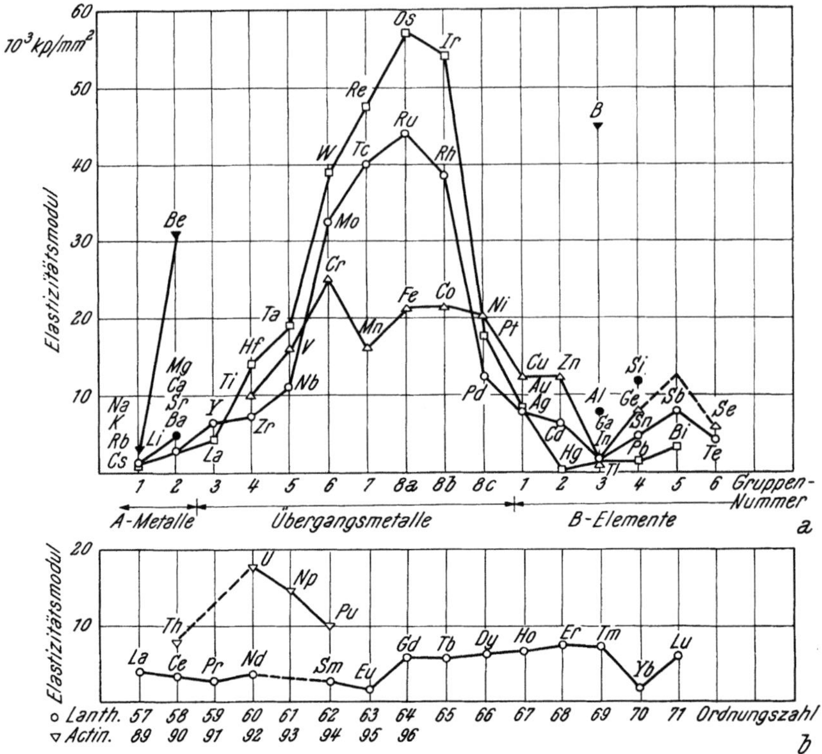

Abb. 8. a Elastizitätsmoduln der Metalle bei Raumtemperatur, b Elastizitätsmoduln der Lanthaniden und Actiniden

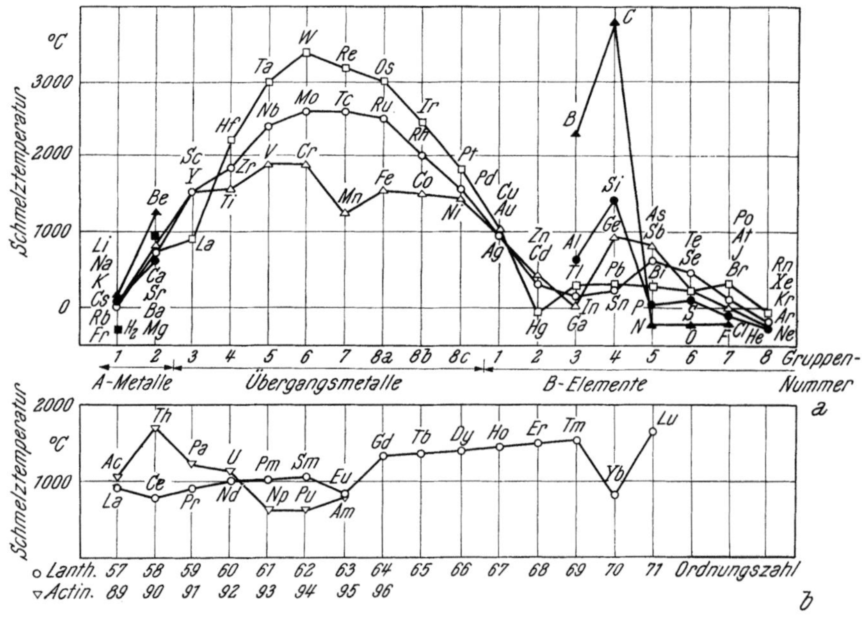

Abb. 9. a Schmelztemperaturen der Elemente, b Schmelztemperaturen der Lanthaniden und Actiniden

auffüllung. Bei Beginn einer neuen Periode treten die Elektronen in neue, weiter außen liegende Schalen ein, wodurch sich ein Sprung des Atomvolumens von den Edelgasen zu den Alkalimetallen der nächsten Periode ergibt.

Bei den Lanthaniden und Actiniden macht sich die Wirkung der Kernladungszahl in Form der „Lanthanidenkontraktion" (Abb. 4) bemerkbar. Auffällig sind dabei aber die abnormal großen Atomdurchmesser des Europiums

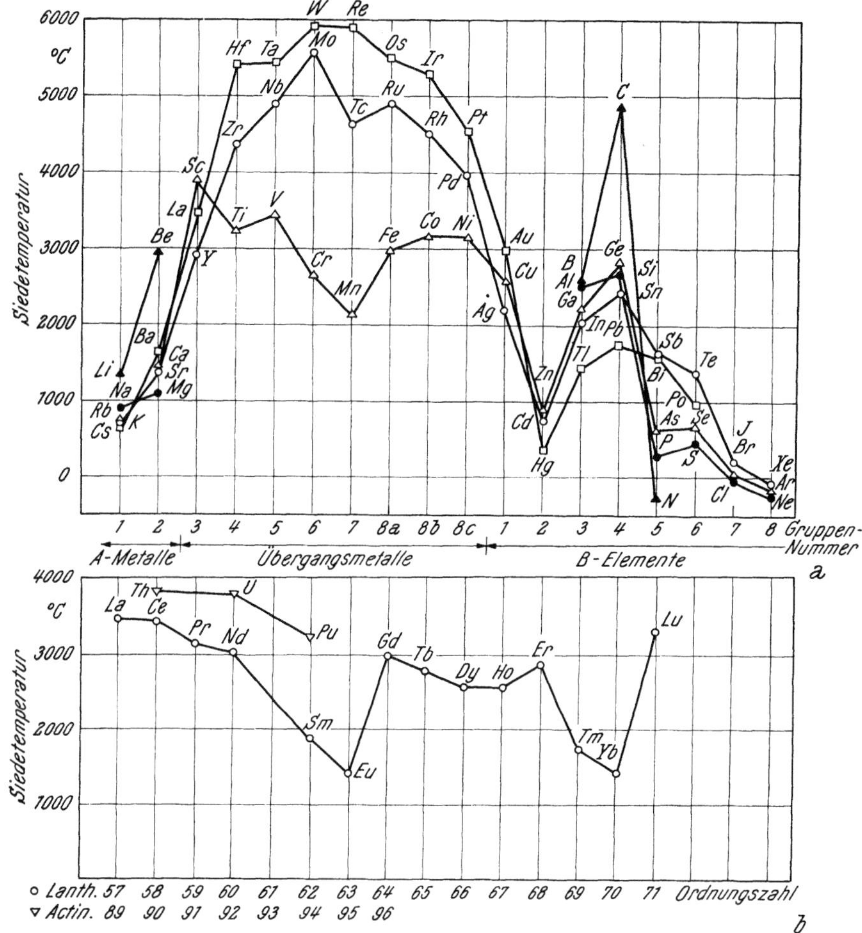

Abb. 10. a Siedetemperaturen der Elemente,
b Siedetemperaturen der Lanthaniden und Actiniden

und des Ytterbiums. Diese Metalle haben nur zwei Elektronen in der äußersten Valenzelektronenschale, während die übrigen Seltenen Erdmetalle durchwegs dreiwertig sind.

Bei den Elementen mit überwiegend nichtmetallischer Atombindung verliert der Begriff des metallischen Atomradius seinen Sinn.

Die Periodizität einiger weiterer Eigenschaften, wie z. B. der Volumkompressibilität (Abb. 6), des thermischen Ausdehnungskoeffizienten (Abb. 7) und des E-Moduls (Abb. 8), ist ganz ähnlich wie die der Atomradien (Abb. 4), was den Zusammenhang zwischen Atomradius und Gitterenergie erkennen läßt. Je geringer der Abstand zwischen den Atomrümpfen, desto fester sind die Bindungen. Der Zusammenhang zwischen Gitterenergie und Atomradius äußert sich auch in der Periodizität von Schmelzpunkten, Siedepunkten und Sublimationsenthalpien der Metalle (Abb. 9—11). Allerdings ist diese Parallelität nicht ganz erfüllt, denn

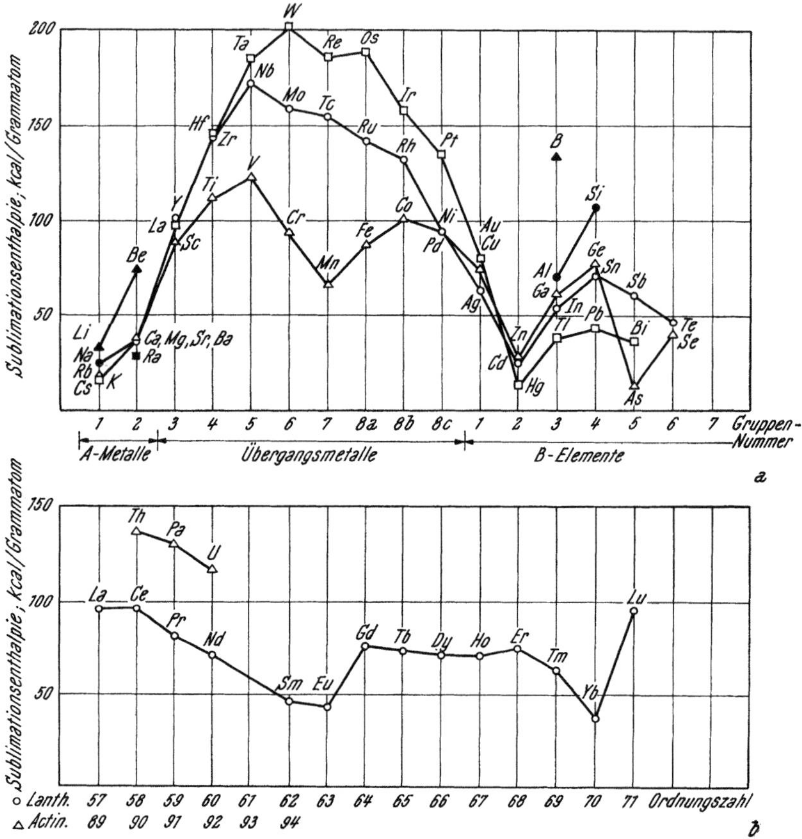

Abb. 11. a Sublimationsenthalpien der Metalle,
b Sublimationsenthalpien der Lanthaniden und Actiniden

während die Dichte in der VIII a-Gruppe ein Maximum erreicht, erreichen Schmelzpunkt, Siedepunkt, Sublimationsenthalpie und damit die Gitterenergie schon der VI a-Metalle Höchstwerte.

Diese Erscheinung findet ihre Erklärung darin, daß vor allem bei den VI a-Metallen wahrscheinlich auch die nicht aufgefüllte 3d-Schale an der metallischen Bindung beteiligt ist. Die Gesamtzahl der für den Kristallaufbau unmittelbar maßgebenden Bindungselektronen steigt z. B. von Kalium bis Vanadium von 1 auf 5; bei Chrom, Mangan, Eisen, Kobalt und Nickel beträgt sie durchwegs 5,78. Durch die Erhöhung der Anzahl der Elektronen, die sich an der metallischen Bindung beteiligen, wird die zwischen den Metallionen wirksame Abstoßung verstärkt und damit die Bindungskräfte gelockert, was sich in niedrigeren Schmelz- und Siedepunkten zu erkennen gibt[1].

Ebenso zeigt die Elektronegativität (Abb. 12) und die erste Ionisierungsenergie (Abb. 13) einen deutlichen Zusammenhang mit der Stellung des Elementes im Periodensystem.

Bekanntlich versteht man unter Elektronegativität eines Elementes nach Pauling[2] eine Maßzahl für das Bestreben eines Atoms, bei der Bildung eines stabilen Moleküls Elektronen an sich zu ziehen. Obwohl diese Größe ursprünglich aus dem Bestreben des Chemikers geboren wurde, ein qualitatives Maß für

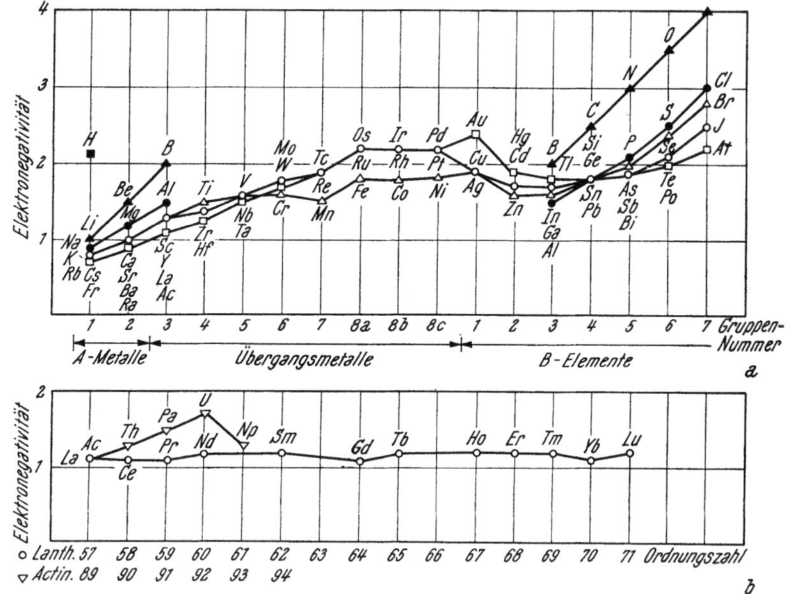

Abb. 12. a Elektronegativität der Elemente,
b Elektronegativität der Lanthaniden und Actiniden

die Kraft zu finden, mit der das Atom Elektronen an sich zieht, hat sich diese Größe auch für den Metallkundler zur Abschätzung des Legierungsverhaltens als wertvoll erwiesen. Große Differenzen in der Elektronegativität von Elementen äußern sich stets im Bestreben dieser Metalle, miteinander Verbindungen zu bilden, die u. U. beachtliche Stabilität, hohe Bildungsenergien und hohe Schmelzpunkte aufweisen.

Etwa den selben Verlauf wie die Elektronegativität nimmt die erste Ionisierungsenergie (Abb. 13) im Periodensystem. Wie Mulliken[3] zeigen konnte, besteht eine Beziehung zwischen Ionisierungsenergie und Elektronegativität, die das Maß für die Elektronenanziehung durch das neutrale Atom angibt.

---

[1] Pauling, L.: Natur der chemischen Bindung. Verlag Chemie, Weinheim/Bergstr. 1964, S. 385.

[2] Pauling, L.: Natur der chemischen Bindung. Verlag Chemie, Weinheim/Bergstr. 1964, S. 285.

[3] Mulliken, R. S.: J. chem. Physics *2* (1934) 782; *3* (1935) 573.

Im Langperiodensystem finden sich zwischen den Hauptgruppen Ia—IIa und IIb—VIIb die sogenannten klassischen Nebengruppenelemente (Scandium-Zink; Yttrium-Kadmium; Lanthan-Quecksilber einschließlich der Lanthaniden und Aktiniden). Im englischen Schrifttum finden wir auch für die „Nebengruppenelemente“ — nicht ganz konsequent — den Ausdruck „Übergangselemente“, die ebenfalls die Elemente der Kupfer- und der Zinkgruppe miteinschließen. Unter Nebengruppen- bzw. „Übergangselementen“ sind jene Elemente zu verstehen, bei denen aus energetischen Gründen die Auffüllung der d- und f-Niveaus der M-, N-, O- und P-Schalen (Hauptquantenzahlen 3, 4, 5, 6) verspätet stattfindet.

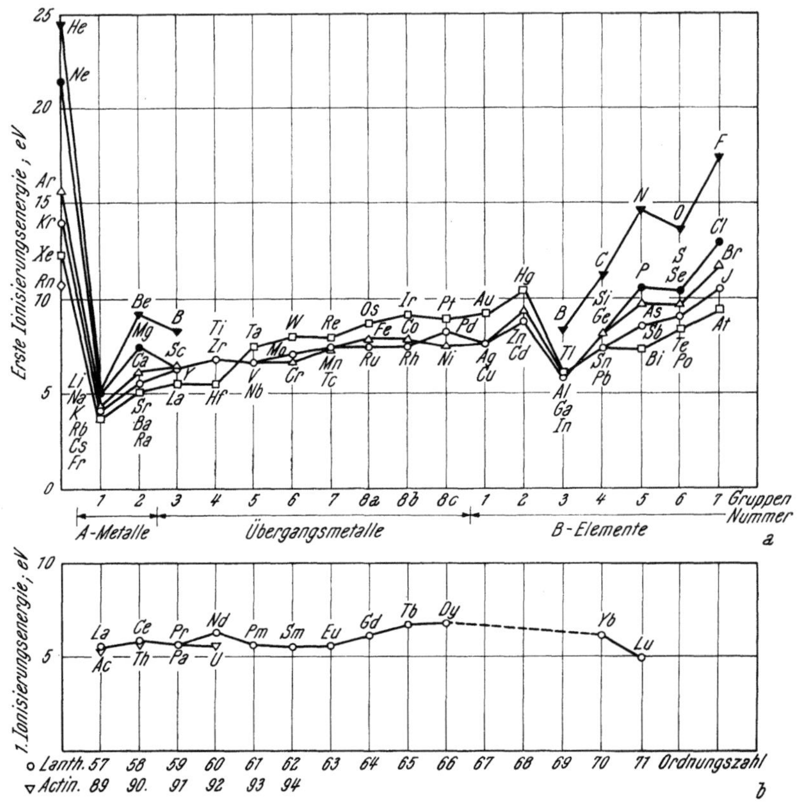

Abb. 13. a Erste Ionisierungsenergie der Elemente,
b erste Ionisierungsenergie der Lanthaniden und Actiniden

Für die Metalle Scandium bis Nickel, Yttrium bis Palladium, Lanthan bis Platin und Aktinium bis Eka-Hafnium bzw. Eka-Platin hat sich die Bezeichnung „Übergangsmetalle“ eingebürgert. Diese sind durch nur teilweise Auffüllung der d-Elektronenschale charakterisiert. In den „Neuen Regeln der anorganischen Nomenklatur“ wird für die „Übergangselemente“ im engeren Sinne bzw. die „Übergangsmetalle“ folgende Definition gegeben (E. HAYEK[1]): „Ein Übergangs-

[1] HAYEK, E.: Österr. Chem. Ztg. *65* (1964) 337.

element ist ein Element, dessen Atom eine inkomplette d-Schale hat oder das Kationen mit inkompletter d-Schale bilden kann."

Die Metalle der Kupfer- und der Zinkgruppe haben meist vollbesetzte d-Niveaus, so daß sie je nach der Betrachtung des Periodensystems durch den Chemiker (chemische Verbindungen), Physiker (freies Atom) oder Metallurgen (Legierungen und intermediäre Phasen) trotz ihrer meist kompletten d-Schale gelegentlich als Endglieder zu den Übergangsmetallen gezählt werden. Die Komplettierung der d-Niveaus bei den Metallen der Kupfergruppe gibt diesen eine gewisse Familienähnlichkeit mit den im Periodensystem davorstehenden Übergangsmetallen, die sich in guter Legierbarkeit mit diesen auswirkt, während die Metalle der Zinkgruppe mit ihrer kompletten d-Schale wenig Ähnlichkeit mit den echten Übergangsmetallen und den Metallen der Kupfergruppe aufweisen, aber schon große Ähnlichkeit mit den Metallen der Galliumgruppe besitzen, bei denen wiederum erst die Auffüllung der p-Schalen beginnt.

Vom Standpunkt des vorliegenden Buches aus interessieren die Übergangsmetalle besonders, da sich unter diesen fast ausschließlich Sondermetalle befinden (Ausnahmen bilden nur die Gebrauchsmetalle der Eisen- und der Platingruppe) und da die Übergangsmetalle zum überwiegenden Teil durch hervorstechende Eigenschaften wie hohen Schmelz- und Siedepunkt, hohen Elastizitätsmodul, hohe Dichte, mittlere bis hohe Festigkeit und Härte usw. gekennzeichnet sind.

Die Übergangsmetalle stechen weiterhin dadurch hervor, daß sie — insbesondere die Metalle der IVa-, Va- und VIa-Gruppe — in der Lage sind, mit den kleinatomigen Elementen Kohlenstoff, Stickstoff, Bor und Silizium sehr

Tabelle 4. *Wichtige Verbindungen der Übergangsmetalle mit C und N**

	IVa	Va	VIa		IVa	Va	VIa
	TiC ⊡	VC ⊡	$Cr_3C_2D5_{10}$		TiN ⊡	VN ⊡	Cr_2N ⬡
Fp.	3160	2830	1895 z.	Fp.	2950	2050	1500 z.
R	68	60	—	*R*	11,1	86	—
H	3200	2950	2280	*H*	2450	+9?	—
	ZrC ⊡	NbC ⊡	Mo_2C ⬡		ZrN ⊡	NbN ⊡	Mo_2N ⊡
Fp.	3530	3500	2400 z.	Fp.	2980	2300 z.	zers.
R	42	35	133	*R*	13,6	~200	—
H	2560	2400	1950	*H*	1990	+8	—
	HfC ⊡	TaC ⊡	WC ⬡		HfN ⊡	TaN ⬡⊡	W_2N ⊡
Fp.	3890	3780	2600 z.	Fp.	2700	3090	zers.
R	37	25	22	*R*	<26	135	—
H	2700	1790	2080	*H*	>2000	3240	—

⊡ = kubisch flächenzentriert ⬡ = hexagonal
Fp. = Schmelzpunkt °C
R = spez. elektr. Widerstand Mikroohm · cm
H = Härte (Mikrohärte kg/mm², bzw. Mohs-Härtezahl)
z. = zersetzlich

* Kieffer, R., Benesovsky, F.: Hartstoffe. Springer-Verlag, Wien 1963.

Ia	IIa	IIIa	IVa	Va	VIa	VIIa	VIII			Ib	IIb	IIIb	IVb	Vb	VIb	VIIb	0
H_4C																	
Li_2C_2	Be_2C											B_4C	C	$(NC)_2$	*** OC O_2C	F_4C	—
Na_2C_2	Mg_2C_3 MgC_2											Al_4C_3	SiC	P_2C_6	S_2C	Cl_4C	—
z. B. KC_8 KC_{60}	CaC_2	ScC	TiC	V_2C VC	$Cr_{23}C_6$ Cr_7C_3 Cr_3C_2	$Mn_{23}C_6$ Mn_3C Mn_5C_2 Mn_7C_3	Fe_3C Fe_2C	Co_3C Co_2C	Ni_3C	Cu_2C_2	ZnC_2			As_2C_6	Se_2C	Br_4C	—
z. B. RbC_8 RbC_{60}	SrC_2	YC Y_2C_3 YC_2	ZrC	Nb_2C Nb_3C_2 NbC	Mo_2C Mo_3C_2 MoC					Ag_2C_2	CdC_2				Te_2C	J_4C	—
CsC_8	BaC_2	La_2C_3* LaC_2	HfC	Ta_2C Ta_3C_2 TaC	W_2C W_3C_2 WC					Au_2C_2	HgC_2						—
		**															
			*	CeC Ce_2C_3 CeC_2	PrC_2 Pr_2C_3	NdC_2 Nd_2C_3	PmC_2	Sm_3C Sm_2C_3 SmC_2		Gd_3C Gd_2C_3 GdC_2	Tb_3C Tb_2C_3 TbC_2	Dy_3C Dy_2C_3 DyC_2	Ho_3C Ho_2C_3 HoC_2	Er_3C ErC_2	Tm_3C TmC_2	Yb_3C YbC_2	Lu_3C LuC_2
			**	ThC ThC_2	PaC_2	UC U_2C_3 UC_2	NpC Np_2C_3 NpC_2	PuC Pu_2C_3 PuC_2									

*** In dieser und in den späteren Übersichtstafeln wurde aus Gründen der Einheitlichkeit die etwas ungewöhnliche Formelschreibweise gewählt.

Abb. 14a. Kohlenstoffverbindungen im Periodensystem

Ia	IIa	IIIa	IVa	Va	VIa	VIIa	VIII			Ib	IIb	IIIb	IVb	Vb	VIb	VIIb	0
H_3N																	
Li_3N	Be_3N_2											BN	$(CN)_2$	N	O_2N u.a.	F_3N	–
Na_3N	Mg_3N_2											AlN	Si_3N_4	PN u. a.	SN u. a.	Cl_3N	–
K_3N	Ca_3N_2	ScN	Ti_2N TiN	V_2N VN	Cr_2N CrN	Mn_4N Mn_2N Mn_3N_2	Fe_4N Fe_2N	Co_3N Co_2N	Ni_3N Ni_3N_2	Cu_3N	Zn_3N_2	GaN	Ge_3N_4	AsN	SeN	Br_3N	–
Rb_3N	Sr_3N_2	YN	ZrN	Nb_2N Nb_4N_3 NbN NbN_{1+x}	Mo_2N MoN					Ag_3N	Cd_3N_2	InN	Sn_3N_4	SbN	TeN	J_3N	–
Cs_3N	Ba_2N Ba_3N_2	LaN*	Hf_2N HfN	Ta_2N TaN	W_2N WN	Re_2N					Hg_3N_2	TlN	Pb_3N_4	BiN			
		**															
			*	CeN	PrN	NdN		SmN	EuN	GdN	TbN	DyN	HoN	ErN	TmN	YbN	LuN
			**	ThN Th_3N_3	PaN_2	UN U_2N_3 UN_2	NpN	PuN									

Abb. 14b. Stickstoffverbindungen im Periodensystem

stabile Verbindungen, die hochschmelzenden, metallischen Hartstoffe zu bilden. Abb. 14 (nach KIEFFER-BENESOVSKY) gibt einen Überblick über alle Kohlenstoff- und Stickstoffverbindungen der Elemente. In der Abbildung sind die wichtigsten Hartstoffe, die die Basis der bedeutenden Hartmetallindustrie bilden, hervorgehoben. Die Eigenschaften der technisch genutzten Karbide und Nitride gehen aus Tab. 4 hervor. Die ebenfalls als Hartstoffe interessanten Diboride und Disilizide werden heute fast nur für harte und verschleißfeste Auftragsschichten genutzt. Die Zusammensetzungen und Eigenschaften der verschiedenen Übergangsmetall-Boride und -Silizide sind unter den Kapiteln „Silizium" und „Bor" angegeben. Über Einzelheiten bezüglich Hartstoffe und Hartmetalle unterrichtet das Buch-Schrifttum[1,2].

Bei Betrachtung der Eigenschaften, bei denen die erwarteten Beziehungen zur Stellung der Metalle im Periodensystem sehr gut erfüllt sind, fällt das Mangan deutlich heraus. Mangan existiert in vier Modifikationen mit teilweise sehr ungewöhnlichen Gittertypen. Seine beiden Tieftemperaturmodifikationen, das α- und das β-Mangan, sind wenig bildsam. Das Mangan hat abnormal niedrigen Schmelz- und Siedepunkt und einen relativ großen Atomradius. Es weicht auch mit seiner beträchtlichen Volumkompressibilität und seiner geringen elektrischen Leitfähigkeit von den Nachbarmetallen ab. Diese sich auch in Allotropismus auswirkende „Mangananomalie" hat bisher noch keine befriedigende atomtheoretische Deutung gefunden.

2. Elektrische und thermische Leitfähigkeit

Die elektrische Leitfähigkeit als eine der Charakteristiken des metallischen Zustandes ist, wie schon gesagt, eine Folge des zwischen den Atomrümpfen befindlichen frei beweglichen Elektronengases. Eng verbunden mit der elektrischen Leitfähigkeit ist auch die thermische Leitfähigkeit. Sie ist, solange die Wärmeleitung vorwiegend durch die Elektronen vermittelt wird, der elektrischen Leitfähigkeit proportional (WIEDEMANN-FRANZsches Gesetz). Die Proportionalität kommt auch in den nachfolgenden Abbildungen (Abb. 15 und 16), in denen die elektrische bzw. thermische Leitfähigkeit der Metalle angegeben ist, zum Ausdruck.

Die höchsten Werte der elektrischen und thermischen Leitfähigkeit werden von den Elementen Kupfer, Silber, Gold erreicht, die dank der abgeschlossenen d-Schale ein sehr leicht bewegliches s-Elektron an den Gitterverband abgeben und durch ihr relativ kleines Atomvolumen eine hohe Elektronenkonzentration im Volumelement erreichen. Die Alkalimetalle besitzen ebenfalls ein leicht bewegliches s-Elektron; durch das große Atomvolumen ist aber die Elektronenkonzentration geringer und die elektrische Leitfähigkeit reicht nicht an die der I b-Metalle heran.

Bei den B-Metallen nimmt der metallische Charakter deutlich mit steigender Periodennummer zu. Diese Tendenz, die in der zweiten und insbesondere dritten Periode stärker ist, spiegelt sich auch in der elektrischen Leitfähigkeit wider.

---

[1] KIEFFER, R., BENESOVSKY, F.: Hartstoffe. Springer-Verlag. Wien 1963.

[2] KIEFFER, R., BENESOVSKY, F.: Hartmetalle. Springer-Verlag, Wien–New York 1965.

Die Elemente Silizium, Germanium, Selen, Tellur haben bei tiefen Temperaturen überhaupt keine beweglichen Elektronen mehr, d. h. das „Leitfähigkeitsband" ist unbesetzt; sie sind also schlechte elektrische Leiter. Bei diesen Elementen

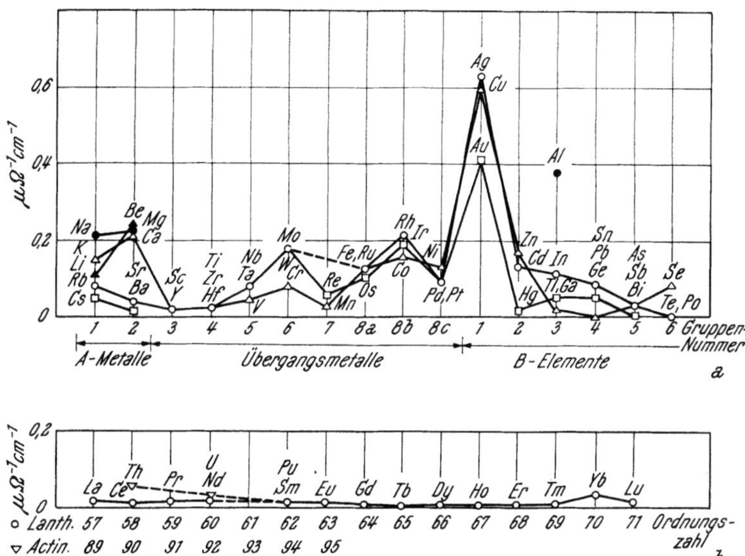

Abb. 15. a Elektrische Leitfähigkeit der Metalle, b elektrische Leitfähigkeit der Lanthaniden und Actiniden

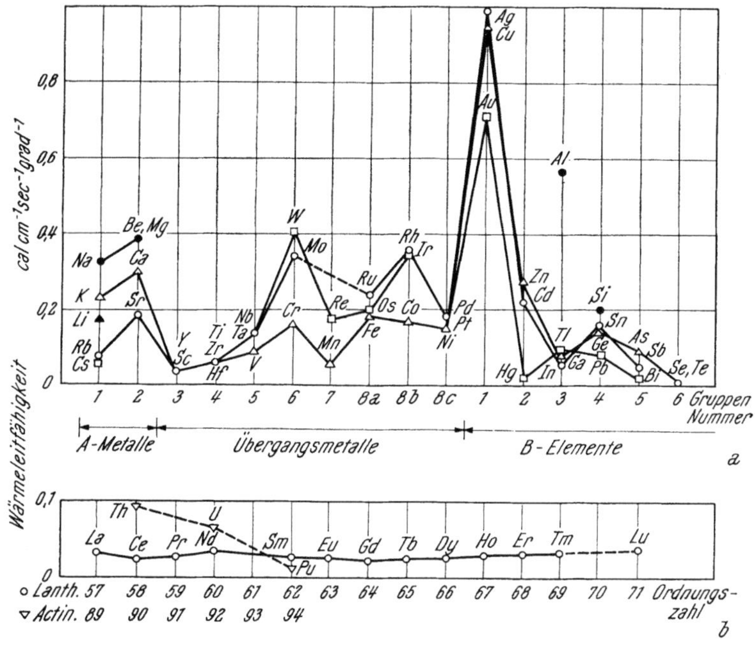

Abb. 16. a Thermische Leitfähigkeit der Metalle, b thermische Leitfähigkeit der Lanthaniden und Actiniden

reicht jedoch schon geringe Erhöhung der Energie der Elektronen, z. B. durch Temperaturerhöhung, aus, Elektronen über die schmale „verbotene Zone“ in das „Leitfähigkeitsband“ springen zu lassen und gute Leitfähigkeit zu erreichen. Diese „induzierte“ Leitfähigkeit kann auch durch Licht, wie bei Selen, oder durch Zulegieren bestimmter Elemente, die als „Elektronendonatoren“ bzw. „Elektronenakzeptoren“ wirken, hervorgerufen werden. Stoffe mit derartigen Eigenschaften haben als „Halbleiter“ große technische Bedeutung erlangt.

B. Mechanische Eigenschaften

Die mechanischen Eigenschaften der Metalle, also Härte, Zugfestigkeit, Streckgrenze, Dehnung, Einschnürung u. a., sind nicht wie die physikalischen Eigenschaften Materialkonstanten, sondern Eigenschaften, die stark von der Vorgeschichte der Metalle abhängen. In den graphischen Darstellungen — Härte

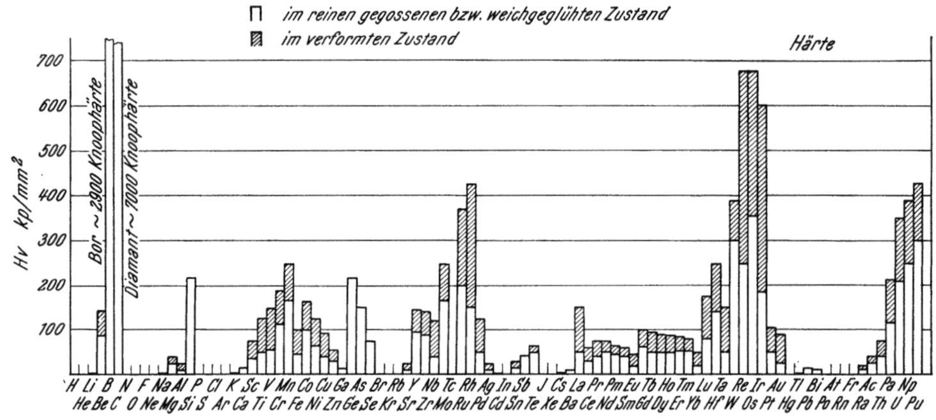

Abb. 17. Härten der Metalle

und Zugfestigkeit der Metalle, nach ihrer Ordnungszahl gereiht (Abb. 17 und 18) — müssen daher für die Angabe der mechanischen Eigenschaften der Metalle Bereiche gebracht werden, wobei die unteren Grenzen in den Zugfestigkeits- und Härte-Diagrammen für weichgeglühte und reinste Metalle gelten, die oberen Grenzen für Metalle mit hohen Versetzungsdichten und Gitterbaufehlern. Es ist, in erster Näherung, ohne Belang, ob diese Gitterbaufehler durch mechanische Verformung oder durch Verunreinigungen hervorgerufen werden. Der zum Teil sehr große Einfluß der Verunreinigungen auf die mechanischen Eigenschaften läßt erwarten, daß mit fortschreitender Raffinationstechnik auch Metalle, die heute noch als spröde und nicht verformbar gelten, wie etwa Osmium, Iridium und Ruthenium, in duktiler Form erhalten werden können[1,2].

---

[1] Reinacher, G.: Z. Metallk. *58* (1967) 831.

[2] Haasen, P., Hieber, H., Mordike, B. L.: Z. Metallk. *56* (1965) 838.

Die an sich zu den Härtewerten gegenläufigen Dehnungswerte zeigen keinen ausgesprochen periodischen Verlauf, deshalb wurde auf ihre graphische Darstellung und tabellarische Wiedergabe verzichtet.

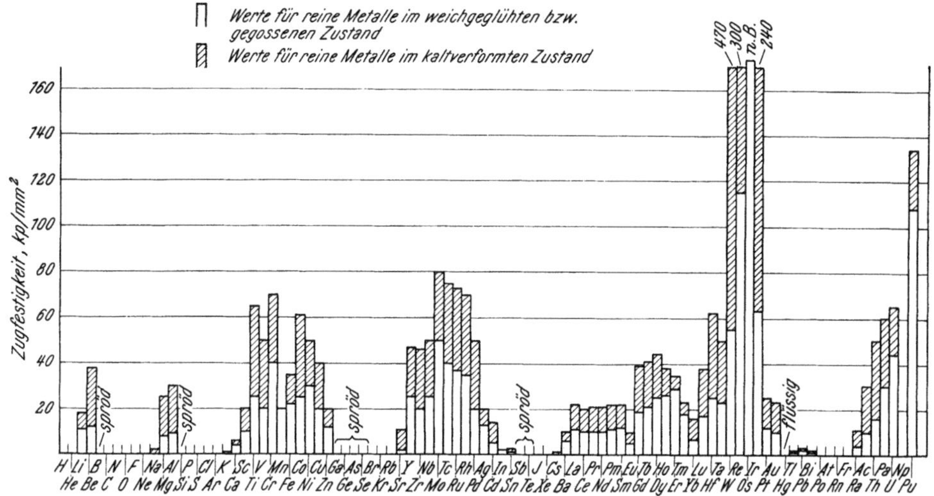

Abb. 18. Zugfestigkeitswerte der Metalle

Auch in den mechanischen Eigenschaften spiegelt sich die Zunahme der Bindungskräfte von der I. bis etwa zur VI. Gruppe wider. Die Zugfestigkeit erreicht wie der Schmelzpunkt und die Sublimationsenthalpie, die ungefähr ein Maß für die Gitterenergie darstellt, in der VI. Gruppe ein Maximum. Der Verlauf der Härte entspricht dagegen eher dem des Elastizitätsmoduls mit Maxima in der VIIa- bzw. VIIIa-Gruppe. Die mechanischen Eigenschaften der B-Metalle zeigen keinen klaren Verlauf, da bei diesen der metallische Bindungsanteil immer mehr zurücktritt.

Eine eindeutige Zuordnung zwischen Gittertyp und mechanischen Eigenschaften ist nicht möglich. Die Metalle mit kubisch-flächenzentriertem Gitter weisen im allgemeinen niedrigere Härte- und höhere Dehnungswerte auf als die mit raumzentriertem Gitter, was teilweise durch die höhere Zahl an Gleitebenen im flächenzentrierten Gitter und durch das deutlich bessere Lösevermögen für Metalloide wie Kohlenstoff, Stickstoff und Sauerstoff bewirkt sein dürfte. Auch Metalle mit hexagonal dichtest gepacktem Gitter sind meist duktil. Die Duktilität nimmt jedoch rasch ab, wenn das Achsenverhältnis c/a des hexagonalen Gitters vom Idealwert 1,63 abweicht (z. B. bei Beryllium oder Zink).

Metalle mit kubisch-raumzentriertem Gitter weisen häufig eine u. a. vom Verunreinigungsgrad abhängige Sprungtemperatur der Duktilität auf. Die Sprungtemperatur (geltend für 99,95% reine Metalle) liegt für Eisen bei etwa −20 °C, für Chrom bei etwa 50 °C, für Molybdän bei etwa 150 °C und für Wolfram bei etwa 350 °C. Sie steigt mit zunehmendem Gehalt an Verunreinigungen zum Teil stark an.

Tabelle 5. *Normalpotentiale*

$H_2(g)/H^+$ 0,00							
Li/Li^+ −3,045	Be/Be^{++} −1,847						
Na/Na^+ −2,714	Mg/Mg^{++} −2,363	Al/Al^{+++} −1,622					
K/K^+ −2,925	Ca/Ca^{++} −2,866	Sc/Sc^{+++} −2,077	Ti/Ti^{++} −1,628	V/V^{++} −1,186	Cr/Cr^{+++} −0,744	Mn/Mn^{++} −1,180	Fe/Fe^{++} −0,4402
Rb/Rb^+ −2,925	Sr/Sr^{++} −2,888	Y/Y^{+++} −2,372	Zr/Zr^{4+} −1,529	Nb/Nb^{+++} −1,099	Mo/Mo^{+++} −0,20	Tc/Tc^{++} +0,4	Ru/Ru^{++} +0,45
Cs/Cs^+ −2,923	Ba/Ba^{++} −2,906	La/La^{+++} −2,522	Hf/Hf^{4+} −1,70	$Ta/Ta_2O_5H^+$ −0,812	W/WO_3H^+ −0,090	Re/ReO_3H^+ +0,2513	Os/OsO_4H^+ +0,85
Lanthaniden	La/La^{+++} −2,522	Ce/Ce^{+++} −2,483	Pr/Pr^{+++} −2,562	Nd/Nd^{+++} −2,431	Pm/Pm^{+++} −2,423	Sm/Sm^{+++} −2,414	Eu/Eu^{+++} −2,407
Actiniden	Ac/Ac^{+++} −2,6	Th/Th^{++} −1,889	$Pa/PaO^+,H^+$ − 1,0	U/U^{+++} −1,789	Np/Np^{+++} −1,856	Pu/Pu^{+++} −2,320	Am/Am^{+++} −2,320

Die ebenfalls kubisch-raumzentrierten Va-Metalle, Vanadin, Niob und Tantal, zeigen allerdings ein stark abweichendes Verhalten. Sie sind bis zu tiefsten Temperaturen duktil und vermögen bis zu 0,2% nichtmetallische Verunreinigungen (O + N + C) zu lösen, ohne ihre Verarbeitbarkeit einzubüßen[1].

C. Chemische Eigenschaften

Die chemischen Eigenschaften der Sondermetalle, die in allen Gruppen des Periodensystems zu finden sind, sind äußerst verschieden. Von den Sondermetallen zählen einige zu den unedelsten und reaktivsten Metallen, wie z. B. zu den Alkali- und Erdalkalimetallen, die kaum als Werkstoffe (Natrium in Kunststoffumhüllung als elektrische Leitungskabel)[2], sondern hauptsächlich als „Chemikalien" für Reduktionszwecke, u. a. zur metallothermischen Gewinnung einzelner Sondermetalle verwendet werden. Die überwiegende Anzahl der Sondermetalle ist relativ unedel (vgl. Tab. 5: Normalpotentiale) und hat große Affinität sowohl zu Sauerstoff als auch zu Halogenen. Wie schon erwähnt, bildet besonders die Gruppe der Übergangsmetalle mit Metalloiden zum Teil sehr stabile metallische und korrosionsfeste Verbindungen wie die Karbide, Nitride, Silizide und Boride.

Trotz des unedlen Charakters sind viele der Sondermetalle chemisch recht beständig, weil sie sich überaus leicht, schon im Kontakt mit Luft oder wäßrigen Medien, mit dichten oxidischen Schutzschichten überziehen. Die hohe Säureresistenz dieser Schutzschichten bedingt die überragende Korrosionsfestigkeit einiger Sondermetalle (u. a. Titan, Zirkonium, Tantal). Von Medien, die die oxidischen Schichten abzulösen vermögen (Flußsäure), werden diese Metalle daher auch sehr stark angegriffen.

Im Gegensatz zur hohen Korrosionsbeständigkeit steht die oft mangelnde Zunderbeständigkeit, besonders bei höherer Temperatur. Die oxidischen, bei

[1] Kieffer, R., Braun, H.: Vanadin, Niob, Tantal. Springer-Verlag, Berlin–Göttingen–Heidelberg 1963.

[2] Anonym: Metal Progress *93* (1967) 21.

der Elemente

Co/Co^{++} $-0{,}277$	Ni/Ni^{++} $-0{,}250$	Cu/Cu^{++} $+0{,}337$	Zn/Zn^{++} $-0{,}7628$	Ga/Ga^{+++} $-0{,}529$	Ge/GeO_2H^+ $-0{,}15$		
Rh/Rh^{+++} $+0{,}80$	Pd/Pd^{++} $+0{,}987$	Ag/Ag^+ $+0{,}7991$	Cd/Cd^{++} $-0{,}4029$	In/In^{+++} $-0{,}343$	Sn/Sn^{++} $-0{,}136$		
$Ir/Ir_2O_3OH^-$ $+0{,}098$	Pt/Pt^{++} $+1{,}2$	Au/Au^{+++} $+1{,}498$	Hg/Hg_2^{++} $+0{,}788$	Tl/Tl^+ $-0{,}3363$	Pb/Pb^{++} $-0{,}126$		
Gd/Gd^{+++} $-2{,}397$	Tb/Tb^{+++} $-2{,}391$	Dy/Dy^{+++} $-2{,}353$	Ho/Ho^{+++} $-2{,}319$	Er/Er^{+++} $-2{,}296$	Tm/Tm^{+++} $2{,}278$	Yb/Yb^{+++} $-2{,}267$	Lu/Lu^{+++} $-2{,}255$
Cm —	Bk —	Cf —	Es —	Fm —	Md —	No —	(Lw) —

Normaltemperatur die Passivierung hervorrufenden Schutzschichten vermögen die Metalle nicht vor der Oxydation bei höheren Temperaturen zu schützen, weil sie vom darunterliegenden Metall reduziert werden und für die angreifenden Atmosphärilien durchlässig werden. Die höchstwarmfesten Metalle Molybdän, Wolfram, Rhenium, Osmium, die auch als Heizleitermaterial Verwendung finden, lassen sich nur unter Vakuum oder in reduzierender Atmosphäre einsetzen. Diese Metalle bilden nämlich Oxide, die schon bei niedrigen bis mäßigen Temperaturen flüchtig sind, so daß es in oxydierender Atmosphäre zu einer katastrophalen Oxydation kommt. Nach modernen Methoden lassen sich z. T. aber mehrschichtige, festhaftende Schutzüberzüge[1,2,3,4,5] (Coatings) aufbringen, die es erlauben, die hohe Warmfestigkeit der genannten Metalle auch in Normalatmosphäre, wenigstens bis zu mittleren Temperaturen, auszunützen.

Die chemischen Eigenschaften der Metalle umfassen ein sehr weites Spektrum. Zu den Sondermetallen gehören die unedlen Reduktionsmetalle (z. B. Calcium) ebenso wie Vertreter der sehr edlen Platinmetalle, das hochzunderfeste Chrom ebenso wie das extrem korrosionsbeständige Tantal und das wasserdampf- und chloridbeständige Zirkonium. Für praktisch jeden Verwendungszweck sind unter den Sondermetallen solche mit geeigneten Eigenschaften zu finden. Die näheren Angaben über die chemischen Eigenschaften können hier nicht detailliert gebracht werden; sie sind für die einzelnen Metalle gesondert im speziellen Teil des Buches angegeben. Ein Überblick über das Korrosionsverhalten der Sondermetalle der Gruppen IVa, Va, VIa des Periodensystems und des Rheniums ist in Tab. 6 gegeben[6,7].

Neben dem teuren Rhenium ist das Tantal ein besonders korrosionsbeständiges Metall. Tantal wird auch bei 100 °C praktisch nur von Flußsäure ange-

---

[1] Löns, H. H.: Metall *23* (1968) 145.

[2] V. Internat. Metallspritzkonf., Warschau 1967, Metall *21* (1967) 327.

[3] Senderoff, S.: Metallurgical Rev. *11* (1966) 97.

[4] Krier, C. A.: DMIC Rep. 162 (1961).

[5] Hausner, H. H. (Hrsg.): Coatings of High-Temperature-Materials. Plenum Press, New York 1966.

[6] Kieffer, R., Binder, F., Bach, H.: Werkstoffe und Korrosion *19* (1968) 114.

[7] Kieffer, R., Bach, H., Binder, F., Kurka, F.: Werkstoffe und Korrosion *19* (1968) 312.

griffen; auch Zirkonium ist äußerst korrosionsfest. Relativ beständig gegen Flußsäure sind Molybdän und Wolfram, die aber, ebenso wie Rhenium, von Salpetersäure angegriffen werden.

Tabelle 6. *Korrosionsverhalten einiger Übergangsmetalle**

Angriffsmittel		Ti	Zr	Hf	V	Nb	Ta	Cr	Mo	W	Re
a) *bei 20°C*											
HCl	10 Gew.-%	1	1	1	1	1	1	1	1	1	1
H_2SO_4	10 Gew.-%	1	1	1	1	1	1	1	1	1	1
HNO_3	10 Gew.-%	1	1	1	5	1	1	1	5	1	1
HF	3 Gew.-%	5	5	5	5	4	5	1	1	1	1
CH_3COOH	10 Gew.-%	1	1	1	1	1	1	1	1	1	1
KOH	10 Gew.-%	1	1	1	1—2	2	1	1	2	2	1
NaCl	3 Gew.-%	1	1	1	1—2	1	1	1	1	1	1
b) *bei 100°C*											
HCl	10 Gew.-%	5	1	1	4—5	1	1	5	1	1	1
H_2SO_4	10 Gew.-%	5	1	1	3	1	1	5	1	1	1
HNO_3	10 Gew.-%	1	1	1	5	1	1	1	5	1—2	5
HF	3 Gew.-%	5	5	5	5	5	5	5	3—4	3—4	1
CH_3COOH	10 Gew.-%	1	1	1	3	1	1	1	1	1	1
KOH	10 Gew.-%	1	1	1	1	3	1	1	1	1—2	1
NaCl	3 Gew.-%	1	1	1	1—2	1	1	1	1	1	1

Bewertungsziffern:

0 — 0,5 g/m² · Tag	sehr beständig	1
0,5— 1,0 g/m² · Tag	beständig	2
1,0— 5,0 g/m² · Tag	genügend beständig	3
5,0—10,0 g/m² · Tag	wenig beständig	4
>10,0 g/m² · Tag	unbeständig	5

* Kieffer, R., Bach, H., Binder, F., Kurka, F.: Werkstoffe u. Korrosion *19* (1968) 312.

II. Metallurgie der Sondermetalle

A. Herstellungsverfahren

So wie die Gewinnung der Gebrauchsmetalle überwiegend Domäne der Hüttentechnik ist, so ist die Herstellung der Sondermetalle hauptsächlich Domäne der Chemiker. Die klassischen hüttenmännischen Verfahren benutzen ausschließlich die Reduktionskraft des Kohlenstoffs und des Schwefels und arbeiten überwiegend unter Normalatmosphäre. Die für die Gewinnung verschiedener Gebrauchsmetalle daneben heute auch angewendeten Elektrolyseverfahren sind zu den chemischen Verfahren zu zählen.

Für die Herstellung der hier als Sondermetalle bezeichneten Metalle versagt im allgemeinen die Hüttentechnik. Wegen des unedlen Charakters der meisten Sondermetalle ist die Reduktion mit Kohlenstoff unter hüttenmännisch beherrschbaren Bedingungen nicht möglich. Außerdem sind die meisten der Sondermetalle Karbidbildner, so daß sich bei der in Einzelfällen dennoch angewendeten Karbothermie Schwierigkeiten ergeben können. Für die Gewinnung der Sondermetalle werden daher vorzugsweise andere, rein chemische Verfahren eingesetzt.

Im Gegensatz zu den Gebrauchsmetallen kommen die Sondermetalle, vor allem die weniger häufigen, selten in eigenen Erzlagerstätten angereichert und meist vergesellschaftet mit anderen Metallen vor. Ihrer Gewinnung muß daher eine sehr hochentwickelte Aufbereitungstechnik vorangehen, umso mehr, als die letzte Stufe der Metallgewinnung, die Reduktion, meist von praktisch reinen Verbindungen ausgeht.

Verschiedene Sondermetalle werden häufig als Nebenprodukte bei der Gewinnung von Gebrauchsmetallen erhalten. Ausgangsprodukte sind dann Flugstäube, Krätzen, Anodenschlämme, Reinigungsschlämme u. a.

Die Aufbereitung dieser Materialien ebenso wie die von Erzen der Sondermetalle geschieht überwiegend nach chemischen Methoden, die gegenüber den klassischen physikalischen Aufbereitungsmethoden wesentlich selektiver sind und den Vorteil bringen, auch geringe Metallkonzentrationen verwerten zu können. Der Gang der Aufbereitung richtet sich nicht nur nach der Art des zu gewinnenden Metalles, sondern auch weitgehend nach der Art der Ausgangsprodukte. Die sehr differenzierten Aufbereitungsverfahren können daher nur im speziellen Teil bei den einzelnen Metallen besprochen werden.

Auch für die letzte Stufe, die Reduktion zu den Metallen, haben sich verschiedenartige Verfahren eingeführt, die die Reduktion mit unedlen Metallen, die Umsetzung mit reduzierenden nichtmetallischen Stoffen, die thermische Zersetzung von wenig stabilen Verbindungen und die Elektroreduktion umfassen.

Die einzelnen Verfahren können zusammenfassend behandelt werden, weil sie im allgemeinen nicht spezifisch, sondern im Prinzip meist für die Gewinnung einer ganzen Reihe von Metallen einsetzbar sind. Die scharfe wirtschaftliche Konkurrenz unter den Verfahren führt aber dazu, daß sich zur Herstellung eines bestimmten Metalles meist nur ein einziges spezielles oder ganz wenige Verfahren einführen konnten. Dasselbe gilt auch für die später besprochenen Verfahren der Metallraffination und der Verarbeitung.

1. Metallothermie

Unter dem Begriff der Metallothermie werden jene Darstellungsmethoden für reine Metalle verstanden, die auf der Reduktion einer Metallverbindung durch ein anderes, unedleres Metall beruhen. Die Metallverbindungen, von denen in technischen Prozessen ausgegangen wird, sind fast ausschließlich die Oxide, Chloride und Fluoride. Als Reduktionsmetalle dienen je nach den thermodynamischen und technischen Gegebenheiten die Metalle Natrium, Kalium, Magnesium, Calcium und Aluminium sowie das Halbmetall Silizium, in seltenen Fällen auch Lanthan oder Cermischmetall.

Die Reduktion wird im Prinzip so durchgeführt, daß die Verbindungen der zu reduzierenden Metalle mit dem feinverteilten Reduktionsmetall gemischt in Tiegel aus keramischem Material oder Eigenmaterial eingebracht werden und das Gemisch mit einer Zündpille gezündet wird. Manchmal — bei niedriger Wärmetönung der Reaktion — wird der Tiegelinhalt auch erwärmt. Auch Eintragen der festen oder flüssigen bzw. Einblasen von gasförmigen Metallverbindungen in die Schmelze des Reduktionsmetalles ist eine erfolgreiche und in diesem Falle halbkontinuierliche Variante. Zum Teil kann unter Normalatmosphäre gearbeitet werden. Um reine, vor allem sauerstoff- und stickstofffreie Metalle zu erhalten, empfiehlt sich aber die Verwendung von Schutzgas oder Vakuum. Nach Beendigung der oft stürmisch verlaufenden Reaktion muß das gewonnene Metall von der gebildeten Verbindung des Reduktionsmetalles getrennt werden. Am einfachsten ist die Trennung dann, wenn die Reaktionsprodukte bei der Umsetzungstemperatur geschmolzen vorliegen; sie können dann in flüssigem Zustand getrennt aus dem Reaktionsraum abgezogen werden. Die Trennung ist auch dann noch einfach, wenn nur eines der beiden Reaktionsprodukte, Metall oder „Schlacke", schmelzflüssig ist. Wird während der Reaktion eine so hohe Temperatur erreicht, daß wenigstens während der Temperaturspitze eines der Reaktionsprodukte geschmolzen war, so kann nach Auskühlen meist das Metall und der erstarrte „Schlacken"-Block mechanisch getrennt werden. Sind aber Metall und Schlacke hochschmelzend und werden während der Reaktion nicht aufgeschmolzen, was bei metallothermischen Reaktionen häufig der Fall ist, so ist das Endprodukt ein Gemenge der Reaktionsprodukte. Die Schlacke muß dann durch Wasser oder Säure weggelöst werden, was natürlich genügende Beständigkeit des zu gewinnenden Metalles voraussetzt. Die Metalle verbleiben als Pulver oder, wenn sie gesintert sind, als Schwamm. Bei der Behandlung mit wäßrigen Medien kann das Metall durch oberflächliche Reaktion Sauerstoff und auch Wasserstoff aufnehmen. Mit der Entwicklung leistungsfähiger Vakuumanlagen wird neuerdings das Abdampfen des Reaktionsnebenproduktes (nur bei Chloriden möglich) im Vakuum bevorzugt.

Die meisten der schwer reduzierbaren Metalle wurden erstmalig mit Hilfe metallothermischer Verfahren hergestellt. So sei an die Darstellung des Aluminiums durch WÖHLER 1828 bzw. an die von Titan durch BERZELIUS 1825 erinnert, die Aluminiumchlorid bzw. Kaliumtitanfluorid mit Natriummetall

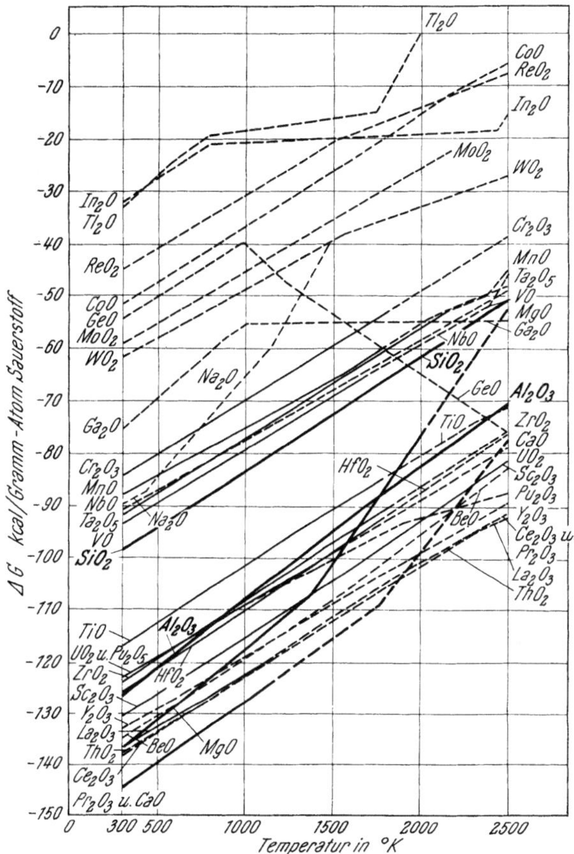

Abb. 19. ΔG–T-Diagramme für Oxide

reduzierten. Auch heute noch zählen die metallothermischen Verfahren zu den wichtigsten Verfahren zur Herstellung der Sondermetalle, wenn auch zum Beispiel die Schmelzflußelektrolyse immer mehr an Bedeutung gewinnt.

Metallothermische Verfahren sind wegen des relativ hohen Preises der Reduktionsmetalle kostspielig, werden aber überall dort angewendet, wo ihre spezifischen Nachteile keine oder nur eine geringe Rolle spielen. Als nachteilig ist zu werten, daß es bisher noch nicht gelungen ist, die metallothermischen Prozesse kontinuierlich zu gestalten. Die Reduktionsmetalle müssen außerdem einen hohen Grad an Reinheit aufweisen. Bereits geringe Mengen an Sauerstoff, Stickstoff und Wasserstoff, die mit den Reduktionsmetallen eingeschleppt werden, können eine wesentliche Verschlechterung der Eigenschaften der Metalle zur Folge haben. Auch ist die Trennung der gewonnenen Metalle von den Reaktionsnebenprodukten häufig recht aufwendig.

Die Wahl des Reduktionsmetalles für die Umsetzung mit den Oxiden, Chloriden oder Fluoriden, die als Endprodukte der Erzaufbereitung hauptsächlich vorliegen, hängt in erster Linie von den thermodynamischen Verhältnissen ab.

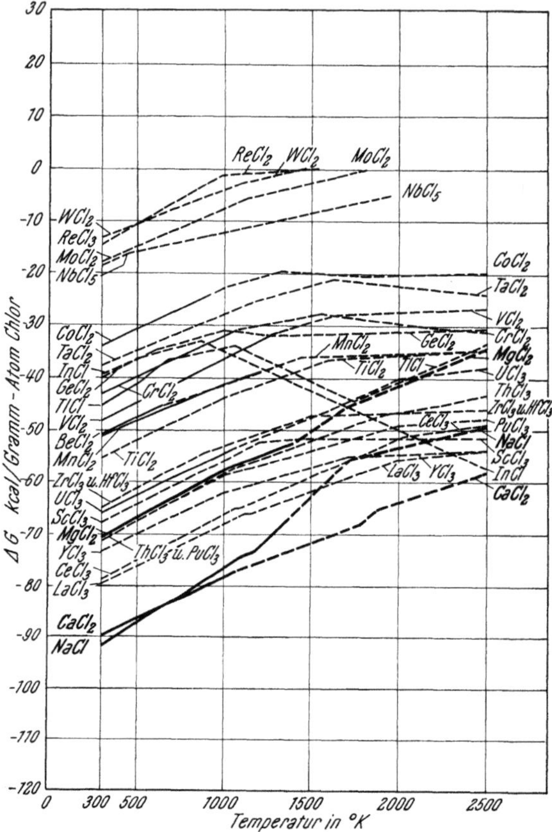

Abb. 20. ΔG–T-Diagramme für Chloride

Bekanntlich kann eine Reaktion AX + B → BX + A (A steht für zu gewinnendes Metall, B für Reduktionsmetall und X für Sauerstoff, Chlor, Fluor) nur dann in der gewünschten Richtung ablaufen, wenn die freie Reaktionsenthalpie ΔG negativ ist. Die Abb. 19—21 gestatten die rasche Abschätzung, ob ein Metalloxid, -chlorid oder -fluorid bei einer bestimmten Temperatur durch ein anderes Metall reduziert werden kann. Die Reduktion gelingt immer dann, wenn die freie Bildungsenthalpie der Verbindung BX negativer ist als die der Verbindung AX. Die Diagramme sagen nur über die Richtung des Reaktionsablaufes etwas aus, nicht aber darüber, ob diese Reaktion technisch und wirtschaftlich durchführbar ist und ob sie zu brauchbaren Produkten führt. Diese Frage kann nur beantwortet werden, wenn eine Reihe von anderen Faktoren mit in Rechnung gestellt wird.

So muß die Reaktion mit genügender Geschwindigkeit ablaufen. Zu rascher Reaktionsablauf mit gleichzeitigem Freiwerden von größeren Wärmemengen kann umgekehrt die technische Durchführbarkeit sehr erschweren. Man darf auch die notwendige Trennung der Reaktionsprodukte nicht aus den Augen verlieren. Hohe Schmelzpunkte der Reaktionsprodukte bedingen, wie schon erwähnt, umständlichere Aufbereitungsmethoden. In einzelnen Fällen wird durch

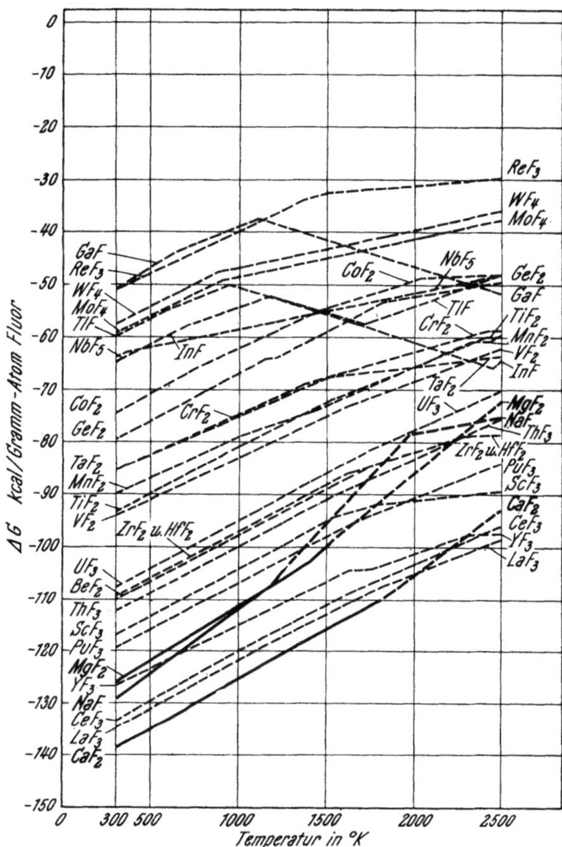

Abb. 21. ΔG–T-Diagramme für Fluoride

Zusatz von Flußmitteln ein Aufschmelzen der Nebenprodukte und damit eine Erleichterung der Abtrennung vom Metall erreicht (z. B. Schwefel oder Jod bei der calciothermischen Gewinnung von Vanadin). Auch „Boostern", d. h. Zusetzen von Stoffen, die durch Reaktion mit dem im Überschuß zugesetzten Reduktionsmetall die Wärmebilanz verbessern, führt oft zum Erfolg. Ein hoher Schmelzpunkt des zu gewinnenden Metalles läßt sich unter Umständen durch Zulegieren eines Hilfsmetalles so weit erniedrigen, daß ein zusammengeschmolzener Metallregulus erhalten wird (z. B. Zink bei der Yttrium- und Thoriumgewinnung). Das Hilfsmetall wird schließlich beim Umschmelzen des Metalles wieder restlos ausgedampft. Bei Verwendung von Reduktionsmetallen mit hohem Dampfdruck und bei der Bildung von flüchtigen Verbindungen während der Reaktion kann man gezwungen sein, die metallothermische Umsetzung in Druckgefäßen bzw. Bomben durchzuführen (magnesiothermische Gewinnung von Uran). Nicht zuletzt spielen auch die Kosten für das Reduktionsmetall eine entscheidende Rolle. Wie aus Tab. 7 zu ersehen, schwanken die Preise für die verschiedenen Reduktionsmetalle in sehr weiten Grenzen.

Tabelle 7. *Preise der metallothermisch verwendbaren Reduktionsmetalle; Weltmarktpreise 1968*

Metall	Preis $/kg	Preis cts/g-Atom	Preis cts/Äquivalent	Praktische Anwendung
Natrium	0,30— 0,50	0,70— 1,15	0,70— 1,15	Überwiegend verwendet für die Gewinnung von Titan (Hunter-Verfahren) und Tantal.
Magnesium	0,75— 0,80	1,82— 1,94	0,90— 1,0	Häufig verwendetes Reduktionsmetall, Kroll-Titan und -Zirkonium.
Calcium	8,0 — 9,0	32,0 —36,0	17,0 —18,0	Sehr hohe Reduktionskraft, teuer, Nebenprodukte schwer abtrennbar.
Aluminium	0,50— 0,60	1,30— 1,60	0,43— 0,53	Geringe Reduktionskraft, praktisch nur für die Oxidreduktion; Verwendung für V-, Nb- und Ferrolegierungen.
Silizium	0,30— 0,40	0,85— 1,15	0,20— 0,28	Nicht in genügender Reinheit verfügbar, Verwendung nur für spezielle Zwecke.
Barium	16,0 —24,0	220—330	110—165	Im Laboratorium verwendet.
Mischmetall	8,0 —12,0	110—170	35—60	Besonders hohe Reduktionskraft, teuer.

a) Natriothermie

Natriothermische Prozesse finden in erster Linie Anwendung bei der Reduktion von Chloriden und Fluoriden bzw. von Fluoriddoppelsalzen. Wegen der relativ geringen Bildungsenthalpie des Natriumoxids können Oxide nur in seltenen Fällen reduziert werden. Abb. 22 gibt eine Übersicht, welche Metalle durch natriothermische Prozesse schon labormäßig gewonnen wurden und welche Verfahren sich in die Technik einführten.

Hinsichtlich der Verwendung als Reduktionsmetall weist Natrium die folgenden technologisch wichtigen Eigenschaften auf:

Vorteile: Durch Schmelzflußelektrolyse (Downs-Prozeß) genügend rein zu erhalten. Geringes Lösevermögen für Oxide, dadurch eventuelle oxidische Verunreinigungen durch Filtration des geschmolzenen Natriums zu entfernen. Salze, auch die Fluoride, gut wasserlöslich und nicht hygroskopisch (Vorteil gegenüber Calcium und Magnesium). Geringe Tendenz zur Bildung von Verbindungen mit den Sondermetallen. Niedriger Schmelzpunkt (80 °C) ermöglicht den Transport von Natrium durch beheizte Rohrleitungen.

Nachteile: Sehr reaktiv und nur unter Schutzgas oder Schutzflüssigkeit zu hantieren. Niedriger Siedepunkt (892 °C) begrenzt die Temperatur bei der metallothermischen Reaktion bzw. verlangt die Durchführung in Druckgefäßen. Hoher Schmelzpunkt der Reaktionsprodukte (Natriumchlorid 801 °C, Natriumfluorid 980 °C) erschwert Abstechen von flüssiger Schlacke.

Die Natriothermie hat große Anwendung für die Reduktion von Kaliumtantalfluorid K_2TaF_7 gefunden[1] (vgl. S. 275ff.). K_2TaF_7 fällt als Endprodukt der Aufbereitung und Trennung von komplexen Tantal-Nioberzen an und ist nicht hygroskopisch; es stellt ein ideales Ausgangsprodukt für die metallothermische Reduktion dar. Das gebildete Natriumfluorid ist durch Weglösen mit Wasser und Nachwaschen des Tantalpulvers mit verdünnten Säuren leicht vollkommen zu entfernen.

Für die Niobgewinnung konnte sich ein natriothermisches Verfahren dagegen nicht durchsetzen, weil das K_2NbF_7 nur unter großem Aufwand völlig wasser-

[Legende: stark umrandet und schraffiert] Verfahren wird im großtechnischen Maßstab durchgeführt

[Legende: schraffiert] Verfahren wird labormäßig durchgeführt

1a	2a	3a	4a	5a	6a	7a	8	8	8	1b	2b	3b	4b	5b	6b	7b
Wasserstoff H																
Lithium Li	Beryllium Be											Bor B	Kohlenstoff C	Stickstoff N	Sauerstoff O	Fluor F
Natrium Na	Magnesium Mg											Aluminium Al	Silizium Si	Phosphor P	Schwefel S	Chlor Cl
Kalium K	Calzium Ca	Scandium Sc	Titan Ti	Vanadin V	Chrom Cr	Mangan Mn	Eisen Fe	Kobalt Co	Nickel Ni	Kupfer Cu	Zink Zn	Gallium Ga	Germanium Ge	Arsen As	Selen Se	Brom Br
Rubidium Rb	Strontium Sr	Yttrium Y	Zirkonium Zr	Niob Nb	Molybdän Mo	Technetium Tc	Ruthenium Ru	Rhodium Rh	Palladium Pd	Silber Ag	Cadmium Cd	Indium In	Zinn Sn	Antimon Sb	Tellur Te	Jod J
Cäsium Cs	Barium Ba	Lanthan La	Hafnium Hf	Tantal Ta	Wolfram W	Rhenium Re	Osmium Os	Iridium Ir	Platin Pt	Gold Au	Quecksilber Hg	Thallium Tl	Blei Pb	Wismut Bi	Polonium Po	Astatin At
Francium Fr	Radium Ra	Actinium Ac														

*Lanthaniden	Lanthan La	Cer Ce	Praseodym Pr	Neodym Nd	Promethium Pm	Samarium Sm	Europium Eu	Gadolinium Gd	Terbium Tb	Dysprosium Dy	Holmium Ho	Erbium Er	Thulium Tm	Ytterbium Yb	Lutetium Lu
**Actiniden	Actinium Ac	Thorium Th	Protactinium Pa	Uran U	Neptunium Np	Plutonium Pu	Americium Am	Curium Cm	Berkelium Bk	Californium Cf	Einsteinium E	Fermium Fm	Mendelevium Md	Nobelium No	Lawrencium Lw

Abb. 22. Natriothermisch gewinnbare Metalle

und sauerstofffrei erhalten werden kann. Bei der Umsetzung des unreinen K_2NbOF_5-haltigen Salzes entsteht ein Niobsuboxid-haltiges Produkt, das unter Umständen sogar pyrophor ist.

Trotz vieler Bemühungen konnte für die Reduktion des Kaliumtantalfluorids mit Natrium noch kein technisch befriedigendes, kontinuierlich arbeitendes Verfahren entwickelt werden. Die Reduktion wird noch immer chargenweise durch Umsetzung des Doppelsalzes mit stückigem Natrium in Stahlkesseln oder Stahlbomben durchgeführt. Zur Einleitung der Reaktion wird der Kessel durch indirekte Beheizung auf 600 °C gebracht. Die beträchtliche Reaktionswärme verbietet zu große Chargen, weil sonst die auftretenden Temperaturspitzen nicht beherrscht werden können.

[1] Berry, B. E., Miller, G. L., Williams, S. V.: BIOS Final Report No. 803 (1946).

Nach einer Variante des Verfahrens (LANG[1]) wird die Überhitzung dadurch erfolgreich vermieden, daß das Natrium nicht auf einmal zur Reaktion kommt, sondern in Form von Natriumdampf dosiert dem Reaktionsgefäß zugeführt wird (vgl. S. 283).

In letzter Zeit gewinnt auch die Gewinnung von Titan durch Reduktion des Titantetrachlorids mit Natrium (Hunter-Verfahren, vgl. S. 239) neben dem Kroll-Verfahren an Bedeutung. Es scheint, daß die Reduktion mit Natrium, je nach Standort, billiger kommt als die mit Magnesium, obwohl 4 Grammatome Natrium an Stelle von 2 Grammatomen Magnesium für die Reduktion von 1 Mol Tetrachlorid benötigt werden.

b) Magnesiothermie

Die Magnesiothermie findet, wie die Natriothermie, in erster Linie Anwendung bei der Reduktion von Fluoriden und Chloriden, seltener von Oxiden (vgl. Abb. 23).

Verfahren wird im großtechnischen Maßstab durchgeführt

Verfahren wird labormäßig durchgeführt

1a	2a	3a	4a	5a	6a	7a	8	8	8	1b	2b	3b	4b	5b	6b	7b
Wasserstoff H																
Lithium Li	Beryllium Be											Bor B	Kohlenstoff C	Stickstoff N	Sauerstoff O	Fluor F
Natrium Na	Magnesium Mg											Aluminium Al	Silizium Si	Phosphor P	Schwefel S	Chlor Cl
Kalium K	Calzium Ca	Scandium Sc	Titan Ti	Vanadin V	Chrom Cr	Mangan Mn	Eisen Fe	Kobalt Co	Nickel Ni	Kupfer Cu	Zink Zn	Gallium Ga	Germanium Ge	Arsen As	Selen Se	Brom Br
Rubidium Rb	Strontium Sr	Yttrium Y	Zirkonium Zr	Niob Nb	Molybdän Mo	Technetium Tc	Ruthenium Ru	Rhodium Rh	Palladium Pd	Silber Ag	Cadmium Cd	Indium In	Zinn Sn	Antimon Sb	Tellur Te	Jod J
Cäsium Cs	Barium Ba	Lanthan La*	Hafnium Hf	Tantal Ta	Wolfram W	Rhenium Re	Osmium Os	Iridium Ir	Platin Pt	Gold Au	Quecksilber Hg	Thallium Tl	Blei Pb	Wismut Bi	Polonium Po	Astatin At
Francium Fr	Radium Ra	Actinium Ac**														

*Lanthaniden	Lanthan La	Cer Ce	Praseodym Pr	Neodym Nd	Promethium Pm	Samarium Sm	Europium Eu	Gadolinium Gd	Terbium Tb	Dysprosium Dy	Holmium Ho	Erbium Er	Thulium Tm	Ytterbium Yb	Lutetium Lu
**Actiniden	Actinium Ac	Thorium Th	Protactinium Pa	Uran U	Neptunium Np	Plutonium Pu	Americium Am	Curium Cm	Berkelium Bk	Californium Cf	Einsteinium E	Fermium Fm	Mendelevium Md	Nobelium No	Lawrencium Lw

Abb. 23. Magnesiothermisch gewinnbare Metalle

Magnesium, als Reduktionsmetall bei magnesiothermischen Verfahren verwendet, weist folgende Vor- und Nachteile auf:

Vorteile: Leicht und preiswert durch Schmelzflußelektrolyse in guter Reinheit zu gewinnen. Höchstreinigung durch Hochvakuumdestillation möglich. Niedriger Schmelzpunkt des Chlorides ($MgCl_2$ Fp = 708 °C) ermöglicht das Ab-

[1] LANG, H.: D.B.P. 815107 (1951).

ziehen als flüssige Schlacke, die direkt in die Magnesiumelektrolyse zurückgeführt werden kann. Der niedrige Siedepunkt des Magnesiums (Kp 1107 °C) und des Magnesiumchlorides (Kp = 1412 °C) erlaubt die Entfernung von überschüssigem Magnesium und Magnesiumchlorid aus dem Reaktionsprodukt durch Vakuumdestillation.

Nachteile: Der niedrige Siedepunkt des Magnesiums begrenzt die Reaktionstemperatur bzw. erfordert Reaktionsführung unter Druck. Die im Vergleich zu Natrium und Calcium geringere Reaktionswärme reicht häufig nicht aus, die notwendigen Reaktionstemperaturen ohne zusätzliche Wärmezufuhr zu erreichen. Magnesiumchlorid ist sehr hygroskopisch, reagiert in wäßrigen Lösungen sauer und ist stark korrosiv. Magnesiumfluorid hat hohen Schmelz- und Siedepunkt (Fp 1264 °C, Kp 2240 °C) und ist nur wenig wasserlöslich, daher aus den Reaktionsprodukten schwer abzutrennen. Magnesium bildet mit manchen Übergangsmetallen Legierungen, aus denen es allerdings ohne große Schwierigkeiten durch Vakuumdestillation entfernt werden kann.

Werden *Chloride* magnesiothermisch reduziert, wird im allgemeinen geschmolzenes Magnesiummetall in eisernen Behältern vorgelegt und die Chloride zugeführt. Der hohe Dampfdruck der meisten Chloride ermöglicht sehr oft, die Chloride in gasförmigem Zustand dosiert in das Reaktionsgefäß hineinzudampfen. Der Prozeß kann dann sehr leicht kontrolliert und auch halbkontinuierlich gestaltet werden. Das Reduktionsmetall ist während der ganzen Reaktion im Überschuß vorhanden, sodaß die Bildung von Subchloriden wirksam verhindert ist. So kann z. B. Titan, das hauptsächlich magnesiothermisch hergestellt wird — bei schlecht geleiteter Reaktion — mit Subchloriden verunreinigt und dann leicht oxydierbar, sogar pyrophor sein. Solche fehlerhaften Chargen müssen vollkommen verworfen werden.

Um reine (sauerstoff- und stickstoffarme) Endprodukte zu erhalten, muß unter Schutzgas (Argon und/oder Helium) gearbeitet und auch sehr reines Magnesium eingesetzt werden. Meist ist zwar das durch Elektrolyse erzeugte Handelsmagnesium für die magnesiothermische Reduktion sauber genug; das Magnesium kann aber relativ leicht durch Vakuumdestillation hochgereinigt werden.

Die metallothermische Reaktion führt man bei Temperaturen um etwa 900 °C durch. Höhere Reaktionstemperaturen bringen Schwierigkeiten durch Verdampfung von Magnesium mit sich. Es fällt Magnesiumchlorid in geschmolzener Form und das zu gewinnende Metall meist zusammengesintert als Schwamm an.

Die Trennung des Metalls vom geschmolzenen Magnesiumchlorid kann auf verschiedene Weise erfolgen:

a) Nach Abkühlen und Brechen des Reaktionsproduktes wird Magnesiumchlorid mit verdünnter Salzsäure bzw. mit heißer Salpetersäure weggelöst. Der zurückbleibende Metallschwamm (hauptsächlich werden Titan und Zirkonium magnesiothermisch gewonnen) ist gegen die genannten Medien sehr beständig. Es besteht aber die Gefahr, daß der Schwamm oberflächlich oxydiert und auch etwas Wasserstoff aufnimmt. Die Laugung mit wäßrigen Medien ist eine in der Technik sehr gebräuchliche, sehr einfache Methode, die nur geringen Apparateaufwand, aber höhere Lohnkosten erfordert.

b) Reinere Produkte verbleiben, wenn Magnesiumchlorid und die noch vorhandenen geringen Mengen überschüssigen Magnesiums im Vakuum bei etwa 875—920 °C abgedampft werden. Um alles Chlorid vollkommen zu entfernen, sind 30—50 Stunden Vakuumerhitzung erforderlich. Das Verfahren, das durch hohe Anlage- und Energiekosten belastet ist, setzt sich aber immer mehr durch, da man sehr sauerstoffarmes Metall erhält.

c) Destillation im Edelgaskreislauf:

In den USA wurde in letzter Zeit ein neues Verfahren entwickelt, um Schwamm von Magnesiumchlorid zu trennen, nämlich das Abdestillieren des Magnesiumchlorids im Edelgaskreislauf bei Normaldruck oder schwach erniedrigtem Druck. Über Einzelheiten des Verfahrens ist aus der Literatur noch wenig bekannt geworden.

Die Reduktion der *Fluoride* wird nur dann mit Erfolg durchgeführt, wenn das zu gewinnende Metall in Form eines kompakten, mechanisch leicht von den Nebenprodukten abzutrennenden Regulus anfällt. Magnesiumfluorid ist nämlich nicht wasserlöslich und ist auch wegen seines hohen Siedepunktes (Kp: 2240 °C) nicht bzw. nur sehr schwierig durch Vakuumdestillation zu entfernen.

Damit glatte Entmischung der Reaktionsprodukte eintritt und ein Metallregulus erhalten wird, muß während bzw. zu Ende der Reaktion sowohl das zu gewinnende Metall als auch die „Schlacke" flüssig sein. Da der Schmelzpunkt des Magnesiumfluorids (Fp: 1264°C) über dem Siedepunkt des Magnesiums (Kp: 1107 °C) liegt, ist es notwendig, die magnesiothermische Reduktion von Fluoriden in Druckgefäßen vorzunehmen. Üblicherweise wird bei Temperaturen von 1300 bis 1400 °C gearbeitet. Wegen der notwendigen Bildung eines Regulus können nur solche Metalle magnesiothermisch aus den Fluoriden gewonnen werden, die bei der Arbeitstemperatur, also bei 1300—1400 °C geschmolzen sind (z. B. Uran, Plutonium und Beryllium). Die höher schmelzenden Metalle Scandium und Yttrium lassen sich magnesiothermisch aus den Fluoriden gewinnen, wenn man mit einem Überschuß von Magnesium oder unter Zusatz von Zink arbeitet. Die Reguli bestehen dann aus den niedrigschmelzenden Legierungen des Scandiums und des Yttriums mit Magnesium bzw. Zink. Das Hilfsmetall läßt sich ohne Schwierigkeiten beim Umschmelzen im Vakuum entfernen.

Zur Durchführung der magnesiothermischen Reduktion werden die Fluoride zusammen mit der notwendigen Menge Magnesiumpulver oder Spänen in druckfeste Behälter (vgl. Abb. 24) eingestampft und aufgeheizt, bis die Reaktion bei etwa 600 °C von selbst zündet. Das Vorheizen ist notwendig, um die zum Aufschmelzen von Metall und Magnesiumfluorid notwendige Temperatur zu erreichen.

Im Falle der Gewinnung von Beryllium erhält man keinen Regulus. Wegen seiner geringen Dichte setzt sich Beryllium in der Schmelze nicht ab, sondern es ist in der abgekühlten Schmelze in Form von erstarrten Tröpfchen („Pebbles") zu finden. Beim Zerkleinern des Schmelzkuchens werden die Berylliumpebbles freigelegt und können vom Mahlgut abgesiebt werden. Die Abtrennung des Magnesiumfluorides von den Berylliumkügelchen wird erleichtert, wenn man die Reaktion mit einem Unterschuß an Magnesium durchführt. Die Schlacke enthält dann neben Magnesiumfluorid noch überschüssiges Berylliumfluorid. Beim Aufmahlen des Schmelzkuchens, das in diesem Falle unter Wasser geschieht, zerfallen die Schlacketeilchen, weil Berylliumfluorid wasserlöslich ist, und es verbleibt sehr feinkörniges, leicht abzutrennendes Magnesiumfluorid.

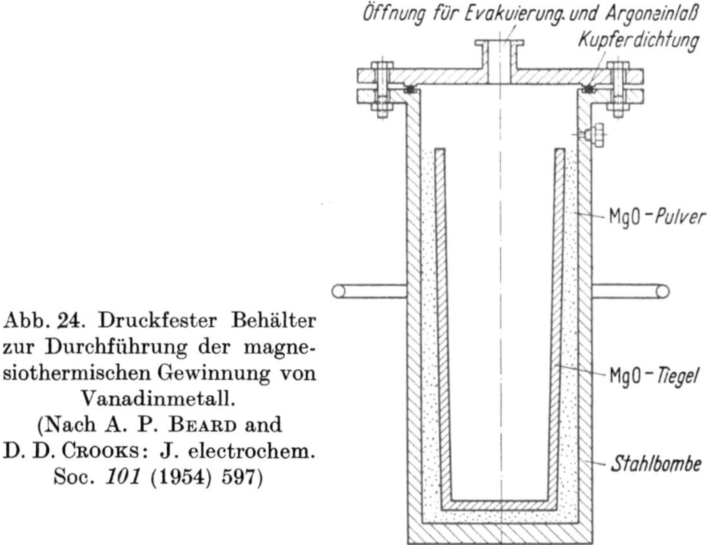

Abb. 24. Druckfester Behälter zur Durchführung der magnesiothermischen Gewinnung von Vanadinmetall. (Nach A. P. BEARD and D. D. CROOKS: J. electrochem. Soc. *101* (1954) 597)

c) Calciothermie

Metallisches Calcium ist ein sehr starkes Reduktionsmittel. Es reduziert fast alle Halogenide und zahlreiche Oxide zu den Metallen. Calcium ist aber, trotz seiner relativen Häufigkeit in der Erdkruste, ein ziemlich teures Metall. Seine Gewinnung durch Schmelzflußelektrolyse ist technisch schwierig und man erhält das Metall auch nur mit mäßiger Reinheit, so daß es — für calciothermische Prozesse — meist durch Vakuumdestillation nachgereinigt werden muß. Man vermeidet deshalb die Verwendung von Calcium und wendet, soweit möglich, billigere Reduktionsverfahren an. Wie Abb. 25 zeigt, werden dennoch in vielen Fällen calciothermische Prozesse durchgeführt.

Vorteile: Die hohe Reduktionskraft des Calciums erlaubt die Gewinnung aller Sondermetalle, vielfach auch aus den billigeren und leichter handzuhabenden Oxiden. Das relativ unreine, durch Schmelzflußelektrolyse gewonnene Calcium läßt sich, wenn man die hohen Kosten für die Reinigung in Kauf nimmt, durch Vakuumdestillation praktisch frei von den für metallothermische Verfahren besonders schädlichen Verunreinigungen Sauerstoff, Stickstoff und Kohlenstoff erhalten. Calcium besitzt einen höheren Siedepunkt (Kp: 1240 °C) als Magnesium. Die Reduktionen mit Calcium lassen sich daher in manchen Fällen noch drucklos durchführen, wo bei der Verwendung von Magnesium schon Druckgefäße notwendig sind. Calcium bildet mit den Übergangsmetallen keine bzw. höchstens wenig stabile Verbindungen. Wegen der hohen Bildungswärme von Calciumoxid bzw. Calciumhalogenid kann die calciothermische Reaktion direkt mit einer Zündkirsche in Gang gesetzt werden;

eine Vorwärmung wie bei magnesiothermischen Prozessen ist nicht notwendig.

Nachteile: Calcium ist, bezogen auf das Äquivalentgewicht, teuerer als alle anderen gebräuchlichen metallischen Reduktionsmittel. Calcium muß, zum Unterschied von Magnesium, ähnlich wie Natrium, unter Schutzgas oder unter Schutzflüssigkeiten manipuliert werden. Calciumchlorid ist zwar gut wasserlöslich, doch reagiert die wäßrige Lösung sauer und ist stark korrosiv. Bei der Abtrennung auf thermischem Wege, z. B. durch Wegschmelzen und Wegdampfen, treten Schwierigkeiten dadurch auf, daß Calciumchlorid stark hygroskopisch ist. Das Fluorid ist wie das Magnesiumfluorid unlöslich und hochsiedend. Bei der calciothermischen Reduktion von Fluoriden muß die Reaktion also ebenfalls so geführt werden, daß alle Reaktionsprodukte flüssig vorliegen und sich entmischen können.

Das Verfahren wird
ausgehend vom Metalloxid } großtechnisch durchgeführt
ausgehend vom Metallhalogenid }

Das Metall wird sowohl aus dem Oxid als auch dem Halogenid im Versuchsmaßstab gewonnen

1a	2a	3a	4a	5a	6a	7a	8	8	8	1b	2b	3b	4b	5b	6b	7b
Wasserstoff H																
Lithium Li	Beryllium Be											Bor B	Kohlenstoff C	Stickstoff N	Sauerstoff O	Fluor F
Natrium Na	Magnesium Mg											Aluminium Al	Silizium Si	Phosphor P	Schwefel S	Chlor Cl
Kalium K	Calzium Ca	Scandium Sc	Titan Ti	Vanadin V	Chrom Cr	Mangan Mn	Eisen Fe	Kobalt Co	Nickel Ni	Kupfer Cu	Zink Zn	Gallium Ga	Germanium Ge	Arsen As	Selen Se	Brom Br
Rubidium Rb	Strontium Sr	Yttrium Y	Zirkonium Zr	Niob Nb	Molybdän Mo	Technetium Tc	Ruthenium Ru	Rhodium Rh	Palladium Pd	Silber Ag	Cadmium Cd	Indium In	Zinn Sn	Antimon Sb	Tellur Te	Jod J
Cäsium Cs	Barium Ba	Lanthan La*	Hafnium Hf	Tantal Ta	Wolfram W	Rhenium Re	Osmium Os	Iridium Ir	Platin Pt	Gold Au	Quecksilber Hg	Thallium Tl	Blei Pb	Wismut Bi	Polonium Po	Astatin At
Francium Fr	Radium Ra	Actinium Ac**														

*Lanthaniden	Lanthan La	Cer Ce	Praseodym Pr	Neodym Nd	Promethium Pm	Samarium Sm	Europium Eu	Gadolinium Gd	Terbium Tb	Dysprosium Dy	Holmium Ho	Erbium Er	Thulium Tm	Ytterbium Yb	Lutetium Lu
**Actiniden	Actinium Ac	Thorium Th	Protactinium Pa	Uran U	Neptunium Np	Plutonium Pu	Americium Am	Curium Cm	Berkelium Bk	Californium Cf	Einsteinium E	Fermium Fm	Mendelevium Md	Nobelium No	Lawrencium Lw

Abb. 25. Calciothermisch gewinnbare Metalle

Die calciothermische Reduktion von Oxiden ist nur dann sinnvoll, wenn es gelingt, das Metall regulinisch zu gewinnen. Liegt das Metall nach der Reaktion ungeschmolzen und in verteiltem Zustand vor, ist man gezwungen, das Calciumoxid mit Säuren wegzulösen. Es verbleibt ein Metall mit hohem Gehalt an oxidischen Verunreinigungen. Diese Metallschwämme haben nur als Ausgangsprodukte für den Van-Arkel-Prozeß (s. S. 57) eine gewisse Bedeutung.

Um regulinisches Ausschmelzen des Metalles zu erreichen, muß nicht nur der Schmelzpunkt des Metalles überschritten, sondern auch das Calciumoxid verschlackt werden. Die Verflüssigung des hochschmelzenden Calciumoxids (Fp: 2580 °C) gelingt durch Zugabe von Flußmitteln, wie Calciumchlorid, Calcium und Jod oder neuerdings auch Calcium und Schwefel. Es bilden sich leichtflüssige $CaO-CaCl_2$-, $CaO-CaJ_2$- bzw. CaO—CaS-Schlacken. Jod- bzw. Schwefelzusätze erfordern einen entsprechenden Überschuß an Calciummetall bei der Reduktion und verfolgen noch einen weiteren Zweck. Die hohe Wärmetönung der Bildung von Calciumjodid bzw. Calciumsulfid aus den Elementen steigert die zu erreichende Reaktionstemperatur („Boostern"). Mit Jod- bzw. Schwefelzusatz werden so hohe Temperaturen erreicht, daß z. B. auch Vanadin (Fp: 1900 °C) ausgeschmolzen wird. Wegen der hohen Reaktionstemperatur sind für die Reduktion des Vanadinpentoxids magnesiumoxidausgekleidete Tiegel (vgl. z. B. Abb. 24) notwendig. Das Metall wird mit hoher Ausbeute als kompakter Regulus gewonnen. Bei Verwendung sehr reiner Ausgangsmaterialien läßt sich ein Vanadinmetall mit 99,5—99,7% Reinheit erhalten.

Obwohl sich alle Halogenide durch Calcium gleichermaßen reduzieren lassen, hat sich nur die Reduktion der Fluoride in großem Maßstab durchgesetzt. Der Grund dafür liegt darin, daß die Fluoride der Übergangsmetalle zum Unterschied von den Chloriden bei Normaltemperatur fest und nicht feuchtigkeitsempfindlich sind. Die Fluoride sind ferner oft die Endprodukte von Erzaufbereitungsprozessen und lassen sich auch leicht durch Behandlung von Oxiden mit Fluorwasserstoffgas oder mit Ammoniumhydrofluorid nach dem Van-Impe-Verfahren[1] ohne technologische Schwierigkeiten erzeugen, während die Chloride auf wesentlich kompliziertere und aufwendigere Weise durch Chlorierung mit Elementarchlor in Gegenwart von kohlenstoff- oder kohlenwasserstoffhaltigen Gasen dargestellt werden müssen.

Das entstehende Calciumfluorid ist in Wasser unlöslich und praktisch auch nicht verdampfbar. Es muß also bei der calciothermischen Reduktion von Fluoriden ebenfalls auf regulinisch geschmolzenes Metall hingearbeitet werden. Dies ist bei Fluoriden leichter als bei Oxiden, weil der Schmelzpunkt des Calciumfluorids (Fp: 1360 °C) wesentlich niedriger ist als der des Calciumoxids und damit auf schlackenverflüssigende Zusätze verzichtet werden kann. Bei nicht zu hohem Schmelzpunkt des zu gewinnenden Metalles (z. B. Uran) ist auch „Boostern" nicht erforderlich. Beim hochschmelzenden Thorium (Fp: 1690 °C) wird Zinkchlorid als „Booster" und ein entsprechender Überschuß an Reduktionsmetall eingesetzt [Ames-Prozeß[2]]. Es entsteht eine niedrigschmelzende Thorium-Zink-Legierung, aus der das Zink bei 1100 °C im Hochvakuum abdestilliert wird. Beim Zusatz von Zinkchlorid sind — wegen des hohen Dampfdruckes des mitentstehenden Zinks — Druckapparaturen notwendig.

d) Aluminothermie

Die hohe Bildungswärme von Aluminiumoxid reicht für die Reduktion zahlreicher Oxide bis zum Metall aus. Die aluminothermische Reduktion von Oxiden zu Reinmetallen und zu kohlenstoff-freien Ferrolegierungen hat sich verbreitet

---

[1] Docroly, C., Van Impe, J., Tydgat, D.: Rev. met. *49* (1952) 458.

[2] Wilhelm, H. A.: in: The Metal Thorium, Proceedings of USAEC-ASM Conference on Thorium, Cleveland, Am. Soc. Met. 1958.

in die Technik eingeführt; für die Reduktion von Halogeniden hat Aluminium dagegen keine Bedeutung erlangen können. Wegen des niedrigen Preises und der ausgezeichneten Reinheit des handelsüblichen Metalles gewinnt die Aluminothermie zunehmend an Bedeutung.

Wie aus Abb. 26 zu ersehen, wird Vanadin zu einem großen Teil und Niob überwiegend auf aluminothermischem Wege hergestellt. Die aluminothermische Herstellung von Chrom und Mangan tritt gegenüber der elektrolytischen Gewinnung aus wäßrigen Lösungen heute in den Hintergrund.

1a	2a	3a	4a	5a	6a	7a	8			1b	2b	3b	4b		
Wasserstoff H															
Lithium Li	Beryllium Be											Bor B	Kohlenstoff C		
Natrium Na	Magnesium Mg											Aluminium Al	Silizium Si		
Kalium K	Calzium Ca	Scandium Sc	Titan Ti	Vanadin V	Chrom Cr	Mangan Mn	Eisen Fe*	Kobalt Co	Nickel Ni	Kupfer Cu	Zink Zn	Gallium Ga	Germanium Ge	Arsen As	
Rubidium Rb	Strontium Sr	Yttrium Y	Zirkonium Zr	Niob Nb	Molybdän Mo	Technetium Tc	Ruthenium Ru	Rhodium Rh	Palladium Pd	Silber Ag	Cadmium Cd	Indium In	Zinn Sn	Antimon Sb	Tellur Te
Cäsium Cs	Barium Ba	Lanthan La*	Hafnium Hf	Tantal Ta	Wolfram W	Rhenium Re	Osmium Os	Iridium Ir	Platin Pt	Gold Au	Quecksilber Hg	Thallium Tl	Blei Pb	Wismut Bi	Polonium Po
Francium Fr	Radium Ra	Actinium Ac**													

Abb. 26. Aluminothermisch gewinnbare Metalle

Vorteile: Der niedrige Preis (etwa 0,5 $/kg Aluminium) und die hohe Reinheit des Handelsproduktes (Raffinal: 99,99% Al). Ausgangsprodukt für die Aluminothermie sind die billigen und bequem einsetzbaren Oxide. Nebenprodukt bei aluminothermischen Reduktionen von Oxiden ist Korund, der mit gutem Preis in der keramischen und der Schleifmittelindustrie abgesetzt werden kann.

Nachteile: Aluminiumoxid ist praktisch säureunlöslich, eine chemische Abtrennung daher unmöglich. Zur sauberen Trennung müssen gewonnenes Metall und Aluminiumoxid während der Reaktion aufgeschmolzen sein. Die notwendige hohe Temperatur erfordert häufig den Zusatz von Schlackenverflüssigern und Boostern. Aluminium bildet mit vielen Übergangsmetallen ziemlich stabile Aluminide, aus denen zur Gewinnung der reinen Metalle das Aluminium im Vakuum abgedampft werden muß.

Aluminothermische Reaktionen werden ausschließlich chargenweise nach Art der „Thermitreaktionen" durchgeführt. Das Gemisch von Oxid und Aluminiumpulver wird bei genügender Wärmetönung der Reaktion und genügender Chargengröße mit einer Zündkirsche bzw. mit einer Zündflamme oder mit einem Lichtbogen gezündet. Ist die Reaktionswärme zu gering, um die notwendigen Reaktionstemperaturen zu erreichen, wird das Gemisch vorgewärmt oder auch durch Zusatz eines Sauerstoff abgebenden Mittels wie Bariumdioxid oder Kaliumdichromat und Aluminiumüberschuß geboostert. Solche Zusätze setzen gleichzeitig die Schmelztemperatur der Korundschlacke herab. Der verunreinigte Korund ist dann aber schwer verkäuflich. Die Behälter aus Stahl sind mit einer dicken Schicht von hochfeuerfestem Material bzw. mit der bei vorhergehenden Chargen angefallenen Schlacke ausgekleidet (vgl. Abb. 27), um die Behälterwandung vor der Reaktionswärme zu schützen.

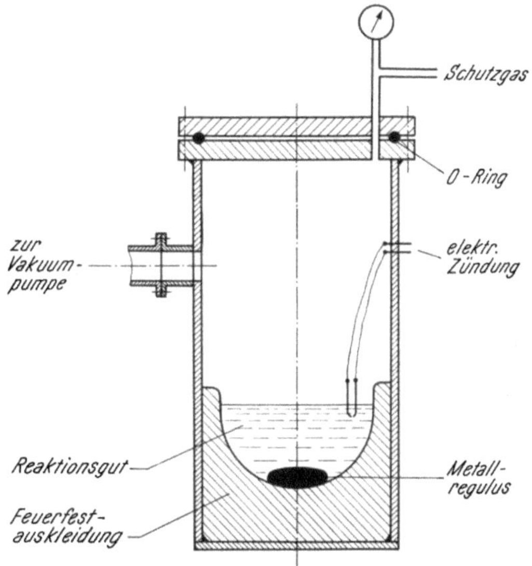

Abb. 27. Schemabild eines Reaktionsbehälters zur Durchführung der aluminothermischen Reduktion von Vanadin- bzw. Nioboxid. Die Behälterwand kann zur Vermeidung einer gefährlichen Überhitzung mit Wasser gekühlt werden. (Nach WANG u. BAROCH[3])

Außer bei der Reduktion von Chrom- und Manganoxiden mit Aluminium müssen überstöchiometrische Mengen (10—15%) an Aluminium zugesetzt werden. Der Restsauerstoffgehalt des gewonnenen Metalles fällt mit steigendem Aluminiumüberschuß. Das Metall muß schließlich vom überschüssigen Aluminium durch Ausdampfen im Vakuum bzw. durch Vakuumschmelzen befreit werden, wobei gleichzeitig eine Raffination des Metalles durch Erniedrigung des Sauerstoffgehaltes eintritt. Der Sauerstoff geht während des Verdampfens von Aluminium in Form von flüchtigen Aluminiumsuboxiden (Al_2O und AlO) weg[1,2,3].

So werden bei der modernen aluminothermischen Herstellung von Vanadin zuerst etwa 50—300 kg schwere Vanadinreguli mit einem Restsauerstoffgehalt von 0,1 bis 0,2% Sauerstoff und 10 bis 15% Aluminium erhalten, die bei ein- oder mehrmaligem Umschmelzen im Elektronenstrahlofen ein Metall mit einer Reinheit von mehr als 99,5% V ergeben.

Auch Niob ist mit Erfolg aluminothermisch zu gewinnen; sauerstoff- und aluminiumhaltiges Niob läßt sich durch Umschmelzen sogar noch weiter, nämlich auf $>$ 99,8% Nb reinigen[4].

---

[1] KRÜGER, J., WINTERHAGER, H.: Metall *20* (1966) 430.

[2] KIEFFER, R., BRAUN, H.: Vanadin, Niob, Tantal. Springer-Verlag, Berlin–Göttingen–Heidelberg 1963.

[3] WANG, C. T., BAROCH, E. F.: J. Metals *21* (1969) 108.

[4] WILHELM, H. A., SCHMIDT, F. A., ELLIS, T. G.: J. Metals *18* (1966) 1303.

Die aluminothermische Gewinnung von Tantal bietet, wegen des hohen Schmelzpunktes von Tantal (Fp 3000 °C), dagegen fast unüberwindliche Schwierigkeiten. Es ist aber möglich, Tantal-Legierungen durch aluminothermische Reduktion von Mischoxiden zu gewinnen, wie ganz allgemein die gemeinsame Reduktion von Mischoxiden oft zu wertvollen Legierungen führt.

Die Reduktion von Titan-, Zirkonium- und Hafniumoxid mit Aluminium ist nicht möglich. Es ist vorgeschlagen worden, die Umsetzung in erster Stufe nur zu stark sauerstoffhaltigen Metallen zu führen und die Reaktion durch Schmelzen im Vakuum bei 2000 °C und Abdampfen der flüchtigen Aluminiumsuboxide zu vervollständigen[1]. Technische Anwendung hat dieser Prozeß bisher nicht gefunden.

e) Andere metallothermische Verfahren

Silikothermie

Silizium, sogenanntes 97—99%iges „Siliziummetall", das durch Reduktion von Quarzsand mit Koks im elektrischen Lichtbogenofen erschmolzen werden kann, ist sehr billig, bezogen auf das Äquivalentgewicht sogar billiger als Aluminium. Es schien daher als Reduktionsmetall für metallothermische Prozesse interessant. Für die Gewinnung von reinen Metallen ist jedoch dieses „Siliziummetall" zu unrein und Siliziummetall mit genügender Reinheit ($>$ 99,9% Si) wiederum zu teuer. Eine Verwendung von Silizium als Reduktionsmittel wird auch dadurch erschwert, daß Silizium mit fast allen Metallen stabile Verbindungen (vgl. Silizide, S. 442) eingeht, die sich wegen des hohen Siedepunktes von Silizium (Kp: 2650 °C) auch nicht durch Ausdampfen des Siliziums zerlegen lassen.

Silizium findet daher nur zur Herstellung von Chrom aus Chromoxid bzw. von Ferrochrom aus Chromeisenstein und zur Herstellung von siliziumhaltigen Vorlegierungen für die Stahlindustrie (Ferrozirkonsilizium, Silikomangan u. a.) Anwendung.

Reduktion mit Lanthan, Mischmetall u. a.

Noch höhere Reduktionskraft als Calcium, das praktisch alle anderen Metalle aus ihren Oxiden, Chloriden und Fluoriden zu reduzieren vermag, haben einzelne der Seltenen Erdmetalle, vor allem das Lanthan und das handelsübliche „Mischmetall", das neben 45—50% Cer bis zu 30% Lanthan[2] enthält.

Einige der Seltenen Erdmetalle (Europium, Thulium) lassen sich auch mit Calcium nur bis zu ihrer zweiwertigen Stufe reduzieren. Will man zur Darstellung dieser extrem schwer reduzierbaren Metalle trotzdem einen metallothermischen Prozeß heranziehen, der im allgemeinen im kleinen Maßstab leichter durchführbar ist als ein Elektrolyseverfahren, muß man also mit Lanthan, Cer oder mit Cermischmetall reduzieren. Die Reduktion mit Mischmetall bzw. Lanthan ist vor allem für die Gewinnung der leichter flüchtigen Seltenen Erdmetalle Samarium, Europium, Thulium, Ytterbium in unlegierter Form interessant.

---

[1] Kremers, H. E.: in: Hampel, C. A. (Hrsg.): Rare Metals Handbook. Reinhold Publ. Corp., London 1961.

[2] Daane, A. H., Spedding, F. H.: J. Am. Chem. Soc. *75* (1953) 2272.

Sowohl Lanthan als auch Cer zeichnen sich durch hohe Siedepunkte (La: Kp = 3470 °C, Ce: Kp = 3468 °C) aus, so daß die leichtflüchtigen Metalle Samarium (Kp = 1900 °C), Europium (Kp = 1439 °C), Thulium (Kp = 1727 °C), Ytterbium (Kp = 1427 °C) aus der Reaktionsmischung im Vakuum abdestilliert werden können. Dadurch, daß die stark unedlen Metalle Europium und Thulium dauernd aus dem Gleichgewicht entfernt werden, verläuft die Umsetzung vollständig, obwohl die Thermodynamik dieser Reaktion ungünstig ist.

Das als Reduktionsmetall verwendete Mischmetall wird durch Schmelzflußelektrolyse des Gemisches der wasserfreien Chloride der Seltenen Erdmetalle hergestellt.

Reduktion mit Amalgamen

Der Vorschlag, anstelle der reinen Metalle die Amalgame, z. B. Natriumamalgam, als Reduktionsmittel für metallothermische Verfahren einzusetzen, stellt eine vielversprechende Variante dar. Der interessante Aspekt liegt darin, daß die Reduktionsmetalle in Form der Amalgame in flüssiger Form eingesetzt und die gewonnenen Metalle in Form der Amalgame auch wieder in flüssiger Form aus den Reaktionsbehältern abgezogen werden können. Die schon bei niedriger Temperatur flüssigen Reduktionsmittel erlauben die Umsetzung bei niedrigen Temperaturen (unter 350 °C) in Rührgefäßen, in denen infolge des guten Kontaktes zwischen den Reaktionspartnern eine hohe Reaktionsgeschwindigkeit gewährleistet ist, und ermöglichen eine kontinuierliche Reaktionsführung. Die Abtrennung ist sehr erleichtert, weil die Reaktionsnebenprodukte aus dem Amalgam ausschwimmen und die niedrig konzentrierten Amalgame frei von Verunreinigungen abgezogen werden können, auch wenn die Reaktionsnebenprodukte nicht geschmolzen sind[1]. Durch Verwendung von Mischamalgamen (Natrium-Calcium, Magnesium-Natrium u. a.) bei der Reduktion von Chloriden erhält man niedrig schmelzende Salzeutektika (Schmelzpunkte ab 450 °C) und man kann dann auch die Nebenprodukte aufschmelzen. Wegen des hohen Quecksilberdampfdruckes sind in diesem Fall Druckapparaturen notwendig[2].

Die Reduktionsmetalle sind in Form der Amalgame zum Teil sogar billiger als in reiner Form, weil sie, wie z. B. das Natriumamalgam, sehr leicht durch Elektrolyse aus wäßriger Lösung an Quecksilberkathoden gewonnen werden können. Als nachteilig für die Verwendung der Amalgame ist zu werten, daß die Metalle nicht direkt in reiner Form, sondern legiert mit Quecksilber anfallen, von dem sie durch Abdampfen unter Normaldruck oder Vakuum befreit werden müssen. Die Giftigkeit, das hohe spezifische Gewicht und der hohe Preis des Quecksilbers stehen ebenfalls einer Anwendung der Amalgame entgegen, so daß sich die verschiedenen, hauptsächlich für die Gewinnung der IVa-Metalle, vorgeschlagenen Verfahren bisher nicht durchsetzen konnten.

Reduktion mit Zink

Statt der sehr unedlen Reduktionsmetalle Natrium, Magnesium, Calcium und Aluminium kann gegebenenfalls auch das relativ edle Zink zur Reduktion

[1] Jangg, G.: Metall *19* (1965) 442 u. 717.

[2] Hohn, H., Fitzer, E., Hofbauer, H.: Berg- u. Hüttenm. Mh. *101* (1956) 277.

herangezogen werden. Zink vermag allerdings die Oxide der meisten Metalle nicht zu reduzieren; die Reduktion von Halogeniden gelingt jedoch in manchen Fällen. So wurden beispielsweise die ersten Mengen hochreinen Siliziums und Germaniums durch sehr reines Zink aus ihren Chloriden reduziert[1]. Auch die Chloride des Niobs und Tantals lassen sich durch Zink reduzieren; die erhaltenen zinkhaltigen Legierungen lassen sich durch Ausdampfen leicht von Zink befreien[2].

Reduktion mit Schwefel bzw. Verwendung von Sulfiden

Die Reduktion von Metallverbindungen mit Schwefel bzw. mit arteigenem Sulfid, wie für die Gewinnung verschiedener Gebrauchsmetalle üblich (z. B. Röstreduktions- und Röstreaktionsprozesse für Kupfer und Blei), haben für die Gewinnung der Sondermetalle keine technische Bedeutung. Auch Sulfide als Ausgangsprodukte für eine metallothermische Gewinnung sind ohne Bedeutung, da die Sondermetalle nur äußerst selten als reine sulfidische Erze in der Natur vorkommen. Die im 2. Weltkrieg im kleinen Maßstab durchgeführte Reduktion von Molybdänsulfid mit Zinn zu metallischem Molybdän wurde inzwischen wieder aufgegeben[3].

2. Karbothermie

Unter dem Begriff Karbothermie sollen in Analogie zum Begriff der Metallothermie alle jene Verfahren zusammengefaßt werden, die auf der Reduktion von Metalloxiden mit Kohlenstoff beruhen. Die so definierte Karbothermie hat in der Metallurgie der Gebrauchsmetalle eine überragende Bedeutung; sie findet dagegen für die Gewinnung der Sondermetalle nur eine beschränkte Anwendung.

Da die Reduktionskraft des Kohlenstoffs für Oxide mit steigender Temperatur zunimmt, die Stabilität der Metalloxide dagegen geringer wird, ist es im Prinzip möglich, alle Oxide mit Kohlenstoff zu Metall zu reduzieren, doch sind unter Umständen für die Reduktion Temperaturen erforderlich, die technisch nur mehr schwer beherrschbar sind und bei denen eine Metallgewinnung unwirtschaftlich wird. Bei zu hohen Reaktionstemperaturen treten daneben auch noch Schwierigkeiten durch Metallverdampfung auf. Bei den Übergangsmetallen, die fast durchwegs stabile Karbide und auch Oxykarbide bilden, können außerdem die letzten Reste an Kohlenstoff und Sauerstoff nur mit großem Aufwand aus den Metallen entfernt werden. Gerade bei den Übergangsmetallen beeinflussen jedoch schon sehr geringe Gehalte an Kohlenstoff und Sauerstoff die technologischen Eigenschaften sehr negativ. Der billige, in Form von Kohle und Koks verfügbare Kohlenstoff ist auch für die Gewinnung der Sondermetalle, an die im allgemeinen besonders hohe Reinheitsforderungen gestellt werden, nicht rein genug und es muß mit reinsten Kohlenstoffsorten, hauptsächlich Flammruß, gearbeitet werden.

Aus nachfolgendem $\Delta G/T$ Diagramm (Abb. 28) läßt sich in erster Näherung ablesen, ab welchen Mindesttemperaturen die Reduktion eines bestimmten Oxides mit Kohlenstoff möglich ist; nämlich ab der Temperatur, bei der die Freie Bil-

---

[1] DAVIES, G. R.: Metallurgical Reviews *10* (1965) 173.

[2] JANGG, G., KIEFFER, R., TOPIC, P.: Mh. f. Chem. *100* (1969) 379.

[3] U.S. APEX-Report AD 407520 (1950).

dungsenthalpie des CO mindestens gleich negativ wird wie die des Metalloxides (Schnittpunkt der $\Delta G/T$-Kurven von CO und vom Metalloxid). Die Differenz der ΔG-Werte der beiden Teilreaktionen

$$C + {}^1/_2 O_2 \rightleftharpoons CO \ldots \Delta G_1; \text{ bzw. } Me + {}^1/_2 O_2 \rightleftharpoons MeO \ldots \Delta G_2$$

ergibt bekanntlich nach dem Heßschen Satz den ΔG-Wert für die gewünschte Summenreaktion:

$$MeO + C \rightleftharpoons Me + CO \ldots \Delta G_3; \; \Delta G_3 = \Delta G_1 - \Delta G_2.$$

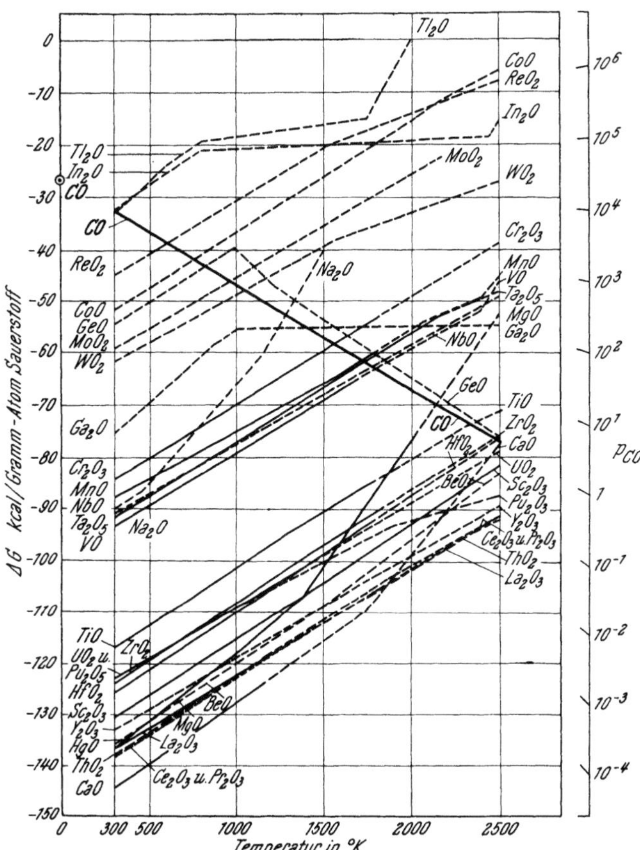

Abb. 28. ΔG–T-Schaubild: Oxidreduktion durch Kohlenstoff

Die in den $\Delta G/T$-Diagrammen angegebenen oder nach dem Heßschen Satz errechneten ΔG-Werte gelten unter der Voraussetzung, daß die Ausgangsprodukte in äquimolaren Mengen und im Normalzustand (feste und flüssige reine Phasen, Gase mit 1 at) eingesetzt werden. ΔG ist nach folgender Formel mit der Massenwirkungskonstante verknüpft: $\Delta G = -RT \ln K$. Diese Verknüpfung ermöglicht es, bei bekanntem ΔG_T die Gleichgewichtslage der entsprechenden Reaktion bei jeder gewünschten Temperatur zu errechnen, da die Massenwirkungskonstante K wie folgt mit der Gleichgewichtslage zusammenhängt:

$$K = \frac{\text{Gleichgewichtsaktivität d. bei d. Reaktion entstehenden Stoffe}}{\text{Gleichgewichtsaktivität d. sich bei d. Reaktion verbrauchenden Stoffe}}$$

Für das Beispiel einer karbothermischen Reaktion: $MeO + C \rightleftharpoons Me + CO$ gilt demnach

$$K = \frac{a_{Me} \cdot a_{CO}}{a_{MeO} \cdot a_{C}}.$$

Da die Aktivität (a) reiner fester Stoffe ohne gegenseitige Löslichkeit gleich 1 und anstelle der Aktivität des gasförmigen CO dessen Partialdruck gesetzt werden kann, verbleibt für die genannte karbothermische Reaktion: $K = p_{CO}$, und es ist dann:

$\Delta G_T = -RT \ln p_{CO} = -4{,}57\, T \log p_{CO}$, worin die ΔG_T-Werte in cal/Mol und die Temperaturen in °K einzusetzen sind.

Die Überlegungen ergeben, daß die Reaktion bis zum Erreichen des dem ΔG_T-Wert entsprechenden Gleichgewichtspartialdruckes von CO verläuft, dann aber stehen bleibt. Die Gleichgewichtslage kann durch Temperaturveränderungen verschoben werden, weil ΔG im allgemeinen mit der Temperatur veränderlich ist. Das Gleichgewicht läßt sich aber außerdem verlagern, wenn die Gleichgewichtsaktivität der an der Reaktion beteiligten Stoffe verändert wird. Dies ist z. B. dann der Fall, wenn im Gleichgewicht nicht die festen und flüssigen reinen Stoffe, sondern Mischphasen vorliegen, oder wenn — bei mehreren gleichzeitig an der Reaktion beteiligten Gasen — die Gase nicht in äquimolaren Mengen eingesetzt werden. (Über die Berechnungen der Gleichgewichtslage in realen Systemen vergleiche Lehrbücher der Thermodynamik.)

Durch Entfernung eines Reaktionspartners aus dem Gleichgewicht, also zum Beispiel des CO, kann bei karbothermischen Reaktionen eine vollständige Reaktion erzwungen werden. Es muß ein CO-Partialdruck aufrecht erhalten werden, der niedriger ist als der Gleichgewichtsdruck. Die durch diese Maßnahme erreichbare Verschiebung der Minimaltemperatur, die für den Ablauf der Reaktion notwendig ist, kann aus Abb. 28 nomogrammartig wie folgt entnommen werden: Man verbindet den Fußpunkt (entsprechend 0 °K) an der linken Seite des Diagrammes mit dem entsprechenden Skalenwert der Leiter auf der rechten Seite. Die Verbindungslinie ergibt die $\Delta G_T/T$-Kurve geltend für den entsprechenden CO-Partialdruck. Der Schnittpunkt mit der $\Delta G_T/T$-Kurve des Oxides gibt die veränderte Minimaltemperatur für die Oxidreduktion an. Die Reaktion kann auch dadurch erleichtert werden, daß z. B. die Aktivität des gebildeten Metalles erniedrigt, d. h. das Metall aus dem Gleichgewicht „weggefangen“ wird. Das Beispiel der Herstellung der Ferrolegierungen veranschaulicht deutlich das Prinzip. Durch die „Verdünnung“ der schwer reduzierbaren Sondermetalle mit dem nicht an der Reaktion beteiligten „Hilfsmetall“ Eisen wird die Aktivität der Sondermetalle soweit erniedrigt, daß die karbothermische Reduktion schon bei vergleichsweise tiefen Temperaturen erfolgen kann.

Umgekehrt wird die Reaktion — gerade bei karbothermischen Verfahren — sehr erschwert, wenn das Metall den Kohlenstoff als Karbid bindet. Es ist dann die Aktivität eines der Ausgangsstoffe stark vermindert und zur Vervollständigung der Reaktion eine wesentlich höhere Reaktionstemperatur bzw. wesentlich besseres Abpumpen des CO notwendig.

Die ΔG-T-Diagramme erlauben daher lediglich — zwar sehr anschaulich — abzuschätzen, ob eine Reaktion bei gewählter Reaktionstemperatur in gewünschter Richtung abläuft oder nicht. Sie geben aber nicht direkt Auskunft über die Gleichgewichtslage, also z. B. bei karbothermischen Reaktionen über den sich einstellenden CO-Gleichgewichtsdruck.

Dagegen ist aus dem sogenannten Pourbaix-Ellingham-Diagrammen (vgl. Diagramm für Ti/O/C Abb. 29) in expliziter Form zu entnehmen, welche Produkte bei gewählten Reaktionsbedingungen (Temperatur und Partialdruck CO) im Gleichgewicht vorliegen.

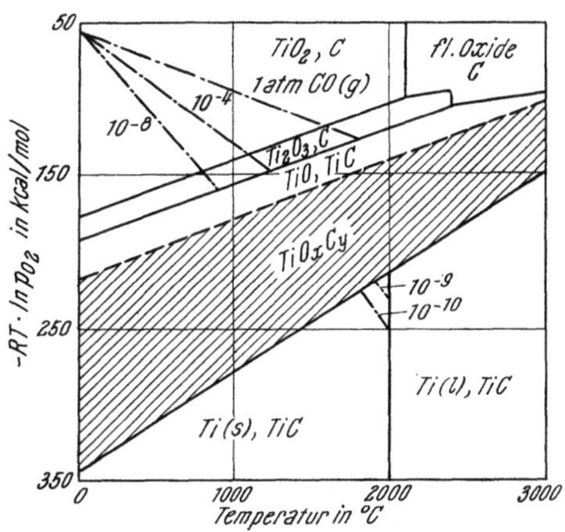

Abb. 29. Pourbaix-Ellingham-Diagramm des Systems Titan–Kohlenstoff–Sauerstoff. (Nach R. Kieffer, F. Lihl und E. Effenberger: Z. Metallk. *60* (1969) 94)

Bei den Pourbaix-Diagrammen wird anstelle von ΔG_0 — für den Fall karbothermischer Reaktionen — das mit diesem verknüpfte und sich im Gleichgewicht einstellende thermodynamische Potential des Sauerstoffs $= -RT \ln p_{O_2}$ gegen die Temperatur aufgetragen. Das Sauerstoffpotential, aus dem sich ohne weiteres der Gleichgewichtspartialdruck des Sauerstoffs errechnen läßt, wird als Bezugsgröße gewählt, weil sich alle bei karbothermischen Umsetzungen denkbaren Reaktionen in einer Form anschreiben lassen, daß Sauerstoff als Reaktionsprodukt auftritt. Zum Beispiel

$$2\,TiO_2 \rightleftharpoons Ti_2O_3 + {}^1/_2\,O_2$$
$$TiO + C \rightleftharpoons TiC + {}^1/_2\,O_2$$
$$TiO \rightleftharpoons Ti + {}^1/_2\,O_2$$

Zur Aufstellung eines Pourbaix-Diagrammes werden — aus den bekannten ΔG_0-Werten für die Teilreaktionen — die Sauerstoffpotentiale der verschiedenen auftretenden Phasen in Abhängigkeit von der Temperatur errechnet und in das $-RT \ln p_{O_2}/T$-Diagramm eingetragen. Treten im System sauerstoffhaltige Mischphasen auf, bei denen das Sauerstoffpotential gegenüber der reinen Phase erniedrigt ist (Ti(C, O)), so muß dies in den Rechnungen berücksichtigt werden.

Zum Unterschied von den ΔG-Linien im $\Delta G/T$-Diagramm, die die gewinnbare Reaktionswärme angeben, entsprechen die im Pourbaix-Diagramm angegebenen Werte für das Sauerstoffpotential dem Gleichgewichtszustand. Die Pourbaix-Diagramme enthalten daher „Phasenfelder", d. h. sie geben an, daß, um eine bestimmte sauerstoffarme Phase zu erhalten, ein gewisses Sauerstoffpotential (mit dem Sauerstoffpartialdruck zusammenhängend) eingehalten werden muß.

In die Diagramme werden dann die Gleichgewichtslinien für das Sauerstoffpotential von CO ($CO \rightleftharpoons C + {}^1/_2 O_2$) geltend für verschiedene Partialdrücke von CO miteingetragen. Wie bei den bekannten $\Delta G/T$-Diagrammen bedeutet ein Schnittpunkt zwischen den Linien des Sauerstoffpotentials der Metalloxide und des CO, daß Gleichgewicht herrscht; d. h. daß Reaktion eintritt, wenn der Partialdruck des CO bei entsprechender Temperatur genügend tief ist.

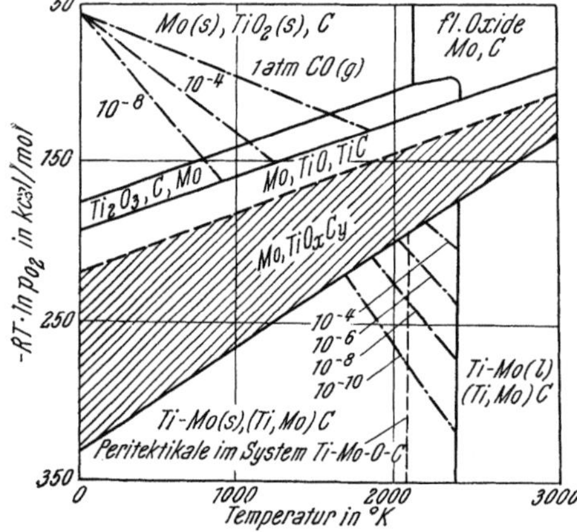

Abb. 30. Pourbaix-Ellingham-Diagramm. Carbidothermische Reduktion einer Ti–Mo-Legierung (50/50).

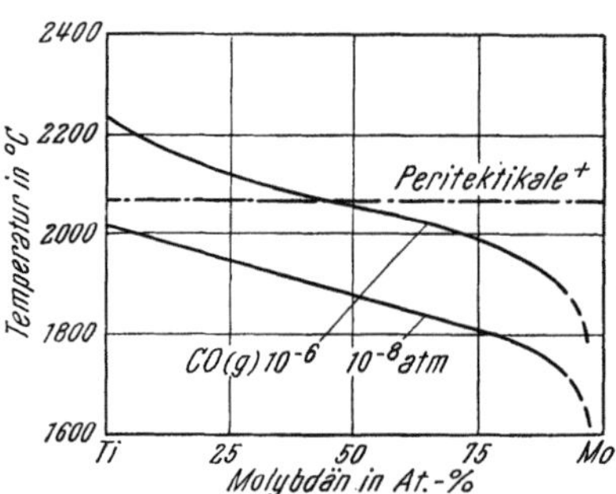

Abb. 31. Kohlenmonoxid-Gleichgewichtsdrucke über Ti–Mo–C–O-Legierungen mit variablem Molybdängehalt.

(Nach R. Kieffer, F. Lihl und E. Effenberger: Z. Metallk. *60* (1969) 94)

Die Pourbaix-Diagramme erlauben daher direkt auszusagen, welche Temperaturen angewendet und auf welche Drücke das CO abgepumpt werden muß, um ein bestimmtes Produkt — interessant meist nur das Metall, eventuell das Karbid — zu erhalten. Auch die Verschiebung der Gleichgewichtslage, die durch „Verdünnen" eines schwer reduzierbaren Metalles mit einem anderen Metall eintritt, kommt in den Pourbaix-Diagrammen zum Ausdruck (vgl. Abb. 30 (Ti—Mo) — C — O für 50 Ti—50 Mo bzw. Abb. 31, die die Gleichgewichtslinien für die Umsetzung zu den reinen Metallegierungen verschiedener Zusammensetzung bringt).

Für die Gewinnung der sehr unedlen, Karbide und Oxykarbide bildenden Übergangsmetalle sind karbothermische Verfahren, wie schon erwähnt, nur beschränkt geeignet. Karbothermisch wird großtechnisch Niobmetall[1,2] und in

[1] Li, K. C.: J. Metals *12* (1960) 495.

[2] Kieffer, R., Kieffer, B. F.: Metall *5* (1961) 394.

geringerem Maße auch Vanadin[1] erzeugt (vgl. Abb. 32). Tantal und Chrom, für die karbothermische Verfahren geeignet wären, werden nicht bzw. nur in sehr kleinen Mengen auf diesem Wege erzeugt. Während des letzten Krieges wurden auch gewisse Mengen an Molybdän und insbesondere Wolfram durch Reduktion der Oxide mit Ruß gewonnen. Die karbothermische Gewinnung von Molybdän und Wolfram ist aber wieder eingestellt worden.

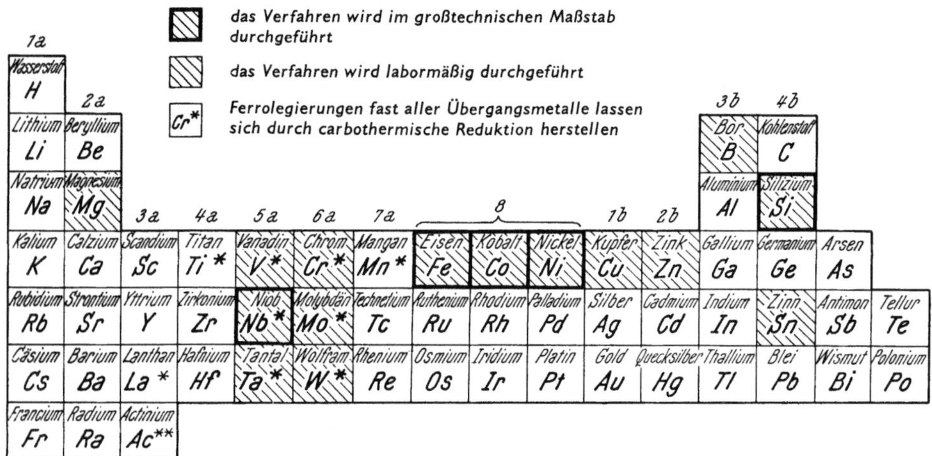

Abb. 32. Carbothermisch gewinnbare Metalle

Titan, Zirkonium und Hafnium lassen sich dagegen nur unter praktisch unüberwindbaren Schwierigkeiten durch Reduktion der Oxide mit Kohlenstoff herstellen, da man Kohlenoxid kaum laufend unter etwa 10^{-3} Torr abpumpen kann. Auch den Reaktionstemperaturen sind Grenzen durch Auftreten von relativ niedrig schmelzenden Eutektika gesetzt. Man muß unter den eutektischen Temperaturen bleiben, da die Gegenwart einer flüssigen Phase die CO-Abgabe verzögert; außerdem sind keine Tiegelmaterialien bekannt, die von Schmelzen derartiger Zusammensetzung bei höheren Temperaturen nicht angegriffen werden.

Für die Herstellung von Titan- und Zirkoniumlegierungen kann aber die Karbothermie noch Bedeutung erlangen. Durch gemeinsame Reduktion von gemischten Oxiden, vor allem von Titan- oder Zirkoniumoxid und Molybdän-, Wolfram- oder Nioboxid mit Kohlenstoff kann die Umsetzung so erleichtert werden, daß die Legierungen mit hohem Titan- oder Zirkoniumgehalt unter vertretbarem technischen Aufwand zu gewinnen sind. Die Herstellung von Legierungen durch karbothermische Reduktion von Mischoxiden ist auch für die Gewinnung von Tantal-Vanadin-, Vanadin-Chrom-, Niob-Tantal-, Niob-Vanadin-, Niob-Zirkonium-, Tantal-Hafnium-, Tantal-Wolfram-Legierungen u. a. schon mit Erfolg erprobt worden[2].

Die karbothermischen Umsetzungen werden durchgeführt, indem man die sehr gut gemischten Oxid-Kohlenstoff-Ansätze zuerst durch indirekte Beheizung

[1] Joly, M. F.: Second United Nations International Conference on the Peaceful Uses of Atomic Energy, Genf, Mai 1958, Paper No. A/CONF. 15/P/1274.

[2] Kieffer, R., Lihl, F., Effenberger, E.: Z. Metallk. *60* (1969) 94.

auf genügend hohe Reaktionstemperatur bringt. Dabei wird der Großteil des Oxides reduziert. Das Produkt, das schon metallischen Charakter hat, durch einen Restgehalt von Karbid und Oxid aber noch sehr spröde ist, wird dann zerkleinert, gut gemischt und zu Stäben gepreßt, die im direkten Stromdurchgang (Coolidge-Verfahren, s. S. 111) erhitzt werden. Meist ist es notwendig, das vorgesinterte Produkt zu analysieren und, entsprechend der Analyse, Kohlenstoff oder Oxid zuzusetzen, da nur bei genau äquivalenten Mengen kohlenstoff- und sauerstoffarme Metalle entstehen. Sowohl die Vorreduktion als auch die direkte Stabsinterung wird unter gutem Vakuum vorgenommen, um die Reaktion zu beschleunigen und zu vervollständigen. Bei genau stöchiometrisch eingewogenen Mengen Oxid und Kohlenstoff verbleibt meist etwas Karbid, so daß mit einem gewissen Überschuß an Oxid gearbeitet werden muß. Der Grund dafür ist darin zu suchen, daß die Umsetzung zum Teil schon bei niedrigen Temperaturen einsetzt und dann CO_2 gebildet wird, bzw. daß Metallsuboxide, die als Zwischenprodukte auftreten und einen relativ hohen Dampfdruck besitzen, abdampfen.

Als Reduktionsmittel muß — wie schon gesagt — sehr reiner Kohlenstoff z. B. in Form von Flammruß eingesetzt werden. Es ist von Vorteil, die Oxide nicht direkt mit Ruß zu reduzieren, sondern als Reduktionsmittel die vorher in einer gesonderten Stufe hergestellten Karbide einzusetzen. Bei Verwendung von Karbiden anstelle von Ruß sind die Ansätze wesentlich kompakter, wodurch sich höhere Reaktionsgeschwindigkeiten ergeben. Werden die leicht, ohne Vakuumanwendung herstellbaren Karbide anstelle von Kohlenstoff als Reduktionsmittel für die Oxide eingesetzt (z. B. $Nb_2O_5 + 5NbC \rightleftharpoons 7Nb + 5CO$), spricht man folgerichtig von *Karbidothermie* als einer Untergruppe der karbothermischen Verfahren. Karbothermie und Karbidothermie unterscheiden sich nur insofern, als bei der Karbidothermie ein Teil der Umsetzung in einer gesonderten Stufe durchgeführt wird.

3. Reduktion mit Gasen

Der Gedanke, Metallverbindungen mit Gasen bis zu den Metallen zu reduzieren, gibt einige interessante Aspekte. Alle Reaktionsnebenprodukte sind dabei im allgemeinen gasförmig oder zumindest flüchtig. Vor allem vermeidet man die Bildung von Schlacken, die bei allen metallothermischen Prozessen die Aufarbeitung des Reaktionsgemisches sehr erschweren.

Als Reduktionsgase kommen in erster Linie Wasserstoff, Kohlenmonoxid und deren Gemische (Wassergas), Methan und andere Kohlenwasserstoffe, Ammoniak und Ammoniakspaltgase zur Verwendung. Reduziert werden üblicherweise Oxide und Halogenide.

Kohlenoxid wird ausschließlich zur Reduktion von Oxiden verwendet. Kohlenoxid ist ein schwaches Reduktionsmittel, mit dem nur die Oxide edler Metalle reduziert werden können.

Wasserstoff ist zur Reduktion von Oxiden ebenfalls nicht sehr wirksam, da die Bildungswärme des Wassers relativ gering ist (vgl. Abb. 33, $\Delta G/T$-Diagramm für Wasser und Oxide). Durch Abführen des gebildeten Wassers aus dem Gleichgewicht (Partialdruck des Wassers genügend niedrig halten) läßt sich die Reduktionswirkung des Wasserstoffs sehr verstärken; doch ist dazu ein besonders trockenes Reduktionsgas erforderlich, d. h. der Partialdruck des Wasserdampfes im Reduktionsgas muß sehr gering sein. Der Zusammenhang zwischen Trocknungsgrad $\left(\frac{p\,H_2O}{p\,H_2}\right)$ und der Reduktionswirkung ist aus Abb. 33 ersichtlich. Zur Auswertung des Diagrammes geht man wie bei Abb. 28 beschrieben vor.

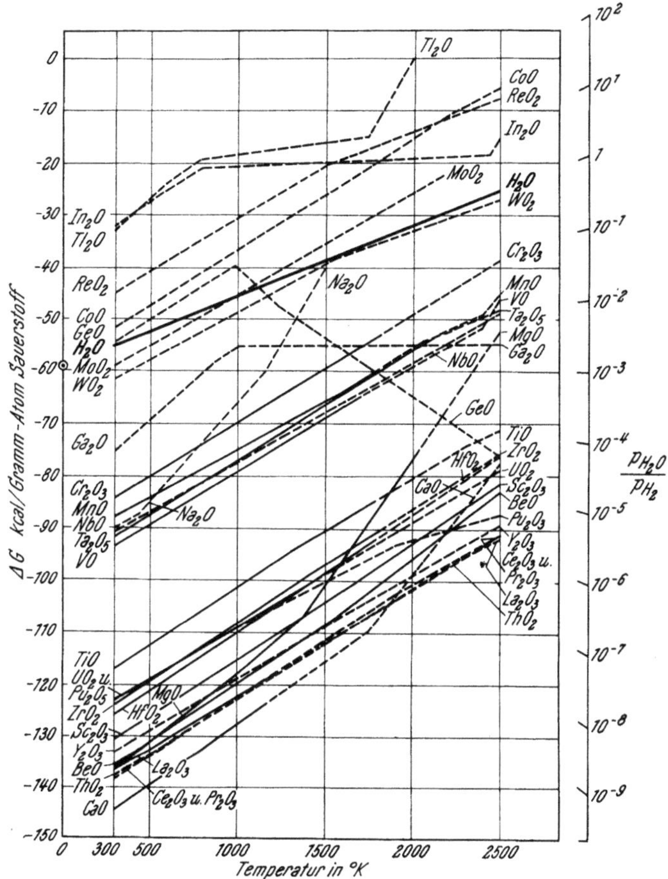

Abb. 33. ΔG–T-Schaubild: Oxidreduktion durch Wasserstoff

Der Wassergehalt des Gases wird üblicherweise in Form des „Taupunktes", d. h. der Temperatur, bei der das Wasser aus dem Gas zu kondensieren beginnt, angegeben. Niedriger Taupunkt wird durch intensives Trocknen über Trocknungsmitteln oder durch Ausfrieren des Wassers erreicht. Taupunkte von etwa —40 °C können technisch schwer unterschritten werden. Ein Taupunkt von —40 °C ist aber zum Beispiel ausreichend, um Cr(III)-oxid zum Metall zu reduzieren.

Wegen der stärker negativen Bildungsenthalpie der Halogenide des Wasserstoffs vermag Wasserstoff zahlreiche Halogenide bis zum Metall zu reduzieren (s. Abb. 34 und 35); er wird aber dennoch selten zur Reduktion von Halogeniden zum Metall verwendet; gelegentlich aber zur Herstellung von Subhalogeniden. Eine Übersicht über die Verwendbarkeit des Wasserstoffs zur Metallgewinnung gibt Abb. 36.

Kohlenwasserstoffe besitzen ebenfalls sehr hohe Reduktionswirkung, doch ist ihre stark aufkohlende Wirkung nachteilig.

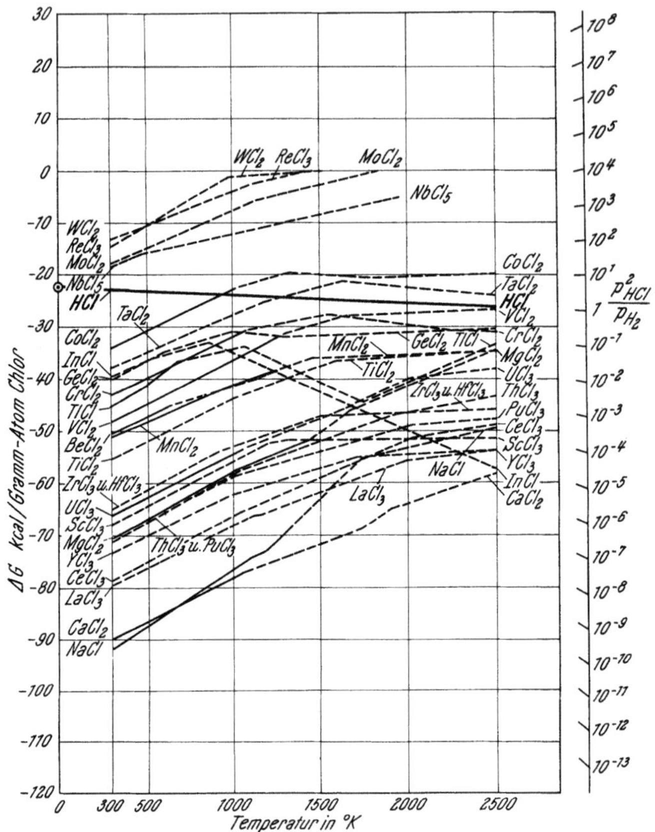

Abb. 34. ΔG–T-Schaubild: Chloridreduktion durch Wasserstoff. (Nach E. Steinmetz und H. Roth: J. Less Common Met. *16* (1968) 295)

a) Reduktion von Oxiden mit Wasserstoff

Die Reduktion von Oxiden mit Wasserstoff hat sich zur Gewinnung der hochschmelzenden Metalle *Molybdän, Wolfram* und *Rhenium* sowie von *Germanium* technisch durchgesetzt. Die Oxide der genannten Metalle lassen sich schon bei relativ niedrigen Temperaturen reduzieren und man erhält feine Pulver, die sich besonders für die pulvermetallurgische Herstellung von Formkörpern eignen. Da die Oxide des Molybdäns, Wolframs und Rheniums schon bei niedrigen Temperaturen flüchtig sind (vgl. Tab. 8), muß die Reduktion bei niedriger Temperatur begonnen und die Oxide zuerst in erster Stufe in sauerstoffärmere Oxide, die weniger hohen Dampfdruck haben, übergeführt werden. Die Reduktion wird dann bei stufenweise steigenden Temperaturen vervollständigt. Bei Molybdän und Wolfram bewirkt ein Gehalt an Wasserdampf im Reduktionsgas eine meist

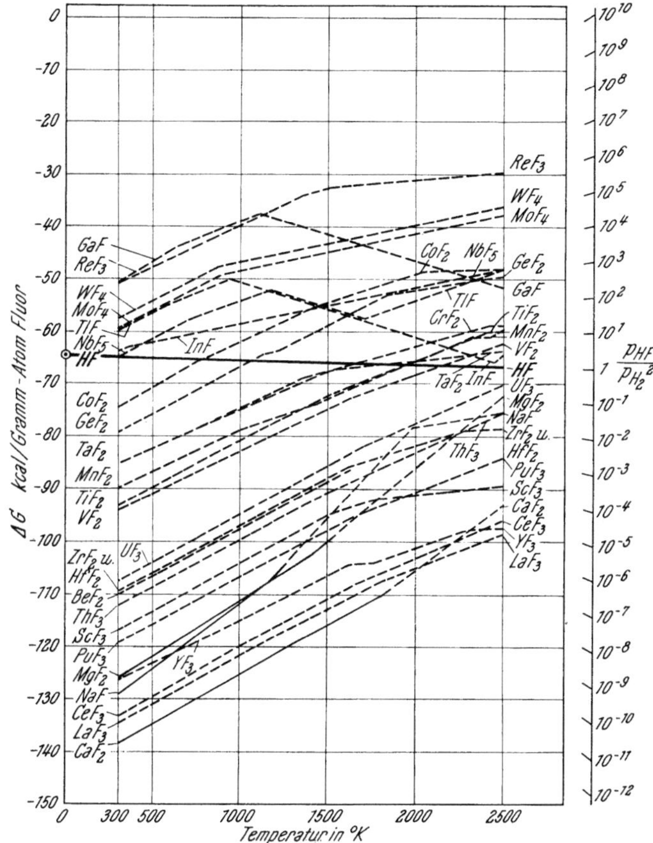

Abb. 35. ΔG–T-Schaubild: Fluoridreduktion durch Wasserstoff. (Nach E. Steinmetz und H. Roth: J. Less Common Met. *16* (1968) 295)

das Metall wird in großtechnischem Maßstab durch Wasserstoffreduktion gewonnen

aus dem Oxid

aus dem Halogenid

aus komplexen Halogeniden

aus der wäßrigen Lösung

4a	5a	6a	7a	8			1b	2b	3b	4b
									Bor B	Kohlenstoff C
									Aluminium Al	Silizium Si
Titan Ti	Vanadin V	Chrom Cr	Mangan Mn	Eisen Fe	Kobalt Co	Nickel Ni	Kupfer Cu	Zink Zn	Gallium Ga	Germanium Ge
Zirkonium Zr	Niob Nb	Molybdän Mo	Technetium Tc	Ruthenium Ru	Rhodium Rh	Palladium Pd	Silber Ag	Cadmium Cd	Indium In	Zinn Sn
Hafnium Hf	Tantal Ta	Wolfram W	Rhenium Re	Osmium Os	Iridium Ir	Platin Pt	Gold Au	Quecksilber Hg	Thallium Tl	Blei Pb

Abb. 36. Durch Wasserstoffreduktion gewinnbare Metalle

Tabelle 8. *Sublimationstemperaturen einiger leichtflüchtiger Oxide*

Oxid	Subl.-Temp. in °C
MoO_3	1155
WO_3	~1800
Re_2O_7	450
OsO_4	130
RuO_2	etwa 100
GeO	710
Ga_2O	>500

unerwünschte Grobkornbildung. Es muß daher darauf geachtet werden, daß der bei der Reduktion entstehende Wasserdampf möglichst rasch mit Hilfe von Kreislaufanlagen aus der Reaktionszone entfernt wird. Durch den Einfluß des Wasserdampfgehaltes auf das Kornwachstum hat man es aber umgekehrt in der Hand, durch Wahl geeigneter Reaktionsbedingungen, wie Temperatur, Strömungsgeschwindigkeit des Wasserstoffs, Reaktionsdauer, oder Reduktion mit feuchtem Wasserstoff, die Korngröße des Metallpulvers in weiten Grenzen zu verändern.

Auch *Germanium* wird aus dem Oxid durch Reduktion mit Wasserstoff hergestellt. Auch bei Germanium müssen Verluste durch Verdampfung des flüchtigen Zwischenproduktes GeO vermieden werden.

Eine weitere Verwendung findet die Wasserstoffreduktion zur Gewinnung von reinsten *Kobaltpulvern* durch Reduktion aus dem Oxid bzw. von höchst aktiven Kobalt- bzw. Nickelkatalysatoren durch Reduktion der Oxalate und Formiate.

b) Reduktion von Halogeniden mit Wasserstoff

Obwohl sich die meisten Halogenide durch Wasserstoff zum Metall reduzieren lassen, hat sich eine Metallgewinnung durch Reduktion von Halogeniden mit Wasserstoff nicht verbreitet einführen können. Versuche, Vanadin und Niob auf diese Weise aus den Chloriden zu erhalten, haben bisher keinen Erfolg gebracht. Als Hauptschwierigkeit erwies sich die Notwendigkeit, mit besonders hochreinem Wasserstoff zu arbeiten. Es dürfen auch nicht Spuren von unreduzierten Subchloriden verbleiben, deren Anwesenheit das Metall selbstentzündlich machen kann. Das gewonnene Metallpulver ist überdies durch einen hohen Wasserstoffgehalt spröde und muß erst durch Entgasen im Hochvakuum duktil gemacht werden.

Offenbar konnte sich aber die Reduktion von *Wolframhexafluorid* mit Wasserstoff im Fließbett einführen, die zu mikroskopisch kleinen Wolframkügelchen führt und ein Metallpulver mit besonders guten Preßeigenschaften ergibt. Aus diesem „submicron“-Wolframpulver können sehr dichte, hochwertige Wolframkörper gesintert werden, die in der Raumfahrttechnik interessant sind[1,2].

Auch kleine Mengen an hochreinem *Silizium* für Halbleiterzwecke werden durch Reduktion von gereinigtem Siliziumtetrachlorid mit Wasserstoff gewonnen. Im Reaktionsraum, in dem eine Siliziumtetrachloridflamme in Wasserstoffatmosphäre brennt, schlägt sich das reine Silizium an heißen Kontaktflächen nieder.

c) Reduktion mit Wasserstoff aus wäßrigen Lösungen

Edlere Metalle können durch Wasserstoff auch aus ihren wäßrigen Lösungen in metallischer Form abgeschieden werden. Die Reduktionskraft des Wasserstoffs kann durch Arbeiten in neutraler bzw. alkalischer Lösung und durch Anwendung

[1] Brenthel, C. F.: Z. Erzbergbau-Metallhüttenw. *8* (1955) 422.

[2] Oxley, J. H., Beidler, E. A., Blocher, J. M., Lyons, C. J., Pack, R. S., Pearson, J. H.: in: Benesovsky, F. (Hrsg.): Metalle für die Raumfahrt, 5. Plansee Seminar. Springer-Verlag, Wien–New York 1965, S. 278.

von Druck so verstärkt werden, daß es z. B. nach dem Sherritt-Gordon-Prozeß noch gelingt, *Nickel* und *Kobalt* wirtschaftlich zu gewinnen[1,2].

Die für eine erfolgreiche Abscheidung erforderlichen Bedingungen lassen sich aus den elektrochemischen Potentialen des Wasserstoffs und des abzuscheidenden Metalles abschätzen.

Das elektrochemische Potential des Wasserstoffs, der definitionsgemäß das Normalpotential $\varepsilon_{oh} = 0$ (H_2 unter 1 at in 1 n Schwefelsäure) hat, hängt wie folgt vom pH-Wert der Lösung und dem Druck des Wasserstoffs p_{H_2} ab:

$$\varepsilon_h = \varepsilon_{oh} - 0{,}058 \text{ pH} - 0{,}058 \log p_{H_2}$$

Durch hohen Druck und hohen pH wird also das Potential des Wasserstoffs bedeutend negativer; die Reduktionskraft des Wasserstoffs wird damit größer.

Das Potential eines Metalles gegenüber der Lösung ist von der Aktivität der Metallionen in der Lösung abhängig:

$$\varepsilon_{\text{Me}} = \varepsilon_{\text{oMe}} + \frac{0{,}058}{z} \log a_{\text{Metallion}}$$

Die Aktivität der Metallionen ist ungefähr der Konzentration der Metallionen gleichzusetzen, wenn die Metallionen nicht komplex gebunden sind. Bei Vorliegen von Komplexen ist aber die Aktivität der Metallionen entsprechend der Stärke der Komplexbindung zum Teil sehr stark verändert.

Im Gleichgewicht muß gelten: $\varepsilon_h = \varepsilon_{\text{Me}}$, d. h. bei Kenntnis der Reaktionsbedingungen (pH der Lösung, Druck des Wasserstoffs, Konzentration bzw. Aktivität der Metallionen) läßt sich unschwer errechnen, bis zu welchen Konzentrationen ein bestimmtes Metall aus der Lösung gefällt werden kann. Da Änderungen der Metallionenkonzentration um Zehnerpotenzen notwendig sind, um das Metallpotential merkbar zu verändern, verlaufen die Fällungsreaktionen nahezu quantitativ.

Durch genaues Einhalten der Fällungsbedingungen ist es, wie beim Sherritt-Gordon-Verfahren praktisch durchgeführt, möglich, Nickel und Kobalt, die sehr ähnliches Normalpotential haben ($\varepsilon_{\text{oNi}} = -0{,}24$ V, $\varepsilon_{\text{oCo}} = -0{,}27$ V) weitgehend zu trennen. Nach dem genannten Sherritt-Gordon-Verfahren werden die schwach ammoniakalischen Lösungen von Nickel und Kobalt, die in Form der Diammine vorliegen, bei einer Temperatur von 180—200 °C mit Wasserstoff von 35 at behandelt und dabei Nickel bis auf weniger als 1 g Nickel/l ausgefällt, ohne daß nennenswerte Mengen an Kobalt mitfallen. Kobalt wird dann nach Entfernung der Nickelreste durch Zementation mit Kobaltpulver in einer zweiten Stufe mit 60 at Wasserstoff gefällt. Infolge der guten Selektivität der Wasserstoffdruckfällung fallen die Metalle auch aus verunreinigten Lösungen sehr rein an.

Die Umsetzung mit dem gasförmigen Wasserstoff verläuft aber normalerweise sehr langsam; sie muß daher katalysiert werden. Im Falle der Fällung des Nickels dient das gefällte Nickelpulver selbst als Fällungskatalysator und es wird daher

---

[1] SCHAUFELBERGER, F. A., ROY, T. K.: Trans. Inst. Mining Met. *64* (1954/55) 375.

[2] FORWARD, F. A., HALPERN, J.: Bull. Inst. Mining Met. *603* (1957) 191.

zu jeder neuen Charge etwas frisch gefälltes Nickelpulver zugesetzt. Das ausfallende Nickel kristallisiert an den zugesetzten Kristallkeimen an und man erhält je nach den Arbeitsbedingungen fein- bis grobkörniges, kugeliges oder flitteriges

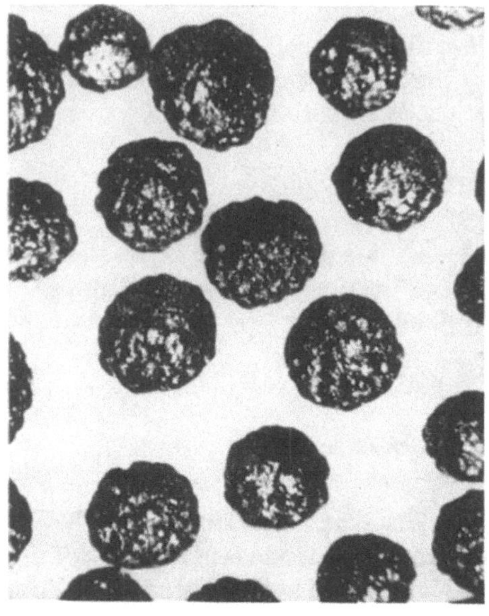

a

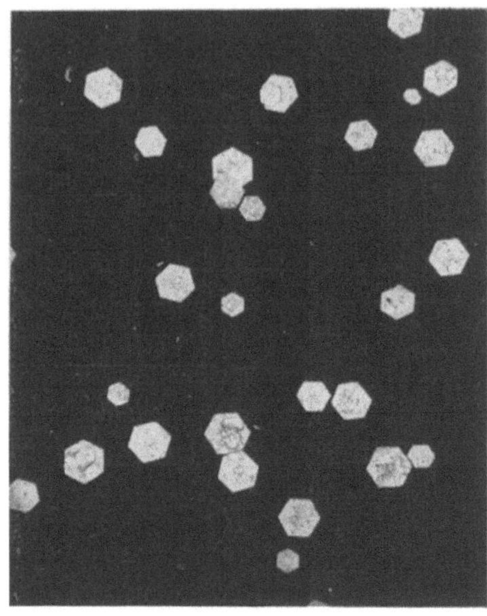

b

Abb. 37. Nach dem Sherritt-Gordon-Prozeß aus wäßriger Lösung mit Druckwasserstoff reduziertes

a Nickelpulver in kugeliger Form, (100 ×) b Kobaltpulver mit hexagonalem Habitus (320 ×)

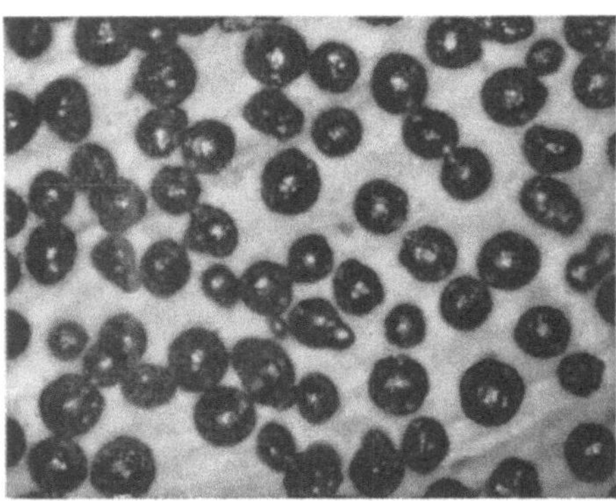

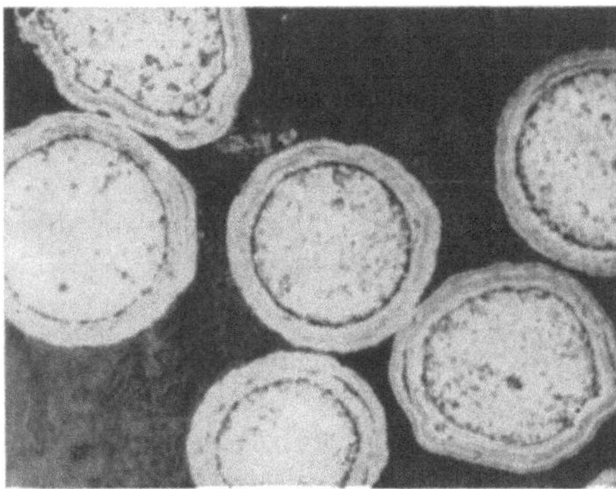

Abb. 38. Verbundpulver $80Ni/20Al_2O_3$, links Aufsicht (68 ×), rechts Querschliff (350 ×). (Nach V. N. Mackiw und H. Veltman, Vortrag Hauptvers. GOMB, Köln 1969)

Pulver (vgl. Abb. 37). Auch in der Lösung suspendierte Festkörper können als Kristallisationskeime dienen und das Nickel setzt sich auf deren Oberfläche ab. Dieser Effekt wird zur Erzeugung von Verbundpulvern (coated powders) ausgenützt, bei denen Pulver aus beliebigem, z. B. auch keramischem Material mit einer dünnen Schichte von Nickel überzogen sind (Abb. 38)[1,2]. Bei der Herstellung der *Verbundpulver* kann naturgemäß kein Nickelpulver als Katalysator zugesetzt werden. In diesen Fällen bewährt sich Zusatz von Hydrochinon als Reaktionsbeschleuniger.

Das Verfahren der Wasserstoffdruckfällung aus wäßrigen Lösungen hat sich für andere Metalle nicht in großem Maßstab in die Technik eingeführt, obwohl die Fällung von Kupferpulver oder Silberpulver, die schon aus saurer Lösung gelingt, interessant erscheint.

Vor der Entwicklung der Ionentausch- und der flüssig/flüssig-Extraktionsverfahren wurden einige Zeit Uranerzlaugungslösungen so aufgearbeitet, daß mit Wasserstoff unter Druck unlösliches UO_2 ausgefällt wurde[3].

4. Metallherstellung durch thermische Zersetzung von Metallverbindungen

Die Metallherstellung durch thermische Zersetzung von Metallverbindungen hat vor allem historische Bedeutung. Das sogenannte *Van Arkel-de Boer*-Verfahren war das erste und lange Zeit das einzige Verfahren, mit dem reine Sondermetalle hergestellt werden konnten. Wenn auch das Verfahren heute durch modernere Metallraffinationsverfahren in den Hintergrund gedrängt ist, so haben andere Verfahren zur Herstellung von Metallen durch Zersetzung von Metallverbindungen, vor allem der Karbonyle (Mond Nickel-Verfahren[4,5]) und der Hydride[6,7,8], ihre Bedeutung behalten.

a) Van Arkel-de Boer-Verfahren

Dieses Verfahren beruht auf der Tatsache, daß zahlreiche Verbindungen, vor allem die Halogenide der Übergangsmetalle, bei niedrigen Temperaturen stabil sind und sich rasch aus den Elementen bilden, bei höheren Temperaturen jedoch in zunehmendem Maße in Metall und freies Halogen dissoziieren[9,10]. Die Metallgewinnung wird in der Weise durchgeführt, daß man Metallhalogeniddampf mit direkt elektrisch beheizten Drähten aus Wolfram oder besser aus dem abzuscheidenden Metall in Berührung bringt. Die Halogenide zersetzen sich an den heißen Drähten, an denen das abgeschiedene Metall aufwächst. Die Methode

---

[1] Meddings, B., Kunda, W., Mackiw, V. N.: The Preparation of Nickel Coated Powders; in: Powder Metallurgy. Interscience, New York 1961, S. 775.

[2] Meddings, B., Lund, J. A., Mackiw, V. N.: Can. Min. Metall. Bull. *615* (1963) 525; Metall *17* (1963), 451.

[3] Forward, F. A., Halpern, J.: Bull. Inst. Min. Met. *603* (1957) 191.

[4] Boldt, J. R., jr.: The Winning of Nickel, P. Queneau Tech. (Hrsg.), Van Nostrand u. Co., New York 1967.

[5] I.G. Farbenindustrie, DRP 618108.

[6] Balke, C. W.: Metal Ind. *52* (1938) 425.

[7] Kieffer, R., Hotop, W.: Pulvermetallurgie und Sinterwerkstoffe. Springer-Verlag, Wien 1948, S. 259.

[8] Kieffer, R., Braun, H.: Vanadin, Niob, Tantal. Springer-Verlag, Berlin–Göttingen–Heidelberg 1963, S. 153.

[9] Van Arkel, A. E.: Reine Metalle. Springer-Verlag, Berlin 1939.

[10] Shelton, R. A. J.: Trans. Inst. Min. Met. Section C *77* (1968) 32.

ergibt dadurch, daß das abgeschiedene Metall nicht mit Fremdstoffen wie Tiegelmaterialien u. a. in Berührung kommt, Produkte von außerordentlicher Reinheit.

Es lassen sich aber nicht alle Metalle nach dem Van Arkel-de Boer-Verfahren herstellen. Das Metall muß leichtflüchtige, sauerstoff-freie Halogenide bilden, die bei höheren Temperaturen rasch und vollständig dissoziieren. Der Schmelzpunkt des Metalles muß über der Dissoziationstemperatur der Halogenide liegen, außerdem darf das Metall bei der Dissoziationstemperatur nur einen sehr geringen Dampfdruck haben.

Von den Halogeniden sind vor allem die Jodide und Bromide, aber auch noch die Chloride genügend leicht zersetzlich. Die Fluoride eignen sich wegen ihrer höheren Bildungsenergie meist nicht für den Van Arkel-de Boer-Prozeß. Die

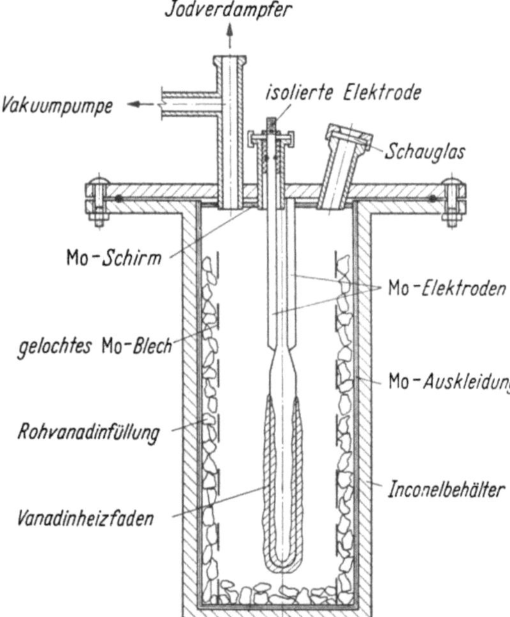

Abb. 39. Anordnung zur Vanadin-Raffination nach dem Van Arkel-Verfahren. (Nach O. N. Carlson und C. V. Owen: J. electrochem. Soc. *108* (1961) 88)

Metallabscheidung kann aber sehr erleichtert und bei niedrigerer Temperatur durchgeführt werden, wenn dem Halogenid-Dampf Wasserstoff zugemischt wird, der das sich bei der Zersetzung bildende freie Halogen bindet. Das Verfahren entspricht dann letztlich der früher beschriebenen Reduktion von Halogeniden mit Wasserstoff, bei der sich die Metalle ebenfalls bevorzugt an heißen Kontaktstellen absetzen.

Da sich die Halogenide meist schon bei niedrigen Temperaturen sehr rasch aus den Komponenten bilden, muß nicht unbedingt von den Halogeniden ausgegangen werden. Unreines Metall, an kälteren Stellen in den Reaktionsraum eingebracht, wird sich mit dem aus der Zersetzung gebildeten freien Halogen umsetzen und aus dem gebildeten Halogeniddampf setzt sich schließlich unter Rückbildung des freien Halogens das Metall am heißen Draht ab (vgl. Abb. 39). In dieser Variation stellt der Van Arkel-de Boer-Prozeß ein wirksames Verfahren zur Raffination von Metallen dar.

Dieses Prinzip der Halogenidbildung an kälteren Stellen und der Metallabscheidung an heißen Stellen ermöglichte die Entwicklung der modernen „Halogenglühlampen", die sich gegenüber den normalen Glühlampen durch weißeres Licht, höhere Lichtausbeute, bedingt durch die höhere Glühfadentemperatur, und auch höhere Lebensdauer auszeichnen. Die sehr kleinen und dadurch außen warm werdenden Lampenkörper aus Quarz enthalten etwas Halogen, so daß sich Wolfram, das von den Glühfäden verdampft und das bei normalen Glühlampen mit der Zeit die Schwärzung der Lampenkörper verursacht, nicht am Quarzkörper absetzen kann, sondern sofort zum Halogenid umgesetzt wird. An der heißen Wolframwendel zersetzt sich das Halogenid wieder und es ergibt sich sogar eine „Selbstausheilung" von dünneren Stellen am Wolframdraht, da diese dünneren Stellen heißer sind und sich dort bevorzugt Wolframmetall aus dem Halogenid abscheidet.

b) Zersetzung der Karbonyle

Die Karbonyle eignen sich ebenfalls für eine Metallgewinnung durch Zersetzung. Vor allem das Nickelkarbonyl bildet sich leicht aus Nickel und Kohlenmonoxid und ist bei höheren Temperaturen leicht zersetzlich. Nach dem älteren Mond-Verfahren wurde Nickelkarbonyl bei 40—60°C durch Überleiten von Kohlenmonoxid unter Normaldruck über aktives Nickel — hergestellt durch schonende Reduktion von Nickeloxiden — gewonnen und bei 180°C an Nickelkugeln als Kontaktkörper zersetzt. Um die Notwendigkeit, aktives Nickel für die Karbonylbildung erzeugen zu müssen, zu umgehen, wird heute bei 200—300 at gearbeitet. Unter diesem hohen Druck bildet sich sehr wirtschaftlich Nickelkarbonyl auch aus kompaktem Nickel und aus dem bei der Verhüttung von Nickelerzen anfallenden Nickelfeinstein. Die Karbonylbildung findet bei 200°C statt: zersetzt wird das Karbonyl anschließend in homogener Gasphase durch Entspannung des Gases. Während nach dem älteren Mond-Verfahren als Endprodukt einheitlich grobe Nickelkugeln gebildet wurden, fällt beim Hochdruckverfahren ein feinkörniges Nickelpulver mit Korngrößen von 3—10 μ an.

Auch andere Metalle bilden Karbonyle (Tab. 9) und würden sich durch Karbonylzersetzung gewinnen lassen; doch haben sich bisher derartige Verfahren nicht, außer für Eisen und Molybdän, durchsetzen können. Für die Aufbringung von dünnen Metallüberzügen („coaten") hat die Zersetzung der Karbonyle aber Interesse. So wurde die Herstellung von dünnen Wolfram- und Molybdänüberzügen durch Zersetzung von Wolfram- bzw. Molybdänkarbonyl an heißen Werkstoffoberflächen vorgeschlagen[1].

c) Zersetzung von Hydriden

Die thermische Zersetzung von Hydriden (vgl. Abb. 40, Zusammenstellung der wichtigsten Hydridsysteme) hat nur dort für die Metallherstellung Interesse, wo Hydride in einem Fertigungsprozeß anfallen. Größere Bedeutung hat die Hydridzersetzung z. B. bei der Aufarbeitung von Metallabfällen gefunden. Durch

---

[1] Powell, C. F., Oxley, J. H., Blocher, J. M.: Vapor Deposition. J. Wiley & Sons, New York 1966.

Tabelle 9. *Eigenschaften einiger Metallkarbonyle**

V	Cr	Mn	Fe	Co	Ni
$V(CO)_6$ zers. b. 70° subl. im Vakuum schwarze Kristalle	$Cr(CO)_6$ spez. Gew. 1,77 subl. rhombisch farblos	$Mn_2(CO)_{10}$ subl. zers. b. 110° goldgelb monoklin	$Fe(CO)_5$ spez. Gew. 1,49 gelb Fp. — 20 °C Kp. 103 °C	$Co_2(CO)_8$ spez. Gew. 1,73 Fp + 51 °C orange krist.	$Ni(CO)_4$ spez. Gew. 1,31 farblos Fp. —25 °C Kp. +43 °C
			$Fe_2(CO)_9$ spez. Gew. 2,09 goldgelb triklin zers. b. 100° $Fe_3(CO)_{12}$ spez. Gew. 2,00 grün monoklin zers. b. 140°	$Co_4(CO)_{12}$ schwarz krist. zers. b. 60°	

	Mo	Tc	Ru	Rh	Pd
	$Mo(CO)_6$ spez. Gew. 1,96 subl. rhombisch farblos	$Tc_2(CO)_{10}$ spez. Gew. 2,08 Fp. 159—60 °C Kp. 40 °C bei 0,01 Torr subl. bei 101 °C	$Ru(CO)_5$ Fp. —22 °C farblos	$Rh_2(CO)_8$ orange krist. Fp. +76 °C (zers.)	—
			$Ru_2(CO)_9$ orange monoklin subl.	$[Rh(CO)_3]_n$ rot, krist.	
			$(Ru_3CO)_{12}$ grüne Nadeln	$[Rh_4(CO)_{11}]_m$ schwarz	

	W	Re	Os	Ir	Pt
	$W(CO)_6$ spez. Gew. 2,65 subl. rhombisch farblos	$Re_2(CO)_{10}$ farblos Fp. 177 °C subl. monoklin	$Os(CO)_5$ farblos Fp. —15 °C	$Ir_2(CO)_8$ grün-gelb krist. subl.	—
			$Os_2(CO)_9$ hellgelb subl. Fp. 224 °C krist.	$[Ir(CO)_3]_x$ kanariengelb trigonal zers. b. 210 °C	

* Nast, R. in: Ullmanns Enzyklopädie der Technischen Chemie, Bd. 12. Urban & Schwarzenberg, München–Berlin 1960, ergänzt.

Behandlung der Abfälle von Metallen, die Hydride bilden, mit Wasserstoff werden die Metalle stark versprödet, so daß sich die Schrottstücke leicht bis zu feinen Pulvern zerkleinern lassen. Durch Zersetzung der Hydride bei relativ niedrigen Temperaturen im Vakuum verbleiben wasserstoffarme bzw. -freie Metallpulver, die besonders für die pulvermetallurgische Fertigung gut geeignet sind. Die Schrottzerkleinerung und Pulvergewinnung durch Hydrierung und anschließende Entgasung findet für Vanadin, Niob, Tantal, Titan, Zirkonium und Hafnium, die Seltenen Erdmetalle Scandium und Yttrium Anwendung[1–3].

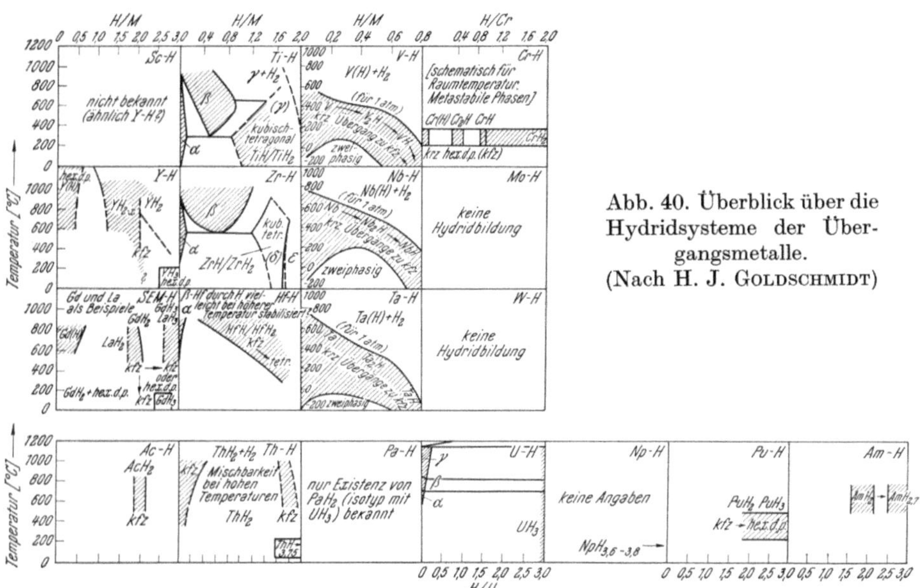

Abb. 40. Überblick über die Hydridsysteme der Übergangsmetalle. (Nach H. J. Goldschmidt)

d) Zersetzung von Salzen

Die Zersetzung von Salzen ergibt nur bei den Platinmetallen genügend reine Metalle[4]; bei unedleren Metallen entstehen meist Oxide oder zumindest stark mit Sauerstoff verunreinigte Metalle.

Die Platinmetalle werden in der Endstufe des technischen Trennprozesses im allgemeinen in Form der „Salmiake“, das sind die Doppelsalze der Chloride mit Ammoniumchlorid, erhalten, die bei der thermischen Zersetzung die pulverförmigen Platinmetalle ergeben. Nur bei Osmium ist während der Zersetzung Wasserstoffatmosphäre notwendig[5].

---

[1] Kieffer, R., Braun, H.: Vanadin, Niob, Tantal. Springer-Verlag, Berlin–Göttingen–Heidelberg 1963.

[2] Samsonov, G. V.: Hartstoffe u. Hartmetalle. Verlag Metallurgizdat, Moskau 1964.

[3] Eisenkolb, F. (Hrsg.): Fortschritte der Pulvermetallurgie, Bd. I, Akademie Verlag, Berlin 1963.

[4] Beamish, F. E., McBryde, W. A. E., Barefoot, R. R.: in: Hampel, C. A. (Hrsg.): Rare Metals Handbook. Reinhold Publ. Corp., London 1961.

[5] Anonym: The Mond Platinum Metals Refinery. Publication No. 1978 (1960), The International Nickel Company (Mond) Ltd.

5. Elektrolyse

Der elektrische Strom stellt das wirksamste „Reduktionsmittel“ dar. Seine „Reduktionskraft“ kann sehr genau eingestellt werden und hängt mit dem während einer Elektrolyse erreichten Kathodenpotential zusammen. Durch kathodische Reduktion können im Prinzip alle Metalle aus ihren Verbindungen erhalten werden. Durch genaue Einstellung der Elektrolysebedingungen ist in vielen Fällen auch eine selektive Trennung möglich[1].

Das zur Abscheidung eines Metalles notwendige Kathodenpotential hängt von verschiedenen Faktoren ab. Eine erste, einfache Abschätzung erlauben die Normalpotentiale der Metalle (vgl. Tab. 5, S. 24), das sind die Ruhepotentiale von kompakten, reinen Metallen in Lösungen ihrer Ionen mit der Aktivität = 1. Die tatsächlich zu messenden Potentiale entsprechen etwa den Normalpotentialen, wenn die Metallionenkonzentration einmolar ist, die Metallionen in der Lösung nicht komplex vorliegen und wenn stromlos gemessen wird. Durch „Polarisation“ der Kathoden wird das Potential bei der Elektrolyse mit zunehmenden Stromdichten negativer, „Arbeitspotential“. Bei der Elektrolyse aus wäßrigen Lösungen tritt neben der Metallabscheidung auch immer als Konkurrenzreaktion eine Wasserstoffabscheidung ein. Die Wasserstoffmitabscheidung, die die Stromausbeute bezogen auf die Metallgewinnung herabsetzt, ist in stark sauren Lösungen, in denen das Wasserstoffpotential positiver ist, stärker. Aus sauren Lösungen lassen sich daher im allgemeinen nur edlere Metalle mit guten Stromausbeuten abscheiden; aus neutralen oder alkalischen Lösungen gelingt auch die Abscheidung unedlerer Metalle unter wirtschaftlich tragbaren Stromausbeuten[1].

Wesentlich für die erzielbaren Stromausbeuten ist die „Überspannung“ des Wasserstoffs, die mit steigender Elektrolysestromdichte stark zunimmt. Die „Überspannung“, d. i. der Unterschied zwischen dem Wasserstoffpotential an einer Elektrode ohne Stromfluß und dem Wasserstoffpotential an der gleichen Kathode bei gleichen Elektrolyten unter Stromfluß, wird durch verschiedene Faktoren, hauptsächlich durch kinetische Hemmung der Entladung der in wäßrigen Lösungen vorliegenden H_3O-Ionen und die Hemmung der Rekombikation der entladenen H-Atome zu H_2-Molekülen verursacht[2]. Sie ist an verschiedenen Metallen sehr verschieden (Tab. 10) und zum Teil sehr hoch. Die höchste Überspannung wird der Wasserstoffentladung an Quecksilberkathoden entgegengesetzt. Hohe Überspannung hat der Wasserstoff auch an blankem Platin und an einigen anderen blanken Metallen. Die Überspannung ist im allgemeinen an rauhen Metallniederschlägen niedriger und oft fast Null. Daher ist auch bei Elektrolyseprozessen, bei denen glatte Metallniederschläge erhalten werden, die Stromausbeute durchwegs höher als an rauhen Oberflächen. Besonders erleichtert ist die Metallabscheidung an Quecksilberkathoden, an denen, wie gesagt, die Wasserstoffüberspannung besonders hoch ist. An Quecksilber lassen sich daher auch sehr unedle Metalle (Alkalimetalle) aus wäßrigen Lösungen abscheiden, bzw. gelingt

---

[1] Milazzo, G.: Elektrochemie. Springer-Verlag, Wien 1952.

[2] Kortüm, G.: Lehrbuch der Elektrochemie. Verlag Chemie, Weinheim/Bergstr. 1966, S. 453.

Tabelle 10. *Überspannungen des Wasserstoffes**

Stromdichte D in A/cm²	Überspannungen in V bei D			
	10^{-3}	10^{-2}	10^{-1}	1
Ag massiv	0,44	0,66	0,76	—
Al massiv	0,58	0,71	0,74	0,78
Au galvanisch niedergeschlagen	0,17	0,25	0,32	0,42
Be	0,63	0,73	—	—
Bi massiv	0,69	0,83	0,91	1,01
C Faden	0,95	1,13	1,18	1,17
C Graphit	0,47	0,76	0,99	1,03
C Bogenlampenkohle	0,27	0,34	0,41	0,41
Cd massiv	0,99	1,20	1,25	1,23
Cr massiv	—	—	0,67	0,77
Cu massiv	0,60	0,75	0,82	0,84
Cu galvanisch niedergeschlagen	0,50	0,62	0,74	0,80
Fe massiv	0,40	0,53	0,64	0,77
Hg flüssig	1,04	1,15	1,21	1,24
In	0,80	1,05	1,19	—
Mo	0,30	0,44	0,57	—
Nb	0,65	0,74	0,82	—
Ni massiv	0,33	0,42	0,51	0,59
Pb massiv	0,67	0,97	1,12	1,08
Pb galvanisch niedergeschlagen	0,91	1,24	1,26	1,22
Pt massiv	0,09	0,39	0,50	0,44
Pt galvanisch niedergeschlagen	0,25	0,35	0,40	0,40
Pt platiniert	0,01	0,03	0,05	0,07
Rh massiv	0,08	0,22	0,33	0,34
Sn massiv	0,85	0,98	0,90	0,98
Ta	0,41	0,75	0,90	—
Tl	1,05	1,13	1,15	—
W massiv	0,27	0,35	0,47	0,54

* MILAZZO, G.: Elektrochemie. Springer-Verlag, Wien 1952.

die Abscheidung relativ unedler Metalle (Chrom, Mangan) auch aus sauren Lösungen noch mit guten Stromausbeuten[1,2].

Auch der Metallabscheidung wird an den Elektroden eine Überspannung entgegengesetzt, die im allgemeinen jedoch gegenüber der Wasserstoffüberspannung gering ist. Doch sind bei einigen Metallen, die häufig gleichzeitig niedrige Wasserstoffüberspannung verursachen, deutliche Überspannungen zu beobachten. Wegen der geringen Überspannung, die manche Metalle der Wasserstoffentladung entgegensetzen, bzw. wegen der hohen Überspannung der Metallabscheidung, lassen sich einzelne Metalle, obwohl sie relativ edel sind (Molybdän, Wolfram) nicht mit brauchbaren Stromausbeuten aus wäßrigen Lösungen abscheiden.

Einen wesentlichen Einfluß auf die Wasserstoffüberspannung haben „Lokalelemente". Lokalelemente bilden sich durch Einschlüsse von edleren Metallen in

[1] JANGG, G., BACH, H.: in: EGER, G. (Hrsg.): Handbuch der Technischen Elektrochemie, Bd. I, 1. Teil, II. Aufl., Akademische Verlagsgesellschaft, Leipzig 1961, S. 592

[2] JANGG, G.: Metall *19* (1965) 442, 717.

den Elektrolytniederschlag. An diesen Einschlüssen ist die Wasserstoffüberspannung geringer als an glatten reinen Metallniederschlägen. Durch die Herabsetzung der Wasserstoffüberspannung wird die Wasserstoffentladung erleichtert und es kommt zu empfindlichen Stromausbeuteminderungen. In extremen Fällen (unreine Zinkelektrolyte) können schon gebildete Metallniederschläge selbst unter Strom wieder unter Wasserstoffentwicklung in Lösung gehen. Solche edleren Metalle, die in Niederschlägen mit eingebaut werden und die Wasserstoffüberspannung herabsetzen, sind hauptsächlich Arsen, Germanium, Antimon u. a. Für störungsfreie Elektrolysen müssen die Elektrolyte weitgehend frei von diesen „Elektrolysegiften" sein. Analytische Reinheitskontrolle der Elektrolyte reicht u. U. (wie bei der Manganelektrolyse nach dem Shelton-Verfahren) nicht mehr für die Betriebskontrolle aus, sondern die Elektrolytansätze müssen einer Probeelektrolyse unterworfen werden.

Auch in bezug auf die Elektrolysegifte sind Quecksilberkathoden weniger störungsanfällig. Mitabgeschiedene edlere Metalle werden meist von Quecksilber benetzt und dadurch unwirksam; es kommt daher nicht zur Ausbildung von Lokalelementen. Lediglich solche Metalle, die vom Kathodenquecksilber nicht aufgenommen werden, sind auch bei Quecksilberelektrolysen gefährlich (vor allem Vanadin, Molybdän, Chrom bei der Chloralkalielektrolyse)[1].

Die Abscheidungsspannung der Metalle ist, wie erwähnt, abhängig von der Aktivität der Metallionen in der Lösung, d. h. von Konzentration und der Stärke von Komplexbindungen (Aquo-, Sulfato- und andere Komplexe in sauren Lösungen, Ammin- und Cyanidkomplexe u. a. in alkalischer Lösung). Durch Wahl entsprechend zusammengesetzter Elektrolyte können die Abscheidungspotentiale der Metalle so verschoben werden, daß es gelingt, direkt Legierungen verschieden edler Metalle aus wäßrigen Lösungen abzuscheiden. Die Abscheidung von Legierungen (z. B. von Messing) wird heute, vor allem für galvanotechnische Zwecke, schon verbreitet durchgeführt.

Werden trotz neutraler oder alkalischer Elektrolyten bei der Metallabscheidung aus wäßrigen Lösungen infolge starker Wasserstoffmitabscheidung keine befriedigenden Stromausbeuten erreicht, gelingt die elektrolytische Abscheidung aus organischen Lösungen oder aus schmelzflüssigen Elektrolyten. Die organischen Lösungsmittel bringen jedoch einige Nachteile, vor allem die geringe elektrische Leitfähigkeit und das geringe Lösevermögen für Metallsalze mit sich. Metallabscheidung aus organischen Lösungen hat sich nicht allgemein durchsetzen können. Es wurden lediglich einige interessante Verfahren zur Gewinnung von hochreinem Aluminium, Indium und Gallium entwickelt[2].

Größere Bedeutung und größere Zukunftsaussichten kommen der Schmelzflußelektrolyse zu, die eine wertvolle Ergänzung der Verfahren zur Abscheidung aus wäßrigen Lösungen darstellt.

Die *Schmelzflußelektrolyse*, die nur dann Anwendung findet, wenn die Abscheidung aus wäßrigen Lösungen unmöglich ist, bedingt ebenfalls relativ hohe Zellenspannungen durch geringe Leitfähigkeit der Salzschmelzen. Nachteilig ist

---

[1] Angel, G., et al.: J. Electrochem. Soc. *99* (1952) 435, 442; *100* (1953) 39; *102* (1955) 124, 246.

[2] Dötzer, R., Raab, G., Todt, E., Urban, G.: Chem. Ing. Techn. *36* (1964) 616.

auch die meist höhere, mit steigender Temperatur noch wachsende Löslichkeit von Metallen in den Salzschmelzen. Die Diffusion der gelösten Metalle zu den Anoden und die eintretende anodische Oxydation führen zu Stromausbeuteverlusten. Schwierigkeiten ergeben sich bei der Schmelzflußelektrolyse auch dadurch, daß, wegen der geringen Leitfähigkeit der Elektrolyten, Dendritenbildung begünstigt ist. Die sehr rauhen Kathodenniederschläge, von denen das Metall auch teilweise abbröckeln kann, sind schwer auszuheben und vom anhaftenden Salz zu reinigen.

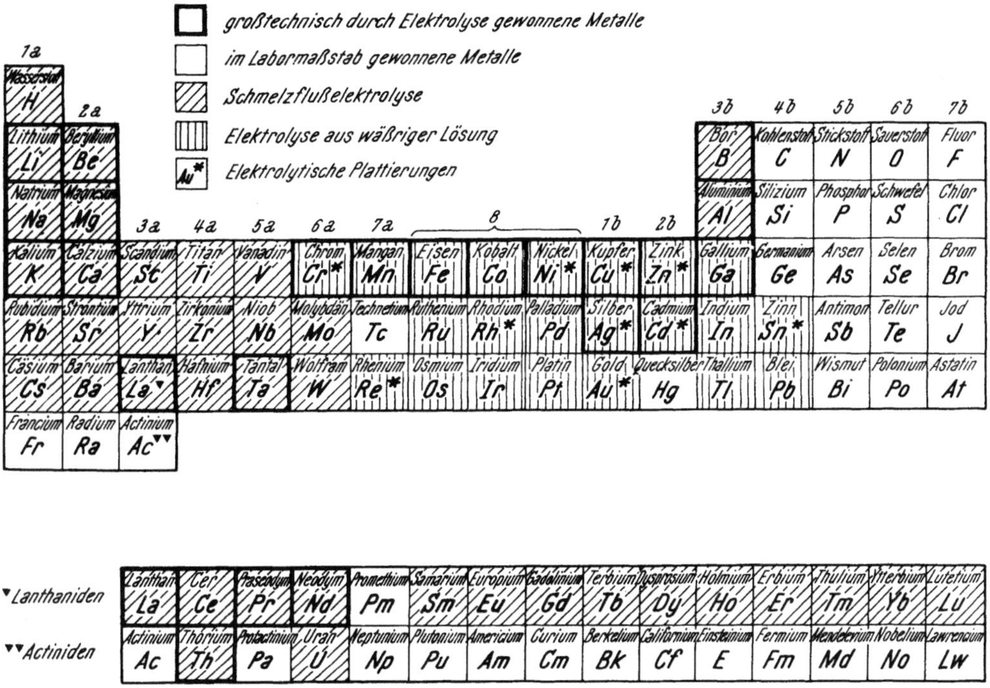

Abb. 41. Durch Elektrolyse gewinnbare Metalle

Die Schwierigkeiten werden vermieden, wenn es gelingt, die Elektrolyse bei Temperaturen über dem Schmelzpunkt der gewonnenen Metalle durchzuführen. Schmelzflußelektrolysen mit Kathoden aus geschmolzenem Metall haben sich daher schon verbreitet eingeführt (Alkali- und Erdalkalimetalle, Aluminium u. a.). Doch lassen sich heute solche Elektrolysen nur bei Metallen mit relativ niedrigem Schmelzpunkt beherrschen.

Wegen der heute noch hohen Kosten für die elektrische Energie ist die elektrolytische Gewinnung von Metallen, sowohl durch Abscheidung aus wäßrigen Lösungen als auch durch Schmelzflußelektrolyse, nur dort interessant, wo andere Verfahren nicht bekannt sind oder zu unreinen Metallen führen. Mit der zunehmenden Verbilligung des elektrischen Stromes werden die Elektrolyseverfahren an Bedeutung gewinnen. In Abb. 41 ist eine schematische Zusammenstellung jener Sondermetalle gegeben, die heute schon elektrolytisch gewonnen werden bzw. für die elektrolytische Verfahren interessant sind.

a) Elektrolyse aus wäßrigen Lösungen

Von den Sondermetallen werden technisch Chrom, Mangan, Kobalt, Gallium, Indium und Thallium elektrolytisch aus wäßrigen Lösungen gewonnen. Die elektrolytische Herstellung hat bei Chrom und Mangan alle anderen Verfahren stark in den Hintergrund gedrängt. Die Abscheidung des Chroms geschieht überwiegend aus Chromsäurelösungen an Kathoden aus Edelstahlstäben. Versuche zur Abscheidung von reinem Chrom aus Chrom(III)salzlösungen, bei denen man nur die Hälfte der elektrischen Energie benötigt, haben ebenfalls zu Erfolgen geführt (Marietta-Verfahren[1]).

Mangan wird nach dem Shelton-Verfahren aus hochreinen, fast neutralen Mangansulfat-Elektrolyten an Stahlkathoden niedergeschlagen[2]. Die Elektrolyse ist sehr empfindlich gegenüber Elektrolysegiften, so daß eine sorgfältige Elektrolytreinigung die Voraussetzung für das Gelingen der Elektrolyse ist. Es ist die Verwendung von Diaphragmen notwendig, weil sich anodisch höherwertige Manganverbindungen (Braunstein, u. U. etwas Permanganat) bilden, die von den Kathoden ferngehalten werden müssen.

Elektrolytisch abgeschiedenes Gallium wird nach dem de la Bretèque-Verfahren[3], das in den Oststaaten eingesetzt ist, bei der elektrolytischen Reinigung von Aluminatlösungen erhalten. Die Elektrolyse geschieht an Quecksilberkathoden, die das abgeschiedene Gallium aufnehmen.

Die elektrolytische Abscheidung von Platinmetallen hat nur für die Herstellung von galvanisch niedergeschlagenen Überzügen (Rhodinieren) Interesse gefunden.

b) Elektrolyse aus nichtwäßrigen Lösungen

Wegen der schon erwähnten geringen Leitfähigkeit von organischen Lösungsmitteln und ihrer geringen Lösefähigkeit für Metallverbindungen hat die Metallgewinnung durch elektrolytische Abscheidung aus nichtwäßrigen Elektrolyten praktisch keine Bedeutung. Es werden lediglich beschränkte Mengen an hochreinem Aluminium, Indium und Gallium, für Halbleiterzwecke, durch Elektrolyse ihrer Organometallverbindungen hergestellt[4]. Zum Teil wird auch Lithium aus Lösungen von Lithiumchlorid in Pyridin niedergeschlagen. Interesse kommt erfolgreichen Versuchen zu, verschiedene Metalle elektrolytisch aus Lösungen von Metallsalzen in flüssigem Ammoniak oder flüssigem Schwefeldioxid zu gewinnen. Anwendung haben derartige Verfahren aber noch nicht gefunden.

c) Elektrolyse aus Salzschmelzen

Die *Schmelzflußelektrolyse* zählt heute zu den wichtigsten Verfahren der Metallgewinnung. Es sei nur darauf hingewiesen, daß diese Methode die „Sonder-

---

[1] Rothmann, H., Keil, W., Richter, H.: Chem. Ing. Techn. *36* (1964) 1005.

[2] Sully, A. H.: Manganese. Academic Press, Inc., New York 1955.

[3] Schweizer Pat. 333169 und 333264 (Juni 1955); U.S. Pat. 2793179 (1957); U.S. Pat. 2798845 (1957). Erfinder: P. de la Bretèque (S. A. pour l'Industrie de l'Aluminium).

[4] Dötzer, R., Raab, G., Todt, E., Urban, G.: Chem. Ing. Techn. *36* (1964) 616.

metalle des 19. Jahrhunderts", nämlich Aluminium und Magnesium, zu Gebrauchsmetallen der Neuzeit gemacht hat.

Grunsätzlich lassen sich zwar alle Metalle aus Salzbädern mit Hilfe des elektrischen Stromes gewinnen, doch müssen für eine erfolgreiche Durchführung der Schmelzflußelektrolyse einige Voraussetzungen gegeben sein:

1. Der schmelzflüssige Elektrolyt muß aus Salzen von Metallen bestehen, die ein negativeres Abscheidungspotential haben als das zu gewinnende Metall, und die auch nicht zu hochschmelzend sein sollen. In der Regel besteht die Salzschmelze also aus Alkalihalogeniden, die, um brauchbare Niederschläge zu erhalten, vollkommen wasser- und sauerstofffrei sein müssen.

2. Es muß eine Verbindung des abzuscheidenden Metalles existieren, die genügend Löslichkeit im Salzbad aufweist und im gelösten Zustand in ionisierter Form vorliegt. Die Verbindung soll auch nicht zu hohen Dampfdruck besitzen, da sonst Verluste während der Elektrolyse schwer zu vermeiden sind. Ferner soll auch während der Elektrolyse keine niederwertige Metallverbindung gebildet werden, die im Salzbad nicht oder schwer löslich ist und das Salzbad verunreinigen könnte.

3. Das Metall selbst soll im Salzbad eine möglichst geringe Löslichkeit haben, da es sonst durch Bildung von „Metallnebeln" zu einem Absinken der Stromausbeute kommt. Höhere Löslichkeit der Metalle bewirkt Stromausbeuteerniedrigung auch durch Rückdiffusion des Metalles zu den Anoden.

4. Das abgeschiedene Metall darf natürlich auch nicht mit der Salzschmelze reagieren.

Diese Forderungen schränken die Anwendungsmöglichkeit der Salzbadelektrolyse aber nicht entscheidend ein, da in allen Fällen geeignete Elektrolyten gefunden werden können. Große Schwierigkeiten treten aber dadurch auf, daß es kaum gelingt die Metalle in kompakter Form an den Kathoden niederzuschlagen, sondern daß man meist dendritische oder flitterige Abscheidungen erhält, bei denen beim Ausheben der Kathoden leicht Metallverluste eintreten.

Rauhe und zerklüftete Niederschläge bleiben auch stark durch anhaftende Salzreste verunreinigt. In jüngster Zeit wurde jedoch ein Verfahren beschrieben, nach dem es gelingen soll, auch schwer reduzierbare Metalle in kompakter Form zu erhalten[1]. Das Verfahren ist allerdings weniger für die Metallgewinnung gedacht, sondern für die Herstellung von Deck-Schichten auf Werkstücken (coating).

Die technische Durchführung der Salzbadelektrolyse ist dann ohne wesentliche Probleme, wenn es gelingt, das Kathodenmetall flüssig zu erhalten. Dieser Idealfall ist aber nur bei niedrig schmelzenden Metallen zu verwirklichen. In einzelnen Fällen führt Verwendung eines geschmolzenen edleren Metalles als Hilfsmetall zum Ziel. In diesem geschmolzenen Hilfsmetall lösen sich die abgeschiedenen Metalle bzw. werden von diesen benetzt und aufgenommen, so daß die mühevolle Abtrennung und Aufarbeitung von Dendriten und Metallflittern umgangen wird. Das Hilfsmetall muß sich nach beendeter Elektrolyse durch Weglösen oder Wegdampfen leicht wieder abtrennen lassen. Als Hilfsmetalle bieten sich vor allem Quecksilber, Zink, Kadmium, Blei und Zinn an.

---

[1] Senderoff, S.: Metallurgical Reviews *11* (1966) 97.

Als Ausgangsmaterialien für die Salzbadelektrolyse kommen Oxide und Halogenide in Frage, für die die Abscheidungsspannungen etwa ähnlich sind. Oxide sind bequemer handzuhaben und meist auch in reinerer Form verfügbar als die Halogenide, die überdies häufig hygroskopisch, leicht flüchtig, korrosiv und feuchtigkeitsempfindlich sind. Doch sind Oxide in den Elektrolyten, für die praktisch nur Alkali- und Erdalkalihalogenide in Frage kommen, meist nur wenig löslich. Als Anodenmaterial wird meist Graphit verwendet. Bei der Elektrolyse von oxidhaltigen Bädern ist der Abbrand der Elektroden relativ hoch und es entsteht Kohlenmonoxid; bei Halogeniden ist die Lebensdauer der Anoden größer, es bildet sich freies Halogen. Als Nebenprodukte können anodisch Kohlenstofftetrachlorid bzw. Kohlenstofftetrafluorid entstehen, die, besonders bei hohen Stromdichten, einen dichten, elektrisch sehr gut isolierenden Gasfilm auf den Anoden bilden. Es kommt dann zu plötzlichem Hochschnellen der Badspannung bzw. plötzlichem starken Absinken der Elektrolyseströme, was entsprechende Energieverluste zur Folge hat. Elektrische Durchschläge durch die isolierenden Gasschichten führen zur Bildung von Lichtbögen und sind gefürchtet.

Für die Gewinnung der Sondermetalle haben sich Schmelzflußelektrolyseverfahren vor allem für Beryllium, Tantal und Cermischmetall durchgesetzt. Beryllium und Cermischmetall werden in Europa heute fast ausschließlich auf diese Weise hergestellt.

Bei der Elektrolyse von *Beryllium* (s. S. 165) verwendet man einen niedrigschmelzenden Elektrolyten von Berylliumchlorid + Natriumchlorid und arbeitet bei etwa 350 °C in Gefäßen aus Nickel, in die als Kathode ein beidseitig offener Nickelblechzylinder eingehängt wird. In diesen Kathodenzylinder wird zentral ein Graphitstab als Anode eingebracht. Das Beryllium setzt sich mit guter Stromausbeute in Form von Flittern und Dendriten an der Nickelkathode ab und wird von Zeit zu Zeit von der aus dem Bad herausgezogenen Kathode abgekratzt.

Bei *Cermischmetall* (s. S. 190) wird ebenfalls von Chloriden ausgegangen und diese zusammen mit wenig Natriumchlorid und Calciumchlorid zu einem gut leitenden Elektrolyten zusammengeschmolzen. Elektrolysegefäße sind auf die Spitze gestellte Kegel aus Stahl oder Keramik, in die von unten Kathoden aus Graphit, Eisen oder auch Molybdän und Tantal eingebracht sind. Die Anoden aus Graphit werden von oben in das Bad hineingesteckt. Bei einer Elektrolysetemperatur von 840—880 °C schmilzt das gewonnene Mischmetall nieder und setzt sich regulinisch am Boden der Zelle ab. Eine Trennung vom Salzbad ist dadurch sehr erleichtert. Um die Elektrolysetemperatur senken zu können, ohne den Vorteil der flüssigen Kathoden aufgeben zu müssen, wird als Kathodenmaterial zum Teil auch eine Schmelze von flüssigem Zink, Magnesium oder Kadmium vorgegeben. In diesen Hilfsmetallen löst sich das Mischmetall und wird nach beendeter Elektrolyse durch Wegdampfen der Hilfsmetalle im Vakuum gewonnen. Bei der Verwendung von Hilfsmetallen erhält man aber das Mischmetall in geringerer Reinheit.

Tantal läßt sich durch Schmelzflußelektrolyse aus geschmolzenem Kaliumtantalfluorid gewinnen (s. S. 284). Der Tiegel aus Grauguß ist als Kathode geschaltet; als Anoden dienen Graphitstäbe. Um den „Anodeneffekt“, d. i. die Umhüllung mit schlecht leitenden Kohlenstoff-Fluoriden zu vermeiden, wird Tantalpentoxid dem Bad zugegeben. Das Metall setzt sich in Flittern am Tiegel ab. Nach einer Abscheidung von etwa 15% des in Form des Salzes vorhandenen Tantals wird die Elektrolyse unterbrochen und die Schmelze ausgegossen. Die erstarrte Schmelze wird schließlich zerkleinert, das Metall abgesiebt und mit Säure gewaschen.

Ähnlich läßt sich *Niob* aus Bädern von Kaliumnioboxyfluorid erzeugen. Ein Zusatz von Niobpentoxid ist hier nicht notwendig. Die Niobgewinnung durch Schmelzflußelektrolyse hat keine größere Bedeutung erlangt, während Tantal in größeren Mengen schmelzflußelektrolytisch erzeugt wird. Ebenso wurde mit Erfolg

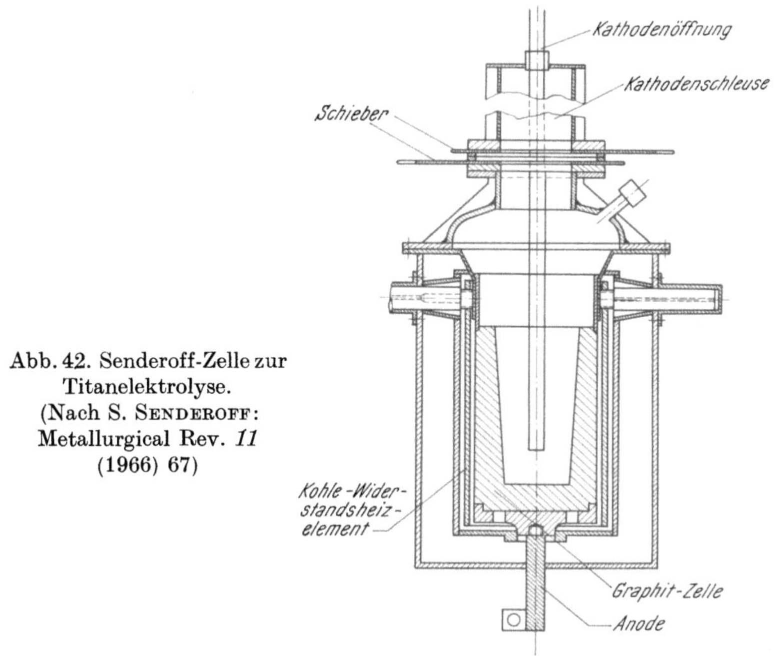

Abb. 42. Senderoff-Zelle zur Titanelektrolyse. (Nach S. SENDEROFF: Metallurgical Rev. *11* (1966) 67)

versucht, *Thorium* aus geschmolzenem Kaliumthoriumpentafluorid (s. S. 205)[1,2] bzw. aus Bariumchlorid–Kaliumchlorid- oder Natrium–Kaliumchlorid-Elektrolyten, in denen Thoriumtetrachlorid gelöst ist, bzw. *Uran*[3] aus Schmelzen von Kaliumuran(IV)fluorid mit Natrium- und Kaliumchloridzusatz abzuscheiden, ohne daß diese Verfahren technische Bedeutung erlangen konnten.

Interessante Untersuchungen wurden vor allem auch über die Schmelzflußelektrolyse von *Titan*[4,5], *Zirkonium*[6] und *Hafnium*[7] durchgeführt. Die Ent-

[1] WILHELM, H. A. (Hrsg.): The Metal Thorium. Metals Park, Ohio, Am. Soc. Met. 1958.

[2] CUTHBERT, F. L.: Thorium Production Technology. Addison-Wesley Publishing Co., Reading, Mass. 1958.

[3] DRIGGS, F. H., LILLIENDAHL, W. C.: Ind. Eng. Chem. *22* (1930) 516.

[4] MCQUILLAN, A. D. und M. K.: Titanium. Butterworths Scientific Publ., London 1956.

[5] MYHREN, A. J., u. Mitarb.: J. Metals *20* (1968) 38.

[6] MILLER, G. L.: Zirconium, 2. Aufl. Butterworths Scientific Publ., London 1957.

[7] THOMAS, D. E., HAYES, E. T. (Hrsg.): The Metallurgy of Hafnium, U.S. Government Printing Office, Washington, D.C. 1960.

wicklungen, von denen man sich große Fortschritte zu einer billigen Herstellung dieser Metalle erwartet, sind noch nicht abgeschlossen. Es scheint, daß die Elektrolyse von Zirkonium und Hafnium schon befriedigend gelingt. Bei Titan treten vermehrte Schwierigkeiten auf, die aber offenbar inzwischen gemeistert werden. Die heute für die elektrolytische Titangewinnung verwendete Senderoff-Zelle zeigt Abb. 42. Das Badgefäß aus Graphit ist als Anode geschaltet; es wird elektrisch durch Graphitrohr-Widerstandsheizung erwärmt. Die Kathode besteht aus einem Molybdänstab, an dem sich das Titan in dendritischer Form ansetzt. Die ganze Zelle steht unter Schutzgas. Nach beendeter Elektrolyse (zu stark gewordener Niederschlag, Erschöpfung des Elektrolyten) kann die Kathode nach oben in eine schutzgasgefüllte Schleuse herausgezogen werden. Der verbrauchte Elektrolyt (niedrige Halogenide in Erdalkali- und/oder Alkalihalogenidschmelzen) läßt sich durch Kippen der Zelle ausgießen. Nach Einbringen von neuem Elektrolyt und Wiedereinführen der Kathode ist die Elektrolyse ohne Unterbrechung der Badheizung fortzuführen.

Die Reinigung von Titan und die Aufarbeitung von Titanschrott durch Elektrolysieren im Salzbad (vergleiche unter Raffinationsverfahren) hat schon seit einiger Zeit Eingang in die Technik gefunden.

Vanadin läßt sich erfolgreich durch Schmelzflußelektrolyse von VCl_2 herstellen*.

6. Zementation

Die Zementation, d. h. das bekannte Verfahren der Abscheidung eines in Lösung befindlichen Metalles durch ein anderes, unedleres Metall, soll nur kurz gestreift werden. Die Zementation findet — bei den Sondermetallen — für die Gewinnung von Indium und Thallium Anwendung. Durch Zementation werden außerdem vielfach Elektrolytlösungen gereinigt, wobei die Zementationsniederschläge zum Teil wertvolle Ausgangsprodukte für die Gewinnung verschiedener seltener Metalle (Indium, Thallium, Germanium, Rhenium, Platinmetalle u. a.) darstellen. Werden anstelle kompakter oder pulvriger fester Metalle die Amalgame zur Zementation verwendet, spricht man vom Phasentausch[1]. Die Verwendung der Amalgame bietet gegenüber der von festen Metallen die Vorteile, daß sich keine umsatzhemmenden Deckschichten bilden und die Reaktion daher sehr rasch und quantitativ verläuft. Nachteilig ist, wie bei allen Hilfsmetallverfahren, daß das Hilfsmetall wieder abgetrennt werden muß.

7. Neue Metalle aus Kernspaltungsprozessen

Die vielleicht bedeutendste Entwicklung des 20. Jahrhunderts, die Anwendung der Atomkernenergie, hat neben der Erschließung einer neuen Energiequelle auch verschiedene bisher in der Natur nicht bekannte Metalle sowie eine ganze Reihe von radioaktiven Elementen zugänglich gemacht.

---

* Pers. Mitteilung. F. Caputo, Oregon Metallurgical, Oregon, Albany, USA.

[1] Hohn, H.: Österr. Chem. Ztg. *49* (1948) 15, 60, 102.

Das Element *Technetium*[1,2] kann in relativ großen Mengen aus den Spaltprodukten der Urankernspaltung isoliert werden. Sein langlebigstes Isotop Tc^{99} ist ein schwacher β-Strahler mit einer Halbwertszeit von $5 \cdot 10^5$ Jahren. Technische Verwendung als metallischer Werkstoff bzw. als Legierungsmetall hat Technetium bisher noch nicht gefunden. Seine radioaktiven Isotopen werden, wie andere Isotopen auch, als Strahlenquellen eingesetzt.

Schon in Mengen von vielen Tonnen ist *Plutonium* als Nebenprodukt bei der Urankernspaltung bzw. in Brutreaktoren gewonnen worden. Plutonium, das beim Neutroneneinfang aus dem nicht spaltbaren U^{238} entsteht, hat als spaltbares Produkt besondere Bedeutung für die kriegerische, aber auch für die friedliche Anwendung der Atomenergie.

Die sonstigen, bei Kernreaktionen entstehenden „synthetischen" Elemente (Promethium[3] und die Transurane) sind sehr starke Strahler und haben zum Teil als Energiequellen für thermoelektrische Batterien Verwendung gefunden[4]. Im allgemeinen stellen sie jedoch bisher noch ein lästiges und gefährliches Abfallprodukt des Atomzeitalters dar.

B. Raffinationsverfahren

An die Reinheit der Metalle werden von der modernen Technik sehr hohe Anforderungen gestellt, die mit der Ausweitung der Verwendungsgebiete für die Metalle auch in Zukunft noch weiter steigen werden[5]. Während die Gebrauchsmetalle durch die heute üblichen metallurgischen Verfahren im allgemeinen in genügender Reinheit gewonnen werden können und sich eine Nachreinigung meistens erübrigt, sind bei den Sondermetallen geeignete und wirkungsvolle Verfahren zur Nachreinigung sehr wichtig[6,7,8,9,10,11,12,13]. Vor allem die Übergangsmetalle sind nur dann duktil und durch plastisches Verformen verarbeitbar, wenn der

---

[1] Colton, R.: The Chemistry of Rhenium and Technetium. Interscience Publishers, New York 1965.

[2] Tribalat, S.: Rhenium and Technetium. Gauthier-Villars, Paris 1957.

[3] Weigel, F.: Preparation and Properties of Promethium and some of its Compounds. Proc. 5th Rare Earth Research Conference 1965, Ames, Iowa, Book 3, Chemistry Session, S. 107, CONF-650804-7, 1965.

[4] Sabau, C., Bobleter, D.: Allg. u. Prakt. Chemie *20* (1969) 219.

[5] Rexer, E., u. Mitarb.: Technik *19* (1964) 709.

[6] Van Arkel, A. E.: Reine Metalle. Springer-Verlag, Berlin 1939.

[7] Hampel, C. A. (Hrsg.): Rare Metals Handbook. Reinhold Publ. Corp., London 1961.

[8] Hampel, C. A. (Hrsg.): The Encyclopedia of the Chemical Elements. Reinhold Book Corp., New York–Amsterdam–London 1968.

[9] Schreiter, W.: Seltene Metalle, Bd. I—III. VEB Deutscher Verlag für Grundstoffindustrie, Leipzig 1961/63.

[10] Kieffer, R., Braun, H.: Vanadin, Niob, Tantal. Springer-Verlag, Berlin–Göttingen–Heidelberg 1963.

[11] Zelikman, A. N., u. Mitarb.: Metallurgie der Seltenen Metalle. U.S. NASA, Technical Translation, NASA TT-F-359 (1966).

[12] Anonym: Angew. Chemie *80* (1968) 154.

[13] Smith, R. L.: Ultra-High-Purity Metals: Am. Soc. Met. Reinhold Publ. Corp., Ohio 1962.

Gehalt an Verunreinigungen, hauptsächlich an Metalloiden* (Kohlenstoff, Sauerstoff, Stickstoff, Wasserstoff und Silizium), genügend niedrig ist. Meist reichen Verunreinigungen an diesen Metalloiden in der Größenordnung von wenigen Zehntel Prozenten aus, die Metalle so zu verspröden, daß sie nicht mehr als Werkstoffe verwendbar sind. Für die Übergangsmetalle hat sich daher die Angabe der Härte bzw. der Umschmelzhärte für aus Schwammpulver erschmolzene Reguli als Maß für ihre Reinheit eingeführt. Bei den Übergangsmetallen spielt auch noch die Übergangstemperatur zwischen dem spröden und dem duktilen Zustand, die mit zunehmendem Gehalt an Verunreinigungen stark ansteigt, eine große Rolle. Da gerade die meisten Sondermetalle, im Gegensatz zu den Gebrauchsmetallen, die Metalloide sehr stark binden, werden sie bei der Herstellung selten genügend rein erhalten und es sind Reinigungsoperationen von höchster Wirksamkeit zu deren Nachreinigung notwendig.

Bei den niedrig schmelzenden Sondermetallen spielt die Frage der Reinheit ebenfalls eine hohe Rolle. Diese Sondermetalle werden für Halbleiterzwecke verwendet, bei denen geringe Verunreinigungen die elektrischen Eigenschaften sehr stark beeinflussen. Für die Haltbleitermaterialien werden ganz extreme Reinheitsforderungen gestellt und auch erreicht; denn nur mit allerreinsten Metallen lassen sich Halbleiterelemente mit den gewünschten reproduzierbaren Eigenschaften herstellen. Der Reinheitsgrad läßt sich durch chemische Analyse überhaupt nicht mehr überprüfen; eine Reinheitsprüfung ist nur mehr durch Messung physikalischer Kenngrößen, die von den Verunreinigungen stark beeinflußt werden, wie z. B. Leitfähigkeit und Hall-Konstante, möglich.

Eine hinreichende Reinigung — vor allem der Übergangsmetalle — wird zum Teil durch Vakuumentgasung von festen, wenig gesinterten Metallen oder durch Umschmelzen im Vakuum erreicht. Für eine Reihe von Übergangsmetallen wurden auch Verfahren zur elektrolytischen Raffination in Salzbädern entwickelt. Niedriger siedende Metalle lassen sich durch Destillation bzw. Sublimation oft wirksam raffinieren. Für Gallium und Aluminium hat sich auch die „Subhalogeniddestillation" einführen können.

Um die für Halbleiterzwecke notwendige Reinheit der Metalle zu erhalten, reichen die erwähnten Verfahren normalerweise nicht aus. Halbleitermetalle werden hauptsächlich durch Zonenschmelzen gereinigt.

Mit dem steigenden Verbrauch an Sondermetallen, der z. B. bei Titan, Zirkonium, Tantal, Wolfram, Molybdän und Uran bereits beträchtliche Werte erreicht, wird auch das Problem der Schrottregenerierung und der Verwertung von Abfällen aktuell. Abfälle bei der Verarbeitung der Metalle (Edelschrott) sind meistens rein und lassen sich durch Wiedereinschmelzen verwerten. Die Einschmelzung ist letztlich ebenfalls mit einer Reinigung der Metalle verbunden. Bei der Regeneration von echtem Schrott, d. s. Abfälle von schon im Einsatz befindlichen Werkstoffen, kommt aber meist die Abtrennung von Legierungsmetallen hinzu, die zum Teil geänderte Verfahren erfordert. Für viele Schrottsorten scheinen sich Verfahren der elektrolytischen Salzbadreinigung gut zu bewähren.

---

* Aus Zweckmäßigkeitsgründen bleiben wir bei diesem älteren Sammelbegriff für die aufgezählten, kleinatomigen Elemente.

1. Vakuumentgasung

a) Im festen Zustand

Die Vakuumentgasung[1] wurde mit der Entwicklung von leistungsfähigen und betriebssicheren Vakuumanlagen zu einem der wirkungsvollsten Reinigungsverfahren für die hochschmelzenden Sondermetalle. Durch den hohen Schmelzpunkt der verschiedenen Sondermetalle (Niob, Tantal, Molybdän, Wolfram, Rhenium, Rhodium, Osmium, Iridium) gelingt es, durch Erhitzen der Metalle im Hochvakuum einen großen Teil der Verunreinigungen ohne wesentliche Metallverluste zu verdampfen. Wasserstoff und Stickstoff werden in elementarer Form abgepumpt; Sauerstoff verflüchtigt sich in Form von Suboxiden (Niob, Tantal, Molybdän, Wolfram) oder wird bei gleichzeitiger Gegenwart von Kohlenstoff als CO (s. Niob–Tantal, S. 289) entfernt. Sämtliche Verunreinigungen mit höherem Dampfdruck werden entfernt, wie etwa Magnesium und Magnesiumchlorid beim Kroll-Titan, Alkalioxide und Alkalisilikate aus Molybdän und Wolfram.

Da Kohlenstoff wegen seines niedrigen Dampfdruckes nur in Verbindung mit Sauerstoff als CO entfernbar ist, wird in den Rohmetallen meist ein geringer Sauerstoffüberschuß angestrebt. Kohlenstoff wird dann vollständig oxydiert, der restliche Sauerstoff läßt sich als Suboxid abdampfen. Die Entfernung von Sauerstoff durch Abdampfen von Suboxiden läßt naturgemäß nur dann einen Erfolg erwarten, wenn der Dampfdruck des Suboxides höher liegt als der des Metalles, also nur dann, wenn das Verhältnis Dampfdruck Metalloxid : Dampfdruck Metall wesentlich größer ist als 1 (vgl. Tab. 11).

Wie aus der Tabelle zu erwarten, lassen sich Yttrium, Thorium, Zirkonium, Hafnium, Tantal und Wolfram sehr gut, Niob und Molybdän noch befriedigend durch Suboxidverflüchtigung von Sauerstoff bzw. indirekt auch von Kohlenstoff befreien. Bei Titan, Vanadin, Chrom, Mangan und Beryllium tritt kein Reinigungseffekt ein, sondern es tritt durch bevorzugtes Abdampfen des Metalls sogar eine Erhöhung des Sauerstoffgehaltes im Produkt ein. Ist aber neben Sauerstoff noch eine entsprechende Menge Kohlenstoff im Metall vorhanden, so tritt, wie z. B. bei karbothermisch gewonnenem Vanadin oder Chrom, starker Abbau des Sauerstoffs über CO-Bildung ein.

Die Vakuumentgasung — im festen Zustand — wird üblicherweise mit dem Sinterprozeß verbunden. Die zu Stäben gepreßten Pulver werden unter gutem Vakuum stufenweise auf höhere Temperaturen erhitzt. Das langsame Aufheizen vermeidet eine Zerstörung der Preßlinge durch plötzliche Gasausbrüche. Das Sintern kann entweder durch indirekte Beheizung oder im direkten Stromdurchgang durchgeführt werden. Sintern im direkten Stromdurchgang ist meist wirkungsvoller, da in diesem Falle ein Temperaturgradient vom Inneren der Sinterstäbe zur Oberfläche vorhanden ist, der die Entgasung fördert[2].

---

[1] Winkler, O., Bakish, R. (Hrsg.): Vacuum Metallurgy, Elsevier Publ. Comp., Amsterdam 1971 (im Druck).

[2] Kieffer, R., Braun, H.: Vanadin, Niob, Tantal. Springer-Verlag, Berlin–Göttingen–Heidelberg 1963.

Tabelle 11. *Relative Flüchtigkeit Oxid/Metall beim Schmelzpunkt des Metalles**

Desoxydation durch Suboxidverflüchtigung möglich	Desoxydation durch Suboxidverflüchtigung nicht möglich
$\frac{MoO}{Mo} = 10^{0,5}$	$\frac{TiO}{Ti} = 1$
$\frac{NbO}{Nb} = 10^{1}$	$\frac{VO}{V} = 10^{-2}$
$\frac{BO}{B} = 10^{2}$	$\frac{BeO}{Be} = 10^{-3}$
$\frac{WO}{W} = 10^{2}$	$\frac{CrO}{Cr} = 10^{-4}$
$\frac{ZrO}{Zr} = 10^{2}$	$\frac{MnO}{Mn} = 10^{-5}$
$\frac{ThO}{Th} = 10^{3}$	$\frac{FeO}{Fe} = 10^{-6}$
$\frac{HfO}{Hf} = 10^{4}$	$\frac{NiO}{Ni} = 10^{-7}$
$\frac{TaO}{Ta} = 10^{4}$	
$\frac{YO}{Y} = 10^{5}$	

* Smith, H. R., Hunt, A. H., Hanks, C. W.: J. Metal *11* (1959) 112.

b) Vakuumentgasung in der Schmelze

Beim Vakuumschmelzen gelten die selben Gesichtspunkte wie beim Entgasen im festen Zustand. Es tritt nur bei genügend hohen Dampfdruckunterschieden zwischen Suboxid und Schmelze eine Reinigung ein. Um schnelleres Entgasen zu erreichen, muß man möglichst hohe spezifische Oberflächen der Schmelzen, z. B. durch Zerstäuben der Schmelze zu Tröpfchen, Abfließen lassen in dünnen Schichten oder durch intensive Durchwirbelung, schaffen. Rasche Entgasung tritt am besten beim Elektronenstrahlschmelzen mit Abtropfelektrode[1,2,3,4], beim Abschmelzen im Hochvakuum-Lichtbogenofen oder beim induktiven Erhitzen der Schmelzen, bei dem ein starker Rühreffekt eintritt, ein. Es soll darauf hingewiesen werden, daß die Entgasung im Hochvakuum-Lichtbogenofen meist weniger wirksam ist als beim Elektronenstrahlschmelzen[4,5]. Beim induktiven Schmelzen kann

[1] Kimura, H., u. Mitarb. Trans. Nat. Res. Inst. Metals (Tokyo) *8* (1966) 15.

[2] Gruber, H.: Metall *12* (1958) 901.

[3] Ogiermann, G.: Vakuum *10* (1960) 445.

[4] Ogiermann, G., Scheibe, W.: Metall *15* (1961) 3.

[5] Kieffer, R., Wirth, W.: in: Auwärter, M. (Hrsg.): Ergebnisse der Hochvakuumtechnik und der Physik dünner Schichten. Wissenschaftliche Verlagsgesellschaft, Stuttgart 1957, S. 178.

gute Reinigungswirkung erzielt werden, es müssen aber teilweise längere Schmelzzeiten und Reaktionen mit dem Tiegelwerkstoff in Kauf genommen werden.

Die Entgasung im festen Zustand wird mit gutem Erfolg bei allen hochschmelzenden Metallen durchgeführt. Auch die Vakuumentgasung von Schmelzen hat schon weite Verbreitung gefunden[1,2]. Titan wird heute schon im Hochvakuum-Lichtbogenofen im Tonnenmaßstab geschmolzen, wobei die vom Kroll-Prozeß stammenden Verunreinigungen Magnesium und Magnesiumchlorid vollständig verdampfen. Auch der Hydridwasserstoff wird zur Gänze entfernt. Eine Verminderung des Sauerstoff- und Kohlenstoffgehaltes tritt allerdings bei unlegiertem Titan nicht ein[3]. Vanadin, Niob und Tantal werden durch Vakuumschmelzen wirkungsvoll von Sauerstoff und Kohlenstoff befreit. Beim Umschmelzen von aluminothermisch gewonnenem Vanadin und Niob läßt sich auch das versprödend wirkende Aluminium vollkommen entfernen[4].

In einzelnen Fällen, in denen der Dampfdruck des Suboxids für eine Reinigung nicht hoch genug ist, läßt sich eine Reinigung durch Zusätze, die leichtflüchtige Oxide bilden, erreichen. So wird heute Molybdän erfolgreich durch Zusatz von Kohlenstoff und Bor desoxydiert, wobei der Sauerstoff im Vakuum als CO und als B_2O_3 abgedampft wird[5].

2. Elektrolytische Salzbadreinigung (electrorefining)

Neben der Vakuumentgasung zählt die elektrolytische Raffination zu den wichtigsten Reinigungsverfahren für Sondermetalle. Verfahren, die mit wäßrigen Elektrolyten arbeiten, haben, da sich die Sondermetalle im allgemeinen nicht aus wäßrigen Lösungen abscheiden lassen, praktisch keine Bedeutung. Lediglich das Umelektrolysieren von *Indium* aus wäßrigen Lösungen wird im kleinen Maßstab durchgeführt. Raffinationsverfahren mit Schmelzflußelektrolyse haben sich dagegen schon für viele Metalle durchgesetzt.

Für die Auswahl der Bäder gelten die gleichen Kriterien wie bei der elektrolytischen Gewinnung der Metalle aus Salzschmelzen. Die Bäder sollen bei nicht zu hohen Temperaturen schmelzen, gute elektrische Leitfähigkeit haben, aus Salzen von Metallen bestehen, die unedler sind als das abzuscheidende, und sollen größere Mengen (mindestens etwa 10%) an Verbindungen des abzuscheidenden Metalles lösen. Als zusätzliche Forderung kommt bei der Raffination hinzu, daß sich die als Anoden eingesetzten Rohmetalle während der Elektrolyse gleichmäßig auflösen sollen. Die Anoden dürfen auch dann nicht, wenn sie schon fast vollkommen gelöst sind, zerbröckeln und es sollen keine größeren Mengen an Schlamm gebildet werden. Die Salzbäder müssen weiter so gewählt werden, daß sie die Anoden nicht chemisch angreifen, da sonst größere Metallverluste auftreten.

---

[1] Winkler, O., Bakish, R. (Hrsg.): Vakuum Metallurgy, Elsevier Publ. Comp., Amsterdam 1971 (im Druck).

[2] Kieffer, R., Lugscheider, E.: Vakuum-Technik (im Druck).

[3] Kieffer, R., Lihl, F., Effenberger, E.: Z. Metallk. *60* (1969) 94.

[4] Krüger, J., Winterhager, H.: Metall *20* (1966) 430.

[5] Lutz, H., Benesovsky, F., Kieffer, R.: J. Less-Common Metals *16* (1968) 249.

Das Arbeiten mit flüssigen Kathoden ist bei der elektrolytischen Raffination nur schwer möglich. Die Trennung der zwangsläufig auch flüssigen Anode von der flüssigen Kathode ist nur durch Kunstgriffe, wie z. B. bei der Aluminiumraffination, bei der das Anodenmetall durch Zulegierung von Kupfer ,,beschwert“ wird, möglich. Die Dichte der Salzschmelze muß zwischen der Dichte des Kathoden- und des Anodenmetalles liegen. Anwendung von flüssigen Hilfsmetallen als Kathoden bedingt eine nachträgliche Aufarbeitung des Kathodenmaterials. Durch unvermeidliches Einschleppen von Verunreinigungen kann die gute Reinigungswirkung des Umelektrolysierens in Frage gestellt werden.

Es ist daher verständlich, daß nur mit festen Kathoden und festen Anoden gearbeitet wird. Bei der elektrolytischen Raffination werden im Prinzip alle metallischen Verunreinigungen weitgehend abgetrennt. Edlere Metalle, die im Rohmetall vorhanden sind, werden anodisch nicht gelöst, sondern verbleiben im Anodenschlamm. Mit in Lösung gegangene unedlere Metalle verbleiben im Elektrolyten, sie werden kathodisch nicht mitabgeschieden. Die Elektrolyte reichern sich aber während der Elektrolyse mit solchen unedlen Begleitmetallen und durch Anodenschlämme an, so daß die Salzbäder von Zeit zu Zeit abgezogen und aufgearbeitet werden müssen. Bei der elektrolytischen Salzbadreinigung ist zum Teil auch eine Entfernung von Metalloiden möglich. Als Karbid vorliegender Kohlenstoff wird anodisch meist nicht gelöst; die Karbide verbleiben, falls sie von der Schmelze nicht angegriffen werden, im Anodenschlamm. Stickstoff und Wasserstoff entweichen. Wenn die Elektrolyse unter peinlichstem Ausschluß von Luft und unter Anwendung von vollkommen sauerstofffreien Elektrolyten durchgeführt wird, ist auch eine gewisse Reinigung in bezug auf Sauerstoff möglich.

Die Anoden, die aus Rohmetall oder aus niedrig legiertem Schrott bestehen, werden in Form von Stäben oder Blechen in das Salzbad eingebracht. Als Kathoden dienen dünne Bleche aus dem reinen, zu gewinnenden Metall, an dem sich das Elektrolytmetall ansetzt. Man trachtet möglichst glatte Niederschläge zu erreichen, damit die Kathoden beim Ausheben möglichst wenig Salz aus dem Bad mitnehmen, von dem sie durch Waschen befreit werden müssen. Bei der Entfernung der anhaftenden Salzreste, die durch Waschen mit verdünnten Säuren erfolgt, besteht die Gefahr, daß die Elektrolytniederschläge nachträglich wieder durch Wasserstoff und Sauerstoff verunreinigt werden.

Erfolgreich durchgeführt wird die Salzbadreinigung für *Vanadin*[1], *Niob*[2], *Tantal*[3], *Chrom*[4], *Molybdän*[5], *Wolfram*[6] und *Beryllium*[7]. Es haben sich Fluorid- oder Chloridsalzbäder bewährt. Bei den genannten Metallen lassen sich unter

---

[1] Sullivan, T. A.: J. Metals *17* (1965) 45.

[2] Suchkov, A. B., u. Mitarb.: Izv. Akad. Nauk. SSSR, Metal. *4* (1968) 52. Ref.: C. A. Phys. and Anal. Chem. Sect. *69* (1968) 82818.

[3] Nakagawa, I., Kirihara, T.: Kogyo Kagaku Zasshi *68* (1965) 1854. Ref.: C. A. Phys. and Anal. Chem. Sect. *65* (1966) 13208.

[4] Manceaux, M.: Ann. Chimie *1* (1966) 461.

[5] Cumings, R. E., Cattoir, F. R., Sullivan, T. A.: U. S. Bur. Mines, Rept. Invest. No. 6850 (1966) 24.

[6] Meenakshisundaram, N., Srinivasan, R.: Trans. Soc. Advan. Electrochem. Sci. Technol. *2* (1967) 24. Ref.: C. A. Phys. and Anal. Chem. Sect. *67* (1967) 49771.

[7] Smith, R. L. (Hrsg.): Ultra-High-Purity Metals, Am. Soc. Met. Reinhold Publ. Corp., Ohio 1962.

geeigneten Elektrolysebedingungen (Badzusammensetzung, Temperatur, Stromdichte) kompakte und nahezu glatte Niederschläge erzielen. Bei *Titan* ist dies bisher noch nicht einwandfrei gelungen[1]. Titan wächst beim technisch angewendeten Senderoff-Verfahren[2] der Union Carbide in dendritischer Form an den Kathoden auf.

Eine typische Elektrolysezelle für die Salzbadreinigung, wie sie z. B. für das Umelektrolysieren von Rohvanadin verwendet wird, zeigt Abb. 43. Die Zelle ist vollständig gekapselt und wird während des Betriebes mit Edelgas gespült. Das Anodenmetall, in stückiger Form, in Schwammform oder in Form von Spänen,

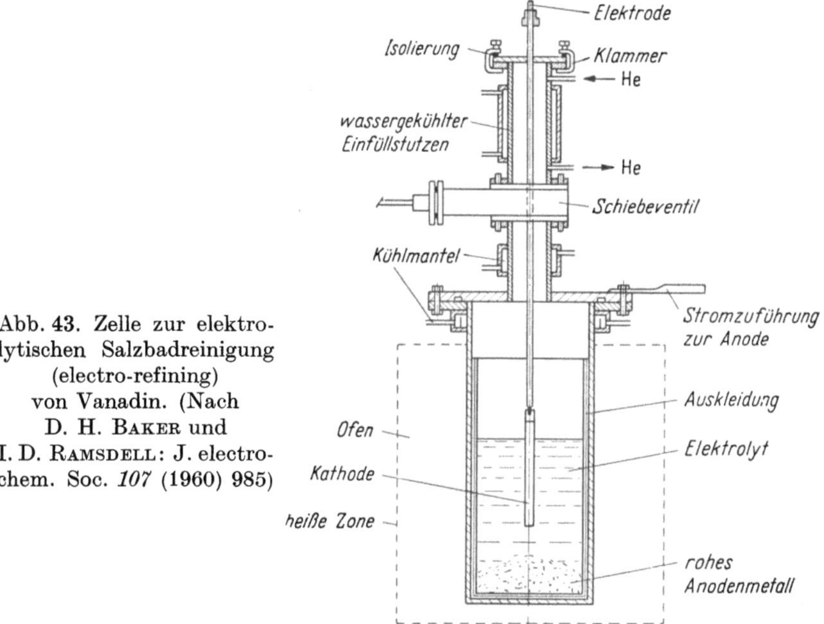

Abb. 43. Zelle zur elektrolytischen Salzbadreinigung (electro-refining) von Vanadin. (Nach D. H. BAKER und I. D. RAMSDELL: J. electrochem. Soc. *107* (1960) 985)

befindet sich auf dem Boden des mit Graphit ausgekleideten Ofens. Der Graphittiegel gibt gleichzeitig den elektrischen Kontakt. In der Mitte der Zelle ragt ein Eisenstab, der als Kathode dient, in die Schmelze. Auf dieser wächst das reine Metall auf.

Die Schmelzflußelektrolyse ist nicht nur für die Raffination von durch andere Methoden hergestellten Rohmetallen von Bedeutung, sondern vor allem auch für die Aufarbeitung von Schrott und Abfällen (vgl. S. 83) wichtig.

3. Destillation und Sublimation

Die Destillation und Sublimation stellen sehr wirksame Verfahren zur Reinigung von beliebigen Stoffen dar. Die Verfahren sind auch für Metalle anwendbar,

[1] KÜHNL, H., FLEISCHHAUER, G.: Chem. Ing. Techn. *36* (1964).
[2] SENDEROFF, S.: Metallurgical Reviews *11* (1966) 97.

sofern die Metalle nicht zu hohe Siede- bzw. Sublimationstemperaturen aufweisen. Um die hohen Siedetemperaturen herabzusetzen und durch die Temperaturerniedrigung den Angriff auf die Behälterwerkstoffe zu vermindern und die Atmosphärilien, mit denen die meisten Metalle intensiv reagieren, auszuschalten, wird die Destillation im allgemeinen im Hochvakuum durchgeführt. Eine Rektifikation ist bei Metallen meist nicht möglich, weil keine genügend beständigen Werkstoffe für die Kolonnen gefunden werden können. Eine Metalldestillation bringt daher nur eine Verarmung an solchen Metallen mit sich, die wesentlich höheren Dampfdruck als das zu reinigende Metall haben.

Im allgemeinen wird die Destillation einer Sublimation vorgezogen, weil das in der Vorlage in flüssiger Form gesammelte und vergießbare Metall leichter vor Verunreinigungen bewahrt werden kann als das bei einer Sublimation anfallende flitterige Produkt, bei dem durch pyrophore Feinstanteile stets die Gefahr der Selbstentzündung gegeben ist.

Durch Vakuumdestillation lassen sich mit gutem Erfolg alle *Alkali-* und *Erdalkali*-Metalle, das *Mangan*, *Chrom* und die Seltenen Erdmetalle *Samarium*, *Europium*, *Thulium* und *Ytterbium* reinigen.

In großem Maßstab durchgeführt wird die Reinigung durch Hochvakuumdestillation vor allem für *Calcium*, das u. a. für die calciothermische Gewinnung von Vanadin und Uran nach dem Kroll-Prozeß eingesetzt wird. Durch die Destillation wird das elektrolytisch gewonnene Calcium, das für die Metallothermie nicht genügend rein ist, vor allem weitgehend von Sauerstoff, Kohlenstoff, Eisen, Aluminium, Magnesium, Kupfer, Chrom, Mangan und Silizium befreit.

Die destillative Reinigung von *Natrium* und *Magnesium*, die ebenfalls mit gutem Erfolg verläuft, hat weniger Bedeutung, da diese Metalle bei der Schmelzflußelektrolyse genügend rein anfallen. Ebenso hat sich eine Destillation von *Mangan* nicht durchgesetzt. Mangan wird heute in sehr reiner Form nach dem Shelton-Verfahren elektrolytisch erzeugt[1,2].

Große Bedeutung hat die destillative Reinigung für eine Reihe von *Gebrauchsmetallen* gefunden[3]. Es sei nur auf die destillative Trennung von Zink und Kadmium in Siliziumkarbid-Kolonnen nach dem New Jersey-Verfahren[4] hingewiesen. Ausschließlich durch Destillation wird das Quecksilber gereinigt. Es lassen sich auch die relativ niedrig siedenden Sondermetalle *Gallium*, *Indium* und *Thallium* durch Destillation reinigen. Diese Metalle werden hauptsächlich in der Halbleitertechnik eingesetzt; für die Verwendung als Halbleiter reicht jedoch die Reinigung durch Destillation nicht aus. Die Reinigung durch Zonenschmelzen ist weitaus wirksamer.

---

[1] Springer, R.: Die elektrolytische Abscheidung des Mangans. Akademische Verlagsgesellschaft, Leipzig 1951.

[2] Sully, A. H.: Manganese. Academic Press Inc., New York 1955.

[3] Winkler, O., Bakish, R. (Hrsg.): Vakuum Metallurgy. Elsevier Publ. Comp., Amsterdam 1971 (im Druck).

[4] McCutcheon, F. G., Musgrave, J. R.: in Hampel, C. A. (Hrsg.): Rare Metals Handbook, Reinhold Publ. Corp., London 1961.

4. Reinigung durch chemische Transportreaktionen

a) Van Arkel-Prozeß

Der klassische Van Arkel-Prozeß[1], bei dem flüchtige Metallhalogenide, meist Jodide, an heißen Metalldrähten zersetzt werden, ist bereits bei den Metallherstellungsmethoden (S. 57) besprochen. Das Verfahren läßt sich auch vorteilhaft zur Reinigung von Metallen einsetzen, wenn man das Rohmetall in den Reaktionsraum einbringt, dort mit Halogen reagieren läßt und das gebildete Metallhalogenid an heißen Kontaktflächen unter Rückbildung des Halogens zersetzt. Das Halogen wirkt dabei als „Transportmittel". Meist wird Jod verwendet, weil die Jodide von den Halogeniden die niedrigsten Bildungswärmen und die niedrigsten Zersetzungstemperaturen aufweisen. Die nach dem Van Arkel-Prozeß erzeugten Metalle werden daher häufig als „Jodidmetalle", etwa „Jodidtitan" bezeichnet. Im amerikanischen Sprachgebrauch findet sich auch für „Jodidmetalle" in Stab- oder Haarnadelform der Ausdruck „Crystal-bar metals".

Ein Zumischen von Wasserstoff zur Erleichterung der Halogenidzersetzung wie nach der Variante des Van Arkel-de Boer-Prozesses ist für Raffinationszwecke nicht möglich, weil die Rohmetalle in der Halogenwasserstoff-Atmosphäre nicht rasch genug angegriffen werden.

Die Reinigungswirkung und die durchzusetzenden Mengen hängen von verschiedenen Faktoren ab. Die Temperatur des Rohmetalles, die Art und das Ausmaß der vorhandenen Verunreinigungen, das verwendete Halogen, das Arbeitsvakuum, die Art des Gefäßmaterials spielen ebenso eine Rolle für die Reinheit des raffinierten Metalles wie die Temperatur des Abscheidungsdrahtes. Die optimalen Abscheidungsbedingungen sind je nach dem Rohmetall verschieden und müssen für jedes Ausgangsmaterial gesondert ermittelt werden.

Da das Van Arkel-Verfahren nur diskontinuierlich arbeitet, daher die Einhaltung der optimalen Reaktionsbedingungen schwierig ist, hat sich das Jodid-Verfahren als technisches Raffinationsverfahren nur vorübergehend bei *Zirkonium* und *Hafnium* durchsetzen können. Doch wird es auch heute noch zur Gewinnung kleiner Metallproben höchster Reinheit angewendet. Die Reinigungswirkung wird nur vom Zonenschmelzverfahren, das aber nicht für alle Metalle gleichermaßen geeignet ist, übertroffen. Das Van Arkel-Verfahren ist aber zur Abtrennung der vor allem für die mechanischen Eigenschaften der refraktären Übergangsmetalle schädlichen Metalloide Kohlenstoff, Wasserstoff, Stickstoff und Sauerstoff besonders wirksam.

b) Subhalogeniddestillation

Ein anderer Kreislaufprozeß für die Raffination von Metallen beruht auf der temperaturabhängigen Bildung von Subhalogeniden[2]. Diese Subhalogenide bilden sich bei höheren Temperaturen aus Metall und dem Metallhalogenid und zersetzen sich bei tieferen Temperaturen wieder in die Ausgangsprodukte. Beim

[1] Van Arkel, A. E.: Reine Metalle. Springer-Verlag, Berlin 1939.

[2] Ginsberg, H., Schunck, H., Wrigge, F. W.: in: Winnacker, K., Küchler, L. (Hrsg.): Chemische Technologie. C. Hanser Verlag, München 1961, Bd. 5, S. 208.

Aluminium, für das die Subhalogeniddestillation interessant erscheint, gelten für die Gleichgewichtsbeziehungen etwa folgende Temperaturen:

$$Al_{(fl)} + AlCl_{3(g)} \underset{700-800°C}{\overset{1000-1200°C}{\rightleftharpoons}} 3\,AlCl_{(g)}$$

Rohaluminium wird bei etwa 1000—1200 °C mit kreislaufgeführtem Aluminiumtrichloriddampf zu flüchtigem Aluminiummonochlorid umgesetzt. An kühleren Gefäßwandungen setzt sich aus dem Gasgemisch durch Disproportionierung des AlCl bei 700—800 °C reines Aluminiummetall ab. Das an Aluminiummonochlorid verarmte Gas wird wieder der Umsetzung mit dem Rohaluminium zugeleitet. Nach dieser Methode läßt sich Aluminium mit mehr als 99,999% Al gewinnen, wobei vor allem Sauerstoff, Stickstoff, Eisen und Silizium weitgehend entfernt werden. Andere metallische Verunreinigungen, hauptsächlich Kupfer, Titan, Mangan, Magnesium, Zink und Calcium, werden aber teilweise mit in das Reinaluminium übergeführt.

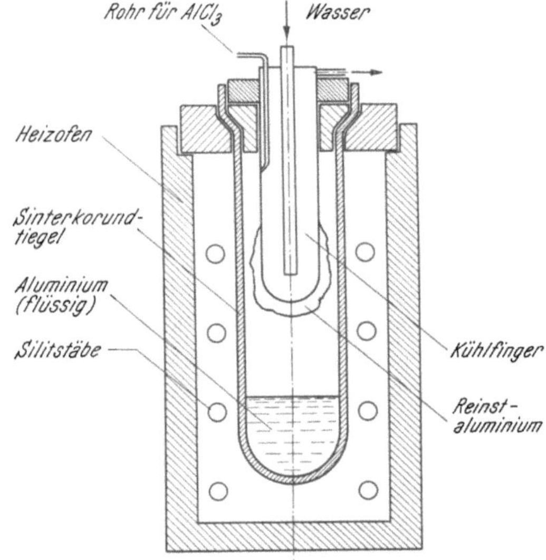

Abb. 44. Schema einer Anordnung zur Subchloriddestillation. (Nach H. GINSBERG, H. SCHUNK u. F. W. WRIGGE in: WINNACKER-KÜCHLER, Chem. Technologie, Bd. 5, C. Hanser Verlag, München 1965)

Die Subhalogeniddestillation läßt sich im allgemeinen in recht einfachen Apparaturen durchführen (vgl. Abb. 44). Ein Fingertiegel aus Sinterkorund, der oben durch einen Kühlfinger verschlossen ist, enthält im unteren Teil die Schmelze des zu reinigenden Metalls. Nach Aufheizen auf 1000—1200 °C wird etwas $AlCl_3$-Dampf zugeleitet, wodurch die Reaktion in Gang kommt. Am Kühlfinger setzt sich hochreines festes Aluminium ab, das von Zeit zu Zeit vom Kühlfinger abgenommen wird.

Ebenso wie Aluminium lassen sich auch die Metalle *Gallium*, *Germanium* und *Indium* durch Subhalogeniddestillation reinigen[1]. Auch für Titan und Zirkonium besteht theoretisch diese Möglichkeit der Reinigung; sie scheint jedoch noch nicht versucht worden zu sein.

---

[1] SCHREITER, W.: Seltene Metalle, Bd. I, II. VEB Deutscher Verlag für Grundstoffindustrie, Leipzig 1961, 1963.

5. Zonenschmelzen

Das Zonenschmelzen[1,2] ist die wirksamste der heute bekannten Methoden zur Höchstreinigung von Stoffen. Das Zonenschmelzen ermöglicht es, die in der Halbleiterfertigung verwendeten Materialien, u. a. das *Silizium* und *Germanium*, auf die notwendigen Reinheiten von 99,99999% Si (7-Neuner-Silizium) bzw. 99,9999999% Ge (9-Neuner-Germanium) zu bringen. Das Verfahren wird aber nicht nur für die Raffination der in der Halbleiterindustrie benötigten, relativ niedrig schmelzenden Stoffe eingesetzt, sondern es hat auch für die Hochreinigung der refraktären Metalle große Bedeutung. Mit kaum einem anderen Verfahren kann bei den hochschmelzenden Metallen der Gehalt an Verunreinigungen, vor allem an Metalloiden so weit erniedrigt werden wie durch Zonenschmelzen.

Beim Zonenschmelzen wird ein Stab oder ein in einem Schiffchen befindliches festes Material in einer schmalen Zone aufgeschmolzen. Durch die verschiedene Löslichkeit der Verunreinigungen im festen Stoff bzw. in der Schmelze werden die Verunreinigungen in der Schmelze bzw. im festen Stoff angereichert. Läßt man nun diese Schmelzzone langsam durch den Stab bzw. durch das Material im Schiffchen durchwandern, so werden gewissermaßen die Verunreinigungen, die in der Schmelze löslich sind, durch das Material „durchgezogen". Durch mehr- bis oftmaliges Wiederholen dieses „Zonens", d. h. das Durchziehen der schmalen Schmelzzone, werden die Verunreinigungen an das Ende des Stabes transportiert und es resultiert in der Stabmitte hochreines Material.

Die Wirksamkeit des Zonenreinigungsverfahrens wird durch den Verteilungskoeffizienten der verunreinigenden Stoffe zwischen festem Stoff und Schmelze: $K = \frac{c_s}{c_1}$ bestimmt. Der Verteilungskoeffizient K ist durch das Verhältnis der Gleichgewichtskonzentrationen des in der festen Phase gelösten verunreinigenden Stoffes c_s zu der in der flüssigen Phase vorliegenden Konzentration c_1 definiert. Der Verteilungskoeffizient läßt sich in erster Näherung aus dem Zustandsdiagramm (zu reinigendes Metall — Verunreinigung) ablesen. Ist K kleiner als 1, so wird die Verunreinigung in der Schmelzzone angereichert und zwar umso mehr, je kleiner K ist. Ist K größer als 1, tritt Anreicherung in der festen Phase ein. In diesem Falle ist das Zonenschmelzen, weil die Verunreinigungen nicht mit der schmalen Schmelzzone durch das Material gezogen werden, weniger wirkungsvoll. Eine Variante des Zonenschmelzens, das Zonenkristallisieren, bei der die Hauptmenge des zu reinigenden Metalles flüssig ist und nur eine schmale Zone fester Substanz durch die Schmelze durchgezogen wird, erweist sich dann als geeigneter. Bei Verteilungskoeffizienten nahe 1 versagt das Zonenschmelzen. So läßt sich z. B. Silizium von Bor, Phosphor, Arsen und Sauerstoff ($K_B = 0{,}9$; $K_P = 0{,}35$; $K_{As} = 0{,}3$; $K_{O_2} = 0{,}5$) nicht genügend wirksam durch Zonenschmelzen reinigen.

Daneben hängt die Wirksamkeit des Zonenschmelzens auch noch von der Geschwindigkeit des Durchziehens der Schmelzzone durch den Stab ab. Zu große Geschwindigkeit führt dazu, daß die Verunreinigungen an den Korngrenzen der auskristallisierenden Substanz verbleiben und nicht genügend mit der wandernden

[1] Pfann, W. G.: Zone Melting. J. Wiley & Sons, New York 1958.

[2] Parr, N. L.: Zone Refining and Allied Techniques. G. Newnes, London 1960.

Schmelze mittransportiert werden. Zu geringe Geschwindigkeit beim Zonen sowie zu hohe Temperatur der festen Zonen infolge zu geringer Kühlung fördern die Rückdiffusion der Verunreinigungen in den festen Stoff. Rühren oder Durch-

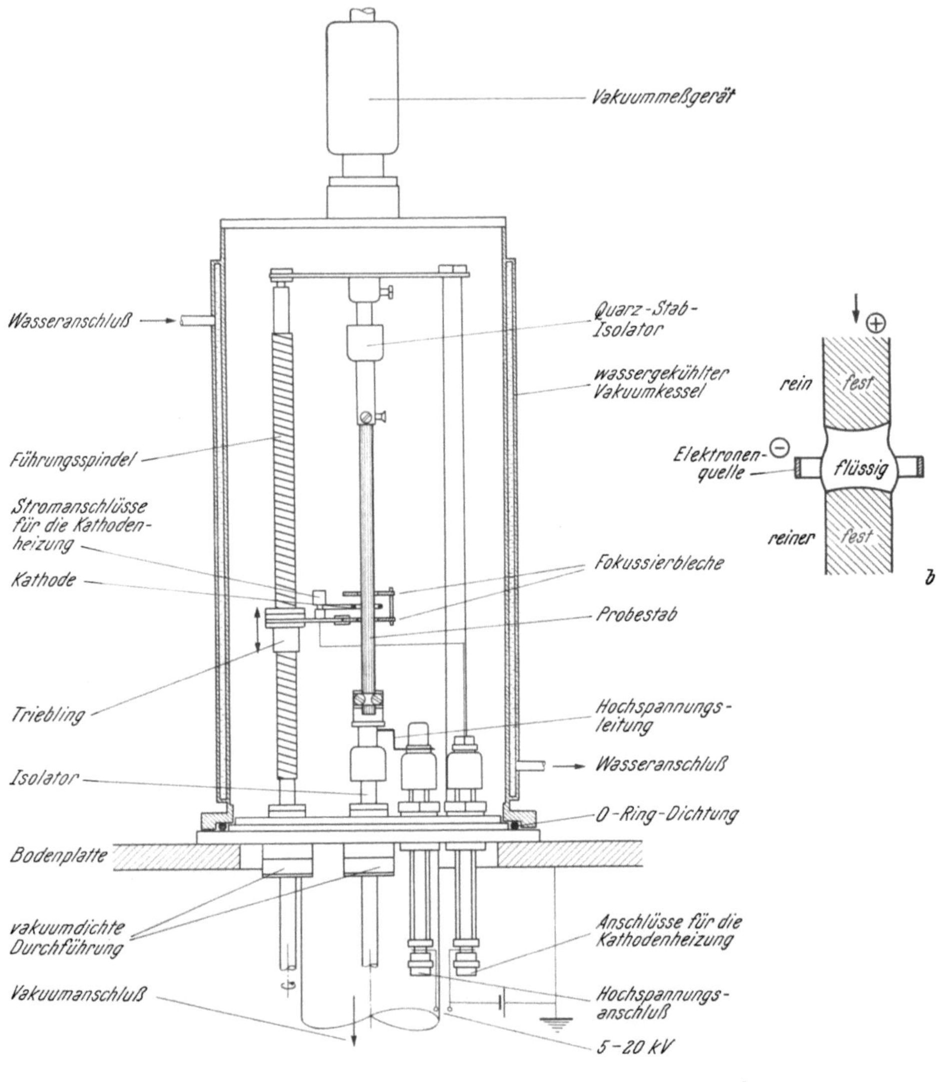

Abb. 45. Schema einer Anordnung zum Zonenschmelzen von refraktären und reaktiven Metallen nach dem „Zonenfloating"-Verfahren mit Hilfe des Elektronenstrahls (schematischer Aufbau des EB-Zone Refiners MK II der Fa. Miles Hivolt, Sussex, England)

wirbeln der Schmelzzone verbessert die Trennwirkung, ebenso möglichst schmale Schmelzzonen und möglichst intensive Kühlung der festen Zonen.

Bei den niedrigschmelzenden Metallen wird das Zonenschmelzen in Schiffchen aus geeignetem inerten Tiegelmaterial durchgeführt. *Gallium, Indium,*

Thallium, *Wismut* können in Quarzschiffchen zonengeschmolzen werden. Beim Reinigen von *Germanium* sind borfreie Graphitschiffchen oder berußte Quarzschiffchen geeignet. Beim Zonenschmelzen von *Silizium* treten schon größere Probleme auf, da geschmolzenes *Silizium* mit praktisch allen Materialien reagiert.

Die refraktären Sondermetalle (z. B. Mo, W, Re, Ta, Nb, Os, Ir) können überhaupt nicht mehr im Tiegel zonengereinigt werden, sondern es muß tiegelfrei nach dem „zone-floating-Verfahren" gearbeitet werden (Abb. 45)[1,2].

Bei diesem Verfahren wird das zu reinigende Material in Form eines senkrecht stehenden, beidseitig eingespannten Stabes eingesetzt. Beim Aufschmelzen einer schmalen Zone fließt die Schmelze nicht ab, sondern sie wird durch die Oberflächenspannung zwischen den Stabstücken gehalten. Die schmale Schmelzzone kann bei niedrig schmelzenden Metallen durch eine elektrisch beheizte Drahtschlinge erzeugt werden. Bei höher schmelzenden Metallen wird induktiv, meist mit einer einzigen Windung, durch einen elektrischen Lichtbogen oder in modernsten Anlagen durch Elektronenstrahlheizung mit Ringkathoden oder mit Fernkathoden beheizt. Das Elektronenstrahlzonen kann nur im Hochvakuum durchgeführt werden, während die induktive Heizung und die Heizung mit Heizdrahtschlinge auch in Schutzgasatmosphäre anwendbar ist.

Beim Zonen unter Hochvakuum tritt neben dem Zonenreinigungseffekt noch der zusätzliche Reinigungseffekt durch Abdampfen von niedrig siedenden Verunreinigungen ein. Zum Zonenschmelzen nichtleitender hochschmelzender Verbindungen wie etwa Aluminiumoxid, Berylliumoxid, Zirkonsilikat u. a. wurden Heizanordnungen unter Verwendung von Lichtenergie bekannt[3].

Eine Einschränkung der Anwendungsmöglichkeiten des tiegelfreien zone-floating-Verfahrens, bei dem eine Reaktion mit Tiegelmaterial ausgeschlossen ist, bedeutet die Tatsache, daß vor allem bei spezifisch schweren Metallen (wie *Wolfram*, *Tantal*, *Rhenium*, *Osmium*, *Iridium*) nur mit geringem Stabdurchmesser bzw. nur mit sehr schmalen Schmelzzonen gearbeitet werden kann. Die maximale Zonenhöhe wird nach Heywang[4] durch das Verhältnis von Oberflächenspannung zu Dichte bestimmt.

Bei Anwendung von Hochfrequenzerhitzung kann durch geeignete Ausbildung der Spulen (vgl. „Schwebeschmelzen", S. 135) die Wirkung der Oberflächenspannung unterstützt und die Breite der Schmelzzonen etwas vergrößert werden. Hochfrequenzerhitzung wirkt sich außerdem durch die intensive Durchwirbelung der Schmelze günstig auf den Trenneffekt aus.

C. Schrottaufbereitung

Die Probleme der Schrottaufbereitung und der Schrottverwertung liegen hauptsächlich auf zwei Ebenen:

1. Die Verwertung der Abfälle, die bei der Herstellung und Verarbeitung der Sondermetalle anfallen und die praktisch nicht verunreinigt sind. Dieser als „Edelschrott" bezeichnete Abfall — u. a. die *Stabköpfe* bei der Direktsinterung

[1] Pfann, W. G.: Zone Melting. J. Wiley & Sons, New York 1958.

[2] Parr, N. L.: Zone Refining and Allied Techniques. G. Newnes, London 1960.

[3] Handley R., Herington, E. F. G.: Chemistry and Industry *16* (1956) 304.

[4] Heywang, W.: Z. Naturforsch. *11a* (1956) 238.

von *Molybdän, Wolfram, Tantal* usw., Blech- und Drahtabfälle beim Walzen, Hämmern, Ziehen usw. — kann nach oberflächlicher Reinigung meist in den Produktionsprozeß zurückgehen. Die Abfälle werden meist im Lichtbogenofen mit Hilfselektrode eingeschmolzen oder besser nach Verbinden der einzelnen Köpfe durch Punktschweißen als Abschmelzelektroden eingesetzt. Auch im Elektronenstrahlofen sind die Abfälle günstig einzuschmelzen.

2. Der „echte Schrott", Material, das schon als Werkstoff im Einsatz war, läßt sich wegen seines meist unbekannten Gehaltes an Legierungsmetallen nicht direkt einschmelzen. Ein Teil dieses Schrottes wird, wenn er in der Hauptsache aus *Titan, Zirkonium, Hafnium, Vanadin, Niob, Tantal, Chrom, Molybdän* oder *Wolfram* besteht, mit Kohlenstoff zu den entsprechenden Karbiden bzw. Mischkarbiden umgesetzt, die dann in der Hartmetallindustrie Verwendung finden. Einen weiteren Teil nimmt die Stahlindustrie in Form von Ferrolegierungen, die durch Zusammenschmelzen mit Eisen im Elektroofen erzeugt werden, für Stahlveredlungszwecke auf. Vor allem Titanschrott wird auf die erwähnte Weise in größeren Mengen in Ferrotitan übergeführt, aber auch zum Teil im aufgekohlten Eisenbad zu TiC umgesetzt, das schließlich durch Weglösen des Eisens mit Salzsäure isoliert wird (Fetkenheuer-Verfahren)[1].

Berylliumschrott läßt sich durch Einschmelzen mit Kupfer zu einer hochberylliumhaltigen Kupfer–Beryllium-Legierung, die als Vorlegierung für die Herstellung von Berylliumbronzen dient, verwerten.

Mit der zunehmenden Verwendung der Sondermetalle in der Luft- und in der Raumfahrt und in der chemischen Industrie vergrößert sich der Schrottanfall so, daß nicht mehr aller Schrott für die erwähnten Verwendungszwecke abgesetzt werden kann. Der relativ niedrige Schrottpreis und die relativ hohen Preise für die reinen Sondermetalle machen eine echte Regenerierung des Schrottes interessant. Die Methoden, nach denen Schrott regeneriert werden kann, ähneln im wesentlichen den früher beschriebenen Metallgewinnungs- und Raffinationsverfahren, so daß auf diese hier nicht näher eingegangen werden muß. Es kommen aber einige Verfahren, die ausschließlich der Schrottaufarbeitung dienen, hinzu.

1. Hydridzersetzung

Es wurde schon erwähnt, daß hydridbildende Metalle und deren Legierungen durch Behandlung mit Wasserstoff sehr stark verspröden und dadurch im Gegensatz zu den duktilen Metallen sehr leicht zerkleinert werden können. Durch geeignete thermische Behandlung im Vakuum ist der Wasserstoff aus den zerkleinerten Produkten wieder zu entfernen (Hydrieren — Zerkleinern — Dehydrieren). Die zurückbleibenden Metallpulver sind zum Einschmelzen und für pulvermetallurgische Zwecke gut verwendbar.

2. Umkristallisieren aus Hilfsmetallen

Die Methode des Auftrennens von Legierungsbestandteilen und die Reinigung von Metallen durch Umkristallisieren aus Hilfsmetallen wird — obwohl aussichtsreich erscheinend — technisch nicht durchgeführt. Bei diesem Verfahren wird die

[1] Fetkenheuer, B.: D. R. P. 571292 (1929).

verschiedene Löslichkeit und die verschiedene Temperaturabhängigkeit der Löslichkeit der verschiedenen Legierungskomponenten im Hilfsmetall ausgenützt. Bei einem im letzten Krieg im Großen erprobten, dann aber wieder aufgegebenen Verfahren, wurde z. B. Aluminiumschrott von Flugzeugwracks in Quecksilber bei etwa 600—700° gelöst, von ungelöst bleibenden Legierungsbestandteilen (Eisen, Silizium, Titan u. a.) abfiltriert und dann gekühlt. Das bei hoher Temperatur gut und bei niedriger Temperatur wenig in Quecksilber lösliche Aluminium kristallisiert in reiner Form aus; die auch bei niedriger Temperatur gut löslichen Metalle (Magnesium, Zink u. a.) bleiben in Lösung und sind dadurch vom Aluminium zu trennen[1].

Ganz ähnlich sollte nach später versuchten Verfahren eine Aufarbeitung von verbrauchten metallischen *Uranbrennstäben* durch Umlösen in Quecksilber oder Wismut durchgeführt werden[2].

Beide Verfahren, Aluminiumschrottaufarbeitung und Aufarbeitung der Uranbrennstäbe, haben sich nicht durchgesetzt, zum Teil vielleicht, weil heute die Ausgangsprodukte, Flugzeugschrott bzw. Brennstäbe aus metallischem Uran der ersten Reaktorgeneration, nicht mehr in größeren Mengen anfallen.

3. Destillation oder Sublimation

Für die Aufarbeitung von Sondermetallschrott haben Destillation und Sublimation wenig Bedeutung. Lediglich aus *Beryllium*-Schrott wird Beryllium durch Destillation im Hochvakuum gewonnen. Destillieren und Sublimieren wäre auch bei *Chrom*- und *Mangan*-Schrott sowie bei Abfällen von einzelnen *Seltenen Erdmetallen* möglich. Es werden aber heute nur *Europium* und *Ytterbium* in kleinen Mengen durch Destillation aus Abfällen gewonnen.

4. Naßchemische Verfahren

Naßchemische Verfahren zur Schrottaufarbeitung sind, wegen der hohen Anlage- und Chemikalienkosten derartiger Verfahren, nur interessant, wo der Preis und die Seltenheit des Sondermetalles die Kosten rechtfertigen. Naßchemisch aufgearbeitet werden vor allem die stark radioaktiven verbrauchten nuklearen Brennstoffe (sogenannte „*Heißchemie*"), weil die Gewinnung der an sich geringen Mengen an *Plutonium* und der kommerziell verwendbaren radioaktiven Spaltprodukte (Cäsium^{137}, Jod^{131} usw.) nur mit Hilfe naßchemischer Aufbereitungsmethoden möglich ist. Die Naßchemie ermöglicht auch eine praktisch vollständige Rückgewinnung der wertvollen *Platinmetalle* aus beliebigen Schlämmen, Schlacken und Abfällen.

Naßchemisch geschieht auch die Rückgewinnung des *Rheniums* aus Wolfram–Rhenium- und Molybdän–Rhenium-Legierungen. Die Abfälle werden bei 500 bis

---

[1] Jangg, G., Bach, H.: in: Eger, G.: Handbuch der Technischen Elektrochemie, Bd. I, I. Teil, 2. Aufl., Akademische Verlagsgesellschaft, Leipzig 1961, S. 19.

[2] Dean, O. C., Storch, E., Morrison, B. H., Blanco, R. E.: Ber. d. U. S. Atomic Energy Commission ORNL 2242.

600 °C in geschmolzenes Natriumnitrat eingetragen und die Schmelzkuchen in Wasser gelaugt. Gebildetes Natriummolybdat bzw. Natriumwolframat sowie Natriumperrhenat gehen in Lösung, aus der durch Zusatz von Kaliumchlorid unlösliches Kaliumperrhenat molybdän- und wolframfrei ausgefällt wird (vgl. auch Kapitel Wolfram und Rhenium).

5. Oxidverflüchtigung

Molybdän-, Wolfram- und Rheniumabfälle bzw. -legierungen können durch Verbrennen an Luft aufgearbeitet werden. Die erwähnten Metalle oxydieren schon bei relativ niedrigen Temperaturen und bilden flüchtige Oxide, die von den

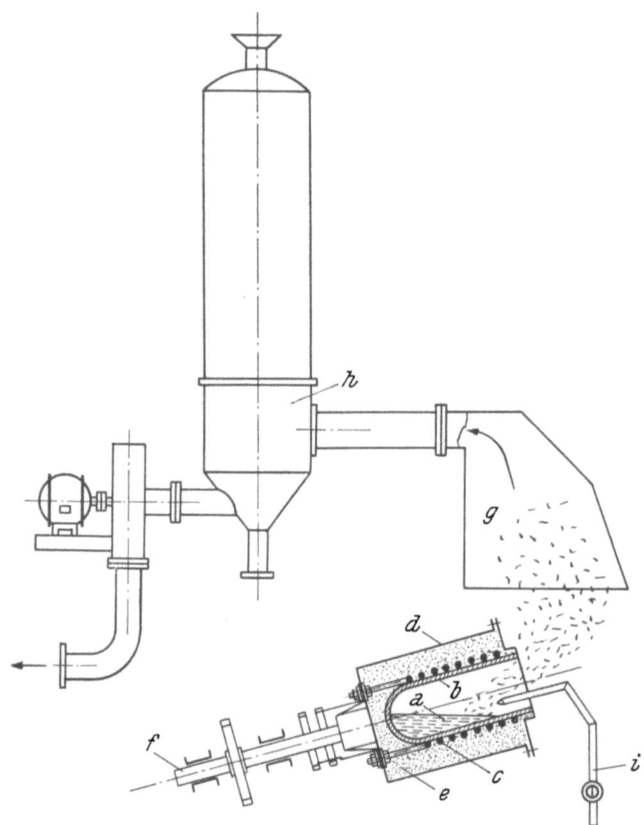

Abb. 46. Schema einer Sublimationsanlage für Molybdäntrioxid (Metallwerk Plansee AG, Reutte)

a Geschmolzenes Molybdäntrioxid oder Molybdänabfälle, *b* Quarztiegel, *c* Heizleiter, *d* Außenmantel, *e* thermische Isolierung, *f* rotierende Achse mit Antrieb, *g* Abzughaube, *h* Sammelraum und Abscheider, *i* Preßluftleitung

zurückbleibenden Verunreinigungen abdestilliert werden. Das Verfahren findet großtechnische Anwendung bei der Aufarbeitung von *Molybdän*-Schrott. Der Schrott wird in Drehrohröfen bei 1000 °C mit Luft oxydiert und die entstehenden

MoO_3-Schwaden in Filtersäcken aufgefangen (vgl. Abb. 46). Das MoO_3, das als Ausgangsprodukt für die Molybdänmetallgewinnung geeignet ist, besitzt eine Reinheit von 99,9%, die sich durch Wiederholen der Sublimation noch weiter steigern läßt. Auch zur Reinigung von unreiner Molybdänsäure bzw. für die Gewinnung von MoO_3 aus abgeröstetem Molybdänglanz ist das Verfahren anwendbar (s. Kap. Molybdän S. 316).

WO_3 ist wesentlich weniger flüchtig als MoO_3. WO_3 beginnt erst bei Temperaturen über etwa 1300 °C mit merkbarer Geschwindigkeit zu sublimieren. Bei dieser hohen Temperatur werden auch schon teilweise Verunreinigungen mitgeführt, so daß WO_3 bei der Aufarbeitung von *Wolfram*-Schrott nur mit geringerer Reinheit gewonnen werden kann.

D. Formgebung

Für die Formgebung der Sondermetalle haben die üblichen klassischen Methoden des Walzens, Ziehens, Schmiedens, Hämmerns usw. vergleichsweise geringere Bedeutung, da die meisten der als Werkstoffe interessanten Sondermetalle für die Verarbeitung nach diesen Methoden zu hochschmelzend bzw. bei niedrigen Temperaturen zu wenig duktil und bei höheren Temperaturen meist zu wenig zunderbeständig sind.

Die leicht verarbeitbaren niedrigschmelzenden Sondermetalle Gallium, Indium, Thallium u. a. haben als Werkstoffe keine Bedeutung, ebenso die Alkali- und Erdalkalimetalle, die fast ausschließlich als metallische Reduktionsmittel Verwendung finden. Bei den letztgenannten Metallen ist eine plastische Verformung daher keine Notwendigkeit.

Da die klassischen Verfahren der „spanlosen" Verformung bei den Sondermetallen Schwierigkeiten bereiten, wurden für diese ganz spezielle Verfahren entwickelt, die zum Teil Verbesserungen der bekannten Methoden, zum Teil aber vollkommen neue Verfahren darstellen.

Bei den hochschmelzenden Sondermetallen ist eine spanlose Verformung bei Normaltemperatur schwierig. Die meisten dieser Metalle sind bei Normaltemperatur spröde und werden erst bei höheren Temperaturen verformbar. Die für diese Metalle charakteristische „Duktil-Spröd-Übergangstemperatur" (ductile-brittle transition temperature) ist nicht nur von der Art des Metalles, sondern auch sehr stark von der Art und der Menge an Verunreinigungen, besonders an Metalloiden abhängig. Bei besonders hochreinen (zonengeschmolzenen) Metallen liegt die Übergangstemperatur oftmals um mehrere hundert Grade tiefer als bei Metallen von handelsüblicher Qualität. Von den Übergangsmetallen der IVa bis VIa-Gruppe sind nur reinere Sorten von Vanadin, Niob und Tantal sowie Jodidtitan und Jodidzirkonium gegebenenfalls unter mehrmaligem Zwischenglühen kalt zu walzen. Die übrigen müssen warm gewalzt werden, wobei immer die Gefahr besteht, daß die Metalle durch Reaktion mit der Atmosphäre zumindest oberflächlich Sauerstoff und Stickstoff aufnehmen und dadurch weiter verspröden. Die Aufnahme der Verunreinigungen beim Warmwalzen läßt sich — bei Titan, Zirkonium und Hafnium — in erträglichen Grenzen halten, wenn man bei mäßiger

Temperatur walzt. Nach entsprechender Dickenabnahme muß, wegen der durch die Verformung verursachten Verfestigung, zwischengeglüht werden. Vor dem Zwischenglühen, das unter Vakuum oder Schutzgas vorgenommen werden muß, wird die Zunderschicht — meist durch chemisches Abbeizen — entfernt, da sonst beim Glühen die Zunderschichten mit dem darunterliegenden Metall reagieren und Sauerstoff und Stickstoff versprödend in das Metall diffundieren.

Abb. 47. Durch Fließdrücken aus Wolframblech hergestellter Formkörper. Zur Herstellung von Raketendüsen kann der Boden abgestochen werden (Metallwerk Plansee AG, Reutte/Tirol)

Molybdän und Wolfram bilden bei ihrer Warmverformung an Luft keine dichten Zunderschichten, sondern die leichtflüchtigen Trioxide rauchen — MoO_3 stärker als WO_3 — in dicken Schwaden ab. Wenn man einen gewissen Metallverlust in Kauf nimmt, lassen sich Molybdän und Wolfram daher direkt an Luft verarbeiten. Besonders zur Herstellung von Raketendüsen aus den genannten

Abb. 48. Fließdrücken von Wolframblech auf einer Drehbank. Das Wolframblech wird durch Schweißbrenner während des Fließdrückens auf 1700—1800 °C erwärmt. (Metallwerk Plansee AG, Reutte/Tirol)

Metallen wurden große Entwicklungsarbeiten geleistet[1,2,3,4,5]. Früher wurden die Formstücke spangebend aus Sinterblöcken, die — im Falle des Wolframs — zuerst durch Schmieden oder Strangpressen bei 1700—1800 °C verdichtet und in die in einer Gesenkpresse ein Zentralloch eingepreßt wurde, herausgearbeitet. Heute lassen sich dünnwandige Wolframdüsen (Abb. 47) mit erwünscht niedrigem Gewicht durch Tiefziehen, Drücken bzw. am günstigsten durch „Fließdrücken" (Abb. 48) aus gewalzten Wolframgroßblechen herstellen. Beim Fließdrücken wird das Wolframblech auf der Drehbank unter gleichzeitiger Verminderung der Blechstärke auf eine Andrückform aufgezogen. Während der mechanischen Verformung wird das Wolframblech mit Knallgasgebläsen auf 1700—1800 °C angewärmt[1,6]. Die Arbeitstechnik des Drückens, Tiefziehens und Fließdrückens geht anschaulich aus dem schematischen Bild, Abb. 49, hervor.

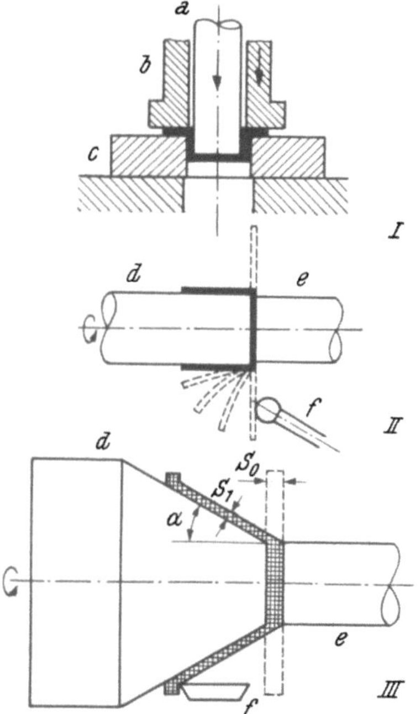

Abb. 49. Verfahren zur Verformung von Wolframblechen. (Nach MACHENSCHALK[1])

I Tiefziehen: *a* Stempel, *b* Blechplattenhalter, *c* Ziehmatrize; *II* Drücken: *d* Kern, *e* Gegenhalter, *f* Druckrolle; *III* Fließdrücken: *d*, *e*, *f* wie bei *II*

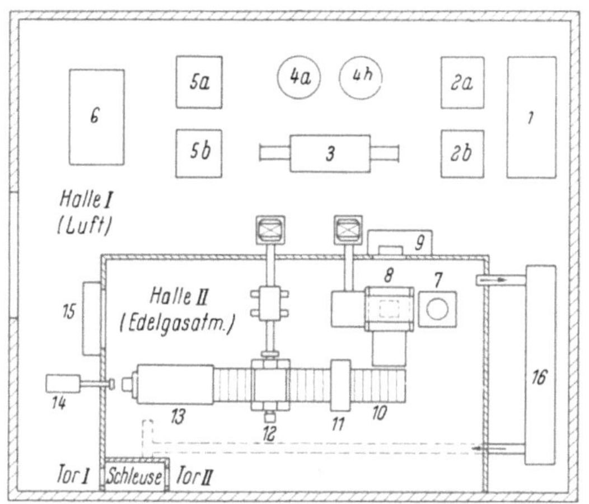

Abb. 50. Grundriß einer In-Fab-Anlage zur Verarbeitung reaktiver Metalle. (Nach R. KIEFFER und B. F. KIEFFER: Metall *15* (1961) 394)

1 Pulveraufbereitung (Mo, W, Nb, Ta, Re usw.), *2a* Schlauchpresse, *2b* Hydraulische Presse, *3* Durchsatzsinterofen, *4a* Vakuumsinterglocke, *4b* Schutzgassinterglocke, *5a* Lichtbogenschmelzanlage, *5b* Elektronenstrahlschmelzanlage, *6* Blockbearbeitung, *7* Induktionsofen, *8* Hammer, *9* Schaltpult für Hammer, *10* Walzstraße, *11* Schere, *12* Walzgerüst, *13* Glühofen, *14* Ausstoßvorrichtung, *15* Schaltpult für Walzstraße, *16* Klima- und Reinigungsanlagen für Edelgase

---

[1] MACHENSCHALK, R.: in: BENESOVSKY, F. (Hrsg.): Metalle für die Raumfahrt, 5. Plansee Seminar. Springer-Verlag, Wien–New York 1965, S. 177.

[2] KIEFFER, R., JANGG, G.: Chem. Ing. Techn. *39* (1967) 43.

[3] SMITH, A. J. N.: Sheet Metal Ind. *42* (1965) 497, 514.

[4] BOBROWSKI, A.: Mater. Design Eng. *61* (1965) 96.

[5] CAMPION, D. J.: Sheet Metal Ind. *42* (1965) 507.

[6] KIEFFER, R., JANGG, G.: Allgem. und Prakt. Chemie *18* (1967) 383.

Günstiger, oft auch notwendig, ist es, die Verformungsbehandlung der empfindlichen Sondermetalle — Walzen, Schmieden, Hämmern bzw. Ziehen — unter Schutzgas durchzuführen. In den USA wurden für die Verarbeitung von z. B. Molybdän, Nioblegierungen und von Beryllium ganze Werkshallen mit den darin aufgestellten Verarbeitungswerkzeugen mit Edelgas als Schutzgas gefüllt (vgl. Abb. 50). Das Personal betritt diese Räume durch Schleusen und mit Schutzanzügen und wird von außen durch Schläuche mit Atemluft versorgt. Diese „Infab-Technik" (*In*ertgas-*Fab*rication)[1,2] ist äußerst aufwendig. Meist reicht es aus, die Verformung in einem Schutzgaszelt oder unter einem Schutzgasschleier vorzunehmen, d. h. auf das heiße Werkstück Schutzgas aufzublasen.

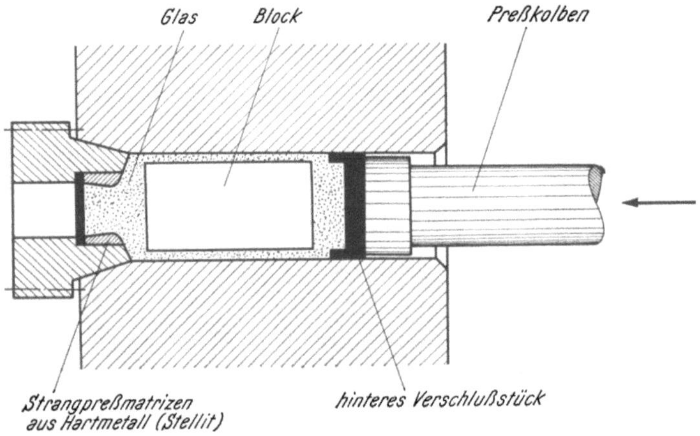

Abb. 51. Strangpressen im Glashemd (Séjournet-Verfahren)

Daneben hat sich auch die Verformung im „Hemd" erfolgreich einführen können. Das zu verformende Material wird in ein anderes Metall eingehüllt und mit diesem zusammen gewalzt bzw. verformt. Das „Hemd" wird nach dem Walzen entweder durch Abreißen oder durch chemisches Weglösen wieder entfernt. Das „Hemd"-Material muß ähnliche Verformungseigenschaften wie das zu verformende Material aufweisen und darf auch nicht mit diesem reagieren. Die Ausbildung von dünnen Diffusionsschichten ist zu vermeiden; sehr dünne Diffusionsschichten stören nicht bzw. sie können chemisch oder mechanisch entfernt werden. Als Hemdmaterial hat sich z. B. 18/8-Stahl für das Walzen von Molybdän, Chrom, Vanadin und Beryllium bewährt. Beim Strangpressen und für das Drahtziehen wird z. B. bei Molybdän und Nioblegierungen das Material auch durch *Glasschmelzen* (Sejournet-Verfahren, Abb. 51) umhüllt. In eine — kalte — Preßform aus Werkzeugstahl, die ein Mundstück aus Hartmetall oder Stellit trägt, wird zuerst feines Glaspulver oder Glasfritte eingebracht, dann ein hoch erhitzter Molybdänblock eingeschoben und mit dem Preßkolben das Molybdän ausgepreßt. Dabei schmilzt das Glas auf; die zähen Glasschmelzen decken sehr gut gegenüber

[1] Bianchi, L. M.: Metal Progress *87* (1965) 127.
[2] Mueller, C. P., Bianchi, L. M.: Planseeber. Pulvermet. *13* (1965) 15.

der Atmosphäre ab und dienen gleichzeitig als wirksames Schmiermittel. Nach dem Abkühlen bricht der dünne Glasfilm ohne weiteres vom Material ab.

Eine interessante neue Methode der Verformung, die *Explosionsverformung*[1,2], beruht auf der Anwendung von Schockwellen, die sehr kurzzeitig auf das zu

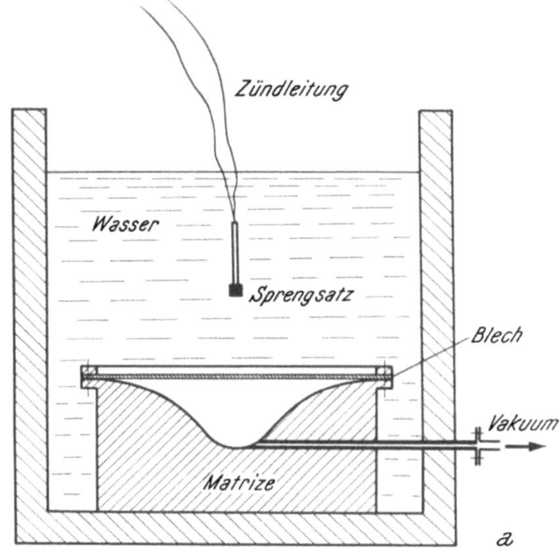

Abb. 52. Formgebung durch Stoßwelleneinwirkung.
a Anordnung zur Formgebung von Metallen mit Hilfe von Explosionsschocks (explosive forming)

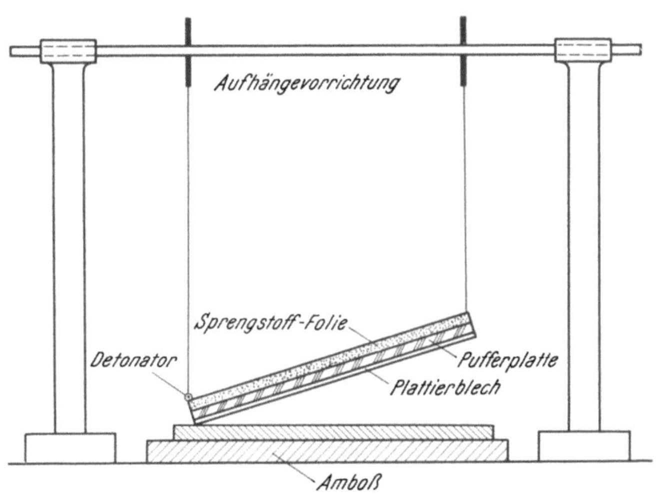

Abb. 52. b Anordnung zum Explosivplattieren

formende Material einwirken. So wird z. B. ein Blech auf eine entsprechende Form aufgelegt (Abb. 52a) und durch Zündung eines über dem Blech befindlichen

[1] Bahrani, A. S., Crossland, B.: Metals and Materials 1968, 41, 68.

[2] Baron, H. G., Costello, E. de L.: Metallurgical Reviews *8* (1963) 369.

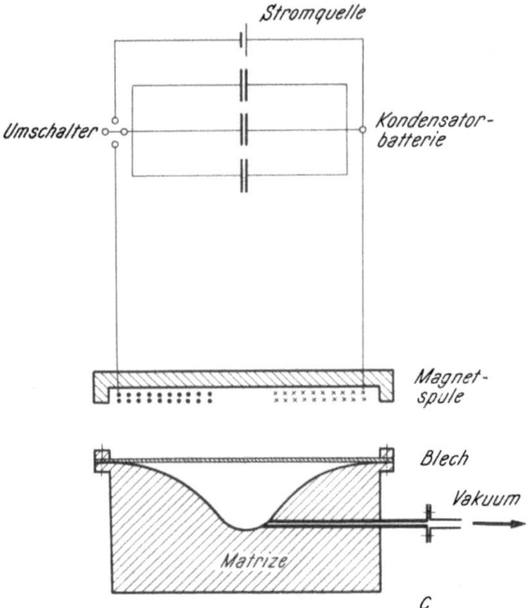

Abb. 52. c Anordnung zur Formgebung von Metallen mit Hilfe magnetischer Stoßwellen (electromagnetic forming)

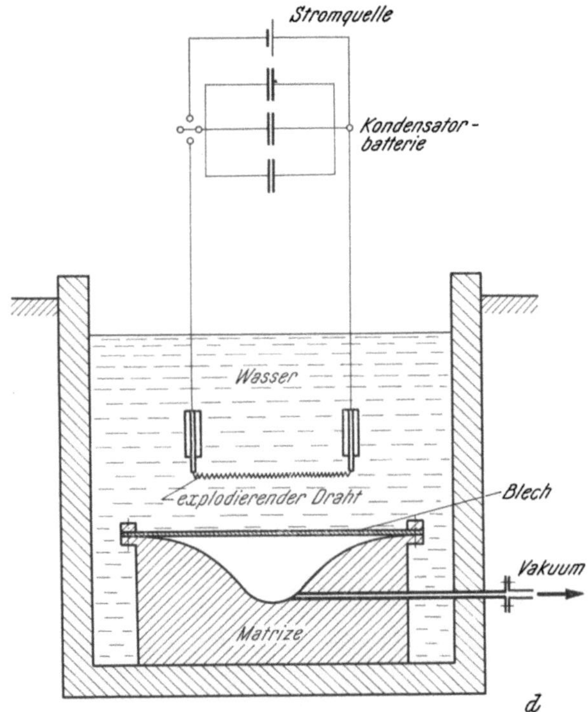

Abb. 52. d Anordnung zur elektrohydraulischen Formgebung (electrohydraulic forming)

Sprengsatzes eine Druckwelle erzeugt. Während der nur wenige Tausendstel Sekunden dauernden Druckwelle wird das Material mit sehr großem Druck in die Form gepreßt.

Auch zum *Aufplattieren* dünner Bleche auf größere Werkstücke (s. Abb. 52b), zum *Verschweißen* von Stücken gleichen oder verschiedenen Materials und schließlich auch zum *Verdichten von Pulvern* wird diese Technik angewendet. Selbst sehr

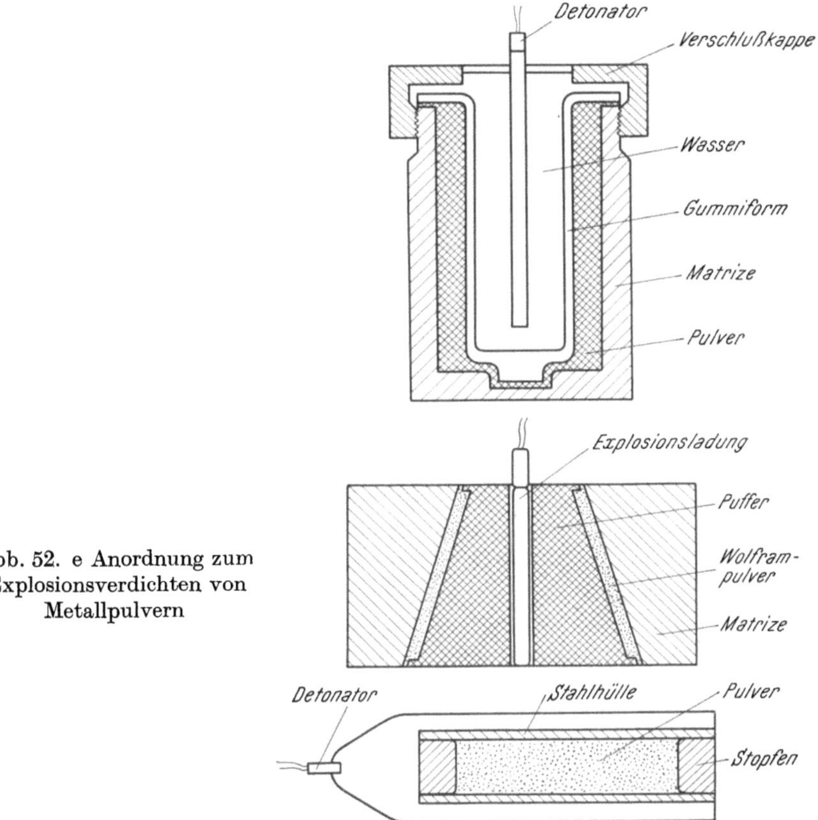

Abb. 52. e Anordnung zum Explosionsverdichten von Metallpulvern

spröde und im kalten Zustand normalerweise nicht verformbare Materialien sind auf diese Weise zu verarbeiten, da das Material durch die plötzliche hohe Energiezufuhr plastisch wird. Ein Vorteil der Explosionsverformung (explosive forming)[1,2,3] ist auch, daß sie so rasch vor sich geht, daß die Metalle nicht zundern oder mit Atmosphärilien reagieren können. Arbeiten unter Schutzgas ist nicht notwendig.

Die Druckwellen lassen sich statt durch Abbrennen eines Explosionskörpers auch z. B. durch kräftige Funkenentladung, Zerstäubung eines Drahtes durch plötzliche Strombelastung oder, bei magnetischen Materialien, durch plötzliche Einwirkung starker Magnetfelder (vgl. Abb. 52c) erzielen. Druckübertragungs-

---

[1] Schmidtmann, E., Koch, W., Schenck, H.: Archiv f. d. Eisenhüttenwesen *36* (1965) 667.

[2] Klein, W.: Z. Metallk. *56* (1965) 261.

[3] Burkhardt, A.: Metall *19* (1965) 1.

medium kann Luft oder können auch Flüssigkeiten sein[1,2,3] (vgl. Abb. 52d). Auch Metallpulver können durch Stoßwelleneinwirkung verdichtet werden (vgl. Abb. 52e). Ein durch Explosionsplattierung von Titan auf Stahl hergestellter, korrosionsfester Bauteil ist in Abb. 53 gezeigt.

Abb. 53. Dünnschicht-Verdampfer 94 cm ∅, 550 cm Länge, Mantel Titan-sprengplattiert (Contimet)

Schweißen und Löten ist auch bei den Sondermetallen möglich, jedoch mit Schwierigkeiten verbunden; beim Schweißen wegen des meist sehr hohen Schmelzpunktes und der geringen Zunderbeständigkeit der Sondermetalle, beim Löten wegen der stabilen und dichten Oxidhäute, die die meisten Sondermetalle bilden.

Das Schweißen der als Werkstoffe interessanten Sondermetalle kann nur unter vollkommenem Ausschluß von Atmosphärilien und von kohlenstoffhaltigen Gasen erfolgen. Übliche Methoden, wie Schweißen mit Azetylenbrennern, Knallgasbrennern usw., kommen daher nicht oder nur selten in Frage. Gute Erfolge erzielt man beim Schweißen mit Lichtbogen, die in inerten Gasen brennen (*Argonarc*-, *Heliarc*-Schweißen). Eine Weiterentwicklung dieser Schutzgasschweißmethoden stellt das *Plasmaschweißen* in Argonatmosphäre dar, bei dem besonders heiße Flammen (bis zu einigen Zehntausend °C) erreicht werden. Plasmastrahlen werden in Plasmakanonen, oder Plasmatrons genannt, erzeugt, indem Gase durch einen Lichtbogen oder durch Hochfrequenz sehr hoch erhitzt werden. Die dadurch ionisierten Gase werden durch eine enge, wassergekühlte Düse geführt[4].

Die in Abb. 54 gezeigte Plasmakanone besitzt eine stabförmige, wassergekühlte Wolframkathode und eine ebenfalls wassergekühlte Anode in Form eines Kupferringes, der gleichzeitig die Austrittsdüse für den Plasmastrahl darstellt. Durch eine Hilfselektrode wird der Lichtbogen gezündet und Gas tangential in die Brennkammer so eingeblasen, daß es im Lichtbogen eine rotierende Bewegung ausführt. Durch den Kupferring tritt ein Strahl ionisierten und sehr heißen Gases (8000—50000 °K) aus. Als Plasmagase eignen sich Edelgase oder auch mole-

[1] Weymueller, C. A.: Metal Progress *90* (1966) 256.
[2] Brower, D. F.: Metal Progress *87* (1965) 79.
[3] Akeret, R.: Schweizer Aluminium Rundschau *15* (1965) 133.
[4] Anonym: Iron Age *193* (1964) 68.

kulare Gase wie Wasserstoff, Stickstoff oder Luft. Einatomige Gase übertragen die Energie in Form von kinetischer Energie der Atome und von Ionisationsenergie; Edelgasplasmastrahlen sind meist sehr fein und kurz (wenige Zentimeter).

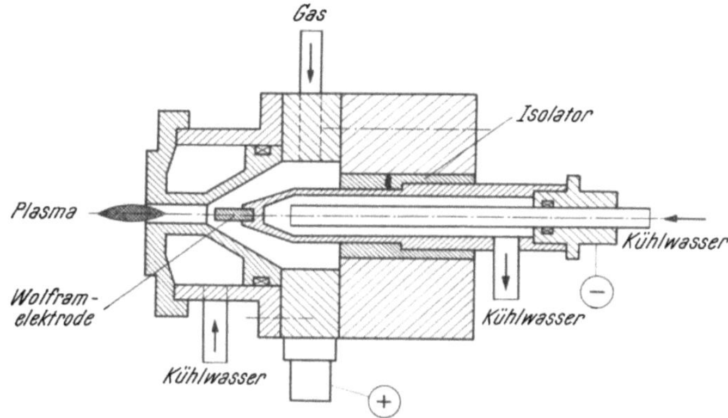

Abb. 54. Plasmakanone mit Lichtbogen-Plasmagenerator

Bei molekularen Gasen kommt noch Energieübertragung in Form von Dissoziationsenergie hinzu. Die vergleichsweise langsame Rekombination gibt längere Plasmastrahlen. Die Lichtbogen werden durch Gleichstrom erzeugt, wobei bei Argon 70—100 V, bei Stickstoff und Luft bis 180 V Gleichrichterspannung benötigt werden.

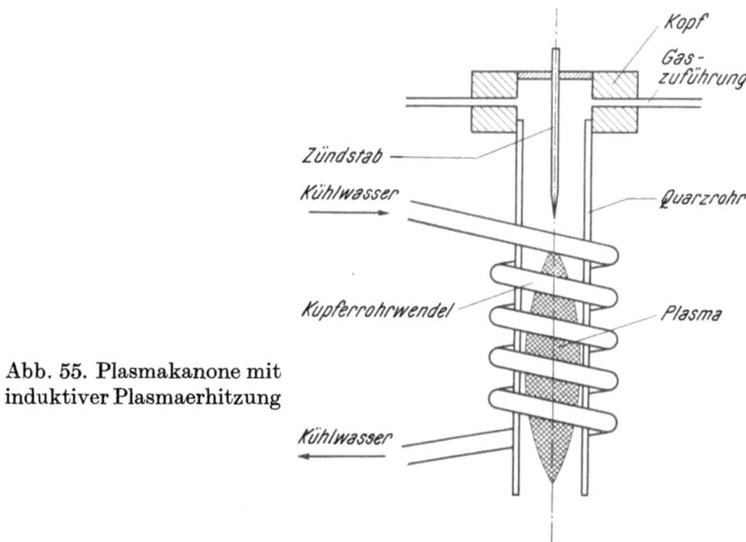

Abb. 55. Plasmakanone mit induktiver Plasmaerhitzung

Da ionisierte Gase hohe elektrische Leitfähigkeit besitzen, die an die von Metallen heranreicht, gelingt die Energiezufuhr auch durch Hochfrequenz-Induktionserhitzung (vgl. Schema Abb. 55). Die Energieausbeute steigt mit zunehmender Frequenz. Schon bei 4 Megahertz werden etwa 60—70% der zugeführten Hochfrequenzenergie auf das Plasma übertragen. Die Zündung bei

Hochfrequenzplasmakanonen erfolgt durch einen kleinen Lichtbogen, durch Funkenentladung oder durch Zusatz von leicht ionisierbaren Gasen wie Cäsiumdampf.

Besonders ausgebildete Plasmabrenner oder Lichtbogenanlagen, bei denen pulveriges Material mit einem Trägergas durch den Plasmabrenner oder durch den Lichtbogen geblasen wird (vgl. Abb. 56), dienen auch zum *Pulverauftragschweißen*. Mit diesem Verfahren können korrosionsfeste, zunderfeste (Silizide)

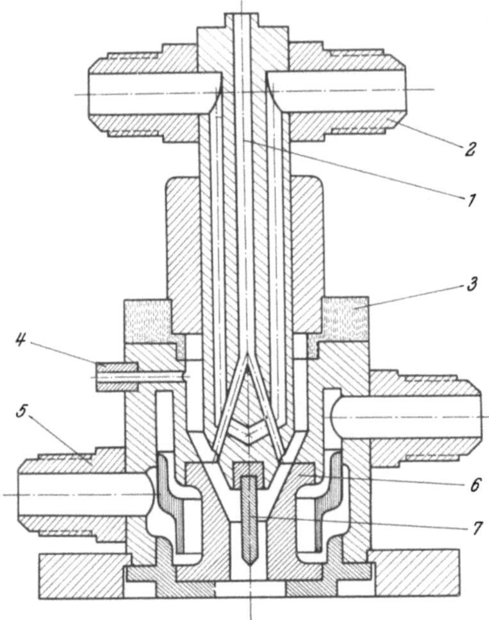

Abb. 56. Plasmakopf mit Pulverzuführung für Plasmaspritzverfahren

1 Pulverzuführung, *2* positiver Pol und Wasseranschluß, *3* elektrische Isolierung, *4* tangentiale Gaszuführung, *5* negativer Pol und Wasseranschluß, *6* Kupferdüse, *7* Wolframelektrode

und abriebfeste (Karbide und andere Hartstoffe) Schichten auf fast beliebige Werkstoffe aufgetragen werden[1]. Zur Erzeugung gut haftender Schichten ist es oft vorteilhaft, auch das Werkstück zu erhitzen, was durch einen sekundären Lichtbogen (vgl. Abb. 57, Schema einer Plasmaauftragschweißanlage) geschehen kann.

Vor allem im Plasmabrenner werden auch die höchstschmelzenden Stoffe selbst während der kurzen Verweilzeit vollkommen aufgeschmolzen und tropfen auf das Werkstück auf, mit dem sie verschweißen. Bei Verwendung von inerten Plasmagasen ist die Auftragsschicht schlackenarm. Durch eine thermische Nachbehandlung kann die Haftung und die Dichtheit der Überzüge eventuell noch gesteigert werden. In Tab. 12 nach K. Kirner[2] sind die bisherigen Erfahrungen beim Plasmaauftragschweißen zusammengefaßt.

Läßt man die Schmelztröpfchen nicht auf ein Werkstück auftreffen, sondern in einem mit Schutzgas gefüllten Behälter frei fallen bis sie erkaltet sind, erhält man die Stoffe in kugeliger Form (vgl. Abb. 58). Solche plasmarundgeschmolzenen

[1] Knotek, O.: Chem. Ing. Techn. in Vorbereitung.

[2] Kirner, K.: Ein Beitrag zum Plasmaspritzen hochschmelzender Werkstoffe. Molybdän-Dienst *47*, Juli 1967.

Kügelchen sind für wissenschaftliche Untersuchungen interessant[1,2] und sollen auch in Kernreaktoren (UC-Kugeln im Kugelhaufenreaktor) eingesetzt werden.

Doch auch beim Schutzgasschweißen können noch geringe Mengen an Atmosphärilien aufgenommen werden und die Werkstücke verspröden. Grobkornbildung, Lunker und Einschlüsse können sich ebenfalls nachteilig auf die Qualität der Schweißnähte auswirken.

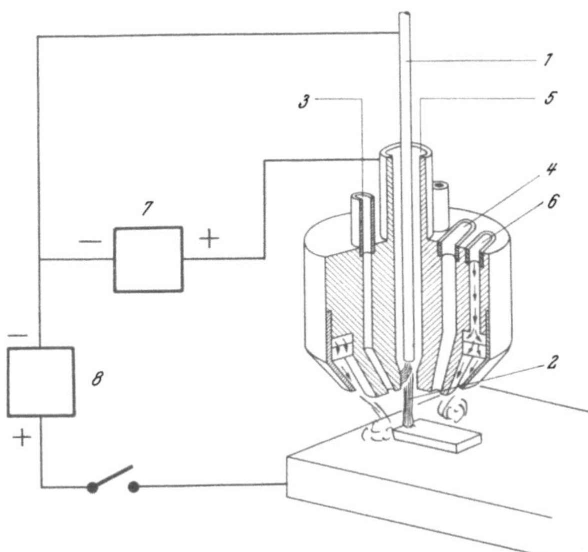

Abb. 57. Plasma-Auftrags-Schweißanalage
1 Wolframelektrode, *2* Lichtbogen, *3*, *4* Pulverzuführung, *5* zentrale Gaszuführung, *6* Schutzgaszuführung, *7* Stromkreis für den inneren Lichtbogen (Wolframelektrode-Kupferdüse), *8* Stromkreis für den äußeren Lichtbogen (Wolframelektrode-Werkstück)

Besonders saubere Schweißverbindungen werden durch *Elektronenstrahlschweißen*[3,4,5] unter Hochvakuum erhalten. Die besonderen Vorteile des Elektronenstrahlschweißens ergeben sich dadurch,

a) daß die Wärmekonzentration im Schweißfleck bei entsprechender Bündelung der Elektronenstrahlen besonders hoch ist,

b) daß die Schmelzzonen besonders schmal gehalten werden und die Tiefenwirkung der Elektronenstrahlen besonders hoch ist (Tiefe-Breiteverhältnis bis zu 25:1 möglich) und daß sich der Strahl besonders exakt führen läßt. Dadurch sind Schweißungen in kleinsten Dimensionen möglich (Schweißnähte von etwa 50 μ Breite!),

c) daß die hohe Energiekonzentration und die örtlich sehr begrenzte Erhitzung sehr geringe thermische Belastung der Umgebung der Schweißnähte, sehr rasche Abkühlung und dadurch ein feinkörniges, verformungsfähiges Schweißgefüge bedingen.

---

[1] Jangg, G., Kieffer, R., Prem, E., Heidler, E.: Werkstoffe und Korrosion *20* (1969) 98.

[2] Knotik, K., Bildstein, H., Koss, P.: Kerntechn. Isotopentechnik und Chemie *7* (1965) 361.

[3] Dumonte, P.: Revue de l'Aluminium *41* (1964) 1147.

[4] Dorn, L., Zürn, H.: Schweißen und Schneiden *17* (1965) 41.

[5] Zürn, H., Dorn, L.: Metall *21* (1967) 912.

Tabelle 12. *Spritzbarkeit hochschmelzender Elemente und Verbindungen*[1]

Werkstoff	Schmelzpunkt* (°C)	Härte *HV*** $\left[\frac{kp}{mm^2}\right]$	Spritzbarkeit
W	3410	350	gt
Re	3170	400	gt
Ta	3000	100	gt
Os	3000	350	k. E.
Mo	2620	190	s. gt
Ru	2500	240	k. E.
Nb	2460	60	gt
Ir	2454	220	gt
Hf	2110	180	gt
Rh	1966	110	k. E.
Cr	1890	80	gt
Zr	1830	65	gt
Pt	1773	40	s. gt
V	1735	140	gt
Ti	1725	160	gt
HfC	3887	2800	schl.
TaC	3877	1850	schl.
NbC	3500	2400	schl.
ZrC	3490	2600	k. E.
TiC	3190	3200	schl.
VC	2830	2800	k. E.
W_2C	2857	3000	m. Bi. gt
WC	2775 zers.	2400	m. Bi. gt
Mo_2C	2687	1500	k. E.
MoC	2692	1500	k. E.
ThC	2625	—	k. E.
SiC	2600 zers.	3500	n. spr.
B_4C	2350	4000	schl.
Cr_3C_2	1890	—	m. Bi. gt
$MoSi_2$	2030	1290	z. gt
HfB_2	3250	2900	k. E.
TaB_2	3000	2600	schl.
ZrB_2	2990	2200	schl.
NbB_2	2900	2590	k. e.
TiB_2	2900	3200	schl.
WB_2	2860	2530	k. E.
CrB_2	1850	1800	z. gt
ThO_2	3300	700—900	k. E.
MgO	2800	$5^1/_2$ Mohs	z. gt
HfO_2	2777		z. gt
ZrO_2	2677	700—900	gt

Über das Spritzen der hochschmelzenden Nitride liegen keine Erfahrungen vor. Bornitrid BN und Siliziumnitrid Si_3N_3 sublimieren bei hohen Temperaturen und lassen sich daher nicht verspritzen. *Titannitrid* TiN soll spritzbar sein.

[1] KIRNER, K.: Molybdän-Dienst. Heft 47 (1967).

Tabelle 12 (Fortsetzung)

Werkstoff	Schmelzpunkt* (°C)	Härte HV** $\left[\frac{kp}{mm^2}\right]$	Spritzbarkeit
CeO_2	2600	6 Mohs	gt
CaO	2600	4 Mohs	gt
BeO	2550	750—1500	k. E.
UO_2	2280	700— 800	gt
Al_2O_3	2030	2000—3000	gt

* Bei den hochschmelzenden Stoffen schwanken die Literaturangaben z. T. sehr.

** Mikrohärtewerte sind stark lastabhängig; die Angaben sollen nur Anhaltswerte sein. Die Werte für die Metalle gelten für den geglühten Zustand.

s. gt = sehr gut, gt = gut, z. gt = ziemlich gut, schl. = schlecht.

m. Bi. gt = mit Binder gut, n. spr. = nicht spritzbar, k. E. = keine Erfahrung, subl. = sublimiert, zers. = zersetzt sich

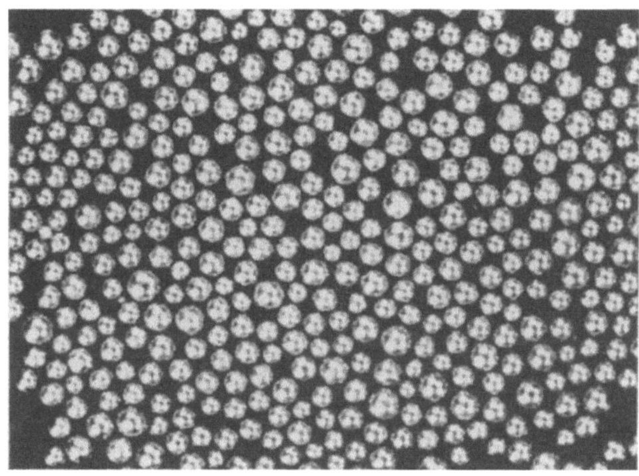

Abb. 58. Im Plasmastrahl rund geschmolzene Wolframkugeln (K. KIRNER, S. 98[1])

Das Elektronenstrahlschweißen ist nur unter Hochvakuum möglich und erfordert sehr teure Einrichtungen. Es ergeben sich Schwierigkeiten bei der Schweißung sehr großer Werkstücke und bei der Massenfertigung von Kleinteilen. Das Elektronenstrahlschweißen — Abb. 59 zeigt eine moderne Anlage für das Elektronenstrahlschweißen von Großelektroden — konnte sich, wegen seiner Vorteile, schon durchsetzen. So wurden z. B. Niob- und Zirkoniumblöcke[1], sowie die Bodenbleche von Raumkapseln aus Berylliumblech mit Elektronenstrahlschweißanlagen geschweißt[2,3].

[1] KIEFFER, R., BRAUN, H.: Vanadin, Niob, Tantal. Springer-Verlag, Berlin–Göttingen–Heidelberg 1963.

[2] LANGSTON, M. E.: Metal Progress *91* (1967) 125.

[3] JENNINGS, C. G., COLTERYAHN, L. E., BESTER, M. H.: Metal Progress *87* (1965) 104.

Das *Schweißen mit Laserstrahlen* ist im Versuchsstadium. Es verspricht ähnliche Vorteile wie das Elektronenstrahlschweißen. Im Augenblick scheinen Laseranordnungen noch zu teuer in der Anschaffung und im Betrieb[1,2].

Abb. 59. Anlage zum Elektronenstrahl-Schweißen von Großelektroden (Wah Chang Corp., Albany, Oregon, USA)

Das *Löten* von Sondermetallen erfordert praktisch für jedes Metall eigene Lote und eigene Techniken. Wegen näherer Einzelheiten über das Löten der verschiedenen Metalle sei auf den speziellen Teil verwiesen, in dem auch weitere Details über die verschiedenen Formgebungsmethoden zu finden sind.

Die *spangebende Verformung* macht bei Verwendung entsprechender Werkzeuge, meist Hartmetallwerkzeuge, bei allen Sondermetallen keine Probleme und es können die normalen Techniken angewendet werden.

Ganz speziell für die Verarbeitung der hochschmelzenden Sondermetalle entwickelt wurde die *Pulvermetallurgie*. Sie ist primär aus dem Bestreben entstanden, auch die höchstschmelzenden Metalle, die bei der Metallherstellung überwiegend pulverig oder als Schwamm anfallen, zu kompakten, verformbaren Stücken verarbeiten zu können. Die ersten Untersuchungen über die pulvermetallurgische Verarbeitung von Metallen wurden mit dem hochschmelzenden Platinmetall Osmium begonnen. Heute hat die Pulvermetallurgie einen sehr hohen Entwicklungsstand erreicht und hat neben dem ursprünglich angestrebten Ziel,

---

[1] Anonym: Metal Progress *87* (1965) 9.

[2] Anonym: Chem. Lab. u. Betrieb *15* (1964) 517.

hochschmelzende Metalle in kompakter Form, eventuell direkt als Fertigteile (parts) zu erhalten, Werkstoffe mit völlig neuen Eigenschaften hervorgebracht. Es sei auf poröse, gesinterte Metalle hingewiesen, die je nach Sinterdichte und Porenverteilung als Tränklager oder als Gas- und Flüssigkeitsfilter Verwendung finden; weiter auf die Hartmetalle und die metallischen Verbundkörper (gesintertes Gerüst eines Metalles, dessen Poren durch ein anderes, niedriger schmelzendes Metall ausgefüllt sind), von denen die Schwermetalle (Wolframsinterkörper mit Silber oder Kupfer getränkt) als Kontaktwerkstoffe für hochbeanspruchte elektrische Kontakte, für Schwungmassen und als Schwitzkühllegierungen für Raketendüsen Verwendung finden. Pulvermetallurgisch hergestellt werden auch die dispersionsgehärteten Legierungen (SAP-Metall, TD-Nickel u. a.), die sich durch hohe Temperaturfestigkeit und besondere Kriechfestigkeit auszeichnen; sowie schließlich die „Cermets" (Verbundkörper aus Keramik + Metall), von denen man sich eine Kombination der hohen Feuerfestigkeit der Keramik mit der Bildsamkeit und Zähigkeit der Metalle erwartet[1,2]. Pulvermetallurgisch können auch Legierungen von Metallen mit sehr unterschiedlichen Schmelz- und Siedepunkten hergestellt werden, die auf schmelzmetallurgischem Wege nicht zugänglich sind. Die Pulvermetallurgie, die durch die Beschäftigung mit den Sondermetallen entstand und die keine Vorbilder in der klassischen Metallverarbeitungstechnik findet, ist aus der heutigen Technik nicht mehr wegzudenken. Sie hat auch weitgehend in die Verarbeitungstechnik der Gebrauchsmetalle Eingang gefunden. Für die Herstellung von Werkstücken in sehr großen Stückzahlen ist die Pulvermetallurgie billiger als jedes andere Verfahren. So werden heute Eisensinterteile für verschiedenste Zwecke schon in Mengen von etwa 70000 Jahrestonnen erzeugt. Poröse gesinterte Körper aus Eisen, Sonderstählen, Kupfer, Aluminium, Bronze, Titan, Zirkonium u. a. finden als Filter Verwendung, poröse gesinterte Teile aus Eisen, Kupfer und Bronze für ölgetränkte selbstschmierende Lager.

1. Pulvermetallurgie

Die Pulvermetallurgie[3–10] gestattet die Herstellung kompakter Metalle und Formstücke, ohne daß die Ausgangsstoffe geschmolzen werden müssen. Wie

---

[1] Tinklepough, J. R., Crandall, W. B.: Cermets. Reinhold Publ. Inc., New York 1960.

[2] Kieffer, R., Eipeltauer, E., Gugel, E.: Ber. d. Dtsch. Keram. Ges. *47* (1969) 486.

[3] Skaupy, F.: Metallkeramik. Verlag Chemie, Berlin 1930.

[4] Jones, W. D.: Fundamental Principles of Powder Metallurgy. E. Arnold Publ. Ltd., London 1960.

[5] Kieffer, R., Hotop, W.: Pulvermetallurgie und Sinterwerkstoffe. Springer-Verlag, Berlin–Göttingen–Heidelberg, 2. Aufl. 1948.

[6] Schwarzkopf, P.: Powder Metallurgy, McMillan, New York 1947.

[7] Goetzel, C. G.: Treatise on Powder Metallurgy, Vol. I bis IV, Interscience Publishers, J. Wiley & Sons, New York, 1949 bis 1963.

[8] Samsonov, G. V.: Refractory Transition Metal Compounds (transl. from Russ.). Academic Press, New York 1964.

[9] Eisenkolb, F. (Hrsg.): Fortschritte der Pulvermetallurgie, Bd. I 1963, Bd. II 1965, Akademie Verlag, Berlin.

[10] Thümmler, F.: in: Eisenkolb, F. (Hrsg.): Fortschritte der Pulvermetallurgie, Bd. I, Akademie Verlag, Berlin 1963.

schon gesagt, haben es zuerst pulvermetallurgische Verfahren ermöglicht, die refraktären Metalle und Legierungen in massiver Form, in Blech- und Stabform zu erhalten. Obwohl es dank der Entwicklung des Vakuumlichtbogenofens und des Elektronenstrahlofens möglich geworden ist, auch die höchstschmelzenden Metalle zu schmelzen und zu vergießen, ist die Pulvermetallurgie keineswegs überholt, sondern im Gegenteil noch immer in Ausweitung begriffen, sowohl was die Gesamtmenge als auch den wertmäßigen Anteil der mit Hilfe von pulvermetallurgischen Methoden gewonnenen Metalle und Legierungen ausmacht.

Zur pulvermetallurgischen Herstellung kompakter Formstücke wird Metallpulver vorerst durch Pressen verdichtet. Die Preßbedingungen sind so zu wählen, daß der entstehende „Grünling" eine für die Handhabung genügende Festigkeit aufweist. Durch eine anschließende Sinterung bei einer Temperatur von üblicherweise etwa $^2/_3$ bis $^3/_4$ der Schmelztemperatur des Metalles, verschweißen die einzelnen Metallteilchen. Die Dichte des gesinterten Formkörpers kommt nahe an die Dichte des kompakten Metalles heran. Als Variante dieses grundsätzlichen Verfahrens sei das „Drucksintern" bzw. „Heißpressen" erwähnt, d. i. ein gleichzeitiges Pressen des Formkörpers während der Sinterbehandlung, sowie das in neuester Zeit entwickelte Verfahren zur Verfestigung der Metallteilchen mit Hilfe von Druckwellenstößen (explosive pressing and forming) erwähnt.

Pulvermetallurgisch hergestellte Formkörper sind manchmal gegossenen Formstücken in ihren Eigenschaften überlegen. Die pulvermetallurgisch produzierten Metallstücke weisen nämlich ein feinkörniges Gefüge auf, während beim Vergießen üblicherweise Grobkorn entsteht und große Stengelkristalle gebildet werden. Feinkörnige Metalle zeigen aber bessere Duktilitätseigenschaften und lassen sich besser walzen und tiefziehen, während bei grobkörnigen Produkten das Grobkorn erst durch mechanische Verformung und Rekristallisationsglühung zerstört und verfeinert werden muß. So ist es z. B. bis heute nicht gelungen, das in seinen Verformungseigenschaften stark orientierungsabhängige Metall *Beryllium* anders als auf pulvermetallurgischem Wege zu spanlos verformbaren Halbfabrikaten zu verarbeiten. Obwohl auch *Molybdän* und sogar *Tantal*, *Wolfram* und *Rhenium* heute geschmolzen werden können, werden sie ebenfalls wegen der besseren Duktilität von feinkörnigen, gesinterten Produkten weiterhin überwiegend pulvermetallurgisch verarbeitet.

a) Die Metallpulver

Von den Metallpulvern, die als Ausgangsprodukte für die pulvermetallurgische Verarbeitung dienen sollen, verlangt man eine Reihe von zum Teil einander widersprechenden Eigenschaften. Die Preßlinge aus diesen Metallpulvern sollen im „grünen" Zustand, also ungesintert, bereits eine gewisse Festigkeit aufweisen, die eine Handhabung erlaubt. Diese Festigkeit erreichen vor allem Preßlinge aus sehr feinkörnigen, dendritischen, großoberflächigen Pulvern, bei denen sich die einzelnen Körner ineinander verfilzen. Besonders die Kantenbeständigkeit, die Beständigkeit gegen das Abbröckeln der besonders exponierten Kanten, ist für die Herstellung von Formteilen von besonderer Bedeutung. Andererseits verlangt man von den Grünlingen eine besonders hohe Raumerfüllung, um die während des Sinterns eintretende Schwindung gering zu halten. Diese Forderung wird aber wieder von annähernd kugeligen, kompakten Metallkörnern mit möglichst glatter Oberfläche am besten erfüllt. Durch Verschneiden verschiedener Metallpulversorten wird meist ein günstiger Kompromiß erreicht, d. h. gute Festigkeit der Grünlinge bei gleichzeitig hoher Preßdichte.

Zur Herstellung der Metallpulver bedient man sich der verschiedensten Verfahren:

Mechanische Zerkleinerung

Eine mechanische Zerkleinerung von Metallen macht Schwierigkeiten, die mit der Duktilität der Metalle zunehmen. Sie gelingt bei nicht zu zähen Metallen durch Mahlen in Kugelmühlen oder in Schlagmühlen (Gaswirbelschlagmühlen) und Schlagkreuzmühlen, bei denen die Zerkleinerung im wesentlichen beim Zusammenprall von sehr rasch bewegten Metallteilchen mit den umlaufenden Schlagarmen, mit der Mühlenwandung bzw. mit anderen Metallteilchen erfolgt. Eine Zerkleinerung kann nicht zu unendlich kleinen Teilchen fortgesetzt werden. Die Größenverteilung der Metallpulver strebt einem bestimmten „Mahlgleichgewicht" zu, das auch durch noch so langes Mahlen nicht mehr wesentlich verändert werden kann. Lange fortgesetztes Mahlen zieht zunehmende Verunreinigung des Mahlgutes durch Abrieb des Mühlenmaterials oder durch Oxydation der feinen Teilchen nach sich. Um die Verschmutzung des Mahlgutes gering zu halten, wird z. B. *Beryllium* unter Inertgas und in mit Beryllium ausgekleideten Mühlen, *Hartstoffe* und *Hartmetall*-Ansätze in mit Hartmetall ausgekleideten Mühlen und mit Hartmetallkugeln gemahlen („autogenes Mahlen"). Zugabe von Flüssigkeiten (Naßmahlen) beschleunigt im allgemeinen den Mahlvorgang, kann aber bei reaktiven Metallen zu einer zusätzlichen Verunreinigung führen.

Die duktilen und zähen Metalle der Gruppe IVa (*Titan, Zirkonium, Hafnium*) und Va (*Vanadin, Niob, Tantal*) sowie die Metalle *Thorium* und *Uran* lassen sich durch Behandlung mit Wasserstoff infolge Hydridbildung soweit verspröden, daß sie leicht gemahlen werden können. Nach Dehydrierung der gemahlenen Produkte im Vakuum verbleiben sinterfreudige und pulvermetallurgisch gut zu verarbeitende Pulver. Diese Art der Metallpulverherstellung hat vor allem zur Aufarbeitung von Rein- bzw. Edelschrott Bedeutung erlangt.

Andere Verfahren, die sich zur Herstellung von Stahl- und Stahllegierungspulvern schon seit längerer Zeit eingeführt haben, beruhen auf der Zerstäubung von Metallschmelzen durch einen Gasstrom, durch einen Wasserstrahl oder durch rasch rotierende Teller. Da die meisten Sondermetalle zu reaktiv sind, um im flüssigen Zustand mit Wasser oder Luft in Berührung gebracht werden zu können, wurde versucht, die Metalle im Plasmastrahl unter Inertgas zu schmelzen und zu versprühen. Durch geeignete Arbeitsbedingungen gelingt es, auch höchst schmelzende Metalle bzw. Metallverbindungen (Hartstoffe) auf diese Art in Pulver zu verwandeln. Die so erzeugten Metallpulver weisen allerdings in der Regel kugelige Form und glatte Oberfläche auf[1,2,3].

---

[1] Kirner, K.: Ein Beitrag zum Plasmaspritzen hochschmelzender Werkstoffe. Molybdän-Dienst, Heft *47*, Juli 1967.

[2] Krasnov, A. N.: Soviet Powder Metallurgy and Metal Ceramics *3* (1965) 175.

[3] Krasnov, A. N.: Poroshkovaya Metallurgiya *2* (1966) 1.

Chemische Methoden

Bei den meisten chemischen Verfahren zur Metallherstellung fallen mehr oder weniger feine Produkte an, die entweder direkt für pulvermetallurgische Verarbeitung brauchbar sind oder durch eine Nachbehandlung (Weiterzerkleinerung) verwendbar gemacht werden können.

So führt vor allem die Reduktion von *Molybdän-* und *Wolframoxid* mit Wasserstoff zu einem direkt verwertbaren Pulver, wobei Korngröße und Kornform weitgehend durch Korngröße und Kornform der Ausgangsoxide, vom Feuchtigkeitsgehalt des Reduktionsgases, der Reaktionszeit und der Strömungsgeschwindigkeit beeinflußt werden. Die Reduktion von Wolframhexafluorid mit Wasserstoff[1] im Wirbelbett führt zu besonders feinkörnigem Wolframpulver, das beim Sintern ein Metall mit besonders hoher Rekristallisationstemperatur ergeben soll.

Ultrafeine Metallpulver[2] werden durch ein neu entwickeltes Verfahren gewonnen, bei dem Metallhalogenide im Plasmastrahl mit Wasserstoff reduziert werden. Die Pulver, die Korngrößen um 0,1 μ aufweisen, zeichnen sich durch besonders gute Preßeigenschaften und hervorragende Sinterfähigkeit aus. Sehr feine Metallpulver erhält man weiter durch Abdestillieren von Quecksilber von entsprechenden Amalgamen[3]. Diese Metallpulver geben sehr formbeständige Preßlinge, haben aber technisch bisher nur zur Herstellung von speziellen Pulvermagneten (ESD-Magnete) Verwendung gefunden[4].

Auch bei der Herstellung der refraktären Sondermetalle *Titan*, *Zirkonium*, *Hafnium*, *Vanadin*, *Niob* und *Tantal* durch Reduktion mit Alkali- bzw. Erdalkalimetallen erhält man mehr oder weniger locker gesintertes bzw. schwammiges Material, das sich als Ausgangsmaterial zur Pulvererzeugung eignet.

Der Vorschlag, Metalle durch autogene Oxid–Karbid-Reduktion, d. h. durch „Reaktionssintern" genau äquivalenter Mengen von Oxid und Karbid im Hochvakuum herzustellen, könnte in Zukunft Bedeutung für die Herstellung von *Chrom-*, *Vanadin-*, *Niob-* und *Tantal*-Pulver sowie von *Legierungs*-Pulvern erhalten.

Die elektrolytische Metallabscheidung aus wäßrigen Lösungen (*Mangan, Eisen, Kobalt, Nickel, Chrom*) oder aus Salzschmelzen (*Titan, Zirkonium, Hafnium, Niob, Tantal, Uran, Thorium, Beryllium*) stellt einen weiteren Weg dar, zu sintertechnisch brauchbaren Pulvern zu gelangen. Die Abscheidungsbedingungen können so gewählt werden, daß aus wäßrigen Lösungen direkt Metallpulver anfallen. Aber auch haftende, kompakte Kathodenniederschläge sind durch Miteinbau von Wasserstoff so stark versprödet, daß sie sich sehr leicht mahlen lassen. Die aus Salzschmelzen erhaltenen Metalle sind meist lockere, leicht zu zerkleinernde Flitter mit dendritischer Struktur.

Weitere Wege, pulvermetallurgisch hervorragend verarbeitbare Pulver zu erhalten, beruhen auf der thermischen Zersetzung von Metallkarbonylen[5] und

---

[1] Smiley, S. H., Brater, D. C., Kaufman, H. L.: USAEC-Rep. K. L. 60204 (1965) 255.

[2] Kuhn, W. E.: Ultrafine Particles. J. Wiley & Sons, New York 1963.

[3] Jangg, G.: Metall *16* (1962) 639.

[4] Luborvski, F. E.: J. phys. Chem. *61* (1957) 1336; *62* (1958) 1131.

[5] Mittasch, A.: Z. angew. Chem. *41* (1928) 827.

der Fällung von Metallpulvern aus wäßrigen Lösungen mit Wasserstoff unter Druck (*Kupfer, Nickel, Kobalt*)[1,2].

In neuerer Zeit scheint mit der Entwicklung von Verfahren zur Herstellung von *Metallfasern* (*Whiskers*) ein neuer Zweig der Pulvermetallurgie heranzuwachsen, dem von einzelnen optimistischen Autoren schon eine eigene Bezeichnung „Fasermetallurgie" gegeben wurde. Sinterprodukte aus Fasern sollen wesentlich höhere Festigkeiten aufweisen als aus mehr oder weniger rundlichen Pulversorten. Man soll für die Verwendung als Filter und Fritten wesentlich durchlässigere Körper bei guter Festigkeit erhalten und schließlich können durch Einsintern von faserigen Metallen in andere Metalle Verbundwerkstoffe mit besonderen Festigkeitseigenschaften gewonnen werden (faserverstärkte Werkstoffe). Über eine industrielle Verwendung von „Metallwhiskers" ist aber wegen des wahrscheinlich noch sehr hohen Gestehungspreises bisher nichts bekannt geworden[3,4]. Whiskerähnliche Wolframfeinstfäden mit einer aus der Gasphase abgeschiedenen Bordeckschicht scheinen jedoch neuerdings Interesse zu finden[5].

b) Verarbeitung der Pulver zu Formteilen (Pressen und Sintern)

Pressen

Diskontinuierliches Pressen: Die Pulver werden — gegebenenfalls nach Zusatz eines geeigneten Preßhilfsmittels, das die Reibung zwischen den Teilchen verringert — in Preßwerkzeugen (Matrizen) mit entsprechenden Preßdrücken zu Preßlingen verdichtet, die bereits im ungesinterten Zustand eine gewisse „Grünfestigkeit" haben müssen. Als Preßhilfen werden Substanzen verwendet, die sich gut mit dem zu verpressenden Pulver, durch gemeinsames Trockenmahlen oder durch Zugeben in Form einer verdünnten Lösung und Abdunsten des Lösungsmittels, vermischen lassen und die bei Beginn der Sinterbehandlung bei noch niedrigen Temperaturen restlos aus dem Preßling verdampfen. Der Zusatz von Preßhilfe bewirkt neben der Erhöhung der Preßdichte meist auch bessere „Grünfestigkeit". Meist werden als Preßhilfen Kampher oder Stearinsäure verwendet.

Kleine Formteile mit einem günstigen Verhältnis von Durchmesser zu Höhe können in Stahlmatrizen mit nur einem Stempel mit guter Maßgenauigkeit hergestellt werden. Als Werkstoff für Stempel und Matrizen wird gehärteter Stahl, in neuerer Zeit in zunehmendem Maße jedoch Hartmetall verwendet[6,7,8]. Für dickere Teile wird auch mit beidseitig wirkenden Stempeln (Ober- und Unterstempel) sowie mit beweglichen Matrizen, sogenannten Schwebematrizen (vgl.

---

[1] FORWARD, F. A. R., HALPERN, J.: Bull. Inst. Min. Met. *603* (1957) 191.

[2] SCHAUFELBERGER, F. A., ROY, T. K.: Trans. Inst. Min. Met. *64* (1954/55) 375.

[3] NIXDORF, J.: Metall *23* (1969) 887.

[4] HERZOG, J. A.: Metall *22* (1968) 900.

[5] KREIDER, K., MARCIANO, M.: Trans. Met. Soc. AIME *245* (1969) 1279.

[6] KIEFFER, R., HOTOP, W.: Pulvermetallurgie und Sinterwerkstoffe, 2. Aufl. Springer-Verlag, Berlin–Göttingen–Heidelberg 1948.

[7] KIEFFER, R., HOTOP, W.: Sintereisen und Sinterstahl. Springer-Verlag, Wien 1948.

[8] GOETZEL, C. G.: Treatise on Powder Metallurgy, Vol. I bis IV. Interscience Publishers, J. Wiley & Sons, New York 1949 bis 1963.

Abb. 60, Schwebematrize für das Herstellen von Röhrchen), bei denen nicht der Matrizenkörper, sondern der Unterstempel aufliegt und der Matrizenkörper frei beweglich ist, gearbeitet. Für kompliziertere Formen sind zum Teil auch geteilte Stempel im Einsatz.

Bei größeren Formstücken gelingt es im allgemeinen nicht, Preßlinge zu erhalten, die an allen Stellen gleiche Preßdichte aufweisen. Als Folge der ungleichmäßigen Dichte im Preßling tritt beim nachfolgenden Sintern ungleichmäßige

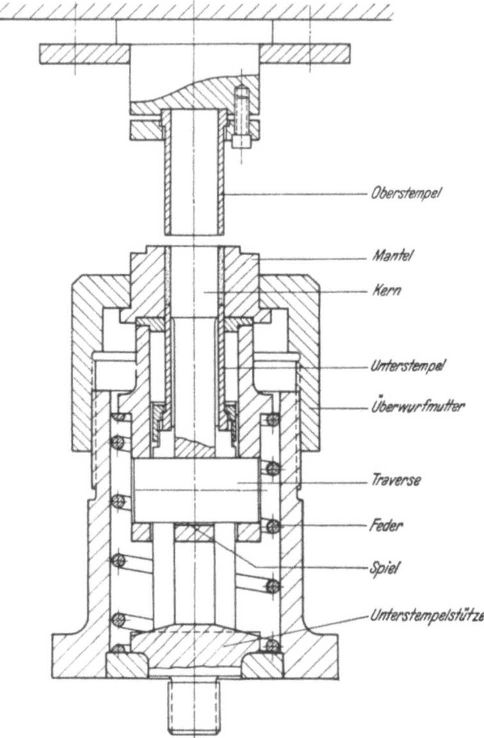

Abb. 60. Schwebematrize zum Pressen von Rohren. (Nach R. Kieffer und W. Hotop: Sintereisen und Sinterstahl, Springer-Verlag, Wien, 1948)

Schwindung und damit oftmals Verziehen der Formstücke auf. Durch ein „kalibrierendes" Nachpressen der gesinterten Körper in den ursprünglich für die Pulververdichtung verwendeten Matrizen oder eigenen Kalibrierwerkzeugen versucht man diesen Fehler auszugleichen. Besonders hohe Sinterdichte erreicht man, wenn die nachgepreßten Sinterkörper ein zweites Mal gesintert werden (Doppel-Preß- und Sintertechnik).

Die Pressen — für geringe Preßdrucke bis etwa 100 t mit mechanischer, darüber mit hydraulischer oder kombiniert mechanisch- hydraulischer Übertragung — werden bereits serienmäßig für Preßdrücke über 500 t und Formteildurchmesser bis 350 mm gebaut; in einzelnen pulvermetallurgischen Betrieben werden bereits Pressen mit Preßkräften von rund 3000 t verwendet (vgl. Abb. 61). Die Pressen, in denen die Formteile in sehr großen Stückzahlen hergestellt werden, arbeiten vollautomatisch und sind mit Pulverdosier- und -zugabevorrichtungen sowie mit Auswerfern für die Preßlinge ausgestattet. Schnellaufende Pressen erlauben die Herstellung von 50 und mehr Preßkörpern pro Minute je Preßwerkzeug, von denen bei kleineren Teilen mehrere in einer Presse gleichzeitig installiert sein können. Gute Preßwerkzeuge aus Stahl erlauben das Pressen von einigen 10000 Formkörpern, bis sie nachgearbeitet bzw. erneuert werden müssen. Hartmetallwerkzeuge rentieren ihren höheren Preis durch wesentlich höhere Lebensdauer. Das Pressen von 100000—500000 Stück mit der gleichen Hartmetallmatrize ist keine Unmöglichkeit. Hartmetallmatrizen können auch mit höheren

Abb. 61. Ansicht einer 3000-t-Presse (Metallwerk Plansee AG, Reutte)

Preßdrücken belastet werden. Während Stahlmatrizen meist nur Preßdrücke von höchstens 4—6 t/cm² aushalten, sind Hartmetallmatrizen bis etwa 10 t/cm² belastbar.

Die Schwierigkeiten, wie sie beim Pressen von großen Werkstücken mit ungünstigem Verhältnis von Durchmesser zu Länge, z. B. bei Stäben, Rohren usw. auftreten, werden durch Pressen unter allseitiger Druckanwendung vermieden. Das Metallpulver wird in einen elastischen, nicht porösen Schlauch (meist Gummi oder Kunststoff), für das Pressen von Rohren in einen Doppelschlauch eingefüllt, die Schläuche in ein Wasser- oder Ölbad eingebracht und entsprechender Druck aufgegeben (vgl. Abb. 62 und 63). Der Druck wird durch das Druckübertragungsmedium, Wasser oder Öl, hydraulisch auf die in die Schläuche eingefüllten Metallpulver „übertragen“ („isostatisches Pressen“ in „Schlauchpressen“). Die erhaltenen Preßkörper weisen sehr gleichmäßige Preßdichte auf. Die Form- und Maßgenauigkeit ist jedoch geringer als bei Preßlingen, die in Matrizen gepreßt wurden. Die fertiggesinterten, in Schlauchpressen gepreßten Formkörper sind aber wegen der Gleichmäßigkeit ihres Gefüges und der gleichmäßigen Sinterdichte als Halbzeug für Walz-, Schmiede- und Hämmerarbeiten sehr geeignet.

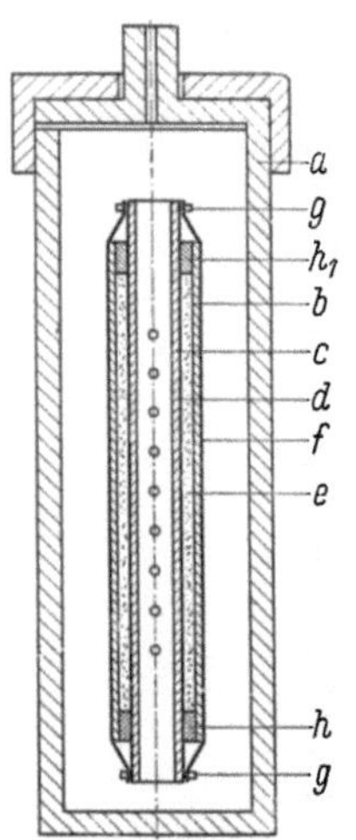

Abb. 62. Schema einer isostatischen Presse mit Rohrmatrize. (Nach F. SKAUPY: Metallkeramik, Verlag Chemie, Berlin 4. Aufl. 1950)
a Preßgefäß, *b*, *c* Stahlrohre, *d*, *f* Gummischläuche, *e* Metallpulver, *g* Schellen, *h* Stahlpfropfen

Abb. 63. Ansicht einer großen isostatischen Presse zum Verdichten von NbC/Nb_2O_5-Gemischen zur carbidothermischen Herstellung von Niobmetall. Das Druckgefäß wurde aus einem Marinegeschütz adaptiert. (Wah Chang Corp., Albany, Oregon, USA)

Neuerdings wird der für das Verdichtungsverfahren notwendige hydrostatische Druck durch Edelgase, Helium oder Argon, erzeugt. Nach diesem „gas pressure bonding"-Verfahren sollen angeblich in den USA Wolframformteile bis zu 2500 kg Gewicht hergestellt werden[1].

Die Schlauchpressen haben sich vor allem zur Herstellung von Molybdän-, Wolfram-, Tantal- und Berylliumhalbzeug sehr bewährt[2,3,4]. Versuche, auch bei höherer Temperatur hydrostatisch zu pressen, haben bei Sonder-Stahlpulvern[5]

[1] Anonym: Chem. Eng. News *43* (1965) 41.
[2] Anonym: Iron Age *194* (1964) 31.
[3] HODGE, E. S.: Powder Met. *7* (1964) 168.
[4] SANDS, R. L., et al.: Powder Met. *8* (1965) 129.
[5] ASEA-STORA: Pamphlet AQ 40—102E (1970); s. a. Anonym: Stahl und Eisen *90* (1970) 1046.

schon zu Erfolg geführt. Bei diesen Entwicklungsarbeiten wurden die Metallpulver in Metallfolien als elastisches Umhüllungsmaterial eingefüllt und Salz- bzw. Metallschmelzen als Druckübertragungsmedium verwendet.

Sehr gute Resultate sind erzielt worden, wenn die Metallpulver mit sehr rasch ansteigendem Druck (Hochgeschwindigkeitspressen) oder auch durch Explosionsschock verdichtet wurden[1,2]. Unterschiedlich zum langsamen Pressen tritt bei der Hochenergieformgebung bereits eine Verschweißung der einzelnen Teilchen ein und es werden Brückenbildungen bei sperrigen Pulvern sowie Lufteinschlüsse wirksam vermieden.

Kontinuierliche Preßverfahren stehen heute im Hintergrund, obwohl Strangpressen[3] und direktes Walzverdichten von Pulvern[4] schon mehrfach, vor allem in den letzten Jahren, mit Erfolg versucht wurden und in Einzelfällen auch angewendet werden[5]. Schon durch Kaltpressen bzw. Kaltwalzen, eventuell in mehreren Stufen mit Zwischenglühungen, können zum Teil genügende Festigkeiten erreicht werden. Auch das Nachwalzen von vorgesinterten Metallbändern führte schon zum Erfolg. Das direkte Walzverdichten von Pulvern ist für Kupfer, Messing, Bronze, Eisen, Sonderstähle, Aluminium, Titan, Zirkonium und vor allem Beryllium erfolgreich erprobt[6]. Technische Bedeutung hat das Verfahren bisher nur bei Buntmetallen, Monel, Nickelbändern, sowie für die Herstellung von Dispersionswerkstoffen (SAP: Aluminiumoxid dispergiert in Aluminium; TD-Nickel: Thoriumoxid in Nickel; u. a.) gefunden.

Muß, um genügende Verdichtung zu erreichen, bei erhöhter Temperatur stranggepreßt bzw. gewalzt werden, ist meist Schutz vor Oxydation nötig. Man arbeitet entweder unter Schutzgas oder in einer Umhüllung mit einem zunderfesten Metall mit ähnlichen Verformungsverhalten (Walzen im Metallhemd, sheath-rolling). Die Hüllen werden nach der Verdichtung chemisch oder mechanisch wieder entfernt. Pulverwalzen im Metallhemd hat sich im einzelnen für *Alnico*-Pulver und *Vanadin*-Pulver im Stahlhemd, für *Chrom*- und *Niob*-Legierungspulver im 18/8-Stahlhemd, für *Niob*-, *Tantal*-, *Wolfram*-Legierungspulver, *Reinstsilizium*-Pulver, *Osmium*- und *Iridium*-Pulver im Molybdänhemd, für *Beryllium*-Pulver im weichen Stahl bewährt. *Uranaluminid* wird zur Herstellung von speziellen Urankernbrennstoffelementen im Aluminiumhemd gewalzt. Wegen der beim Blechwalzen dieser Uranverbundwerkstoffe oder auch von Berylliumpulver in Stahlumhüllungen verwendeten flachen Hüllen (vgl. Abb. 64) wird das Verfahren anschaulich „Bilderrahmentechnik" genannt[7,8]. Im Falle der Uranbrennstoffelemente kann die korrosionsfeste Aluminiumumhüllung verbleiben.

---

1 Anonym: Steel *29* (1952) 76.

2 Wambold, J.: In Tinklepough, J. R., Crandall, W. B. (Hrsg.): Cermets, Reinhold Publ. Inc., New York 1960, S. 86.

3 Kieffer, R., Hotop, W.: Metallwirtschaft *23* (1944) 379.

4 Naeser, G., Zirm, F.: Metallurg. Rev. *4* (1959) 179.

5 Kieffer, R., Jangg, G.: Chem. Ing. Techn. *39* (1967) 43.

6 Kobrin, C. L.: Iron Age *193* (1964) 89.

7 Lintner, K., Schmid, E.: Werkstoffe des Reaktorbaues. Springer-Verlag, Berlin–Göttingen–Heidelberg, 1962, S. 395.

8 Gebhardt, E., Thümmler, F., Seghezzi: Reaktorwerkstoffe. B. G. Teubner, Stuttgart, Teil 2, 1969, S. 108.

Die Herstellung kompliziert geformter Geräte und Maschinenteile ist durch Pulverpressen und Sintern nicht immer möglich. Für die Herstellung solcher Formteile aus refraktären Sondermetallen, etwa für Turbinenschaufeln, Raketendüsen, Cermetrohre usw., bedient sich die Pulvermetallurgie mit Erfolg einer alten, in der Keramik schon lange bekannten Technik, des *Schlickergusses*. Nach der Schlickergußtechnik[1,2] wird eine Suspension eines Metallpulvers in einer geeigneten Trägerflüssigkeit, meist Wasser mit entsprechenden Zusätzen, in poröse, saugende Gipsformen eingegossen. Während sich der Metallschlicker in der Form absetzt, wird die Flüssigkeit von der Form aufgesaugt. Nach etwa

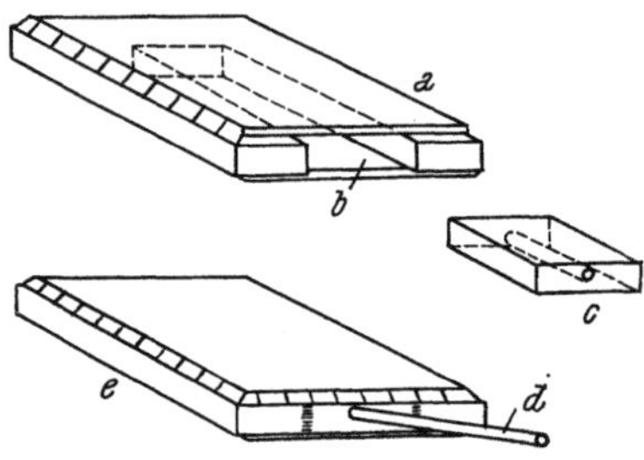

Abb. 64. Hülle aus weichem Stahl für das Warmwalzen von Berylliumpulver zu Blech nach der Bilderrahmentechnik. (Nach N. A. Hill: AERE-Rep. M/M 193 1958))
a leerer Behälter, *b* Hohlraum zur Aufnahme des kaltgepreßten Berylliumpulvers, *c* Endstich mit Vakuumanschlußrohr, *d* Vakuumanschlußrohr, *e* walzbereiter Behälter

10—20 Stunden kann das Stück der Form entnommen und nach sorgfältiger und langsamer Trocknung gesintert werden. Bei der Sinterung von solchen Formteilen tritt zwar starke Sinterschwindung bis zu 25 Linearprozent auf, doch ist die Schrumpfung sehr gleichmäßig. Bei der Schlickergußtechnik tritt auch keine Teilchenorientierung ein, die z. B. beim Kaltpressen von flitterigen Pulvern zu stark anisotropen Formkörpern führen kann.

Die Schlickergußtechnik ist nicht leicht beherrschbar. Es kommt wesentlich auf die Wahl geeigneter Pulver mit geeigneten Kornverteilungen, die Wahl entsprechender Trägerflüssigkeiten und die wirksame Verhinderung von Agglomerationen der Pulverteilchen und eines zu raschen Absetzens an. Sehr wichtig ist auch vorsichtiges und genügend langsames Trocknen der Formlinge, um Rißbildung zu vermeiden. Grundsätzlich scheint es keine Einschränkung für die Anwendung der Schlickergußtechnik zu geben; sie ist aber durch die Schwierigkeiten, die die Trägerflüssigkeiten bei reaktiven Metallen verursachen und durch die Schwierigkeiten bei zu großen Dichteunterschieden zwischen Pulver und Trägerflüssigkeit beschränkt.

Sinterverfahren

Um aus den „Grünlingen", den Körpern aus den verpreßten Metallpulvern, gebrauchsfähige Formstücke mit genügender Festigkeit zu erhalten, werden sie einer Wärmebehandlung, „*Sinterung*"[3], unterworfen, bei der die einzelnen Metallpartikelchen miteinander verschweißen. Das Sintern ist immer von einer Schrumpfung der Formkörper begleitet, die mit einer entsprechenden Verminderung des

[1] Hausner, H. H.: Powder Metallurg. Bull. *8* (1958) 53.
[2] Hausner, H. H.: in: Benesovsky, F. (Hrsg.): Hochschmelzende Metalle, 3. Plansee Seminar, Springer-Verlag, Wien 1959, S. 419.
[3] Thümmler, F., Thomma, W.: Metallurg. Rev. *115* (1967) 69.

Porenvolumens und einer Zunahme der Dichte verbunden ist. Man versucht allerdings die „Sinterschwindung" durch eine höhere Gründichte so gering als möglich,zumindest — um Verziehen der Formkörper zu vermeiden — über den ganzen Körper gleichmäßig zu halten. Eine möglichst hohe Preßdichte der Grünlinge sowie die Wahl entsprechender Pulversorten setzen die Sinterschwindung herab. Die notwendigen Sintertemperaturen, bei denen das Verschweißen der Metallteilchen beginnt, hängen nicht nur vom Schmelzpunkt des zu sinternden Metalles, sondern auch weitgehend von der Beschaffenheit der Pulver, also von Kornform, Korngröße, Oberflächenbeschaffenheit und chemischer Reinheit, vor allem der Pulveroberflächen, ab. Im allgemeinen wird bei Temperaturen von etwa $^2/_3$ bis $^3/_4$ der Schmelztemperaturen (in °K) der Metalle mit Sinterzeiten von einer bis mehreren Stunden gesintert. Höhere Sintertemperaturen erlauben kürzere Sinterzeiten, wobei der Einfluß der Sinterzeit auf die erzielbare Sinterdichte (etwa 90—97% der theoretischen Dichte) im allgemeinen geringer ist als derjenige der Sintertemperatur. Zu hohe Sintertemperaturen führen allerdings bei nur noch geringer Dichtezunahme zu Grobkornbildung, die die Bildsamkeit, insbesondere die Tiefziehfähigkeit, herabsetzt.

Hohe Festigkeiten der gesinterten Produkte werden bei möglichst niedrigem Restporengehalt (hohe Sinterdichte) erreicht, wobei die Form der Poren und die Porenverteilung einen gewissen Einfluß auf die mechanischen Eigenschaften der gesinterten Metalle haben. Kugelförmige Poren beeinflussen die Festigkeitseigenschaften weniger als z. B. eckige Poren.

Gesintert wird entweder durch Erhitzen der Preßlinge im direkten Stromdurchgang (sog. Coolidge-Verfahren, s. weiter unten) oder durch indirektes Erhitzen. Das Sintern im direkten Stromdurchgang kommt für die Herstellung von kleinen bis mittleren Blöcken oder Stäben in Frage, die als Halbzeug Verwendung finden und noch weiter bearbeitet werden. Große Formstücke und Preßlinge, die fertige, nicht mehr weiter zu bearbeitende Formteile („parts") für den Einsatz in Geräten und Apparaten ergeben sollen, müssen naturgemäß indirekt gesintert werden.

Ergänzend sei auf das „Reaktionssintern" z. B. zur Herstellung von Metallen aus Oxiden und Karbiden hingewiesen. Wie unter dem Kapitel „Karbidothermie" (S. 50) erwähnt, lassen sich eine ganze Reihe von Sondermetallen durch Umsetzung stöchiometrischer Mengen von Oxiden und Karbiden bei entsprechend hohen Temperaturen und unter gutem Vakuum herstellen. Die gut gemischten Oxid- und Karbidpulver werden zuerst zu großen Pillen, die meist noch geringe Grünfestigkeit haben, gepreßt und diese in der ersten Stufe durch indirekte Erhitzung gesintert. Um das Zerfallen der Preßlinge bei der Entnahme aus der Matrize und beim Hantieren zu vermeiden, kann in mit Papier ausgelegten Matrizen gepreßt werden. Die Papierumhüllung verbrennt beim nachfolgenden Sintern, ohne Schwierigkeiten zu machen. Für die Fertigsinterung, bei der gesinterte duktile Metalle erhalten werden, wird Sintern im direkten Stromdurchgang vorgezogen.

Sintern im direkten Stromdurchgang (Coolidge-Verfahren)

Beim Sintern im direkten Stromdurchgang werden die Preßlinge direkt vom Strom durchflossen und durch Widerstandserhitzung auf die notwendige Sintertemperatur gebracht. Ein Problem stellt der Stromanschluß an die meist stabförmigen Preßlinge dar. Da beim Sintern eine starke Kontraktion eintritt, muß zumindest eine Stromzuführungsklemme beweglich ausgeführt werden. Beim älteren Einstabverfahren wurde der Preßkörper an einer Seite in einer wassergekühlten Kupferklemme befestigt, das zweite Stabende tauchte in flüssiges Quecksilber ein. Bei dem heute gebräuchlichen Zwei- oder Mehrstabverfahren werden jeweils zwei Stäbe paarweise eingesetzt; jeder Stab wird gesondert an eine Kupferklemme, die als Stromzuführung dient, angeklemmt. Die beiden anderen

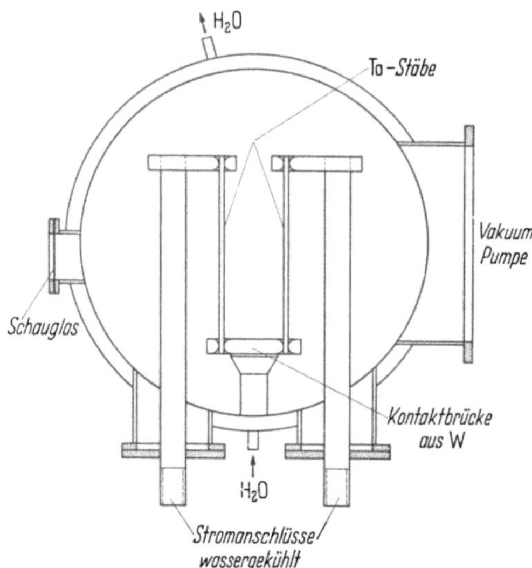

Abb. 65. Sinterglocke zum Sintern von Tantalstäben im direkten Stromdurchgang (Coolidge-Technik) nach der Zweistabtechnik

Stabenden werden durch eine frei hängende Strombrücke aus einem hochschmelzenden Metall verbunden. Bei dieser Anordnung (vgl. Abb. 65) ist eine ungehinderte Schrumpfung der Sinterstäbe gewährleistet.

Das Verfahren erlaubt es, die Sintertemperaturen auch bei den höchstschmelzenden Metallen *Wolfram*, *Rhenium*, *Tantal* und *Osmium* bis nahe an die Schmelzpunkte zu erhöhen, was bei einer Indirektsinterung nur schwer möglich ist. Das Verfahren ist jedoch auf stabförmige, zylindrische oder röhrenförmige Formstücke beschränkt. Wegen der schlechten Temperaturverteilung in Längsrichtung der Sinterstäbe bleiben die Stabenden praktisch ungesintert und müssen entfernt werden. Das Verfahren erfordert sehr hohe Stromstärken bei relativ niedrigen Spannungsabfällen, bedingt dadurch hohen Aufwand an elektrischen Einrichtungen und daneben schlechte Energieausnützung. Bei Formstücken mit zu großem Querschnitt ($>$ etwa 50 cm^2) werden die benötigten Stromstärken zu hoch.

Die Abstrahlung verursacht auch einen Temperaturgradienten vom Inneren der Stäbe nach außen, so daß bei großen Querschnitten die Kerne der Stäbe schmelzen können (Schmelzseelen).

Die Sinterung im direkten Stromdurchgang wird auch heute noch, neben den immer mehr vordringenden Schmelzverfahren, zur Erzeugung von Stäben der höchstschmelzenden Metalle (*Tantal*, *Molybdän*, *Wolfram*) angewendet. Es lassen sich aber auch außerdem die Pulver anderer Sondermetalle, vornehmlich *Zirkonium*, *Hafnium*, *Niob*, *Rhenium* und die *Platin*-Metalle, nach diesem Verfahren mit Vorteil zu kompakten Metallstücken sintern.

Die Sinterung wird unter Schutzgas (Wasserstoff oder Edelgase) oder — heute schon billiger — im Vakuum vorgenommen. Bei der Vakuumsinterung tritt durch Zersetzung von Verunreinigungen (Nitride) bzw. durch Ausdampfen (Suboxide, Fremdmetalle mit hohem Dampfdruck) eine Selbstreinigung der Metalle ein, die zu einer deutlichen Verbesserung der mechanischen Eigenschaften führt. Die Sintertemperatur wird meist stufenweise gesteigert, so daß die Verunreinigungen nur allmählich ausdampfen, wodurch ein Aufblähen der Sinterstäbe durch plötzliche Gasausbrüche verhindert wird. Die langsame Temperatursteigerung vermeidet auch zu rasches Dichtsintern des Gutes, bei dem die Gase und Verunreinigungen in den Poren eingeschlossen bleiben könnten.

Sintern durch indirekte Erhitzung

Durch indirekte Erhitzung in Öfen mit elektrischer Widerstandserhitzung oder in Induktionsöfen läßt sich eine sehr gleichmäßige Temperaturverteilung über den ganzen Ofeneinsatz erreichen. Es lassen sich komplizierter geformte Formteile auch mit großem Durchmesser und in großen Stückzahlen sintern. Stabkopfverluste fallen weg. Für sehr hohe Sintertemperaturen ist jedoch die indirekte Beheizung schwierig und nur mit Wolfram-Heizleitern lösbar.

Niedriger schmelzende Metalle mit Schmelzpunkten bis zu 1800 °C (*Chrom*, *Uran*, *Titan*) werden fast ausschließlich durch indirekte Erhitzung gesintert, ebenso Hartmetalle und Verbundwerkstoffe, bei denen die Hilfsmetall- bzw. Bindephase einen Schmelzpunkt unter 1500 °C aufweist (Hartmetalle mit Kobaltbinder, Wolfram–Nickel–Eisen-Schwermetalle, Kontaktwerkstoffe auf Wolfram–Kupfer- oder Wolfram–Silber-Basis u. a.). Mit steigenden Sintertemperaturen steigen die Anforderungen an das Heizleitermaterial und die Ofenausmauerungen rasch.

In Tab. 13 sind die maximalen Betriebstemperaturen verschiedener gebräuchlicher Heizleitermaterialien zusammengestellt. Die Arbeitstemperaturen sind nach R. Kieffer und F. Benesovsky[1] durch den Verdampfungsverlust beschränkt, der in 100 Stunden 1% nicht überschreiten soll.

Aus Tab. 13 ist ferner zu ersehen, daß Temperaturen über etwa 2500°C für Indirektsinterungen kaum mehr in Frage kommen, wenn man bedenkt, daß die Temperatur des Heizleiters im allgemeinen beträchtlich (um 100—200 °C) höher ist als die Temperatur des Sintergutes.

Die Vorteile des Indirektsinterns gegenüber dem Direktsintern — die gleichmäßigere Temperaturverteilung, Wegfall der Stabkopfabfälle und der Gefahr von Schmelzseelen — sind so bedeutend, daß für die Indirektsinterung von hochschmelzenden Metallen Hochtemperaturöfen mit Wolframheizleitern entwickelt wurden, die das Indirektsintern von *Niob*, *Tantal*, *Rhenium*, *Molybdän* und sogar *Wolfram* gestatten. Als Heizleitermaterial dienen Wolframstäbe, -rohre und -bleche, besonders aber Wolframdrahtnetze, die beachtenswert hohe Standzeiten

[1] Kieffer, R., Benesovsky, F.: Planseeber. Pulvermet. *5* (1957) 56.

aufweisen[1,2]. Auch induktiv beheizte Wolframringe haben sich bewährt[3,4] (Vgl. auch Kapitel Schmelzöfen, S. 124).

Tabelle 13. *Maximale Dauerbetriebstemperatur einiger Heizleiterwerkstoffe**

Heizleiter	Max. Betriebstemperatur
Heizleiterlegierungen auf Fe–Ni–Cr- und Fe–Cr–Al-Basis	1300 °C
Siliziumkarbid (Silit, Globar)	1450 °C
Molybdändisilizid	1600 °C
Platin	1600 °C
Molybdän	1900 °C
Niob	2100 °C
Tantal	2400 °C
Rhenium	2500 °C
Wolfram	2700 °C[1]
Graphit	2800 °C

* KIEFFER, R., BENESOVSKY, F.: Planseeber. Pulvermet. *5* (1957) 56.
[1] Kurzzeitig bis über 3000 °C

Aktiviertes Sintern

Die Schwierigkeiten, die mit dem Indirektsintern der hochschmelzenden Metalle verbunden sind, haben Versuche angeregt, durch geeignete sinterungsfördernde Zusätze die notwendigen Sintertemperaturen herabzusetzen. Die sinterungsfördernden Zusätze sollen die sinterungsfeindlichen und schrumpfungshemmenden Einflüsse, wie vor allem die Belegung der Pulveroberflächen mit Oxidschichten oder Gasen, vermindern oder ausschalten. Schon sehr gutes Vakuum bzw. die Anwendung von sehr trockenem Wasserstoff als Schutzgas allein kann durch Wegdampfen bzw. durch Reduktion von oberflächlich vorhandenen Oxiden die Sintertemperaturen in manchen Fällen entscheidend senken. Kornoberflächenreaktionen (Bildung von Oxiden und Wiederreduktion) sind auch die Ursache für die hohe Schrumpfung und das Kornwachstum beim Sintern von Metallen, die wasserstoffreduzierbare Oxide bilden (u. a. Molybdän, Wolfram, Rhenium, Kobalt), unter feuchtem Wasserstoff.

Auch der Zusatz geringer Mengen an Halogenen, die die Oxidhäute angreifen, wird als Zusatz zum Schutzgas empfohlen[5]. Andere Verfahren nützen die schon aus der Hartmetalltechnologie bekannte Beschleunigung des Sintervorganges durch die Anwesenheit einer geringen Menge einer flüssigen Phase aus (Sintern mit flüssiger Phase)[6,7]. So setzen z. B. schon 0,03—1% an Eisen, Nickel oder

[1] KIEFFER, R., BENESOVSKY, F.: Metall *13* (1959) 379, 652.
[2] KIEFFER, R., SEDLATSCHEK, K.: Österr. Chem. Ztg. *61* (1960) 217.
[3] O'DRISCOLL, W. G., MILLER, G. L.: J. Inst. Metals *85* (1956/57) 367, 379.
[4] MILLER, G. L.: in: BENESOVSKY, F. (Hrsg.): Hochschmelzende Metalle, 3. Plansee Seminar, Springer-Verlag, Wien 1959, S. 306.
[5] TOTH, I. J., LOCKINGTON, N. A., DERRY, L. W.: J. Less-Common Metals *9* (1965) 157.
[6] KIEFFER, R., BENESOVSKY, F.: Hartstoffe. Springer-Verlag, Wien 1963.
[7] KIEFFER, R., BENESOVSKY, F.: Hartmetalle. Springer-Verlag, Wien–New York 1965.

Kobalt die Sintertemperatur des Wolframs entscheidend herab[1,2,3]. Offenbar bildet sich im ersten Stadium des Sinterns ein feiner Film eines flüssigen Eutektikums auf den Wolframkörpern, der, je nach dem Lösevermögen des Wolframs für das „Hilfsmetall", an den Korngrenzen verbleibt oder in fester Lösung aufgenommen wird (sogenanntes „Eutektisches Sintern").

Nach neueren Untersuchungen sollen auch durch Beschallung der Sinterkörper mit Ultraschall während der Sinterung die Sintertemperaturen entscheidend herabzusetzen sein[4].

Heißpressen (Drucksintern)

Gleichzeitiges Pressen der Sinterkörper während der Sinterbehandlung führt in praktisch allen Fällen zu dichteren Formkörpern als die übliche Herstellung durch Kaltpressen und anschließendes Sintern. Beim Kaltpressen der Pulver werden nämlich selbst die duktilen Metalle mit steigender Verformung zunehmend verfestigt, so daß die Verdichtung immer mehr gehemmt ist. Beim Heißpressen bzw. Drucksintern, also Pressen bei Sintertemperatur, sind die Pulverteilchen dagegen plastisch. Der mechanische Druck auf die Sinterkörper während des Sinterns vermehrt die Kontaktstellen und führt zu besonders hochverdichteten Produkten[5,6,7,8,9].

Das Hauptanwendungsgebiet hat die Heißpreßtechnik vor allem zur Verdichtung von bei Raumtemperatur spröden und erst nahe ihrem Schmelzpunkt plastischen Stoffen gefunden. Durch Heißpressen sind z. B. die meisten Hartstoffe in kompakter und dichter Form hergestellt worden, wobei die Herstellung der dichten Formkörper mit zunehmendem Schmelzpunkt und mit abnehmendem metallischen Charakter des Materials schwieriger wird.

Beim Heißpressen wird meist die Matrize beheizt; bis etwa 800 °C durch einen elektrischen Ofen. Bei höheren Temperaturen geschieht die Beheizung der Matrizen meist durch Induktion oder durch direkten Stromdurchgang.

Als Matrizenmaterial kommen für Arbeitstemperaturen bis etwa 500 °C Werkzeug- und Schnelldrehstähle, bis etwa 900 °C hochlegierte Sonderstähle auf Nickel- oder Kobaltbasis (Stellite, Nimonic-Legierungen, Hastalloy usw.) zur Verwendung. Höheren Temperaturen sind nur mehr Hochtemperaturwerkstoffe und hochschmelzende Metalle gewachsen. Üblicherweise werden bei höheren Temperaturen fast ausschließlich Graphitmatrizen verwendet; feuerfeste keramische Stoffe sind meist zu spröde und hochschmelzende Metalle nicht genügend zunderfest. Graphit dagegen ist billig, leicht zu bearbeiten und behält bis zu höchsten Temperaturen (3000 °C) seine mechanische Festigkeit. Es ist nicht not-

---

[1] Evdier, M.: Activated Sintering. Proc. Metal Powder Assoc. 13th Meeting 1957, S. 5.

[2] Vacek, J.: Planseeber. Pulvermet. *7* (1959) 6.

[3] Wulff, J.: Nickel-activated Sintering of Tungsten, Powder Metallurgy. Interscience Publishers Inc. New York, 1961, S. 135.

[4] Rakovski, V. S.: Neue Hütte *2* (1957) 764.

[5] Kieffer, R.: in: Kingston, W. E. (Hrsg.): The Physics of Powder Metallurgy. McGraw Hill, New York 1951, S. 278.

[6] Meerson, G. A., Schabalin, V. I.: Cventyje Metally *3* (1940) 77.

[7] Samsonov, G. V., Kovaltschenko, M. S.: Das Heißpressen. Verlag Nauka, Kiew 1962.

[8] Rietveld, J.: Metall *6* (1952) 81.

[9] Kuzmick, J. F.: Materials and Methods *36* (1952) 84.

wendig, die Graphitmatrizen unter Schutzgas zu setzen, da sich durch die Reaktion mit Luftsauerstoff ein „autogener“ Schutzgaspolster aus CO bildet und der Abbrand des Graphits relativ gering bleibt. In Vakuumheißpressen ist der Abbrand von Graphit ebenfalls verhindert.

Allerdings hat Graphit nur eine geringe mechanische Festigkeit (σ_B etwa 3—5 kp/mm²). Die Preßbelastungen in Graphitmatrizen sind daher mit etwa 500 kg/cm² begrenzt. Doch reichen diese Preßbelastungen in fast allen Fällen aus,

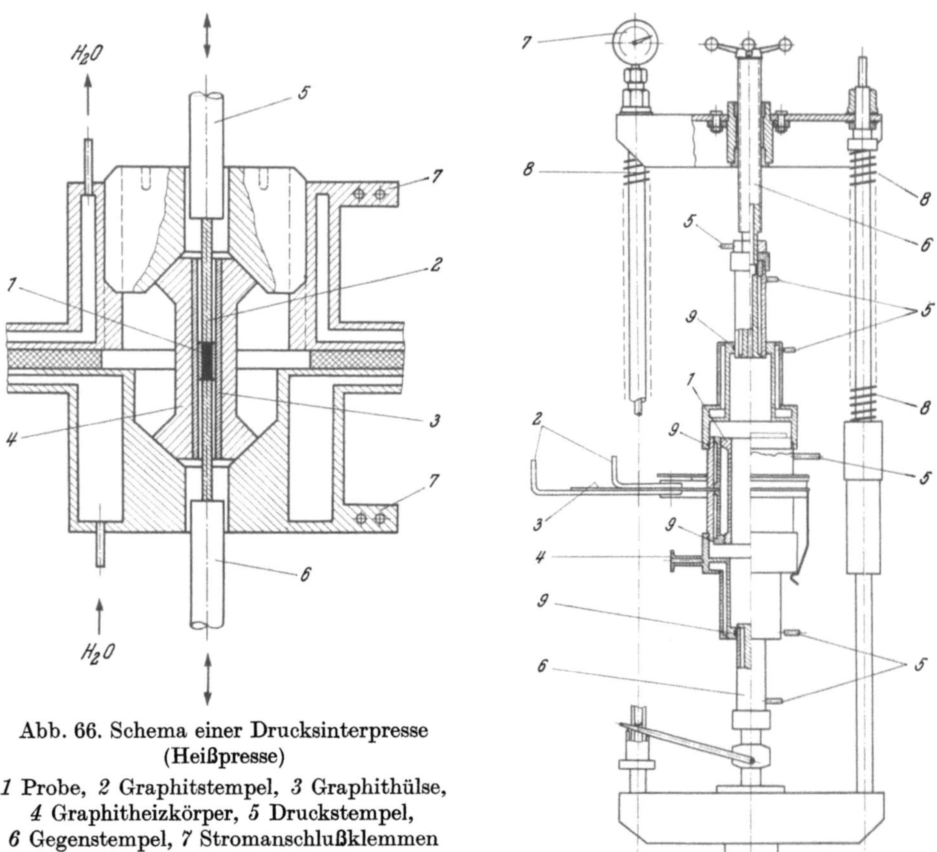

Abb. 66. Schema einer Drucksinterpresse (Heißpresse)

1 Probe, *2* Graphitstempel, *3* Graphithülse, *4* Graphitheizkörper, *5* Druckstempel, *6* Gegenstempel, *7* Stromanschlußklemmen

Abb. 67. Schema einer Vakuumheißpresse (vgl. Abb. 68)

1 Heizrohr, *2* Stromanschlüsse, *3* Isolierung, *4* Vakuumanschluß, *5* Wasseranschlüsse, *6* Spindel und Preßzylinder, *7* Meßuhr, *8* Preßrahmen, *9* Vakuumdichtungen

dichte Sinterkörper zu erhalten. Bei der Verwendung von Graphit als Matrizenwerkstoff können Reaktionen mit den Einsatzmaterialien eintreten. Es bildet sich jedoch meist nur eine dünne Oberflächenschichte aus hochschmelzenden und harten Karbiden, die sich nachträglich von den Preßlingen abschleifen läßt.

In Abb. 66 ist eine Heißpreßvorrichtung mit Graphitmatrize, Graphitheizkörper, Ober- und Unterstempel, die meist hydraulisch, seltener mechanisch betätigt werden, schematisch gezeigt. Abb. 67 ist eine Schemazeichnung einer gekapselten Heißpresse, die das Arbeiten unter Schutzgas oder unter Vakuum erlaubt. Eine solche Vakuumheißpresse bringt Abb. 68 als Gesamtansicht[1].

Auch die moderne Diamantsynthese[2,3] ist eine Heißpreßtechnik und kann als instruktives Beispiel dienen, welche Temperaturen und Drücke heute — mit einigem Aufwand — beherrscht werden können. Die Preßmatrizen (s. Abb. 69)

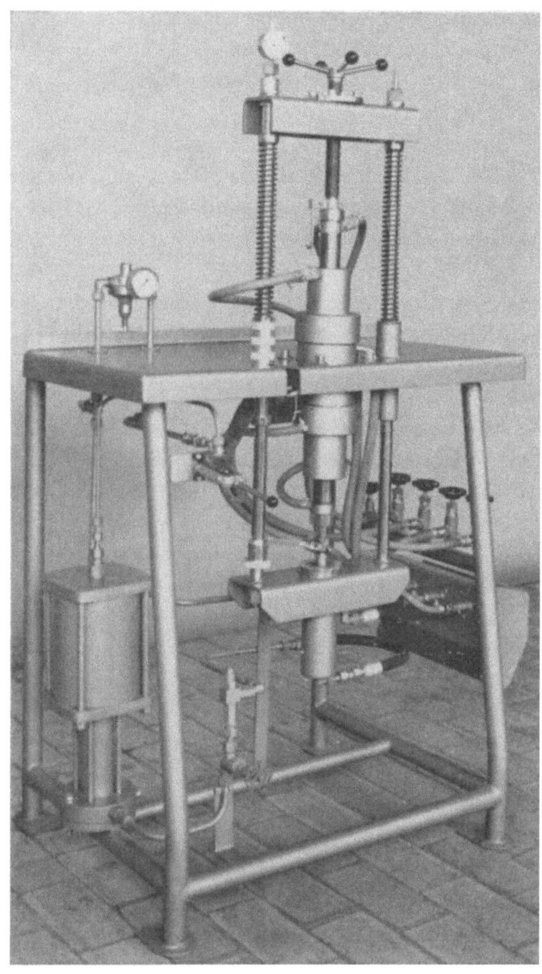

Abb. 68. Ansicht einer kleinen Vakuumheißpresse für Laboratorien (Degussa Ofenbau, Wolfgang bei Hanau)

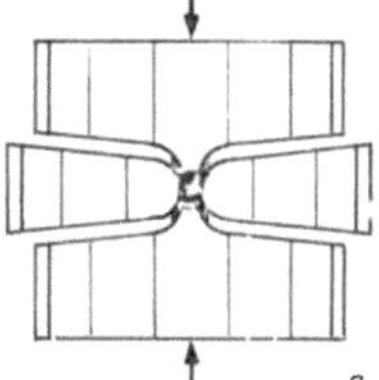

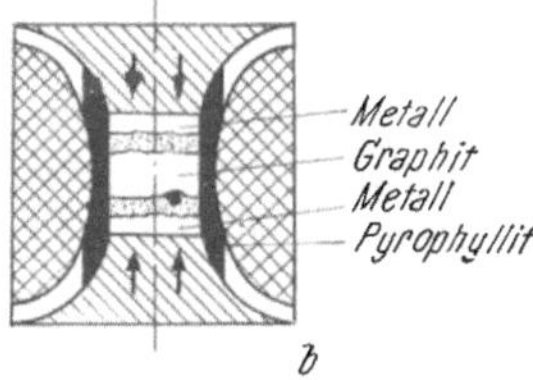

Abb. 69. Heißpresse zur Diamantsynthese schematisch (Belt-Presse) (R. H. WENTORF: Modern very high pressure techniques. Butterworth, London 1962)

a Hartmetallstempel in einem vorgespannten Hartmetallring (= belt),
b Detail des Reaktionsraumes

aus zwei Kegelstümpfen in einem Ring bestehen aus Hartmetall, das in Stahl eingeschrumpft ist. Abgedichtet werden die einzelnen Matrizenteile untereinander und gegenüber dem Einsatzgut (hochgekohlte Eisen–Nickel-Schmelzen) durch

[1] Anonym: Metall *21* (1967) 932.
[2] LÖNS, H. H.: Metall *22* (1968) 1020.
[3] LUNDBLAD, E.: Ind. Diamond Rev. *2* (1968) 3.

eingelegte Wolfram- oder Tantalbleche. Durch direkten Stromdurchgang wird der Graphitheizleiter auf 1500—1900 °C erhitzt und ein Preßdruck von 50 bis 80 t/cm^2 aufrecht erhalten.

Man hat auch erfolgreich versucht, Hartmetalle durch Heißpressen herzustellen. Das Auftreten einer flüssigen Phase beim Sintern der Hartmetallansätze, die üblicherweise neben dem Karbidanteil 6—10% Kobalt enthalten, führt bei der gleichzeitigen Druckanwendung zu einer sehr raschen Sinterung. Die sehr kurzen Sinterzeiten beim Heißpressen gegenüber denen beim Normalsintern bewirken, daß das beim Hartmetallsintern eintretende, unerwünschte Kornwachstum der Karbidteilchen stark reduziert wird.

Trotz dieser Vorteile konnte sich das Heißpressen in der Hartmetallerzeugung in der Praxis für die Serienfertigung (Ausnahmen: Ziehsteine, Matrizen, Walzen, Geschoßkerne) nicht durchsetzen, weil die Kosten zu hoch sind. Außerdem ist es schwierig, beim Heißpressen ein Ausquetschen des flüssigen Bindemetalles zu verhindern.

Es wurde auch versucht, die Heißpreßtechnik auf das *isostatische Pressen* zu übertragen[1]. Das isostatische Kaltpressen ist in der Keramik schon lange eingeführt und hat sich auch in der Pulvermetallurgie schon durchgesetzt. Durch die allseitige Einwirkung des Druckes werden, wie schon erwähnt, sehr gleichmäßig verdichtete Körper auch bei sehr ungünstigen Länge- und Durchmesserverhältnissen ($L:D \gg 1$) (z. B. 20:1) erhalten. Als Hüllmaterialien beim isostatischen Heißpressen haben sich für Temperaturen bis etwa 1000 °C kohlenstoffarmer Stahl, austenitische Chrom-Nickel-Stähle und Nickel bewährt. Für höhere Temperaturen kommen nur noch Niob-, Molybdän und Tantal in Frage, wobei Tantal besonders gute Duktilität und Schweißbarkeit aufweist.

Als Druckübertragungsmedium bieten sich Salzschmelzen, flüssige Metalle und Gase an. Metallische Schmelzen und Salzschmelzen verursachen meist erhebliche Korrosionsprobleme und erschweren das Ausbringen der Kapsel aus dem leicht erstarrenden Salz- oder Metallbad. Günstiger wären Gase als Druckübertrager, doch verursachen das Komprimieren von Gasen und die nötigen Sicherheitsvorkehrungen hohe Kosten. Das isostatische Heißpressen hat sich trotz seiner günstigen Aspekte bisher nur bei Sonderstählen durchsetzen können.

Tränkverfahren

Die pulvermetallurgische Verarbeitungstechnik ermöglicht auch die Herstellung von neuartigen, auf anderem Wege nicht zu erhaltenden Werkstoffen, den sogenannten „Verbundwerkstoffen" bzw. den „Cermets". Metallische Verbundwerkstoffe bestehen aus einem gesinterten Gerüst eines Metalles, dessen Poren durch ein anderes Metall ausgefüllt sind. Bei den Cermets, Verbundwerkstoffen aus Keramik und Metall, liegt entweder — je nach Mischungsverhältnis Keramik zu Metall — ein Gerüst aus Keramik vor, dessen Poren durch Metall gefüllt sind, oder ein metallischer Körper, in den Partikel aus keramischen Stoffen eingesintert sind. Durch die Kombination der zähen, gut wärmeleitfähigen und verformbaren Metalle mit meist harter, verschleißfester, gut zunderbeständiger Keramik erwartet man sich Werkstoffe mit besonderen Eigenschaften. Die Tab. 14

---

[1] BUMM, H., THÜMMLER, F., WEIMAR, P.: Ber. Dtsch. Keram. Ges. *45* (1968) 406.

Tabelle 14. *Änderung der Eigenschaften von Cermets in Abhängigkeit vom Metall- bzw. Keramikanteil**

	Günstige Eigenschaften			Ungünstige Eigenschaften
Metalle	Günstige Eigenschaften: Elektrische und thermische Leitfähigkeit, Temperaturwechselbeständigkeit, Zähigkeit, Elastizität und Verformbarkeit			Ungünstige Eigenschaften: Geringe Kalt- und Warmhärte, meist geringe Zunder- und Korrosionsbeständigkeit, geringe Warmfestigkeit, hohes Raumgewicht, fallweise hohe Ausdehnungskoeffizienten
Cermets aus der Technik Metallgehalt (abnehmend) → Keramikgehalt (zunehmend)	Thorierte Wolframdrähte (W + ThO_2) SAP-Metall (Al + Al_2O_3) Kontaktwerkstoffe (Ag + CdO, Be + BeO) Thermoelement-Schutzrohre und Strangpreßdüsen (Mo + ZrO_2) Schneidkeramik (Al_2O_3 + TiC/WC usw.)	TD-Nickel (Nickle + ThO_2) Eisenluppen (Fe + Gangart usw.) Metallkohlen (Cu + Graphit) Metamic (Al_2O_3+ Cr) Reaktor-Cermets (UO_2 + Mo, W) (B_4C + Al) (Graphit + UC usw.)	Heizleiter (Fe–Ni–Al + Al_2O_3) Reibwerkstoffe (Cu + Sn + Pb + SiO_2) säurefeste Keramik (Si + FeSi + Ton) Heißleiter (Ton + Al) Heizleiter (SiC + Si_3N_4 + Si)	Diamantmetall (C + Fe, Ni, Co) Ferrox-Lager (Fe + Fe_3O_4) Eisenbeton Stahl + Zement)
Keramiken	Günstige Eigenschaften: Hohe Warm- und Verschleißfestigkeit, hohe Härte, hoher Schmelzpunkt und gute Korrosionsbeständigkeit, besonders gegen Metallschmelzen, gute Zunderfestigkeit, geringe Schweißneigung, hohe Zeitstandfestigkeit, gute elektr. Isolationseigenschaften, kleiner Ausdehnungskoeffizient (Si_3N_4, Quarzglas)			Ungünstige Eigenschaften: Sprödigkeit, oft niedrige Festigkeiten, Unverformbarkeit, schlechte Temperaturwechselbeständigkeit, Schleif- u. Rißempfindlichkeit, schlechte Wärmeleiter

* Kieffer, R., Eipeltauer, E., Gugel, E.: Ber. Dtsch. Keram. Ges. *46* (1969) 486.

gibt einen Überblick über heute schon technisch verwendete, sehr verschieden aufgebaute Metall-Keramik-Verbundwerkstoffe, die sich für spezielle Verwendungszwecke bewährt haben.

Die Herstellung dieser Verbundkörper kann nach üblichen pulvermetallurgischen Verfahren durch Pressen und Sintern von entsprechenden Pulvermischungen erfolgen. Auf diese Weise werden z. B. Metallkohlen, d. s. Verbundkörper aus Graphit und Metall, oder das „Cermotherm"[1,2] (vgl. Abb. 70) ein Verbundwerkstoff aus etwa 50% Molybdän und 50% Zirkondioxid, der sich durch hohe Temperaturfestigkeit und hohe Beständigkeit gegen Metallschmelzen auszeichnet und vor allem als Tiegelmaterial und für Thermoelementschutzrohre sowie für Strangpreßmatrizen für Buntmetalle verwendet wird, hergestellt.

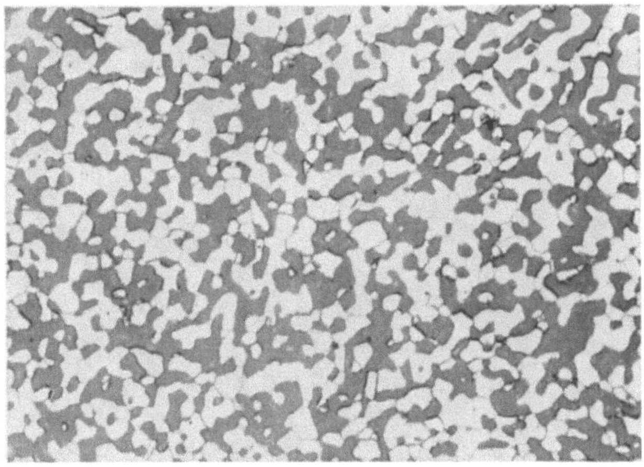

Abb. 70. Schliffbild durch einen Verbundwerkstoff ZrO_2–Mo (Cermotherm: Metallwerk Plansee AG, Reutte/Tirol), weiß = Molybdän, grau = ZrO_2

Bei großen Unterschieden im Schmelzpunkt der Komponenten kann die Herstellung schwierig werden. Bei niedrigen Sintertemperaturen sintert das Gerüst nicht genügend, bei hohen Sintertemperaturen kann die zweite Komponente flüssig werden und austropfen. In diesen Fällen führen die „Tränkverfahren" zum Ziel, bei denen das höher schmelzende Metall zuerst zu einem porigen Körper gesintert und dieser mit der geschmolzenen zweiten Komponente getränkt wird. Wesentlich für den Erfolg des Tränkens ist, daß die zu tränkenden Körper genügend offene, aber möglichst wenig geschlossene Poren haben und daß sie von der Schmelze der zweiten Komponente benetzt werden.

Um beim Tränken von metallischen Sinterkörpern mit metallischen Schmelzen die benetzungshindernde Oxydation zu vermeiden, wird unter Vakuum, unter gereinigtem Schutzgas oder im „Getterkasten" gearbeitet (Abb. 71), bei dem die zu tränkenden Körper zusammen mit dem Tränkmetall in einen Kasten eingesetzt werden[3,4]. Der Zwischenraum zwischen Deckel und Boden des Getterkastens

---

[1] Metallwerke Plansee, Reutte/Tirol: Prospekt „Cermotherm".

[2] Strohmeier, G., Sedlatschek, K., Pipitz, E.: Erzmetall *21* (1968) 51.

[3] Kieffer, R., Sedlatschek, K.: Planseeber. Pulvermet. *5* (1957) 104.

[4] Kieffer, R., Windisch, St., Nowotny, H.: Metall *17* (1963) 669.

wird durch eingeschüttetes pulveriges Gettermaterial abgedichtet. Beim Tränken mit niedrigschmelzenden Metallen (bis etwa 1200 °C) können die Kästen aus Sonderstahlblech gefertigt sein; für höhere Temperaturen bestehen sie aus Molybdän-, Tantal- oder Niobblech. Als Gettermaterial bewährt sich bei niedrigen Temperaturen Ferroaluminium, das gegebenenfalls mit Eisenpulver verdünnt wird, Ferrotitan, Ferromangan und Titan- bzw. Zirkoniumschwamm. Bei höheren Temperaturen wird mit Niob- oder Tantalpulver gegettert. Durch die Abdichtung mit dem Gettermaterial ist der Innenraum des Getterkastens weitgehend frei von Sauerstoff und Stickstoff, so daß gute Benetzung gewährleistet ist. Die Getterkästen haben sich auch beim Sintern von oxydationsempfindlichen Stoffen, z. B. 18/8-Stählen bewährt[1]. Die Anforderungen an die Reinheit des Schutzgases (Wasserstoff) sind bei Verwendung der Getterkästen nicht so hoch, weil das Gettermaterials aus dem Schutzgas die letzten Verunreinigungen aufnimmt.

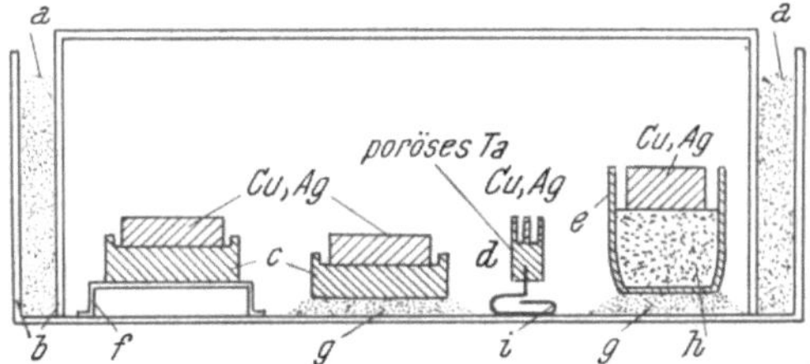

Abb. 71. Getterkasten zur Verhinderung des Zutritts von Atmosphärilien während des Tränkens von gesinterten Formstücken mit geschmolzenem Metall. (Nach KIEFFER et al.[2]) *a* Niob- und Tantal-Getterpulver, *b* Getterkasten, *c* poröse Metallsinterkörper, *d* poröses Tantal, *e* Molybdän-, Niob- oder Tantaltiegel, *f* Stütze aus Molybdän, Niob oder Tantal, *g* Tantal- oder Wolfram-Pulver, *h* lose eingeschüttetes Niob- oder Tantalpulver, *i* Tantal-Spirale

Bei der Tränkung von keramischen Körpern mit Metallschmelzen ist eine Benetzung schwieriger zu erreichen. Hochreine Schutzgase oder Getterkästen bieten hier keine Vorteile; die Benetzung läßt sich unter Umständen durch benetzungsfördernde Zusätze zu den Metallschmelzen oder zum Keramikgerüst verbessern. Die Cermets haben nicht zuletzt wegen dieser Schwierigkeiten bei der Herstellung bisher erst in Einzelfällen als Werkstoffe für spezielle Verwendungszwecke Anwendung finden können.

Das Tränken selbst geschieht auf verschiedene Weise, durch „Kapillartränkung", „Auflagetränkung" oder durch „Volltauchtränkung"[2,3] (vgl. Abb. 72).

Bei der Auflagetränkung wird ein entsprechendes Stück des Tränkmetalles auf den Skelettkörper aufgelegt. Bei Erreichen der Schmelztemperatur des Tränkmetalles wird dieses vom porösen Sinterkörper aufgesaugt und füllt dessen Poren praktisch restlos aus.

Bei der Kapillartränkung taucht der Skelettkörper zu einem kleinen Teil in die Tränkmetallschmelze ein. Durch Kapillarkräfte wird die Schmelze in den Skelettkörper eingezogen.

[1] JANGG, G., KNOTEK, O., FABER, K.: Planseeber. Pulvermet. *16* (1968) 194.
[2] KIEFFER, R., WINDISCH, ST., NOWOTNY, H.: Metall *17* (1963) 669.
[3] KIEFFER, R., JANGG, G.: Chem. Ing. Techn. *39* (1967) 43.

Bei der Volltauchtränkung wird der zu tränkende Sinterkörper ganz in die Schmelze des Tränkmetalles eingetaucht, wobei es, um eine vollständige Tränkung zu erreichen, zweckmäßig ist, unter Vakuum zu arbeiten. Um das Eindringen der Metallschmelze in die Poren des Skelettkörpers zu erleichtern, kann, nach vollständigem Untertauchen des Körpers, das Vakuum aufgehoben bzw. sogar ein Überdruck angelegt werden. Auch mechanisches Einpressen der Schmelze in den Skelettkörper wurde vor allem bei schlecht benetzenden Keramik-Metall-Systemen versucht[1].

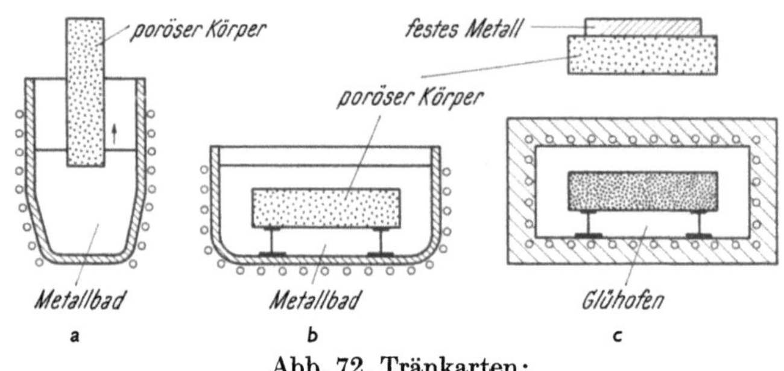

Abb. 72. Tränkarten:
a Kapillartauchtränkung, b Volltauchtränkung, c Auflagetränkung
(R. Kieffer und F. Benesovsky: Hartmetalle, Springer Wien 1965)

Durch Tränkung von Wolframskelettkörpern mit Silber oder Kupfer hergestellte metallische Verbundwerkstoffe werden in größeren Mengen für hochbeanspruchte elektrische Kontakte und neuerdings auch als „Schwitzkühl"-Legierungen für Raketen-Düsen verwendet[2,3,4]. Diese „Schwitzkühl"-Legierungen lassen sich thermisch besonders hoch beanspruchen. Bei höheren Temperaturen wird das Silber in den Poren des Wolframskelettes flüssig, schwitzt an die Oberfläche aus, wo es verdampft und das Werkstück durch Entzug der Verdampfungswärme kühlt.

Wolframverbundkörper sind auch die sogenannten „Schwermetalle", Werkstoffe mit hohem spezifischen Gewicht, guter Bildsamkeit und hoher Festigkeit. Sie werden für Schwungmassen und für die Hämmer in automatischen Uhren verwendet. Die Schwermetalle auf Basis Wolfram–Eisen–Nickel, Wolfram–Kupfer–Nickel, Wolfram–Nickel–Eisen–Molybdän und Wolfram–Uran werden zum Teil durch Tränken, zum Teil durch „eutektisches Sintern" (während des Sintervorganges Bildung einer flüssigen eutektischen Phase) der Komponenten hergestellt.

Die Schwermetalle haben gute mechanische Eigenschaften. Vor allem wärmebehandelte (weich- und homogengeglühte) Proben haben hohe Zugfestigkeiten bei überraschend hohen Dehnungswerten.

---

[1] Jangg, G., Kieffer, R., Gugel, E., Kollwentz, W., Jicinsky, G.: Ber. Dtsch. Keram. Ges. (im Druck).

[2] Matt, R. E., Warga, J. J.: in: Benesovsky, F. (Hrsg.): Metalle für die Raumfahrt, 5. Plansee Seminar. Springer-Verlag, Wien–New York 1965, S. 233 und Shaler, A. J., ibid. S. 77.

[3] Goetzel, C. G., Lavendel, H. W.: ibid. S. 149.

[4] Kieffer, R., Jangg, G.: Allgem. und Prakt. Chemie *18* (1967) 383.

2. Verarbeitung zu Kompaktmaterial

Bei der Gewinnung der Sondermetalle, vor allem der hochschmelzenden, aus ihren Verbindungen werden überwiegend pulverige, flittrige oder schwammartige Produkte erhalten. Die Weiterverarbeitung zu kompakten Großblöcken oder Stücken, die eine weitere Verformung zu Werkstücken erlauben, geschieht entweder durch Schmelzen oder durch Sintern. Die Sintertechnik war ursprünglich praktisch die einzige Möglichkeit, die hochschmelzenden Metalle in kompakter Form zu erhalten. Erst mit der Entwicklung von besonderen Verfahren für das Schmelzen der refraktären und überdies höchst reaktiven Sondermetalle in jüngerer Zeit traten die Sinterverfahren etwas in den Hintergrund.

Die Weiterentwicklung der Sintertechnik hat aber wertvolle neue Methoden zur Massenfertigung von kompakten und porösen Formteilen, von Hartmetallen, Verbundwerkstoffen, Cermets u. a. hervorgebracht und weit über das ursprüngliche Ziel, die pulverig anfallenden Sondermetalle in kompakte Stücke zu bringen, hinausgeführt. Die Pulvermetallurgie hat heute überragende Bedeutung bei der Verarbeitung und Formgebung der Sondermetalle und auch vieler Gebrauchsmetalle erlangt. Da hauptsächlich als Formgebungsverfahren anzusehen, wurde die Pulvermetallurgie unter dem genannten Kapitel näher besprochen.

Für das *Schmelzen* sind bei den Sondermetallen meist höhere Temperaturen erforderlich als bei den Gebrauchsmetallen. Die höheren Schmelztemperaturen vereint mit der höheren Reaktivität der Sondermetalle verstärken außerordentlich die Gefahr der Reaktion mit dem Tiegelmaterial und mit der Atmosphäre. Zur Verbesserung der Schmelzverfahren werden daher große Anstrengungen unternommen. Es wird unter Schutzgas oder unter Vakuum bzw. Hochvakuum geschmolzen. Die höheren Schmelztemperaturen erforderten die Entwicklung von Hoch- und Höchsttemperaturöfen. Gas-, öl- oder koksbeheizte Öfen, wie für die Verarbeitung der Gebrauchsmetalle, sind für die Sondermetalle nicht geeignet. Die Beheizung geschieht ausschließlich mit elektrischer Energie. Kurzschlußöfen mit Kohlerohr-, Graphit-, Tantal-, Molybdän- oder Wolframheizkörpern sind ebenso im Einsatz wie induktiv beheizte Öfen, Lichtbogenschmelzöfen, Elektronenstrahlöfen und schließlich Plasmabrenner. Als Tiegelmaterial kommen nur höchst refraktäre Oxide in Betracht; hauptsächlich Zirkoniumdioxid, meist mit Yttriumoxid stabilisiert, oder auch Thoriumdioxid, z. B. für das Schmelzen von Chrom.

Für die höchstschmelzenden Metalle kommen auch diese Tiegelmaterialien nicht mehr in Frage, bei diesen muß in werkstoffeigenen Tiegeln (skull-melting) — d. h. in wassergekühlten Kupferkokillen, die sich von selbst mit einer Schichte von erstarrtem Metall auskleiden — gearbeitet werden. Schmelzen im werkstoffeigenen Tiegel ist nur im Lichtbogen-, Elektronenstrahl- oder Plasmaofen möglich. Auch beim Schwebeschmelzen wird jeder Kontakt mit Fremdmaterial vermieden.

Das Schmelzen von Sondermetallen dient seltener als bei den Gebrauchsmetallen zur Herstellung von Formgußstücken, sondern hauptsächlich zur Gewinnung von kompakten, durch andere Verfahren weiter verformbaren Blöcken. Das Umschmelzen ist meist mit einer Entgasung und einer Entfernung leichter verdampfbarer Nebenbestandteile verbunden, bringt also gleichzeitig eine Raffination mit sich. Es werden aber auch Formgußstücke, vor allem für korrosionsbeständige Teile aus Titan, Molybdän und deren Legierungen erzeugt. Die Erfahrungen, die bei der Entwicklung von Verfahren zum Schmelzen und Gießen von Sondermetallen erworben wurden, kommen auch den Gebrauchsmetallen zugute. Während ursprünglich nur Sondermetalle, z. B. Tantal, durch Umschmelzen im Vakuum entgast und raffiniert wurden, hat sich das Vakuumschmelzen inzwischen auch schon für Sonderstähle und vor allem für Superlegierungen eingeführt.

a) Schmelzen

Das Schmelzen war bei Sondermetallen lange Zeit nur auf die niedrigschmelzenden Vertreter, bei denen die bekannten und bewährten Ofentypen verwendet und für die geeignete Tiegelmaterialen gefunden werden konnten, beschränkt. Da Schmelzen unter Vakuum nicht gebräuchlich war, mußten Schutzgase verwendet oder, wie bei Gebrauchsmetallen, durch Abdecken der Schmelzen mit Kohle oder Salzen das Zudringen von Luft verhindert werden. Erst mit der rasch vorangetriebenen Entwicklung neuer, vor allem tiegelloser Schmelzverfahren und von Höchsttemperaturöfen sind auch die refraktären und sehr reaktiven Übergangsmetalle einer schmelztechnischen Verarbeitung zugänglich geworden[1,2,3,4,5,6,7,8].

Schmelzen im keramischen Tiegel

Keramische Tiegel eignen sich nur sehr bedingt als Behälter für die Schmelzen von Sondermetallen. Lediglich die niedriger schmelzenden Sondermetalle (Alkali-, Erdalkalimetalle, Metalle der B-Gruppen wie Gallium, Indium, Thallium, Silizium, Germanium, Beryllium und die Übergangsmetalle Uran, Plutonium, Mangan, Chrom, Vanadin und einige der Seltenen Erdmetalle) lassen sich in keramischen Tiegeln schmelzen. Vor allem die übrigen nicht genannten Übergangsmetalle haben neben sehr hohem Schmelzpunkt, der zum Teil den Schmelzpunkt der üblicherweise verwendeten keramischen Stoffe übersteigt, hohe Reaktionsfähigkeit und setzen sich in geschmolzenem Zustand sehr rasch mit Oxiden, Nitriden, Karbiden, Boriden und Siliziden aller Art um. Sie werden daher praktisch nur in wassergekühlten Kupferkokillen geschmolzen, wenn nicht überhaupt pulvermetallurgische Methoden zur Gewinnung der kompakten Metalle bevorzugt werden. Lediglich in Verbindung mit der Hochfrequenzerhitzung ist der keramische Tiegel noch wertvoll, da das Schmelzen im Induktionsofen mit geteilten Kupferkokillen[9] noch nicht zur technischen Reife durchgebildet ist.

Von geeigneten Tiegelmaterialien[10] verlangt man neben hoher chemischer Resistenz gegen das Schmelzgut hohen Schmelz- bzw. Erweichungspunkt, gute

[1] Palme, R.: Metall *18* (1964) 697.
[2] Boosz, H.: Metall *19* (1965) 760.
[3] Pawlek, F.: Metall *19* (1965) 1249.
[4] Sperner, F.: Erzmetall *17* (1964) 527.
[5] Wagner, H. W.: Metall *18* (1964) 718.
[6] Kieffer, R., Braun, H.: Vanadin, Niob, Tantal. Springer-Verlag, Berlin–Göttingen–Heidelberg 1963.
[7] Palme, R.: Metall *21* (1967), 683.
[8] Anonym: Metal Progress *89* (1966) 122.
[9] Schippereit, G. H., Leatherman, A. F., Evers, D.: J. Metals *13* (1961) 140.
[10] Kotsch, H.: Neue Hütte *12* (1967) 350.

mechanische Festigkeit, gute Temperaturwechselbeständigkeit und geringe Benetzung durch das Schmelzgut. Für die Verwendung als Tiegelmaterial sind natürlich noch die Verarbeitbarkeit, der Preis und die Beständigkeit des Tiegelmaterials gegen Atmosphärilien (Feuchtigkeit) von Bedeutung.

Als Tiegelmaterialien für das Schmelzen von Metallen kommen u. a. die in Tab. 15 aufgezählten Materialien in Frage.

Die metallischen Karbide, Nitride, Karbonitride und Boride sind ebenso wie die refraktären Metalle trotz ihres hohen Schmelzpunktes als Tiegelmaterial meist wenig geeignet, weil sie von den meisten Metallschmelzen gut benetzt und rasch gelöst werden. In der Praxis werden Si_3N_4- und BN-Tiegel zum Schmelzen von *Mangan*, *Gallium*, *Germanium*, *Indium*, *Thallium*, *Silizium*; Magnesiumoxidtiegel für *Seltene Erdmetalle*; Calciumoxid-, Berylliumoxid-, Uranoxid- und Graphittiegel, die mit keramischen Zwischenschichten versehen sind, für *Uran* und Berylliumoxidtiegel zum Schmelzen von *Beryllium* verwendet. *Platinmetalle* sowie — labormäßig — *Chrom*- u. *Vanadin*-Legierungen werden in Calciumoxid-, Magnesiumoxid-, Tonerde- und vorzugsweise in yttriumstabilisierten Zirkoniumoxidtiegeln geschmolzen.

Schmelzen im werkstoffeigenen Tiegel (skull-melting)

Reaktionen der Metallschmelzen mit dem Tiegelmaterial sind vollkommen zu unterdrücken, wenn gewissermaßen „tiegellos" geschmolzen wird; d. h. die Metallschmelze befindet sich in wassergekühlten Kupfertiegeln. Die gute Wärmeableitung des Kupfers, dessen Wärmeleitvermögen besser ist als das jedes anderen Metalles mit Ausnahme des Silbers, bewirkt, daß sich an der Wand des gekühlten Kupfertiegels eine *Schale erstarrten Metalles* (skull) bildet, die den eigentlichen, die Schmelze aufnehmenden Tiegel bildet.

Die Technik des tiegellosen Schmelzens erfordert aber besondere Verfahren zur Erhitzung der Metallschmelzen. Die Energiezufuhr muß sich möglichst auf den Tiegelinhalt konzentrieren und das Tiegelmaterial möglichst nicht aufheizen. Übliche Öfen mit Widerstandsheizleitern, die die Wärme durch Strahlung oder Konvektion übertragen, sind dafür nicht geeignet. Wärmezufuhr zum Tiegelinhalt allein gelingt durch den elektrischen Lichtbogen und im Elektronenstrahlofen, in neuerer Zeit bei besonderer Ausbildung der Kupferkokille auch durch Induktionserhitzung. Beim Lichtbogenofen wird ein Überbrennen des Lichtbogens auf die wassergekühlte Kupferkokille durch magnetische Stabilisierung verhindert, bei Elektronenstrahlöfen neuerer Bauart durch geeignete Bündelung des Elektronenstrahls.

Lichtbogenöfen sowie Induktionsöfen gestatten das Schmelzen von Metallen und von Stoffen mit relativ guter metallischer Leitfähigkeit; im Elektronenstrahlofen lassen sich auch andere Materialien schmelzen.

Durch tiegelloses Schmelzen lassen sich auch größere Mengen an hochschmelzenden Metallen erschmelzen; die Schwierigkeiten steigen naturgemäß mit steigendem Schmelzpunkt des Metalles an. Bei hochschmelzenden Metallen ist der Anteil an festem Metall, der die Schale bildet, relativ groß; oft sind nur ein Drittel bis zur Hälfte des vorhandenen Metalles aufgeschmolzen. Das Aufschmelzen des Metalles zum Zwecke des Vergießens erfordert hohen Energieaufwand und große Einsatzmengen. Für die refraktären Metalle ist das Vergießen aber ohnedies

Tabelle 15. *Eigenschaften einiger Tiegelmaterialien*

Tiegelmaterial	Schmelz- bzw. Erweichungspunkt	Temperatur-wechsel-beständigkeit	Bemerkungen
Kohlenstoff (Graphit)	3600 °C (subl.)	sehr gut	leicht bearbeitbar
Oxide:			
Al_2O_3	2050	mäßig	
BeO	2520	sehr gut	sehr gute thermische Leitfähigkeit
CaO	2600	gut—mäßig	hygroskopisch
MgO	2800	gering—mittel	
ZrO_2 (stabilisiert)	2500	mäßig	
ThO_2	3000	schlecht	
Sinterspinell	2130	gut	
Zirkon $(ZrSiO)_4$	2430	gut	
Nitride:			
TiN	2950	gut	an Luft bis 800 °C beständig
AlN	2200	gut	beständig gegen Aluminiumschmelzen, an Luft bis gegen 800 °C beständig
Si_3N_4	> 1800 °C (zers.)	ausgezeichnet	an Luft und gegen verschiedene Metallschmelzen hervorragend beständig
BN	> 2300 °C	ausgezeichnet	guter Isolator selbst bei hohen Temperaturen, im Vakuum und Inertgas bis 2000 °C; an Luft bis gegen 800 °C verwendbar. Gut bearbeitbar
Karbide:			
SiC	> 2600 °C (zers.)	sehr gut	an Luft bis gegen 1400 °C beständig, reagiert mit den Schmelzen der Übergangsmetalle, beständig gegen Zn, Cd
B_4C	2450 °C	mäßig	reagiert mit Luft ab 1000 °C. Gegen die meisten Metallschmelzen beständig
TiC	3160 °C	gut	besitzt gute elektrische Leitfähigkeit. Als Verdampferschiffchen verwendet
Boride;			
TiB_2	2790 °C	gut	besitzt ausgezeichnete elektrische Leitfähigkeit. Als Verdampferschiffchen verwendet
Sulfide:			
CeS	2450 ± 100 °C	gut	

weniger von Bedeutung. Neuerdings werden skull-melting-Verfahren aber schon zum Formguß von Vanadin, insbesondere von Titan und Titan-Legierungen, ferner mit besonderem Erfolg beim Schleuderguß angewendet. Das tiegellose Schmelzen dient hauptsächlich für das Einschmelzen und Umschmelzen der Metalle und für die Herstellung von Legierungen. In diesen Fällen werden nach völligem Erstarren die gesamten Reguli aus den Kupfertiegeln, an denen die Reguli nicht anhaften, entfernt.

Durch den geringen Anteil an flüssiger Schmelze gelingt es vor allem bei der Herstellung von Legierungen in der Regel nicht, durch nur einmaliges Schmelzen des Metalles ausreichende Homogenität der Legierung zu erreichen. In diesen Fällen bewährt sich das *Doppelschmelzverfahren*, bei dem der nach der Erstschmelze erhaltene Block erneut als Abschmelzelektrode eingesetzt und in eine Kokille mit etwas größerem Durchmesser abgeschmolzen wird (vgl. Abb. 73).

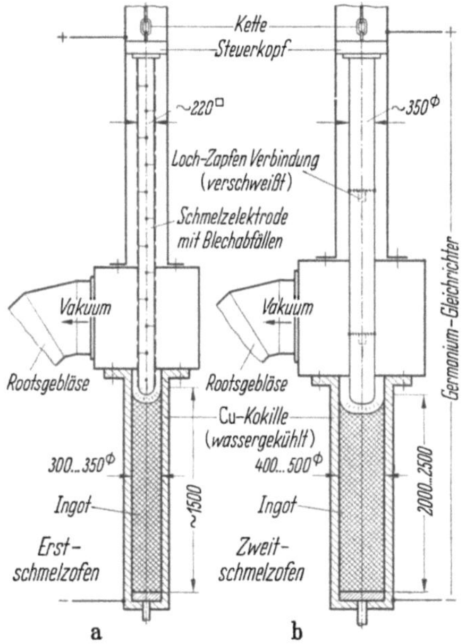

Abb. 73. Lichtbogenofen mit selbstverzehrender Elektrode. Der aus dem Erstschmelzofen (a) erhaltene Ingot (300 bis 350 mm ∅) wird zur Homogenisierung und Reinigung als Elektrode im Zweitschmelzofen (b) eingesetzt und nochmals umgeschmolzen (Ingot 400—500 mm ∅)

Beim Schmelzen im werkstoffeigenen Tiegel besteht die latente Gefahr von Wasserdurchbrüchen. Diese kommen zustande, wenn die wassergekühlten Kupfertiegel durchgeschmolzen werden. Dies kann geschehen, wenn der Lichtbogen oder der Elektronenstrahl durch schlechte Justierung gegen die Kupferkokille anstatt gegen das Schmelzgut brennt oder wenn die Kupferkokillen durch ungünstige Wasserführung bzw. Ausbildung von Dampfpolstern ungenügend gekühlt sind. Wasserdurchbrüche können Explosionen verursachen und die Anlagen zerstören und verderben in jedem Falle die Charge.

Die Schmelzöfen

Die bekannten Ofentypen, wie sie in der Metallurgie der Gebrauchsmetalle eingesetzt werden — Öfen mit festen oder flüssigen Brennstoffen und die bei Normaldruck verwendeten elektrisch beheizten Widerstandsöfen — kommen für das Schmelzen, Sintern und Glühen der Sondermetalle kaum in Frage. Für die Verarbeitung der Sondermetalle mußten größtenteils neue Ofentypen entwickelt werden, die inzwischen aber auch zum Teil in die Metallurgie der Gebrauchsmetalle Eingang gefunden haben.

Die Sondermetalle sind, wie mehrfach betont, überwiegend sehr reaktiv und die Gruppe der Übergangsmetalle darüber hinaus auch noch sehr hochschmelzend. Sondermetalle lassen sich daher praktisch nicht unter normaler Atmosphäre umschmelzen und glühen; es muß unter entsprechendem Schutzgas, besser unter

Abb. 74. Vakuumglühofen (Degussa) für Block- und Plattenmaterial, links: geschlossen, rechts: geöffnet

Vakuum gearbeitet werden. Da keine genügend korrosionsfesten und wärmebeständigen Materialien bekannt sind, aus denen von außen beheizbare, vakuumdichte Behälter gebaut werden können, besteht das Charakteristikum der für das Schmelzen der Sondermetalle mit hohem Schmelzpunkt verwendeten Öfen darin, daß sich die Heizung innerhalb der evakuierten oder mit Schutzgas gefüllten Kessel befindet und die Kesselwandungen selbst gekühlt sind.

a) *Öfen mit festen und flüssigen Brennstoffen* werden nicht eingesetzt. Lediglich zum Schmelzen der niedriger schmelzenden Platinmetalle Palladium und Platin, die schon den Gebrauchsmetallen zuzuordnen sind, werden gasbeheizte Öfen, die mit Luft- und Gaskompression Temperaturen bis zu 2000 °C erreichen lassen, verwendet.

b) *Öfen mit elektrischer Widerstandsheizung:*

Temperaturen bis etwa 1500 °C lassen sich mit elektrischen Öfen leicht beherrschen. Die Öfen, üblicherweise als Kammer-, Muffel- oder Rohröfen ausgebildet, können mit Heizleitern ausgestattet werden, die mit Luft in Berührung stehen.

Als Heizleitermaterial dienen für Temperaturen bis etwa 1200 °C verschiedene zunderfeste Eisen–Nickel–Chrom–Kobalt–Aluminium–Silizium-Legierungen. Mit speziellen Legierungen können noch Heizleitertemperaturen von 1350 °C erreicht werden. Temperaturen bis etwa 1500 °C erlauben die bekannten Siliziumkarbidheizstäbe. Durch die Entwicklung von pulvermetallurgisch hergestellten Heizleitern aus Molybdändisilizid ließ sich die beherrschbare Temperatur auf etwa 1600—1650 °C steigern. Alle genannten Heizleitermaterialien sind nur in oxydierender Atmosphäre beständig, sie werden unter reduzierenden Bedingungen rasch zerstört.

Heizleiter aus Platin und Platinlegierungen, die auch reduzierende Atmosphäre vertragen, werden wegen ihres Preises nur in Laboratoriumsöfen verwendet.

Tabelle 16. *Eigenschaften von Hochtemperaturwerkstoffen**

Eigenschaft		Maßeinheit	Molybdän	Wolfram	Tantal	Mo-Disilizid	Graphit
Schmelzpunkt		°C	2620	3400	3000	2030	3620 (subl.)
Spez. Wärme bei 20°		cal/g · °C	0,065	0,033	0,036	0,14	0,171
Wärmeausdehnungskoeffizient bei 20°		$\alpha \cdot 10^{-6}$	5,0	4,4	6,6	8—9	2 —3,5
Wärmeleitfähigkeit bei 20°		cal/cm·°C sec	0,37	0,31	0,13	0,15	0,4—0,5
Verdampfungsgeschwindigkeit bei:	1530°	mg/cm²·Std.	$3{,}1 \cdot 10^{-4}$	$1{,}3 \cdot 10^{-10}$			
	1730°		$3{,}6 \cdot 10^{-8}$	$5{,}3 \cdot 10^{-8}$	$5{,}9 \cdot 10^{-6}$		
	1930°		180	$7{,}5 \cdot 10^{-6}$	$3{,}5 \cdot 10^{-4}$		—
	2130°		für techni-	$4{,}6 \cdot 10^{-4}$	$1{,}1 \cdot 10^{-2}$		$3 \cdot 10^{-1}$
	2330°		sche	$1{,}4 \cdot 10^{-2}$	$2 \cdot 10^{-1}$		1
	2530°		Zwecke zu hoch	$2{,}7 \cdot 10^{-1}$	2,5		10
Verformbarkeit			sehr gut	gut	ausgezeichnet	nicht verformbar	spanabhebend gut verformbar
Spez. elektr. Widerstand bei:	20°	μΩ · cm	5	5,5	12,5	22	850—1250
	1000°		27	33	54	60	870
	1500°		43	50	72	70	950
	2000°		60	66	87	—	1100
Oberflächenbelastbarkeit bei Temp. < 1800° im Dauerbetrieb		Watt/cm²	10—20	10—20	10—20	5—10	10—20
bei Temp. > 1800° im Kurzbetrieb			20—40	20—40	20—40	—	20—40
max. Heizleitertemp.		°C	1900	2700	2400	1600	2800

*Kieffer, R., Benesovsky, F.: Planseeber. Pulvermet. *5* (1957) 56.

Heizleiter aus losen Kohleschüttungen (Kohlegrießöfen), kompakten Kohle- oder Graphitrohren (die bekannten Tammannöfen) können ebenfalls an Luft verwendet werden. Um die heißen Körper aus Kohle oder Graphit bildet sich ein Gaspolster aus Kohlenmonoxid, der eine Oxydation durch Luft stark hemmt. Es

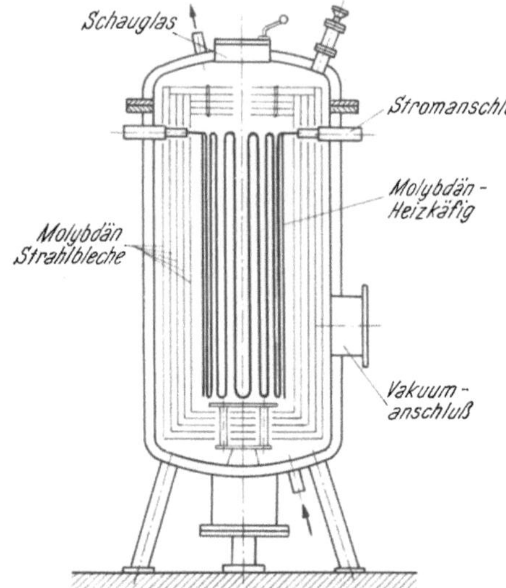

Abb. 75. Schema eines mit Molybdändraht beheizten Glühofens für Vakuum- oder Schutzgasbetrieb

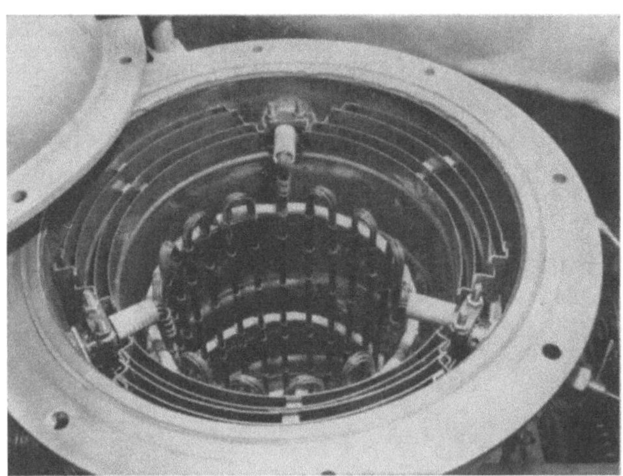

Abb. 76. Ansicht eines Molybdändraht-Glühofens mit geöffneter Vakuumhaube (Metallwerk Plansee AG, Reutte/Tirol)

tritt aber merklicher Abbrand ein, der die Lebensdauer der Heizrohre stark herabsetzt. Mit Kohlegrieß- und Tammannöfen sind, wenigstens kurzzeitig, an der Luft Temperaturen bis über 2000 °C zu erreichen.

Neben Graphit als Heizleitermaterial sind in Hochtemperaturöfen Heizleiterdrähte aus refraktären Metallen, vor allem Molybdän, Tantal, Wolfram und ihren Legierungen, im Einsatz. Diese Metalle müssen aber, da sie sehr reaktiv sind, entweder unter Inertgas (Wasserstoff für Molybdän und Wolfram, Edelgas für Tantal) oder im Vakuum verwendet werden. Einen großen, von unten chargierbaren Vakuum-Glühofen zeigt Abb. 74. Titan- und Zirkonium-Großbleche ($1{,}5 \times 5$ m) werden in Unterfluranordnungen (Tieföfen) ähnlicher Bauweise geglüht.

Tab. 16 bringt die für den Einsatz in Hochtemperaturöfen wichtigsten physikalischen Eigenschaften und die maximalen Heizleitertemperaturen bei Verwendung im Vakuum, die durch den Schmelzpunkt und durch die Verdampfungsgeschwindigkeit begrenzt werden. Bei Verwendung im Schutzgas sind zwar geringfügig höhere Heizleitertemperaturen möglich, doch ist wegen der stärkeren Wärmeableitung die Ofentemperatur niedriger.

Abb. 77. Wolframdraht-Maschenheizkörper ohne Strahlschirme. Links am Bildrand die ausgeschwenkte Vakuumglocke (Degussa Ofenbau, Wolfgang bei Hanau)

Molybdändrahtgewickelte Öfen, bei denen die Wicklung unter Wasserstoffschutzgas steht, werden heute in vielen und großen Einheiten für das Sintern, hauptsächlich von Eisenteilen, verwendet. Man geht mit solchen Öfen, bei denen die Wicklungen meist auf Sintertonerderohre aufgewickelt sind, in der Regel nicht über 1500 °C.

Bei höheren Temperaturen befinden sich, wie schon gesagt, die Heizkörper innerhalb eines gekühlten, mit Schutzgas spülbaren oder evakuierbaren Kessels und sind gegenüber der Kesselwand durch Strahlenschutzbleche abgeschirmt (Abb. 75 und 76). Die Heizleiter sind aus Festigkeitsgründen meist dünnwandige, eventuell geschlitzte Rohre oder Drahtbündel; die durch den Kessel vakuumdicht durchgeführten Stromanschlüsse sind wassergekühlt. Für höchste Temperaturen — bis 3000 °C — werden neuerdings mit Erfolg Heizkörper aus federnd aufgehängtem Wolframdrahtgeflecht (Abb. 77) oder aus Graphitgewebe (Abb. 78) eingesetzt.

Häufig, vor allem für kleinere Ofeneinheiten, heute aber auch schon für große Einzelanlagen, werden auch meist senkrecht stehende, mit Strahlblechen umgebene, ein- oder mehrteilige Zylinder aus kompakten Blechen oder aus Drahtgeflechten als Heizkörper verwendet (Abb. 79). Die Stromanschlüsse können seitlich oder auch unten angebracht sein.

Da die Heizleiter relativ kompakt sein müssen, werden diese Hochtemperaturöfen mit niedriger Spannung und sehr hohen Stromstärken gefahren. Sie erfordern daher leistungsfähige Transformatoranlagen.

Abb. 78. Ofen mit Graphitgewebe-Heizkörper und Graphitfilzisolierung (Degussa Ofenbau, Wolfgang bei Hanau)

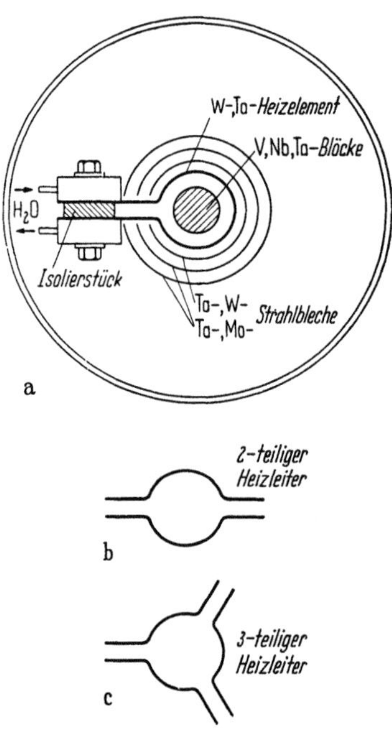

Abb. 79. Schema eines Wolfram-(Tantal-)Blech-Heizkörpers zur Indirektsinterung von hochschmelzenden Metallen

a Grundriß eines Vakuumofens mit Wolframblech-Heizkörper, b zweiteiliger Heizkörper, c dreiteiliger Heizkörper für die Verwendung von Drehstrom

Induktionsschmelzen

Das Induktionsschmelzen hat sich in der heutigen Technik für viele Zwecke durchgesetzt und ist besonders in der Metallurgie der hochschmelzenden Sondermetalle eingeführt. Beim Induktionsschmelzen wird das zu schmelzende Material direkt durch Wirbelströme, die durch eine mit Wechselstrom gespeiste Primärspule induziert werden, erhitzt. Die Primärspule bleibt kalt und ist überdies meist wassergekühlt; das Schmelzgut befindet sich in Tiegeln, meist aus Keramik oder auch Metall oder Graphit, die gegenüber der Primärspule thermisch isoliert sind. Das Ausmaß der Energieübertragung („Ankoppelung") wird von verschiedenen Faktoren, vor allem durch die elektrische Leitfähigkeit des zu erhitzenden Gutes, die geometrischen Abmessungen der Schmelze und die verwendete Frequenz, bestimmt. Wegen des skin-Effektes von hochfrequenten Strömen wird die „Eindringtiefe", d. h. die Zone, die erwärmt wird, mit steigender Frequenz geringer. Hochfrequenzinduktionsöfen (bis zu 3 Megahertz) werden für das Erhitzen von kleinen Laboratoriumsproben verwendet; mit Frequenzen von 3—10 Kilohertz werden

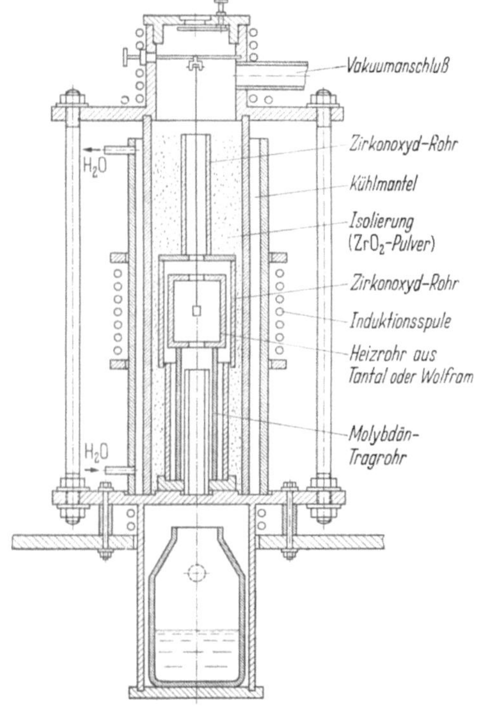

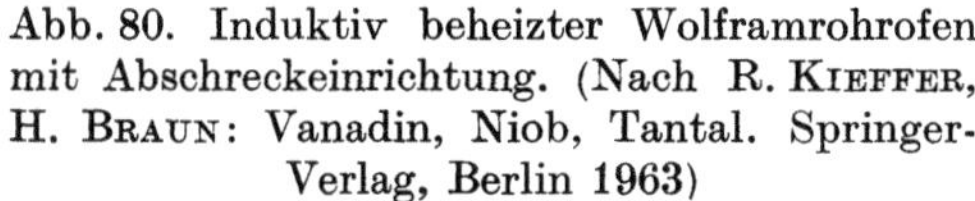
Abb. 80. Induktiv beheizter Wolframrohrofen mit Abschreckeinrichtung. (Nach R. Kieffer, H. Braun: Vanadin, Niob, Tantal. Springer-Verlag, Berlin 1963)

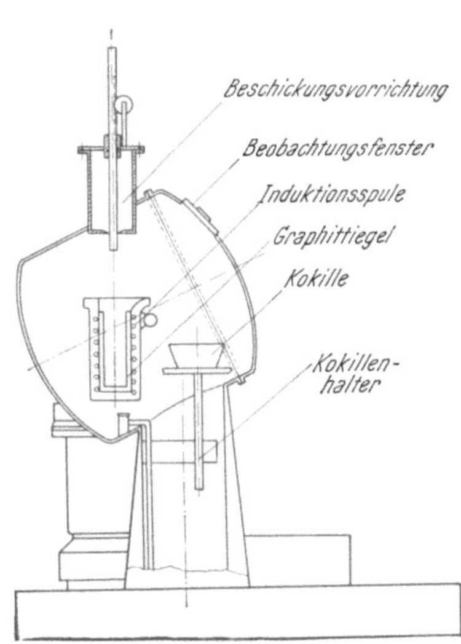

Abb. 81. Schnitt durch einen Vakuuminduktionsofen mit kippbarem Schmelztiegel und Kokille (vgl. Abb. 82)

Einsatzmengen im Kilogrammbereich (5—500 kg) geschmolzen und für sehr große Einsatzmengen zum Teil auch mit Netzfrequenz (50 Hertz) gearbeitet. Schlecht leitfähiges Material läßt sich nur schwer „ankoppeln". Vor allem pulveriges Material ist durch induktive Erhitzung nur schwer auf Temperatur zu bringen. Wenn aber Sinterungsbeginn bzw. Schmelzen einsetzt, wird die Energieübertragung plötzlich wesentlich verbessert. In verschiedenen Fällen werden auch Tiegel aus leitfähigem Material, meist Graphit, verwendet, die durch die Induktion erhitzt werden und ihre Wärme dann an schlecht leitfähiges Einsatzmaterial weitergeben. Ringförmige Suszeptoren, hauptsächlich Graphit oder refraktäre

Metalle, in die der Schmelztiegel bzw. das Glühgut eingestellt wird, sind ebenfalls gebräuchlich. Das Schemabild eines solchen Ofens bringt Abb. 80.

Die Induktionsspulen können sich an Luft oder im Vakuum befinden. Bei „Luftspulen“ ist im allgemeinen auch der Tiegel und das Schmelzgut mit Luft in Berührung. Für kleine Laboratoriumsöfen wird die Spule auch über einen evakuierbaren Quarzfinger gesteckt. Im Quarzfinger befindet sich der Tiegel mit dem Schmelzgut, wobei sowohl das Schmelzgut direkt oder auch Graphit-, Molybdän- oder Wolframringe angekoppelt werden können, in die kleine Tiegel eingestellt werden.

Beim Induktionsschmelzen unter Vakuum besteht, vor allem bei schwachem Vakuum (0,1—10 Torr), die Gefahr von Gasentladungen und elektrischen Überschlägen an den Primärspulen. Bei gutem Vakuum und bei Normaldruck treten üblicherweise keine Schwierigkeiten auf. Es sind heute schon sehr große und leistungsfähige Anlagen für das Vakuumglühen, -schmelzen und -gießen im Einsatz (vgl. Abb. 81 und 82, Vakuumschmelz- und -gießanlage, induktionsbeheizt).

Abb. 82. Ansicht eines Vakuuminduktionsofens mit geöffnetem Vakuumkessel. Links: Steuerpult, rechts: Hochvakuum-Pumpanlage (Degussa Ofenbau, Wolfgang bei Hanau)

Schmelzen im werkstoffeigenen Tiegel ist bei Induktionserhitzung nur sehr schwer realisierbar, da, wegen des skin-Effektes, metallische Tiegel mit- bzw. bevorzugt erhitzt werden. Erst in neuerer Zeit ist es Schippereit und Mitarbeitern[1] nach einem alten Vorschlag gelungen, mehrfach geteilte wassergekühlte Kupfertiegel, bei denen die einzelnen Sektoren voneinander elektrisch isoliert sind, zu entwickeln, bei denen zumindest niedriger schmelzende Sondermetalle, wie

[1] Schippereit, G. H., Leatherman, A. F., Evers, D.: J. Metals *13* (1961) 140.

Indium, Thallium, Germanium, Beryllium, Mangan, induktiv in Eigenmaterialtiegeln geschmolzen werden können. Es ist auch schon gelungen, die hochschmelzenden Metalle Vanadin und Titan in Kilogramm-Mengen im geteilten Tiegel zu schmelzen. Eine solche Vorrichtung zum Induktionsschmelzen von höherschmelzenden Metallen im geteilten Metalltiegel zeigt Abb. 83. Für höherschmelzende Metalle und für größere Einsatzmengen dürfte aber der werkstoffeigene Tiegel beim Induktionsschmelzen wenig Zukunft haben, da, wie gesagt, die Wärme bevorzugt in den Außenschichten des Einsatzgutes entwickelt wird.

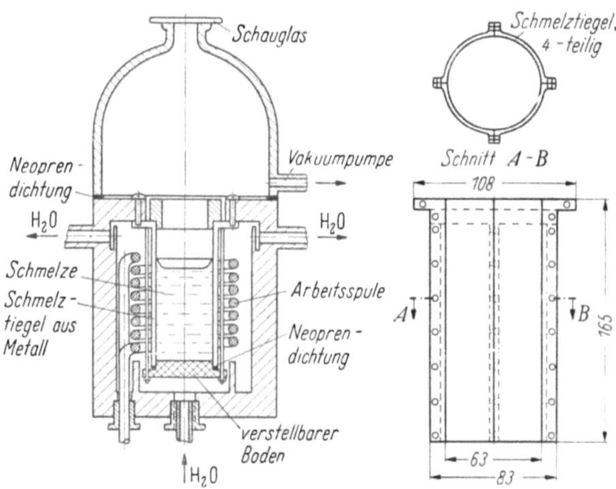

Abb. 83. Schema eines Vakuum-Induktionsofens mit geteilter Kokille (SCHIPPEREIT u. a., lit[1], S. 134)

Die im Hochfrequenzfeld auf Metalle wirkenden elektrischen und magnetischen Kraftfelder können durch geeignete Form der Induktionsspulen, entsprechende Frequenzen und Spulenleistungen so gesteuert werden, daß es gelingt, kleinere Metallproben frei im Vakuum schwebend zum Schmelzen zu bringen („*Schwebeschmelzen*, „*levitation melting*“). Durch die große Oberfläche und die durch die Induktion bewirkte starke Badbewegung tritt sehr intensive Reinigung durch Entgasen ein. Eine Verunreinigung durch Tiegelmaterial ist beim Schwebeschmelzen ausgeschlossen. Bei konischen Spulen, bei denen die magnetische Feldstärke längs der Spulenachse vom engen Teil der Spule zum weiten Teil etwa linear abnimmt, ist es auch möglich, die Temperatur des frei schwebenden Schmelzgutes in gewissen Grenzen zu regeln. Durch eine Erhöhung des Spulenstromes wird die Metallprobe nach oben in den weiteren Teil der Spule gedrückt, die Leistungsaufnahme und die Temperatur sinken[1,2,3,4]. Die Abb. 84 zeigt die von BEGLEY und FRANCE[5,6] entwickelte Anlage, mit der hintereinander mehrere

[1] PFEIFER, W. A.: J. Metals *17* (1965) 487.
[2] MAGER, A.: Z. Metallk. *57* (1966) 358.
[3] FROMM, E., JEHN, H.: Z. Metallk. *56* (1965) 599.
[4] FROMM, E., JEHN, H.: Z. Metallk. *58* (1967) 366.
[5] BEGLEY, R. T., FRANCE, L. L.: Symposium on Newer Metals. A. S. T. M./ Spec. Techn. Publ. No. 272 (1959) 56.
[6] BEGLEY, R. T., PLATTE, W. N.: WADC Technical Report 57—344 (Mai 1960) Teil IV.

Proben im Gewicht von 10—20 g schwebend aufgeschmolzen (Abb. 85) und in wassergekühlte Kokillen vergossen werden konnten.

Nach bisherigen Erfahrungen ist das Schwebeschmelzen nur für Mengen bis zu etwa 100 g anwendbar, so daß die Methode wohl auf das Laboratorium beschränkt bleiben wird. Das Schwebeschmelzen hat sich zum Beispiel bei der Untersuchung von Legierungsreihen wie Niob–Sauerstoff, Niob–Stickstoff, Niob–Kohlenstoff dadurch bewährt, daß sehr saubere und einheitliche Proben mit gewünschter Zusammensetzung erschmolzen werden konnten[1,2].

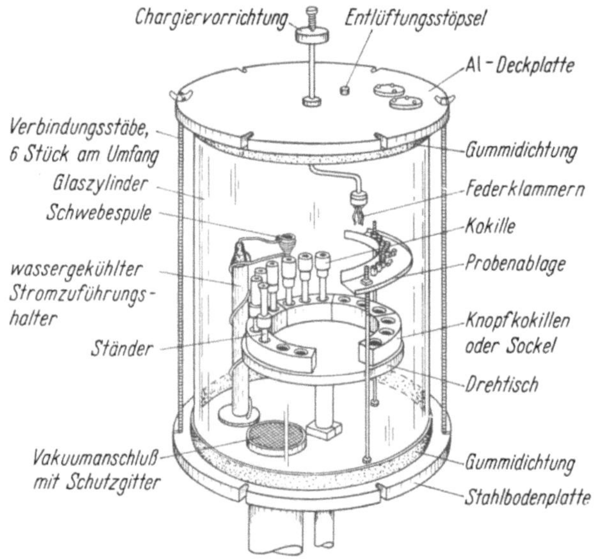

Abb. 84. Ansicht einer Vorrichtung zum Schwebeschmelzen[1]

Abb. 85. Glühender Metalltropfen in einer Schwebespule[1]

Schmelzen im Lichtbogenofen

Die Möglichkeit, auch die hoch- und höchstschmelzenden Sondermetalle, wie z. B. Titan, Zirkonium, Hafnium, Vanadin, Niob, Tantal, Chrom, Molybdän, Wolfram, Rhenium, Osmium, Iridium, schmelzen zu können, hat erst der Lichtbogenofen eröffnet[3,4,5,6,7]. Die älteren Verfahren, einschließlich des Induktionsschmelzens, bringen nicht die erforderlichen Energiekonzentrationen und Temperaturen.

Beim Lichtbogenofen brennt ein Gleichstromlichtbogen zwischen dem Metallsumpf und einer wassergekühlten Elektrode aus einem Metall mit hohem Schmelz-

---

[1] Begley, R. T., France, L. L.: Symposium on Newer Metals. A. S. T. M./Spec. Techn. Publ. No. 272 (1959) 56.

[2] Begley, R. T., Platte, W. N.: WADC Technical Report 57—344 (Mai 1960) Teil IV.

[3] Kroll, W. J.: Trans. Electrochem. Soc. *78* (1940) 35.

[4] Gruber, H.: Metall *12* (1958) 901.

[5] Ogiermann, G.: Vakuum *10* (1960) 445.

[6] Ogiermann, G., Scheibe, W.: Metall *15* (1961) 3.

[7] Bungardt, K., Frömel, K.: Archiv f. d. Eisenhüttenwesen *35* (1964) 725.

punkt, meist Wolfram (sog. Permanentelektrode[1]). Der positive Pol liegt an der wassergekühlten Kupferkokille, so daß die Elektrodenspitzen kühler bleiben und die Energie auf das Metallbad konzentriert wird. Um Stromleitung zu ermöglichen, brennt der Lichtbogen, bei kleineren Öfen und Öfen älterer Bauart, in Inertgasatmosphäre (Argon oder Helium) bei einem Druck von 50—200 Torr.

Die mit Schutzgas arbeitenden Lichtbogenöfen, bei denen wegen des hohen Gasdruckes kaum Reinigung durch Entgasung beim Schmelzen eintritt und bei denen die Gefahr besteht, daß aus dem Schutzgas Verunreinigungen aufgenommen

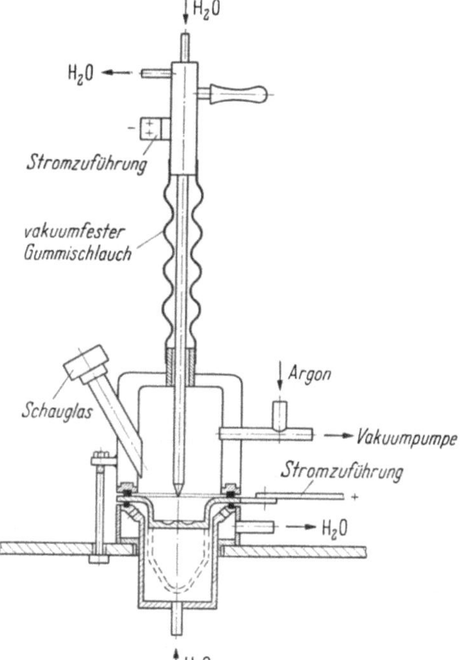

Abb. 86. Kroll-Knopfofen mit Wolfram-Permanentelektrode

werden, finden nur für Laboratoriumszwecke („Knopfofen“) und für die Herstellung von Legierungen, bei denen hoher Dampfdruck einer Komponente die Anwendung von Vakuum verbietet, Verwendung. Die Entwicklung der modernen Lichtbogenöfen mit Wolframhilfselektrode geht auf KROLL, den Pionier der technischen Herstellung und Verwendung des Titans und Zirkoniums, zurück[2]. Den Aufbau des klassischen Kroll-Ofens zeigt Abb. 86. Der Ofen erlaubte, wie die modernen Laboröfen mit Knopfkokillen (Abb. 87) auch, mehrere kleine Proben getrennt zu schmelzen oder auch mit wassergekühlten Kokillen anderer Form größere Metallmengen zu kompakten Reguli zusammenzuschmelzen. Um das Schutzgas vor dem Probenschmelzen zu reinigen, wird zuerst eine kleine Probe Titan oder Zirkonium mit dem Lichtbogen stark erhitzt und zum Teil verdampft, wodurch praktisch der gesamte Sauerstoff und Stickstoff aus dem Schutzgas herausgegettert werden.

[1] GRUBER, H.: Metall *12* (1958) 901.

[2] KROLL, W. J.: Trans. Electrochem. Soc *78* (1940) 35.

Bei genügenden Stromstärken verdampft genügend Material aus dem Metallsumpf, so daß der Strom durch ionisierten Metalldampf geleitet wird und der Lichtbogen auch im Hochvakuum brennt. Die dazu notwendigen Mindeststromstärken (einige 100 A) erlauben es nicht, die Vakuumlichtbogenöfen beliebig klein zu bauen. Ebenso verbietet sich die Verwendung von Permanentelektroden aus hochschmelzenden Metallen bei den Vakuumlichtbogenöfen.

In den großen Lichtbogenöfen üblicher Bauart (vgl. Abb. 88) werden daher Elektroden aus *dem zu schmelzenden Metall*, die während des Stromdurchganges abschmelzen („*Abschmelzelektroden*") verwendet. Sie dienen hauptsächlich dem

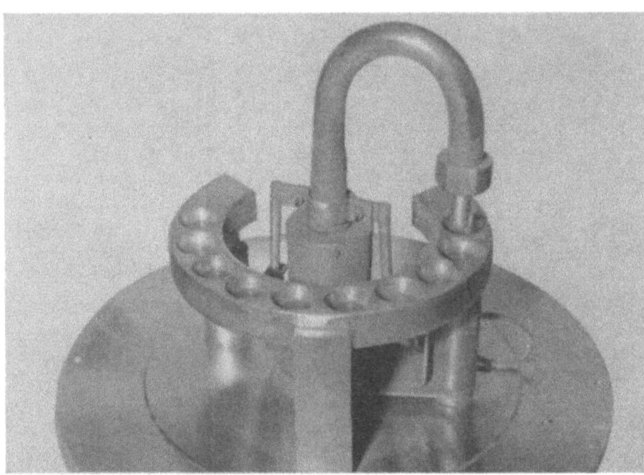

Abb. 87. Ansicht eines kleinen Knopfofens mit abgehobener Vakuumhaube. Der Lichtbogen brennt von der wassergekühlten Wolframelektrode gegen die in den napfartigen Vertiefungen in der wassergekühlten Schmelzbank befindlichen Metallproben (Degussa Ofenbau, Wolfgang bei Hanau)

Umschmelzen von Rohmetallen. Stückiges oder pulveriges Material, das eingeschmolzen werden soll, wird zuerst zu kompakten Stäben gepreßt, die als Elektroden eingesetzt werden können. Trotz des durch leistungsfähige Pumpenanlagen aufrecht erhaltenen guten Vakuums werden beim Umschmelzen im Vakuumlichtbogenofen nur stärker flüchtige Verunreinigungen, wie etwa Magnesium und Magnesiumchlorid aus Kroll-Titan oder Kroll-Zirkonium bzw. CO aus sauerstoff- und kohlenstoffhaltigem Molybdän entfernt, weil der Abstand Elektrode–Sumpf relativ klein ist, d. h. schon in der Größenordnung der freien Weglänge der Metallionen liegt.

Moderne Lichtbogenöfen mit Abschmelzelektroden (Blockgewichte von 0,5 bis 5 t) sind mit Einrichtungen zur automatischen Nachführung der Elektroden ausgestattet, die immer gleichen Elektrodenabstand gewährleisten. Dadurch ist sehr gleichmäßiger Schmelzverlauf gesichert. Zur Herstellung von Legierungen werden die Abschmelzelektroden aus Stücken der verschiedenen Legierungsmetalle zusammengeschweißt oder, bei geringen Legierungszusätzen, Stücke der Legierungsmetalle in gleichen Abständen an die Abschmelzelektrode angeschweißt bzw. mit Pulver oder Schwamm zusammen zu Elektroden verpreßt. Um gleichmäßige Verteilung der Legierungsmetalle im Ingot zu erreichen, kann um die Kokille ein mit niedriger Frequenz pulsierendes Magnetfeld gelegt werden, das eine gewisse Badbewegung und damit verbesserte Vermischung der Legierungskomponenten bewirkt. Im allgemeinen werden aber Legierungen nach der sogenannten Doppelschmelztechnik (vgl. S. 127) erzeugt, die zu meist ausreichend homogenen Legierungen führt.

Lichtbogenöfen neuerer Bauart besitzen oft auch kippbare Kokillen, die das Vergießen der geschmolzenen Metalle im Vakuum gestatten. Einige dieser Öfen haben auch Einrichtungen für Form- und Schleuderguß. Auch abziehbare Kokillen, in die das Metall kontinuierlich hineinschmilzt und mit denen man

Abb. 88. Großer Lichtbogenofen (Heraeus) zum Erschmelzen von Metallingots im Tonnenmaßstab. Die wassergekühlten Kokillen sind in den Boden eingelassen, die Vakuumhaube mit dem Vorschubmechanismus für die selbstverzehrende Elektrode ist schwenkbar ausgeführt

längere Rundstäbe erhält, sind entwickelt worden. Strangguß scheint nach neueren Entwicklungen im Vakuumlichtbogenofen mit Abschmelzelektroden ebenfalls möglich.

In der Regel werden die Hochvakuumlichtbogenöfen als Gleichstromlichtbogenöfen ausgebildet und — bei großen Anlagen — mit Stromstärken bis zu 30000 A bei Bogenspannungen von 20—50 V betrieben. Die Abschmelzelektrode ist an den negativen Pol angeschlossen, um die durch die positiven Metallionen transportierte Energie auf die Abschmelzelektrode zu konzentrieren.

Dreiphasen-Wechselstromlichtbogenöfen, betrieben mit Netzfrequenz, die keine aufwendigen Gleichrichteranlagen benötigen, sind aus konstruktiven wie auch aus wirtschaftlichen Gründen erst ab Ingot-Durchmessern von etwa 50 cm sinnvoll. Dann allerdings bieten sie, weil der Lichtbogen nicht zum Metallsumpf, sondern zwischen den drei Elektroden brennt, schmelztechnische Vorteile, wie etwa geringeres Metallsumpfvolumen, geringere Tendenz zur Kragenbildung am Rande des Schmelzsumpfes und geringere Gefahr von Bogenüberschlägen zur Kupferkokille.

Bogenüberschläge zur Kupferkokille können, wie schon einmal erwähnt, zum Durchschmelzen der Kokille und dadurch zu Wassereinbrüchen führen, bei denen meist großer Schaden an der Anlage auftritt. Trotz dieser latenten Gefahr konnten sich andere, weniger gefährliche Arten der Kokillenkühlung, wie Luftkühlung oder Kühlung mit flüssigen Metallen, bisher noch nicht durchsetzen.

Abb. 89. Ansicht eines Elektronenstrahlschmelzofens (Leybold Heraeus). Leistung 260 kW, für Elektroden und Ingots bis zu 1 m Länge mit Durchmessern von max 200 mm

Elektronenstrahlschmelzen

Der Elektronenstrahlschmelzofen hat sich in den letzten 15 Jahren zu einem sehr wirksamen Gerät zum Schmelzen und Raffinieren von hochschmelzenden, reaktiven Sondermetallen und ihren Legierungen entwickelt[1,2,3,4,5,6]. Als Energie-

[1] Gruber, H., u. Mitarb.: Vakuum-Technik *12* (1963) 65.
[2] Sperner, E., Erben, E.: Z. Metallk. *55* (1964) 674.
[3] Zedler, E., Müller, D., Wiesner, U.: Z. Metallk. *56* (1965) 316.
[4] Dietrich, W.: Stahl und Eisen *85* (1965) 917.
[5] Anonym: Chem. Ing. News *45* (1967) 81.
[6] Ardenne, M. v. u. Mitarb.: Die Technik *21* (1966) 307.

träger dienen Elektronen, die von einer Glühkathode emittiert und in einem Hochspannungsfeld hoch beschleunigt werden (Richardson-Effekt). Nach elektrostatischer oder elektromagnetischer Fokussierung trifft der Elektronenstrahl auf das zu schmelzende Metall auf. Es wird praktisch die gesamte Energie der Elektronen im Metall in Wärme umgewandelt, nur ein verschwindend geringer Teil, bei 20000 V etwa 0,1%, wird in Form von Röntgenstrahlung frei.

Der gesamte Ofenraum steht unter Hochvakuum, einerseits um Energieverluste durch Zusammenstoß der Elektronen mit Gasmolekülen gering zu halten, andererseits um Kurzschlüsse durch Glimm- oder Bogenentladungen zu vermeiden. Voraussetzung für das Elektronenstrahlschmelzen ist eine leistungsfähige Pumpenanlage, mit der auch plötzliche Gasausbrüche, wie sie beim Einschmelzen von Rohmetallen häufig sind, abgefangen werden können.

Einen modernen Elektronenstrahlofen mittlerer Größe zeigt Abb. 89. Der abgebildete Ofen arbeitet mit 3 Elektronenstrahlkanonen mit je 50 kW Leistung und erlaubt das Erschmelzen von Blöcken mit max. 200 mm Durchmesser und 1000 mm Länge. Einen Überblick über die notwendige Leistung der Öfen für das Niederschmelzen von Metallen mit verschiedenem Schmelzpunkt und für verschiedenen Kokillendurchmesser gibt Abb. 90. Öfen mit Schmelzleistungen von 1000 kW und mehr, in denen Blöcke von 200—500 mm Durchmesser erschmolzen werden können, sind durchaus realisierbar.

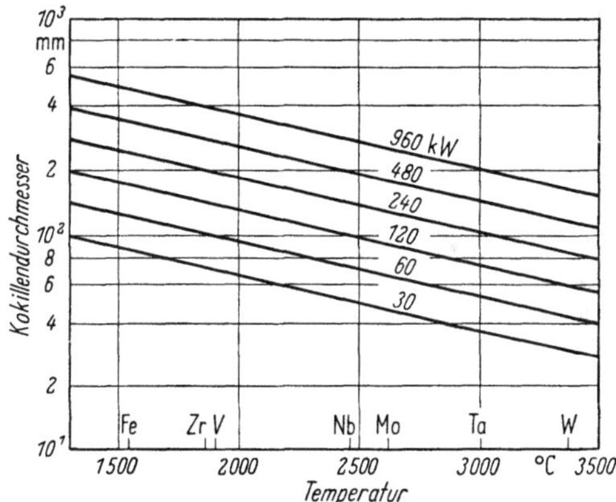

Abb. 90. Leistungsschaubild für Elektronenstrahlöfen

Bei den älteren Öfen mit Ringkathoden (ringförmig um die Kokille angeordnete Kathoden, vgl. Abb. 91) haben solche Gasausbrüche häufig zu Störungen geführt. Durch die Entwicklung von gesondert evakuierbaren „Rohrkanonen bzw. Fernkathoden“ oder Flachstrahlkanonen konnten die Störungen aber weitgehend behoben werden. Diese „Elektronenstrahlkanonen“ sind gesonderte Konstruktionselemente, die Glühkathode, Anode, Fokussierungseinrichtungen und Ablenksystem vereinigen und gesondert evakuierbar sind. Mit dem eigentlichen Schmelzraum stehen die Elektronenstrahlkanonen nur durch eine kleine Durchlaßöffnung für den Elektronenstrahl in Verbindung. Gasausbrüche pflanzen sich nur abgeschirmt in die Elektronenstrahlkanone fort, außerdem sind die Kathoden besser vor Metallspritzern und vor Bedampfung geschützt. Eine solche Anordnung mit Fernkathoden zeigt Abb. 92; derartige Strahlkanonen haben auch schon die früher üblichen Anordnungen mit Ringkathoden teilweise verdrängt und stehen in Konkurrenz zu Kathodenanordnungen mit magnetisch umgelenkten Elektronenstrahlbündeln (Abb. 93).

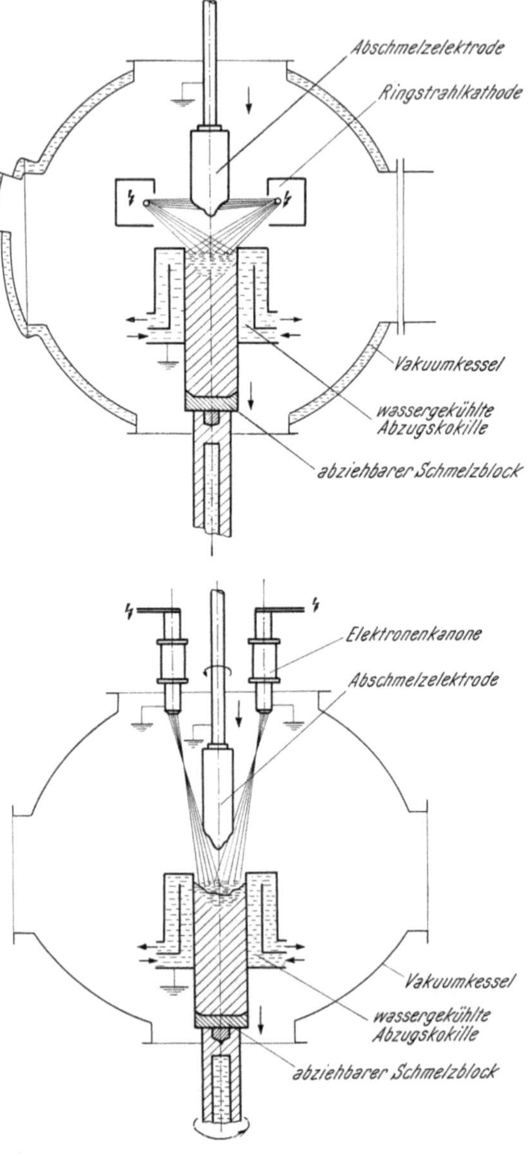

Abb. 91. Schema eines Elektronenstrahlofens mit Ringkathode ohne Beschleunigungsanode (Temescal)

Vorteile: symmetrische Energieverteilung an Bad und Abschmelzelektrode

Nachteile: Starke Bedampfung der Ringkathode und Gefährdung durch Metallspritzer. Gefahr von Entladungen bei Gasausbrüchen aus der Schmelze. Unregelmäßiger Betrieb

Abb. 92. Schema eines Elektronenstrahlofens mit Elektronenkanone

Vorteile: Getrennte Evakuierung des Strahlerzeugungssystems, keine Überschläge und Entladungen während der Schmelzführung. Völlig freie Sicht auf das Schmelzbad

Nachteile: Ungleichmäßige Energieverteilung im Bad

Das zu schmelzende Metall kann, wie beim Lichtbogenofen, in Form von Abschmelzelektroden oder auch in Form von Granulat zugeführt werden. Der Elektronenstrahl trifft die Spitze der Abschmelzelektrode, von der laufend Material abschmilzt und in eine wassergekühlte Kupferkokille tropft. Teilweise soll der Elektronenstrahl auch die Badoberfläche treffen, um den Sumpf flüssig zu halten oder unter Umständen eine für die Raffination günstige Überhitzung herbeizuführen. Dies kann entweder durch entsprechend gerichtete Elektronenstrahlen, die den Abschmelzstab berühren und dann die Badoberfläche treffen (Abb. 92) oder durch mehrstrahlige Systeme geschehen. Die Abschmelzelektroden werden meist von oben eingeführt, aber auch seitliches Einführen ist möglich. Die wassergekühlten Kokillen können, um stabförmige Metallblöcke mit beliebigem Querschnitt (auch rechteckig) zu erhalten, mit absenkbaren Böden ausgestattet sein.

Arbeiten mit Abschmelzelektroden führt zu Schmelzblöcken mit sauberen und glatten Oberflächen. Granulat, das man durch den Elektronenstrahl durchrieseln läßt, schmilzt im allgemeinen erst im Metallbad und gibt in der Regel Blöcke mit rauher Oberfläche. Solche Blöcke müssen meist ein zweites Mal umgeschmolzen werden.

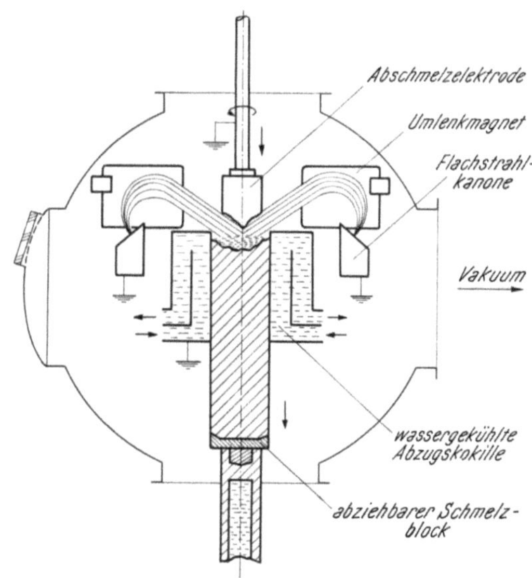

Abb. 93. Schema eines Elektronenstrahlschmelzofens mit Flachstrahlkanonen (Stauffer-Temescal) und Abziehkokille

Vorteil: Einzelkanonen mit hoher Leistung. Flachstrahlkanonen gut vor Bedampfung und Spritzern geschützt

Nachteil: Geringe Anpassungsfähigkeit an Kokillendurchmesser, Hochspannungsdurchführungen in den Schmelzraum. Starke Beanspruchung der Anode durch den Strahl und thermische Belastung der Polplatten durch Strahlung und Schmelzspritzer

Man beherrscht heute auch das Gießen im Elektronenstrahlofen. Bei den Schmelz- und Gießanlagen sind meist zwei oder mehrere getrennte Elektronenstrahlkanonen eingesetzt, von denen eine das Bad in der Gießkokille erwärmt und eine andere die Badoberfläche flüssig hält (Abb. 94). In ähnlicher Weise sind Elektronenstrahl-Stranggußanlagen (Abb. 95) gebaut.

Der Elektronenstrahlofen bietet gegenüber dem schon länger im Einsatz befindlichen Lichtbogenschmelzofen einige Vorteile[1,2]:

a) Es wird bessere Entgasung und Verdampfung von niedrig siedenden Verunreinigungen erreicht. Oxide mit hohem Dampfdruck und dissoziierende Nitride werden weitgehend entfernt.

b) Die Schmelzen können bis zu einigen 100 °C überhitzt und beliebig lang flüssig gehalten werden. Die Abschmelzgeschwindigkeit läßt sich besser als beim Lichtbogenschmelzen kontrollieren.

---

[1] GRUBER, H.: Metall *12* (1958) 901.

[2] OGIERMANN, G., SCHEIBE, W.: Metall *15* (1961) 3.

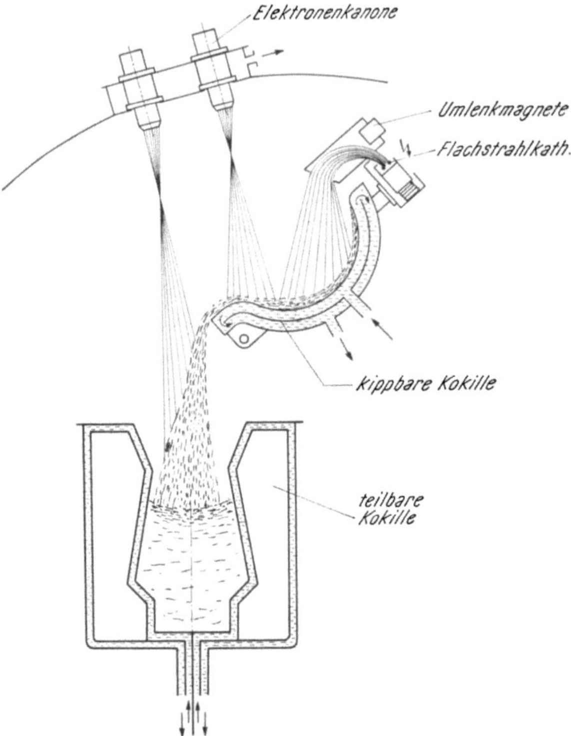

Abb. 94. Schema einer Elektronenstrahl-Schmelz- und -Gießanlage nach dem Skull-melting-Verfahren. Teilbare, wassergekühlte Kokille

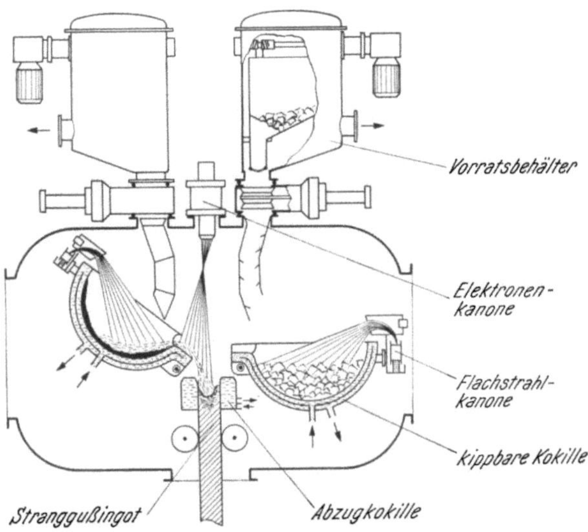

Abb. 95. Schema eines Strangguß-Elektronenstrahlschmelzofens mit Skull-melting-Einrichtung

c) Beim Einschmelzen von Schwamm oder Pulver entfällt die Herstellung von Elektroden durch Pressen oder Sintern. Beim Elektronenstrahlschmelzen läßt sich auch Granulat ohne weiteres einschmelzen.

Dagegen stehen als Nachteil[1,2] die hohen Investitionskosten für Elektronenstrahlschmelzanlagen und die Tatsache, daß sich Metalle mit hohem Dampfdruck, wie Chrom, Mangan, Vanadin, auch Titan, im Elektronenstrahlofen weniger gut einschmelzen lassen.

Für eine großtechnische Fertigung scheint sich eine Kombination von Erstschmelzen im Lichtbogenofen (Herstellung von Elektroden in der Absenkkokille) und Zweitschmelzen im Elektronenstrahlofen (Metallraffination) und eventuell ein Lichtbogenumschmelzen (Herstellen von Großblöcken) zu empfehlen.

Plasmaschmelzen

Extrem hohe Temperaturen werden in Plasmakanonen erreicht. Mit Plasmastrahlen lassen sich auch die höchstschmelzenden Stoffe schmelzen, schweißen und, mit feinen Plasmastrahlen, auch trennschneiden und bohren[3,4,5,6]. Die Formgebung durch Trennschneiden, Bohren usw. mit Plasmastrahlen hat sich vor allem zur Bearbeitung der sehr schwer verformbaren und hochschmelzenden metallischen (Karbide, Nitride, Boride, Silizide) und nichtmetallischen Hartstoffe (Aluminiumoxid, SiC usw.) schon bewährt[7]. Interessant ist auch das Pulverauftragschweißen mit Plasmaanlagen[8,9,10], durch das die Oberflächen von Werkstoffen mit zunderfesten oder verschleißfesten Materialien überzogen werden (vergleiche Formgebung).

Das Plasmaschmelzen von größeren Einsatzmengen hat heute noch keine große Bedeutung.

Schmelzen mit Lichtenergie

Obwohl die Sonnenstrahlen, durch einen Hohlspiegel oder eine Glaslinse gebündelt, den Menschen erstmals erlaubten, extrem hohe Temperaturen zu erreichen — man denke nur an die Versuche zur Verbrennung von Diamant von Averani und Targloni in Florenz — hat die Lichtenergie verhältnismäßig wenig Anwendung in der Metallurgie der Sondermetalle gefunden. In neuester Zeit schenkt man dank der Erfindung des Lasers dem Licht als Energiequelle wieder verstärkte Bedeutung. So gelingt es, mit Laser-Strahlen extrem feine Bearbeitungsvorgänge an kleinsten Werkstückteilen durchzuführen. Man kann mit scharf gebündelten Laser-Strahlen auch im mikroskopisch feinen Maßstab schneiden, bohren, löten, schweißen und den Bearbeitungsvorgang gleichzeitig mikro-

---

[1] Gruber, H.: Metall *12* (1958) 901.
[2] Ogiermann, G., Scheibe, W.: Metall *15* (1961) 3.
[3] Ardenne, M. v., u. Mitarb.: Die Technik *17* (1962) 420.
[4] Airco Welding Products: Metal Progress *87* (1965) 52.
[5] Anonym: The Iron Age *199* (1967) 142.
[6] Neumann, W.: Die Technik *21* (1966) 301.
[7] Matting, A., Steffens, H. D.: Z. Metallk. *59* (1968) 13.
[8] Kirner, K.: Molybdän-Dienst, Heft 47, Juli 1967.
[9] Kirner, K.: Metall *21* (1967) 324.
[10] Anonym: Metall *21* (1967) 327.

skopisch kontrollieren. Außerdem hat man es mit Hilfe von Lichtenergie in der Hand, nichtmetallische und nichtleitende Stoffe auch in oxydierender Atmosphäre hoch zu erhitzen, was etwa für die Herstellung von Einkristallen aus Oxiden und Oxidgemengen nach dem Zonenziehverfahren von entscheidender Bedeutung ist[1].

b) Gießen

Gießen hat für die Verarbeitung der Sondermetalle bisher wenig Bedeutung. Die niedrigschmelzenden Sondermetalle werden nicht als Werkstoffe eingesetzt; die hochschmelzenden Übergangsmetalle heute hauptsächlich nach anderen Methoden in Formkörper übergeführt. Lediglich Vanadin, Titan, Zirkonium, Niob, Molybdän und deren Legierungen werden zu einem geringen Teil durch Schleuder- oder Formguß verarbeitet; Uran für Reaktoren wird in länglichen Kokillen zu Stäben vergossen. Besondere Schwierigkeiten beim Gießen der Sondermetalle bestehen hauptsächlich darin, daß Atmosphärilien sorgfältigst ferngehalten werden müssen. Meist reicht die Verwendung von Schutzgasen nicht aus, sondern es muß unter Vakuum vergossen werden.

Abb. 96. Ansicht einer Zentrifugalgußanlage mit induktiver Erhitzung des Schmelzgutes Spulen und Kokille sind wassergekühlt. (Leybold Heraeus GesmbH, Hanau)

Das Gießen kann aus schwenkbaren Kokillen geschehen, mit denen widerstandserhitzte Vakuumöfen (Graphit-, Molybdän-, Tantal- und Wolframheizleiter) leicht ausgestattet werden können. Es sind auch schon Vakuum-Lichtbogenschmelz- und -Elektronenstrahlschmelzöfen mit kippbaren Kokillen am Markt. Größere Schmelzmengen, z. B. von Uran, werden durch den Boden „abgegossen“ (Bodenguß, bottom pouring). Die Tiegel bzw. die Kupferkokillen haben am Boden ein mit einem Stempel aus Graphit oder einem anderen geeigneten Material verschließbares Loch. Das Loch kann auch durch erstarrte Metallschmelze verschlossen sein. Bei Überhitzen der Metallschmelze schmilzt der Pfropfen aus und gibt das Abgußloch frei. Dieses Gießverfahren hat gegenüber

---

[1] Tetsyo Noguchi u. Mitarb.: J. chem. Soc. Japan. Ind. Chem. Sect. [Kogyo Kagaku Zasshi] *69* (1966) 1705.

dem Abguß mit kippbarer Kokille den Vorteil, daß die an der Oberfläche der Metallschmelze schwimmende Schlackenschicht nicht in den Guß gelangt[1,2,3].

Vergossene Metallstücke sind meist grobkörnig, enthalten Stengelkristalle und haben daher schlechte Werkstoffeigenschaften. Die Gußblöcke werden häufig durch Schmieden und Hämmern etwas nachverformt, das Gußkorn dadurch gebrochen und verfeinert.

Das Gießen wird in Zukunft mit Sicherheit auch für die Sondermetalle Bedeutung erlangen, vor allem dann, wenn bei hohen Produktionsmengen der Strangguß, der Schleuderguß (vgl. Abb. 96, eine Schleudergußanlage mit Vakuum-Induktionsheizung für Präzisionsguß) und der Formmaskenguß[4], die sich in der Leichtmetall- und in der Sonderstahlindustrie schon bewährt haben, auch auf einzelne Sondermetalle, vorerst vor allem auf Titan und Zirkonium, übertragen werden.

---

[1] SCHIMMELBUSCH, H. E.: Dissertation an der Mont. Hochschule Leoben 1961.

[2] JAYNES, G. E., TAUB, J. M., DOLL, D. T.: Nuclear Metallurgy Band IV (IMD Fall Meeting, Morrison Hotel, Chicago, 1957).

[3] GRAINGER: Materials for Nuclear Reactors. McGraw-Hill Book Co. Inc., New York–London–Toronto 1959 „Uranium and Thorium".

[4] PÖLZGUTER, F.: VDI-Ztg. *98* (1956) 1772.

III. Gewinnung, Eigenschaften und Verwendung der einzelnen Sondermetalle

Im folgenden Teil wird auf die Gewinnung, die Eigenschaften und die Verwendung der *Sondermetalle* im einzelnen näher eingegangen. Wegen der bei den meisten Gruppen ins Auge springenden Ähnlichkeit in Verhalten und Eigenschaften werden die Metalle nach ihrer Stellung im Periodensystem der Elemente in Kapiteln zusammengefaßt. Es wird mit den Gruppen Ia und IIa, den Alkali- und den Erdalkalimetallen, begonnen, dann mit den Übergangsmetallen der Gruppen IIIa bis VIIIa fortgesetzt und schließlich die Sondermetalle der Gruppen IIIb bis IVb besprochen. Die einzelnen Kapitel, die einheitlich aufgebaut sind, haben verschiedenen Umfang, entsprechend der sehr verschiedenen Bedeutung und den verschiedenen industriellen Anwendungsmöglichkeiten der einzelnen Sondermetalle.

Besonders eingehend werden die wichtigen Übergangsmetalle der Gruppen IIIa bis VIa behandelt, die unter den Metallen zum Teil einzigartige Eigenschaften besitzen und von denen einige in ihren Produktionsziffern und ihrer Anwendung schon in naher Zukunft zu den „Gebrauchsmetallen" zu zählen sein werden.

A. Gruppe Ia

Alkalimetalle

Die Elemente der Gruppe Ia des Periodensystems der Elemente — die Alkalimetalle — werden in der Technik vorwiegend in Form ihrer Salze verwendet. Eine Anwendung als metallisches Halbzeug ist bei diesen Metallen selten. Als Werkstoffe sind sie wegen ihrer geringen Härte, ihres niedrigen Schmelzpunktes und vor allem wegen ihrer großen Reaktionsfreudigkeit ungeeignet. Auch als Legierungszusätze sind sie kaum interessant; Natrium wird lediglich in sehr geringen Konzentrationen Aluminium und Aluminium–Silizium-Legierungen zugesetzt; es begünstigt die Feinkornbildung beim Aluminiumguß und vermindert dessen Rekristallisationsneigung. In neuerer Zeit wird metallisches Natrium, das sehr gute elektrische Leitfähigkeit besitzt, eingefüllt in Kunststoffschläuche für elektrische Starkstromkabel verwendet[1]. Geschmolzenes Natrium und Kalium und eine Legierung dieser beiden Metalle, die schon bei Normaltemperatur flüssig ist, dienen als flüssiges metallisches Kühlmittel, vor allem in einigen modernen Hochtemperatur-Kernreaktoren. In ähnlicher Weise diente geschmolzenes

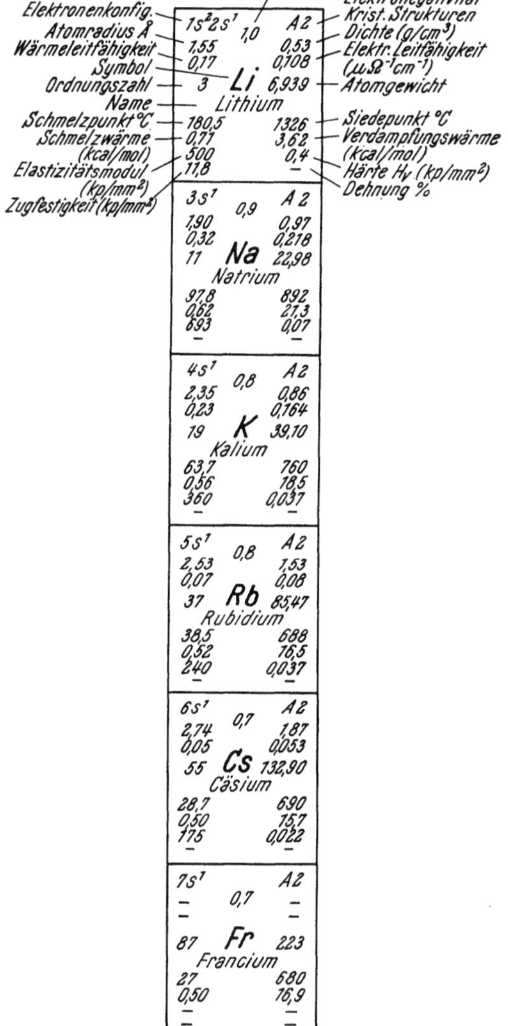

Abb. 97. Einige wichtige physikalische Eigenschaften der Metalle der Ia-Gruppe des Periodensystems

[1] Anonym: Metal Progress *93* (1967) 21.

metallisches Natrium während des II. Weltkrieges als Kühlmittel für Flugzeugmotor-Ventile. Die Hauptanwendung finden Natrium und Kalium, vor allem das billigere Natrium, als metallische Reduktionsmittel für die Herstellung verschiedener Metalle (vgl. Natriothermie, S. 32ff.) und in der organischen Industrie.

Natrium und *Kalium*, die zu den häufigsten Elementen in der Erdkruste zählen, können heute durchaus zu den Gebrauchsmetallen gezählt werden. Sie werden daher im Rahmen dieses Buches nicht näher beschrieben.

Lithium dagegen, das neuerdings einige interessante Anwendungsgebiete erobert hat, sowie *Cäsium* sind als echte „Sondermetalle" zu bezeichnen. Für *Rubidium* in metallischer Form konnten bis heute noch keine wesentlichen Anwendungsgebiete gefunden werden, so daß sich eine eingehendere Besprechung erübrigt.

1. Entdeckung und Namensgebung

Tabelle 17

Lithium	Rubidium	Cäsium
1817 bei der Analyse von Petalit von BERZELIUS und ARFVEDSON entdeckt und nach Lithos = Stein benannt, weil es im Gegensatz zu Natrium und Kalium zuerst in einem Stein gefunden wurde. Metallisches *Lithium* wurde erstmals 1855 von BUNSEN und MATHIESSEN durch Schmelzflußelektrolyse von LiCl erhalten.	1861 von BUNSEN bei der Spektralanalyse von Dürkheimer Sole und von Lepidolith erstmalig beobachtet. Wegen der roten Spektrallinie nach rubidos (= dunkles Rot) benannt.	Erstmaliger Nachweis durch Spektralanalyse 1861 durch BUNSEN; durch PISANI 1864 aus Pollucit isoliert. Metallisches Cäsium erstmals von SETTENBERG durch Schmelzflußelektrolyse erhalten. Name von BUNSEN nach der Farbe der Spektrallinie nach caesius (= Blau des heiteren Himmels).

2. Vorkommen und Häufigkeit

Von den drei zu besprechenden Alkalimetallen besitzt Rubidium die größte Häufigkeit. Mit einem Gehalt von etwa 300 ppm in der Erdkruste ist es etwa gleich häufig wie Chlor. Auch Lithium (65 ppm) und Cäsium (7 ppm) zählen zu den häufigeren Elementen.

Rubidium bildet aber trotz seiner großen Häufigkeit keine eigenen Mineralien, es findet sich jedoch in größeren Gehalten in Karnallit (bis zu 0,02%) und ist in den meisten Lithium- und Cäsium-Mineralien in größeren Mengen vorhanden.

Lithium und *Cäsium* bilden eigene Mineralien, die in ihren Lagerstätten zum Teil ausgebeutet werden. Größere Mengen Lithium fallen als Nebenprodukt bei der Aufbereitung der kalifornischen Borax-Vorkommen an.

3. Hauptmineralien

Von Lithium und Cäsium sind eine Reihe von Mineralien bekannt (Tab. 18).

Tabelle 18. *Die wichtigsten Mineralien von Lithium und Cäsium*

Mineral	Formel	Gehalt in %
Lithium:		*Li_2O*
Amblygonit	$2\,LiF \cdot Al_2O_3 \cdot P_2O_5$	7—9
Triphylin	$(Fe, Li)PO_4$	7—9
Lepidolith	$LiF \cdot KF \cdot Al_2O_3 \cdot 3\,SiO_2$	3,5—4,5
Zinnwaldit	$LiF \cdot KF \cdot FeO \cdot Al_2O_3 \cdot 3\,SiO_2$	2,0—5,5
Petalit	$Li_2O \cdot Al_2O_3 \cdot 8\,SiO_2$	4,5
Spodumen	$Li_2O \cdot Al_2O_3 \cdot 4\,SiO_2$	6—8
Eukryptit	$Li_2O \cdot Al_2O_3 \cdot 2\,SiO_2$	11,6
Cäsium:		*Cs_2O*
Pollucit (Pollux)	$2\,Cs_2O \cdot Al_2O_3 \cdot 9\,SiO_2 \cdot H_2O$	bis 30

4. Hauptlagerstätten

Lithium: Cat Lake und Yellowknife (Canada); Transbaikalien, Mittlerer Ural, Ostsibirien; Süddakota, Nord-Karolina (USA); Zinnwald und Altenberg (Sachsen); Südrhodesien. In Kalifornien Lithiumgewinnung als Nebenprodukt der Borax-Gewinnung.

Cäsium: Maine (USA), Dakota (USA); Elba; Südwestafrika; Varuträsk (Schweden). Alle genannten Lagerstätten enthalten das Cäsium als Pollucit.

5. Produktion und Preis

Der Großteil des gewonnenen *Lithiums* wird in Form von Verbindungen verwendet und meist in Form des Li_2CO_3 gehandelt; nur ein sehr geringer Anteil wird zum Metall weiterverarbeitet. Man schätzt heute die Weltproduktion an Lithium auf etwa 5000—6000 Jahrestonnen, von denen aber nur etwa 150 t als Metall verwendet werden. Der Preis für das Metall betrug 1957 25—30 \$/kg, 1965 etwa 20—25 \$/kg.

Die Produktion von *Rubidium* ist wegen der geringen Anwendungen trotz seiner relativen Häufigkeit und seiner leichten Gewinnbarkeit sehr gering, der Preis ist entsprechend hoch; 1960 wurden Rubidiumverbindungen mit 25—35 \$/kg bezahlt.

Cäsium wird ebenfalls hauptsächlich in Form seiner Verbindungen verwendet. Die Produktion ist bescheiden, man schätzt sie auf nur 3—5 Jahrestonnen, von denen nur ein geringer Teil als Metall verwendet wird. 1960 wurden z. B. für Cäsium-Verbindungen (Karbonat, Fluorid, Chlorid, Sulfat) 60—80 \$/kg bezahlt.

6. Physikalische Eigenschaften

Lithium, dessen Dichte nur 0,534 g/cm³ beträgt, ist das leichteste aller Metalle. Im Schmelz- und Siedepunkt fällt es etwas aus der Reihe der niedrigschmelzenden Alkalimetalle heraus. Auch in diesen Eigenschaften kommt seine Ähnlichkeit mit den Erdalkalimetallen zum Ausdruck.

Zum Vergleich sind in die Tab. 19 auch die Eigenschaften von Natrium, Kalium und Francium mitaufgenommen.

Tabelle 19. *Physikalische Eigenschaften der Alkalimetalle*

	Li	Na	K	Rb	Cs	Fr
OZ	3	11	19	37	55	87
AG	6,939	22,9898	39,102	85,47	132,905	(223)
ES	(He) 2s	(Ne) 3s	(Ar) 4s	(Kr) 5s	(Xe) 6s	(Rn) 7s
GT	krz	krz	krz	krz	krz	—
	$a = 3{,}5089$	$a = 4{,}2820$	$a = 5{,}3437$	$a = 5{,}70$	$a = 6{,}076$	
AR	1,55	1,90	2,35	2,53	2,74	—
ϱ_{20}	0,53	0,97	0,86	1,532	1,873	—
Fp.	180,5	97,8	63,7	38,9	28,7	(27)
Kp.	1326	892	760	688	690	680
ΔHs	0,71	0,62	0,56	0,52	0,52	0,50
$\Delta H_{\text{subl.}}$	Li 36,2	Na 25,9	K 21,5	20,5	18,8	16,9
	Li_2 50,4	Na_2 33,7	K_2 30,7			
Δc_{p20}	5,66	6,74	6,65	7,3	7,50	7,64
α_m	58	72	84	90	97	—
k_R	8,9	14,6	35,1	38,7	45	—
λ_w	0,17	0,32	0,23	0,07	0,05	0,044
λ_e	0,108	0,218	0,164	0,080	0,053	—
EN	1,0	0,9	0,8	0,8	0,7	0,7
I	5,37	5,12	4,34	4,16	3,87	—
E	500	693	360	240	175	—
μ	0,359	0,342	0,350	0,292	0,3	—
σ_B	18	3,0	—	—	—	—
H_V	0,4	0,07	0,037	0,022	0,015	—
Häuf.	0,0065%	2,80%	2,60%	0,031%	7 ppm	—

OZ Ordnungszahl
AG Atomgewicht bezogen auf die rel. Atommasse $^{12}_{6}C = 12{,}000$
ES Elektronenstruktur
GT Gittertyp; Gitterkonstanten in Å
UT Umwandlungstemperatur
AR Atomradius (Å)
ϱ_{20} spez. Gewicht bei 20 °C (g/cm³)
Fp. Schmelzpunkt (°C)
Kp. Siedepunkt (°C)
ΔH_s Schmelzwärme (kcal/g-Atom)
$\Delta H_{\text{subl.}}$ Sublimationsenthalpie (kcal/g-Atom)
Δc_{p20} spez. Wärme bei 20 °C (cal/g-Atom)
α_m mittlerer linearer Ausdehnungskoeff. (meist Mittelwert zwischen 0—100 °C) (10^{-6}/°C)
k_R Volumkompressibilität bei Raumtemp. und 760 Torr (10^{-6} cm²/kp)
λ_w therm. Leitfähigkeit (cal/cm · s · °C)
λ_e elektr. Leitfähigkeit (1/μΩ cm)
EN Elektronegativität
I Erste Ionisierungsenergie (eV)
E Elastizitätsmodul (kp/mm²)
μ Poissonzahl
σ_B Zugfestigkeit (kp/mm²)
H_V Vickershärte (kp/mm²)
Häuf. Häufigkeit in der Erdkruste

7. Chemische Eigenschaften

Die Alkali-Metalle Lithium, Rubidium und Cäsium sind äußerst reaktionsfähig. Cäsium und Rubidium entsprechen in ihrem Verhalten weitgehend dem von Kalium und Natrium. Lithium dagegen zeigt einige Eigenschaften, die denen der Erdalkali-Metalle entsprechen. So ist Lithiumkarbonat relativ wenig wasserlöslich, während die Karbonate der anderen Alkalimetalle hohe Löslichkeit besitzen. Ebenso sind LiF und Li_3PO_4 im Gegensatz zu den Fluoriden und Phosphaten der übrigen Alkalimetalle praktisch nicht in Wasser löslich.

Lithium, Rubidium und Cäsium reagieren außerordentlich heftig mit Wasser unter Bildung der Hydroxide. An der Luft bilden sich Oxide bzw. Peroxide. Mit Wasserstoff bilden sie bei höherer Temperatur Hydride; mit Ammoniak werden Amide gebildet. Im flüssigen Ammoniak sind die Alkali-Metalle in metallischer Form unter Bildung von tiefblauen Lösungen beträchtlich löslich.

8. Gewinnung

a) Lithium

Lithium wird zum größten Teil aus den in den genannten Lagerstätten geförderten Mineralien — daneben auch als Nebenprodukt bei der Aufbereitung der kalifornischen Borax-Vorkommen — gewonnen.

Aufschluß der Lithium-Mineralien

Die Lithium-Mineralien sind im allgemeinen leicht durch Erhitzen mit Schwefelsäure oder Glühen mit Kalk aufschließbar, lediglich das natürlich vorkommende α-Spodumen muß durch eine Glühbehandlung — meist auf 1100 °C — in die β-Form, die leicht aufschließbar ist, umgewandelt werden.

a) Aufschluß mit Schwefelsäure

Der Schwefelsäureaufschluß ist das hauptsächlich angewendete Verfahren (vgl. Fließschema Abb. 98a). Die relativ grob gemahlenen Erze werden nach verschiedenen, doch sehr ähnlichen Verfahren mit starker Schwefelsäure angeteigt und im Drehrohrofen auf 200—400 °C erhitzt. Die Röstprodukte werden dann mit Wasser gelaugt, wobei Lithium als Sulfat in Lösung geht. Mitgelöste Verunreinigungen werden durch Neutralisieren der Laugungslösung mit Kalk, evtl. nach Oxydieren, gefällt (Fe, Al, Mn). Enthalten die Erze größere Mengen an Phosphaten, werden beim aufschließenden Rösten mit Schwefelsäure Aluminiumsulfat oder Bauxit zugesetzt. Beim nachfolgenden Laugen mit Wasser bzw. beim Neutralisieren mit Kalk verbleiben dann die Phosphate als Aluminiumphosphat ungelöst. Aus den gereinigten Laugungslösungen wird Lithium mit Soda oder Pottasche als Lithiumkarbonat gefällt.

b) Aufschluß mit Kalk

Neben dem naßchemischen Aufschluß mit Schwefelsäure wird auch zum Teil pyrometallurgisch mit Kalk aufgeschlossen (Fließschema Abb. 98b). Der Aufschluß mit Kalk bietet den Vorteil, daß man direkt Lithiumhydroxid erhält und beim Aufschluß von Spodumen keine Vorbehandlung notwendig ist. Der Kalk-

Aufschluß bedingt aber höheren Chemikalien- und Energieverbrauch und teurere Apparaturen.

Die Erze — vor allem Spodumen und Lepidolith — werden 4 Stunden lang im Drehrohrofen bei 1100—1150 °C (Spodumen) bzw. 850 °C (Lepidolith) unter Kalkzusatz erhitzt und dann rasch mit kalter, aus dem Prozeß stammender Lauge abgeschreckt. Nach dem Naßmahlen der Sinterprodukte wird mit Wasser gelaugt. Im Rückstand verbleiben Silikate, Phosphate und Aluminate und man erhält eine relativ saubere Lithiumhydroxid-Lösung, die durch Zusatz von etwas Kalkmilch gereinigt wird. Aus der Lösung wird durch starkes Eindampfen Lithiumhydroxid auskristallisiert, das man durch Umkristallisieren reinigt.

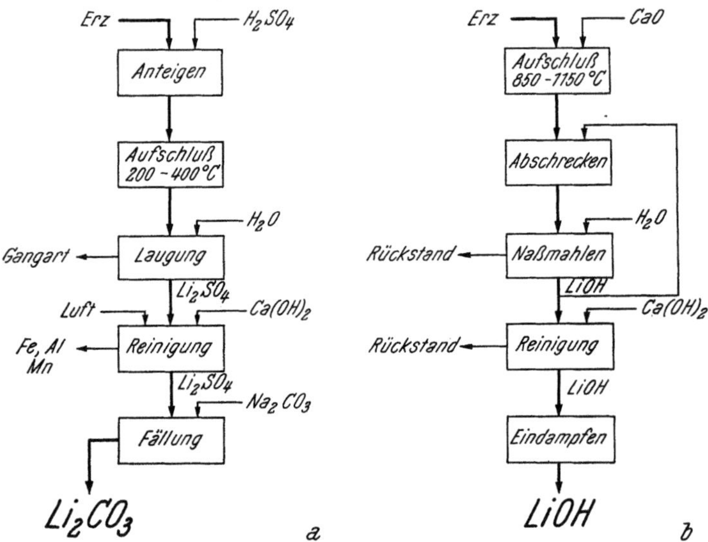

Abb. 98. a Saurer Aufschluß eines Lithiumerzes (Fließschema), b Alkalischer Aufschluß eines Lithiumerzes (Fließschema)

Größere Bedeutung erlangten auch Aufschlußverfahren mit Alkalisulfaten. Beim Erhitzen der Lithium-Minerale mit entsprechenden Mengen an Natrium- oder Kaliumsulfat auf etwa 750—800 °C wird Lithium in den Silikaten durch Natrium bzw. Kalium ersetzt. Beim Laugen mit kaltem Wasser geht Lithiumsulfat in Lösung, das durch Natriumkarbonat oder Kaliumkarbonat als Lithiumkarbonat gefällt wird. Aus den Lösungen wird durch Eindampfen Natriumsulfat bzw. Kaliumsulfat wiedergewonnen.

Verfahren, die Lithium-Erze durch Sintern mit Calciumkarbonat und Calciumchlorid bzw. Calciumkarbonat + Ammonchlorid aufzuschließen und dabei gleichzeitig Lithiumchlorid zu verflüchtigen, haben in der Technik keine Anwendung gefunden.

c) Als Nebenprodukt bei der Boraxgewinnung

Bei der Borax-Gewinnung in Kalifornien fällt Lithium als Nebenprodukt in einer Zwischenstufe der Kristallisation an. Die in dieser Stufe anfallenden Produkte („Licons") bestehen hauptsächlich aus Natriumchlorid, Burkeit (Doppelsalz aus Natriumkarbonat und Natriumsulfat) und bis zu 20% Lithiumphosphat. Sie werden, nach Abtrennung des Natriumchlorids durch Schwerkraftaufbereitung, in Wasser gelöst und die die Hauptmenge Lithium enthaltenden, ungelöst bleibenden Bestandteile (vor allem Lithiumphosphat) abflotiert. Die Flotationskonzentrate werden dann geröstet und mit Schwefelsäure zu Lithiumsulfat und Phosphorsäure umgesetzt. Das in der starken Phosphorsäure ungelöst bleibende Lithiumsulfat wird abfiltriert und nach Lösen in Wasser das Lithium als Karbonat ausgefällt.

Gewinnung des Metalles

Das Metall wird heute ausschließlich durch Schmelzflußelektrolyse einer Mischung von 52% LiCl + 48% KCl gewonnen. Die Elektrolyse wird in relativ kleinen Zellen bei Badtemperaturen von 450 bis 550 °C betrieben. Der Elektrolyt soll möglichst wenig Natrium enthalten, da praktisch alles Natrium als Verunreinigung mit dem Lithium zusammen abgeschieden wird. Die Zellen (Abb. 99)

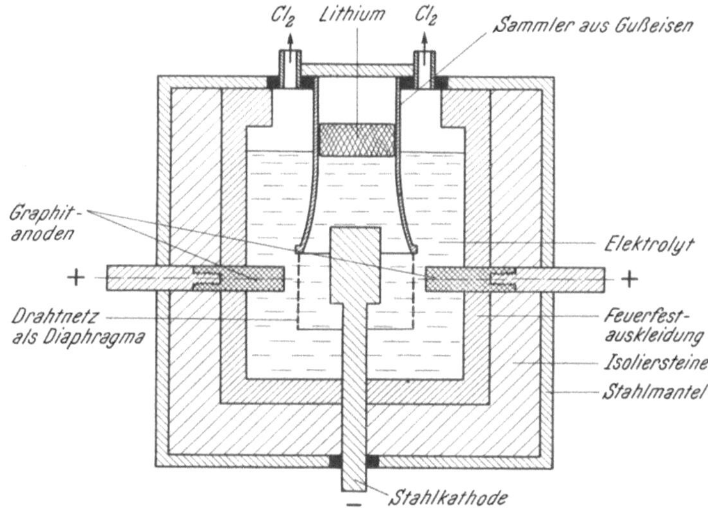

Abb. 99. Zelle zur elektrolytischen Abscheidung von Lithiummetall aus einer Salzschmelze (W. SCHREITER: Seltene Metalle, VEB Deutscher Verlag f. Grundstoffindustrie, Leipzig 1961)

ähneln denen für die Magnesiumherstellung. In einen mit feuerfesten Steinen ausgemauerten Stahlmantel werden seitlich 3 Graphitanoden und von unten eine Kathode aus rostfreiem Stahl eingeführt. Über die Kathode ist ein Trichter aus Grauguß gestülpt, in dem sich das gebildete Lithiummetall, das leichter als die Schmelze ist, ansammelt und aus dem es mit einem Schöpflöffel entnommen werden kann. Das Lithiummetall läßt sich durch Umschmelzen unter Paraffin von anhaftenden Oxidschichten befreien. Zur Entfernung von Natrium, das bei der Herstellung von Lithium-Magnesium-Legierungen stört, wird Lithium unter Vakuum geschmolzen, wobei Natrium bis auf einen Gehalt von 0,001–0,005% verdampft. Auch durch vorsichtige Behandlung des geschmolzenen Lithiummetalls mit Wasser läßt sich Natrium weitgehend entfernen, da Natrium von Wasser bevorzugt angegriffen wird.

Wenn die Entfernung eines geringen Gehaltes an mitabgeschiedenem Kalium notwendig ist, wird Lithium bei 700—800 °C in Lithiumhydrid übergeführt, wobei Kalium verdampft. Das Hydrid wird dann bei 1000 °C wieder zersetzt.

b) Rubidium und Cäsium

Cäsium wird aus dem Cäsium-Mineral Pollucit, neben Lithium aus Lepidolith und gemeinsam mit Rubidium als Nebenprodukt bei der Karnallit-Aufarbeitung gewonnen. Ausgangsprodukt für die *Rubidium*-Gewinnung ist praktisch ausschließlich der Karnallit.

Aufschluß der Cäsium- und Rubidium-Mineralien

a) Aus Pollucit

Pollucit wird durch längeres Erhitzen mit Salzsäure aufgeschlossen. Nach erfolgtem Aufschluß wird zur Trockene eingedampft und der trockene Rückstand in 3 n HCl aufgenommen. Aus der Lösung fällt man das Cäsium durch Zusatz von $SbCl_3$ in Form des Doppelsalzes $CsCl \cdot SbCl_3$ aus, das durch Kochen mit Wasser wieder zersetzt wird. Nach Abfiltrieren des ausfallenden Antimonhydroxids werden in Lösung befindliche Verunreinigungen von Eisen, Aluminium, Calcium u. a. mit NH_3 und $(NH_4)_2CO_3$ gefällt. Im Filtrat wird die Fällung des Cäsiums mit $SbCl_3$ wiederholt und nach Hydrolyse des Antimons die Lösung eingedampft. Durch fraktionierte Kristallisation können die übrigen Alkalimetalle abgetrennt und Cäsiumchlorid mit einer Reinheit von 99,9% gewonnen werden.

Der nach dem Salzsäureaufschluß von Pollucit erhaltene trockene Rückstand kann auch mit heißer Schwefelsäure aufgenommen werden. Beim Abkühlen fallen aus dieser Lösung die Alaune der Alkalimetalle nacheinander in der Reihenfolge Cäsium, Rubidium, Kalium und Natrium aus. Durch mehrmaliges Umkristallisieren können die einzelnen Alaune ($Alk_2SO_4 \cdot Al_2(SO_4)_3 \cdot 12\,H_2O$) rein erhalten werden. Man fällt schließlich aus den Cäsium- bzw. Rubidiumalaunlösungen mit Oxalsäure das Cäsium- bzw. Rubidiumoxalat und verglüht diese zu den Karbonaten.

Auch durch Fällung mit dosierten Mengen an Natrium–Zinkferrocyanid kann man Cäsium und Rubidium aus karbonatischen Lösungen selektiv fällen, wobei Cäsium–Zinkferrocyanid zuerst gefällt wird. Die ferrocyanidhältigen Niederschläge werden durch Erhitzen an der Luft zersetzt und durch nachfolgendes Laugen mit Wasser die Karbonate von Cäsium bzw. Rubidium in Lösung gebracht.

b) Aus Karnallit

Beim Aufarbeiten der Karnallit-Vorkommen wird vorerst der natürliche Karnallit durch Lösen in heißem Wasser gespalten und die Hauptmenge an Kaliumchlorid in der Hitze auskristallisiert. Aus den Mutterlaugen fällt man durch Eindampfen nacheinander weiteres Kaliumchlorid, dann Natriumchlorid und schließlich fällt — bei genügendem Magnesiumgehalt der Lösung — „künstlicher" Karnallit, der mehrmals umkristallisiert wird.

In der Mutterlauge der Kristallisation des „künstlichen“ Karnallits sind Cäsium und Rubidium angereichert. Sie werden aus der Mutterlauge durch Zusatz von Silikomolybdatlösung als Komplexverbindungen ausgefällt (vgl. Fließschema Abb. 100). Die filtrierten und getrockneten Fällungen der Alkalisilikomolybdate werden bei 450 °C mit HCl-Gas, dem etwas Tetrachlorkohlenstoff beigemischt ist, behandelt und dabei Molybdän als Oxychlorid verflüchtigt.

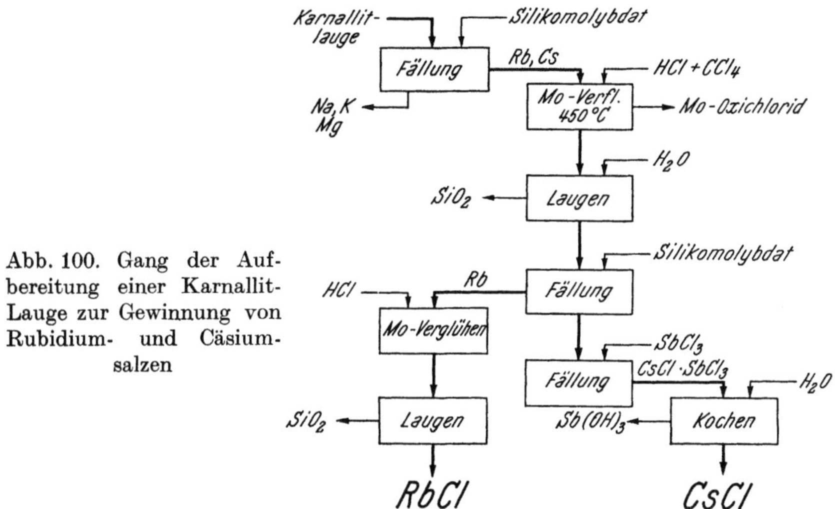

Abb. 100. Gang der Aufbereitung einer Karnallit-Lauge zur Gewinnung von Rubidium- und Cäsiumsalzen

Der Rückstand wird mit Wasser gelaugt, wobei Siliziumdioxid ungelöst verbleibt. Aus der Lösung kann durch genau dosierte Mengen von Silikomolybdatlösung Rubidium getrennt von Cäsium gefällt werden. Die Fällung wird, wie oben, mit HCl-Gas behandelt und schließlich reines Rubidiumchlorid erhalten. Die Lösung nach der Rubidium-Fällung wird zur Trockene eingedampft, mit 2,5n HCl aufgenommen, Cäsium mit $SbCl_3$ gefällt und die Fällung, wie früher beschrieben, weiterbehandelt.

c) Aus Lepidolith

Aus Lepidolith können Cäsium und Rubidium auf ähnliche Weise gewonnen werden, wenn man nach dem üblichen Aufschluß und dem Ausfällen des Lithiumkarbonats die verbleibende Lösung eindampft und Cäsium und Rubidium über die Alaune bzw. durch Silikomolybdatlösung oder das Cäsium mit $SbCl_3$ fällt.

Gewinnung von metallischem Cäsium bzw. Rubidium

Im Gegensatz zur Gewinnung des Lithiums wird für Cäsium und Rubidium die Schmelzflußelektrolyse nicht angewendet. Cäsium und Rubidium werden auf metallothermischem Wege durch Reduktion der Karbonate mit Magnesium bei 675 °C unter Wasserstoffatmosphäre oder der Chloride mit Calcium bei gleicher Temperatur im Vakuum hergestellt. Cäsium bzw. Rubidium dampfen bei dieser Temperatur ab und werden unter sorgfältigem Luftausschluß meist unter Öl kondensiert.

9. Legierungen

Die Metalle Lithium, Cäsium und Rubidium bilden mit vielen anderen Metallen Verbindungen und Legierungen; doch haben derartige Legierungen bisher praktisch keine besonderen Anwendungen finden können. Im Handel befinden sich lediglich *Lithium-Legierungen* (LiCu mit 70% Li, LiCa mit 30—50% Li, LiMg mit 30% Li), die als Vorlegierungen zum Einbringen von geringen Lithiumgehalten in Magnesium- und Aluminium-Legierungen dienen, bzw. für Desoxydationszwecke verwendet werden. Die Mg-30 Li-Legierung, die relativ korrosionsbeständig ist, hat das niedrige spezifische Gewicht von etwa 1 und soll wegen dieser Eigenschaft in der Raumfahrt Verwendung finden. Li–Si–Fe-Legierungen werden gelegentlich in der Stahlindustrie für die Stahlentgasung und bei der Herstellung von Sphäroguß anstelle der Mg–Si–Fe-Legierungen verwendet.

Mit den Übergangsmetallen der Gruppen IIIa bis VIIIa gehen sie keine Verbindungen ein[1]. Die gegenseitige Löslichkeit im festen Zustand ist äußerst gering, was die Verwendung der Alkalimetalle für metallothermische Reduktionen ermöglicht.

10. Verwendung

a) Lithium

Wie schon erwähnt, ist die Anwendung von metallischem Lithium sehr gering und fast nur auf Desoxydationszwecke und als Kornverfeinerungsmittel (Mg, Al und Zn-Legierungen) beschränkt. Für diese Zwecke wird es meist in Form von Vorlegierungen eingesetzt, kommt aber auch — hauptsächlich als Zusatz zu Kupferschmelzen — in Form von dünnen Drähten oder Stäben, die in Kupferkapseln eingeschlossen sind, in den Handel. Das früher als Lagermetall verwendete lithiumhaltige Blei ist inzwischen durch andere Werkstoffe ersetzt worden.

Ein erheblicher Anteil des in metallischer Form verwendeten Lithiums geht in die organische Industrie. Lithium ist ein ausgezeichneter Katalysator für viele Reaktionen und vermag andere Alkali-Metalle, z. B. für Alkylierungs- und Arylierungsreaktionen, bzw. das Magnesium in Grignardreaktionen, mit Vorteil zu ersetzen. Die Vitamin-A-Synthese nimmt z. B. allein etwa 10 t Lithiummetall pro Jahr auf.

Große Bedeutung erlangte Lithium auch in der Atomkerntechnik. Das Isotop Li^6, das zu 7,5% im natürlichen Lithium enthalten ist und aus diesem durch verschiedene Verfahren abgetrennt werden kann, ist in Form des Lithiumdeuterids das energiegebende Material der Wasserstoffbomben[2]. Größere Mengen an Li^6 werden wahrscheinlich benötigt werden, falls die kontrollierte Kernverschmelzung zur Energiegewinnung einmal gelingt. Li^7 besitzt geringen Einfangquerschnitt für thermische Neutronen; bei genügend geringem Gehalt an Li^6 stellt Li^7 daher ein ideales Kühlmittel für Uranreaktoren dar und wird vor allem in atomgetriebenen U-Booten verwendet.

Hauptanwendung findet Lithium aber in Form seiner Verbindungen. Lithiumseifen dienen als hervorragende Trockenschmiermittel; in Mineralöl eingetragen

---

[1] HANSEN, M., ANDERKO, K.: Constitution of Binary Alloys, 2. Aufl. McGraw-Hill Book Co. Inc., New York–London–Toronto 1958.

[2] GEBHARDT, E., SEGHEZZI, H. D.: in: GEBHARDT/THÜMMLER/SEGHEZZI (Hrsg.): Reaktorwerkstoffe. Verlag Teubner, Stuttgart 1964.

geben Lithiumseifen hochwertige Schmierfette. Lithiumchlorid und -fluorid sind in Löt- und Schweißmitteln für Leichtmetallegierungen enthalten, Chlorid und Bromid werden in größeren Mengen für Klimaanlagen verbraucht. Größere Mengen an Lithiumverbindungen nimmt auch die Porzellan- und Glasindustrie für Spezialkeramiken und Spezialgläser auf. Im 2. Weltkrieg wurde Lithiumhydrid, das mit Wasser zu Lithiumhydroxid und Wasserstoff reagiert ($LiH + H_2O = LiOH + H_2$) als feste, bequeme und leichte Wasserstoffquelle für das Aufblasen von Schlauchbooten verwendet. Wegen detaillierterer Angaben über die Verwendung von Lithiumverbindungen muß auf das Buchschrifttum (s. unten) verwiesen werden.

b) Cäsium und Rubidium

Die Anwendungsgebiete für *Cäsium* sind gegenwärtig noch sehr gering; *Rubidium* findet praktisch keine industrielle Verwendung, obwohl es bei vielen der möglichen Anwendungsgebiete Cäsium ersetzen könnte.

Die hauptsächlichste Verwendung von Cäsium, die aber nur sehr geringe Mengen des Metalles aufnimmt, ist die für Photozellen und Photomultiplier. Cäsium ist wegen seiner geringen Elektronenaustrittsarbeit für diese Zwecke besonders geeignet. Neben dem elementarem Cäsium werden für photoempfindliche Schichten zunehmend auch Cäsiumlegierungen (Cs_3Sb mit besonders hoher Empfindlichkeit, oder Cs_3Bi) und Cäsiumverbindungen (Cs_2O, dieses auch durch geringe Mengen eingelagerten metallischen Silbers weiter aktiviert) verwendet.

Das Cäsium-Isotop Cs^{137} mit einer Halbwertszeit von 33 Jahren, das weichere Gamma-Strahlung als Co^{60} gibt, wird in der Industrie vielfach für die Durchleuchtung dünnerer Körper, für kontinuierliche Schichtstärken- und Dichte-Meßanlagen und auch in der Krebstherapie verwendet. Cs^{137}, das in der Natur nicht vorkommt, wird aus verbrauchten Brennstoffelementen der Kernreaktoren gewonnen.

Interessant scheinen Cäsium und Rubidium auch in der modernen Raketentechnik für Ionenstrahlantriebe[1]; da sich diese Metalle besonders leicht bei niedrigen Temperaturen ionisieren lassen und ein hohes Atomgewicht besitzen. Auch für magnetohydrodynamische sowie für thermoionische Energieumwandler ist Cäsium das geeignetste Mittel.

Buchschrifttum

LANDOLT, P. E., SITTING, M.: Lithium in: HAMPEL, C. A. (Hrsg.): Rare Metals Handbook, Reinhold Publ. Corp., New York, 2. Aufl. 1961, S. 239.

HAMPEL, C. A.: Rubidium and Cesium ibid. S. 434.

LANDOLT, P. E., HAMPEL, C. A.: Lithium in: HAMPEL, C. A. (Hrsg.): The Encyclopedia of the Chemical Elements. Reinhold Book Corp., New York, 1968. S. 367.

MOSHEIM, C. E.: Rubidium ibid. S. 604.

MOSHEIM, C. E.: Cesium ibid. S. 127.

SCHREITER, W.: Seltene Metalle. VEB Deutscher Verlag für Grundstoffindustrie, Bd. I bis III, Leipzig 1961/63.

HADER, R. N., NIELSEN, R. L., HERRE, M. G.: Lithium and its Compounds in: Modern Chemical Processes. Reinhold Publ. Corp., New York, Bd. 2, 1951, S. 86.

PERELMAN, F. M.: Rubidium and Cesium. McMillan Co., New York 1965.

---

[1] DADIEU, A., DAMM, R., SCHMIDT, E. W.: Raketentreibstoffe. Springer-Verlag, Wien–New York 1968.

B. Gruppe IIa

Beryllium und die Erdalkalimetalle

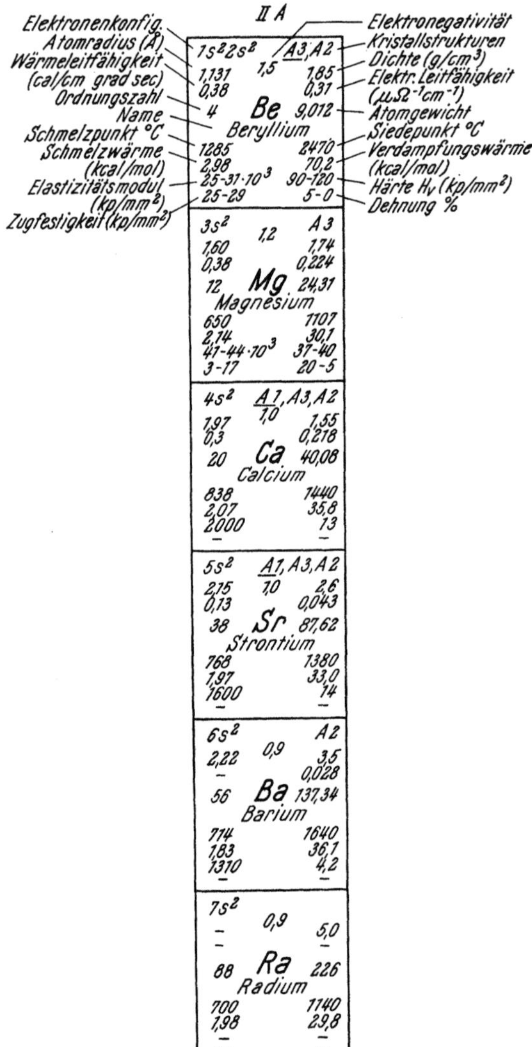

Abb. 101. Einige wichtige physikalische Eigenschaften der Metalle der IIa-Gruppe des Periodensystems

Die Gruppe IIa des Periodensystems umfaßt die Metalle Beryllium, Magnesium, Calcium, Strontium, Barium und Radium. Von diesen Metallen ist Magnesium schon zur Gruppe der Gebrauchsmetalle zu zählen, wenn auch seine Anwendung in metallischer Form vergleichsweise zu anderen Werksmetallen noch gering ist. Nur ein kleinerer Teil des in metallischer Form verwendeten Magnesiums geht in magnesiumlegierte Werkstoffe und in Magnesiumhalbzeug, der größere Teil wird als Reduktionsmetall verwendet. Auch *Calcium* wird in größerer Menge als Reduktionsmetall angewendet. Wegen seiner Korrosionsanfälligkeit wird aber Calciummetall, das nicht, wie z. B. Beryllium und Magnesium, duktile und festhaftende oxidische Schutzschichten bildet, als Werkmetall kaum Interesse finden. Dasselbe gilt für Strontium und Barium, die außerdem noch wesentlich höhere Preise haben. Radium als natürlich vorkommendes radioaktives Element, das in äußerst geringen Mengen in Uranerzen vorkommt (0,3 ppm), wurde früher in Gramm-Mengen hergestellt und hauptsächlich für Strahlenforschung und für die Krebsbekämpfung verwendet. Das sehr kostspielige Element hat heute, seitdem größere Mengen an verschiedenen künstlichen radioaktiven Elementen aus Atomreaktoren zur Verfügung stehen, praktisch keine Bedeutung mehr.

Das einzige, technisches Interesse beanspruchende „Sondermetall" aus dieser Gruppe ist das *Beryllium*. Beryllium ist seit langem „Zukunftsmetall". Seine guten Eigenschaften — niedriges spezifisches Gewicht bei hoher Festigkeit, relativ hoher Schmelzpunkt, gute Festigkeit bei höheren Temperaturen und gute Korrosionsbeständigkeit — lassen Beryllium als interessantes Werksmetall erscheinen. Trotz großer Anstrengungen ist es bisher noch nicht industriell gelungen, das Beryllium genügend rein, insbesondere oxidfrei zu erhalten und seine guten Eigenschaften auszuschöpfen. Daneben hat die große Giftigkeit des pulverigen Metalles und seiner Verbindungen seine Verwendung sehr stark gehemmt. Wenn die Schutzmaßnahmen vor Vergiftung während der Herstellung — kompaktes Metall ist relativ harmlos — und die Verarbeitungstechnik genügend entwickelt sein werden und hochreines feinkörniges Metall hergestellt werden kann, wird sich Beryllium zweifellos seinen Markt erobern.

Auf die übrigen Sondermetalle dieser Gruppe wird wegen ihrer geringen Bedeutung nicht näher eingegangen. Wie schon erwähnt, ist Calcium nur als Reduktionsmetall (vgl. Calciothermie) interessant. Die übrigen — Strontium, Barium und Radium — haben, obwohl zumindest Strontium zu den häufigeren Elementen zählt, in metallischer Form bisher keine Verwendung gefunden.

Beryllium

In seinen Eigenschaften ähnelt Beryllium mehr dem Aluminium (Schrägbeziehung im Periodensystem) als den schweren Erdalkalimetallen. Mit dem Aluminium und dem Magnesium zählt es zu den „*Leichtmetallen*", von denen Beryllium das niedrigste spezifische Gewicht (Dichte = 1,85) und auch den höchsten Schmelz- und Siedepunkt aufweist. Beryllium könnte, bei stärkerer Einführung in die Technik, die Werkstoffpalette der Leichtmetalle, zu denen auch Scandium (Dichte = 2,99 g/cm^3), Yttrium (Dichte = 4,47 g/cm^3) und Titan (Dichte = 4,54 g/cm^3) gehören, und der Leichtmetallegierungen wertvoll bereichern.

1. Entdeckung und Namensgebung

Beryllium wurde 1797 von Vauquelin beim Aufschluß von Beryll entdeckt; den Namen nach dem Mineral Beryll gab ihm aber erst Klaproth, der die Versuche von Vauquelin wiederholte. 1828 gelang es Wöhler erstmals, durch Reduktion von Berylliumchlorid mit Kalium eine geringe Menge metallischen Berylliums herzustellen.

2. Vorkommen und Häufigkeit

Mit einem Anteil von etwa 6 ppm in der Erdkruste zählt Beryllium zu den weniger häufigen Elementen. Es ist aber in verschiedenen Teilen der Welt zu abbauwürdigen Lagerstätten, vor allem in Pegmatiten, angereichert. Die wichtigsten, heute abgebauten Lagerstätten befinden sich in Südafrika, Argentinien, Brasilien, Indien und der UdSSR. Sie enthalten das Beryllium hauptsächlich in den in Tab. 20 zusammengestellten Mineralien.

Tabelle 20. *Beryllium-Mineralien*

Mineral	Zusammensetzung	Be-Gehalt in %
Beryll	$3\,BeO \cdot Al_2O_3 \cdot 6\,SiO_2$	3—3,5
Bertrandit	$4\,BeO \cdot SiO_2 \cdot H_2O$	15
Phenakit	$2\,BeO \cdot SiO_2$	16
Chrysoberyll	$BeO \cdot Al_2O_3$	7

Neben den reichen Lagerstätten finden sich in weiten Teilen der Welt arme Berylliumerze, die heute noch nicht abbauwürdig sind, die aber interessant werden können, weil sie meist noch ein anderes gewinnbares Mineral, z. B. Feldspat, Lithiumglimmer u. a., enthalten.

3. Produktion und Preis

Vor 1943 wurde wegen geringer Nachfrage nur sehr wenig metallisches Beryllium hergestellt, doch ist in der Zwischenzeit die Erzeugung von Rein-Beryllium, das hauptsächlich in der Atomkerntechnik verwendet wird, stark angestiegen. Für gewalztes bzw. gepreßtes Beryllium-Metall werden etwa 100—150 $/kg bezahlt.

4. Physikalische Eigenschaften

Zum Vergleich sind in die Tab. 21 der physikalischen Eigenschaften des Berylliums auch die Daten für Magnesium, Calcium, Strontium, Barium und Radium sowie von Aluminium, dem Beryllium in seinen Eigenschaften am nächsten kommt, mitaufgenommen.

Die mechanischen Eigenschaften von Beryllium sind sehr von der Reinheit des Metalles abhängig. Das Metall besitzt hohe Zugfestigkeit, die mit steigender Temperatur abnimmt[1,2,3]. Bei 850 °C ist Beryllium warmbrüchig.

5. Chemische Eigenschaften

Obwohl Beryllium ein sehr unedles Metall ist, ist es bei Raumtemperatur gegen Luftsauerstoff sehr beständig, weil es wie Magnesium und Aluminium, denen es in seinen Eigenschaften ähnelt, eine festhaftende, dichte Oxidhaut aus-

[1] Beaver, W. W., Wikle, K. G.: J. Met. *6* (1954) 559.

[2] Lintner, K., Schmid, E.: Werkstoffe des Reaktorbaues. Springer-Verlag, Berlin-Göttingen-Heidelberg 1962.

[3] Thümmler, F., Gebhardt, E.: in: Gebhardt/Thümmler/Seghezzi (Hrsg.): Reaktorwerkstoffe, Teil 2. Verlag Teubner, Stuttgart 1969, S. 182.

Tabelle 21. *Physikalische Eigenschaften der Erdalkalimetalle und des Aluminiums*

	Be	Mg	Ca	Sr	Ba	Ra	Al
OZ	4	12	20	38	56	88	13
AG	9,0122	24,312	40,08	87,62	137,34	(226)	26,9815
ES	(He) $2s^2$	(Ne) $3s^2$	(Ar) $4s^2$	(Kr) $5s^2$	(Xe) $6s^2$	(Rn) $7s^2$	(Ne) $3s^2 3p$
GT	α: hex. d. P. $a = 2{,}281$ $c = 3{,}584$ UT: 1260 °C β: krz. $a = 2{,}551$	hex. d. P. $a = 3{,}203$ $c = 5{,}199$	α: kfz. $a = 5{,}57$ UT: 250 °C β: hex. d. P $a = 3{,}94$ $c = 6{,}44$ UT: 450 °C γ: krz. $a = 4{,}38$	α: kfz. $a = 6{,}087$ UT: 215 °C β: hex. d. P $a = 4{,}31$ $c = 7{,}05$ UT: 605 °C γ: krz. $a = 4{,}84$	α: krz. $a = 5{,}025$ UT: 370 °C β: —	—	kfz. $a = 4{,}0489$
AR	1,13	1,60	1,97	2,15	2,22	2,3	1,43
ϱ_{20}	1,847	1,74	1,55	2,67	3,59	5,0	2,70
Fp.	1285	650	838	768	714	700	660
Kp.	2470	1107	1440	1380	1640	1140	2450
${}_{\Delta}H_s$	2,98	2,14	2,07	1,97	1,83	1,98	2,55
${}_{\Delta}H_{\text{subl.}}$	75	35,4	39,0	39,0	41,9	29,8	70,4
Δc_{p20}	3,94	5,95	6,29	6,40	6,29	—	5,82
α_m	10,6	25,8	22	22	19	—	23,9
k_R	0,8	2,7	6,55	8,9	10,0	—	1,35
λ_w	0,38	0,38	0,3	0,13	—	—	0,56
λ_e	0,31	0,224	0,218	0,043	0,028	—	0,382
E	1,5	1,2	1,0	1,0	0,9	0,9	1,5
1	9,3	7,65	6,1	5,7	5,2	—	5,984
E	25000—31000	4100—4400	2000	1600	1310	—	7220
μ	0,12	0,277	0,305	0,284	0,276	—	0,339
σ_B	12—55	8—23	6—8	—	—	—	10—30
H_V	90—120	37—40	13	14	4,2	—	15—35
Häuf.	6 ppm	2,09%	3,63%	0,030%	0,025%	—	8,13%

Zeichenerklärung S. 152.

bildet. Erst ab 600 °C reagiert es mit Luft, Stickstoff greift erst ab etwa 900 °C an. Mit Kohlenstoff bildet sich bei Temperaturen um 1000 °C das harte Karbid Be_2C. Gegen Wasser ist Beryllium nicht sehr beständig, doch läßt sich die Beständigkeit durch Zusatz von Bichromat zum Wasser erhöhen, wobei sich, ähnlich wie bei Aluminium, eine Chromatschutzschicht bildet. Beryllium löst sich leicht in verdünnten Mineralsäuren; stärkere Phosphorsäure greift dagegen kaum an. Alkalische Lösungen lösen Beryllium unter Wasserstoffentwicklung.

Von den Verbindungen des Berylliums hat BeO die größte technische Bedeutung. Berylliumoxid besitzt hohen Schmelzpunkt und Siedepunkt (Fp. 2520 °C, Kp. 3900°C), ist im geglühten Zustand gegen Säuren beständig und wird auch bei hohen Temperaturen von geschmolzenen Alkalien nicht angegriffen. Gegen Kohlenstoff und reduzierende Gase ist BeO bis zu 2000 °C gut beständig. Wegen seiner chemischen Beständigkeit und seines hohen Schmelzpunktes ist BeO ein ideales Tiegel- und Isoliermaterial sowie ein brauchbarer Werkstoff für keramische Träger.

$Be(OH)_2$ tritt in zwei Modifikationen auf: α-$Be(OH)_2$ ist körnig und fällt beim Sieden einer alkalischen Beryllatlösung aus; β-$Be(OH)_2$, das durch Ausfällen aus Berylliumsalzlösungen mit Alkalien bei niedriger Temperatur gewonnen wird, ist dagegen in Alkalien und Alkalikarbonatlösungen löslich.

6. Aufschluß der Mineralien und Gewinnung des Metalles

Die erste Stufe der Verarbeitung der Berylliumerz-Konzentrate geschieht durch einen Aufschluß, der die schwer löslichen Erze (Silikate bzw. Aluminate) laugbar macht. Dieser Aufschluß kann entweder durch eine Sinterbehandlung mit Natriumsilikofluorid bzw. mit Na–Fe(III)-fluorid oder durch Aufschmelzen im Lichtbogen geschehen.

a) Aufschließen mit Fluorid

Das feingemahlene Erz wird mit einer entsprechenden Menge an Natriumsilikofluorid gemischt und unter Zugabe von etwas Wasser zu Briketts verpreßt, die zur Sinterung auf eisernen Wägelchen durch einen Tunnelofen geschickt werden. Die Sintertemperatur beträgt 750—780 °C. Das Sinterprodukt wird rasch mit Wasser oder Rücklauflauge abgeschreckt, naß vermahlen und filtriert. Das Filtrat enthält Beryllium als lösliches Natrium–Beryllium-Fluorid. Durch Zugabe einer genau berechneten Menge an Natriumhydroxid wird rohes Berylliumhydroxid ausgefällt, das man zur Reinigung in starker Natronlauge wieder auflöst. Aus der stark alkalischen Beryllatlösung fällt reines, körniges Berylliumhydroxid durch starkes Kochen unter gleichzeitigem intensiven Rühren aus (vgl. Fließschema Abb. 102).

Ein Nachteil dieses Verfahrens besteht darin, daß die Filtrate der Roh-$Be(OH)_2$-Fällung viel Natriumfluorid enthalten und daher nicht ohne weiteres verworfen werden können. Das Fluorid läßt sich aber, nach schwachem Ansäuern der Lösung, durch Zugabe von Eisen(III)-sulfat als Natrium–Eisen(III)-fluorid fällen, das ebenso wie Natriumsilikofluorid zum Aufschluß von Berylliumerz geeignet ist und im technischen Prozeß zu etwa 60% das Natriumsilikofluorid ersetzt.

Wegen der Giftigkeit des Berylliums müssen alle Abfälle entweder restlos von Beryllium befreit oder sorgfältig vergraben werden.

b) Schmelzaufschluß im Lichtbogenofen

Das Berylliumerzkonzentrat wird in einem Dreiphasen-Lichtbogenofen bei etwa 1600 °C niedergeschmolzen und die Schmelze zum Abschrecken in Wasser gegossen. Das geschmolzene und abgeschreckte Erz ist durch diese Behandlung schwefelsäurelöslich geworden. Man erhitzt das feine Granulat mit konzentrierter Schwefelsäure in einem Drehrohrofen auf 250—300 °C und laugt schließlich mit Wasser. Nicht gelöste Rückstände, vor allem die Kieselsäure, werden in einer Zentrifuge abgeschieden. Aus dem Filtrat wird dann durch Zugabe einer berechneten Menge Ammoniak der Großteil des Aluminiums als Ammonalaun ausgefällt und abzentrifugiert. Schließlich wird Beryllium und das restliche Aluminium durch Zugabe von Natronlauge in Natriumberyllat bzw. -aluminat übergeführt. Beim Kochen der Lösung fällt körniges Berylliumhydroxid aus, während das Aluminat sich nicht zersetzt.

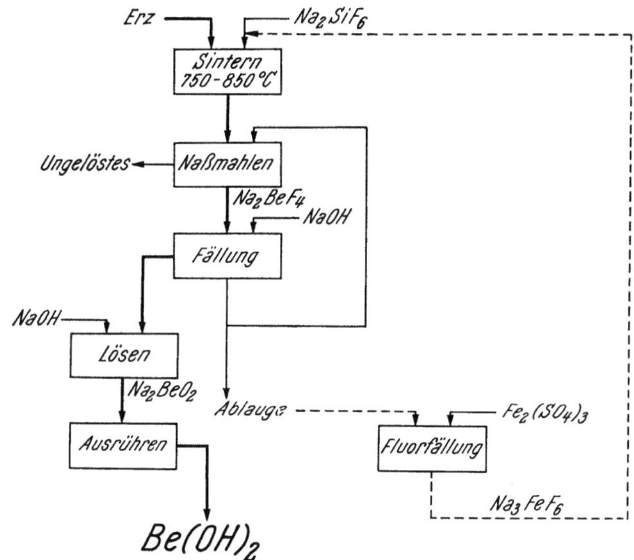

Abb. 102. Fluorierender Aufschluß von Berylliumerzen (Fließschema)

Die *Gewinnung des Metalles* geschieht entweder durch Schmelzflußelektrolyse aus $BeCl_2$–NaCl-Schmelzen oder durch Reduktion von BeF_2 mit Magnesiummetall. Die Schmelzflußelektrolyse von BeF_2-hältigen Schmelzen setzte sich wegen der notwendigen hohen Arbeitstemperaturen nicht durch.

c) Schmelzflußelektrolyse von $BeCl_2$-hältigen Schmelzen

Das für die Elektrolyse benötigte $BeCl_2$ wird durch Chlorieren einer Mischung des beim Aufschluß der Berylliumerze erhaltenen Berylliumhydroxids mit Gasruß mit einem Strom von elementarem Chlor bei einer Temperatur von 850—900 °C erhalten. Der abziehende Gasstrom wird zur Kondensation des $BeCl_2$ auf etwa

200—220 °C gehalten, so daß $BeCl_2$ in guter Reinheit fast frei von Verunreinigungen ($SiCl_4$ usw.) anfällt. Zur weiteren Reinigung wird $BeCl_2$, das einen Siedepunkt von 480 °C besitzt, vorerst zur Reduktion von $FeCl_3$-Resten zu $FeCl_2$ bei 275°C mit Wasserstoff behandelt und schließlich das $BeCl_2$ bei 550 °C abdestilliert, wobei $FeCl_2$ nicht mitgeht.

Die Elektrolyse wird in einem Nickelbehälter mit einer konzentrisch eingebauten Nickelkathode und Graphitanoden bei einer Temperatur von etwa 350 °C und mit Stromdichten von 720 A/m² durchgeführt (Abb. 103). Als Badflüssigkeit dient eine Schmelze aus einem Gemisch von ca. 4 Teilen $BeCl_2$ und

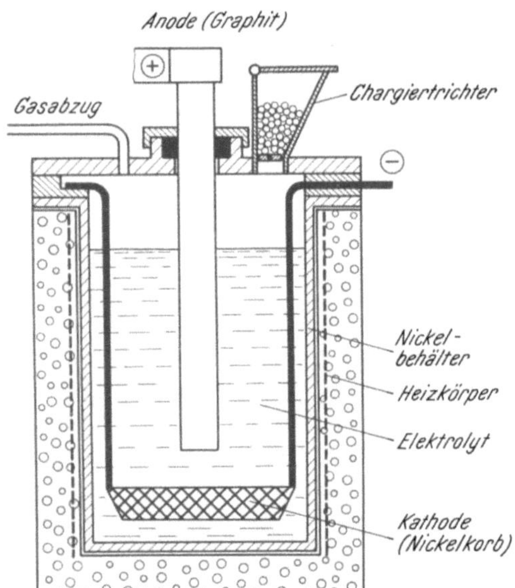

Abb. 103. Schema einer Elektrolysezelle zur Abscheidung von Beryllium aus einer Salzschmelze. (Nach St. B. Roboff in: H. H. Hausner: Beryllium, University of California Press, Berkeley 1965)

3 Teilen NaCl, in die während der Elektrolyse verbrauchtes $BeCl_2$ ständig nachgesetzt wird. Die Kathoden, an denen sich das Berylliummetall in feinen Flittern ansetzt, werden täglich ausgehoben. Nach Abwaschen der Kathoden mit Wasser werden die Berylliumflitter abgeschabt.

d) Reduktion von BeF_2 mit Magnesium

Aus dem bei der Aufarbeitung der Berylliumerze anfallenden $Be(OH)_2$ wird das benötigte BeF_2 auf folgende Weise hergestellt: Man löst $Be(OH)_2$ zuerst in einer wäßrigen Lösung von saurem Ammonfluorid (NH_4HF_2) zu Ammoniumberylliumfluorid. In dieser Lösung können durch entsprechende Reinigungsoperationen Verunreinigungen von Aluminium, Mangan, Chrom und Schwermetallen ausgefällt werden. Die gereinigte Lösung wird schließlich eingedampft und das auskristallisierte Ammoniumberylliumfluorid bei 900—1000 °C zu geschmolzenem BeF_2 und abziehendem Ammonfluorid, das in den Prozeß zurückgeht, zersetzt.

Zur Reduktion wird das BeF_2 mit etwa 60% der zur vollständigen Umsetzung benötigten Menge Magnesium gemischt und in graphitausgekleidete Hochfrequenzöfen eingefüllt. Nach Erreichen einer Temperatur von etwa 900 °C setzt die

Reaktion mit großer Geschwindigkeit ein. Nach beendeter Reaktion wird über den Schmelzpunkt des Berylliums erhitzt und die Schlacke (MgF_2 und überschüssiges, im Kreislauf geführtes BeF_2, das vorhanden sein muß, um die Schlacke leichtflüssig zu halten) sowie das Metall getrennt vergossen. Da die Trennung von Schlacke und Berylliummetall — infolge zu geringen Dichteunterschiedes — nicht vollkommen ist, müssen sowohl der nicht einheitliche Metallregulus als auch die Schlacke naß vermahlen werden. Man erhält schließlich das Metall in Form von großen Körnern („pebbles"), die im Hochfrequenzofen im Vakuum umgeschmolzen werden.

7. Herstellung von Be-Cu-Vorlegierungen

Ein Großteil des heute verwendeten Berylliums dient zur Herstellung von Beryllium-Bronzen und wird in diesem Falle nicht als reines Metall, sondern als Cu–Be-Vorlegierung (etwa 4% Be) eingesetzt. Diese Vorlegierung erhält man durch Reduktion von BeO mit Kohlenstoff in Gegenwart von Kupfer im Elektroofen bei 1800—2000°C. In Anwesenheit von Kupfer bildet sich eine Kupfer–Beryllium-Legierung, erst bei Überschreiten eines Gehaltes von über 4% Be im Kupferbad wird auch Berylliumkarbid (Be_2C), das das normale Reaktionsprodukt der Umsetzung von BeO mit C ist, gebildet. Auf gleiche Weise lassen sich auch Be–Ni-, nicht aber Be–Al- oder Be–Mg-Vorlegierungen gewinnen. Diese werden entweder durch direktes Legieren der Metalle hergestellt oder durch metallothermische Reduktion von BeF_2 mit Aluminium oder Magnesium im Überschuß bzw. von $BeCl_2$ mit natriumhaltigen Aluminium- oder Magnesium-Schmelzen gewonnen.

8. Hochreinigung von Beryllium

Um hochreines Beryllium, wie es für die Atomkerntechnik notwendig ist, zu erhalten, wird von reinsten Ausgangsprodukten (mehrmaliges Umkristallisieren von entsprechenden Berylliumsalzen, die schließlich thermisch zu BeO zersetzt werden) ausgegangen. Daneben setzt sich auch zunehmend die Reinigung von Berylliummetall durch Hochvakuumdestillation durch. Hochduktiles Beryllium erhält man daneben auch durch Zonenschmelzen von Beryllium-Rundstäben.

9. Verarbeitung von Beryllium

Beryllium wird meist auf pulvermetallurgischem Wege verarbeitet, da gegossene Berylliumblöcke stets grobkörniges Gefüge aufweisen und oft Gußrisse, Anrisse, ferner Schindeln u. a. auftreten.

Für die pulvermetallurgische Verarbeitung können alle bekannten und in anderen Kapiteln dieses Buches (s. S. 105ff.) beschriebenen Verfahren wie Kaltpressen, Heißpressen, Strangpressen, Pulverwalzen, Heißschmieden, Rundhämmern usw. angewendet werden. Wesentlich ist, daß das Beryllium bei den meist hohen Verarbeitungstemperaturen vor Luftsauerstoff geschützt ist. Es wird entweder unter Schutzgas oder — einfacher und billiger — im Metall-„Hemd“ gearbeitet. Als Material für die Ummantelung während einer Warmverformung (beim Strangpressen Temperaturen von 900—1050 °C; beim Walzen 800—1100 °C; Heißschmieden bei 600—1100 °C) hat sich kohlenstoffarmes Eisen bewährt. Für Schutzschilder von Raumfahrt-Kapseln wurden schon mehrere 100 kg schwere druckgesinterte Beryllium-Schmiedestücke hergestellt, die zu schalenartigen Formkörpern (3—5 m ⌀) ausgeschmiedet wurden[1].

Die auf pulvermetallurgischem Wege hergestellten Formstücke aus Beryllium sind mechanisch gut nachverformbar; bei gegossenen Beryllium-Teilen ist wegen der Grobkörnigkeit die Verformbarkeit wesentlich schlechter. Zonengereinigtes Beryllium oder Beryllium-Einkristalle haben aber eine gute Kaltdehnung und lassen sich ohne Anrisse kaltverformen.

Beryllium-Teile können durch Druckschweißung bei Temperaturen von 900—1250 °C unter Schutzgasatmosphäre verbunden werden. Schmelzschweißungen sind sehr rißanfällig.

Mit Aluminium- bzw. 90/10 Aluminium–Silizium-Legierungen läßt sich Beryllium auch hartlöten, wobei im Lichtbogen oder mit neutral eingestellten Acetylen–Sauerstoff-Brennern unter Schutzgas gearbeitet wird.

10. Legierungen

Beryllium legiert sich mit den meisten anderen Metallen. Die gegenseitige Löslichkeit im festen Zustand ist jedoch meist gering. In den Systemen des Berylliums mit den anderen Metallen sind zahlreiche, zumeist sehr stabile Verbindungen, sog. Beryllide[2–7] bekannt.

Berylliumreiche Legierungen werden als Werkstoffe heute noch nicht verwendet. Sie dienen zum Teil als Vorlegierungen für die Herstellung von Beryllium-Bronzen, bzw. für das Einführen von Beryllium in Ni-, Al-, Mg-Legierungen, bei denen schon geringe Mengen an Beryllium härtend wirken. Beryllium-haltige Kupfer- und Nickel-Legierungen sind wegen der starken Temperaturabhängigkeit der Löslichkeit des Berylliums in diesen Metallen aushärtbar. Geringe Berylliumzusätze (oft wenige $^1/_{1000}$%) vermögen die Qualität von Leichtmetalllegierungen entscheidend zu verbessern. Auch berylliumhaltige Eisenlegierungen (bis 2% Be) haben gelegentlich als Spezialstähle Interesse gefunden. Beryllium–Kupfer-Legierungen mit geringem Berylliumgehalt haben sich wegen ihrer sehr guten elektrischen Leitfähigkeit bei gleichzeitigen hohen Festigkeiten für Freileitungsdrähte, Elektrodenzuführungen, für Schaltgeräte und Schweißelektroden in großem Umfange einführen können.

---

[1] Yoblin, J. A.: in: Hausner, H. H. (Hrsg.): Beryllium, its Metallurgy and Properties. Univ. of California Press, Berkeley, Los Angeles 1965, S. 120.

[2] Lewis, J. R.: J. Metals *13* (1961) 829.

[3] Anonym: Chem. Lab. u. Betrieb *13* (1962) 379.

[4] Anonym: Chem. Eng. News *39* (1961) 59.

[5] Latra, J. D.: Metal Progress *82* (1962) 97, 124.

[6] Stonhouse, A. J.: Mat. Des. Engng. 1962, S. 84.

[7] Truesdale, R. S.: Am. Ceram. Soc. Bull. *41* (1962) 582.

11. Verwendung

Das Hauptanwendungsgebiet von Berylliummetall liegt gegenwärtig in der Kerntechnik. Beryllium hat einen äußerst geringen Einfangquerschnitt für thermische Neutronen und ist daher als Hüllenmaterial für Brennstäbe zu verwenden, wobei aber das Verschweißen der Umhüllungen wegen der Neigung des Berylliums zur Grobkornbildung in der Schweißnaht schwer lösbare Probleme aufwirft (siehe auch Molybdän und Wolfram). Beryllium ist auch Bestandteil von Neutronenquellen, da es beim Beschuß mit α-Teilchen Neutronen freisetzt. Derartige Neutronenquellen bestehen aus Mischungen von Beryllium-Pulver mit Radium-, Plutonium-, Actinium- oder Polonium-Salzen.

Beryllium wurde auch, wegen seines niedrigen Atomgewichtes, als wirksamer Moderator für Uranreaktoren vorgeschlagen. Einer Verwendung als Moderator stehen noch die hohen Kosten für das reaktorreine Beryllium entgegen.

Relativ große Mengen an Beryllium werden heute schon als Neutronenreflektoren eingesetzt. Beryllium vermag nämlich die Richtung von eingestrahlten Neutronen durch die (n, 2n) Reaktion gewissermaßen umzudrehen, also die Neutronen zu „reflektieren". Durch Umhüllung eines Reaktorcores mit einem Beryllium-Mantel kann daher der Verlust an Neutronen eingeschränkt und Spaltstoff eingespart werden.

Da Beryllium eine sehr hohe Durchlässigkeit für Röntgenstrahlen besitzt, wird es als Material für die Austrittsfenster von Röntgenröhren verwendet. Für diese dienen Beryllium-Feinstbleche von 0,25—1 mm Stärke, die durch Warmwalzen von im Vakuum vergossenen Beryllium-Blöcken im Nickel- oder Sonderstahlhemd erzeugt werden.

Eine große Zukunft ergibt sich für Beryllium als Werkstoff in der Luft- und der Raumfahrt. Die hohe Temperaturfestigkeit und das niedrige spezifische Gewicht (gutes Festigkeits-Dichte-Verhältnis) machen Beryllium für thermisch beanspruchte Teile von Flugzeugen, wie z. B. Flügelkanten und Bremstrommeln, besonders geeignet. In der Raketentechnik werden Teile des Steuerungssystems, Raketenspitzen, z. B. auch Teile der Mercury-Kapseln, aus Beryllium gefertigt. Daneben sollen auch die warmfesten intermetallischen Verbindungen des Berylliums mit Tantal, das $TaBe_{12}$ und $TaBe_{11}$, sowie die anderer Übergangsmetalle in Raumschiffen und Raketen Verwendung finden.

Neben dem Berylliummetall hat das leicht nuklearrein zu erzeugende Berylliumoxid in der Kerntechnik große Bedeutung. Es ist wie Beryllium als Moderator und Reflektormaterial geeignet und hat vor diesem die Vorteile des sehr hohen Schmelzpunktes und der hohen chemischen Beständigkeit. BeO wird daher auch in den in Entwicklung befindlichen Hochtemperaturreaktoren verbreitet Verwendung finden, in denen sich die gute Wärmeleitfähigkeit und die gute Temperaturwechselbeständigkeit des BeO auswirken. Die genannten Eigenschaften machen BeO auch als Tiegelmaterial und für Spezialkeramiken geeignet.

12. Giftwirkung

Eine stärkere Verwendung des Berylliums in der Technik wird durch die hohe Giftigkeit des Berylliums außerordentlich erschwert. Beryllium — in Form von

Berylliumsalzen oder von berylliumhaltigem Staub — vom Körper aufgenommen führt schon in geringsten Mengen zu schweren Krankheitserscheinungen. Oral zugeführtes Beryllium verursacht sehr starke Gewichtsabnahme und Blutarmut. Bei Einatmen von berylliumhaltigem Staub kommt es zu schweren Pneumonien und zur *Beryllose*, die unter zunehmender Atomnot zum Tode führt. In offene Wunden gebracht, verursachen Berylliumverbindungen die Bildung von sehr schwer heilenden Geschwüren.

Beim Hantieren mit Beryllium und Berylliumverbindungen — d. h. bei der Gewinnung und Verarbeitung der Erze ebenso wie bei der Herstellung und Verarbeitung des Metalles und seiner Verbindungen — sind sehr strenge Schutzmaßnahmen behördlich vorgeschrieben. Peinlichste Sauberkeit und größte Sorgfalt beim Arbeiten mit Beryllium — Vermeidung von Staubentwicklung, beste Raumventilation, Gesichtsmasken und Schutzanzüge zum Wechseln, Duschschleusen für das Personal, Filterung und Reinigung von Abluft und Abwasser, Abzüge an allen Maschinen und Geräten, Einsatz von Handschuhkästen („glovebox") bei allen staubentwickelnden Arbeitsgängen, ständige ärztliche Kontrolle des Personals und analytische Kontrolle der Atemluft — vermögen aber die Gefahren weitgehend bis vollkommen zu vermeiden.

Die arbeitstechnischen und hygienischen Bedingungen in Berylliumbetrieben ähneln sehr stark denen in Uran- und Plutoniumanlagen.

Buchschrifttum

Kjellgren, B. R. F.: Beryllium in: Hampel, C. A. (Hrsg.): Rare Metals Handbook, 2. Aufl., Reinhold Publ. Corp., London 1961, S. 32.

Busch, L. S.: Beryllium in: Hampel, C. A. (Hrsg.): Encyclopedia of the Chemical Elements. Reinhold Book Corp., New York–Amsterdam–London 1968, S. 49.

Beryllium in: Schreiter, W.: Seltene Metalle, Bd. I, 2. Aufl., VEB Deutscher Verlag für Grundstoffindustrie, Leipzig 1963.

Hausner, H. H. (Hrsg.): Beryllium its Metallurgy and Properties. University of California Press, Berkeley and Los Angeles 1965.

White, D. W., jr., Burke, J. E.: The Metal Beryllium. The Amer. Soc. for Metals, Cleveland, Ohio 1955.

Beryllium in Aerospace Structures. The Brush Beryllium Comp., Cleveland, Ohio 1963.

Hausner, H. H. (Hrsg.): The Beryllium Metal Handbook. General Astrometals Corp., Yonkers, New York 1967.

Bellamy, R. G., Hill, N. A.: Extraction and Metallurgy of U, Th and Be. Pergamon Press, New York 1963.

McDonald Schetky, L., Johnson, H. A. (Hrsg.): Beryllium Technology. Proceeding of the 2. Int. Conf. on Beryllium Technology, 1964, Vol. I, II.

Darwin, G. E., Buddery, J. H.: Beryllium. Butterworth Scientific Publ., London 1960.

C. Gruppe IIIa

Die Scandiumgruppe einschließlich Lanthaniden und Actiniden*

III A

	Sc	Y	La	Ce	Pr	Nd	Ac	Th	Pa	U	Np	Pu
Elektronenkonfig.	$3d^14s^2$	$4d^15s^2$	$5d^16s^2$	$4f^25d^06s^2$	$5f^25d^16s^2$	$4f^35d^16s^2$	$6d^17s^2$	$6d^27s^2$		$5f^36d^17s^2$		$5f^66d^07s^2$
Kristallstrukturen	A1, A2, A3	A3	H, A1, A2	A2 H A2 A3	H, A2	H, A2	A1	A1, A2		A20 T A2		M M R A1 T A2
Elektronegativität	1,3	1,3	1,1	1,1	1,1	1,2	1,1	1,3		1,7		
Atomradius (Å)	1,63	1,80	1,87	1,81	1,82	1,82	1,87	1,78		1,57		1,60
Dichte (g/cm³)	2,99	4,47	6,17	6,76	6,77	7,0	10,1	11,7		19,1		19,7
Wärmeleitfähigkeit (cal/cm grad sec)	0,037	0,038	0,035	0,026	0,029	0,039	n.b.	0,094		0,064		0,01
Elektr. Leitfähigkeit ($\mu\Omega^{-1}cm^{-1}$)	0,079	0,019	0,016	0,13	0,015	0,015	n.b.	0,075		0,028		0,008
Ordnungszahl	21	39	57	58	59	60	89	90		92		94
Atomgewicht	44,96	88,91	138,91	140,12	140,907	144,24	227	232,04		238,04		(242)
Name	Scandium	Yttrium	Lanthan	Cer	Praseodym	Neodym	Actinium	Thorium		Uran		Plutonium
Schmelzpunkt °C	1539	1509	920	795	935	1024	1050	1750		1132		640
Siedepunkt °C	2727	3630	3469	3468	3017	3210	3300	3850		3818		3100
Schmelzwärme (kcal/mol)	3,8	2,7	1,5	1,5	1,65	1,72	3,4	3,8		4,7		4,6
Verdampfungswärme (kcal/mol)	81	93	96	95	79,5	70,7	92	135		107		80,4
Elastizitätsmodul (kp/mm²)	n.b.	6500	3700	2900	3320	3870	n.b.	8000		21000		9500
Härte H_V (kp/mm²)	n.b.	32-60	37-50	24-48	35-50	35-60	n.b.	58-150		250-450		260-270
Zugfestigkeit (kp/mm²)	n.b.	10-14	13-22	11-16	11,3-22	17-22	n.b.	11-30		35-75		44,5
Dehnung %	n.b.	9-3	8-4	24-16	10-7	11-2	n.b.	60-8		13-5		n.b.

Abb. 104. Physikalische Eigenschaften einiger Metalle der IIIa-Gruppe des Periodensystems

Die Scandiumgruppe, mit welcher die Übergangsmetalle beginnen, umfaßt die Metalle Scandium, Yttrium, Lanthan, Actinium; dazu gehören auch die Lanthaniden, d. s. die im Periodensystem auf das Lanthan folgenden 14 Elemente mit den Ordnungszahlen 58—71 (Cer bis Lutetium), bei denen die 4f-Schale voll aufgefüllt wird und die man als „innere Übergangsmetalle" bezeichnen kann. Nach neueren Anschauungen wird auch bei den Actiniden (Ordnungszahlen

---

* Dem Vorschlag, die an das Lanthan anschließenden Elemente (Ce–Lu) als Lanthanoiden, die an das Actinium anschließenden (Th–Lw) als Actinoiden zu bezeichnen (E. Hayek), schließen wir uns in diesem Buch nicht an, sondern bleiben bei den eingeführten Bezeichnungen.

90—103, Thorium bis Lawrencium) die innere Schale aufgefüllt. Auch die Actiniden zählen daher zu den „inneren Übergangsmetallen“ und zur Scandiumgruppe.

Während die Lanthaniden sich chemisch äußerst ähnlich verhalten, kommt bei den Actiniden die Zusammengehörigkeit im chemischen Verhalten nicht so deutlich zum Ausdruck. In älteren Lehrbüchern sind die einzelnen Actiniden daher auch verschiedenen Gruppen des Periodensystems zugeteilt, so wurde z. B. Thorium zur IVa-Gruppe, Uran zur VIa-Gruppe gezählt.

Von den bisher bekannten 32 Metallen der IIIa-Gruppe finden in der Technik nur Lanthan, Cer, Uran und Plutonium als Reinmetalle, daneben Yttrium, Lanthan, Cer (Praseodym, Neodym), Thorium, Uran und Plutonium als Legierungsmetalle eine gewisse Anwendung. In der Kerntechnik findet Thorium als Kernbrennstoff Verwendung. Verschiedene Seltene Erdmetalle und Verbindungen haben als Neutronenabsorber vorerst noch theoretisches Interesse.

Dem relativ häufigen Scandium (5 g/t in der Erdkruste) sowie dem noch häufigeren Yttrium (28 g/t) kann für die Zukunft, wegen der niedrigen spezifischen Gewichte und der relativ hohen Schmelzpunkte (Scandium: Dichte = 2,99 g/cm^3, Fp. 1539 °C; Yttrium: Dichte = 4,47 g/cm^3, Fp. 1509 °C) Bedeutung als Sonderleichtmetalle bzw. für Zusätze zu Leichtmetall-Legierungen und als Desoxidationsmittel bzw. Scavenger in hochwarmfesten Legierungen vorausgesagt werden.

C1. Scandium, Yttrium und Lanthaniden

Der Name „Seltene Erden“ für diese Elemente stammt aus früherer Zeit, in der allgemein die Oxide der Metalle als „Erden“ bezeichnet wurden. Der Gruppenbegriff „Seltene Erdmetalle“ ist aber insofern nicht ganz zutreffend, als diese Metalle gar nicht so selten, sondern im Gegenteil zum Teil relativ häufig in der Natur vorkommen. So ist Cer, das häufigste Element dieser Gruppe, etwa gleich häufig wie Zinn und häufiger als z. B. Niob, Blei oder Molybdän. Selbst die „selteneren“ der Seltenen Erden entsprechen in ihrer Häufigkeit noch verschiedenen Gebrauchsmetallen wie Kadmium, Silber oder Gold.

Wegen der Schwierigkeit der Aufbereitung von Mineralien, die Seltene Erdmetalle enthalten, und vor allem wegen der Schwierigkeiten, die Seltenen Erdmetalle voneinander zu trennen, wurden die Seltenen Erdmetalle erst spät entdeckt. Die ersten isolierten Produkte stellten immer ein Gemisch von Verbindungen der verschiedenen Seltenen Erdmetalle dar, die erst mit der Entdeckung der Spektralanalyse, die bei der Identifizierung der einzelnen Seltenen Erdmetalle ihren größten Erfolg hatte, nachgewiesen werden konnten. Die präparative Auftrennung der Seltenen Erdgemische und die Reindarstellung der Verbindungen der einzelnen Seltenen Erdmetalle gelang erst nach Entwicklung entsprechender Trennmethoden.

Inzwischen konnten alle Seltenen Erdmetalle, mit einer Ausnahme, dem *Promethium*, in der Natur nachgewiesen werden. Promethium mit der Ordnungszahl 61 bildet nur radioaktive Isotope und wird in wägbaren Mengen aus den Spaltprodukten der Uranspaltung isoliert. In jüngster Zeit soll aber auch natürliches Promethium in geringsten Konzentrationen in Uranerzen nachgewiesen worden sein[1].

Die industrielle Verwendung der Seltenen Erden beginnt 1903 mit der Entwicklung des Ferrocers als Zündsteinmaterial durch Auer v. Welsbach. Aber auch noch heute ist die Anwendung von Seltenen Erdmetallen gering. In letzter Zeit nimmt die Produktion von Farbfernsehröhren eine gewisse Menge an Seltenen Erdmetallverbindungen auf; daneben gehen neuerdings auch gewisse Mengen an Mischmetall in magnesium- und siliziumhaltige Impflegierungen für den Sphäroguß ein. Die mögliche Produktion von Seltenen Erdmetallverbindungen, die als Nebenprodukt bei der Aufbereitung von Monazitsand auf Thorium zwangsläufig anfallen, kann dennoch nicht voll ausgenützt werden. Seltene Erden fallen auch bei der Aufarbeitung von verbrauchten Urankernbrennstoffelementen in nennenswerten Mengen an. Für diese — radioaktiven — Seltenen Erden wird ebenfalls nach Verwendungsmöglichkeiten gesucht.

1. Entdecker und Namensgebung

Tabelle 22. *Entdecker und Namensgebung*

Scandium	Yttrium	Lanthan	Lanthaniden (Ce–Lu)
1871 von Mendelejeff als Ekabor vorausgesagt. 1879 findet Lars Nilson Scandium im Ytterbit bzw. Gadolinit. Der Name Scandium wurde zu Ehren Skandinaviens gegeben.	Yttrium wurde 1794 von dem finnischen Chemiker Gadolin in den Yttererden entdeckt und 1843 von Mosander in reiner Form hergestellt. Der Name Yttrium wurde zu Ehren des schwedischen Städtchens Ytterby gegeben. (Von Ytterby leiten sich auch die Namen der Elemente Ytterbium, Terbium und Erbium ab.	1826 vermutete Mosander im schwedischen Cerit von Bastnäs ein neues Element. 1839 isoliert er das sich hartnäckig verbergende Element und nennt es Lanthanum nach dem griech. „lanthanein“ = verbergen.	*Cer* (Pr, Nd, Sm) Berzelius isoliert 1803 CeO_2 und nennt das neue Element „Cer“ nach dem 1801 entdeckten Planeten „Ceres“. Klaproth findet 1803 in Berlin das bräunliche Oxid eines neuen Elementes, das er „Ochroit“ (ochros = gelbbraun) nennt. Es dürfte sich um das von Berzelius isolierte CeO_2 gehandelt haben. *Praseodym* und *Neodym* wurden aus dem 1840 von Mosander gefundenen „Didym“ durch Auer v. Welsbach 1885 getrennt. (Praseodym vom griech. prasimos = lauchgrün). Lecoq de Boisbaudran findet 1879 „*Samarium*“ im Samarskit. Als letztes SE-Metall wurde Lutetium bzw. Cassiopeium 1905, fast gleichzeitig und unabhängig voneinander, von Auer v. Welsbach und Urbain entdeckt.

[1] Erämetsä, O.: Separation of Prometium from a Natural Lanthanide Mixture. Acta Polytechnia Scand., Chemistry Including Metallurgy Series No. 37, 1965.

2. Vorkommen

Wie schon erwähnt, sind die Seltenen Erdmetalle mit relativ hohen Gehalten in der Erdkruste vertreten. Der Harkin'schen Regel entsprechend sind die Seltenen Erdmetalle mit ungeraden Ordnungszahlen seltener als die benachbarten Elemente mit geraden Ordnungszahlen. Die Seltenen Erdmetalle bilden vielfach eigene Mineralien (vgl. Tab. 23), in denen sie meist vergesellschaftet vorkommen. Man kann die Erze in zwei Gruppen, die „Cererden", in denen Cer überwiegt, und in die „Yttererden", in denen das Yttrium überwiegt, unterscheiden. Da sich die Seltenen Erdmetalle gegenseitig isomorph in den Mineralien ersetzen können, sind die Zusammensetzungen der einzelnen Mineralien sehr verschieden.

Tabelle 23. *Mineralien der Metalle der Scandiumgruppe*

Scandium	„Yttererden"	„Cererden"
Thortveitit (Sc, X)$_2$· (Si_2O_7) (enthält 34–37% Sc_2O_3 und 10–17% andere Seltene Erdmetalloxide Fundorte: Norwegen und Madagaskar. Sc findet sich außerdem im Wiikit, Pyrochlor, Bazzit und in fast allen Pegmatiten, in Zr-, Nb-, Ta-, Be-, Mg-, Ti-, W-, Sn-, U-Mineralien ferner in Steinkohlenaschen.	*Gadolinit* (FeO. 2BeO. $Y_2O_3 \cdot 2SiO_2$) *Thalenit* ($Y_2Si_2O_7$) *Xenotim* (YPO_4) *Fergusonit* *Thortveitit* (siehe Sc) *Samarskit* (Y-Niobat) *Euxenit* (Titano-Niobat der Yttererden). Vorkommen: N- und S-Amerika, UdSSR, Skandinavien, Grönland	*Monazit* (Phosphat der Seltenen Erden, $CePO_4$ · (Ce, La, Th) [(P, Si)O_4] *Bastnäsit* (Ce, La, Pr, Nd) · CO_3F und verwandte Fluokarbonate *Cerit* (Cersilikat) *Orthit* (Allanit), wasserhaltiges Seltenes Erdmetall–Kalzium–Aluminium-Silikat *Loparit* (UdSSR) Vorkommen: Travancore, Madras (Indien), Espirito Santo, Rio de Janeiro, Bahia (Brasilien), Jacksonville, Florida, Kalifornien, Idaho (USA), Australien, Malaya, Korea, Kanada, Kongo, SAU, UdSSR

In den Mineralien (Tab. 23) liegen die Seltenen Erdmetalle ausschließlich als basische Oxide vor. Das Anion kann durch Phosphat (Monazit, Xenotim), Silikat (Gadolinit) oder Fluokarbonat (Bastnäsit) sein.

Für die Gewinnung der Seltenen Erdmetalle (mit Ausnahme von Scandium) geht man fast ausschließlich von Monazitsand aus, der in Südamerika, Indien und den USA abgebaut wird und der gleichzeitig auch das wichtigste Ausgangsprodukt für die Thoriumgewinnung darstellt. Monazitsande (Zusammensetzung vgl. Tab. 24 und Tab. 25) sind Gemenge von Körnern des Minerals Monazit mit Magnetit-, Ilmenit- und Quarzteilchen. Diese Sande werden zuerst einer magnetischen Aufbereitung unterworfen, bei der die Hauptmengen an Ilmenit und Magnetit entfernt werden.

Neben dem Monazitsand wird zum Teil auch von Bastnäsit ausgegangen; andere Mineralien und Erze der Seltenen Erdmetalle haben gegenwärtig keine praktische Bedeutung. Kleinere Mengen an Seltenen Erdmetallen werden in den

UdSSR als Nebenprodukt bei der Düngemittelerzeugung aus Apatitkonzentraten gewonnen.

Scandium, das im Monazitsand praktisch nicht vorhanden ist, wird aus Thortveitit und aus Aufschlußrückständen und Halden von Wolfram- und Zinnerzen gewonnen.

Tabelle 24. *Zusammensetzung von Monazitsanden**

Oxid	Gehalt in % Brasilien	Indien	USA (Florida)
ThO_2	6,5	9,8	3,4
SEM-Oxide einschl. Ce_2O_3	59,2	58,6	40,7
Ce_2O_3	26,8	27,2	—
P_2O_5	26	30,1	19,3

* Schreiter, W.: Seltene Metalle. VEB Deutscher Verlag für Grundstoffindustrie, Leipzig 1961.

Tabelle 25. *Gehalt an Seltenen Erdmetallen im Monazit**

Bestandteil	Gehalt in %
La_2O_3	17 —32
CeO_2	35 —49
Pr_6O_{11}	4,5— 5,8
Nd_2O_3	17 —21
Sm_2O_3	3,3— 5,0
Andere SE-Metalloxide	etwa 2

* Greinacher, E.: „Seltene Erden" in Winnacker-Küchler: Chemische Technologie, Bd. 2, S. 606. C. Hanser Verlag, München 1959.

3. Produktion und Preis

Da die Seltenen Erdmetalle in ihrem Hauptvorkommen, dem Monazit, stets mit Thorium vergesellschaftet sind und die Produktion vom Absatz beider Produkte abhängig ist, war die wirtschaftliche Entwicklung der Industrie der Seltenen Erdmetalle sehr uneinheitlich. Etwa ein Viertel der Gesamtproduktion an Seltenen Erdoxiden wird für die Gewinnung von Cermischmetall und Ferrocer verwendet. 1956 wurden für 1 kg Cereisen für Zündsteine etwa 17 $ bezahlt. Reine Oxide notieren wesentlich höher; der Preis ist außerordentlich vom Reinheitsgrad abhängig. Durch die Entwicklung modernerer Trennmethoden ist der Preis der Reinprodukte in letzter Zeit beträchtlich gefallen. Reine Metalle werden aber nur in geringen Mengen und zu entsprechend hohem Preis produziert.

4. Physikalische Eigenschaften

Alle Metalle der Seltenen Erden haben metallischen Glanz und sind im allgemeinen weich und geschmeidig. Mit steigender Ordnungszahl nimmt die Härte etwas zu. Die überwiegende Anzahl der Seltenen Erdmetalle hat bei Raumtempe-

Tabelle 26. *Physikalische*

	Sc	Y	La	Ce	Pr	Nd	Pm	Sm
OZ	21	39	57	58	59	60	61	62
AG	44,956	88,905	138,91	140,18	140,907	144,24	(149)	150,35
ES	(Ar)$3d4s^2$	(Kr)$4d5s^2$	(Xe)$5d6s^2$	(Xe)$4f^26s^2$	(Xe)$4f^25d6s^2$	(Xe)$4f^35d6s^2$	(Xe)$4f^45d6s^2$	(Xe)$4f^55d6s^2$
GT	α: hex. d. P. a = 3,308 c = 5,267 UT: 1335 °C β: krz.?	α: hex. d. P. a = 3,647 c = 5,730 UT: 1485 °C β: krz. a = 4,11	α: hex. a = 3,770 c = 12,159 UT: 310 °C β: kfz. a = 5,304 UT: 887 °C a = 4,26	α: kfz. a = 4,85 UT: −196 °C β: hex. a = 3,65 c = 5,96 UT: 0 °C γ: kfz. a = 5,161	α: hex. a = 3,672 c = 11,835 UT: 792 °C β: krz. a = 4,13	α: hex. a = 3,658 c = 11,799 UT: 862 °C β: krz. a = 4,13	—	α: rhomb. a = 8,996 23°13′ UT: 917 °C β: krz. a = 4,07
AR	1,63	1,80	1,87		1,82	1,82	1,81	1,80
ϱ_{20}	2,99	4,47	6,17	6,76	6,77	7,0	7,2	7,54
Fp.	1539	1509	920	797	935	1024	1035	1072
Kp.	2730	3630	3470	3468	3017	3210	2700	1670
$_\Delta H_s$	3,77	2,73	1,7	1,25	1,65	1,72	1,7	2,06
$_\Delta H_{subl.}$	89,5	101,3	97,5	96,2	80,6	70,7	—	46,1
c_{p20}	6,00	6,34	6,64	6,84	6,37	7,15	6,5	6,83
α_m	11,4	10,8	4,9	8,5	4,8	6,7	—	—
k_R	2,0	2,98	4,07	4,7	3,6	3,17	3,3	3,65
λ_w	0,0375	0,0380	0,035	0,026	0,0287	0,039	—	0,032
λ_e	0,0192	0,0189	0,0164	0,0135	0,0152	0,0154	—	0,0106
EN	1,3	1,3	1,1	1,1	1,1	1,2	—	1,2
I	6,54	6,38 (α)	5,61 (α)	6,91 (γ)	5,76 (α)	6,31 (α)	—	5,6 (α)
E	—	6500	3700	3060	3320	3870	—	3480
μ	—	0,265	0,288	0,248	0,305	0,306	—	0,352
σ_B	10−21	25−38	11−22	10−20	10−21	10−21	—	12−22
H_V	—	32−60	37−50	24−37	37−50	35	—	42
Häuf.	10	28	18	46	5,5	24	?	6,5

Zeichenerklärung S. 152

ratur hexagonal dichtest gepacktes Gitter; nur Cer und Yttrium sind kubisch flächenzentriert; Europium ist kubisch raumzentriert und Samarium rhomboedrisch. Die Mehrzahl der Seltenen Erdmetalle bildet zwei oder mehrere Modifikationen[1,2]. Der Schmelzpunkt ist relativ niedrig. In der Reihe der Lanthaniden nimmt er mit steigender Ordnungszahl, beginnend mit Cer (Fp. 804 °C) zum Lutetium (Fp. etwa 1700 °C), zu. Gewisse Anomalien in Dichte, Schmelzpunkt, Atomvolumen in der Reihe der Lanthaniden zeigen die Elemente Europium und Ytterbium (vgl. Abb. 4, 5, 9).

Die Tab. 26 und 27 bringen eine Zusammenfassung der Werte für die physikalischen und mechanischen Eigenschaften der Seltenen Erdmetalle.

5. Chemische Eigenschaften

Die Seltenen Erden ähneln sich in ihrem chemischen Verhalten sehr stark; zwischen den benachbarten Seltenen Erdmetallen bestehen nur sehr geringe Unterschiede. Die Gleichheit ist dabei auf die Ähnlichkeit der Elektronenanordnungen zurückzuführen; die äußeren Valenzelektronenschalen sind bei den Seltenen Erd-Elementen gleich, die Elektronenauffüllung erfolgt steigender Ordnungszahl in die drittinnerste Schale.

Die Seltenen Erdmetalle sind in den meisten Verbindungen dreiwertig; Cer, Praseodym und Terbium kommen auch vierwertig vor, Samarium, Europium

[1] SPEDDING, F., et al.: Acta Cryst. *9* (1956) 599.

[2] GSCHNEIDNER, K.: Rare Earth Alloys. D. van Nostrand, London–New York 1961.

Eigenschaften der Seltenen Erdmetalle

Eu	Gd	Tb	Dy	Ho	Er	Tm	Yb	Lu
63	64	65	66	67	68	69	70	71
151,96	157,25	158,924	162,50	164,93	167,26	168,934	173,04	174,97
(Xe)$4f^6 5d6s^2$	(Xe)$4f^7 5d6s^2$	(Xe)$4f^8 5d6s^2$	(Xe)$4f^9 5d6s^2$	(Xe)$4f^{10} 5d6s^2$	(Xe)$4f^{11} 5d6s^2$	(Xe)$4f^{13} 6s^2$	(Xe)$4f^{14} 6s^2$	(Xe)$4f^{14} 5d6s$
krz a = 4,5820	α: hex. d. P. a = 3,636 c = 5,783 UT: 1264 °C β: krz. a = 4,06	α: hex. d. P. a = 3,6010 c = 5,6936	hex. d. P. a = 3,5903 c = 5,6475	hex. d. P. a = 3,5773 c = 5,6158	hex. d. P. a = 3,5588 c = 5,5874	hex. d. P. a = 3,5375 c = 5,5546	α: kfz. a = 5,486 UT: 798 °C β: krz. a = 4,45	hex. d. P. a = 3,5031 c = 5,5509
2,04	1,79	1,77	1,77	1,76	1,75	1,74	1,92	1,74
5,26	7,89	8,27	8,54	8,80	9,05	9,33	6,98	9,84
826	1312	1356	1407	1461	1497	1545	824	1652
1430	2800	2480	2330	2490	2420	1720	1520	3000
2,0	2,10	2,20	3,8	4,10	4,10	4,4	1,8	4,5
44,2	75,7	73,9	71,1	71,1	75,2	63,4	38,9	94,6
6,4	8,7	6,92	6,74	6,49	6,72	6,4	5,98	6,47
—	6,4	7,6	8,6	—	9,2	—	25,0	—
6,99	2,59	2,8	2,71	2,66	2,55	2,68	7,95	2,32
0,032	0,0217	0,0248	0,0248	0,0253	0,033	0,0334	—	0,0387
0,012	0,0074	0,0084	0,0095	0,0093	0,0117	0,0139	0,035	0,0170
	1,1	1,2	—	1,2	1,2	1,2	1,1	1,2
5,65 (α)	6,16 (α)	6,74 (α)	6,82	—	—	—	6,24 (α)	6,15
	5740	5860	6440	6850	7480	—	1820	—
—	0,259	0,261	0,243	0,255	0,238	0,298	0,284	0,265
4–6	19–39	21–41	25–45	26–38	35	18–23	10–16	17–38
17	52	88	55	49	60	53	21	118
4,5	6,4	0,9	5	1,2	4	0,4	2,7	0,8

Tabelle 27. *Mechanische Eigenschaften der Seltenen Erdmetalle**

	25 °C				425 °C		
	Zerreißfestigk. in kg/mm²	Streckgrenze in kg/mm²	Dehnung in %	Härte H_V in kg/mm	Zerreißfestigk. in kg/mm²	Streckgrenze in kg/mm²	Dehnung in %
Yttrium	24,8	20,0	9	99	—	—	—
Lanthan	12,8	12,0	8	51	4,7	2,6	21
Cer	10,4	9,2	24	31	—	—	—
Praseodym	10,2	10,0	10	45	4,7	4,1	30
Neodym	16,8	16,0	11	83	4,2	4,0	13
Samarium	12,6	11,3	2,5	64	8,4	7,7	5,6
Gadolinium	18,5	17,6	8	66	9,8	9,1	11,3
Dysprosium	24,6	22,8	6	93	—	—	—
Holmium	26,3	22,5	5	90	—	—	—
Erbium	29,0	27,1	4	120	17,6	15,3	6,8
Ytterbium	7,3	6,6	6	—	—	—	—
nach 50%iger Querschnittsverminderung durch Kaltverformung							
Yttrium	45,9	37,1	3,4	140	22,5	16,7	4
Lanthan	22,5	19,0	4,3	150	3,4	2,9	27
Cer	15,3	11,6	16	48	3,5	1,4	8
Praseodym	21,8	20,2	7,1	76	4,3	3,8	48
Neodym	21,1	—	2,0	76	8,8	8,3	16
Samarium	—	—	—	—	10,2	9,1	12
Gadolinium	36,9	27,4	6,6	97	13,4	9,9	19
Dysprosium	43,6	33,1	2,5	117	20,4	18,8	4
Erbium	35,6	28,8	11	161	20,7	17,7	5

* LOVE, B., KLEBER, E. V: Materials in Design Engng. *52* (1960) 134.

und Ytterbium bilden auch zweiwertige Verbindungen. Die wäßrigen Lösungen der dreiwertigen Salze der Seltenen Erden sind im allgemeinen stark gefärbt. Von den Verbindungen der Seltenen Erdmetalle sind die Chloride, Nitrate und Sulfate gut wasserlöslich; die Sulfate bilden mit Alkalisulfaten schwer lösliche Doppelsulfate. In Wasser schwer bis unlöslich sind die Hydroxide, Karbonate, Oxalate, Phosphate und Fluoride.

Tabelle 28. *Chemisches Verhalten der Seltenen Erdmetalle*

Einwirkendes Mittel	Verhalten
Luft und Sauerstoff	bei Zimmertemperatur im allgemeinen stabil; nur Pr und Nd zeigen ganz schwache Reaktion, bei La, Ce und Eu stärkerer Angriff; Ausbildung von dichten Oxidschichten; ab 400 °C: sehr starke Oxydation.
Wasserdampf	schon bei 100 °C starker Angriff auf Eu, Ce, La, Pr, Nd; bei 400 °C alle SE-Metalle sehr stark angegriffen.
Stickstoff	Reaktion bei Temperaturen über 1000 °C zu Nitriden.
Wasserstoff	bei Zimmertemperatur langsame Absorption, ab 300 °C rasche Hydridbildung (bis etwa SE $H_{2,8}$); über 1000 °C Zerfall der Hydride.
Halogene	über 200 °C Reaktion unter Feuererscheinung.
Kohlenstoff, Schwefel, Phosphor, Silizium	bei höherer Temperatur Reaktion zu Karbiden, Sulfiden, Phosphiden, Siliziden.
Säuren	schon in schwachen, nicht oxidierenden Säuren rasche Auflösung. Hydroxide, Karbonate, Oxalate, Phosphate und Fluoride in Wasser unlöslich; schwerlösliche Doppelsulfate mit Alkalisulfaten.
Ammoniak und Alkalilaugen	wenig beständig. Eu und Yb in flüssigem, wasserfreiem Ammoniak unter Bildung blauer Lösungen in metallischer Form löslich.

Die kompakten Metalle sind bei Raumtemperatur gegenüber Luft und feuchter Atmosphäre durch Ausbildung von dichten Oxidschichten relativ beständig. Von sauren und basischen Lösungen werden sie stark angegriffen; auch mit Halogenen, Metalloiden und mit Wasserstoff tritt schon bei niedriger Temperatur

Tabelle 29. *Verhalten verschiedener Materialien gegen geschmolzene Seltene Erdmetalle*

Material	Verhalten
MgO, CaO, BeO	praktisch kein Angriff, am geringsten auf MgO
Al_2O_3, ZrO_2, ThO_2, SiO_2, SE-Oxide	werden angegriffen
Ta, Mo	praktisch kein Angriff
Wolfram	langsamer Angriff
Cu, Fe, Ni	Angriff

starke Reaktion ein (vgl. Tab. 28). Die Schmelzen von Seltenen Erdmetallen sind ziemlich aggressiv (vgl. Tab. 29). Die Seltenen Erdmetalle können praktisch nur in Tiegeln aus Magnesiumoxid, Calciumoxid, Berylliumoxid, Tantal und Molybdän umgeschmolzen werden.

6. Gewinnung der Seltenen Erdmetalle

Wie schon erwähnt, wird in der Praxis zur Gewinnung von Scandium von Thortveitit, einem silikatischen Mineral, das neben etwa 35% Sc_2O_3 noch größere Mengen an Yttererden (10—17%) enthält, ausgegangen. Scandium wird daneben auch aus Rückständen der Wolfram- und Zinngewinnung hergestellt.

Die übrigen Seltenen Erdmetalle werden fast ausschließlich aus Monazitsand, der gleichzeitig das wichtigste Ausgangsprodukt für Thorium ist, erhalten. Entsprechend den verschiedenen Ausgangsprodukten wird im folgenden die Gewinnung des Scandiums gesondert von der der anderen Seltenen Erdmetalle besprochen. Obwohl Thorium erst später bei den Actiniden behandelt wird, muß schon im Zusammenhang mit der Seltenen Erdmetall-Gewinnung auf die Thoriumgewinnung eingegangen werden, da Thorium und die Seltenen Erdmetalle stets in einem gemeinsamen Arbeitsvorgang erhalten werden.

Die Aufarbeitung der Erze der Seltenen Erdmetalle und die Trennung der einzelnen Metalle zählen zu den schwierigsten Verfahren der Erzaufbereitung und der Metallurgie. Es wurden die verschiedensten Verfahren erprobt und es ist verständlich, daß gerade von der Industrie der Seltenen Erdmetalle sowie später von der Uranerzaufbereitung viele wertvolle Anregungen zu neuartigen Verfahren ausgegangen sind. Wurde früher zur Gewinnung der Seltenen Erdmetalle die fraktionierte Kristallisation zur höchsten Vollkommenheit entwickelt, so haben sich heute weitgehend Verfahren des Ionentausches und der Lösungsmittelextraktion durchgesetzt. Die erst während und nach dem 2. Weltkrieg eingeführten Methoden haben sich inzwischen auch bei der Gewinnung verschiedener anderer Metalle, wie z. B. von Zirkonium, Hafnium, Niob, Tantal sowie in der „Heißchemie" durchsetzen können. Die Impulse zur Entwicklung sind aber jedenfalls von der Industrie des Urans und der Seltenen Erdmetalle ausgegangen.

a) Gewinnung der Oxide

Sc_2O_3

Das hauptsächliche Ausgangsmineral, der Thortveitit, läßt sich auf verschiedene Weise, alkalisch durch Schmelzen bzw. Sintern mit Soda oder sauer mittels Flußsäure, Schwefelsäure oder Salzsäure, aufschließen. Auch eine Chlorierung von Erz–Holzkohle-Pellets wurde versucht.

Aus den erhaltenen Aufschlußlösungen ist Scandium auf verschiedene Weise von den Verunreinigungen abzutrennen. Nach älteren Verfahren wird aus eingedampften Aufschlußlösungen mittels konzentrierter Salzsäure das in diesem Medium gut lösliche Scandiumtrichlorid extrahiert oder mittels Flußsäure der lösliche Fluoridkomplex herausgelöst oder das Scandium aus den Lösungen als Alkalidoppelkarbonat gefällt. Es wird schließlich in das Oxalat oder Formiat übergeführt und in dieser Form umkristallisiert. Diese Verfahren sind heute durch Ionenaustausch- und Lösungsmittelextraktionsverfahren verdrängt.

Von den verschiedenen Verfahren der Aufarbeitung von Thortveitit haben sich die Verfahren von IYA[1] und nach SPEDDING u. Mitarb.[2] allgemein durchgesetzt.

a) Saurer Aufschluß nach IYA

Feingemahlener Thortveitit wird nach diesem Verfahren mit der 1,2fachen Menge an Kohlenstoff 35—45 Minuten auf 1800 °C erhitzt und durch diese Behandlung Scandium und die Seltenen Erden in Karbide übergeführt. Beim nachfolgenden Laugen mit verdünnter Salzsäure werden die Karbide zersetzt und es gehen Scandium und die Seltenen Erden in Lösung. Aus dem Filtrat werden schließlich nach Zusatz von Perchlorat (12 g/l) die verschiedenen Metalle selektiv bei verschiedenem pH als Hydroxide gefällt. Zur pH-Erhöhung wird stark mit Luft verdünnter Ammoniak (200:1) in die Lösung eingeleitet.

Im sauren Gebiet, bis etwa pH = 4,5, fallen Cer(IV), Silizium, Titan und Zirkonium; im pH-Bereich von etwa 4,9—5,5 wird überwiegend Scandium gefällt, während bei noch höherem pH schließlich die Yttererden und Cererden erhalten werden. Der Scandiumniederschlag ist im allgemeinen durch mitgefallenes Eisen-(III) und Aluminium stark verunreinigt. Von Eisen und Aluminium läßt sich Scandium leicht durch Auflösen der Fällung in Salzsäure und Fällung des Scandiums als Oxalat abtrennen.

Günstiger scheint es, das Rohscandiumhydroxid durch Ionentausch zu reinigen. Dazu wird es in Salzsäure gelöst und an einem stark sauren Kationenaustauscher absorbiert. Durch Elution mit wäßriger 5%iger Zitronensäurelösung, die mit Ammoniak auf einen pH zwischen 2,7 und 3,0 eingestellt ist, erhält man eine sehr reine Scandiumlösung.

b) Fluorierender Aufschluß nach SPEDDING *und Mitarbeitern*

Beim Aufschluß nach SPEDDING et al.[3], der sich vor allem für kleinere Produktionseinheiten eignet, wird feingemahlener Thortveitit mit dreifachem Überschuß an Ammoniumfluorid gemischt und das Gemisch in Schalen aus Platin oder Monel 12 Stunden lang auf 375—400 °C erhitzt. SiO_2 wird bei dieser Behandlung vollkommen als SiF_4 entfernt. Außerdem werden kleinere Mengen an anderen Fluoriden (Seltene Erdmetalle, Thorium, Aluminium u. a.) verflüchtigt. Der Rückstand, der Scandium und die Seltenen Erdmetalle als Fluoride enthält, kann in heißer konzentrierter Schwefelsäure gelöst, die Flußsäure abgeraucht und die Lösung der Sulfate nach den üblichen Methoden aufgearbeitet werden.

SPEDDING zieht jedoch eine weitere Anreicherung des Scandiums über den metallischen Zustand vor. Die beim Aufschluß anfallenden Rohfluoride werden mit Calciumspänen vermischt und unter Argon in einem Tantaltiegel bei 1400 °C reduziert. Man erhält einen metallischen Regulus, der etwa 70% Scandium

[1] IYA, V. K.: C. R. hebd. Séances Acad. Sci. *236* (1953) 608.

[2] SPEDDING, F. H., POWELL, J. E., DAANE, A. H., HILLER, M. A., ADAMS, W. H.: J. Electrochem. Soc. *105* (1958) 683.

[3] SPEDDING, F. H., POWELL, J. E., DAANE, A. H., HILLER, M. A., ADAMS, W. H.: J. Electrochem. Soc. *105* (1958) 683.

enthält und der sich leicht von der Calciumfluoridschlacke trennen läßt. Der Regulus wird in Salzsäure gelöst, Ammonrhodanid zugesetzt und Scandium mit Äther extrahiert. Zur Feinreinigung folgt schließlich noch eine Ionenaustauschbehandlung.

c) Aufarbeitung von Wolframitrückständen

Beim Aufschluß von Wolframit mit Soda und anschließendem Auslaugen mit Wasser verbleibt Scandium überwiegend im Rückstand. Man trägt diesen zur Scandiumgewinnung bei 75 °C in HCl 1:1 ein und filtriert das gelöste Scandium ab. Aus der scandiumhaltigen Lösung wird Scandium am besten durch Zusatz von Natriumsilikofluorid oder, nach Zusatz von Calcium- oder Lanthansalzen, mit Flußsäure gefällt. Die Fluoride, die sich rasch absetzen, werden abfiltriert und mit Schwefelsäure zersetzt. Scandiumoxid kann aus dieser Lösung durch Eindampfen oder durch Fällung mit Ammoniak erhalten und das Rohoxid nach verschiedenen Methoden gereinigt werden.

Thoriumoxid und Seltene Erdmetalloxide

Zur Gewinnung von Thorium sowie der übrigen Seltenen Erdmetalle ist nur der Aufschluß von Monazitsand bzw. von Bastnäsit interessant. Sowohl Monazit als auch Bastnäsit werden nach ähnlichen Methoden, nämlich durch Aufschluß mit Schwefel- oder Salzsäure, durch Laugen mit Natronlauge oder durch Chlorierung verarbeitet.

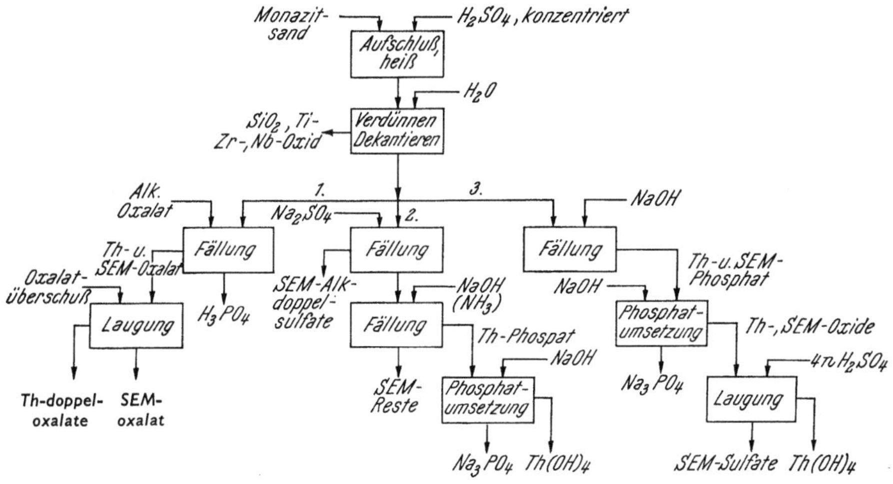

Abb. 105. Aufbereitungsgang von Monazitsanden mit Schwefelsäure (Fließschema)

Der saure Aufschluß (vgl. Fließschema Abb. 105), der bei Monazit ausschließlich mit Schwefelsäure durchgeführt wird, ist auch für Erze mit niedrigerem Gehalt wirtschaftlich, da der Phosphorsäuregehalt für Düngemittel verwendet werden kann. Doch ist die Abtrennung der Seltenen Erdmetalle von den Verunreinigungen aus den sauren Aufschlußlösungen schwieriger. Neuere Verfahren, bei denen hochwertige Erze verarbeitet werden, schließen daher mit Natronlauge

(Fließschema Abb. 106) auf. Verfahren zum chlorierenden Aufschluß[1], bei denen als besonderer Vorteil wasserfreie Chloride der Seltenen Erdmetalle, die sich direkt für eine Schmelzflußelektrolyse eignen, erhalten werden, konnten sich noch nicht großtechnisch einführen.

Yttererden werden heute noch nicht technisch aufgearbeitet, obwohl sich Verfahren nach SPEDDING[2] und nach POWELL[3] im halbtechnischen Maßstab als durchaus wirtschaftlich erwiesen haben.

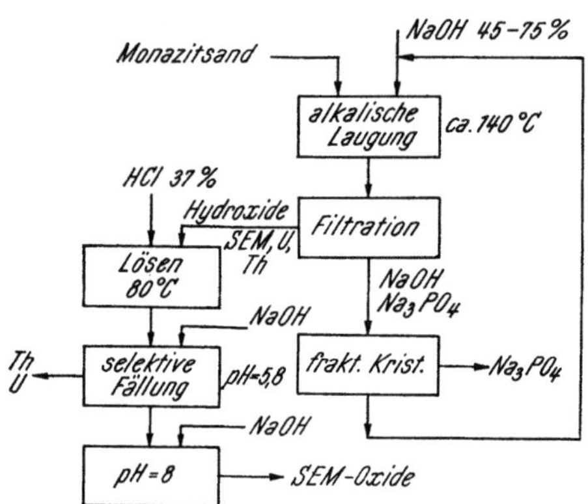

Abb. 106. Alkalischer Aufschluß von Monazitsand (Fließschema)

a) Saurer Aufschluß von Monazitsand

Der feingemahlene Monazitsand wird zum Aufschluß allmählich unter Rühren in heiße konzentrierte Schwefelsäure, die sich in beheizbaren Gefäßen aus Grauguß befindet, eingetragen. Da die Reaktion stark exotherm ist, muß besonders am Anfang die Beheizung gedrosselt und der Monazitsand vorsichtig zugegeben werden. Je nach der Feinheit des zugeführten Monazits ist der Aufschluß nach 1 bis 6 Stunden beendet. Schließlich wird die zehnfache Menge kalten Wassers zugegeben und nach Absetzen des nicht aufgeschlossenen Sandes, der in den Reaktionskessel zurückgeht, dekantiert. Beim Absetzenlassen der dekantierten Lösungen setzen sich feine Teilchen von Kieselsäure und Hydrolyseprodukten (Niob-, Tantal-, Titanhydroxide u. a.) ab. Wenn man etwas Bariumsalz zusetzt, reißt das ausfallende Bariumsulfat als Spurenfänger die geringen Mengen an Radium und Mesothorium mit, die aus diesem „Sulfatschlamm" gewonnen werden können.

In der nächsten Stufe wird aus der Lösung, die Thorium und die Seltenen Erden enthält, zuerst das Thorium abgetrennt. Die Entfernung kann entweder durch Fällung als Thoriumoxalat, durch Fällung als Thoriumphosphat oder durch Auskristallisieren von Thoriumsulfatoktohydrat geschehen.

Nach der 1. Variante wird zuerst durch Zusatz etwa stöchiometrischer Mengen an Oxalat ein Gemisch der Oxalate von Thorium und der Seltenen Erdmetalle ausgefällt und die abfiltrierte Fällung dann mit überschüssigem Ammonoxalat

---

[1] BRUGGER, W., GREINACHER, E.: J. Metals *19* (1967) 32.

[2] SPEDDING, F. H., DAANE, A. H. (Hrsg.): The Rare Earths. J. Wiley & Sons, New York–London 1961.

[3] POWELL, A. R.: Erzmetall *4* (1951) 235.

behandelt. Dabei bildet sich wasserlösliches Thoriumdoppeloxalat, während die Seltenen Erdmetalloxalate ungelöst verbleiben.

Auch als Phosphat kann Thorium von den Seltenen Erdmetallen, beim pH von 1—2, abgetrennt werden. Die Seltenen Erdmetalle bleiben dabei in Lösung. Es empfiehlt sich aber, vorher den Hauptteil der Seltenen Erdmetalle durch Zusatz von Natriumsulfat zur sauren Lösung als unlösliche Alkali–Seltene Erdmetall-Doppelsulfate von dem in Lösung verbleibenden Thorium abzutrennen und erst dann durch Einstellen des pH auf 1—2 das Thorium als Phosphat zu fällen, da ansonsten der Niederschlag sehr viel Seltene Erdmetalle mitreißt. Der Thoriumphosphatniederschlag wird durch Kochen mit Natronlauge in Hydroxid umgewandelt und gleichzeitig der Phosphorsäuregehalt als Natriumphosphat gewonnen.

In einer weniger gebräuchlichen Variante werden durch Zusatz von Natronlauge bei etwas höherem pH Thorium und die Seltenen Erdmetalle gemeinsam als Phosphate gefällt, diese durch Natronlauge in die Hydroxide übergeführt und die Hydroxide schließlich in 4 n Schwefelsäure in der Wärme gelöst. Bei gutem Kühlen dieser Lösungen fällt im Laufe von einigen Tagen grobkristallines, relativ reines $Th(SO_4)_2 \cdot 8\,H_2O$ aus, während die Seltenen Erdmetalle in Lösung verbleiben.

b) Alkalischer Aufschluß von Monazitsand

Beim alkalischen Aufschluß, für den der Monazitsand besonders fein gemahlen sein muß, wird 1—3 Stunden lang mit 45—75%iger Natronlauge in Stahlgefäßen bei 140 °C aufgeschlossen. Höhere Aufschlußtemperaturen sind zu vermeiden, da sich sonst schlecht lösliche Oxidhydrate bilden. Nach erfolgtem Aufschluß wird mit heißem Wasser verdünnt. Aus der Na_3PO_4-haltigen Lösung fallen die Hydroxide des Thoriums und der Seltenen Erdmetalle, die man nach Filtration in konzentrierter Salzsäure löst. Geringe Rückstände von unaufgeschlossenem Erz werden abfiltriert, die Lösung verdünnt und auf pH = 5,8 eingestellt. Thorium und eventuell vorhandenes Uran fallen fast quantitativ aus, die Seltenen Erden bleiben gelöst, sie können praktisch thoriumfrei durch weiteres Abstumpfen der Lösungen gesondert gefällt werden.

c) Gewinnung aus Apatit-Konzentraten

Bei höherem Gehalt an Seltenen Erdmetallen in Phosphatmineralien, wie bei den Apatit-Konzentraten von Kola (UdSSR), die etwa 0,8% Seltene Erdmetalle enthalten, rentiert sich auch die Gewinnung der Seltenen Erdmetalle als Nebenprodukt der Phosphatdüngemittelproduktion. Das Verfahren ist in großtechnischem Maßstab erprobt, scheint aber zur Zeit nicht angewendet zu werden. Es ist aber deshalb interessant, weil von verschiedenen Seiten Anstrengungen unternommen werden, die wertvollen Begleitelemente von Rohphosphaten zu gewinnen. Wie für die Gewinnung der Seltenen Erdmetalle sind auch Verfahren entwickelt worden, die es erlauben, relativ geringe Urangehalte wirtschaftlich aus Rohphosphaten zu erhalten.

b) Auftrennung der Seltenen Erdmetalle

Das Gemisch der Seltenen Erden, wie es beim Aufschluß von Monazitsand nach Abtrennen des Thoriums erhalten wird, wird nur zum Teil weiter aufgetrennt. Meist wird das Gemisch direkt zu einer cerreichen Legierung, dem „Cermischmetall", oder der lanthanreichen Legierung „Lanceramp" reduziert. Legierungen der Seltenen Erdmetalle, die von Cer befreit sind, sind unter dem Namen „Didym" im Handel (Zusammensetzung vgl. Tab. 30).

Tabelle 30. *Zusammensetzung von „Mischmetall", „Lanceramp" (metallothermisch gewonnen) und „Didymoxid"* *

Mischmetall		Lanceramp		Didymoxid (aus Monazit)	
Ce	45–50%	Ce	45–50%	CeO_2	1%
La	22–26%	La	30%	La_2O_3	45%
Pr	3– 4%	Nd, Pr, Sm, Y	20–24%	Pr_6O_{11}	11%
Nd	15–17%			Nd_2O_3	38%
Sm	2– 3%	Fe	1%	Sm_2O_3	4%
Tb + Y	3%			Andere SE-	
Fe	5%			Metalloxide	1%

* Schreiter, W.: Sondermetalle. VEB Deutscher Verlag für Grundstoffindustrie, Leipzig 1961.

In den USA wird „Didymoxid' auch lanthanfrei erzeugt und gehandelt. Cer wird in größeren Mengen — einzelne Lanthanide nur gelegentlich in kleineren Mengen — von den übrigen Seltenen Erdmetallen abgetrennt, da Cer einige Anwendungsmöglichkeiten über die Verwendung der Mischung der Seltenen Erdmetalle hinaus gefunden hat (s. S. 195).

Die Auftrennung der Seltenen Erdmetalle und die Reindarstellung ist sehr schwierig. Es werden verschiedenste Verfahren durchgeführt, die die geringen Unterschiede im chemischen Verhalten der einzelnen Seltenen Erden auszunützen trachten. Die älteren Methoden der fraktionierten Kristallisation haben an Bedeutung stark verloren. Die häufig durchgeführte Auftrennung in Gruppen wird durch Valenzänderungen verschiedener Seltener Erdmetalle begünstigt. Es lassen sich durch Oxydation vor allem Cer, daneben auch Praseodym und Terbium in den vierwertigen Zustand überführen, in dem sie schon bei einem pH von 2,7 hydrolysieren, während die dreiwertigen Seltenen Erdmetalle erst im pH-Bereich zwischen 6,3 und 8,2 auszufallen beginnen. Samarium, Europium und Ytterbium lassen sich zur zweiwertigen Stufe reduzieren und sind in dieser hydrolysebeständig. Die genannten Metalle lassen sich zum Unterschied von den anderen Seltenen Erdmetallen aus wäßrigen, calciumzitrathaltigen Lösungen an Quecksilberkathoden niederschlagen[1].

Nach moderneren Verfahren geschieht die Auftrennung der Seltenen Erdgemische, eventuell nach vorheriger Trennung in Gruppen, hauptsächlich durch Ionentausch und durch Lösungsmittelextraktion, die man, um bessere Wirksamkeit zu erreichen, vielfach kombiniert. Auf die einzelnen Methoden der Trennung der Seltenen Erdmetalle kann hier nicht näher eingegangen werden. Es soll lediglich erwähnt werden, daß das Cer aus den vom Thorium befreiten Mischungen der Seltenen Erdmetalle durch Oxydation zu Cer(IV) und Fällung als Cer(IV)-

[1] Onstott, E. I.: J. Amer. chem. Soc. *78* (1956) 2070.

hydroxid erhalten wird. Zur Oxydation wird durch die Suspension der dreiwertigen Hydroxide der Seltenen Erdmetalle bei 100 °C Luft durchgeleitet. Beim anschließenden Lösen der Hydroxide in verdünnter Salpetersäure bleibt Cer(IV)hydroxid ungelöst. Saure Lösungen der Seltenen Erdmetalle erfordern zur Oxydation des Cers stärkere Oxydationsmittel (Chlor, Brom). Cer läßt sich dann bei pH = 2,7 ausfällen, während die übrigen Seltenen Erdmetalle erst bei deutlich höherem pH fallen.

c) Gewinnung der Roh- und Reinmetalle

Mischmetall sowie die Seltenen Erdmetalle werden ausschließlich durch metallothermische Reduktion der Fluoride mit Calcium oder Magnesium bzw. durch Schmelzflußelektrolyse der wasserfreien Chloride hergestellt. Die Metallchemie der reinen Seltenen Erdmetalle hat vor allem durch Arbeiten von SPEDDING und DAANE[1] sowie durch die Werkstoffuntersuchungen der U.S. Atomic Energy Commission[2] einen gewaltigen Aufschwung genommen.

Metallothermische Reduktion der Fluoride

Nach diesem Verfahren werden hauptsächlich Scandium und Yttrium gewonnen. Die Herstellung der als Ausgangsprodukte verwendeten Fluoride geschieht durch Fluorieren der Oxide entweder durch Erhitzen mit Ammoniumfluorid oder durch Überleiten eines Stromes von Fluorwasserstoffgas. Während die Fluorierung mit Ammoniumfluorid für kleinere Chargen günstiger ist, wird bei der großtechnischen Herstellung der Fluoride der Fluorierung mit HF der Vorzug gegeben.

a) Herstellung der Fluoride

Zur Gewinnung der Fluoride wird das Oxid des Seltenen Erdmetalles mit etwas überschüssigem Ammoniumfluorid gemischt, in ein Monelboot gefüllt und während 8—12 Stunden unter Durchleiten von trockener Luft oder von Helium in einem Monelrohr auf 300 °C (Scandium) bzw. 400 °C (Yttrium) erhitzt. Durch erneutes Mischen mit Ammoniumfluorid und nochmaliges Fluorieren kann das vorerst mit 95%iger Reinheit anfallende Scandiumfluorid fast sauerstofffrei mit 99,5% ScF_3 erhalten werden.

Man kann aber auch mit HF-Gas fluorieren:

Das trockene Oxid, in Monelboote gefüllt, wird in einem Rohr aus Monel mit Flußsäuregas, das aus Bomben entnommen wird, behandelt. Bei der Fluorierung von Sc_2O_3 wird bei 700 °C ,von Y_2O_3 bei 750 °C gearbeitet. Man erhält Produkte mit guter Reinheit.

b) Reduktion der Fluoride

Die Reduktion der Fluoride des Scandiums bzw. Yttriums geschieht mit Calciummetall mit oder ohne Zusatz eines Hilfsmetalles.

---

[1] SPEDDING, F. H., DAANE, A. H. (Hrsg.): The Rare Earths. J. Wiley & Sons, New York–London 1961.

[2] Report of U. S. Atomic Energy Commission AECU-3800 (1958).

Zur Reduktion mit Calcium ohne Hilfsmetallzusatz werden die Fluoride zusammen mit einem Überschuß an Calciummetallspänen (10%iger Überschuß an Calcium) gut vermischt in einem Tantal- oder, seltener, Wolframtiegel unter Argon von Atmosphärendruck oder etwas vermindertem Druck im Induktionsofen erhitzt, bis bei etwa 1000 °C die Reaktion einsetzt. Es wird dann auf etwa 1600 °C weiter erhitzt, wodurch Schlacke und Metall aufgeschmolzen werden und sich in zwei Schichten trennen. Die Schlackenschichte wird abgegossen. Die Scandium- bzw. Yttriumschmelze, die noch überschüssiges Calcium enthält (0,5—2% bezogen auf das Scandium- bzw. Yttriumgewicht), verbleibt im Tiegel. Unter gutem Vakuum wird schließlich das überschüssige Calcium aus der Metallschmelze ausgedampft und es verbleiben Metalle, die weniger als 300 ppm an Kohlenstoff, Stickstoff, Silizium, Eisen, Calcium und anderen Seltenen Erden enthalten. Durch geringe Reaktion mit dem Tantaltiegel nehmen die Metalle aber bis zu 5% Tantal auf.

Um die Trennung von flüssigem Metall und flüssiger Schlacke schon bei niedriger Temperatur zu ermöglichen und dadurch an Energie zu sparen, wird in einer Variante des Verfahrens ein Hilfsmetall, das mit Scandium bzw. Yttrium niedrigschmelzende Legierungen bildet (bei Scandium Zinkmetall; bei Yttrium Magnesiummetall), zugesetzt. Zur Erniedrigung des Schmelzpunktes der Schlacken werden Schlackenverflüssiger zugesetzt. Die niedrigeren Arbeitstemperaturen bringen als weiteren Vorteil mit sich, daß die Tantaltiegel weniger angegriffen werden und die gewonnenen Metalle wesentlich weniger Tantal enthalten. Man muß jedoch nach Beendigung der Reaktion und nach der Trennung von Metallschmelze und Schlacke aus dem gewonnenen Metall das Hilfsmetall durch Vakuumdestillation wieder entfernen.

Gewinnung von Scandium nach dem Zinklegierungsverfahren nach Wilhelm[1]

Zur Einsatzmischung aus Scandiumfluorid mit Calciummetall mit dem gleichen 10%igen Überschuß wie beim normalen Verfahren setzt man Zink in einer Menge zu, die für die Bildung einer niedrigschmelzenden Scandium–Zinklegierung mit etwa 80 At.-% Zink ausreicht. Zur Schlackenverflüssigung dient ein Zusatz von Lithiumfluorid. Die Mischungsverhältnisse der verschiedenen Einsatzstoffe entsprechen etwa der folgenden Reaktionsgleichung:

$$2\,ScF_3 + 3\,Ca + 8\,Zn + 12\,LiF \longrightarrow 3(CaF_2 \cdot 4\,LiF) + 2(Sc \cdot 4\,Zn)$$

Die Mischung wird in einen Tantaltiegel unter Schutzgas bei einem Schutzgasdruck von etwa 150 Torr eingeschweißt, der Tantaltiegel in eine Stahlbombe (Abb. 107) eingesetzt und auf 1100 °C erwärmt. Nach Abkühlen wird der Tantaltiegel aufgeschnitten und der von der erstarrten Schlacke getrennte Metallregulus entnommen. Die Scandium–Zinklegierung wird auf erbsengroße Stücke gebrochen und im Vakuum bei 1200 °C das Zink verdampft. Es verbleibt Scandiumschwamm, den man unter Argon im Lichtbogenofen mit Wolframelektroden einschmilzt. Das Metall enthält nach dem Umschmelzen neben Spuren von Tantal weniger als 500 ppm Zink und andere Seltene Erdmetalle.

Das Rohmetall, das nach dem Calcium- oder dem Calcium–Zink-Verfahren hergestellt wurde, kann durch Vakuumdestillation noch weiter gereinigt werden.

---

[1] Wilhelm, H. A. (Hrsg.): The Metal Thorium. American Society for Metals, Ohio 1958.

Es wird im Tantaltiegel bei 1600—1700 °C bei einem Vakuum von 10^{-5} Torr verdampft und an einem gekühlten Kondensor niedergeschlagen (Abb. 108).

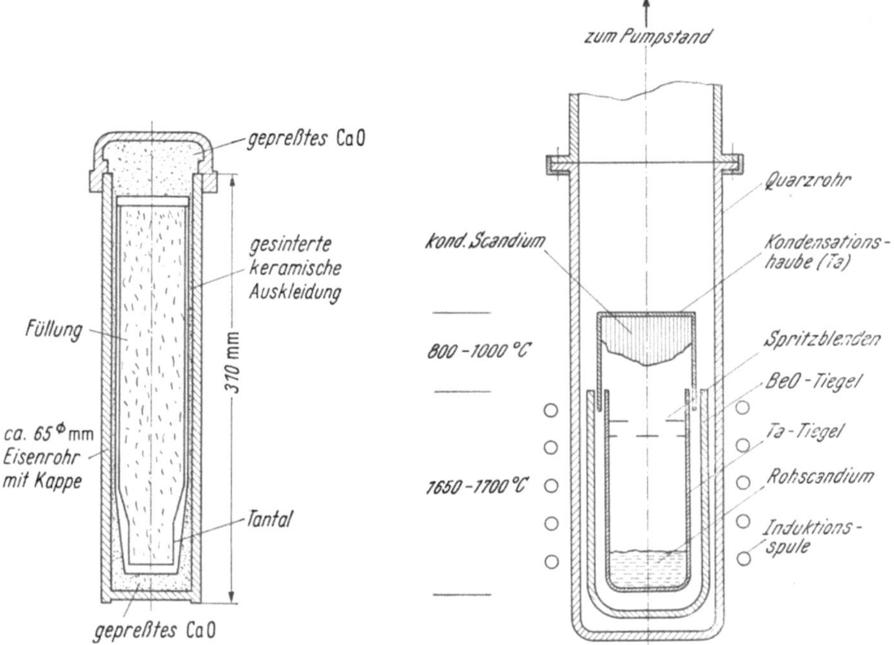

Abb. 107. Mit Tantal ausgekleidete Bombe zur calciothermischen Reduktion von Fluoriden der Seltenen Erdmetalle. (Nach SPEDDING und DAANE)[1]

Abb. 108. Anordnung zur Reinigung von Rohscandium durch Sublimation. (Nach SPEDDING und DAANE)[1]

Das raffinierte Produkt ist sehr rein und hat folgende Analyse:

Fe	0,05%
Ca	0,02%
Mg	0,03%
Cr	0,06%
C + N	100 ppm
Ta	Spuren bzw. 1,5% bei durch das Calciumverfahren hergestelltem Rohmetall

Gewinnung von Yttrium nach dem Magnesiumlegierungsverfahren

Bei der Gewinnung von Yttrium wird durch Zumischen von Magnesium eine bei etwa 750 °C schmelzende Legierung erzielt. Als Schlackenverflüssiger dient hier Calciumchlorid. Gearbeitet wird in Titantiegeln.

Nach dem von SPEDDING und CARLSON[1,2] angegebenen Verfahren werden 37,4 kg destilliertes Calcium und 15,8 kg destilliertes Magnesium in einen Titan-

[1] SPEDDING, F. H., DAANE, A. H. (Hrsg.): The Rare Earths and Related Metals. American Society for Metals, Ohio 1960.

[2] CARLSON, O. N., SCHMIDT, F. A.: in: SPEDDING, F. H., DAANE, A. H. (Hrsg.): Metallothermic Preparation of Yttrium Metal. American Society for Metals, Ohio 1960.

behälter von etwa 50 cm Durchmesser und 125 cm Höhe eingebracht und der Titantiegel in eine vakuumdichte Stahlretorte hineingestellt. Nach Evakuieren der Retorte wird die Calcium-Magnesium-Mischung aufgeschmolzen, mit 1 at Helium geflutet und auf die Stahlretorte eine Zudosiervorrichtung, bestehend aus einem vakuumdichten Fülltrichter mit Förderschnecke (vgl. Abb. 109), aufgesetzt.

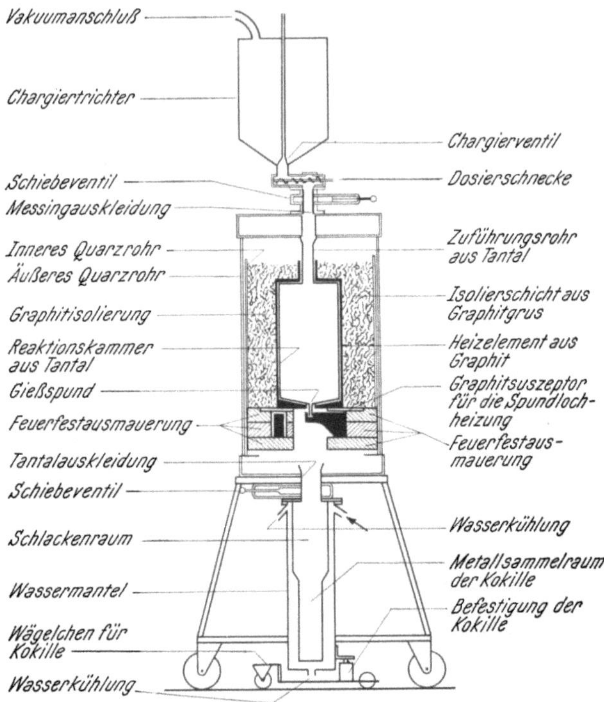

Abb. 109. Yttriumreduktor zur magnesiothermischen Reduktion von Yttriumfluorid. (Nach A. H. Daane)

Durch weiteres Erhitzen der Stahlretorte wird die Calcium–Magnesiumsschmelze auf 800 °C gebracht und durch die Füllvorrichtung langsam eine Mischung von 81 kg Yttriumfluorid und 72 kg Calciumchlorid aufgegeben. Nach etwa 3 Stunden ist die Zugabe beendet und die Reaktion abgeschlossen. Zur Trennung von Schlacke und der gebildeten Yttrium–Magnesium-Legierung wird schließlich auf 960 °C erhitzt und die Retorte, nach Abnehmen der Füllvorrichtung, schwach geneigt. Nach Abkühlen kann die Legierung, die etwa 27 Gew.-% Magnesium enthält, entnommen werden. Sie wird gebrochen, in einen Titanbehälter eingesetzt und durch längeres Erhitzen im Vakuum (zuerst 6 Stunden bei 900 °C, dann 24 Stunden bei 950 °C) das Magnesium und überschüssiges Calcium abdestilliert. Der anfallende Rohschwamm enthält noch etwa 200 ppm Calcium + Magnesium. Es wird zu Platten verpreßt und im Lichtbogen umgeschmolzen. Das umgeschmolzene Metall enthält weniger als 10 ppm Calcium, weniger als 30 ppm Magnesium, etwa 0,5—1% Titan und 0,5—1,6% Sauerstoff.

Zur Raffination des Yttriummetalls kommt eine Vakuumdestillation, ähnlich wie bei Scandium, in Frage[1]. Daneben wurde aber auch das Umschmelzen unter einer Schmelze von Yttriumfluorid bzw. Yttriumfluorid–Calciumfluorid sowie eine Umschmelzelektrolyse im Salzbad vorgeschlagen[2]. Wird die Gewinnung des Yttriums unter saubersten Arbeitsbedingungen und mit sehr reinen Ausgangsprodukten durchgeführt, erübrigt sich meist eine besondere Raffination.

Metallothermische Gewinnung anderer Seltener Erdmetalle

Nach dem eben erwähnten Verfahren lassen sich auch eine Anzahl anderer Seltener Erdmetalle (Lanthan, Cer, Neodym, Praseodym und Gadolinium) aus ihren Fluoriden durch Reduktion mit Calcium gewinnen. Auch Chloride lassen sich zum Teil als Ausgangsprodukte einsetzen. Zur Reduktion der Chloride sind neben Calcium auch Lithium und Natrium geeignet. Wie bei Scandium und Yttrium sind Tantaltiegel, daneben auch Magnesiumoxid-, Dolomit- und Schmelzkalktiegel verwendbar. Zusatz von Hilfsmetall (Magnesium) sowie von Schlackenverflüssigern setzt die Reaktionstemperaturen herab. Wie bei Scandium und Yttrium werden überschüssiges Calcium und Magnesium durch Vakuumdestillation entfernt. Verunreinigungen, die nicht ausgedampft werden (wie Tantal, Molybdän oder Wolfram aus dem Tiegelmaterial), sind durch Salzbadelektrolyse abzutrennen.

Die stabile zweiwertige Verbindungen bildenden Seltenen Erdmetalle Samarium, Europium und Ytterbium lassen sich durch Calcium nicht reduzieren. Bei diesen wird als Reduktionsmetall Lanthan verwendet. Obzwar Lanthan auch keine höhere Reduktionskraft als Calcium besitzt, ist es für die Reduktion der genannten Metalle verwendbar, weil es einen hohen Siedepunkt hat und die flüchtigeren Metalle Samarium, Europium und Ytterbium während der Reaktion durch Wegdampfen aus dem Gleichgewicht entfernt werden können.

Schmelzflußelektrolyse

Die metallothermische Gewinnung der Seltenen Erdmetalle hat nur für die Herstellung von Scandium und Yttrium größere Bedeutung. Die übrigen Seltenen Erdmetalle und vor allem die technischen Legierungen der Seltenen Erdmetalle, Mischmetall und sogenanntes Didymmetall, werden überwiegend durch Schmelzflußelektrolyse aus ihren wasserfreien Chloriden gewonnen.

a) Gewinnung der wasserfreien Chloride

Die wasserfreien Chloride der Seltenen Erdmetalle lassen sich entweder direkt durch Chlorierung der Oxide der Seltenen Erdmetalle mit Chlor unter Zusatz von Kohlenstoff, daneben durch Entwässerung der wasserhaltigen Chloride im HCl-Gasstrom oder durch Entwässerung unter Zusatz von Ammonchlorid herstellen. Wasserfreiheit der Chloride ist Bedingung für eine störungsfreie Elektrolyse und für die Gewinnung sauerstoffarmer Metalle.

---

[1] Ames Laboratory Staff, U. S. Atomic Energy Commission Report IS-1 (1959).

[2] Huffine, C. L., Williams, J. M.: Refining and Purification of Rare Earth Metals in: Spedding, F. H., Daane, A. H. (Hrsg.): The Rare Earths and Related Metals. American Society for Metals, Ohio 1960.

Da für technische Verwendungen unlegierte Seltene Erdmetalle kaum gefragt sind, sondern meist nur Legierungen gebraucht werden, geht man direkt von Mischungen der Oxide der Seltenen Erdmetalle aus, wie sie bei der Aufarbeitung von Monazitsanden oder anderen Ausgangsprodukten anfallen.

Tab. 31 gibt Analysen von typischen Chloridmischungen, wie sie für die Erzeugung der Seltenen Erdmetalle durch Schmelzflußelektrolyse eingesetzt werden.

Tabelle 31. *Zusammensetzung von Chloridmischungen für die Schmelzflußelektrolyse von Seltenen Erdmetallen**

	Selten-Erd-Chlorid	Didymchlorid	Cerchlorid
La	24,5%	44,7%	
Ce	46,9	Spuren bis 1	97—99%
Pr	6,0	10,5	
Nd	19,5	37,6	
Sm	2,1	4,2	1—3
Gd	0,5	1,0	
Y u. übrige	0,5	1,0	
	Lanthanchlorid	**Neodym–Praseodymchlorid**	
La	> 99,9	10	
Ce	001	1	
Pr		15	
Nd		65	
Sm	0		
Gd		9	
Y u. übrige			

* Kremers, H. E.: in: Hampel, A.: Rare Metals Handbook. Reinhold Publ. Corp., London 1961.

b) *Elektrolyse*

Die Elektrolyse wird diskontinuierlich in kegelstumpfartigen, von außen beheizten Stahltiegeln, die gegebenenfalls mit Graphit ausgekleidet sein können, durchgeführt (Abb. 110). Auch keramisch zugestellte, kontinuierlich arbeitende Elektrolysezellen sind in Anwendung. Kathoden sind zentral von unten eingeführte Stäbe aus Graphit oder Eisen, seltener aus Tantal oder Molybdän. In einem Abstand von etwa 25 cm hängt eine vertikal bewegliche Anode aus Graphit.

Als Elektrolyten dienen die wasserfreien Chloride der Seltenen Erdmetalle, denen zur Erniedrigung des Schmelzpunktes Chloride und Fluoride von Alkali- oder Erdalkalimetallen zugesetzt werden.

So wird zur elektrolytischen Abscheidung von unlegiertem Lanthan ein Elektrolyt mit 27,4% Lanthantrichlorid, 68,0% KF und etwa 4% CaF_2; für die Schmelzflußelektrolyse von unlegiertem Cer bzw. Yttrium werden lithiumfluorid- und bariumfluoridhaltige Bäder[1] verwendet. Die Elektrolysetemperaturen liegen zwischen 850 und 1000 °C.

[1] Morrice, E., Knickerbocker, R. G.: Rare Earth Electrolytic Metals. Vortrag am ASM-AEC Symposium Chicago, Ill., Nov. 1959.

Mischmetall wird unter den in Tab. 32 genannten Elektrolysebedingungen gewonnen. Bei den angewendeten Arbeitstemperaturen fließt das gewonnene Mischmetall zu einem Regulus zusammen, der sich am Boden der Zelle absetzt und jeweils nach etwa 20 Tagen Elektrolyse den Zellen entnommen wird. Bei Verwen-

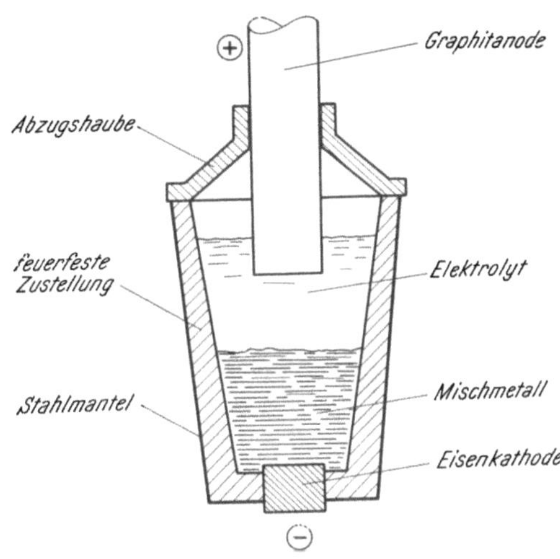

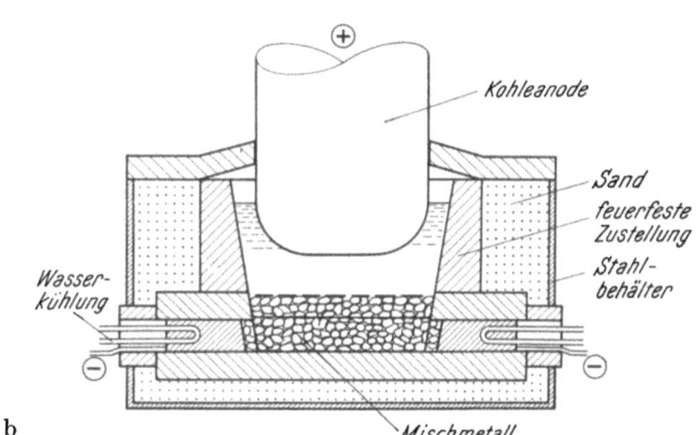

Abb. 110. a Elektrolysezelle zur Abscheidung von „Mischmetall" aus einer Salzschmelze (Fa. Prometheus, Bayern, nach J. A. LIVINGSTON, FIAT Final Rep. 1946)
b Elektrolysezelle zur Abscheidung von „Mischmetall" aus einer Salzschmelze (Treibacher Chemische Werke, Österreich, nach R. SINGER et al., BIOS Final Rep. Nr. 400, 1945)

Tabelle 32. *Elektrolysebedingungen bei der Gewinnung von Mischmetall durch Schmelzflußelektrolyse**

	Stahlzelle	keramische Zelle
Gesamtstromstärke	1000–2000 A	2000–5000 A
Spannungsabfall an der Zelle	9–12 V	12–15 V
Badtemperatur	800–900 °C	800–900 °C
Stromausbeute	40–50%	30–40%
Energiebedarf	12–20 kWh/kg Metall	15–25 kWh/kg Metall
Standzeit des Tiegels	etwa 20 Tage	etwa 20 Tage

* SCHREITER, W.: Sondermetalle. VEB Deutscher Verlag für Grundstoffindustrie, Leipzig 1961.

dung von Stahlzellen enthält das gewonnene Mischmetall bis zu 10% Eisen, das für die meisten Verwendungszwecke von Mischmetall aber nicht stört. In keramischen Zellen und bei Verwendung von reinem Graphit als Kathodenwerkstoff werden reinere Produkte erhalten.

Eine Nachreinigung der gewonnenen Produkte, die aber nur bei unlegierten Seltenen Erdmetallen durchgeführt wird, ist durch Vakuumumschmelzen (Entfernung flüchtiger Verunreinigungen) oder durch Umschmelzen unter geschmolzenen Seltenen Erdmetallfluoriden oder durch elektrolytische Salzbadraffination möglich[1].

7. Legierungen

Legierungen der Seltenen Erdmetalle haben bisher in der Technik, mit wenigen Ausnahmen, keine Bedeutung. Anwendung finden lediglich das Cermischmetall, die natürliche Legierung der Seltenen Erdmetalle, die bei der Schmelzflußelektrolyse des Gemisches der Chloride der Seltenen Erdmetalle entsteht, sowie die für Zündsteine verwendete Legierung von Seltenen Erdmetallen mit Eisen.

Das Legierungsverhalten der Seltenen Erdmetalle, das sich aus den Daten der Abb. 3 — Atomradien, Strukturtypen, Elektronegativitäten und Schmelzpunkte — roh abschätzen läßt, ist in Tab. 33 zusammengefaßt.

8. Anwendung der Seltenen Erdmetalle und der Lanthaniden

Die Seltenen Erdmetalle haben bisher in unlegierter Form noch praktisch keine Anwendung gefunden. Zumindest Scandium und Yttrium dürften aber in Zukunft Anwendungsgebiete finden[2]. Das relativ häufige, gelblich-weiße und an der Luft korrosionsbeständige Scandium scheint wegen seines niedrigen spezifischen Gewichts ($d = 2{,}999$ g/cm³) und seines relativ hohen Schmelzpunktes (Fp. 1539 °C) ein zukunftsträchtiges Leichtmetall und Legierungsmetall zu sein. Praktisches Interesse hat auch das Scandiummonokarbid erlangt, das nach Samsonov harte Mischkristalle mit Titankarbid[3] bilden soll und damit die Reihe der hartmetalltechnisch wichtigen Karbide der IVa- bis VIa-Gruppe des Periodensystems um einen neuen Vertreter bereichert[4]. Nach Ansicht von Dufek[5] liegt das ScC meist in Form eines sehr stabilen Oxykarbides vor [Sc(C,O) bzw. (TiSc)·(C,O)]. Ob Yttriummonokarbid als Hartstoff zu nützen ist, muß noch durch Versuche geklärt werden.

Auch für Yttrium scheinen in der Zukunft Anwendungsmöglichkeiten gesichert zu sein. Bei Yttrium fällt ebenfalls das niedrige spezifische Gewicht ($d = 4{,}472$ g/cm³), der relativ hohe Schmelzpunkt (Fp. 1547 °C), der niedrige Einfangquerschnitt für thermische Neutronen (1,3 barns), die hohe thermische Stabilität des Yttriumhydrids und die Resistenz gegenüber geschmolzenem Uran und geschmolzenen Uranlegierungen auf.

---

[1] Huffine, C. L., Williams, J. M.: in: Spedding, F. H., Daane, A. H. (Hrsg.): The Rare Earths and Related Metals. American Society for Metals, Ohio 1960.

[2] Love, B., Kleber, E. V.: Mat. Design. Engng. *52* (1960) 134.

[3] Samsonov, G. V., Makarenko, G. N., Kosolapova, T. J.: Dokl. Akad. Nauk. SSSR *144* (1962) 1062.

[4] Dufek, V., Petrů, F., Brozek, V.: Monatsh. Chem. *98* (1967) 2424.

[5] Dufek, V.: persönliche Mitteilung.

Tabelle 33. *Legierungsverhalten der Seltenen Erdmetalle*

Mit Gruppe Ia (Alkalimetalle)	Höchstens geringe Mischbarkeit im flüssigen und festen Zustand, offenbar keine Verbindungen.
Mit Gruppe IIa (Erdalkalimetalle)	Höchstens geringe Löslichkeit im festen Zustand; einige Seltene Erdmetalle bilden mit Beryllium und Magnesium intermetallische Verbindungen
Mit Gruppe IIIa (Scandiumgruppe)	Soweit die Systeme der Metalle der IIIa-Gruppe untereinander bekannt sind, scheinen die SE-Metalle untereinander und mit Thorium weitgehend bis vollkommen im flüssigen und festen Zustand mischbar zu sein. Intermetallische Verbindungen sind keine bekannt. Mit Uran besteht nur geringe gegenseitige Löslichkeit, ebenso sind die SE-Metalle mit Plutonium nur beschränkt mischbar.
Mit Gruppe IVa (Titangruppe)	Scandium zeigt mit den kubischen und hexagonalen Phasen des Titans, Zirkoniums und Hafniums vollkommene Mischbarkeit. Yttrium und die Lanthaniden bilden dagegen eutektische Systeme mit geringer gegenseitiger Löslichkeit.
Mit Gruppe Va (Vanadingruppe)	Eutektische Systeme mit geringer gegenseitiger Löslichkeit.
Mit Gruppe VIa (Chromgruppe)	Es liegen ebenfalls meist eutektische Systeme mit geringer gegenseitiger Löslichkeit vor. Intermetallische Verbindungen werden ebenso wie mit den Metallen der Gruppen IVa und Va nicht gebildet.
Mit Gruppe VIIa (Mangangruppe)	Geringe bis verschwindende gegenseitige Löslichkeit, Auftreten intermetallischer Verbindungen.
Mit Gruppe VIIIa (Eisen- und Platinmetalle)	Keine bzw. äußerst geringe gegenseitige Löslichkeit im festen Zustand, Auftreten zahlreicher intermetallischer Verbindungen.
Mit Gruppe Ib bis Vb	Mit den Metallen der Gruppen Ib bis Vb werden zahlreiche intermetallische Verbindungen gebildet. In Richtung zur VIIb-Gruppe haben die Verbindungen zunehmend weniger metallischen Charakter.

Als Legierungselement wird Yttrium manchmal Magnesium-, Chrom-, Vanadin-, Niob-, Eisen–Chrom- und Nickel–Chrom-Legierungen zugesetzt, in denen es als hochwirksamer „Scavenger"* wirkt und auch zur Verbesserung der Oxydationsbeständigkeit dieser Legierungen durch Ausbildung festhaftender, dichter Oxidschichten entscheidend beiträgt.

Unlegiertes Lanthan und unlegiertes Cer sowie Praseodym und Neodym (als Didym) werden zur metallothermischen Herstellung von Sondermetallen (Samarium, Ytterbium) eingesetzt[1] (vgl. S. 42).

* Amerikanischer Ausdruck für ein Desoxydationsmittel, das auch Stickstoff und Kohlenstoff zu binden vermag.

[1] Daane, A. H., Spedding, F. H.: J. Amer. chem. Soc. *75* (1953) 2272.

Etwa ein Viertel des Weltverbrauches an Seltenen Erdmetallen machen die Legierungen, wie Mischmetall, Didymmetall, Ferrocer u. a. aus. Das durch Schmelzflußelektrolyse gewonnene Mischmetall (Zusammensetzung vgl. Tab. 34) wird, neben Aluminium und Ferrosilizium, zum Entschwefeln und zur Desoxydation von Stählen eingesetzt. Sphäroguß läßt sich auch mit Mischmetall anstelle von Magnesium gewinnen. Viele der heute für den Sphäroguß verwendeten Magnesium–Silizium-, Eisen–Magnesium–Silizium- und Nickel–Magnesium–Silizium-Legierungen enthalten größere Mengen an Seltenen Erdmetallen. Heizleiterlegierungen auf Nickel–Chrom-, Eisen–Nickel–Chrom- und Eisen–Chrom–Aluminium-Basis enthalten gelegentlich Mischmetallzusätze zur Verbesserung der Lebensdauer. Auch Nichteisenmetallegierungen auf Magnesium-, Aluminium- und Kupfer-Basis werden teilweise mit Mischmetall erschmolzen. Mischmetallzusätze für Scavenger-Wirkungen erwiesen sich bei entsprechenden Versuchen bei Chrom-[1], Vanadin-[2] und Niob-[3] Basislegierungen als günstig.

Tabelle 34. *Zusammensetzung verschiedener, schmelzflußelektrolytisch gewonnener Mischmetallsorten**

	Mischmetall Gehalt in %	Lanthanangereichertes Mischmetall Gehalt in %
La	24	27
Ce	52	47
Pr	5	6
Nd	18	19
Sm	1	1

* Kremers, H. E.: in: Hampel, C. A.: Rare Metals Handbook. Reinhold Publ. Corp., London 1961.

Eisenlegiertes Mischmetall (etwa 76% Mischmetall), sog. „Ferrocer", hat als Zündsteinmaterial einen relativ großen Markt. Die Wirkung der Zündsteine oder Feuersteinlegierungen beruht auf den in eine eisenhaltige Matrix eingelagerten pyrophoren Verbindungen $CeFe_2$ und Ce_2Fe_5.

Neuerdings finden die magnetischen Eigenschaften der Legierungen der Seltenen Erdmetalle mit Übergangsmetallen, vor allem Mangan, Eisen, Kobalt, Nickel, gesteigertes Interesse. Magnetlegierungen auf dieser Basis zeichnen sich durch besonders hohe spezifische Feldstärken aus[4].

Zuletzt sei auf die Verwendung von Cer–Aluminium–Thorium-Getterlegierungen in Konkurrenz zu Bariumgettern in der Elektronenröhrenindustrie verwiesen.

[1] Fox, J. E.: Chromium-Base Alloy Development. USAF Report APEX 680 April 1962.
[2] Lundin, C. E., Klodt, D. T.: J. Inst. Met. *90* (1961/62) 341.
[3] Miller, G. L., Cox, F. G.: J. Less-Common Metals *2* (1960) 207.
[4] Kirchmayr, H. R.: Habilitationsschrift an der Fakultät für Naturwissenschaften der T. H. Wien 1968.

Der Hauptteil der Seltenen Erden wird nicht metallisch, sondern in Form der Oxide bzw. Salze verwendet. Die Auer v. Welsbachschen Gasglühstrümpfe, die heute wieder verstärkt in unterentwickelten Ländern verwendet werden, bestehen nach dem Brennen aus 99% Thoriumoxid und 1% Ceroxid. Zusätze von Fluoriden der Seltenen Erden, eventuell gemischt mit Molybdaten und Wolframaten, zu Bogenlampenkohlen verbessern die Lichtausbeute im sichtbaren Bereich und bedingen nicht flackernd brennende Lichtbögen. Diese „gefüllten" Lichtbogenkohlen finden vor allem Anwendung in Scheinwerfern und Projektionsapparaten der Lichtspieltheater. Verschiedene Seltene Erdoxide dienen zur Färbung von Gläsern. So enthalten z. B. die „Neophan"-Sonnenschutzgläser einen Zusatz von Neodymoxid; Ceroxid ist eines der wirksamsten Glasentfärbungsmittel. Es verhindert die Grünfärbung des Glases durch Eisen(II)oxid. Ceroxidzusatz macht das Glas UV-undurchlässig, ohne die Durchlässigkeit des Glases im sichtbaren Bereich wesentlich zu schwächen. Cergläser werden daher für Sonnenbrillen und Schweißbrillen verwendet.

Cerdioxid wird auch in größerem Umfang als Schleifmittel und andere Verbindungen der Seltenen Erdmetalle als Luminophore in Fernsehschirmen (auch Farbfernsehschirmen) gebraucht.

Der hohe Schmelzpunkt der Sulfide der Seltenen Erden, der ein Maximum mit dem CeS (Fp. etwa 2450 °C) erreicht, und die hohe Stabilität macht vor allem das Cersulfid zu einem geeigneten Tiegelmaterial. In Cersulfidtiegeln können alle Metalle mit einem Schmelzpunkt bis 1800°C (außer Platin) ebenso wie die meisten Halogenide ohne wesentlichen Angriff auf das Tiegelmaterial geschmolzen werden.

C2. Aktiniden: Thorium, Uran, Plutonium

Die Aktinidenmetalle, die die Metalle mit den Ordnungszahlen von 89 (Actinium) bis 103 (Lawrencium) umfassen und die durchwegs radioaktiv sind, haben im Zeitalter der Atomkernenergie größtes Interesse erlangt. Aus der ganzen Gruppe der Aktiniden werden nur Thorium und Uran, die Halbwertszeiten von etwa $1{,}5 \cdot 10^{10}$ bzw. $4{,}5 \cdot 10^{9}$ Jahren haben, in nennenswerten Mengen in der Natur gefunden. Actinium (Ordnungszahl 89) und Protactinium (Ordnungszahl 91) wurden in geringsten Konzentrationen in Thorium- und Uranerzlagern nachgewiesen, während alle übrigen Aktinidenmetalle künstlicher Natur sind. Lediglich von Plutonium sollen ebenfalls geringste Spuren in Uranlagern nachzuweisen sein.

Die Bedeutung von Uran für die Kernenergie beruht auf der Spaltbarkeit des zu 0,7% im natürlichen Uran vorkommenden Isotops U^{235} durch Neutronen. Neben diesem einzigen natürlichen Spaltstoff sind nur noch das $Plutonium^{239}$, das durch Einfang eines Neutrons aus dem häufigeren U^{238} entsteht, sowie das $Thorium^{233}$ bzw. das $Uran^{233}$, die sich beim Neutroneneinfang aus dem natürlich vorkommenden $Thorium^{232}$ bilden, spaltbar. Da der Weltvorrat an spaltbarem U^{235} relativ gering ist, wird intensiv an der Entwicklung der sogenannten Brutreaktoren gearbeitet, in denen das nicht spaltbare $Uran^{238}$ in das spaltbare $Plutonium^{239}$ übergeführt wird. Für die weitere Zukunft ist zu erwarten, daß das ebenfalls brütbare Thorium für die Atomkernenergieerzeugung zunehmende Bedeutung erlangen wird, da Thorium etwa die dreifache Häufigkeit von Uran aufweist.

Von den künstlich hergestellten Aktiniden ist vorläufig nur Plutonium in größeren Mengen zugänglich und wird als Spaltstoff, zur Anreicherung von Uran in Brennelementen und in reiner Form, überwiegend für Kernwaffen, verwendet. Die übrigen können bis jetzt nur wissenschaftliches Interesse beanspruchen.

Im Rahmen dieses Buches werden daher auch nur *Thorium* und *Uran*, die neben einer Anwendung in der Kerntechnik auch verschiedene andere Anwendungsgebiete gefunden haben, sowie das *Plutonium* besprochen.

1. Entdecker und Namensgebung

Tabelle 35. *Entdecker und Namensgebung*

Thorium	Uran	Plutonium
BERZELIUS findet 1828 „Thorerde“ im Thorit der norweg. Insel Löve bei Brevig. Thorit nach Thor dem german. Donner- und Kriegsgott benannt. 1914 Herstellung von reinem Thorium-Metall (> 99%) durch LELY und HAMBURGER. Radioaktive Eigenschaften des Th durch MARIE CURIE und unabhängig durch E. SCHMIDT festgestellt.	KLAPROTH findet 1789 grünlich-schwarzes, metallisch glänzendes Uranoxid in der Pechblende von Joachimstal in Böhmen. Uran bzw. Uranerz zu Ehren des 1781 entdeckten Planeten Uranus. 1840 Herstellung von U-Metall durch PÉLIGOT aus UCl_4 mit Kalium. 1896 entdeckt BECQUEREL die Radioaktivität der U-Pechblende. 1938 gelingt HAHN, STRASSMANN und MEITNER die U-Kernspaltung mit langsamen, 1932 von Chadwick entdeckten Neutronen.	Gewinnung von Plutonium aus Uran durch WAHL, SEABORG, KENNEDY (1941 bis 1942?) an der Universität Kalifornien. SEABORG, PERLMAN, GARNER und BORNER bestätigen 1942 Pu-Spuren in der Uran-Pechblende. Herstellung von Pu-Metall 1943 durch BAUMBACH und FRIED aus PuO_2 bzw. PuF_4.

2. Vorkommen

Sowohl Thorium als auch Uran zählen keineswegs zu den seltenen Elementen. Mit einer Häufigkeit von etwa 12 g pro Tonne ist Thorium fast so häufig wie Molybdän oder Blei. Uran mit einer Häufigkeit von 4 g pro Tonne übertrifft noch bei weitem die Häufigkeit von vielen industriell verwendeten Metallen, wie Antimon, Wismut, Quecksilber und Silber. Beide Elemente bilden eine Vielzahl von Mineralien (vgl. Tab. 36), die aber nur an wenigen Stellen der Erde stärker angereichert sind. Die meisten Lagerstätten sind arm und sowohl Thorium als auch Uran häufig mit anderen Metallen, wie z. B. Vanadin, Titan, Niob, Tantal in Vanadaten, Titanaten, Niobaten und Tantalaten, vergesellschaftet. Uran wird in größeren Mengen auch als Nebenprodukt bei der Produktion von Phosphorsäure bzw. Phosphatdüngemitteln, aus Goldsanden, Kohlenaschen und bituminösen Schiefern gewonnen.

Das wichtigste Ausgangsmaterial für die Gewinnung von Thorium ist der Monazitsand, in dem das Thorium mit den Seltenen Erden vergesellschaftet ist. Die Monazitsande sowie andere seltener ausgebeutete Vorkommen von Thorit und Uranothorit enthalten auch häufig kleinere Mengen an Uran, die ebenfalls gewinnbar sind.

Tabelle 36. *Die wichtigsten Mineralien und Erze von Thorium und Uran*

Thorium		Uran	
Monazitsande (siehe auch bei seltenen Erdmetallen)	Seltene Erden und Thoriumphosphate mit 3–10% ThO_2, 0,1–0,5% UO_2 und 40–60% Seltenen Erdmetalloxiden	Pechblende Uraninit Carnotit Uranothorit Brannerit Autunit	Uranoxide Uranoxide $K_2O \cdot 2UO_3 \cdot V_2O_5 \cdot 2H_2O$ $(U, Th)O_2$ (U, Ca, Fe, V, Th)-Titanat $CaO \cdot 2UO_3 \cdot P_2O_5 \cdot xH_2O$
Thorit und Uranothorit	Thoriumsilikat mit 10% ThO_2	Vorkommen:	Katanga, Kanada, CSSR, Colorado-Plateau, Brasilien, Australien
Thorianit	$(ThU)O_2$ mit 50–90% ThO_2	Uran in Nb-, Ta-, Zr-Erzen (USA, Brasilien, Kanada)	
Vorkommen:	Travancore und Madras (Indien), Brasilien, Südafrika, Ceylon, Australien, USA	verbreitet in Phosphoriten (bis 100 g/t U_3O_8) in Goldsanden (100–250 g/t U_3O_8) in Bitumenschiefern (200–300 g/t U_3O_8) und in Kohleaschen (bis etwa 500 g/t U_3O_8)	

3. Produktion und Preis

Die Produktion von *Thorium* ist eng mit der Produktion der Seltenen Erdmetalle verknüpft. Vermehrte Nachfrage nach Thorium oder nach Seltenen Erden zieht sofort auch eine Mehrproduktion an Seltenen Erden bzw. von Thorium nach sich. Bis etwa 1954 war die Thoriumoxidproduktion nahezu gleichbleibend und betrug 1954 etwa 9000 Jahrestonnen. Seither steigt die Produktion stark. 1958 wurden 78000 Tonnen Thoriumdioxid produziert. Metallisches Thorium wird nur in kleinen Mengen hergestellt und zu entsprechend hohen Preisen gehandelt. 1958 wurden je Gramm Thoriumpulver 0,35–0,85 $ bezahlt.

Für *Uran* ist die Situation ähnlich. Bis 1956 stieg die Produktion sehr langsam an und erreichte 1956 13000 Tonnen U_3O_8. Seither steigt die Produktion sehr stark weiter. 1959 wurden schon 45000 Tonnen U_3O_8 produziert. Da die Produktion überall unter staatlicher Kontrolle steht, der Handel und der Verkauf nur mit Sonderbewilligung erfolgen dürfen, hat U_3O_8 keinen echten Preis. Er ist von der USAEC mit 8 Dollar/lb U_3O_8 festgesetzt. Der Metallpreis beträgt etwa 40 Dollar je kg für Natururan. Der Preis von „angereichertem" Uran, Uran mit einem höheren Gehalt an spaltbarem U^{235}, ist eine Funktion des Gehaltes an U^{235}. Hochangereichertes Uran erreicht Preise von 10000 Dollar je Pfund Uran.

Während die Produktion an Uranverbindungen stark anwächst, ist die Produktion von Uranmetall in jüngster Zeit wieder etwas rückläufig, da die Kernreaktoren modernerer Bauart nicht mehr mit metallischem Brennstoff, sondern mit Brennstäben aus UO_2, bzw. — für die Reaktoren der nächsten Generation — mit UC, UC_2, U(C, N), UN usw. bestückt werden.

Plutonium, das bei der Aufbereitung von verbrauchten Uranbrennstoffen als künstliches Element gewonnen wird, steht heute schon in Mengen von mehreren Jahrestonnen zur Verfügung. Genaue Produktionsziffern und Herstellungskosten sind, da Plutonium wegen seiner Verwendung in Atombomben strategisches Material ist, nicht verfügbar.

4. Physikalische Eigenschaften

Thorium besitzt von den drei zu besprechenden Aktinidenmetallen den höchsten Schmelzpunkt (Fp. 1750 °C). Es bildet zwei kubische Modifikationen, die sich bei etwa 1400 °C ineinander umwandeln.

Uran hat einen Schmelzpunkt von etwa 1130 °C und bildet drei Modifikationen, von denen die bis 668 °C beständige α-Phase orthorhombisch ist; die β-Phase, die sich bei 774 °C in die γ-Phase umwandelt, ist tetragonal, während die γ-Phase kubisch raumzentriert ist. Die allotropen Umwandlungen erschweren den Einsatz

Tabelle 37. *Physikalische Eigenschaften der Aktinidenmetalle Actinium bis Plutonium*

	Ac	Th	Pa	U	Np	Pu
OZ	89	90	91	92	93	94
AG	(227)	232,038	(231)	238,03	(237)	242
ES	(Rn) $6d7s^2$	(Rn) $6d^27s^2$	(Rn) $6d^37s^2$	(Rn) $5f^36d^6$	(Rn) $5f^57s^2$	(Rn) $5f^66d^07s^2$
GT	kfz. $a = 5{,}311$	α: kfz. $a(25)° = 5{,}086$ *UT*: 1360 °C β: krz. a(1450 °C) = 4,11	—	α: orthorhomb. $a = 2{,}854$ $b = 5{,}869$ $c = 4{,}956$ *UT*: 668 °C β: tetr. $a = 10{,}795$ $b = 5{,}656$ *UT*: 775 °C γ: krz. $a = 3{,}524$	α: orthorhomb. $a = 4{,}721$ $b = 4{,}888$ $c = 6{,}661$ *UT*: 290 °C β: tetr. $a = 4{,}894$ $c = 3{,}386$ *UT*: 575 °C γ: krz. $a = 3{,}52$	α: monoklin $a = 6{,}183$ $c = 10{,}963$ $b = 4{,}822$ $\beta = 101{,}89°$ *UT*: 122 °C β: monoklin $a = 9{,}227$ $c = 7{,}424$ $b = 10{,}449$ $\beta = 92{,}54°$ *UT*: 208 °C γ: orthorhomb. $a = 3{,}158$ $c = 10{,}162$ $b = 5{,}768$ *UT*: 317 °C δ: kfz. $a = 4{,}637$ *UT*: 445 °C δ': tetr. rz. $a = 3{,}33$ $c = 4{,}46$ *UT*: 480 °C ε: krz. $a = 3{,}638$
AR	1,87	1,78	1,60	1,57	1,60	1,60
ϱ_{20}	10,1	11,71	15,4	19,07	19,5	19,7 (α)
Fp.	1050*	1750	(1230)	1132	637	640
Kp.	3300*	3850	—	3818	—	3235
ΔH_s	3,4*	3,85	—	4,7	—	—
$\Delta H_{subl.}$	95*	137,7	—	117,0	—	80
Δc_{p20}	6,5*	6,53	—	6,59	—	7,65
α_m	—	11,0	—	15,5*	—	47 (α)
k_R	—	2,0	—	1,0	—	—
λ_w	—	0,090	—	0,064	—	0,01
λ_e	—	—	—	0,028	—	0,007 (α) 0,009 (β)
EN	1,1	1,3	1,5	1,7	1,3	—
I	—	—		~4	—	—
E	—	8000	—	18200	—	9000
μ	—	0,26	—	0,252	—	0,15
σ_B	—	16—50	—	45—66	—	—
H_V	—	150 (40)	—	260 (185)	—	260—350
Häuf.	—	12 ppm	—	4 ppm	—	—

* Geschätzt

Zeichenerklärung S. 152.

von Uran als Brennstäbe in den Reaktoren. Das α-Uran weist in der a- und c-Achse positive, in der b-Achse aber negative thermische Ausdehnungskoeffizienten auf. Mehrmaliger Temperaturwechsel führt zu unangenehmem Längenwachstum der Brennstäbe, zur Aufrauhung der Oberfläche und schließlich — in Verein mit Strahlenschädigungen — zur Auflockerung des Gefüges.

Plutonium ist mit seinen sechs verschiedenen Modifikationen, die es bis zum niedrigen Schmelzpunkt von 638,5 °C ausbildet, unter den Metallen einzigartig. Wie bei Uran erschweren die allotropen Umwandlungen, die mit spontanen Dichte- und Längenänderungen (vgl. S. 213) verbunden sind, einen Einsatz von Plutonium in Reaktoren beträchtlich. In den geplanten Plutonium-Reaktoren werden daher Plutoniumlegierungen oder besser -verbindungen eingesetzt oder es wird auch mit geschmolzenen Plutoniumlegierungen gearbeitet werden.

Weitere wichtige physikalische Eigenschaften der wichtigsten Aktinidenmetalle sind aus Tab. 37 zu ersehen.

5. Chemische Eigenschaften

Thorium ist in seinen chemischen Verbindungen vierwertig. Obwohl es zur Gruppe der Aktiniden gehört, ähnelt es in seinem chemischen Verhalten den Elementen der IVa-Gruppe, Titan, Zirkonium und Hafnium, stärker als den Seltenen Erdmetallen.

Von seinen Verbindungen sind das Hydroxid, das Phosphat und das Fluorid wenig in Wasser löslich. Stärker löslich sind dagegen das Nitrat und die Halogenide. Die Salze neigen zur Hydrolyse. Das Chlorid bildet Doppelsalze mit Alkalichloriden; mit Karbonaten und Oxalaten werden wasserlösliche Anionenkomplexe gebildet. Mit den Metalloiden (Sauerstoff, Kohlenstoff, Stickstoff, Wasserstoff) werden Verbindungen gebildet. Das Thoriumdioxid ist das höchstschmelzende aller Oxide (Fp. 3000 °C); es sind zwei Karbide, das ThC und das ThC_2, bekannt, die mit Wasser reagieren. Die beiden Nitride ThN und Th_2N_3, die beim Erhitzen von Thoriummetall in Stickstoffatmosphäre entstehen, sind ebenfalls feuchtigkeitsempfindlich. Auch Hydride (ThH_2 und Th_4H_{15}) sind bekannt. Sie sind relativ beständig und zersetzen sich im Vakuum erst bei Temperaturen über 900 °C.

Uran ähnelt im chemischen Verhalten den Metallen der VIa-Gruppe (Chrom, Molybdän, Wolfram). Es bildet drei-, vier- und sechswertige Verbindungen. Unter den Oxiden ist auch ein Oxid des zweiwertigen Urans, das UO, bekannt. In der sechswertigen Stufe bildet das Uran keine normalen Ionen, sondern es liegt stets kationisch als Uranyl-Ion ($[UO_2]^{\cdot\cdot}$) bzw. anionisch als Diuranat-Ion (U_2O_7'') vor.

Das Oxid bzw. Hydroxid des vierwertigen Urans ist ebenso wie das UF_4, das Phosphat und das Oxalat in Wasser wenig löslich. Gut löslich sind das Nitrat, Chlorid und das Sulfat. Die Verbindungen, in denen das Uran sechswertig als divalentes Uranyl-Ion vorliegt, sind überwiegend gut in Wasser löslich. Lediglich das Phosphat läßt sich als schwerlöslicher Niederschlag aus wäßrigen Lösungen abscheiden. Die Uranylverbindungen neigen bemerkenswert stark zur Bildung von Komplexen, in denen das Uran anionisch vorkommt. Anionenkomplexe werden u. a. mit Sulfaten, Nitraten, Acetaten und Karbonaten gebildet. Lediglich das Uranylchlorid geht mit überschüssigem Alkalichlorid keine bzw. nur sehr schwache Komplexe ein.

Die Neigung zur Bildung der Anionenkomplexe wird bei der Gewinnung des Urans mittels Ionenaustausch (Sulfatokomplex) bzw. durch Lösungsmittelextraktion (Nitratkomplex) ausgenützt.

Als Ausgangsprodukt für die Gewinnung des Uranmetalls dient das UF_4, das zum Unterschied von UCl_4 nicht flüchtig und nicht hygroskopisch ist. Über das flüchtige UF_6 geschieht die Urananreicherung, d. h. die Abtrennung des U^{235}-Isotops.

Uran bildet mit Kohlenstoff die Karbide UC und UC_2, die von Wasser angegriffen werden; mit Stickstoff die Nitride UN, U_2N_3 und $UN_{1,5+x}$. Neben dem UO_2 erlangen die Karbide, die Nitride und neuerdings auch die Karbonitride Interesse als Reaktormaterial.

Es ist nur ein Uranhydrid, nämlich das UH_3, bekannt, es ist weniger stabil als die Hydride des Thoriums und läßt sich unter Normaldruck schon bei Temperaturen über etwa 800 °C zersetzen.

Von *Plutonium* sind drei-, vier-, fünf- und sechswertige Verbindungen bekannt. Daneben wird noch PuS als Verbindung des zweiwertigen Plutoniums beschrieben; doch ist der Bindungscharakter in dieser Verbindung vorwiegend metallisch. Am stabilsten sind sowohl in festem Zustand als auch in Lösung die drei- und vierwertigen Verbindungen. Sechswertige Verbindungen existieren nur in stark oxydierenden wäßrigen Lösungen, in denen Plutonyl-Ionen ($PuO_2^{\cdot\cdot}$) gebildet werden. Daneben ist nur eine einzige feste Verbindung, in der Plutonium sechswertig ist, nämlich das PuF_6, bekannt. PuO_3 konnte noch nicht dargestellt werden.

Auch Plutonium bildet Karbide, Nitride und Hydride. Das metallische Plutonium ähnelt in seinem Verhalten dem Uran und Thorium, deren Verhalten gegenüber verschiedenen Agentien aus Tab. 38 zu entnehmen ist.

6. Aufbereitung der Erze

Thorium: Zur Gewinnung von Thorium wird praktisch ausschließlich von Monazitsand ausgegangen, der neben dem als Phosphat gebundenen Thorium größere Mengen an Seltenen Erden enthält. Die Aufbereitung des Monazitsandes, die durch schwefelsauren Aufschluß, seltener durch einen alkalischen Aufschluß, erfolgt, ist eingehend bei den Seltenen Erden beschrieben (s. S. 181 ff.). Als Endstufe der Aufbereitung wird Thorium als Rohthoriumoxid erhalten.

Uran: Da Lagerstätten mit reicheren Uranerzen (Pechblende, Uraninit) nur selten vorkommen und zum Teil schon ausgebeutet sind, werden heute überwiegend niedrigprozentige und zum Teil komplexe Uranerze, in denen das Uran vorwiegend zusammen mit Vanadin vorkommt (Carnotit), aufgearbeitet, das Uran auch als Nebenprodukt der Phosphorsäuregewinnung aus uranhaltigen Phosphoriten und aus uranführenden Kohle- und Ölschiefern gewonnen. Auch Kohleaschen stellen zum Teil eine Quelle für Uran dar. Daneben sind die südafrikanischen Goldsande (Berge und Halden) ein wichtiges Ausgangsprodukt für die Urangewinnung[1] (vgl. Tab. 39). Die Mindestgehalte für eine wirtschaftliche Aufarbeitung von Uranerzen betragen heute etwa 0,1—0,2% Uran. Bei günstigen Verhältnissen — leicht zugängliche Lagerstätten, Gehalt an wertvollen Neben-

[1] NEVSKIJ, B. V.: Kernenergie *2* (1959) 950.

Tabelle 38. *Chemisches Verhalten von Thorium und Uran*

Einwirkendes Mittel	Thorium	Uran
Luft und O_2	gut beständig, auch bei höherer Temperatur. Ausbildung dichter Oxidschichten	bei Zimmertemperatur Bildung einer Schutzschicht von UO, bei mittleren Temperaturen langsame Reaktion zu UO_2, ab 700 °C Verbrennung zu U_3O_8 In Luft Bildung eines Gemisches von Oxiden und Nitriden
Wasser	geringer Angriff, mit höherer Temperatur stärker	wenig korrosionsbeständig, mit Dampf teilweise Hydridbildung
Stickstoff	bei erhöhter Temperatur Reaktion unter Nitridbildung	bei erhöhter Temperatur Nitridbildung
Wasserstoff	Bildung von ThH_2 und ThH_4, Zersetzung der Hydride im Vakuum ab etwa 900°	ab 200—250 °C Bildung von UH_3; Zersetzung des Hydrides ab etwa 800 °C
Halogene	über 450 °C rasche Reaktion zu Halogeniden	schon bei Raumtemperatur starke Reaktion
C, S, P, Si	Reaktion zu den entsprechenden Verbindungen	Reaktion zu den entsprechenden Verbindungen
Säuren	gegen H_2SO_4 und HNO_3 gut beständig, von HCl etwas, von HF und Königswasser stark angegriffen. Phosphate, Fluoride, Hydroxide wenig löslich; mit Karbonaten und Oxalaten lösliche Anionenkomplexe	in allen Säuren löslich, gegen HF nur bei niedriger Temperatur stabil Phosphate, Oxalate unlösl.; UF_4 unlöslich, oxydiert leicht zu U_3O_8. NH_4- und Na-diuranat unlöslich. Anionenkomplexe mit Sulfaten, Karbonaten und Azetaten
Ammoniak und Alkalilaugen	beständig	wenig beständig

Tabelle 39. *Verwertbare Uranvorräte in komplexen Erzen und Kohleschiefern**

Land	Art des Erzes	Gehalte		Uranvorräte in 1000 t
		Uran %	Begleitstoffe	
Südafrika	goldführende Sande	0,0285	5—10 g/t Au	285
USA	Phosphorite	0,1	20—25% P_2O_5	100
USA	Carnotite	0,2	1— 2% V_2O_5	135
Kanada	Brannerithaltige Erze	0,09	bis 0,05% ThO_2	185
Schweden, USA u. a.	Kohle- und Ölschiefer	0,001—0,02	15—30% Brennstoffe	1800

* Nevskij, B. V.: Kernenergie *2* (1959) 10/11, 950.

bestandteilen, die Erze in Form von Sanden — reichen noch etwa 0,01% Uran aus.

Diese Grenzen werden sich aber, wegen der raschen Steigerung der Kernenergieerzeugung, in naher Zukunft noch weiter nach unten verschieben.

Zur Entwicklung von billigen und brauchbaren Urangewinnungsverfahren wurden während und nach dem 2. Weltkrieg größte Anstrengungen unternommen und eine ganze Zahl verschiedener und größtenteils neuer Verfahren, wie vor allem der Ionentausch und die Lösungsmittelextraktion, erprobt. Diese Arbeiten haben das ganze Gebiet der Erzaufbereitung sehr befruchtet und es haben sich Ionentausch- und Lösungsmittelextraktionsverfahren inzwischen auch bei der Aufbereitung von Erzen anderer Metalle einführen können.

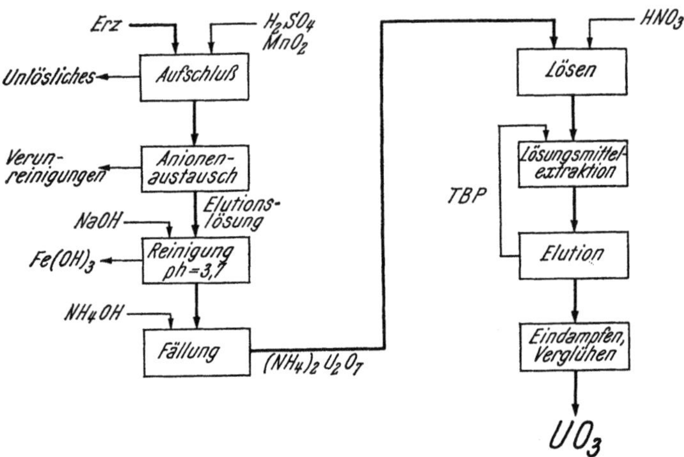

Abb. 111. Aufbereitungsgang zur Gewinnung von UO_3 aus Uranerzen

Für die Aufarbeitung von Uranerzen hat sich heute fast ausschließlich die Laugung mit Schwefelsäure mit anschließender Anreicherung und Abtrennung des Urans mittels Ionenaustauschverfahrens und Reinigung der Uranlösungen durch Lösungsmittelextraktion durchgesetzt (vgl. Fließschema Abb. 111). Auf diese Weise lassen sich praktisch alle Uranerze aufarbeiten. Die früher ebenfalls durchgeführte Laugung mit Soda-Bikarbonatlösungen tritt heute völlig in den Hintergrund.

Der Schwefelsäurelaugung geht meist eine Vorbehandlung voraus. Durch physikalische Erzaufbereitungsmethoden, wie Schwerkraft- und Schwereflüssigkeitsaufbereitung, Magnetscheidung oder Flotation, werden Nebenbestandteile wie Pyrit und andere sulfidische Mineralien sowie säureverbrauchende Karbonate und Eisenoxid entfernt. In manchen Fällen wird der Aufschluß durch eine Vorröstung des Erzes erleichtert. Bei Anwesenheit größerer Mengen an organischen Substanzen müssen diese abgebrannt werden. Bei Carnotit-haltigen Erzen, bei denen auch Vanadin gewonnen werden soll, kann eine chlorierende Röstung vorgeschaltet werden[1]. Wegen näherer Einzelheiten sei auf die ausführliche Darstellung in SCHREITER[2] und in den Monographien (s. S. 220) verwiesen.

[1] CRABTREE, E. H., PADILLA, V. E.: J. Less-Common Metals *3* (1961) 437.

[2] SCHREITER, W.: Seltene Metalle, Bd. III, S. 184. VEB Deutscher Verlag für Grundstoffindustrie, Leipzig 1962.

Nach entsprechender Vorbehandlung und Feinmahlung wird das Material mit Schwefelsäure kalt oder bei mäßiger Wärme gelaugt, wobei durch einen Zusatz von Braunstein, seltener von Eisen(III)salzen, das Uran in sechswertiger Form erhalten wird. Die Laugungslösungen enthalten neben dem Uran größere Mengen an verschiedenen Begleitmetallen, die durch eine Ionenaustauschoperation unter Verwendung von stark basischem Ionenaustauscherharz abgetrennt werden. Uranyl-Ionen bilden, wie schon gesagt, mit verschiedenen Anionen, vor allem aber mit Sulfat, lösliche stabile Anionenkomplexe, die von Anionenaustauschern im Gegensatz zu kationisch vorliegenden Metallen aufgenommen werden. Eventuell vorhandene andere metallische Anionen (Chromate, Vanadate u. a.) sowie Anionenkomplexbildner [Eisen(III)] können durch Zusatz von SO_2 zu nicht anionenkomplexbildenden Salzen [Chrom(III), Vanadin(IV), Eisen(II)] reduziert werden. Durch Elution des Ionenaustauschers, üblicherweise mit verdünnter Salz- oder Salpetersäure, wird eine relativ reine Uranlösung erhalten, aus der man das Uran als Natriumdiuranat oder als Ammoniumdiuranat (yellow cake) mit 50—80% Uran fällt. Zur Hochreinigung wird dieses Produkt in Salpetersäure gelöst und das Uran mittels einer Lösung von Tributylphosphat (TBP) in Kohlenwasserstoffen extrahiert. Die Tributylphosphatlösung läßt sich durch Wasser „strippen". Durch Fällung mit Ammoniak erhält man sehr reines Ammoniumdiuranat, das sich zu reaktorreinem UO_3 verglühen läßt, das das Ausgangsprodukt für die Gewinnung von UF_4 („green salt", das Ausgangsprodukt für die metallothermische Gewinnung von Uranmetall), UO_2, UC, UC_2 und U(C,N) (direkt als Kernbrennstoffe einsetzbar) darstellt.

Bei der Gewinnung des Urans als Nebenprodukt bei der Herstellung von Phosphorsäure aus Phosphoriten fällt der Ionentauschprozeß weg. Die schwefelsauren Phosphoritaufschlußlösungen werden direkt mit organischen Lösungsmitteln (anstelle von TBP sind auch andere Phosphorsäureester gebräuchlich) extrahiert und in einer zweiten Lösungsmittelextraktionsstufe feingereinigt. Die weitere Aufarbeitung entspricht der weiter oben beschriebenen.

Plutonium: Obwohl Plutonium in Spuren in Pechblenden nachgewiesen wurde, bleiben Brutreaktoren, in denen nach der Gleichung

$$_{92}U^{238} + {}_0N^1 \longrightarrow {}_{92}U^{239} \xrightarrow{\beta} {}_{93}Np^{239} \xrightarrow{\beta} {}_{94}Pu^{239}$$

Plutonium künstlich gewonnen wird, die einzige Quelle für größere Mengen dieses seltenen Elements. Obwohl auch pyrometallurgische Verfahren (Flüssigmetallextraktion) zur Aufarbeitung und Auftrennung der verbrauchten Kernbrennstoffe vorgeschlagen wurden[1], hat sich nur die selektive Extraktion des dreiwertigen Plutoniums vom sechswertigen Uran durch Lösungsmittelextraktion mit TBP aus salpetersauren Lösungen, die man beim Auflösen der Brennelemente erhält, durchgesetzt[2]. Nach „Strippen" und Eindampfen der Lösungen erhält man höhere Plutoniumoxide, die auf gleiche Weise wie bei den Uranoxiden in PuF_4, das Ausgangsprodukt für die Plutoniummetallgewinnung, bzw. in PuO_2 als Zusatz zu UO_2 übergeführt werden können.

---

[1] DEAN, O. C., STORCH, E., MORRISON, B. H., BLANCO, R. E.: USAEC Rep. ORNL 2242.

[2] MINER, W. N., u. Mitarb.: Plutonium in: HAMPEL, C. A. (Hrsg.): Rare Metals Handbook. Reinhold Publishing Corp., London 1961 S. 336.

7. Gewinnung der Roh- und Reinmetalle

Die Metalle der Aktinidengruppe werden vorzugsweise durch metallothermische Reduktion der Halogenide, besonders der Fluoride, gewonnen. Andere Verfahren, wie Reduktion von Oxiden oder Schmelzflußelektrolyse, haben für die Gewinnung von Thorium-, Uran- und Plutoniummetall weniger Bedeutung.

a) Thorium

Der relativ hohe Schmelzpunkt des Thoriums (Fp. 1750 °C) sowie die hohe Reaktionsfreudigkeit erschweren die Darstellung des reinen Metalls. Man erhält nach den verschiedenen Herstellungsmethoden, von denen heute überwiegend die Reduktion des ThF_4 mit Calcium unter Zinkchloridzusatz angewendet wird, im allgemeinen schwammartiges oder pulverförmiges Rohmetall, das meist raffiniert werden muß.

Calciothermische Reduktion von Thoriumoxid

Mit einem geringen Überschuß an Calciummetall gelingt die Reduktion des Thoriumoxids zum Metall; um eine genügend niedrig schmelzende und sich abtrennende Schlacke zu erhalten, wird Calciumchlorid zugesetzt.

Nach Marden, Rentschler und Mitarbeitern[1] geschieht die technische Herstellung in Großchargen wie folgt:

100 kg Thoriumoxid werden mit 33 kg Calciumspänen und 25 kg Calciumchlorid zusammen in eine Stahlbombe eingesetzt und diese nach Evakuieren in einem gasbeheizten Ofen erhitzt. Durch die freiwerdende Reaktionswärme werden Spitzentemperaturen bis 1400 °C erreicht. Durch etwa 10- bis 30minütiges Erhitzen auf 950 °C wird die Reaktion vervollständigt. Nach Fluten mit Argon wird abgekühlt, die Reaktionsmasse herausgebrochen und mit Wasser gelaugt. Dann wird mit verdünnter Salpetersäure nachbehandelt und der verbleibende Thoriumschwamm mit Wasser, Alkohol und Äther gewaschen und schließlich im Vakuum getrocknet. Der Schwamm läßt sich durch Pressen und Sintern im Vakuum bei 1400—1500 °C zu kompaktem Material verarbeiten, das sich zu Blechen walzen und zu Drähten ziehen läßt. Der Thoriumgehalt der gesinterten Massivblöcke beträgt 99,6—99,7%. Auch die schmelztechnische Weiterverarbeitung des Schwammes bzw. der Sinterkörper ist gebräuchlich.

Nach einer Variante, angegeben von Rentschler und Mitarbeitern[2] wird Thoriumoxid mit großem Überschuß an Calciummetall (doppelter Überschuß) ohne Zusatz von Calciumchlorid als Schlackenverflüssiger gewonnen. Nach diesem verbesserten Verfahren wird das Einsatzgut in einen offenen Molybdäntiegel eingebracht, der unter Argonatmosphäre induktiv etwa 10 Minuten lang auf 1400 °C beheizt wird. Die Isolierung des Thoriums geschieht ebenfalls durch Laugen mit Salpetersäure, Nachwaschen mit Wasser, Alkohol und Äther und Trocknen des

[1] Marden, J. W., Rentschler, H. C.: Ind. Eng. Chem. *19* (1927) 97.
[2] Rentschler, H. C., Lilliendahl, W. C., Gray, J.: U. S. Patent 2446062 (1948).

Schwammes im Vakuum. Bei sehr reinem Ausgangsmaterial und bei peinlich sauberer Aufarbeitung der Reaktionsmasse ist ein 99,8% Thorium enthaltendes Produkt zu erreichen.

Calciothermische Reduktion von ThF_4

Die calciothermische Reduktion des Thoriumfluorids mit Calciummetall unter Zusatz von Zinkchlorid als „Booster", der sogenannte Ames-Prozeß[1], hat die Gewinnung des Thoriums aus Thoriumoxid verdrängt.

Thorium(IV)fluorid, das man durch Fluorieren von Thoriumoxid mit HF-Gas (Verfahrensweise gleich wie bei der Gewinnung der Fluoride der Seltenen Erdmetalle, vgl. S. 185) erhält, wird zusammen mit Calciummetall und Zinkchlorid in einer mit Dolomit ausgekleideten Bombe zur Reaktion gebracht. Das zugesetzte Zinkchlorid, das vom Calciummetall zu Zink reduziert wird, wirkt als „Booster". Das entstehende Zinkmetall bildet mit Thorium eine niedrigschmelzende Legierung, die sich leicht von der ebenfalls niedrigschmelzenden Calciumfluorid–Calciumchlorid-Schlacke trennt.

Die großtechnische, chargenweise Gewinnung des Thoriums wird von Wilhelm[2] wie folgt beschrieben:

In einen mit geschmolzenem Dolomit ausgekleideten Stahlbehälter, der einen Durchmesser von etwa 32 cm und eine Höhe von etwa 115 cm besitzt, wird ein Gemisch von 75 kg wasserfreiem Thoriumtetrafluorid, 27 kg Calciummetall (etwa 25%iger Überschuß) und 7,2 kg wasserfreiem Zinkchlorid eingefüllt und der Stahlbehälter druckdicht verschlossen. Die Bombe wird in einen Ofen abgesenkt, der sich auf 640 °C befindet. Nach selbsttätiger Zündung heizt sich das Reaktionsgemisch durch die eintretende Zinkchloridreduktion entsprechend auf, so daß sich die gebildete Thorium–Zinklegierung (94% Thorium, 6% Zink) von der gebildeten flüssigen Schlacke trennt. Nach Abkühlen wird der Regulus von der erstarrten Schlacke getrennt und das Zink im Hochvakuum bei etwa 1100 °C abdestilliert. Der vom Zink befreite Thoriumschwamm kann pulvermetallurgisch oder besser durch Einschmelzen in Berylliumoxidtiegeln im Induktionsofen sowie durch Lichtbogenschmelzen mit selbstverzehrenden Elektroden in Kompaktblöcke übergeführt werden.

Schmelzflußelektrolyse

Die Thoriumgewinnung durch Schmelzflußelektrolyse, die mehrfach versucht wurde, konnte sich aus verschiedenen Gründen nicht durchsetzen.

Kalium–Thorium(IV)fluorid ($KThF_5$), gelöst in einer Schmelze von Natriumchlorid und Kaliumchlorid, läßt sich bei einer Temperatur von 750—800 °C in einem Graphittiegel als Anode und Molybdänstabkathoden mit guten Stromausbeuten elektrolysieren, doch ist das flittrig anfallende Metall von entstehenden, wasserunlöslichen Subfluoriden schwer zu befreien. Bei der Elektrolyse von

---

[1] The Metal Thorium, Proceedings of USAEC-ASM Conference on Thorium, Cleveland, American Society for Metals (1958).

[2] Wilhelm, H. A.: Thorium in: Finneston, H. M., Howe, J. P. (Hrsg.): Metallurgy and Fuels. McGraw-Hill Book Comp. Inc., New York 1956.

Bädern, die Thoriumtetrachlorid enthalten, erweisen sich die Schwierigkeiten bei der Reinherstellung von Thoriumchlorid und die Empfindlichkeit des Thoriumchlorids gegenüber Feuchtigkeit und Luft als störend.

Thermische Zersetzung von Thoriumtetrajodid

Das Van Arkel-Verfahren hat nur für die Herstellung von besonders reinem Thorium Interesse. Es ist den metallothermischen Verfahren preislich unterlegen.

Die Zersetzung des Thoriumtetrajodids geschieht an einem auf etwa 1300 °C erhitzten Draht aus reinem Thorium oder an Wolframdrähten, die meist noch höhere Temperatur aufweisen. Nach diesem Verfahren gewonnenes Thorium weist vor allem sehr niedrigen Gehalt an Sauerstoff und Stickstoff auf. Die Abtrennung von metallischen Verunreinigungen wird verbessert, wenn das Thoriumtetrajodid nicht durch direktes Jodieren von Rohthoriummetall, sondern nach vorhergehender Umsetzung des Thoriummetalls mit Kohlenstoff zu Karbid erzeugt wird. Flüchtige Verunreinigungen werden beim Karbidisieren entfernt; andere Verunreinigungen verbleiben bei der Umsetzung des Thoriumkarbids mit Jod als Karbide zurück und werden vom Jod nicht angegriffen.

Die Tab. 40 gibt die Analysen von verschiedenen Thoriumsorten wieder.

b) Uran

Da die Reduktion von Uranoxiden mit Kohlenstoff zu Urankarbiden, mit Aluminium zu stabilen Aluminiden und die Reduktion von Uranoxiden mit Calcium zu relativ unreinem, sauerstoffhaltigem Schwamm führt, hat sich großtechnisch nur die metallothermische Reduktion von Halogeniden, insbesondere von UF_4, durchgesetzt. In Europa wird überwiegend mit Calcium, in den USA mit Magnesium reduziert. Für angereichertes UF_4 findet auch in den USA die Calciumreduktion Anwendung.

Die Schmelzflußelektrolyse sowie die thermische Zersetzung von Uranjodid haben nur für die präparative Gewinnung von kleinen Mengen hochreiner Produkte Bedeutung.

Gewinnung von UF_4

Das für die Metallherstellung benötigte UF_4 wird hauptsächlich durch Behandlung von UO_2 mit wasserfreiem HF-Gas gewonnen. Die Fluorierung geschieht in horizontalen Rohröfen in stationären Schiffchen oder kontinuierlich in Drehrohröfen. Gelegentlich wird auch in Schachtöfen mit brikettiertem Gut oder mit Pellets im Fließbett gearbeitet. Als flußsäurebeständige Werkstoffe sind Magnesium, Monel sowie auch nickellegierte Stähle und Kunststoffe in kälteren Ofenteilen in Verwendung. Heiße Ofenzonen werden wahlweise auch mit Calciumfluorid ausgekleidet.

Daneben hat sich auch das weniger angewendete Verfahren der Fluorierung von UO_2 mit saurem Ammonfluorid und die Zersetzung des gebildeten NH_4UF_5 bewährt.

Ergänzend sei erwähnt, daß die Anreicherung des Urans an dem spaltbaren Isotop U^{235} über das bei Zimmertemperatur gasförmige UF_6 nach verschiedenen Methoden, meist durch das Gasdiffusions- und das „Trenndüsen“-Verfahren oder,

Tabelle 40. *Analysendaten verschiedener Thoriumsorten**

Element	Herstellung: calciothermisch aus ThO_2	calciothermisch aus ThF_4 (bomb-reduced): induktionserschmolzen im BeO-Tiegel	calciothermisch aus ThF_4 (bomb-reduced): erschmolzen im Hochvakuum-Lichtbogen	elektrolytisch	Jodidverfahren (van Arkel)
Th	97,8—99,7%	97,6—99,6%	99,2—99,6%	99,2—99,6%	99,8—99,9%
O	1500—10000 ppm	1000—2500 ppm	1000—2500 ppm	1000—2000 ppm	20—800 ppm
N	50— 2000 ppm	60— 200 ppm	300 ppm	30— 100 ppm	30— 90 ppm
C	400— 5000 ppm	200—1500 ppm	300 ppm	n. b.	100—200 ppm
H	150— 1500 ppm	100 ppm	100 ppm	1000—4000 ppm	10 ppm
	20— 30 ppm	n. b.	n. b.	30— 200 ppm	n. b.
F	200— 500 ppm	2000—4000 ppm	2000—4000 ppm	2000—4000 ppm	10 ppm
Fe	80— 400 ppm	60—2000 ppm	500 ppm	240— 600 ppm	130 ppm
Al	20— 1000 ppm	30 ppm	200 ppm	100 ppm	30—100 ppm
Si	30— 110 ppm	30— 140 ppm	500 ppm	n. b.	130 ppm
B	0,5 ppm	1 ppm	1 ppm	n. b.	1 ppm
Ca	300— 1200 ppm	300—1200 ppm	15— 30 ppm	n. b.	n. b.
Mg	50 ppm	20 ppm	20 ppm	60 ppm	20 ppm
Ni	100 ppm	100 ppm	100 ppm	n. b.	
W	n. b.	100 ppm	100 ppm	n. b.	30— 20 ppm
Zn	n. b.	30 ppm	10 ppm	n. b.	n. b.

* Saur, G., Laue, H. J.: in: Landolt-Börnstein: Zahlenwerte und Funktionen. 4. Band, 2. Teil C, S. 587ff. Springer-Verlag, Berlin–Heidelberg–New York 1965.

versuchsweise, nach dem moderneren und wirksameren Verfahren in Trennzentrifugen geschieht. UF_6 wird durch Fluorieren von UF_4 mit elementarem Fluorgas erhalten.

Herstellung des Metalles

a) Reduktion des Fluorides mit Calcium (europäisches Verfahren)

Das Verfahren ist von WIRTH[1] näher beschrieben worden. Pulverförmiges UF_4 wird mit 15%igem Überschuß an feinen Calciumspänen (Herstellung durch aluminothermische Reduktion von CaO; Destillation des gewonnenen Calciums und anschließende Zerspanung) in einen mit Calciumfluorid ausgekleideten konischen Stahltiegel (Abb. 112) eingefüllt und das Gemisch elektrisch gezündet. Bei

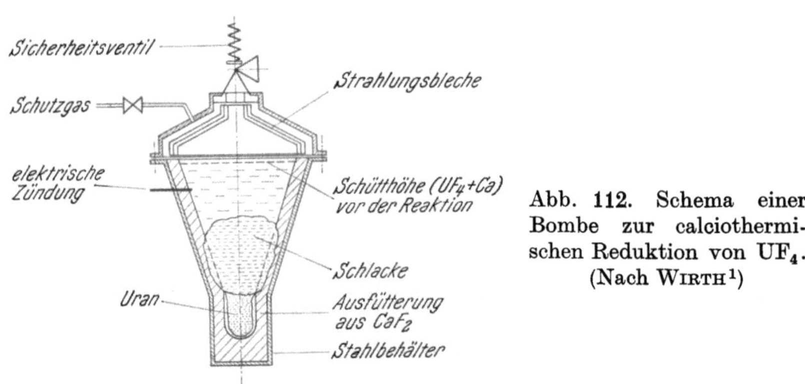

Abb. 112. Schema einer Bombe zur calciothermischen Reduktion von UF_4. (Nach WIRTH[1])

der stürmisch und bei hoher Temperatur ablaufenden Reaktion sammelt sich das geschmolzene Uran unter einer Calciumfluoridschlackendecke am Boden des Reaktionsgefäßes. Bei Chargen von 20—50 kg Uranmetall werden Ausbeuten bis 98% erzielt.

b) Reduktion des Fluorides mit Magnesium (USA-Verfahren)

Da hochreines Magnesium billiger ist als nuklearreines Calcium, ging man in den USA zur Magnesiothermie über. Bei der Reduktion mit Magnesium sind im Gegensatz zur calciothermischen Reaktion geschlossene Bomben notwendig, da der Siedepunkt des Magnesiums (Kp. 1107 °C) unter dem Schmelzpunkt des Magnesiumfluorides (Fp. 1220 °C) liegt. Wie beim europäischen Verfahren werden auch bei der Reduktion mit Magnesium Ausbeuten von 97—98% Uran und gute Trennung des metallischen Regulus von der Schlacke erreicht.

Bei der großtechnischen Durchführung wird die mit UF_4 und Magnesiumspänen gefüllte verschlossene Bombe (Abb. 113) in einen Tiegelofen abgesenkt und dann auf 550—600 °C erhitzt, wodurch sich die Charge von selbst zündet. Sobald sich das Uran (Chargen von 1—1,5 Tonnen Metall) flüssig am Boden unter der Magnesiumfluoriddecke gesammelt hat, kann es abgestochen und in passenden Kokillen zu Rundblöcken vergossen werden[2].

---

[1] WIRTH, G.: Z. Metallk. 47 (1956) 281.

[2] FELLOWS, J. A.: U. S. Atomic Energy Comm., Rept. No. TID-7546, Buch 1, S. 46 (1958).

c) Plutonium

Die Gewinnung von metallischem Plutonium geschieht vornehmlich durch calciothermische Reduktion von PuF_4 mit einem etwa 25%igen Calciumüberschuß in Calciumoxidtiegeln. Zur Erhöhung der Reaktionswärme wird Jod als „Booster" zugesetzt. Das Verfahren ähnelt dem bei Uran beschriebenen. Das niedrigschmelzende Plutonium sammelt sich regulinisch am Boden des Tiegels. Verwendet man

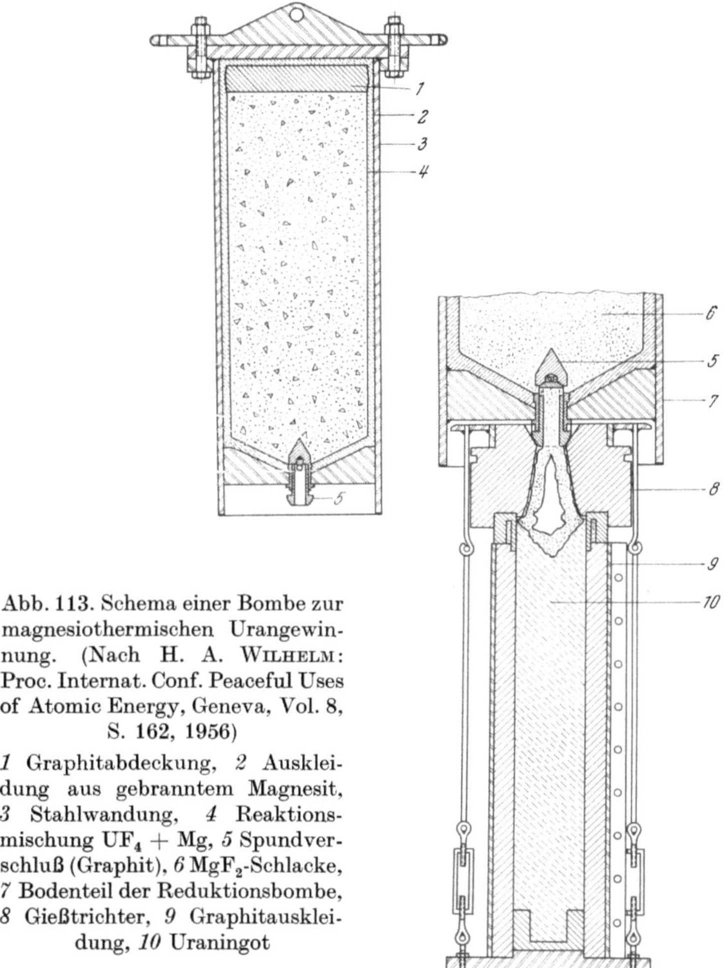

Abb. 113. Schema einer Bombe zur magnesiothermischen Urangewinnung. (Nach H. A. WILHELM: Proc. Internat. Conf. Peaceful Uses of Atomic Energy, Geneva, Vol. 8, S. 162, 1956)

1 Graphitabdeckung, *2* Auskleidung aus gebranntem Magnesit, *3* Stahlwandung, *4* Reaktionsmischung UF_4 + Mg, *5* Spundverschluß (Graphit), *6* MgF_2-Schlacke, *7* Bodenteil der Reduktionsbombe, *8* Gießtrichter, *9* Graphitauskleidung, *10* Uraningot

reinste Ausgangsmaterialien, so kann nach JOHNSON[1] Plutoniummetall mit einer Reinheit von 99,97% erhalten werden. Aus kernenergetischen Gründen kann nur in Chargen von wenigen Kilogramm gearbeitet werden (kritische Masse).

Das Hantieren mit Plutonium, vor allem das Hantieren mit staubendem Plutoniummetallpulver bzw. Plutoniumverbindungen muß unter besonderen

[1] JOHNSON, K. W. R.: U. S. Atomic Energy Comm., Rept. No. LA-1680 (1954).

Vorsichtsmaßnahmen geschehen, da Plutonium nicht nur eines der stärksten Organgifte darstellt, sondern auch wegen seiner relativ starken Radioaktivität gefährlich ist. Es wird allgemein in Handschuhkästen („glove-box") gearbeitet, in denen das Personal nicht direkt mit plutoniumhaltigen Stoffen in Berührung kommt. Abgase werden mit Sorgfalt, meist durch besonders wirksame Filter, entstaubt.

8. Herstellung der kompakten Reinmetalle

Wenn auch pulvermetallurgische Verfahren zur Verarbeitung von Thorium und Uran erfolgreich angewendet werden[1,2], so dominieren Schmelzverfahren zur Gewinnung der kompakten Reinmetalle. Die Schmelzpunkte von Thorium und Uran (Fp. Thorium = 1750 °C, Fp. Uran = 1135 °C) liegen relativ niedrig, so

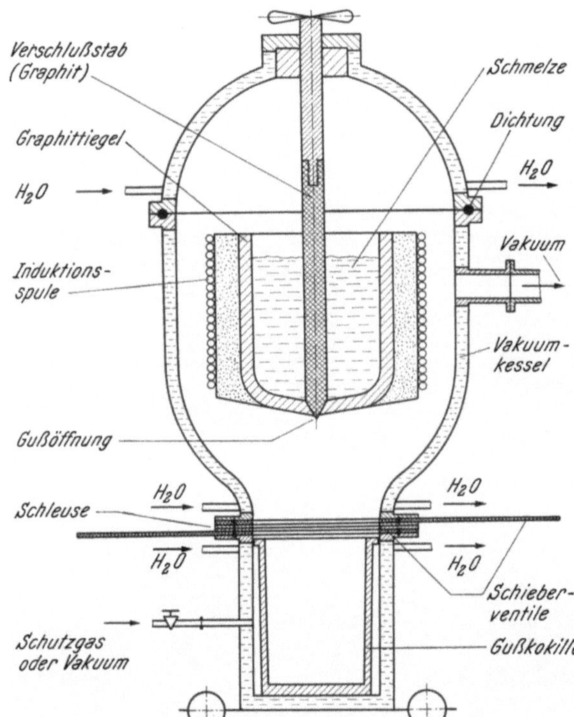

Abb. 114. Schnitt durch einen Hochvakuuminduktionsofen für den Bodenguß von Uran (vgl. Abb. 115)

daß in elektrisch beheizten, keramisch zugestellten Tiegeln gearbeitet werden kann. Für das höher schmelzende Thorium ist Berylliumoxid, das von geschmolzenem Thorium nicht benetzt wird, das geeignetste Tiegelmaterial; geeignet sind

[1] Meerson, G. A.: Proc. Intern. Conf. Peaceful Uses Atomic Energy, Geneva 1955, No. P/635, *8* (1956).

[2] Zambrow, J. L.: Powder Metallurgy of Uranium and Uranium Alloys in: Nuclear Metallurgy, Vol. 4, S. 117. Institute of Metals Division, The Metallurgical Soc. Amer. Inst. of Mining, Metallurgical and Petroleum Engineers, New York 1957.

ferner stabilisiertes Zirkoniumoxid und, bedingt, Tiegel aus Graphit, die man auch mit Berylliumoxid oder Zirkoniumoxid auskleiden kann. Für das Schmelzen von Uran finden meist Graphittiegel Verwendung. Wegen der hohen Reaktivität von Thorium und Uran müssen beide Metalle unter Edelgas oder im Vakuum geschmolzen werden.

Abb. 115. Hochvakuuminduktionsofen mit 4—6 l Tiegelinhalt, Schleuse und abfahrbarer Kokille für Bodenguß von Uran. (Nach H. SCHIMMELBUSCH: Diss. Mont. Hochsch. Leoben 1961)

a 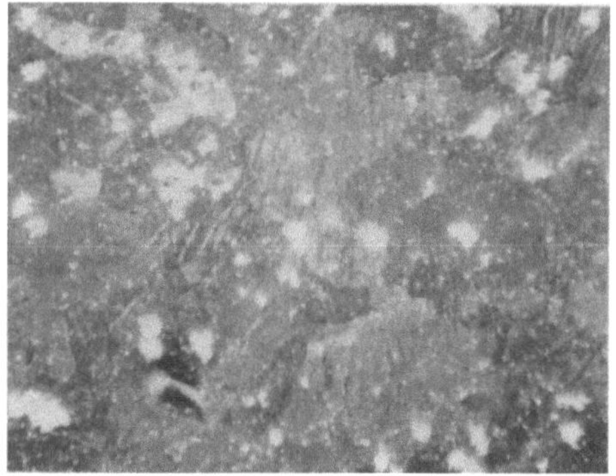

 b

Abb. 116 a und b. Metallographische Schliffe von Uranmetall. (Nach H. SCHIMMELBUSCH) Uranmetall aus Kippguß: Zahlreiche Schlackeneinschlüsse; Bodenguß: Sehr wenig Schlackeneinschlüsse. Vergr. 200:1

Einen für das Erschmelzen von Uranmetall und Bodenabguß eingesetzten Hochvakuuminduktionsofen zeigen Abb. 114 im Schnitt und Abb. 115 in der Gesamtansicht. Der Bodenabguß (bottom pouring) ergibt wesentlich schlackenärmere Reguli. Während in Schliffaufnahmen von im Kippguß vergossenen Uranproben zahlreiche Schlackeneinschlüsse zu erkennen sind (Abb. 116a), ist das Metall nach Bodenabguß praktisch schlackenfrei (Abb. 116b).

Reinere Produkte erhält man bei tiegellosen Schmelzen mit Abschmelzelektroden im Lichtbogenofen oder im Elektronenstrahlofen.

9. Weiterverarbeitung

Liegen genügend reine, vornehmlich sauerstoffarme Ingots vor, so bereitet die Weiterverarbeitung, z. B. durch Schmieden, Hämmern, Walzen, Ziehen und Strangpressen, keine besonderen Schwierigkeiten. Sowohl Thorium als auch Uran lassen sich kalt, mit Zwischenglühungen, walzen und verformen. Doch ist die Warmverformung vorzuziehen, bei der, wie auch bei den Zwischenglühungen, Oxydation vermieden werden muß. Je nach der Temperatur der Wärmebehandlung können bis 300 °C Ölbäder, für höhere Temperaturen Bäder aus geschmolzenen Chloriden oder Karbonaten Verwendung finden. Verunreinigungen durch Atmosphärilien werden wirksamer vermieden, wenn das Glühen unter Edelgas oder im Vakuum erfolgt, doch ist Schutzgas- oder Vakuumglühen aufwendiger.

Uran wird üblicherweise bei Temperaturen zwischen 300 und 650 °C warmgewalzt, geschmiedet oder stranggepreßt. Bei Kaltverformung werden Zwischenglühungen bei etwa 600 °C eingeschaltet. Bei Temperaturen zwischen 668 und 774 °C liegt tetragonales β-Uran vor, das sich im Gegensatz zu α- und γ-Uran schlecht verformen läßt. Dieser Temperaturbereich muß also vermieden werden. Bei höheren Temperaturen, über 800 °C, ist Uran wieder gut verformbar. Tab. 41 gibt typische Raumtemperatur-Festigkeitswerte von verformtem Uran, Thorium und Plutonium an.

Tabelle 41. *Mechanische Eigenschaften von Thorium, Uran und Plutonium*

	Zerreiß-festigkeit in kg/mm² (25 °C)	Streck-grenze in kg/mm² (25 °C)	Dehnung in % (25 °C)	Härte H_{V2} in kg/mm² (25 °C)	Zerreiß-festigkeit in kg/mm² (425 °C)	Streck-grenze in kg/mm² (425 °C)	Dehnung in % (425 °C)
	Weichgeglüht						
Thorium	17—30	10—18	7—40	30— 80	8—14	4—7	30—50
Uran	33—41	25—31	4—11	250—300	—	—	—
Plutonium	40—44	25—27	—	260—300	—	—	—
	nach 50%iger Querschnittsverminderung durch Kaltverformung						
Thorium	20—40	15—25	3— 8	100—130	—	—	—
Uran	64—72	26—35	11	300	22—23	15—16	—

Plutonium ist bei Normaltemperatur, bei der es in der α-Form vorliegt, relativ hart (vgl. Abb. 117). In der Nähe der Umwandlungstemperatur in die β-Form (205 °C) fällt die Härte stark ab. In der β- und vor allem in der γ-Form ist Plutonium sehr weich und bildsam. Auch bei Plutonium ist das Ausdehnungsverhalten der verschiedenen Modifikationen sehr verschieden (Abb. 118), so daß festes, unlegiertes Plutonium als Kernbrennstoff nicht in Frage kommt.

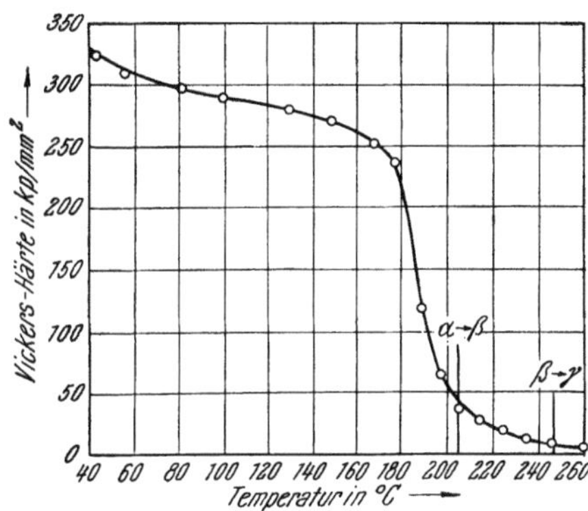

Abb. 117. Härte von Plutonium in Abhängigkeit von der Temperatur. (Nach E. M. CRAMER und F. W. SCHONFELD: Proc. 2nd Conf. Peaceful Uses of Atomic Energy, Geneva 1956)

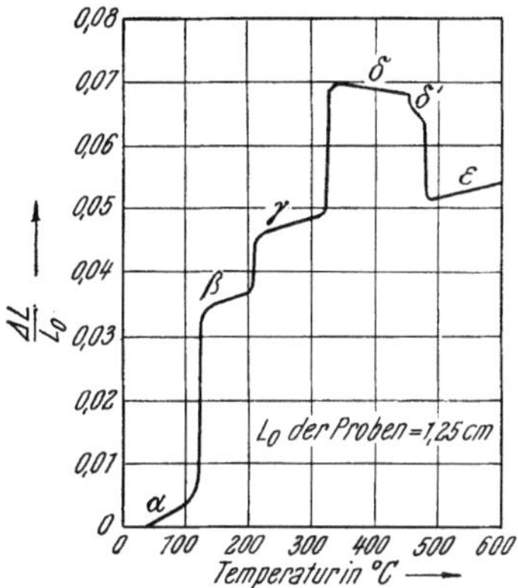

Abb. 118. Verlauf der Ausdehnungskurve von hochreinem Plutonium. (Nach W. N. MINER et al.: in C. A. HAMPEL: Rare Metals Handbook, Reinhold Publ., London 1961)

10. Legierungen

Durch die auf breiter Basis vorangetriebenen und sehr eingehenden Untersuchungen im Zusammenhang mit der Entwicklung der Anwendung der Kernenergie sind die Zustandsschaubilder von Uran und Plutonium gut bekannt (vgl. Abb. 119, 120). Etwas weniger Angaben existieren über Thorium, das bisher für die Kerntechnik noch nicht so starkes Interesse gefunden hat.

In ihrem Legierungsverhalten (vgl. Tab. 42) ähneln die Aktinidenmetalle den Lanthaniden, wobei die verschiedenen Modifikationen des Urans und vor allem des Plutoniums etwas unterschiedliches Legierungsverhalten zeigen.

Uran bildet mit verschiedenen Metallen niedrigschmelzende Eutektika (u. a. mit Eisen, Nickel und Chrom bei 725 °C, 740 °C und 859°C). Besonders niedrig schmilzt das Eutektikum zwischen Uran und Aluminium (eutektische Temperatur 640°C), was einen Einsatz von Uran–Aluminiumlegierungen in flüssigen Homogenreaktoren möglich erscheinen läßt. Entsprechende Zusätze der Metalle Niob, Molybdän oder Zirkonium, die mit Uran gut mischbar sind und geringen Neutroneneinfangquerschnitt haben, stabilisieren den γ-Uranbereich bis zu Raumtemperatur, so daß die früher erwähnten Schwierigkeiten beim Temperaturwechsel von metallischen Uranbrennstäben vermieden werden können. Mit Kohlenstoff bilden Uran, Thorium und Plutonium kerntechnisch wichtige, untereinander und mit anderen Übergangsmetallkarbiden mischbare Karbide (vgl. Abb. 121 und Abb. 122).

Tabelle 42. *Legierungsverhalten von Thorium, Uran und Plutonium*

Gruppe		
I a	Alkalimetalle	Keine Verbindungen und keine Löslichkeit der Actinidenmetalle in den flüssigen Alkalimetallen. Das niedrigschmelzende Plutonium ist auch im flüssigen Zustand mit den Alkalimetallen nicht voll mischbar.
II a	Erdalkalimetalle	Mit den Erdalkalimetallen werden, mit Ausnahme des UBe_{13} und von zwei Plutonium–Magnesium-Verbindungen keine Verbindungen gebildet. Die Löslichkeit in den flüssigen Erdalkalimetallen ist sehr gering. Lediglich Thorium besitzt gute Mischbarkeit mit Magnesium im flüssigen Zustand.
III a	Lanthaniden- und Actinidenmetalle	Thorium scheint mit den Lanthaniden weitgehend bis vollkommen mischbar zu sein. Dagegen hat Uran nur eine geringe Löslichkeit für die Lanthaniden und Thorium, ist aber mit Plutonium völlig mischbar. Intermetallische Phasen sind nicht bekannt. Die für die Kerntechnik interessanten Systeme der 3 hier besprochenen Actinidenmetalle untereinander sind in Abb. 119 angegeben.
IV a— VI a	Titan-, Vanadin- und Chromgruppe	Überwiegend gute, zum Teil völlige Mischbarkeit im festen Zustand. Verbindungsbildung selten (vgl. die schematischen Zustandsschaubilder Abb. 120). Die Legierungen der Actinidenmetalle mit den Metallen der Gruppen IV a und VI a sind mehrfach für die Anwendung in Reaktoren in Erwägung gezogen worden, da durch die Legierungsbildung die Phasenumwandlungen vermieden werden können.
VII a u. VIII a		Zahlreiche intermetallische Verbindungen.
I b bis V b		Mit den Metallen der I b bis V b-Gruppe werden sehr viele, zum Teil sehr stabile Verbindungen gebildet, von denen vor allem den Aluminiden und Siliziden Interesse zukommt.
Kohlenstoff		Mit Kohlenstoff werden eine Anzahl von hochschmelzenden Karbiden gebildet, die als Brennstoffe in den Reaktoren der 3. Generation eingesetzt werden sollen. Die Karbide der Actinidenmetalle sind untereinander und mit den Karbiden der Gruppen IV a bis VI a zum Großteil mischbar (Abb. 122).

11. Anwendungen

a) Thorium

Die Anwendungen von Thorium als Metall in der Kernenergie (1958 auf 20—40 Tonnen geschätzt) sowie in Magnesium–Zirkonium–Thoriumlegierungen (1958 auf 55 Tonnen geschätzt) übersteigen seit einiger Zeit die klassischen Anwendungsgebiete des Thoriums als Oxide und Salze für Glühstrümpfe (18 Tonnen im Jahre 1958) sowie in der Feinkeramik, für Poliermittel, für chemische und medizinische Zwecke und in der elektrischen Industrie (zusammen 1958 etwa

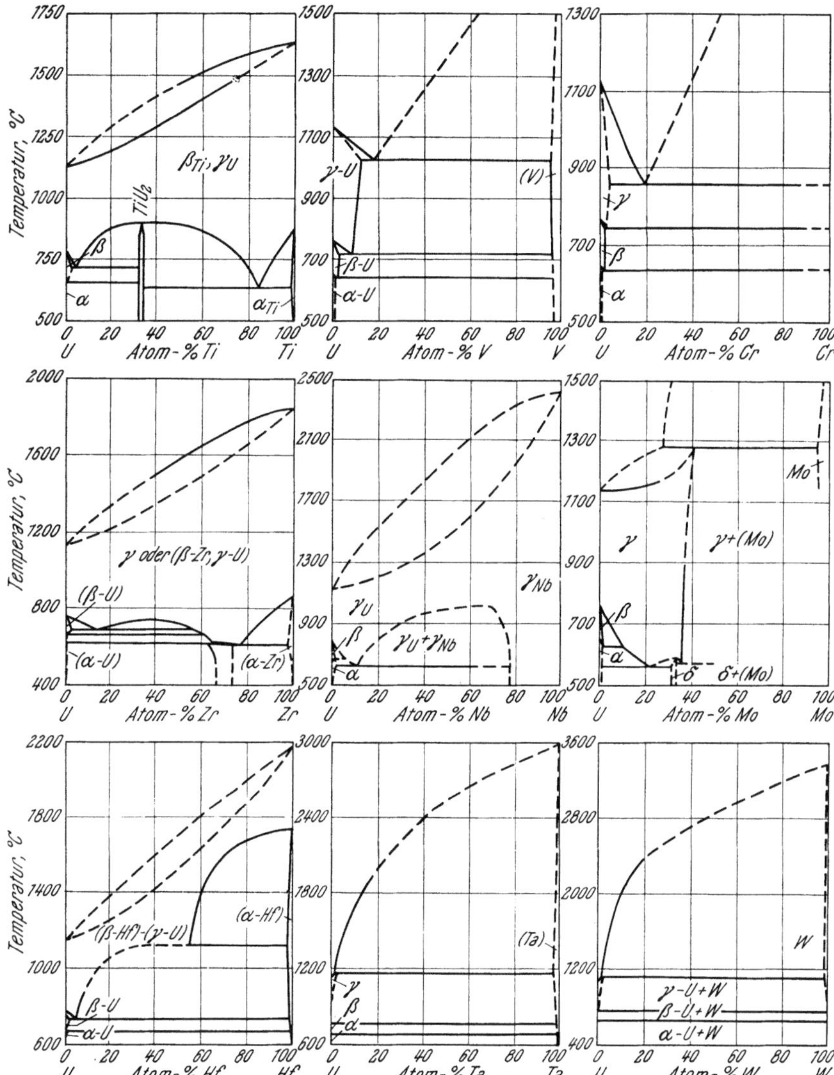

Abb. 119. Zustandsschaubilder der Systeme des Urans mit den Metallen der IVa-, Va- und VIa-Gruppe des Periodensystems

5,5 Tonnen). Durch den verstärkten Einsatz von Thorium in Brutreaktoren und die zunehmende Verwendung von thoriumhaltigen Magnesium–Zirkonium-legierungen in der Raumfahrt ist der Verbrauch an Thorium in den letzten zehn Jahren stark (etwa um 50 bis 75% der für 1958 geschätzten Werte) gestiegen.

In der Kerntechnik

Natürlich vorkommendes Thorium[232] kann durch Neutroneneinfang in spaltbares Uran[233] übergeführt werden. Die im Vergleich zu Uran (4 ppm) größere Häufigkeit von Thorium (12 ppm) macht das Thorium für die Zukunft als Kernbrennstoff interessant.

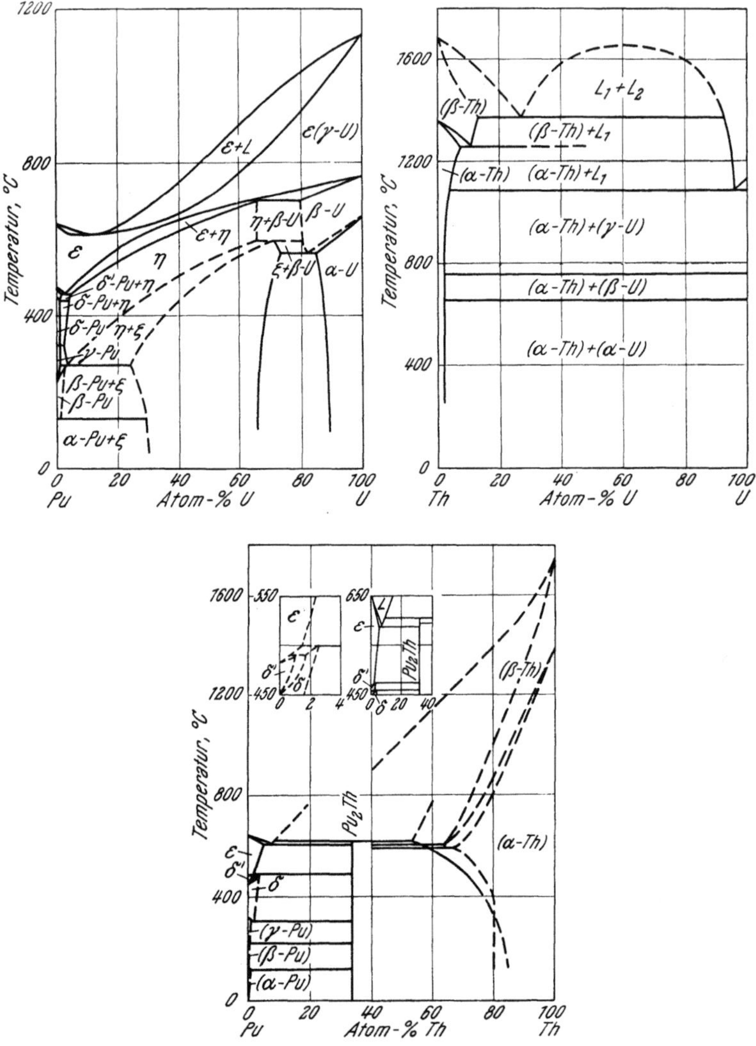

Abb. 120. Zustandsschaubilder: Pu–U, Th–U, Pu–Th

In der Indian Point Plant der Consolidated Edison Company wurde z. B. schon 1961 ein Thorium-Brutreaktor mit einer Leistung von 250000 kW errichtet, in dem etwa 20 Tonnen Thoriummetall eingesetzt sind. Der jährliche Ersatzbedarf wird auf etwa 10 Tonnen Thorium geschätzt. Zumindest zwei weitere US-Kraftreaktoren werden mit Thorium bzw. Thorium–Uranlegierungen, ummantelt mit Zircaloy oder 18/8-Stahl, als Brennmaterial betrieben. In modernen Planungen wird auch Thoriumoxid und Thoriumkarbid neben den entsprechenden Uranverbindungen berücksichtigt.

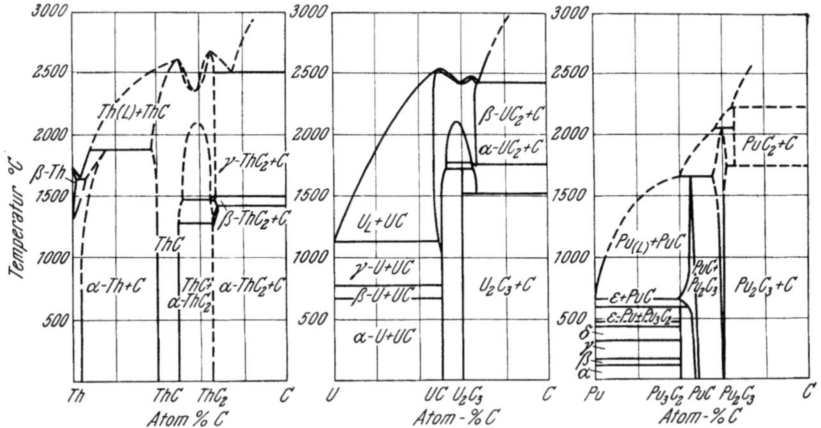

Abb. 121. Zustandsschaubilder: Th–C, U–C, Pu–C

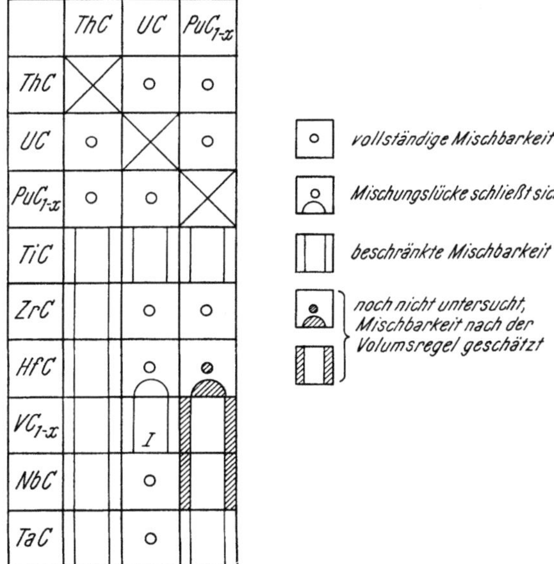

Abb. 122. Schematische Darstellung der Mischbarkeit von ThC, UC und PuC_{1-x} mit den isotypen Monokarbiden der IVa- und Va-Metalle

Die Entwicklung des Thorium-Reaktors steht allerdings noch ziemlich am Anfang. Wegen gewisser Schwierigkeiten beim Einsatz von Thorium, z. B. der stark positiven Neutronenbilanz und der hohen Toxizität des gewonnenen U^{233}, wird gegenwärtig dem Plutoniumreaktor der Vorzug gegeben.

Thorium in Magnesiumlegierungen

Ein Zusatz von Thorium bewirkt bei Leichtmetall-Legierungen eine Steigerung der Festigkeit und der Dehnung sowie der Warmfestigkeit, ohne die Korrosionsbeständigkeit negativ zu beeinflussen. Eine ähnliche Wirkung haben neben Thorium auch Zirkonium, Hafnium und Scandium. Diese Beobachtung von McDonald[1] hat zur Entwicklung von festen und gleichzeitig leichten Magnesiumlegierungen geführt (vgl. Tab. 43), die heute schon in der Flugzeugfertigung und in der Raumfahrt verbreitet Anwendung finden.

Tabelle **43.** *Mechanische Eigenschaften einiger Magnesium–Thorium-Legierungen*

Zusammensetzung	Wärmebehandlung	Dichte g/cm³	0,1% Streckgrenze kp/mm²	Zugfestigkeit kp/mm²	Dehnung in %	Kerbschlagzähigkeit kp/cm²	Brinell-Härte kp/mm²	Verwendung
Zn 5,5; Zr 0,7; Th 1,8	getempert	1,87	14,4—17,6	26 —30	5—15	0,13—0,26	65—75	Gußlegierung, schweißbar, druckfest
Zn 2,2; Zr 0,6; Th 3,0	getempert	1,83	8,0—9,6	19,2—22,4	5—10	0,13—0,26	50—60	kriechfest bis 350 °C, schweißbar
Zr 0,7; Th 3,0	weichgeglüht	1,79	9,6	21	5	n. b.	50—60	Legierung für versch. Anwendungen, gute Gießeigenschaften
Zn 0,5; Zr 0,6; Th 0,75	—	1,76	10 —13	21 —24	5—10	n. b.	50—80	gute Kriechfestigkeit bis 350 °C, schweißbar

Andere Verwendungsgebiete

Geringe Mengen an Thoriummetall werden als hochwirksamer Getter für Aufbauteile und als Kathodenmaterial in Elektronenröhren verwendet.

In Form von Verbindungen hat Thorium für die Erzeugung von Glühstrümpfen die hauptsächlichste Verwendung gefunden. Diese Glühstrümpfe, die aus Thoriumdioxid mit einem Zusatz von 2% Ceroxid bestehen, werden in den letzten Jahren wieder in größerem Ausmaß produziert und über die Entwicklungshilfe in unterentwickelte Länder für die Verwendung in Azetylen- und Petroleumlampen geliefert. Größere Mengen an Thoriumoxid werden als rekristallisationshemmender Zusatz bei der Wolframglühfadenerzeugung (sogenanntes thoriertes Wolfram) sowie zur Erzeugung der mit Thoriumoxid stabilisierten Argon-arc- und Arcatom-Lichtbogenschweißelektroden aus Wolfram verbraucht.

---

[1] McDonald, J. C.: Trans. Am. Inst. Mining Met. Engrs. *143* (1941) 179.

Einen neuen Markt für Thoriumoxid hat die Entwicklung des TD-Nickels (Thorium oxide dispersed nickel), das ausgezeichnete Warmfestigkeitseigenschaften aufweist, eröffnet. Kleinere Mengen an Thoriumoxid, das einen sehr hohen Schmelzpunkt besitzt (Fp. 3000 °C), werden für Stampfmassen und Auskleidungen von Hochtemperaturöfen und für refraktäre Tiegel, sowie als Poliermittel für Sondergläser verbraucht.

b) Uran

Uran wird fast ausschließlich für Zwecke der Kernenergiegewinnung eingesetzt. Andere Verwendungen für Uran, z. B. für das Färben von Gläsern und Glasuren, sind kaum erwähnenswert.

Das natürlich vorkommende Uran ist ein Gemisch von U^{238} mit 0,71% U^{235}, dem einzigen in der Natur vorkommenden spaltbaren Isotop. In älteren Reaktoren, bei denen die Brutrate (Umwandlung des U^{238} durch Neutroneneinfang in spaltbares Pu^{239}) nur sehr gering ist, war U^{238} nur „Verdünnungsmedium", so daß bei Verwendung von Natururan als Brennstoff sehr große Einsatzmengen (im Tonnenbereich) notwendig waren. Durch Anreicherung an U^{235}, hauptsächlich durch Trenndiffusion von gasförmigem UF_6, gelingt es, die Reaktoren kompakter zu bauen. Für das „abgereicherte" Uran wird nach Verwendungsmöglichkeiten gesucht, ohne daß bisher wesentliche Verwendungsgebiete gefunden werden konnten. Es wurden verschiedene Vorschläge gemacht, z. B. das abgereicherte Uran für Isotopenbehälter und für Strahlenschutzzwecke zu verwenden. KIEFFER und SEDLATSCHEK schlagen urangetränktes Sinterwolfram als Schwermetall mit besonders hohen Dichten anstelle der Wolfram–Kupfer–Nickel- bzw. Wolfram–Nickel–Eisen-Schwermetalle vor[1]. Mit der Entwicklung der Brutreaktoren wird aber auch das U^{238} für die Kernenergiegewinnung verwertbar und damit das abgereicherte Uran kein Abfallprodukt mehr darstellen.

Im Rahmen dieses Buches kann nicht auf die verschiedenen Reaktortypen mit Brennelementen aus natürlichem Uranmetall, angereichertem Uranmetall, mit festen oder flüssigen Uranlegierungen, Uranverbindungen, besonders Oxiden, Karbiden, Nitriden, deren Mischkristallen, Verbundwerkstoffen u. a. eingegangen werden. Es sei auf das zahlreiche Schrifttum verwiesen.

c) Plutonium

Die Anwendung von Plutonium liegt ausschließlich auf dem Gebiet der Kernenergie. Die Entwicklung von Plutonium-Reaktoren und Plutonium-Brütern wird gegenwärtig rasch vorangetrieben. Der niedrige Schmelzpunkt des Plutoniums erlaubt den Bau von Homogen-Reaktoren, in denen flüssiges Plutonium oder flüssige niedrigschmelzende Legierungen des Plutoniums eingesetzt werden. Daneben werden feste Mischkristall-Legierungen (Plutonium–Thorium, Plutonium–Uran, Plutonium–Uran–Molybdän u. a., in denen die kubische δ-Phase des Plutoniums stabilisiert ist), feste Dispersionslegierungen ($PuAl_4$, dispergiert in Aluminium, Pu_2Cu_{11} in Kupfer, $PuFe_2$ in Eisen u. a.) mit Erfolg als Brennstoff

---

[1] KIEFFER, R., SEDLATSCHEK, K.: Planseeber. Pulvermet. *5* (1957) 104.

erprobt. In den modernen Reaktoren der zweiten Generation, die mit oxidischen Brennelementen bestückt sind, wird der Brennstoff heute schon in steigendem Maße statt mit U^{235} mit Plutonium angereichert.

Die Entwicklung von Hochtemperaturreaktoren steigerte auch das Interesse für die hochschmelzenden Karbide, Nitride, Karbonitride des Plutoniums sowie für Mischkristalle dieser Phasen mit entsprechenden Uran- und Thoriumphasen[1–3].

$PuBe_{12}$ dient als außerordentlich starke Neutronenquelle, u. a. auch zur Gewinnung bescheidener Mengen an Transplutonen.

Buchschrifttum

SCHREITER, W.: Seltene Metalle, Bd. I—III. VEB Deutscher Verlag für Grundstoffindustrie, Leipzig 1961 bis 1963.

Gmelins Handbuch der Anorganischen Chemie, Syst. Nr. 44, Thorium. Verlag Chemie, Weinheim/Bergstr., 8. Aufl. 1955.

GSCHNEIDNER, K.: Rare Earth Alloys. D. van Nostrand, London–New York 1961.

SPEDDING, F. H., DAANE, A. H. (Hrsg.): The Rare Earths. J. Wiley & Sons, New York–London 1961,

SPEDDING, F. H., DAANE, A. H. (Hrsg.): The Rare Earths and Related Metals. Amer. Soc. Met., Ohio 1960.

KLEBER, E. V., LOVE, B.: The Technology of Scandium, Yttrium and the Rare Earth Metals. McMillan Comp., New York 1963.

YOST, D. M., RUSSEL, H., JR., GARNER, C. S.: The Rare Earth Elements and Their Compounds. J. Wiley & Sons, New York 1947.

WILHELM, H. A. (Hrsg.): The Metal Thorium. Amer. Soc. Met., Ohio 1958.

CUTHBERT, F. L.: Thorium Production Technology. Addison-Wesley Publ. Corp., Reading, Mass. 1958.

WILHELM, H. A.: Thorium in FINNESTON, H. M., HOWE, J. P.: Metallurgy and Fuels. McGraw Hill Book Corp. Inc., New York 1956.

HOEKSTRA, H. R., KATZ, J. J.: Actinide Elements. National Nuclear Energy Series Div. IV Vol. 14A, McGraw Hill Book Corp., New York 1954.

SEABORG, G. T., KATZ, J. J.: The Chemistry of the Actinide Elements. J. Wiley & Sons, New York 1957.

DAANE, A. H.: Scandium in HAMPEL, C. A. (Hrsg.): Rare Metals Handbook, 2. Aufl., Reinhold Publ. Corp., London 1961.

DAANE, A. H.: Yttrium ibid. S. 653.

KREMERS, H. E.: Rare Earth Metals ibid. S. 393.

WILHELM, H. A.: Thorium ibid. S. 536.

ISSEROW, S.: Uranium ibid. S. 598.

MINER, W. N., COFFINBERRY, A. S., SCHONFELD, F. W., WABER, J. T., MULFORD, R. N. R., TATE, R. E.: Plutonium ibid. S. 336.

DAANE, A. H.: Scandium in: HAMPEL, C. A. (Hrsg.): The Encyclopedia of the Chemical Elements. Reinhold Book Corp., New York–Amsterdam–London 1968.

DAANE, A. H.: Yttrium ibid. S. 810.

FIELDS, P. R.: Lanthanum ibid. S. 349.

MOELLER, T.: Lanthanide Elements ibid. S. 338.

SEABORG, G. T.: Uranium ibid. S. 773.

MINER, W. N., SCHONFELD, F. W.: Plutonium ibid. S. 540.

WILHELM, H. A.: Thorium ibid. S. 711.

EYRING, R.: Progress in the Science and Technology of the Rare Earths, Vol. 2. Pergamon Press, New York 1966.

---

[1] KIEFFER, R., BENESOVSKY, F.: Hartstoffe. Springer-Verlag, Wien 1963.

[2] STORMS, E. K.: The Refractory Carbides. Academic Press, New York–London 1967.

[3] GOLDSCHMIDT, H. J.: Interstitial Alloys. Butterworths Scientific Publ., London 1967.

D. Gruppe IVa

Titan, Zirkonium, Hafnium

Die reinen duktilen Metalle der Titangruppe haben erst eine sehr junge Industriegeschichte. Titan findet zwar, besonders in Form von Ferrolegierungen, als starker Karbid- und Nitridbildner in Titanstählen und austenitischen Stählen, sowie als Karbid in Hartmetallen[1], in Schwammform neben Zirkoniumschwamm als Gettermaterial[2,3,4], schon einige Jahrzehnte lang industrielle Anwendung. Jedoch erst durch die Pionierarbeiten von KROLL[5,6] über vakuumgesintertes sowie erschmolzenes Titan und Titanlegierungen, ferner durch die grundlegenden Arbeiten von VAN ARKEL, DE BOER und FAST[7,8] über die Herstellung hochreiner, kaltwalzbarer IVa-Metalle nach dem Aufwachsverfahren wurde der Fachwelt

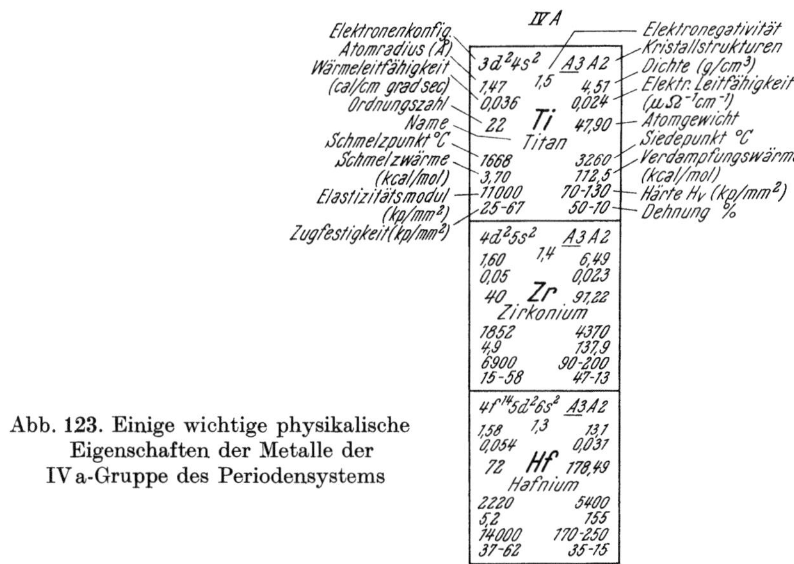

Abb. 123. Einige wichtige physikalische Eigenschaften der Metalle der IVa-Gruppe des Periodensystems

---

[1] KIEFFER, R., BENESOVSKY, F.: Hartmetalle. Springer-Verlag, Wien–New York 1965.

[2] FAST, J. D.: Philips Techn. Rdsch. *3* (1938) 353.

[3] FAST, J. D.: Philips Techn. Rdsch. *5* (1940) 221.

[4] ESPE, W.: Werkstoffkunde der Hochvakuumtechnik. VEB Deutscher Verlag der Wissenschaften, Berlin, Bd. I, 1959.

[5] KROLL, W.: Z. anorg. allg. Chem. *234* (1937) 42.

[6] KROLL, W.: Z. Metallk. *29* (1937) 189.

[7] VAN ARKEL, A. E.: Reine Metalle. Springer-Verlag, Berlin 1939, S. 181.

[8] DE BOER, J. H., FAST, J. D.: Z. anorg. allg. Chem. *187* (1930) 193.

klar, daß die ihrer scheinbaren Sprödigkeit und Härte entkleideten IVa-Metalle eine große technische Zukunft haben.

Besonders dem fanatischen Glauben KROLLS an die „Wundermetalle" der IVa-Gruppe verdanken wir, daß heute schon jährlich etwa 10000—12000 Tonnen Titanhalbzeug, 2000—3000 Tonnen Zirkoniumblech, -band und -folien sowie zwangsläufig 50—70 Tonnen Hafniumschwamm und -stäbe erzeugt werden. Der größte Teil der derzeitigen Jahresweltförderung an Titanerzen von etwa 1 Mill. Tonnen wird aber noch nicht auf Metall verarbeitet, sondern hauptsächlich für die Herstellung von Farbpigmenten verwendet. Ein kleinerer Anteil der Titanerze geht in die Ferrolegierungsindustrie und die keramische Industrie. Die gegenwärtig stark ansteigende Produktion von Titanschwamm, die in der Zukunft in noch ausgeprägterem Maße ansteigen wird, verschiebt deutlich das Verhältnis zugunsten des metallischen Titans. Einen ähnlich steilen Anstieg der Anwendung erfährt auch das Zirkoniummetall, das in der Kernenergie als korrosionsfestes Hüllmaterial für Brennstäbe große Bedeutung besitzt.

Die Metalle der IVa-Gruppe — Titan, Zirkonium und Hafnium — stellen eine sehr geschlossene Gruppe dar; sie sind auch in ihren chemischen und physikalischen Eigenschaften einander sehr ähnlich. In ihrer Dichte, ihrem Schmelzpunkt, den mechanischen Eigenschaften und der Korrosionsbeständigkeit stehen sie deutlich zwischen den entsprechenden Metallen der IIIa- und der Va-Gruppe. Dichte und Schmelzpunkt sind höher als bei den entsprechenden IIIa-Metallen, aber geringer als bei den Va-Metallen.

1. Entdeckung und Namensgebung

Tabelle 44. *Entdeckung und Namensgebung der Metalle der Titan-Gruppe*

Titan	Zirkonium	Hafnium
GREGOR findet 1790 das Oxid eines neuen Elementes (TiO_2) im Menakanit aus Cornwall (Ilmenit-Sand). KLAPROTH findet TiO_2 in einem ungarischen Rutil und entlehnt 1795 für das neue Element den Namen „Titanium" der Mythologie (Titanen — Ursöhne der Erde); Klaproth billigt aber Gregor 1797 die Priorität der Entdeckung des Titandioxids bzw. des Titans zu. BERZELIUS stellt 1825 unreines Titan-Metall her (siehe Zirkonium). HUNTER erzeugt 1910 erstmalig duktile Titan-Körner durch Reduktion von $TiCl_4$ mit Natrium in einer Bombe. VAN ARKEL und DE BOER gewinnen	KLAPROTH entdeckt 1789 ZrO_2 und nennt es „Zirkonerde". BERZELIUS gewinnt 1824 unreines metallisches Zirkonium durch Reduktion von K_2ZrF_6 mit Kalium bzw. Natrium. LELY und HAMBURGER erzeugen 1914 Zirkoniumschwamm durch Reduktion von $ZrCl_4$ mit Na in einer Bombe. 1925—26 erzeugen VAN ARKEL, DE BOER und FAST reine duktile Zirkoniumstäbe durch Dissoziation von ZrF_4 an W-Drähten. 1940 gewinnt VON ZEPPELIN Zirkonium durch Reduktion von ZrF_4 mit Mg und einem NaCl-Zuschlag.	Vergebliche Suche nach dem „Eka-Zirkonium". Zum Beispiel glauben SVANBERG 1845 „Noria" in Zr-Mineralien u. URBAIN 1911 „Celtium" in Y-Mineralien gefunden zu haben. 1922 macht NILS BOHR Voraussagen nach dem Moseleyschen Gesetz über das noch unentdeckte Element. COSTER u. HEVESY — am Bohrschen Institut arbeitend — finden 1923 das Element 72 in Zr-Mineralien und geben ihm den Namen Hafnium zu Ehren der Stadt Kopenhagen (lateinisch Hafnia). Der Prioritätsstreit URBAIN contra COSTER u. HEVESY

Tabelle 44 (Fortsetzung)

Titan	Zirkonium	Hafnium
1926 duktile Titan-Stäbchen durch Dissoziation von TiJ_4. KROLL arbeitet 1928—1937 an der Herstellung von duktilem Sinter- und Schmelz-Titan und entwickelt 1937—46 das nach ihm genannte Verfahren der Reduktion von $TiCl_4$ mit Mg unter Argon. Er begründet damit die moderne Titan-, Zirkonium- und Hafnium-Industrie.	1944 großtechnische Entwicklung des KROLL-Verfahrens (s. Titan), d. h. Reduktion von $ZrCl_4$ mit Mg unter Inertgas in Albany, Oregon, in Zusammenarbeit mit dem Bureau of Mines in USA.	Wird 1949 eindeutig zu Gunsten der letzteren entschieden.

2. Vorkommen und Häufigkeit

Die IVa-Metalle zählen zu den relativ häufigen Elementen in der Erdkruste (vgl. Tab. 3, S. 5). Titan ist das 7. häufigste Metall und übertrifft in seiner durchschnittlichen Häufigkeit von 4400 g/t Gestein die Häufigkeit praktisch aller Gebrauchsmetalle, mit Ausnahme von Aluminium und Eisen, bei weitem. Zirkonium kommt mit einem durchschnittlichen Gehalt von 220 g/t zum Beispiel wesentlich häufiger vor als Zink, Nickel und Kupfer. Selbst Hafnium mit einer Häufigkeit von 4,5 g/t ist weit häufiger als z. B. Antimon, Kadmium, Quecksilber und noch keineswegs zu den seltenen Elementen zu zählen.

Titan bildet eine Anzahl von verschiedenen Mineralien (s. Tab. 45), von denen einige praktisch reines Titandioxid darstellen (Rutil, Anatas, Brookit) und bevorzugt abgebaut werden. Die sehr häufigen Vorkommen von Ilmenit, in denen Titan mit Eisen vergesellschaftet ist, werden für die Titanmetallherstellung an Bedeutung gewinnen. Trotz zahlreicher Arbeiten, die zur Entwicklung geeigneter Aufschluß- und Trennmethoden geführt haben, ist eine Verwendung von Ilmenit gegenwärtig nur für die Herstellung von Ferrotitan wirtschaftlich. Die Herstellung von „synthetischem Rutil" aus Ilmenit ist jedoch im Zunehmen. In weiteren Mineralien kommt Titan oxidisch oder silikatisch meist zusammen mit anderen Metallen, hauptsächlich Eisen, Mangan und Calcium, vor. Sie werden nicht abgebaut; dagegen werden zum Teil aus Ilmenit gewonnene Titanschlacken für die Gewinnung von Ferrotitan und Titanverbindungen verwendet. Neben Titananreicherungen in größeren Erzlagerstätten ist Titan in praktisch allen Gesteinen, Erzen und Mineralien in kleineren Mengen enthalten. Vor allem Erze von Thorium, Zirkonium, Niob, Calcium, Eisen, Aluminium enthalten stets auch Titan.

Tab. 46 gibt nach KELLOGG[1] die durchschnittliche Zusammensetzung der wichtigsten Titanerze und der Titanschlacken an.

Zirkonium kommt als Silikat (Zirkon) oder als Oxid (Baddeleyit bzw. Brazilit und Zirkit) sowohl in Primärlagerstätten als auch in Form von Zirkonsanden vor.

[1] KELLOGG, H. H.: Engng. Mining J. *156* (1955) 72.

Tabelle 45. *Mineralien und Fundorte der Metalle der Titan-Gruppe*

Titan		Zirkonium (Hafnium)	
Ilmenit ($FeO \cdot TiO_2$) mit wechselnden Gehalten an Hämatit und Magnetit (ca. 32% Ti und ca. 37% Fe)	Ilmenberge im Ural, USA (Staat New York, Florida), Kanada, Brasilien, Norwegen, Schweden, Finnland, Portugal, Afrika (Rhodesien, Kongo u. a.), Japan, China, Australien, S-Australien, Neuseeland, USA, UdSSR, Grönland, Kanada, Mexiko, Norwegen, Madagaskar, Brasilien, Indien	*Zirkon* ($ZrSiO_4$) 60—67% ZrO_2	Küstensande: Australien, Indien, Ceylon, Florida, Afrika, Madagaskar, Pazifikküste von N- u. S-Amerika
Rutil (ca. 90—95% TiO_2) kommt auch als Anatas und Brookit vor		*Baddeleyit* (Brazilit) (ca. 90 bis 93% ZrO_2)	Brasilien, USA (Montana), Schweden, Italien, Ceylon
Perowskit ($CaO \cdot TiO_2$) Pseudo-Brookit ($2\,Fe_2O_3 \cdot 3\,TiO_2$) Pyrophanit ($MnO \cdot TiO_2$) Sphen oder Titanit ($CaO \cdot TiO_2 \cdot SiO_2$)		*Zirkit*, Gemenge von Baddeleyit und Zirkon (ca. 73—85% ZrO_2)	Andere Fundorte:
		Alvit ($ZrSiO_4$ mit bis 20% HfO_2)	Norwegen, Schweden, N-Amerika, Grönland,
		Malacon	Norwegen, Frankreich, USA
		Monazitsande	Brasilien, Indien,
		Eudialit (mit ca. 14% ZrO_2 (komplexes Zr-Silikat) Rückstände von Kaolinschlämmen, ferner Granit, Pegmatite und andere Urgesteine	Grönland, UdSSR (Kola-Halbinsel)

Tabelle 46. *Durchschnittliche Zusammensetzung der wichtigsten Titanerze und von Titanschlacken**

	Rutil	Ilmenit		Titan-schlacken
		TiO_2-reich	TiO_2-arm	
TiO_2	96,3	59	43—50	70—85
Fe	0,8	26,5	30—42	7— 9
SiO_2	0,6	0,7	1— 5	5— 7
Al_2O_3	0,9	1,3	1— 4	8—10
CaO + MgO	1,4	1,0	2— 5	5— 7

* Kellogg: Engn. Mining J. *156* (1955) 72.

Auch der Monazitsand ist eine wichtige Quelle für die Zirkoniumgewinnung. Ebenso wird Zirkonium auch bei der Aufarbeitung von Titanerzen, die stets auch Zirkonium enthalten, gewonnen.

Hafnium bildet keine eigenen Mineralien, sondern ist in allen Zirkoniumerzen in kleineren oder in größeren Konzentrationen enthalten. Die Zirkoniummineralien enthalten durchschnittlich 0,05—2% Hafnium. In einzelnen Mineralien, wie z. B. dem Alvit, der bis zu 20% Hafniumoxid enthalten kann, ist der Hafniumgehalt höher.

3. Produktion und Preis

a) Titan

Wie schon erwähnt, wird gegenwärtig die Hauptmenge (etwa 400000 jato) an geförderten Titanerzen (Gesamtförderung 1 Mill. jato) für die Herstellung von Titanpigment verbraucht. Der kleinere Teil der geförderten Titanerze geht in die Ferrolegierungsindustrie und in die keramische Industrie. Für die Gewinnung von Titanmetall-Halbzeug (gegenwärtig etwa 10000—12000 jato) wird nur ein sehr geringer Teil der geförderten Titanerze benötigt.

Tabelle 47. *Preise von Titanprodukten in $ pro kg Titaninhalt*[1]

Produkt	3000—5000-jato-Anlage		Mögliches Preisbild für eine Großanlage 50000—100000 jato
	1955	1967/70	
Titanschlacke, 70% TiO_2	0,08	0,08	0,08
Rutil-Konzentrat, 94% TiO_2	0,21	0,21	0,20
Titanweiß TiO_2 technisch	0,80	0,80	0,50 bis 0,60
$TiCl_4$	3,20	2,— bis 3,—	1,50 bis 2,—
Titanschwamm	8,—	6,— bis 7,—	2,— bis 2,50
Titaningot	16,—	8,— bis 10,—	3,0 bis 3,5
Titanblech	30,—	16,— bis 20,—	5,0 bis 6,—

Der Titaninhalt in den Erzen ist wegen der Häufigkeit der Vorkommen und des hohen Titangehaltes sehr billig (vgl. Tab. 47), doch verursacht die Aufarbeitung der Erze zu technischen Titanprodukten hohe Kosten. Schon im „Titanweiß", d. i. technisch reines TiO_2, muß ein erheblich höherer Preis für den Titaninhalt bezahlt werden. Die Herstellung des Ausgangsproduktes für die Titanmetallgewinnung, des $TiCl_4$, verursacht neuerlich größere Kosten, ebenso wie die Herstellung und Weiterverarbeitung des Metalles. Bei der Herstellung des Titans in Großanlagen, wie sie für die nahe Zukunft zu erwarten sind[1], werden sich die Kosten für die Titanprodukte wesentlich senken lassen (vgl. Tab. 47). Eine solche starke Preisreduktion läßt mit Sicherheit eine beträchtliche Marktausweitung für Titan in naher Zukunft erwarten[2,3].

[1] KELLOGG, H. H.: Engng. Mining J. *156* (1955) 72.
[2] RUTH, J. P.: Metall *21* (1967) 265.
[3] Anonym: Iron Age *200* (1967) 26.

b) Zirkonium

Die Förderung von Zirkoniumerzen und die Herstellung von Zirkoniummetall ist gegenüber der von Titan erheblich geringer. Die Weltförderung von Zirkonsanden (mit 40—60% ZrO_2) betrug 1959 etwa 150000 Tonnen, wovon ebenfalls nur ein geringer Teil für die Zirkoniummetallherstellung, die heute etwa 2500 bis 3000 Tonnen Zirkonium beträgt, verwendet wird. Die relativ geringe Produktion zieht gegenwärtig noch einen hohen Preis für Zirkonium nach sich. Die Zirkoniummetallpreise werden aber bei einer Großproduktion, die schon für die nahe Zukunft geplant ist, beträchtlich sinken (Tab. 48).

Tabelle 48. *Preise von Zirkoniumprodukten in $ pro kg Zirkoniuminhalt*

Produkt	1000—2000 jato-Anlage		Mögliches Preisbild für eine 10000—20000 jato-Anlage
	1959/60	1967/70	
Erz	1,30	1,30	0,80 bis 1,—
Schwamm			
Hf-haltig	10,— bis 11,—	10,—	6,— bis 7,—
Hf-frei	13,— bis 15,—	12,—	8,— bis 10,—
Blöcke			
Hf-haltig	28,— bis 32,—	25,— bis 30,—	12,— bis 15,—
Bleche			
Hf-haltig	36,— bis 40,—	35,— bis 40,—	15,— bis 20,—
Hf-frei	48,— bis 80,—	40,— bis 50,—	18,— bis 25,—
Zircaloy-Bleche	120,—	55,— bis 65,—	25,— bis 30,—

Die größte Menge an Zirkoniummetall wird heute in der Reaktortechnik verwendet und muß daher hafniumfrei sein. Die Abtrennung des Hafniums verteuert naturgemäß die Zirkoniumproduktion (vgl. Tab. 48). Hafniumhaltiges Zirkoniumhalbzeug und Zirkoniumschwamm kosten etwa das Zwei- bis Dreifache der entsprechenden Titanprodukte, während hafniumfreie Zirkoniumqualitäten etwa drei- bis viermal soviel wie die entsprechenden Titanprodukte kosten.

c) Hafnium

Wegen der Notwendigkeit, das Hafnium vom Zirkonium abzutrennen, und wegen der bisher noch geringen Verwendungsmöglichkeit für Hafnium ist der Preis von Hafnium heute mehr oder weniger ein künstlicher. Es werden für Hafniumschwamm bzw. Jodid-Hafnium je nach Abnahmemengen etwa 50.— bis 200.— $ pro kg bezahlt. Es ist mit Sicherheit zu erwarten, daß sich der Hafniumpreis in Zukunft auf das etwa 1,5- bis 2fache der Preise für hafniumfreies Zirkonium, d. i. etwa das Preisniveau von Tantal, einspielen wird. Für Hafniumkarbid wird heute schon etwa derselbe Preis wie für TaC verlangt.

4. Physikalische Eigenschaften

Eine Zusammenstellung der wichtigsten physikalischen Eigenschaften der Metalle Titan, Zirkonium und Hafnium gibt Tab. 49. Es wurden die neuesten und zuverlässigsten Werte berücksichtigt. Die verschiedenen Literaturangaben unterscheiden sich zum Teil recht beträchtlich, da einzelne Eigenschaften, hauptsächlich Härte, Festigkeit und Leitfähigkeit, ganz außerordentlich vom Reinheitsgrad und der Vorgeschichte (Verformung und Glühbehandlung) der untersuchten Metalle abhängen und vor allem bei früheren Messungen meist nicht genügend reine — meist nur 99,5% reine — Metalle vorlagen.

Auf die Wiedergabe der Temperaturabhängigkeit vieler Eigenschaften wurde hier bewußt verzichtet. Es wird diesbezüglich auf die Originalarbeiten und das Buch-Schrifttum verwiesen. Vergleicht man die Werte für Titan, Zirkonium und Hafnium mit denen für die übrigen Metalle (vgl. Kapitel am Buchanfang) und mit Abb. 3 (Legierungsverhalten der Elemente), ergibt sich ein gutes Bild über die besonders ausgeprägte Familienähnlichkeit im Verhalten der homologen IVa-Metalle. Titan ist dem Zirkonium und Hafnium ähnlicher als z. B. Vanadin

Tabelle 49. *Physikalische Eigenschaften von Titan, Zirkonium und Hafnium*

	Ti	Zr	Hf
OZ	22	40	72
AG	47,90	91,22	178,49
ES	(Ar) $3d^2 4s^2$	(Kr) $4d^2 5s^2$	(Xe) $4f^{14} 5d^2 6s^2$
GT	α: hex. d. P.	α: hex. d. P.	α: hex. d. P.
	a = 2,950	a = 3,222	a = 3,195
	c = 4,684	c = 5,147	c = 5,055
	UT: 882,5°C	UT: 862 °C	UT: 1777 °C
	β: krz.	β: krz.	β: krz.
	a = 3,306	a = 3,610	a = 3,50
AR	1,47	1,60	1,58
ϱ_{20}	4,51	6,49	13,1
Fp.	1668	1852	2222
Kp.	3260	4370	5400
ΔH_s	3,70	4,9	5,2
$\Delta H_{\text{subl.}}$	112,5	143,1	144,8
Δc_{p20}	5,97	6,00	4,97
α_m	8,7	5,8	5,9
k_R	0,9	1,1	0,85
λ_w	0,037	0,05	0,054
λ_e	0,024	0,023	0,031
EN	1,5	1,4	1,3
I	6,85	6,83	5,5
E	11000	6900	14000
μ	0,36	0,37	0,289
σ_B	25—65	20—44	25—62
H_V	70—130	90—200	170—250
Häuf.	0,44%	0,022%	4,50 ppm

Zeichenerklärung S. 152

dem Niob und dem Tantal, bzw. Chrom dem Molybdän und Wolfram, was u. a. auch schon in den verhältnismäßig geringen Schmelzpunktsdifferenzen zum Ausdruck kommt.

5. Mechanische Eigenschaften

Die mechanischen Eigenschaften werden ganz besonders vom Reinheitsgrad der Metalle beeinflußt. Vergleicht man die höchstreinen Metalle (Jodid-Metalle) untereinander, so sind Titan und Zirkonium in ihren Festigkeitseigenschaften wenig verschieden. Jodid-Hafnium ist aber ein wesentlich festeres und härteres Metall. Abb. 124 gibt eine Zusammenstellung der Daten für σ_B, δ' und H_v von

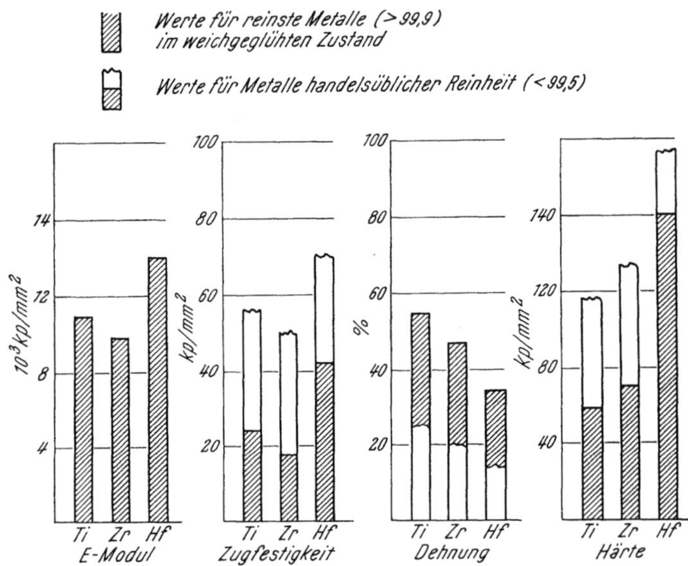

Abb. 124. Vergleich der elastischen und mechanischen Eigenschaften der IV a-Metalle

Titan, Zirkonium und Hafnium (weichgeglühter Zustand). Die Abb. 124 läßt auch die Unterschiede in den Eigenschaften zwischen den hochreinen Jodid-Metallen und den technisch verwendeten „Kroll-Metallen" und die Bereiche, in denen die Eigenschaften bei verschiedenen Chargen schwanken, erkennen.

Die Streckgrenzen betragen etwa 60—70% der für die Zugfestigkeit angegebenen Werte; die Einschnürung etwa das 1,5fache der Kaltdehnung.

Zugfestigkeit und Streckgrenzen nehmen mit der Temperatur gleichmäßig, fast linear ab. Sie betragen bei 800 °C (Metalle noch im α-Zustand) nur mehr etwa 25—30% der Raumtemperaturwerte. Dehnung und Einschnürung steigen um fast 100%. Die Festigkeitsminderung bedingt, daß unlegiertes Titan und Zirkonium als Werkstoff nur bis etwa 400 °C und Hafnium bis 600 °C verwendbar erscheinen.

Die Metalle haben allerdings in Form der kubisch raumzentrierten β-Legierungen bessere mechanische Eigenschaften. Der β-Zustand läßt sich bei Titan durch verschiedene Zusätze (z. B. Molybdän, Niob) stabilisieren. Zirkonium ist jedoch nur schwierig und Hafnium praktisch überhaupt nicht bei Normaltemperatur im reinen β-Zustand zu erhalten.

Über die elastischen Eigenschaften gibt Tab. 50 Auskunft; wegen Dauerstandfestigkeiten, Schlagbiegefestigkeiten usw. sei auf die entsprechenden Monographien verwiesen.

Tabelle 50. *Elastische Eigenschaften*

	Titan	Zirkonium	Hafnium
E-Modul [kg/mm^2]	10000	6500—8000	14000
Schubmodul	4000	2200—3000	5000
Poissonsche Zahl	0,36	0,32—0,35	0,38

Durch Verformung nimmt die Festigkeit von Titan, Zirkonium und Hafnium stark zu. Die Vickers-Härte von 75—90 kg/mm^2 von weichem Jodid-Titan (vgl. Abb. 124) nimmt durch starke Verformung bis auf 200—250 kg/mm^2, die von Jodid-Zirkonium von 60—70 auf 190—200 kg/mm^2 und die von Jodid-Hafnium von 140—170 auf 260—290 kg/mm^2 zu.

Die Zunahme der Zugfestigkeit läßt sich aus diesen Härtesteigerungen abschätzen, da die Härte mit der Zugfestigkeit konform geht. Die Härtewerte betragen etwa das Dreifache der Werte für die Zugfestigkeit. Durch entsprechende Glühbehandlungen der verformten Metalle werden die Ausgangswerte ganz oder nahezu wieder erreicht.

6. Chemische Eigenschaften

Die IVa-Metalle Titan, Zirkonium und Hafnium sind in ihren chemischen Verbindungen überwiegend vierwertig, die Verbindungen hydrolysieren in wäßrigen Lösungen leicht. In wäßrigen Lösungen sind die Salze überwiegend in Form von komplexen Ionen, wie Titanylsulfat, komplexen Chloro- und Fluorotitanaten u. a. vorhanden. Durch Reduktion von Titan(IV)-Lösungen können Lösungen von Titan(III)salzen erhalten werden, die starke Reduktionsmittel sind. Zweiwertiger Zustand von Titan und Zirkonium ist nur bei wasserfreien Halogeniden sowie dem TiO, das metallischen Charakter hat, bekannt. Von Hafnium konnten bisher noch keine salzartigen niederwertigen Verbindungen hergestellt werden. Das chemische Verhalten der IVa-Metalle ist in Tab. 51 wiedergegeben. Titan, Zirkonium und Hafnium verhalten sich sehr ähnlich, wobei die Beständigkeit gegenüber verschiedenen Medien im allgemeinen vom Titan zum Zirkonium hin ansteigt. Hafnium scheint in vielen Fällen noch bessere Beständigkeit aufzuweisen, doch ist das Verhalten von Hafnium noch nicht so eingehend untersucht wie das von Titan und Zirkonium.

Die IVa-Metalle, besonders in den hexagonalen Raumtemperaturmodifikationen, vermögen, wie auch die IIIa- und Va-Metalle, beträchtliche Mengen an Metalloiden in fester Lösung aufzunehmen. Bei Titan betragen die Löslichkeits-

Tabelle 51. *Chemisches Verhalten von Titan, Zirkonium und Hafnium*

Luft:	Die Metalle sind bei niedrigen Temperaturen mit einer sehr dichten Schichte von Oxiden bedeckt, die eine sehr gute Beständigkeit verursachen. Die Beständigkeit an Luft ist bis etwa 250 °C gut. Bei höheren Temperaturen tritt zunehmend raschere Reaktion unter Bildung von Oxiden und Nitriden ein. Durch Diffusionsvorgänge nimmt das Unterlagsmetall bei längerem Erhitzen an Luft auch Sauerstoff und Stickstoff in fester Lösung auf[1]. Die Geschwindigkeit der Bildung von Oxidschichten und Nitridschichten sowie die Diffusionsgeschwindigkeit von Sauerstoff und Stickstoff ist bei den IVa-Metallen geringer als bei den Va-Metallen, so daß man Titan und Zirkonium im Gegensatz zu den Va-Metallen bei 700—800 °C, Hafnium sogar bei 900—1000C° an der Luft warmverarbeiten kann. Werden vor allfälligen Zwischen- und Endglühungen jeweils die weißlich grauen Zunderschichten entfernt, bleiben die Metalle bildsam.
Stickstoff und Ammoniak:	Stickstoff und Ammoniak setzen sich bei Temperaturen ab 500—600 °C mit den IVa-Metallen unter Bildung von außerordentlich stabilen Nitriden um. Diese Eigenschaft wird bei der Verwendung der IVa-Metalle als Gettermaterial und bei der Anwendung als Scavenger bei Vanadin-, Niob-, Tantal-, Chrom-, Molybdän- und Wolframlegierungen sowie bei Edelstählen ausgenützt.
Wasserstoff und Wasser:	Wie die Va-Metalle bilden auch Titan, Zirkonium und Hafnium Hydride (feste Lösungen von Wasserstoff, die bei Weiterreaktion über Monohydride MeH_{1-x} in Dihydride MeH_{2-x} übergehen). Die Tendenz zur Bildung stabiler Dihydride ist höher als bei den Va-Metallen, die nur unter besonderen Bedingungen verhältnismäßig instabile Dihydride bilden. Die Reaktion von oberflächenreinen IVa-Metallen mit Wasserstoff setzt langsam bei 200—250 °C ein und verläuft bei 400—600 °C sehr rasch. Bei 800—1000 °C läßt sich der gesamte Wasserstoff im Vakuum wieder restlos entfernen. Naszierender Wasserstoff, wie er beim Angriff von Mineralsäuren auftritt, führt schon bei 100 °C langsam zur Wasserstoffaufnahme. Kohlenwasserstoffe und vor allem Wasserdampf reagieren bei Temperaturen von 400—450 °C unter Bildung von Hydriden (bei Wasserdampf daneben auch Oxid- bzw. bei Kohlenwasserstoffen auch Karbidbildung). Hafnium ist geringfügig beständiger als Zirkonium.
Halogene:	Mit trockenem Chlor setzen sich die IVa-Metalle schon bei niedriger Temperatur rasch unter Feuererscheinung um. Gegenüber feuchtem Chlor sind die IVa-Metalle aber relativ beständig.
Schwefelverbindungen:	Bemerkenswerte Beständigkeit, die vor allem dem Titan verschiedene wichtige Anwendungsgebiete in der chemischen Industrie eröffnet hat.
Kohlenstoffverbindungen:	In CO_2-Atmosphäre verhalten sich die IVa-Metalle wie in Luft. Bei höheren Temperaturen werden Oxide gebildet. Mit Kohlenwasserstoffen bilden sich Hydride und Karbide. Mit elementarem Kohlenstoff setzen sich die IVa-Metalle bei höheren Temperaturen zu stabilen Karbiden um. Bei Anwesenheit von Sauerstoff oder Stickstoff werden dabei Oxikarbide bzw. Karbonitride gebildet.

[1] Kieffer, R., Binder, F., Bach, H.: Werkstoffe u. Korrosion *19* (1968) 114.

Tabelle 51 (Fortsetzung)

Gegen wäßrige Medien (Korrosionsbeständigkeit):

Die IVa-Metalle zeichnen sich durch sehr gute Korrosionsbeständigkeit aus, die in der Richtung von Titan über Zirkonium zu Hafnium zunimmt. Die Metalle sind vor allem gegen oxydierende Lösungen ausgezeichnet beständig. Sie werden selbst von heißer konzentrierter Salpetersäure nicht und von kaltem Königswasser nur wenig angegriffen. Titan ist auch gegen Eisen(III)chloridlösungen sehr beständig, die aber Zirkonium stark angreifen. Für eine Verwendung als korrosionsfester Werkstoff ist die gute Beständigkeit gegenüber chloridhaltigen Lösungen und gegen Lösungen, die freies Chlor enthalten, von Wichtigkeit, da diese Medien die häufig in der chemischen Industrie eingesetzten Werkstoffe angreifen.

Titan ist auch gegen Seewasser und feuchte Meeresatmosphäre bestens beständig. Bei Berührung mit Aluminium kommt es aber bei Einwirkung von Salzwasser zu Berührungskorrosion, die im Kontakt von Titan mit Monel, 18/8-Stahl oder mit Nickel nicht beobachtet wird.

Titan wird von Salzsäure und Schwefelsäure etwas angegriffen. Die Beständigkeit läßt sich durch Zusatz von oxydierenden Mitteln wie Chromsäure oder Salpetersäure, auch Kupfersulfat verbessern. Zirkonium ist aber auch gegen Salzsäure und Schwefelsäure ausgezeichnet beständig. Ebenso wird Zirkonium von Alkalien, auch in geschmolzener Form, praktisch nicht angegriffen, während Titan gegen heiße, konzentrierte und geschmolzene Alkalien wenig Beständigkeit zeigt.

Sehr rasch lösen Flußsäure und fluoridhaltige Medien.

Gegen Wasserdampf und Druckwasser zeigen Zirkonium und vor allem Hafnium gute Beständigkeit. Zirkonium wird daher als Hüllmaterial für Kernbrennstoffelemente in Druckwasserreaktoren eingesetzt. Die Beständigkeit ist weitgehend vom Reinheitsgrad des Zirkoniums bzw. der Art der Legierungselemente abhängig. Die Beständigkeit wird durch geringe Gehalte an Zinn (Zircaloy) und Niob verbessert. Geringe Gehalte von Chrom, Nickel und Eisen sollen ebenfalls verbessernd wirken. Bei der Druckwasserkorrosion wird eine festhaftende Oxidschichte gebildet, die sich anfänglich sehr langsam aufbaut. Nach Erreichen einer bestimmten Dicke (etwa 30 bis 40 μ) beginnt die Oxidschichte aber abzuplatzen (break away) und der weitere Angriff geht wesentlich rascher vor sich.

Einen zusammenfassenden Überblick über das Korrosionsverhalten von Titan und Zirkonium und Hafnium vermittelt die folgende Zusammenstellung:

Korrosionsverhalten von Titan, Zirkonium und Hafnium (nach R. Kieffer et al.: Werkstoffe u. Korrosion *19* (1968) 310.)

Medium		Titan	Zirkonium	Hafnium
		Korrosionsgeschw. in $g/m^2 \cdot$ Tag		
20 °C				
NaCl	3%	$<0{,}001$	0,005	$<0{,}001$
NH_4Cl	3%	$<0{,}001$	0,003	$<0{,}001$
CH_3COOH	10%	$<0{,}001$	0,001	$<0{,}001$
HCl	10%	0,017	0,001	0,001
H_2SO_4	10%	0,010	0,002	0,001
HNO_3	10%	0,001	0,003	$<0{,}001$

Tabelle 51 (Fortsetzung)

Medium		Titan	Zirkonium	Hafnium
		Korrosionsgeschw. in g/m² · Tag		
20 °C				
HF	3%	u. b.	u. b.	u. b.
KOH	10%	0,001	0,001	<0,001
100 °C				
NaCl	3%	<0,001	0,030	0,020
NH_4Cl	3%	<0,001	0,030	<0,001
CH_3COOH	10%	<0,001	<0,001	<0,001
HCl	10%	u. b.	<0,001	0,040
H_2SO_4	10%	u. b.	0,030	0,070
HNO_3	10%	<0,001	<0,001	<0,001
HF	3%	u. b.	u. b.	u. b.
KOH	10%	0,16	<0,001	0,000

u. b. = unbeständig

Gegen Metallschmelzen: Die bisherigen Untersuchungen über die Beständigkeit gegenüber niedrigschmelzenden Metallen beschränken sich im wesentlichen auf Zirkonium, das in flüssig-metallgekühlten Kernreaktoren eingesetzt wird. Gegen oxidfreie Alkalimetalle ist Zirkonium selbst bei hohen Temperaturen (600 °C) sehr gut beständig. Genügend Beständigkeit zeigt es auch gegenüber Wismut–Blei-, Wismut–Blei–Zinn-Legierungen. Gegenüber Rein-Wismut, Blei, Quecksilber und Gallium ist die Beständigkeit gering:

Korrosion von Zirkonium in verschiedenen flüssigen Metallen

Metall	300 °C	600 °C
Wismut	unbekannt	schlecht
Wismut–Indium–Zinn	unbest.	unbest.
Wismut–Blei	gut	begrenzt
Wismut–Blei–Indium	unbekannt	schlecht
Wismut–Blei–Zinn	gut	begrenzt
Gallium	begrenzt	schlecht
Quecksilber	schlecht	unbest.
Magnesium	—	schlecht (651 °C)
Natrium, Kalium oder NaK	gut	gut
Blei	unbest. (327 °C)	unbest.

grenzen bei Raumtemperatur für Sauerstoff und Wasserstoff 30 At.-%, für Stickstoff 15 At.-% und für Kohlenstoff etwa 0,2 At.-%. Schon bei geringen Gehalten (wenige Zehntelprozent) an Metalloiden werden die IVa-Metalle zunehmend härter und spröder. Als metallische Werkstoffe sind daher nur die reinen, praktisch metalloidfreien Metalle verwendbar. Die in der Tab. 49 u. Abb. 124 angeführten Werte für die chemischen, physikalischen und mechanischen Eigenschaften verstehen sich nur für die etwa 3-Neuner reinen Metalle.

Wie ganz allgemein von den Übergangsmetallen werden auch von den IVa-Metallen stabile Karbide, Nitride, Boride und Silizide gebildet[1–5]. Mit den IIIa- und Va-Metallen ist die Bildung stabiler Hydride gemeinsam.

7. Gewinnung der Metalle

Die Gewinnung der Metalle der IVa-Gruppe geschieht fast ausschließlich durch Reduktion der Chloride, die man durch Chlorieren von Erzkonzentraten, von Oxiden oder von Karbonitriden und nachfolgende Reinigung erhält, mit Alkali- oder Erdalkalimetallen unter Edelgas nach Verfahren, wie sie erstmals von KROLL für technische Anwendungen entwickelt wurden. Abb. 125 gibt für das Beispiel der Herstellung des Titans ein schematisches Fließbild für das Metallgewinnungsverfahren vom Erz bis zur Titan-Fertigware.

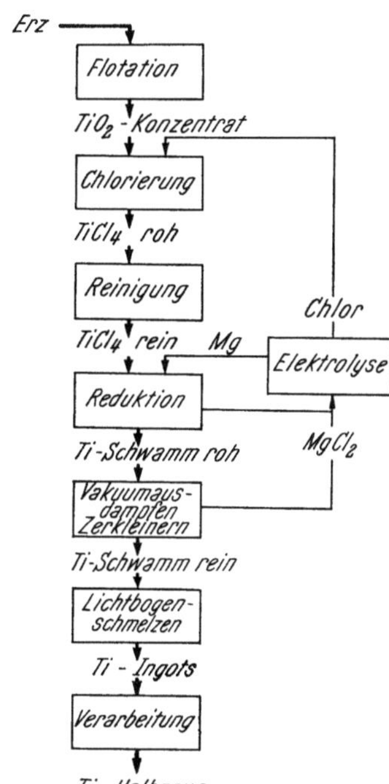

Abb. 125. Fließschema der Titanherstellung vom Erz zum Titanformstück

a) Aufbereitung der Erze

Zur Gewinnung von Titan wird von Rutil oder Ilmenit ausgegangen. Zirkonium und Hafnium werden gemeinsam aus Zirkonsanden oder Baddeleyit gewonnen.

[1] KIEFFER, R., BENESOVSKY, F.: Hartstoffe. Springer-Verlag, Wien 1963.
[2] STORMS, E. K.: The Refractory Carbides. Academic Press, New York–London 1967.
[3] GOLDSCHMIDT, H. J.: Interstitial Alloys. Butterworths Scientific. Publ., London 1967.
[4] SAMSONOV, G. V.: Hartstoffe u. Hartmetalle. Verlag Metallurgizdat, Moskau 1964.
[5] KOSOLAPOVA, T. J.: Karbide. Verlag Metallurgizdat, Moskau 1968.

Erze mit höherem Gehalt an IVa-Metalloxiden (Rutil 95% TiO_2, Zirkonsande 60—67% ZrO_2, Baddeleyit 90—93% ZrO_2) werden meist direkt chloriert. Ilmenit oder Titanschlacken erfordern eine Vorbehandlung. Durch Säurelaugung des Ilmenits bzw. der Titanschlacken können Nebenbestandteile weggelöst und hoch TiO_2-haltige Laugungsrückstände, sog. „synthetischer Rutil", erhalten werden. Ilmenit wird teilweise auch durch Erhitzen mit Kohlenstoff pyrometallurgisch aufgeschlossen, wobei das vorhandene Eisen zum Metall reduziert wird und geschmolzen als titanhaltiges Roheisen abgezogen werden kann. Es verbleibt ein gesintertes Produkt, das hauptsächlich aus Roh-TiC bzw. Karbonitrid, auch mit Anteilen von Titanmetall, besteht und sich gut für eine Chlorierung eignet.

Versuche, das Eisen nach einer Röstbehandlung, bei der der Ilmenit in TiO_2 und Fe_3O_4 gespalten wird, magnetisch abzuscheiden, verliefen ebenfalls erfolgreich. Auch eine selektive Chlorierung, bei der zuerst das Eisen als $FeCl_3$ abgetrieben und dann bei höherer Temperatur $TiCl_4$ erhalten wird, wurde erprobt. Hauptausgangsprodukt für die Titantetrachloridgewinnung ist aber noch der Rutil.

Zirkonsande werden meist unter Kohlenstoffzusatz im Lichtbogenofen behandelt. Vorhandenes SiO_2 wird in der Hauptsache während der bei 1900—2200 °C ablaufenden Umsetzung in Form von SiO entfernt. Es bleiben nur geringe Mengen an Silizium als Zirkonsilizid zurück. Die verbleibenden Karbonitride mit einem Gehalt von 3—5% Kohlenstoff, 2—3% Stickstoff, 1—3% Sauerstoff neben 1—2% Eisen und 1—2% Titan sind ebenso wie stickstoffreichere Produkte, die bei Luftzutritt entstehen, ein für die Chlorierung gut geeignetes Ausgangsprodukt. Die direkte Chlorierung von Zirkonsanden hat sich ebenso wie das Aufschließen mit Alkalischmelzen oder mit Kaliumsilikofluorid[1] zur Zirkoniumanreicherung noch nicht eingeführt, obwohl die chlorierende Aufarbeitung von Zirkonsanden bei der Gewinnung von $SiCl_4$ bzw. hochdisperser Kieselsäure ($ZrCl_4$ als Nebenprodukt) stark an Bedeutung gewinnt[2].

b) Herstellung der Chloride

Zur Gewinnung von *Roh-Titantetrachlorid* wird feingepulvertes Roh-Titandioxid (gemahlener Rutil oder TiO_2 aus dem Aufschluß von Ilmenit oder Titanschlacken) mit gepulverter Kohle vermischt und brikettiert. Diese Briketts werden in einem Chlorierungsofen (vgl. Abb. 126) bei 800 °C mit Chlorgas behandelt, wobei $TiCl_4$, das einen Siedepunkt von 136 °C hat, zusammen mit CO, CO_2 und überschüssigem Chlor gasförmig abgeht. Aus dem Abgas werden mitgerissene Staubanteile in einem Zyklon abgeschieden, dann das Titantetrachlorid in einem Kühlturm durch kreislaufgeführtes, gekühltes $TiCl_4$ kondensiert. Die Reaktionstemperatur im Chlorierungsofen wird durch elektrische Widerstandserhitzung des Einsatzgemisches aufrecht erhalten. Neuere Verfahren arbeiten in Fließbetten, bei denen eine kontinuierliche Einbringung der Briketts und eine kontinuierliche Ausbringung der nichtaufgeschlossenen Rückstände möglich ist.

---

[1] Schreiter, W.: Seltene Metalle. VEB Deutscher Verlag für Grundstoffindustrie, Leipzig 1962, Bd. III.

[2] Pers. Mittlg. von Yih, St. W. H., Präsident d. Wah Chang Albany Corp., Albany, Oregon, USA.

Anstelle der brikettierten TiO_2-Kohlenstoffgemische bewährt sich auch der Einsatz von rohem Titankarbid bzw. von Titankarbonitrid. Diese Produkte lassen sich leichter chlorieren als das TiO_2.

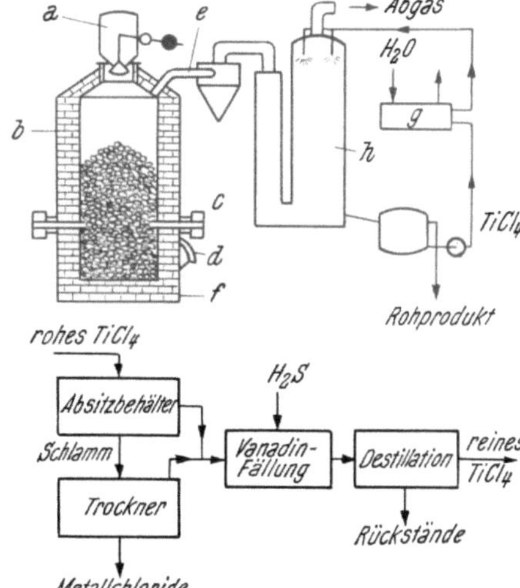

Abb. 126. Herstellung und Reinigung von $TiCl_4$. (Nach P. J. MADDEX: J. Metals *6* (1954) 734)
a Aufgabetrichter, *b* Erzschüttung, *c* Elektrodenheizung, *d* Chloreintritt, *e* Staubabscheider, *f* Chlorierungsofen, *g* Kühler, *h* Waschturm

Das gewonnene $TiCl_4$ enthält noch verschiedene Verunreinigungen, neben HCl, $COCl_2$ und SCl_2 auch Metallchloride, hauptsächlich $SiCl_4$, $FeCl_3$, $AlCl_3$ und $VOCl_3$. Es muß daher gereinigt werden. Nach Absetzenlassen von vorhandenen Feststoffteilchen wird mit H_2S vorhandenes Vanadin gefällt und das $TiCl_4$ dann in Rückflußkolonnen destilliert. Das Ergebnis ist ein 99,7—99,8%iges $TiCl_4$, das weniger als 0,3% V + Fe + S + Si enthält.

Die Tatsache, daß technisch reines $TiCl_4$ bereits für Vernebelungen im Krieg und für Himmelschreiber diente und heute aus $TiCl_4$ in großen Mengen durch Hydrolyse oder Verbrennung TiO_2, „Titanweiß" für die Pigmentindustrie gewonnen wird, hat für die Titanmetallindustrie einen entscheidenden wirtschaftlichen Vorteil gebracht.

Zirkoniumtetrachlorid wird durch Chlorieren des Karbonitrides in ähnlichen Apparaturen wie das $TiCl_4$ in zunehmendem Maße jedoch durch direkte Chlorierung von Zirkonsanden im Fließbett gewonnen. Zur Chlorierung des Karbonitrides genügen Reaktionstemperaturen von 400—500 °C. Die Reinigung des Zirkoniumtetrachlorids ist wegen der hohen Sublimationstemperatur (331 °C) leichter als die des Titantetrachlorides. Die leichter flüchtigen Chloride des Siliziums, Eisens, Aluminiums, Titans, Chroms usw. werden ohne weiteres abgetrennt. Lediglich Hafniumtetrachlorid verbleibt.

Es wäre von großer wirtschaftlicher Bedeutung, wenn die Abtrennung des Hafniums durch fraktionierte Destillation der Chloride gelänge. Die übliche Trennmethode durch flüssig/flüssig-Extraktion aus wäßrigen Lösungen ergibt zwangsläufig wieder die Oxide bzw. Oxidhydrate, die neuerlich in die Chloride übergeführt werden müssen. Die destillative Trennung der Tetrachloride des Zirkoniums und Hafniums wurde trotz des kleinen Siedepunktsunterschiedes

(Sublimationspunkt $ZrCl_4$ 331°C, Kp. $HfCl_4$ 317°C) aus passenden Salzbädern (ähnlich der erfolgreichen Trennung $NbCl_5$–$TaCl_5$) versucht, hat aber noch nicht zu positiven industriellen Ergebnissen geführt.

c) Reduktion der Chloride

$TiCl_4$

Technische Verfahren arbeiten überwiegend mit Magnesium als Reduktionsmittel, doch wird auch Natrium als Reduktionsmittel verwendet. Die Kosten für beide Varianten sind etwa gleich, da man die doppelte Menge des ungefähr halb so teuren Natriums einsetzen muß. Auch die Reinheit des mit Magnesium oder mit Natrium erhaltenen Schwammes unterscheidet sich nicht wesentlich.

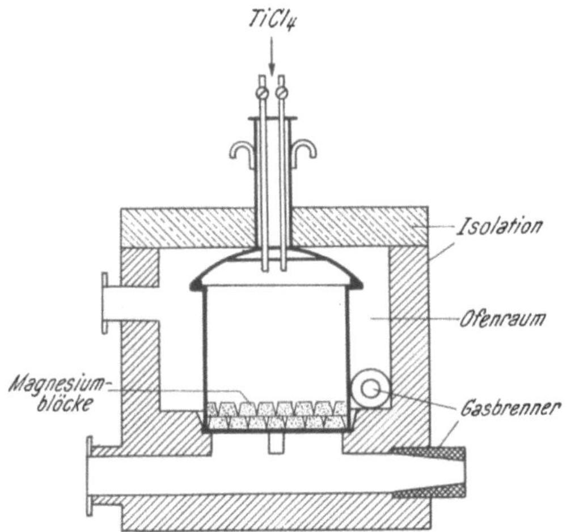

Abb. 127. Reaktor für die Umsetzung von $TiCl_4$ mit Magnesium (schematisches Schnittbild). (Nach H. C. FULLER, D. H. BAKER und F. S. WARTMANN: US-Bureau of Mines Rep. 4879 (1952))

Zur *Umsetzung mit Magnesium* werden vorerst gut gereinigte und von anhaftenden Oxidschichten eventuell durch Abschleifen oder Abbeizen befreite Magnesiumbarren in einen Behälter aus Eisenblech eingesetzt, dann ein Deckel, der Zu- und Ableitungsrohre für Schutzgas und für flüssiges $TiCl_4$ enthält, gasdicht aufgeschweißt. Der Stahlbehälter wird in einen Ofen eingesetzt (vgl. Abb. 127), in dem er mit Gasbrennern oder elektrisch auf die erforderliche Reaktionstemperatur gebracht werden kann. Die Abb. 128 zeigt eine Anzahl solcher Reaktoren für ein Füllgewicht von 750 kg, wie sie bei der Wah Chang Albany Corp. verwendet wurden.

Vor dem Aufheizen wird die Atmosphäre im Stahlbehälter sorgfältig durch Schutzgas — Argon oder Helium — verdrängt und nach Aufschmelzen des Magnesiums laufend und dosiert flüssiges $TiCl_4$ zugesetzt. Die Zugabe des $TiCl_4$ wird so geregelt, daß eine Temperatur von etwa 850 °C aufrecht erhalten bleibt. Schließlich wird nach Beendigung der $TiCl_4$-Zugabe zur Vervollständigung der Reaktion noch eine Stunde auf 920 °C gehalten. Das sich während der Reaktion bildende flüssige Magnesiumchlorid wird von Zeit zu Zeit am Boden des Gefäßes abgestochen.

Nach vollständigem Erkalten kann der Reaktionsbehälter aufgeschnitten werden. Der Rohtitanschwamm enthält noch größere Mengen an Magnesiumchlorid und etwas Magnesium, das bei der Reaktion mit 10%igem Überschuß eingesetzt wird.

Abb. 128. Blick auf die Zirkonium-Reduktionsanlage der Wah Chang Corp., Albany, Oregon (in Betrieb bis 1967). Rechts die Reduktionsöfen, links die Vakuumdestillationsöfen zur Entfernung von $MgCl_2$ und überschüssigem Magnesium. In der Mitte Kontroll- und Steuerungsgeräte

Die Aufarbeitung des Reaktionsgutes — Abtrennen des Magnesiumchlorids und des Magnesiums vom Titanschwamm — kann auf nassem Wege (Behandeln mit verdünnter Salzsäure bzw. mit Salpetersäure) oder auf trockenem Wege durch Abdestillieren des Magnesiumchlorids und des Magnesiums im Vakuum oder im Edelgaskreislauf geschehen.

Zur nassen Laugung wird das Reaktionsgut z. B. auf der Drehbank aus dem Eisenbehälter herausgespant und die Drehspäne gelaugt; der naßgelaugte Schwamm enthält noch geringe Mengen an Magnesiumchlorid und Magnesiummetall und Wasserstoff, der bei der Laugung unter Hydridbildung aufgenommen wurde.

Neben die Naßlaugung tritt zunehmend die destillative Trennung des Reaktionsgutes. Zur Abtrennung des Magnesiumchlorids und des Magnesiums werden die Späne, die in diesem Falle, um die Aufnahme von Feuchtigkeit zu verhindern, die eine oxidische Verunreinigung des gewonnenen Titan bedingen würde, unter vollkommen trockener Atmosphäre gewonnen werden müssen, in eine Vakuumdestillationsanlage (vgl. Abb. 129) eingesetzt. Besser wird direkt der eiserne Reaktionsbehälter mit dem darin befindlichen Reaktionsgut mit der Öffnung nach unten in den Vakuumofen eingestellt. Durch elektrische Heizung wird auf etwa 900 °C erhitzt und ein Vakuum von besser als 10^{-1} Torr aufrecht erhalten. Während 36 Stunden destilliert alles Magnesiumchlorid und Magnesium aus dem Schwamm und kondensiert am wassergekühlten unteren Teil der Apparatur. Schließlich wird unter Schutzgas vollständig abgekühlt und der Titanschwamm aus dem Behälter herausgespant oder herausgebrochen.

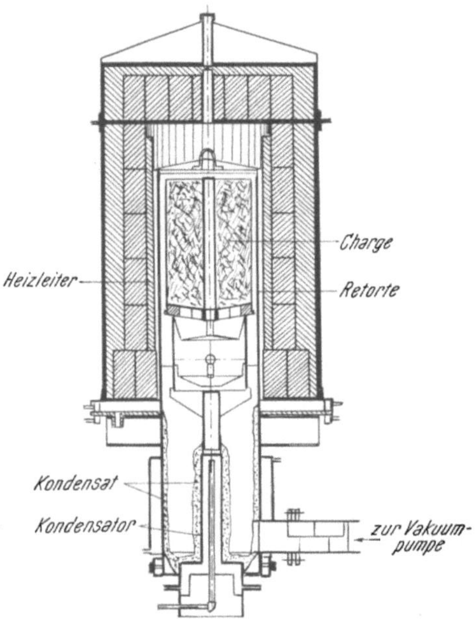

Abb. 129. Schematischer Schnitt durch eine Vakuumdestillationsanlage für Titanschwamm. (Nach M. A. Cook und F. S. Wartmann: US-Bureau of Mines Rep. 4837 (1952))

In Japan, das eine leistungsfähige Titanschwammherstellung aufgebaut hat, wird der nach der Destillation im Reaktionsbehälter verbleibende Schwamm mit Schlagbohrhämmern herausgestemmt. Diese Tätigkeit, die an das Aufreißen von Straßenbelägen erinnert, wirkt auf den Zuseher grotesk und unwirtschaftlich. Wenn man jedoch den Schwamm in stückiger Form verkaufen will, bewährt sich diese Technik am besten.

Neuerdings wird die destillative Aufarbeitung auch halbkontinuierlich nicht mehr im Vakuum, sondern in einem Trägergasstrom ausgeführt. Die aus dem Reaktionsbehälter herausgearbeiteten Späne werden in flache Tassen eingebracht und unter einem im Kreislauf geführten Edelgasstrom unter Normaldruck erhitzt. Magnesium und Magnesiumchlorid werden dabei vom Titanschwamm „abgedunstet" und sehr wirksam entfernt. Der Magnesium- und Magnesiumchloriddampf wird an kälteren Stellen des Gaskreislaufes kondensiert. Das Verfahren ist apparativ einfacher als die Vakuumdestillation und scheint auch in den Betriebskosten billiger zu sein.

Sowohl der naßgelaugte als auch der durch Destillation erhaltene Titanschwamm weisen gute Reinheit und Titangehalte von mehr als 99% Titan auf. Tab. 52 zeigt die typische Zusammensetzung der beiden Schwammsorten.

Der Titanschwamm enthält auch merkbare Mengen Eisen, die durch die Verwendung der eisernen Reaktionsbehälter eingeschleppt werden. Der Vorschlag,

Tabelle 52. *Analyse von Titanschwamm verschiedener Herstellung**

Bestandteil	säuregelaugt in %	vakuumgereinigt in %
Titan	>99,0	>99,3
Eisen	0,25	0,3
Magnesium	0,3–0,5	0,10
Stickstoff	0,03	0,03
Kohlenstoff	0,07	0,05
Chlor	0,15	0,15
Sauerstoff	< 0,2	< 0,10

* Schreiter, W.: Sondermetalle. VEB Deutscher Verlag für Grundstoffindustrie, Leipzig 1961, ergänzt.

die Reaktionsbehälter aus Titanblech zu machen, aus dem der Schwamm nach der Vakuumdestillation nicht herausgestemmt werden muß, den Schwamm und den Reaktionsbehälter gemeinsam zu Blöcken zu verpressen und diese direkt im Lichtbogenofen einzuschmelzen, wurde bis jetzt noch nicht realisiert.

Die Verwendung von *Natrium* als Reduktionsmittel [Hunter-Verfahren[1]] hat sich bisher nicht recht einführen können, wenn auch in den USA dem Hunter-Verfahren neuerdings wieder größeres Interesse zugewendet wird. Obwohl Natrium einige Vorteile bieten würde, wie der niedrige Schmelzpunkt, der eine kontinuierliche Zugabe des flüssigen Reduktionsmetalles ermöglicht, die leichte Reinigung des flüssigen Metalls vom Oxid u. a., scheinen sie von den Nachteilen — der niedrige Siedepunkt des Natriums, das hochschmelzende Natriumchlorid kann nicht wie das Magnesiumchlorid während der Reaktion abgezogen werden u. a. — aufgewogen zu werden.

Verfahren, die zur Reduktion des Titantetrachlorids Amalgame, vornehmlich Natriumamalgam benutzen, sind nicht über das Versuchsstadium hinausgekommen[2].

Andere Verfahren zur Herstellung von Titan, wie das Jodidverfahren oder die Schmelzflußelektrolyse, haben noch keine große Bedeutung erlangt. Nach dem Jodidverfahren werden geringe Mengen sehr reinen Titans hergestellt, das Verfahren hat jedoch für eine Massenfertigung keine Zukunft. Bessere Aussichten werden der intensiv bearbeiteten Schmelzflußelektrolyse zugebilligt, doch sind bis zur technischen Reife derartiger Verfahren noch gewisse Probleme zu lösen[3,4,5]

Zirkoniumtetrachlorid und Hafniumtetrachlorid

Wie früher erwähnt, ist Zirkonium in seinen Erzen stets mit Hafnium vergesellschaftet. Bei der Aufarbeitung der Erze und der Herstellung der Chloride

[1] Hunter, M. A., Jones, A.: Trans. Electrochem. Soc. *44* (1923) 23.
[2] Hohn, H., Fitzer, E., Hofbauer, H.: Berg- u. Hüttenm. Mh. *101* (1956) 277.
[3] Senderoff, S.: Metallurgical Reviews *11* (1966) 97.
[4] Beccu, K. D.: Chem. Ing. Techn. *41* (1969) 174.
[5] Myhren, A. J. u. Mitarb.: J. Metals *20* (1968) 38.

erhält man eine Mischung der Chloride. Wird dieses Produkt zu Metall reduziert, fällt Zirkoniummetall mit einem natürlichen Gehalt von etwa 1–3% Hafnium an, das für die Verwendung als korrosionsfester Werkstoff in der chemischen Industrie durchaus geeignet ist[1]. Die Hauptverwendung von Zirkonium liegt aber in der Kerntechnik, wo das Zirkonium von Hafnium frei sein muß. Das Hafnium muß daher sorgfältig abgetrennt werden.

Trennung Hafnium–Zirkonium

Zur Abtrennung des Hafniums von Zirkonium wurden verschiedene Verfahren wie die fraktionierte Kristallisation der Kaliumhexafluoride, der Ionentausch und die Flüssig/flüssig-Extraktion erprobt. Von diesen haben sich schließlich die Flüssig/flüssig-Extraktionsverfahren allein durchgesetzt. Als Lösungsmittel hat sich Methylisobutylketon (Hexon) bewährt. Methylisobutylketon extrahiert aus schwach sauren Lösungen, die freie Rhodansäure enthalten,

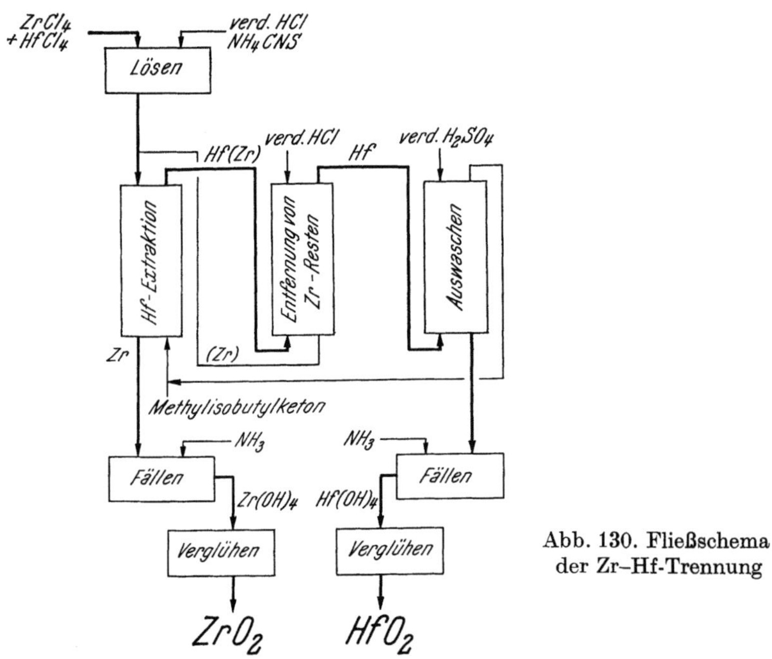

Abb. 130. Fließschema der Zr–Hf-Trennung

bevorzugt das Hafnium. Abb. 130 zeigt das Fließschema des Trennprozesses. Das bei der Chlorierung erhaltene Chloridgemisch wird in sehr verdünnte Salzsäure eingetragen, der Lösung eine entsprechende Menge Ammonrhodanid zugesetzt und die Lösung in einer Extraktionskolonne im Gegenstrom mit Hexon behandelt. Dabei wird Hafnium praktisch vollkommen vom Hexon aufgenommen. Die organische Lösung wird zur Entfernung mitgelöster Zirkoniumanteile mit verdünnter Salzsäure gewaschen und diese Waschlösung wieder der Extraktionskolonne zugeführt. Aus der zirkoniumfreien Hexon-Lösung wird Hafnium schließ-

[1] Brady, W. R., Braun, H.: Werkstoffe u. Korrosion *20* (1969) 30.

lich mit verdünnter Schwefelsäure ausgewaschen und das Lösungsmittel in die Extraktion zurückgeführt. Der größte Teil der Thiocyansäure verbleibt im organischen Lösungsmittel und wird mit diesem im Kreislauf geführt, so daß nur ein geringer Verlust an Thiocyanat laufend ersetzt werden muß.

Aus den wäßrigen Lösungen, die aus der Extraktions- bzw. Eluierkolonne ablaufen und die das Zirkonium nahezu hafniumfrei bzw. das Hafnium zirkoniumfrei enthalten, werden mit Ammoniak Zirkoniumhydroxid bzw. Hafniumhydroxid gefällt und diese zu den Oxiden verglüht.

Diese Oxide müssen, um die für die Metallgewinnung notwendigen wasserfreien Chloride zu erhalten, erneut chloriert werden.

Reduktion der Chloride

Die Reduktion von Zirkoniumtetrachlorid wird wie die von Titantetrachlorid nach dem Kroll-Verfahren[1,6] mit Magnesium unter Argon bzw. in kleinerem Umfang mit Natrium nach dem Hunter-Verfahren durchgeführt. Andere Reduktionsverfahren wie die Reduktion von Zirkoniumoxid mit Calcium[1], Calciumhydrid[2], Aluminium[3], Magnesium[4] oder Zirkoniumkarbid[5] führen zu stark sauerstoffhaltigem Metall.

Zirkoniumchlorid und Hafniumchlorid können zum Unterschied von Titantetrachlorid nicht flüssig zugeführt werden, sondern es hat sich folgende Verfahrensweise eingeführt. Die Chloride, die vor der Verwendung zur Reinigung umsublimiert werden, beläßt man an den Kondensatorrohren der Reinigungsanlage, hängt die Kondensatorrohre mit den anhaftenden Chloriden in das Reduktionsgefäß ein und dampft die Chloride durch Erwärmen der Kondensatorrohre von diesen ab. Eine solche Sublimationsapparatur, deren Deckel mit den kondensierten Chloriden auch als Deckel für die Zersetzungsapparatur dient, zeigt Abb. 131.

Eine ähnlich aufgebaute Anlage verwendete das US-Bureau of Mines für die Reduktion des Zirkoniumtetrachlorids mit Magnesium unter Argon nach dem Kroll-Verfahren in Chargen von 200—300 kg (Abb. 132). Das im Überschuß verwendete Magnesium wird in einen Flußstahltiegel eingeschmolzen, in diesen von oben Zirkoniumtetrachlorid bzw. Hafniumtetrachlorid an den Kondensatorrohren hängend eingebracht und der Tiegel mit dem Deckel durch eine Tauchdichtung, gefüllt mit flüssiger Blei–Antimon-Legierung, gasdicht verschlossen. Nach Aufheizen des Magnesiumbades auf 850—860 °C wird Zirkoniumtetrachlorid bzw. Hafniumtetrachlorid durch Aufheizen der Kondensatorschlangen langsam verdampft. Durch Regelung der verdampften Chloridmenge läßt sich die Umsatzgeschwindigkeit und die Reaktionstemperatur steuern. In neueren modifizierten Anlagen wird das Tetrachlorid auch paketiert chargenweise eingeführt, wodurch sich höhere Ausbeuten pro Ofeneinheit ergeben. Nach beendeter Reaktion wird Magnesiumchlorid und überschüssiges Magnesium, wie bei Titan, vorzugsweise

---

[1] Kroll, W. J.: Z. anorg. Chem. *234* (1937) 42.
[2] Alexander, P. P.: U. S. Patent 2038402 (1936).
[3] Marden, J. W., Rich, M. N.: U. S. Bur. Mines, Bull. 186 (1921).
[4] Marden, J. W.: U. S. Patent 1602542 (1926).
[5] Kroll, W. J., Schlechten, A. W.: J. Electrochem. Soc. *93* (1948) 247.
[6] Zeppelin, H. v.: Metall *21* (1967) 779.

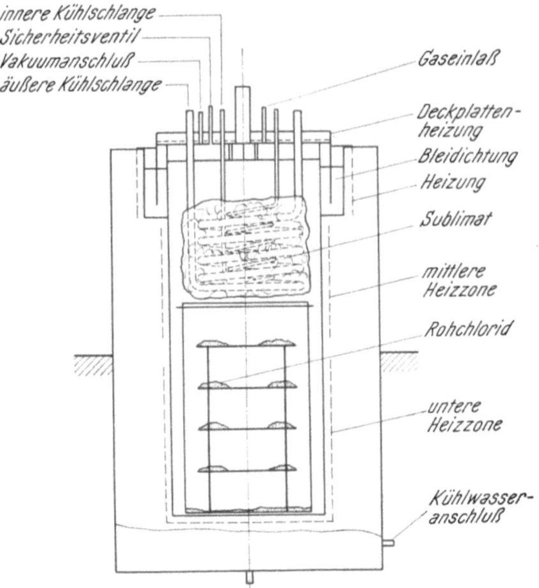

Abb. 131. Anordnung zur Reinigung von Zirkonium-(Hafnium-)Rohchlorid. Das Rohchlorid wird in der unteren Heizzone sublimiert und kondensiert an den Kühlschlangen. (Nach B. Lustman und F. Kerze, (Hrsg.): The Metallurgy of Zirconium, McGraw-Hill Book Co., New York 1955)

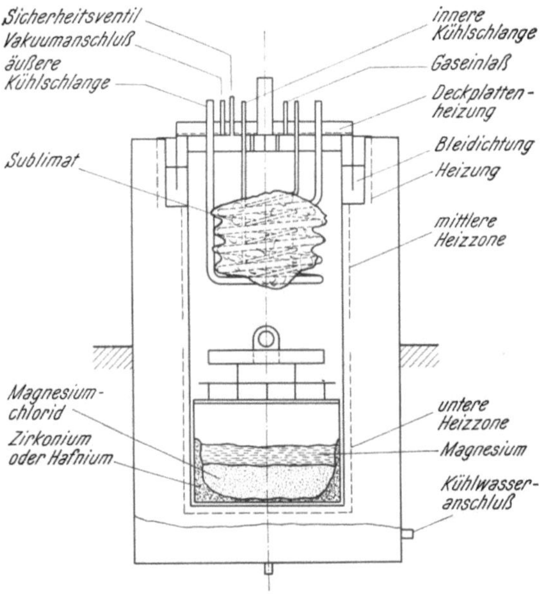

Abb. 132. Anordnung zur Gewinnung von Zirkonium und Hafnium nach dem Krollverfahren. Das gereinigte Chlorid wird durch Erwärmung allmählich absublimiert und mit dem geschmolzenen Magnesium zur Reaktion gebracht. (Nach B. Lustman und F. Kerze, (Hrsg.), The Metallurgy of Zirconium, McGraw-Hill Book Co., New York 1955)

durch Vakuumdestillation entfernt. Beim Herausmeißeln des reaktionsfreudigen Schwammes aus dem aufgeschnittenen Reaktionsbehälter (Abb. 133), das an Luft geschieht, kann sich der Schwamm entzünden. Entstehende Brände müssen mit Helium oder Argon gelöscht werden.

Abb. 133. Zirkoniumschwamm wird aus der Retorte gebrochen. Zur Vermeidung einer Selbstentzündung wird die Retorte unter einem Schutzgasschleier geöffnet. Wah Chang Corp., Albany, Oregon, USA

Die erhaltenen Metalle haben, wie Tab. 53 zeigt, gute Reinheit.

Andere Verfahren, wie z. B. das Jodidverfahren oder die Schmelzflußelektrolyse, haben auch bei Zirkonium und Hafnium keine großtechnische Bedeutung.

Tabelle 53. *Analyse von Zirkonium- und Hafniumschwamm, hergestellt nach dem Kroll-Verfahren*

Bestandteil	Zirkoniumschwamm Gehalt in %	Hafniumschwamm Gehalt in %
Sauerstoff	0,05—0,15	0,05—0,15
Magnesium	0,1	0,65
Wasserstoff	0,005	—
Eisen	0,4	0,002
Hafnium	0,02	97,8
Zirkonium	99,2	1,5
andere Verunreinigungen (Chlor, Silizium, Magnesium usw.)	0,2	0,2
Härte von Umschmelzknöpfen	H_B 80—130	H_B 170—180
zum Vergleich Jodidmetalle	H_B 60— 70	H_B 150—160

8. Reinigung der Rohmetalle

Die Reinheit der bei der Chloridreduktion erhaltenen Metallschwämme reicht beim heutigen Stand der Herstellungsverfahren für eine technische Verwendung aus, so daß sich eine Raffination meist erübrigt. Beim Vakuumschmelzen der Metalle im Lichtbogenschmelzofen bzw. im Elektronenstrahlschmelzofen tritt ohnedies eine gewisse Reinigung ein (vgl. S. 138ff.). Da man heute die Möglichkeit hat, die Raffinationsarbeit weitgehend in die Stufe der Rundblockherstellung, d. h. in die Erzeugung von kompakten Metallingots zu verlegen, hat sich der Schwerpunkt mehr zur Erzeugung leicht durch Umschmelzen raffinierbarer Schwammpulver verlagert.

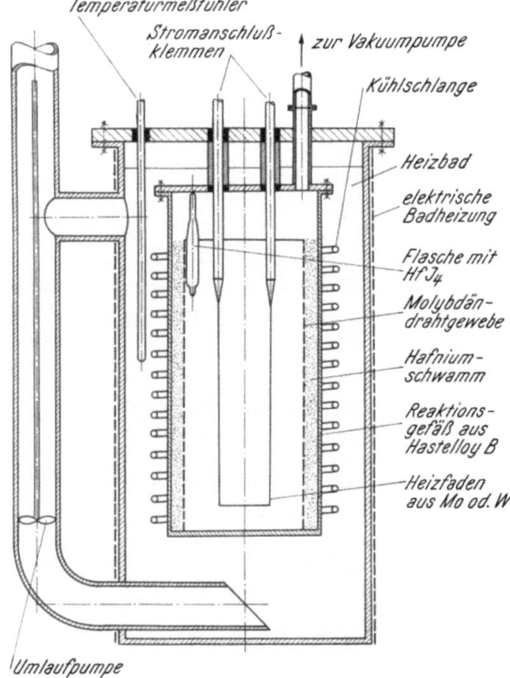

Abb. 134. Schemazeichnung eines Gerätes zur Van-Arkel-Raffination von Zirkonium und Hafnium. (Nach B. Lustman und F. Kerze (Hrsg.): The Metallurgy of Zirconium, McGraw-Hill Book Co., New York 1955)

Lediglich bei Zirkonium und Hafnium hatte, zumindest früher, die Raffination nach dem Jodidverfahren eine Bedeutung, da nur die Jodidmetalle kaltbildsame Ingots ergaben[1,2,3]. Die Reinheit der Metallschwämme von etwa 98,5—99% Zirkonium bzw. Hafnium konnte dadurch auf 99,5—99,8% gesteigert werden. Das teure Verfahren wurde in relativ großen Einheiten (vgl. Abb. 134) durchgeführt. In eiuem vorher gut evakuierten Kessel wurde eine kleine Menge Zirkoniumjodid bzw. Hafniumjodid eingebracht. Die Wand des Kessels (Kesselmaterial Hastalloy B) wurde mit Rohschwamm ausgefüttert. In der Mitte befand sich eine durch

[1] Van Arkel, A. E., de Boer, J. H.: Z. anorg. Chem. *148* (1925) 345.
[2] de Boer, J. H., Fast, J. D.: Z. anorg. Chem. *153* (1926) 1.
[3] Van Arkel, A. E.: Reine Metalle. Springer-Verlag, Berlin 1939.

direkten Stromdurchgang beheizte Schlinge aus Molybdändraht, an der sich durch thermische Dissoziation des Jodids das reine Metall absetzte. An der kälteren Kesselwand bildete sich durch Reaktion des Rohschwammes mit dem freigewordenen Halogen wieder Jodid zurück.

Da das Jodidverfahren heute nur mehr akademisches Interesse für die Herstellung von Reinstmetallen (sog. „crystal-bar" Metalle) für physikalische und metallurgische Untersuchungen findet, wird wegen der näheren Details auf die Literatur[1,2,3] verwiesen.

Zu den brauchbaren, aber nur für hochreine Sonderqualitäten durchgeführten Raffinationsverfahren für die IVa-Metalle gehört auch das Umelektrolysieren (electrorefining) von Rohmetallen im Salzbad (vgl. S. 75).

9. Herstellung der kompakten, bildsamen Metalle

Die pulvermetallurgische Herstellung von Formstücken aus IVa-Metallen ist heute völlig in den Hintergrund getreten; pulvermetallurgisch werden lediglich geringe Mengen an porösen Titanfiltern gefertigt. Für die Herstellung von

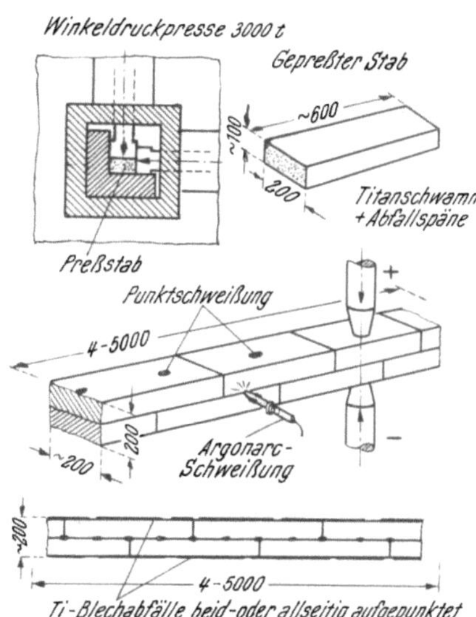

Abb. 135. Elektrodenherstellung. (Schematisch nach R. KIEFFER und F. BENESOVSKY, Berg u. Hüttenm. Mh. *101* (1956) 292)

Tränk- und Pseudolegierungen sowie von kleinen Massenteilen ist sie noch interessant. Das Sintern von Titanpulver, das durch Mahlen von Titanschwamm oder über das Hydrid hergestellt wird, muß wegen der hohen Reaktivität des Metalles unter gereinigtem Schutzgas oder im Hochvakuum bei Temperaturen über 1000 °C geschehen.

Die bei der Metallgewinnung anfallenden schwammartigen Produkte werden heute praktisch ausschließlich durch Umschmelzen in kompakte Ingots über-

[1] VAN ARKEL, A. E., DE BOER, J. H.: Z. anorg. Chem. *148* (1925) 345.
[2] DE BOER, J. H., FAST, J. D.: Z. anorg. Chem. *153* (1926) 1.
[3] VAN ARKEL, A. E.: Reine Metalle. Springer-Verlag, Berlin 1939.

geführt. Titan und Titanlegierungen werden vorzugsweise im Lichtbogenofen in Chargen von 200 kg bis 5 Tonnen, Zirkonium und Hafnium im Lichtbogenofen oder im Elektronenstrahlofen (Blöcke von 100 kg bis 3 Tonnen) unter Hochvakuum erschmolzen (Schmelzverfahren vergleiche S. 124ff.). Die Abschmelzelektroden erhält man durch hydraulisches Verpressen des Schwammes und Verschweißen der einzelnen Preßlinge zu backsteinartig aufgebauten Großelektroden (vgl. Abb. 135, 136).

Abb. 136. Großelektrode aus Zirkonium mit angeschweißten Legierungsmetallen. Wah Chang Albany Corp., Albany, Oregon, USA

Metallabfälle oder Legierungszusätze werden in die Blöcke eingepreßt oder elektrisch an die Elektroden angepunktet. Meist werden die aus den Abziehkokillen erhaltenen Blöcke noch ein- oder zweimal umgeschmolzen. Für die Erstschmelze von Titan werden Kupferkokillen mit einem Durchmesser von 15—30 cm, für die Zweitschmelze solche mit einem Durchmesser von 40—70 cm und für eine eventuelle dritte Schmelze (Blöcke von 5 Tonnen) solche mit einem Durchmesser von 1 m und mehr verwendet.

10. Verarbeitung der IVa-Metalle

Die reinen IVa-Metalle sind auch im kalten Zustand relativ gut verformbar, wobei die Verformbarkeit von Zirkonium, das geringere Kalthärte aufweist als Titan (vgl. Abb. 118), etwas besser ist als die von Titan. Hafnium ist etwas weniger gut kalt verformbar. Wegen der starken Verfestigung durch nichtmetallische Verunreinigungen wie Sauerstoff und Stickstoff wird die Verarbeitbarkeit der IVa-Metalle schon durch geringe Gehalte an diesen Elementen sehr erschwert. Bei Warmbehandlungen, die unter Luft vorgenommen werden können, bilden sich Oxid- und Nitrid-Zunderschichten, die vor einer weiteren Verarbeitung durch Abschleifen oder Abbeizen entfernt werden müssen, um eine Versprödung der Metalle durch Eindiffundieren von Sauerstoff und Stickstoff möglichst zu unterbinden. Es wird daher meist das Vakuumglühen von gereinigten bzw. gebeizten Blöcken vorgezogen.

Legierungen der IVa-Metalle sind, vor allem bei höherem Gehalt an Legierungsmetallen, im allgemeinen weniger leicht und nur warm verformbar.

Kaltverformen durch Walzen kann bei den reinen Metallen bis etwa 30—35% Dickenabnahme in mehreren Stichen vorgenommen werden, bis Versprödung eintritt. Bei Reinmetallen treten wegen des grobkörnigen Gefüges leicht Kantenrisse auf. Zwischenglühungen, die in trockener, leicht oxydierender Atmosphäre oder im Vakuum vorgenommen werden, werden bei Titan bei etwa 700 °C, bei Zirkonium bei 650 °C und bei Hafnium bei etwa 800—850°C ausgeführt. Das Abbeizen der entstehenden, meist sehr harten Zunderschichten gelingt durch Behandlung mit Mischungen von Salpetersäure und Flußsäure (20—35% konz. Salpetersäure, Rest Flußsäure). Es sind sehr kurze Beizzeiten einzuhalten, da bei längerem Beizen auch das Unterlagsmetall stark angegriffen wird. Für das Abbeizen von Hafniummetall haben sich auch Schmelzen von Natriumhydrid bewährt.

Zur Entspannungsglühung von kaltverfestigtem Titan genügt eine einstündige Wärmebehandlung bei 300 °C.

Warmverformung: Das Warmwalzen wird bei Titan bei Temperaturen von 750—850 °C, bei Zirkonium bei etwa 650—750 °C und bei Hafnium bei etwa 800—850 °C vorgenommen. Titanlegierungen erfordern Walztemperaturen von 900—1100 °C; Zircalloy wird bei etwa 850 °C warmgewalzt.

Es kann unter trockener Normalatmosphäre gearbeitet werden. Besser ist es, die Ausbildung von Zunderschichten durch Walzen unter einem Schutzgasschleier oder durch Walzen im Hemd zu verhindern. Als Hemdmaterial bewährt sich Reineisen.

Schmieden und Pressen erfordert jeweils um etwa 100 °C höhere Temperaturen. Die IVa-Metalle neigen zum Verschweißen mit den Preßwerkzeugen. Man kann das Verschweißen dadurch verhindern, daß anoxydierte Blöcke eingesetzt werden. Beim Strangpressen bewährt sich auch eine Schmierung mit Glaspulver (Séjournet-Verfahren, s. S. 90).

Spangebende Verformung ist vor allem bei Zirkonium ohne Schwierigkeiten möglich. Zirkonium verhält sich beim Drehen ähnlich wie Kupfer oder Aluminium; Titan ähnelt im Verhalten dem 18/8-Stahl. Bei hoher Schnittgeschwindigkeit können die Späne oxydieren; sie lassen sich dann nicht mehr wiedereinschmelzen.

Schweißen: Titan, Zirkonium und deren Legierungen lassen sich unter Schutzgas nach dem Argonarc- bzw. Heliarc-Verfahren gut schweißen. Auch Elektronenstrahlschweißungen haben sich neuerdings bewährt. Schweißversprödungen lassen sich gut vermeiden.

Löten: Unter Edelgas oder unter Vakuum ist auch das Hartlöten von IVa-Metallen möglich. Weichlöten lassen sich die IVa-Metalle dagegen nur, wenn sie vorher mit lötbaren Zwischenschichten (bei Zirkonium z. B. Überziehen mit Zink durch Eintauchen in eine Schmelze von Zinkchlorid) überzogen wurden. Allerdings ist die mechanische Festigkeit solcher Weichlötverbindungen gering.

11. Legierungen der IVa-Metalle

Überblickt man die Legierungsforschung auf dem Gebiet der IVa-Metalle, so erscheinen die Titanlegierungen wegen ihrer großen technischen Bedeutung, die sie in den letzten zwei Jahrzehnten erlangt haben, am besten untersucht. Zirkonium- und vor allem Hafniumlegierungen haben geringere Bedeutung, hauptsächlich wegen der im Vergleich zu Titan geringeren Tendenz des Zirkoniums und des Hafniums zur Bildung von vollständigen Mischkristallreihen mit den Va- und VIa-Metallen. Bei Hafnium kommt noch die geringe Verfügbarkeit und dessen hoher Preis hinzu. Bei steigendem Verbrauch an Zirkonium für Reaktorzwecke wird aber auch das Angebot an Hafnium und das Interesse an diesem Metall steigen.

Die Entwicklung von *Titanlegierungen* konzentriert sich erfolgreich auf kalt- und warmfeste Werkstoffe mit gutem Festigkeits-Dichte-Verhältnis, besonders für militärische Zwecke sowie für die Luft- und Raumfahrt. Daneben kommt der Entwicklung von korrosionsfesten Titanlegierungen für die chemische Industrie und die Schiffahrt Interesse zu[1]. Titanlegierungen haben schon ihren Platz neben Rein-Titan erobert, beziehungsweise übertreffen bereits erheblich die Erzeugung von Reintitan-Halbzeug.

Da *Zirkonium*, wie schon erwähnt, nur beschränkte Mischbarkeit mit den Metallen der Va- und der VIa-Gruppe aufweist, haben Mischkristall-Legierungen des Zirkoniums bisher keine besondere Bedeutung erlangt, wenn man von den, meist niedrig zinn- oder niobhaltigen Zircaloy-Legierungen für Kernbrennstoffhüllrohre und der 70 Niob/30 Zirkonium-Legierung für Supra-Leiter absieht.

Hafnium hat sich unlegiert für Bremstäbe in Kernreaktoren bestens bewährt. Hafniumbasislegierungen spielen jedoch noch keine Rolle. Tantal–Hafnium- und Tantal–Wolfram–Hafnium-Legierungen mit Hafniumzusätzen unter 15% Hafnium scheinen sich als besonders zunderfeste Hochtemperatur-Werkstoffe für Raketendüsen zu bewähren[2].

Das Legierungsverhalten der IVa-Metalle wird von den allotropen Umwandlungen, die alle drei Elemente erleiden, beherrscht. Es drängen sich gewisse Parallelen zum Legierungsverhalten des Werkmetalles Eisen auf, bei dem die technologisch wichtige α–γ-Umwandlung des Eisens Legierungen mit verschiedensten Eigenschaften ergibt. Auch bei den IVa-Metallen sind durch Ausnützen der Umwandlungen Möglichkeiten zur Entwicklung von besonderen Legierungseigenschaften durch Stabilisierung des β-Zustandes, durch Aushärtungsreaktionen u. a. denkbar.

Die hexagonale raumtemperaturstabile α-Modifikation der IVa-Metalle wandelt sich bei $882 \pm 5\,°C$ (Titan), $862 \pm 5\,°C$ (Zirkonium) und bei $1760 \pm 35\,°C$ (Hafnium) in die hochtemperaturstabile kubisch raumzentrierte β-Modifikation um. Während die IVa-Metalle im α-Zustand schlechte Solventen für die interessanten kubisch raumzentrierten Legierungselemente der Va- und VIa-Gruppe sind, ist die gegenseitige Mischbarkeit der β-Modifikationen mit diesen Metallen groß bis vollkommen. Innerhalb der IVa-Gruppe sind sowohl die hexagonalen als auch die kubisch raumzentrierten Modifikationen jeweils vollkommen miteinander mischbar[3] (vgl. S. 250).

Untersuchungen über das Legierungsverhalten der IVa-Metalle sind durch die hohe, leider nachteilige Löslichkeit für Sauerstoff und Stickstoff sowie die Stabilität der Oxide und Nitride erschwert. Für das Schmelzen von Legierungen müssen besonders reine Ausgangsstoffe verwendet werden, da eine weitergehende Raffination während des Schmelzvorganges kaum möglich ist. Bei Hafnium sind

---

[1] Manzone, M. G.: Titanium Alloys with Molybdenum. Climax Molybdenum Company, New York 1966.

[2] Kieffer, R., Braun, H.: Vanadin, Niob, Tantal. Springer-Verlag, Berlin–Göttingen–Heidelberg 1963.

[3] Hansen, M.: Constitution of binary alloys. McGraw-Hill Book Co., New York 1959.

die Untersuchungen über das Legierungsverhalten durch den hohen Transformationspunkt der Umwandlung noch weiter erschwert.

Die Legierungselemente werden beispielsweise in der Titanmetallurgie je nach ihrer Löslichkeit in der α- bzw. der β-Phase und je nach ihrer Fähigkeit, die Existenzbereiche dieser Phasen (α-Phasen zu höherer Temperatur, β-Phasen zu niedrigerer Temperatur) zu erweitern, in α- oder β-stabilisierende Elemente eingeteilt.

Zu den *α-stabilisierenden Elementen* gehören Aluminium, Zinn, Antimon sowie die schädlichen, stark löslichen Metalloide Sauerstoff und Stickstoff sowie der wenig lösliche Kohlenstoff. Die genannten α-stabilisierenden Elemente lösen sich vorzugsweise in der α-Phase (Aluminium und Zinn aber auch in der β-Phase), erhöhen die Übergangstemperatur vom α- in den β-Zustand und geben selbstverständlich auch Mischkristallverfestigung und gute Hochtemperatureigenschaften. Im Falle des Titans wird der α-Zustand auch durch Zulegieren von Zirkonium und Hafnium stabilisiert.

Zu den *β-stabilisierenden Elementen* gehören alle Übergangsmetalle der Gruppen Va bis VIIIa, die in der β-Phase gut, in der α-Phase meist nur geringfügig löslich sind, sowie die intermetallische Phasen bildenden Metalle Chrom, Mangan, Eisen, Kobalt, Rhenium, Nickel, Platin, Vanadin, weniger ausgeprägt Wasserstoff und in kleinen Mengen Silizium. Die letztgenannten Legierungselemente beeinflussen nicht nur die α/β-Übergangstemperatur, sondern auch das Mikrogefüge und das Auftreten von martensitischem Gefüge.

Einzelne Elemente wie Kohlenstoff, Silizium, Bor, Phosphor und Schwefel lösen sich sowohl in der α- als auch in der β-Phase praktisch nicht; sie bilden aber in großen Mengen zugesetzt sehr wichtige Verbindungen (u. a. Hartstoffe) und werden daher häufig in die *Verbindungsbildner* eingereiht.

Zirkonium, Hafnium und Zinn werden gelegentlich auch als *indifferente Legierungsmetalle* bezeichnet, da sie in der α- und in der β-Phase eine ähnliche Löslichkeit besitzen.

Die nähere Besprechung der IVa-Metall-Legierungen in diesem Buch beschränkt sich auf die zur Zeit aussichtsreichsten Legierungen und auf wichtigere Hartstoffe. Wegen anderer, zum Teil ebenfalls wichtiger Systeme muß auf die ausführlichen Darstellungen in der Literatur, insbesondere auf HANSEN, SCHMIDT, ENGLISH, MILLER und ROSTOKER[1–5], ferner auf Arbeiten von KNAPTON, DWIGHT und BECK, GOLDSCHMIDT, HAWORTH, RÜDINGER u. a.[6–13] verwiesen werden.

---

[1] HANSEN, M.: Constitution of Binary Alloys. McGraw-Hill Book Co., New York, 2. Aufl. 1959.
[2] SCHMIDT, F. F.: DMIC Rep. 133, 1960.
[3] ENGLISH, J. J.: DMIC Rep. 152, 1961.
[4] MILLER, G. L.: Tantalum and Niobium. Butterworths Scientific Publ., London 1959.
[5] ROSTOKER, W.: The Metallurgy of Vanadium. J. Wiley & Sons, New York 1958.
[6] KNAPTON, A. G.: J. Less-Common Metals *2* (1960) 113.
[7] DWIGHT, A. E., BECK, P. A.: Trans. AIME *215* (1959) 976.
[8] GOLDSCHMIDT, H. J.: J. Less-Common Metals *2* (1960) 138.
[9] HAWORTH, C. W.: J. Less-Common Metals *2* (1960) 125.
[10] RÜDINGER, K., ISMER, A.: DEW-Techn. Ber. *9* (1969) 49.
[11] RÜDINGER, K.: Industrie Anzeiger Heft 1 (1959) 2.
[12] RÜDINGER, K.: Werkstoffe u. Korrosion *13* (1962) 401.
[13] RÜDINGER, K.: Schweizer Archiv f. angew. Wissenschaft u. Technik *28* (1962) 310.

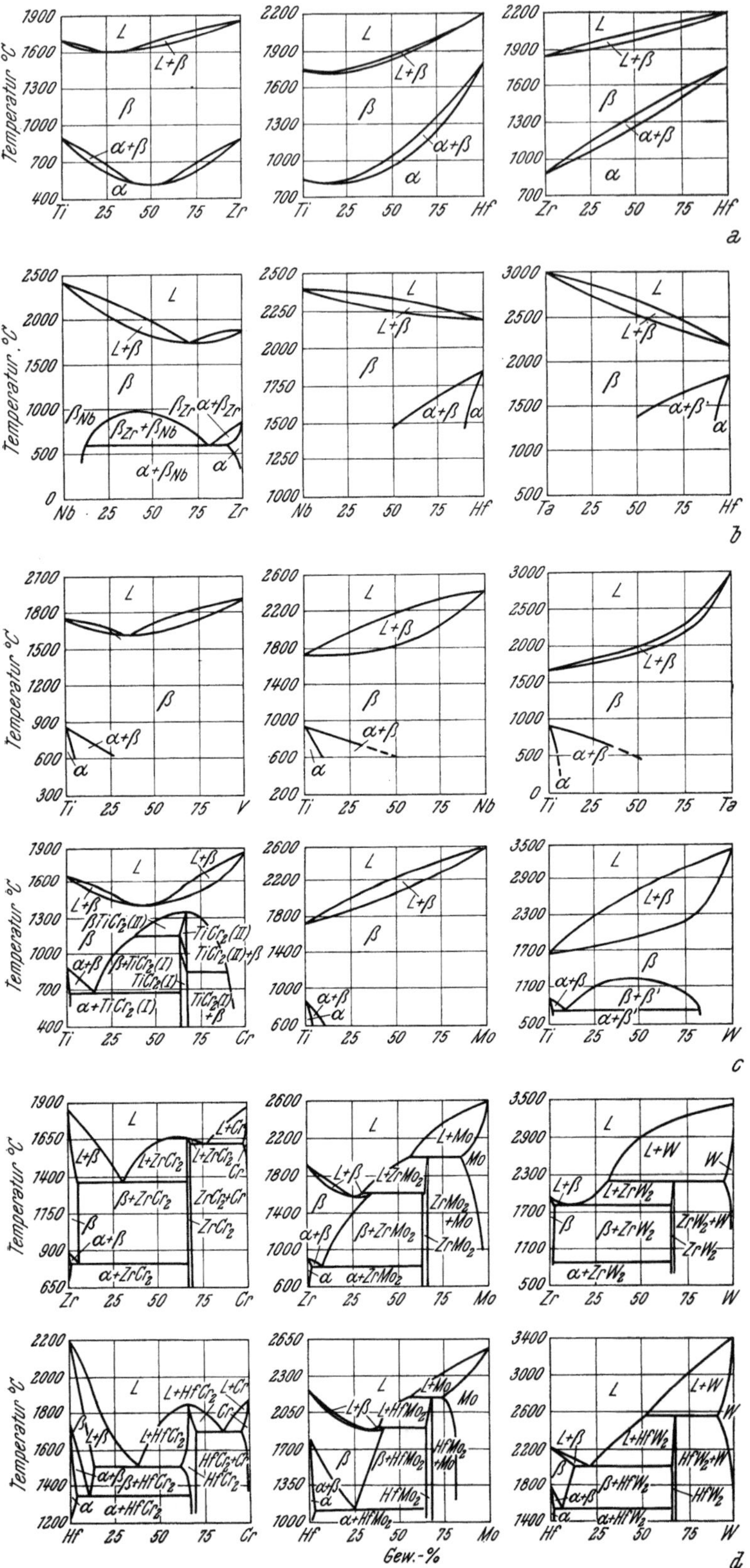

Abb. 137 a, b, c, d. Zustandsdiagramme der Systeme der IV a-Metalle mit den Metallen der Gruppen IV a, V a und VI a

Wichtige binäre Zustandsdiagramme. Die Zusammenstellung der Zustandsschaubilder der wichtigsten binären Systeme des Titans, Zirkoniums und Hafniums in Abb. 137, 138 und 139 gibt einen Überblick über das Legierungsverhalten der IVa-Metalle[1].

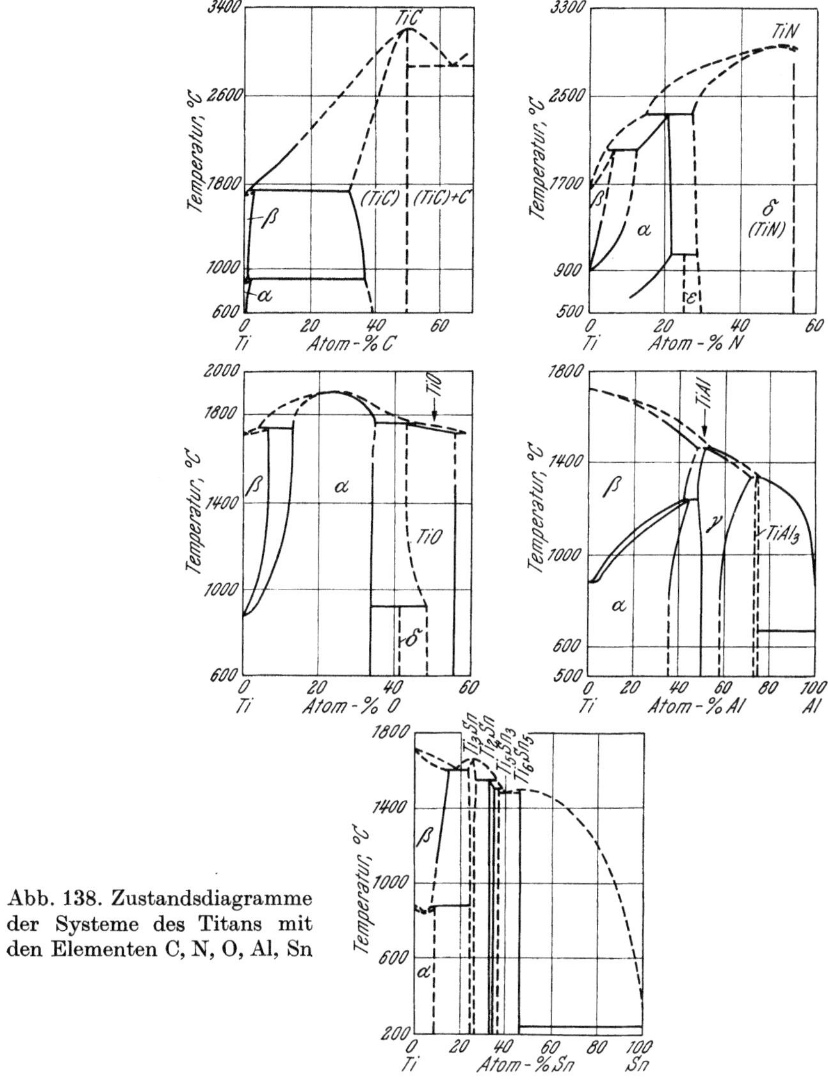

Abb. 138. Zustandsdiagramme der Systeme des Titans mit den Elementen C, N, O, Al, Sn

a) Titanlegierungen

Binäre Legierungen

Aus den Zustandsschaubildern des Titans mit β-isomorphen Metallen (Vanadin, Niob, Tantal und Molybdän) läßt sich erkennen, daß größere Mengen (20 bis

[1] Kornilov, I. I., Matvejeva, N. M., Prjakhina, L. I., Poljakowa, R. S.: Metallchem. Eigenschaften der Elemente des Periodensystems. Verlag Nauka, Moskau 1966.

40%) dieser β-Stabilisatoren die kubisch raumzentrierte Hochtemperaturphase des Titans bis auf Zimmertemperatur stabilisieren können. Bei mittleren Zusätzen (10—20%) an β-stabilisierenden Elementen läßt sich die β-Phase durch

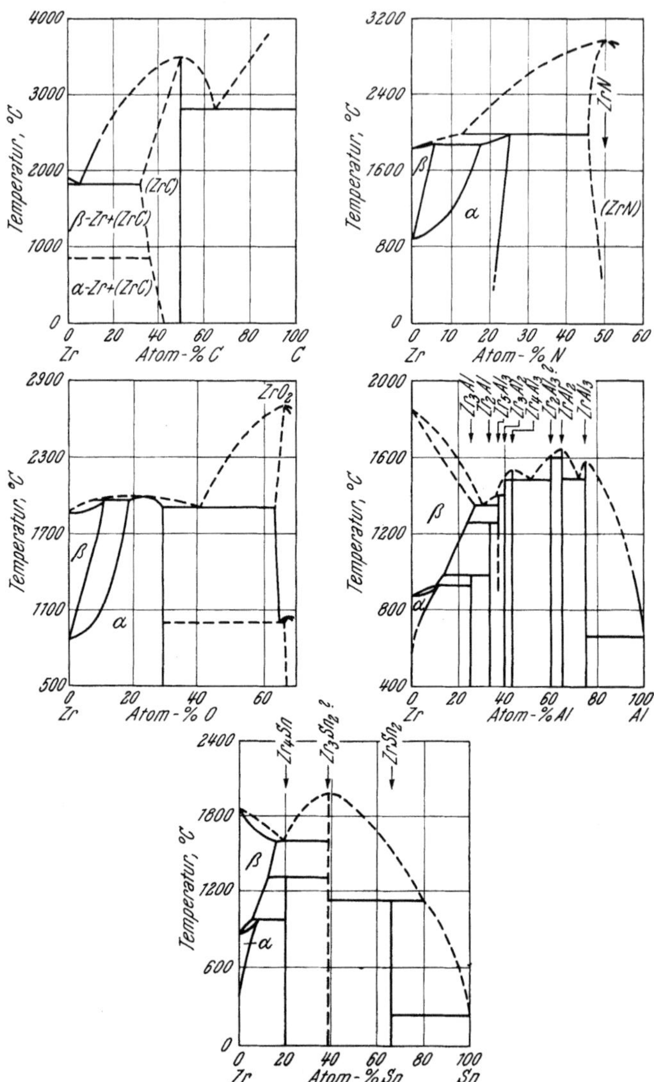

Abb. 139. Zustandsdiagramme der Systeme des Zirkoniums mit den Elementen C, N, O, Al, Sn

Abschrecken einfrieren. Bei kleinen Zusätzen sind die Legierungen im allgemeinen zweiphasig ($\alpha + \beta$). Die mit 7—10% Aluminium + Zinn α-stabilisierten Titanlegierungen können, wenn ihnen geringe Mengen (weniger als 2%) an β-Stabilisatoren (z. B. Molybdän, Vanadin, Tantal, Niob) zugesetzt sind, meist einphasig im lösungsgeglühten Zustand zur Anwendung kommen. Die verschiedenen Legierungstypen erfordern verschiedene spezielle Glüh- und Abschreckbehandlungen, um sie im gewünschten Zustand zu erhalten[1].

Geringe Legierungszusätze haben auf Titan eine verfestigende Wirkung, die bei gleichen Gehalten in der Reihenfolge Zirkonium, Zinn, Aluminium, Vanadin, Molybdän, Chrom, Mangan, Eisen etwas zunimmt. Zusätze mehrerer verschiedener Legierungselemente addieren sich in der verfestigenden Wirkung.

Titan-Zweistofflegierungen haben sich bisher nicht im großen durchsetzen können, wenn man von der klassischen Titan-8 Mangan-Legierung und von den neu entwickelten korrosionsfesten Ti-15 Mo und Ti–30 Mo β-Legierungen[2] absieht.

Ternäre und Mehrstofflegierungen

Zur Entwicklung von Titanlegierungen für verschiedenste Verwendungszwecke, überwiegend Drei- und Mehrstofflegierungen, wurden große Anstrengungen unternommen. Es haben sich schon schöne Erfolge eingestellt und es ist eine ganze Reihe von Legierungen auf dem Markt. Wegen der speziellen Legierungstechnik und der verschiedenen Wärmebehandlungsmethoden muß auf das Spezialschrifttum verwiesen werden[3–8].

Die Idee, die α- oder wahlweise die β-Phase des Titans durch Zusätze von Legierungselementen ohne wesentliche Einbuße an Bildsamkeit zu verfestigen, führte zu verschiedenen, meist wiederkehrenden Kombinationen[9–11] (vgl. Tab. 54, Zusammensetzung handelsüblicher Titanlegierungen).

b) Zirkonium- und Hafniumlegierungen

Aus den fast übereinstimmenden Atomradien (Zirkonium = 1,60; Hafnium = 1,59 Å), den ähnlichen Elektronegativitäten nach Pauling (Zirkonium = 1,4; Hafnium = 1,3), den identischen hexagonalen Raumtemperatur- und den identischen kubisch raumzentrierten Hochtemperaturstrukturen, den fast identischen Brillouin-Zonen und Fermi-Oberflächen kann auf weitgehend gleiches Legierungsverhalten geschlossen werden. Auftretende Unterschiede können sich aus der Differenz der Schmelzpunkte (Zirkonium 1822 °C, Hafnium 2222 °C) und der Differenz in der a/β-Übergangstemperatur (Zirkonium 860 °C, Hafnium 1760 °C) erklären.

---

1 Rüdinger, K.: Metall *23* (1969) 226.

2 Manzone, M. G.: Titanium Alloys with Molybdenum. Climax Molybdenum Company, New York 1966.

3 Jaffee, R. I.: TML Report No. 19, 18. Okt. 1955.

4 Holden, F. C., Jaffee, R. I.: TML Report No. 25, 5. Dez. 1955.

5 McPherson, D. J., Rostoker, W.: Armour Research Foundation, WADC Technical Report 54—101, Okt. 1954.

6 Griest, A. J., Frost, P. D.: TML Report No. 87, 27. Dez. 1957.

7 Maykuth, D. J., Ogden, H. R., Jaffee, R. I.: DMIC Report 136 A, 15. Sept. 1960, OTSPB 15094.

8 Maykuth, D. J., Holden, F. C., Williams, D. N., Ogden, H. R., Jaffee, R. I.: DMIC Report 136 B, 29. Mai 1961, OTSPB 171424.

9 Rüdinger, K., Ismer, A.: DEW-Techn. Ber. *9* (1969) 49.

10 Rüdinger, K.: Industrie Anzeiger Heft 1 (1959) 2.

11 Rüdinger, K.: Werkstoffe u. Korrosion *13* (1962) 401.

Tabelle 54. *Zusammensetzung und Eigenschaften handelsüblicher Titanlegierungen**

Leg.-Typ	Gehalt an Leg.-Elementen in %	Zugfestigkeit weichgeglüht mind. kp/mm²	Zugfestigkeit ausgehärtet mind. kp/mm²	Dehnung geglüht mind. %	H_B kp/mm²
α	>99,9 Ti, unleg.	30—70	—	18—30	130—200
	5 Al, 2,5 Sn	80	—	25	250
	6 Al, 2 Sn, 4 Zr, 2 Mo	91	—	25	—
	5 Al, 5 Sn, 5 Zr	84	—	20	25,0
	2 Cu	55	81	35	—
α(+β)	2 Al, 1 Mo, 2 Mn	73	93	22	—
	8 Al, 1 Mo, 1 V	91	—	20	280
	2,25 Al, 11 Sn, 5 Zr, 1 Mo, 0,2 Si	102	115	11	—
	8 Al, 4 Co	115	135	(8—18)	—
α + β	2 Al, 11 Sn, 4 Mo	107	—	20	—
	6 Al, 4 V	90—115	100—130	25	260
	4 Al, 4 Mn	97	—	25	—
	7 Al, 4 Mo	100	—	20	260
	6 Al, 6 V, 2 Sn	105	126	20	—
	5 Al, 2 Cr, 1 Fe	104	131	17	—
	5 Al, 1,5 Cr, 1,5 Fe, 1,5 Mo	105	133	17	—
	6 Al, 5 Zr, 1 W, 0,2 Si	—	101	—	—
	3 Al, 6 Sn, 5 Zr, 2 Mo, 0,5 Si	—	110	—	—
β	3 Al, 13 V, 11 Cr	88	119	20	220
	15 Mo	70	95	25	—

* Bisanz, H., et al., erweitert nach Rüdinger, K. und Hashimoto, U.: in: Mitsche, R. (Hsgr.): 5. Internat. Leichtmetalltagung Leoben, Aluminium Verlag Düsseldorf, 1968, S. 185, 197, 202.

Beim Vergleich der Systeme des Zirkoniums bzw. des Hafniums mit den Metallen der Va- und VIa-Gruppe ergeben sich tatsächlich viele Übereinstimmungen, nämlich die gute, aber nicht vollständige Mischbarkeit in den β-Phasen, die Bildung von Laves-Phasen bei den Legierungen mit Chrom und Wolfram, ferner das geringe Lösevermögen der α-Phase für andere Metalle. Große Ähnlichkeiten ergeben sich auch bei den als Hartstoffen interessanten Verbindungen des Zirkoniums und Hafniums mit Kohlenstoff, Stickstoff, Bor und Silizium[1].

Zirkoniumlegierungen spielen noch nicht dieselbe Rolle wie Titanlegierungen. Dies mag teilweise darauf zurückzuführen sein, daß sich bei Zirkonium der β-Zustand wesentlich schwieriger stabilisieren läßt als bei Titan, so daß die Zirkoniumlegierungen überwiegend im α- bzw. α + β-Zustand vorliegen. Der α-Stabilisator Aluminium ist auch bei Zirkoniumlegierungen nicht so eminent wichtig wie bei Titanlegierungen. Nur Zinn, bedingt auch noch Kupfer, Niob und Tantal und in geringen Mengen Nickel, Molybdän, Chrom und Eisen bieten sich als wertvolle Legierungselemente an. Von den zirkoniumreichen Zweistofflegierungen konnte bisher keine besondere technische Bedeutung erlangen.

[1] Kieffer, R., Benesovsky, F.: Hartstoffe. Springer-Verlag, Wien 1963.

Tabelle 55. *Zusammensetzung und Eigenschaften gebräuchlicher Zirkoniumlegierungen*

Bezeichnung	Gehalt an Leg. Elementen in %	Zugfestigkeit in kg/mm^2	Dehnung in %	H_V in kg/mm^2	Bemerkung
		weichgeglüht			
Commercial grade Zirconium	2—3 Hf, 0,2 Fe <0,1 N	35—45	25—45	80—90	für chemische Industrie
Zircaloy 1	2,5 Sn		ähnlich Zirc 2		nicht mehr gebräuchlich
Zircaloy 2	<0,02 Hf, 1,2—1,7 Sn, 0,18—0,38 (Fe + Ni), <0,007 N	45—55	20—30	160—200	Werkstoff für Umhüllung von Kernbrennstoff-elementen
Zircaloy 3	0,25 Sn, 0,25 Fe 0,05 Cr, 0,05 Ni		ähnlich Ozhennite		geringere Wasserstoffversprödung bei Wasserdampfkorr.
Zircaloy 4	1,2—1,7 Sn, 0,05—0,13 Cr, 0,18—0,24 Ni, <0,007 N		ähnlich Zirc 2		wie Zirc 2
Ozhennite 0,5	0,2 Sn, 0,1 Fe, 0,1 Ni, 0,1 Nb	29—35	25—45		in den USSR verwendet
ZrNb 3 Sn 1	3 Nb, 1 Sn		ähnlich Zirc 2		hohe Warmfestigkeit
ZrCu ZrCu 0,5 Mo 0,5	0,5 Cu, 0,5 Mo		ähnlich Zirc 2		warmfest, gegen CO_2 beständig, bis 600 °C

Mehrstofflegierungen werden wegen ihrer guten Korrosionsbeständigkeit zum Teil in der chemischen Industrie, überwiegend aber für Brennstoffhüllrohre in Druckwasser und in überhitztem Wasserdampf eingesetzt. Es haben sich hauptsächlich Zirkonium–Zinn-Legierungen (Zircaloy) mit gesteuerten Zusätzen von Nickel, Eisen und Chrom durchgesetzt. Der Zinngehalt übersteigt selten 1,5% Sn, während die Summe an Eisen, Nickel und Chrom 0,5% nicht übersteigen soll. Neuerdings sind auch Sonderlegierungen mit Niob, Molybdän und Kupfer in Entwicklung. Die Zusammensetzungen, Festigkeiten und Verwendungszwecke verschiedener im Handel befindlicher Zirkoniumlegierungen gehen aus Tab. 55 hervor.

Hafniumbasislegierungen konnten bisher noch keine Bedeutung erlangen, Das bei Kernreaktoren für Sicherheitsstäbe verwendete Hafnium ist unlegiert, wenn man von einem produktionstechnisch bedingten Restgehalt an Zirkonium von etwa 1—3% Zr absieht. Das hohe Einfangvermögen für thermische Neutronen und die gute Wasserdampfbeständigkeit des Hafniums bei hohen Temperaturen machen es zu einem sehr geeigneten Material für Regelstäbe.

Auch als Legierungszusatz hat Hafnium heute noch keine besondere Bedeutung. Titan und Zirkonium werden durch Hafniumzusätze in ihrer Festigkeit kaum verbessert, ebenso wird die Korrosionsbeständigkeit nicht merklich erhöht. Mehr Interesse konnten hafniumhaltige Niob- und Tantal-Legierungen finden, wofür z. B. die verhältnismäßig zunderfeste Ta–10Hf-Legierung spricht.

12. Verwendung

Die Anwendungsgebiete der vorläufig noch teuren IVa-Metalle und deren Legierungen liegen hauptsächlich dort, wo sie in ihren besonderen Eigenschaften die heute verwendeten Gebrauchsmetalle übertreffen.

a) *Titan:* Das sehr günstige *Festigkeits-Dichte-Verhältnis* von Titan und seinen Legierungen macht diese für Anwendungen im Flugzeug- und Raketenbau interessant. Titan und Titanlegierungen werden vor allem im militärischen, aber auch schon im zivilen Flugzeugbau für Verkleidungen von Rumpf- und Flügelteilen und für Triebwerke verwendet. Bei Raumkapseln bestehen die massiven Streben und die Innenblechauskleidungen weitgehend aus den $\alpha + \beta$-Legierungen Ti–6Al–4V bzw. Ti–8Al–1Mo–1V und Ti–5Al–2,5Sn. Zum Teil finden Titanlegierungen auch schon im Automobilbau, vorerst für Achsen, Längsgestänge u. a. für Rennsportwagen Verwendung.

Im Raketenbau kommt daneben die hohe *Tieftemperaturfestigkeit* des Titans, das bei —200 °C etwa die doppelte Festigkeit wie bei Normaltemperatur besitzt, zum Tragen. Die Behälter für die verflüssigten Raketentreibgase werden zum großen Teil aus Titan und Titanlegierungen gefertigt.

Die im Verhältnis zum Aluminium bessere *Hochtemperaturfestigkeit* von Titan und Titanlegierungen, die bis 400 °C einsetzbar sind, machen Titan bei den gegenwärtig vorangetriebenen Entwicklungen von Überschallflugzeugen unentbehrlich. Auch bei den Düsentriebwerken, für Kompressorschaufeln und im Rahmenbau sind α- und $\alpha + \beta$-Titanlegierungen als Bleche oder Schmiedestücke im Einsatz.

Die steigende Bedeutung des Titans und der Titanlegierungen für die Luft- und die Raumfahrt geht eindrucksvoll aus einer reich bebilderten Broschüre der Climax Corp. hervor. Der voraussichtlich hohe Bedarf für die Überschallflugzeuge ist aus Abb. 140 gut ersichtlich.

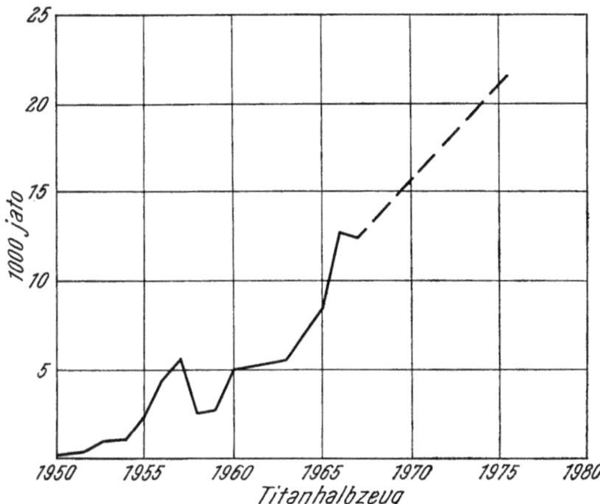

Abb. 140. Produktion von Titanhalbzeug in den USA

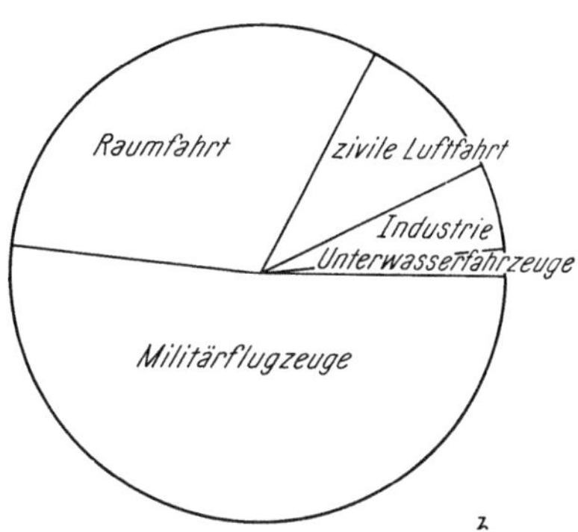

Abb. 141. Hauptverbraucher an Titanmetall in den USA. (Nach M. L. YAFFEE[1])

Nach YAFFEE[1] gehen gegenwärtig 93% der Erzeugung von Titan und Titanlegierungen in die Luft- und Raumfahrt (Abb. 141), wobei der Militärflugzeugbau heute noch den Hauptanteil aufnimmt. Vom Gesamt-Titanmetallverbrauch werden 16% als Rein-Titan, 64% in Form der Ti–6Al–4V-Legierung und nur 20% in Form aller anderen Titanlegierungen verwendet.

Rasch steigende Verwendung finden Titan und Titanlegierungen in der chemischen Industrie, wo die gute *Korrosionsbeständigkeit*, vor allem gegen feuchtes Chlorgas, gegen Salpetersäure, gegen organische Substanzen und gegen Meerwasser, ausgenützt wird. In der Chloralkaliindustrie werden neuerdings Titanelektroden, die zur Verbesserung der Oberflächenleitfähigkeit hauchdünn mit Platin plattiert sind, eingesetzt. Ebenso bestehen viele Anlageteile für die Flüssigchlorgewinnung, vor allem solche, die mit feuchtem Chlor in Berührung stehen, wie Säurepumpen, Rohrleitungen, Kompressoren usw. (vgl. Abb. 142 bis 144), aus Titan.

Titan und Titanlegierungen haben sich auch als Konstruktionswerkstoffe für Meerwasser-Entsalzungsanlagen sehr bewährt. Titan zeigt keine Korrosion, auch das Ansetzen von Salzkrusten ist geringer als bei anderen Werkstoffen. Die gute Beständigkeit gegenüber organischen Stoffen hat dem Titan Anwendungsgebiete in der Nahrungsmittelindustrie gesichert, vor allem, weil Titan den Geschmack der Lebensmittel nicht beeinträchtigt.

In der Medizin wird Titan als Werkstoff für Prothesen, Knochennägel, Knochenplatten und für chirurgische Instrumente verwendet. Die Verwendung als Gettermaterial ist ebenfalls noch erwähnenswert.

---

[1] YAFFEE, M. L.: Aviation Week and Space Technology *2* (1963) 48, 52, 53, 59.

Die im Verhältnis zu Sonderstählen und Aluminium, mit denen Titan in den Anwendungen in Konkurrenz steht, noch geringe Verwendung ist in erster Linie auf den heute noch hohen Preis des Titans (etwa das Dreifache von Edelstählen) zurückzuführen. Mit einer für die Zukunft zu erwartenden Verbilligung wird auch die Anwendung von Titan ansteigen[1].

Abb. 142. Gehäuse einer Säurepumpe aus Titan, hergestellt durch Titan-Formguß, ca. 1 m ∅. (Oregon Metallurgical Corp., Albany, USA)

Der überwiegende Teil der geförderten Erze (etwa 1 Mill. jato) wird, wie schon erwähnt, auf TiO_2-Pigmente verarbeitet. Ein geringer Teil wird für die Herstellung von Ferrotitan (20—45% Titan) verbraucht, das in der Stahlindustrie als Desoxydations- und Denitridierungsmittel dient. Ein kleiner Anteil geht in Form von TiC in die Hartmetallindustrie.

b) *Zirkonium* steht in den Anwendungen hinter Titan zurück. In der chemischen Industrie findet es wegen seiner noch besseren *Korrosionsbeständigkeit* als Titan Anwendung[2]. Die Korrosionsbeständigkeit des Zirkoniums erreicht zum Teil die von Tantal; gegenüber Alkalien ist sie sogar besser[3,4]. Vor allem Spinndüsen, Wärmetauscher und Werkstücke, die mit chlorhältigen Gasen und gas-

[1] Defence Metals Information Center: The Iron Age *200* (1967) 26.

[2] Brady, W. R., Braun, H.: Werkstoffe und Korrosion *20* (1969) 30.

[3] Kieffer, R., Binder, F., Bach, H.: Werkstoffe und Korrosion *19* (1968) 114.

[4] Kieffer, R., Bach, H., Binder, F., Kurka, F.: Werkstoffe und Korrosion *19* (1968) 312.

Abb. 143. Wärmetauscher aus Titan in verschiedenen Größen (Leybold Heraeus GesmbH, Hanau)

Abb. 144. Rührer aus Titan für einen Zellulosebleichturm (Chlordioxid). (Oregon Metallurgical Corp., Albany, USA)

förmigen Chloriden in Berührung stehen, werden aus Zirkonium gefertigt (vgl. Abb. 145).

Die besonders hohe *Getterwirkung* des Zirkoniums[1], das Sauerstoff, Stickstoff, Wasserstoff und Kohlenstoff in großen Mengen zu binden vermag, macht es zum meistangewendeten Getter- und Elektrodenmaterial für Elektronenröhren,

Abb. 145. Heiz- bzw. Kühlschlangen aus Zirkonium (Climax Molybdenum AG, Zürich)

Senderöhren und für Quecksilberdampflampen. Kleinere Mengen an Zirkoniumpulver, -draht und -folien nimmt die Pyrotechnik und die Blitzlichtlampenindustrie auf. Zirkonium ergibt ein besonders helles Licht.

Das Hauptanwendungsgebiet des Zirkoniums liegt in der Atomkerntechnik (s. Abb. 146, 147 und 148) als Hüllmaterial für die Brennstäbe[2,3]. Hafniumfreies Zirkonium hat sehr niedrigen Einfangquerschnitt für thermische Neutronen und hohe Beständigkeit gegenüber den in Kernreaktoren verwendeten Kühlmitteln (Wasser, flüssiges Natrium, CO_2). Es reagiert bis 800 °C praktisch nicht mit metallischem Uran, mit dem es keine Verbindungen und keine niedrigschmelzenden Eutektika bildet.

Noch besser als Rein-Zirkonium bewähren sich die besonders für die Kerntechnik entwickelten Zircaloy-Legierungen bzw. das russische Ozheunite (vgl.

---

[1] Espe, W., Knoll, M., Wilder, M.: Electronics *23* (1950) 80.
[2] Wiedemann, K. H.: Metall *21* (1967) 113, 1042.
[3] Reschke, S., u. Mitarb.: Metall *21* (1967) 696.

Abb. 146. Bestrahlungsprobenhalter aus Zircaloy 2 für einen Kernreaktor (Leybold Heraeus GesmbH, Hanau)

Abb. 147. Wasserführungsrohre aus Zircaloy 2 zur Aufnahme von Brennelementen für das Kernkraftwerk Marviken (Schweden). (Leybold Heraeus GesmbH, Hanau)

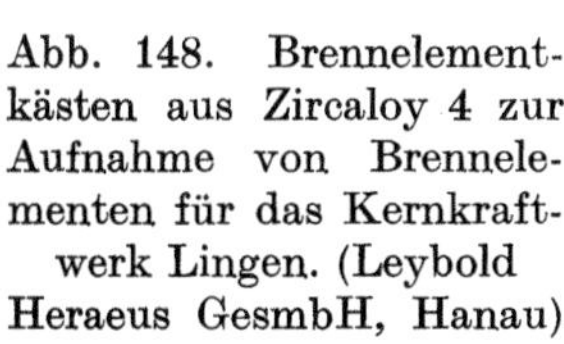

Abb. 148. Brennelementkästen aus Zircaloy 4 zur Aufnahme von Brennelementen für das Kernkraftwerk Lingen. (Leybold Heraeus GesmbH, Hanau)

Tab. 55), die geringe Mengen an Zinn neben ganz kleinen Gehalten an Eisen, Chrom und Nickel enthalten.

c) *Hafnium:* Die Verwendung von Hafniummetall, das heute schon in größerem Maßstab erzeugt wird (Abb. 149), beschränkt sich fast ausschließlich auf Regelstäbe in Kernreaktoren. Hafnium ist dafür nicht nur wegen seines hohen Neutroneneinfangquerschnittes und der Bildung von weiteren Isotopen mit hohem Einfangquerschnitt beim Bestrahlen, sondern auch infolge seiner guten Korrosionsbeständigkeit bestens geeignet.

Abb. 149. Hafnium-Ingot mit 20 cm Durchmesser und 175 cm Länge (Gewicht 600 kg)

Hafnium–Titan-Legierungen haben sich daneben als Gettermaterial bewährt. Hafniumzusätze zu Niob- und Tantal-Legierungen scheinen sehr aussichtsreich.

Anwendungsmöglichkeiten dürfte Hafnium in naher Zukunft auch in der Hartmetallindustrie finden, weil Gehalte von *Hafniumkarbid* die Härte und Zähigkeit von Hartmetallen günstig zu beeinflussen vermögen[1–3].

Buchschrifttum

Abkowitz, St., Burke, J. J., Hiltz, R. H.: Titanium in Industry. Van Nostrand, New York 1955.

McQuillan, A. D., McQuillan, M. K.: Titanium. Butterworths Scientific Publ., London 1956.

Barksdale, J.: Titanium. The Roland Press Co., New York 1949.

Barksdale, J.: Titanium, its Occurrence, Chemistry and Technology. The Roland Press Co., New York 1966.

[1] Kieffer, R., Benesovsky, F., Messmer, K.: Metall *13* (1959) 919.
[2] Kieffer, R., Trabesinger, G., Reiter, N.: Planseeber. Pulvermet. *17* (1969) 25.
[3] Kieffer, R.: J. Inst. Metals *97* (1969) 164.

OGDEN, H. R.: Titanium in: HAMPEL, C. A. (Hrsg.): Rare Metals Handbook. Reinhold Publ. Corp., London 1961.

SCHLECHTEN, A. W.: Zirconium ibid. S. 667.

MARTIN, D. R., PIZZOLATO, PH. J.: Hafnium ibid. S. 198.

BARKSDALE, J.: Titanium in: HAMPEL, C. A. (Hrsg.): The Encyclopedia of the Chemical Elements. Reinhold Book Corp., New York–Amsterdam–London 1968.

MCCLAIN, J. H.: Zirconium ibid. S. 830.

HAMPEL, C. A.: Hafnium ibid. S. 251.

SCHREITER, W.: Seltene Metalle. VEB Deutscher Verlag für Grundstoffindustrie, Leipzig, Bd. I—III, 1960—1963.

MILLER, G. L.: Zirconium. Butterworths Scientific Publ., London 1957.

LUSTMANN, B., KERZE, F.: The Metallurgy of Zirconium. McGraw Hill Book Corp. Inc., New York 1955.

Zirconium and Zirconium Alloys. Am. Soc. Met., Cleveland, Ohio 1953.

THOMAS, D. E., HAYES, E. T. (Hrsg.): The Metallurgy of Hafnium. D. C. U. S. Atomic Energy Comm., Washington 1959.

PEMSLER, J. P., PERRYMAN, E. C. W., SMELTZER, W. W.: Zirconium and its Alloys. The Electrochem. Soc. Inc., New York 1966.

HAYES, E. T.: Zirconium, its Production and Properties. U. S. Bureau of Mines, Bulletin 561 (1956).

THOMAS, D. E., HAYES, E. T. (Hrsg.): The Metallurgy of Hafnium. D. C. U. S. Atomic Energy Comm., Washington 1960.

Gmelins Handbuch der Anorgan. Chemie, Syst. Nr. 41 Titan. Verlag Chemie, Weinheim/ Bergstr., 8. Aufl. 1951.

E. Gruppe Va

Vanadin, Niob und Tantal

Die Metalle der Gruppe Va des Periodensystems, Vanadin, Niob und Tantal, sind typische Vertreter der Übergangsmetalle und weisen alle die für Übergangsmetalle charakteristischen Eigenschaften auf: den hohen Schmelzpunkt, der vom Vanadin, dem Vertreter mit dem niedrigsten Atomgewicht dieser Gruppe,

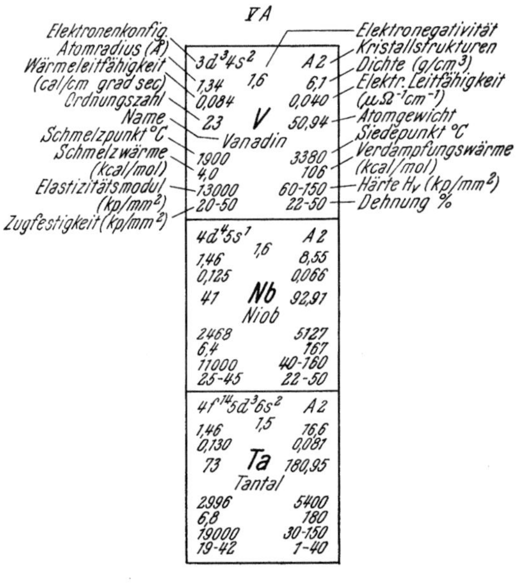

Abb. 150. Einige wichtige physikalische Eigenschaften der Metalle der V a-Gruppe des Periodensystems

zum Tantal hin stark ansteigt, die hohe Korrosionsbeständigkeit bei niedriger Temperatur und die Neigung bei höherer Temperatur mit kleinatomigen Nichtmetallen stabile Verbindungen einzugehen und die Nichtmetalle in großem Ausmaß in festem Zustand zu lösen. Die Va-Metalle übertreffen die IVa-Metalle im Schmelzpunkt, sind aber etwas niedriger schmelzend als die entsprechenden VIa-Metalle. In der Korrosionsbeständigkeit sind vor allem das Niob und das Tantal den entsprechenden Metallen der benachbarten Gruppen überlegen; Tantal ist übrigens das gegen naßchemische Korrosion beständigste Metall nach den Edelmetallen überhaupt.

Die Va-Metalle finden stark ansteigende Verwendung in der Elektronik, der chemischen Industrie, in der Kerntechnik und der Raumfahrt. Seit der Entwicklung der Sonderverfahren zur Gewinnung der Metalle im reinen Zustand, wie Lösungsmittelextraktion zur Aufarbeitung der Erze, Reduktions- und Raffinierverfahren sowie vor allem der Umschmelzverfahren im Hochvakuumlichtbogen- und im Elektronenstrahlofen, steigen die Verbrauchsziffern stetig und überdurchschnittlich stark an. Während noch 1953 etwa 90% an Vanadin und Niob als Stahlveredler, weitere Mengen, hauptsächlich von Tantal, als Karbide in der Hartmetallindustrie und nur wenig als Reinmetalle Verwendung fanden, ist der Verbrauch an Rein-Tantal inzwischen auf mehr als 200 Jahrestonnen und an reinem Niob bzw. an Niobbasislegierungen[1], deren Durchbruch sich erst in jüngster Zeit abzeichnet, auf etwa 150 Jahrestonnen Niob angestiegen. Rein-Vanadin und Vanadin-Basislegierungen (siehe Buchschrifttum, S. 301) konnten sich bisher trotz interessanter Anwendungsgebiete — vor allem in der Atomkerntechnik — noch nicht allgemein durchsetzen. Es werden aber schon jährlich etwa 150 Tonnen Rein-Vanadin oder aluminothermisch gewonnene Vanadin–Aluminium-Reguli in Titan-, Niob- und Zirkonium-Basislegierungen als Veredler und Legierungspartner eingesetzt.

Interessante Aspekte eröffnet die schon mehrfach erwähnte Fähigkeit der Va-Metalle, ähnlich wie die IVa- und VIa-Metalle mit den kleinatomigen Nichtmetallen Kohlenstoff, Stickstoff, Bor und Silizium stabile, hochschmelzende und säurefeste Hartstoffe zu bilden, von denen besonders die metallreichen Komplexkarbide als Träger der Schneidhaltigkeit in Schnelldrehstählen hervorzuheben sind.

Durch verstärkte Einführung der warmfesteren und zäheren WC–TiC–TaC(NbC)–Kobalt-Hartmetalle nach dem 2. Weltkrieg an Stelle der klassischen WC–TiC–Kobalt-Hartmetalle stieg der Weltbedarf an Tantalkarbid und Niobkarbid in den letzten zehn Jahren von etwa 25—30 Jahrestonnen auf 70—80 Jahrestonnen und ist im weiteren Wachsen begriffen[2,3].

Nähere Details über die Va-Metalle, die im vorliegenden Buch wegen Raummangels nicht gebracht werden können, sind aus der umfassenden Monographie Vanadin–Niob–Tantal von R. Kieffer und H. Braun, Verlag Springer Berlin 1963, zu ersehen.

1. Entdecker und Namensgebung

Obwohl verschiedene Forscher die Elemente Vanadin, Niob und Tantal schon relativ früh (um 1800) in verschiedenen Erzen entdeckten, gerieten diese Elemente wieder in Vergessenheit. Sie wurden 30 bis 40 Jahre später gewissermaßen ein zweites Mal entdeckt. Dieser zweimaligen Entdeckung ist es zuzuschreiben, daß das Element 41 verschiedene Namen hat und in den USA Columbium (Cb), außerhalb der USA und jetzt international festgelegt Niob (Nb) genannt wird. Die Herstellung der Metalle ist jüngeren Datums, vor allem hochreine Metalle können erst seit der Jahrhundertwende gewonnen werden (vgl. Tab. 56).

---

[1] De Mastry, J. A., Bauer, A. A., Rough, F. A.: Battelle Techn. Rev. *15* (1966) 18.
[2] Kieffer, R., Benesovsky, F.: Hartstoffe. Springer-Verlag, Wien 1963.
[3] Kieffer, R., Benesovsky, F.: Hartmetalle. Springer-Verlag, Wien–New York 1965.

Tabelle 56. *Entdecker und Namensgebung*

Vanadin	Niob	Tantal
Erstmals 1801 von ANDRES MANUEL DEL RIO in Bleivanadat entdeckt und Erythronit genannt. 1832 von SEFSTRÖM erneut in Frischschlacken von Eisenerzen entdeckt und von diesem Vanadin nach der nordischen Göttin der Schönheit Vanadis genannt.	1801 von HATCHETT aus Columbit in Form von „Columbium-Säure" isoliert. Name zu Ehren Amerikas = Columbia. 1844 von ROSE erneut aufgefunden, dem auch die Trennung von Nb_2O_5 und Ta_2O_5 gelang. Benennung nach Niobe, der Tochter des Tantalus.	1802 von EKBERG aus Tantaliten in Form des Mischoxides mit Nb_2O_5 isoliert. Benannt nach dem griechischen König Tantalus.
Unreines Vanadinmetall konnte erstmals 1831 von BERZELIUS dargestellt werden. 1867—69 gelang ROSCOE die Herstellung eines relativ reinen Metalles durch Wasserstoffreduktion von VCl_2; 1907 gelang BOLTON die carbidothermische und 1927 MARDEN und RICH die calciothermische Gewinnung von Rein-Vanadin.	1901 erstmals stark kohlenstoffhaltiges Metall von MOISSAN gewonnen. Reinmetall 1905 von BOLTON durch carbidothermische Reduktion hergestellt. Das Verfahren 1944 von BALKE im technischen Maßstab entwickelt.	1891 unreines Metall von BERZELIUS und 1901 von MOISSAN. Tantal 1905 von BOLTON in reiner Form auf carbidothermischem Wege hergestellt. Später Entwicklung der natriothermischen Reduktion des K_2TaF_7.

2. Vorkommen und Häufigkeit

Tabelle 57. *Wichtige Vanadinminerale*

Bezeichnung	Zusammensetzung	% Vanadin im Reinmineral	Hauptfundorte
Patronit	V_2S_x	19 —24	Peru
Roscoelit	$K(V, Al)(OH)_2Si_3AlO_{10}$	10 —12	USA, Mexiko, Turkestan
Carnotit	$K_2O \cdot 2UO_3 \cdot V_2O_5 \cdot 2H_2O$	10,1—10,4	USA, Mexiko, Turkestan
Vanadinit	$Pb_5(VO_4)_3Cl$	10,9	Südwestafrika, Spanien, Mexiko USA
Descloizit	$(Pb, Zn)PbOH \cdot VO_4$	12,7	Südwestafrika, Nordrhodesien
Cuprodescloizit	$(Pb, Cu, Zn)PbOH \cdot VO_4$	10,5	
Mottramit	$2(CuPb)OH \cdot VO_4$	9,5—10	
Hewetit	$CaO \cdot 2V_2O_5 \cdot 9H_2O$	30 —40	Peru, USA
Tyuyamit	$CaO \cdot 2UO_3 \cdot V_2O_5 \cdot 4H_2O$	11 —11,5	USA, UdSSR

Tabelle 58. *Wichtige Niob- und Tantalminerale*

Bezeichnung	Zusammensetzung	% $Nb_2O_5 + Ta_2O_5$	% Nb_2O_5	% Ta_2O_5
Tantalit	$(Fe, Mn)(Ta, Nb)_2O_6$	81—86	2—27	53—84
Niobit (Columbit)	$(Fe, Mn)(Nb, Ta)_2O_6$	75—81	47—78	0—34
Tapiolit	$FeTa_2O_6$	80—85	1—11	74—83
Pyrochlor	$NaCaNb_2O_6F$	38—73	26—73	0,2—22
Microlit	$(Na, Ca)_2Ta_2O_6(O, OH, F)$	58—80	3—30	33—77
Euxenit	$(Y, Ca, Ce, U, Th)(Nb, Ta, Ti)_2O_6$	28—31	22—29	1— 5
Simpsonit	$Al_8Ta_6O_{27}$	72—73	0,3	72—73
Samarskit	$(Y, Ce, U, Ca, Fe, Pb, Th) \cdot \cdot (Nb, Ta, Ti, Sn)_2O_6$	43—60	28—40	2—27
Fergusonit	$(Y, Ce, Fe)(Nb, Ta, Ti)O_4$	43—53	35—47	0—17

Hauptfundorte:

Brasilien, Argentinien, franz. Guayana, Nigeria, Kongo, Uganda, Rhodesien, Njassaland, Mozambique, Madagaskar, Südafr. Union, Norwegen, Schweden, Finnland.

Die Va-Metalle sind, wie auch die anderen Übergangsmetalle, relativ häufig (vgl. Tab. 3, S. 5). Vanadin mit einem durchschnittlichen Gehalt von etwa 150 g/t in der Erdkruste zählt zu den verbreiteten Metallen. Es ist nur wenig seltener als Zirkonium und Chrom, etwa gleich häufig wie Zink, aber deutlich verbreiteter als die wichtigen Gebrauchsmetalle Kupfer und Nickel. Die Häufigkeit dieser Gebrauchsmetalle wird schon nahezu von Niob erreicht, das in der Erdkruste in einer durchschnittlichen Konzentration von 65 g/t vorkommt. Etwas weniger häufig, aber durchaus noch nicht zu den seltenen Metallen zählend, ist Tantal mit seiner Häufigkeit von 5 g/t, die die Häufigkeit z. B. des Quecksilbers und des Thalliums um eine Zehnerpotenz, die des Silbers um das 50fache übertrifft.

Vanadin bildet verschiedene eigene Mineralien (vgl. Tab. 57), von denen ein sulfidisches Mineral, der Patronit, der bis zum 1. Weltkrieg das ausschließliche Ausgangsprodukt für die Vanadinherstellung war, heute praktisch erschöpft ist. In den anderen Mineralien liegt Vanadin als Alkali-, Calcium-, zum Teil auch als Schwermetallvanadat vor. Größere Bedeutung haben heute Erze, die neben Vanadin auch Uran enthalten und die auf beide Metalle aufgearbeitet werden.

Niob und Tantal kommen in der Natur ausschließlich vergesellschaftet und ausschließlich in Form der Niobate bzw. Tantalate vor. Dem Patronit (V_2S_x) entsprechende sulfidische Niob- oder Tantalerze existieren nicht. Während Tantalerze meist auch erhebliche Mengen an Niob enthalten, ist in einigen Nioberzen nur wenig (unter 2%, oft nur 0,2%) Tantal enthalten. Da die reicheren Tantalerze relativ selten sind, wird man für die Tantalversorgung bald auch auf tantalreiche Niobite und selbst auf wenig Tantal enthaltende Nioberze zurückgreifen müssen. Es werden dann zwangsläufig größere Mengen an Niob anfallen, so daß ein erheblicher Anreiz besteht, nach entsprechenden Verwendungsmöglichkeiten für Niob zu suchen.

Die zur Zeit wichtigsten Tantal- und Nioberze (vgl. Tab. 58) sind die Tantalite und Niobite, isomorphe Tantalate bzw. Niobate von Mangan und Eisen.

Die größten Weltreserven an Niob und auch an Tantal stellen die Pyrochlore (Calciumniobate, die Natrium, Barium, Cer und Thorium enthalten) dar. Sie werden in Kanada, Norwegen und Brasilien bergmännisch abgebaut. Die Reserven an Pyrochlorerzen werden auf etwa 10 Mill. t Niob-Inhalt geschätzt. Daneben stellen auch noch die von der Verarbeitung von Kassiterit stammenden Zinnschlacken eine wichtige Rohstoffquelle vor allem für die Gewinnung von Ferroniob und Ferrotantal dar.

3. Produktion und Preis

Der Großteil der gewonnenen Vanadin-, Niob- und Tantalerze (Tab. 59) wird auch heute noch überwiegend für die Herstellung von Ferrolegierungen und als Stahlveredler verwendet; daneben geht noch ein kleinerer Teil, vor allem von Tantal, als Karbid in die Hartmetallindustrie. Geringe Mengen (etwa 5%) werden für die Herstellung von Verbindungen verbraucht. Die Herstellung an reinen duktilen Metallen ist demgegenüber noch gering, ist aber in den letzten Jahren stark im Ansteigen begriffen.

Tabelle 59. *Weltförderung an Vanadin-, Niob- bzw. Tantalerzen (Metallinhalt)*

Jahr	Vanadin in jato	Niob + Tantal in jato
1907—1914	1000	—
1920	1660	—
1930	ca. 1000	—
1940	ca. 3000	—
1950	ca. 2000—3000	1100
1955	ca. 3500	5000
1960	6450	—
1963	7180	4450
1965	8900	6650
1966	9100	10400
1967	9600	9450

Der weitaus größte Abnehmer für Niob- und Tantalerze sind die USA. Vor 1952 nahmen sie etwa 60—70% der Weltproduktion auf; in den Jahren 1953 bis 1955, dem Zeitraum der Bildung großer strategischer Erzvorräte (stock piles) stieg der Anteil der USA auf 80—90%. Wegen dieser stock-pile-Käufe geben die Jahreserzeugungsziffern in diesem Zeitraum kein klares Bild über den tatsächlichen Verbrauch an Niob- und Tantalerzen. Die Gewinnung der Reinmetalle ist stark ansteigend. Tab. 60 gibt die Erzeugungsziffern der USA, dem größten Erzeuger an diesen Metallen, in den letzten Jahren an.

Tabelle 60. *Erzeugung an Rein-Niob und Rein-Tantal in den USA*

Jahr	Niob in t	Tantal in t
1958	30	86
1959	59	110
1960	ca. 80	ca. 150
1961	ca. 115	220
1963	—	190
1965	15,0	323
1966	45,4	482
1967	50,3	464

Bei den relativ geringen Erzeugungsmengen haben sich die Preise noch nicht eingependelt; genaue Preisangaben liegen nicht vor. So kostet heute Vanadin im Erz je kg Vanadininhalt etwa 1 $, in Ferrovanadin je kg Vanadin etwa 2,40 $ und in Form von aluminothermisch gewonnenem Reinmetall in Klumpen etwa 100 $. Für Reinmetall in Ingots werden etwa 140 $ je kg bezahlt.

Niob wird (tantalhaltig) je kg im Erz mit etwa 1,20 $, in Ferroniob mit etwa 6—10 $ und Reinniob in Blechform mit 60—80 $, in Rondellen (1959) mit etwa 100 $ gehandelt. Für Tantal sind die Preise erheblich höher. Tantal kostet in Ferrotantal etwa 16—24 $, in Pulverform 50—80 $, in Blechform 100—140 $, in Karbidform (rein oder niobhaltig) 50—80 $.

4. Physikalische Eigenschaften

Die physikalischen Eigenschaften der Va-Metalle gehen zum Teil schon aus den früher gebrachten Tabellen und Diagrammen hervor. Sie sind aber, um weitere interessante Daten ergänzt, in folgender Tab. 61 nochmals zusammengestellt,

Tabelle 61. *Physikalische Eigenschaften von Vanadin, Niob und Tantal*

	V	Nb	Ta
OZ	23	41	73
AG	50,942	92,906	180,948
ES	(Ar)$3d^3 4s^2$	(Kr)$4d^4 5s$	(Xe)$4f^{14} 5d^3 6s^2$
GT	krz	krz	krz
	a = 3,036	a = 3,3004	a = 3,3025
AR	1,34	1,46	1,46
ϱ_{20}	6,1	8,55	16,6
Fp.	1900	2465	2996
Kp.	3370*	5100*	5425*
ΔH_s	4,0	6,4	6,8
$\Delta H_{\text{subl.}}$	123,0	171,8	186,5
Δc_{p20}	5,89	5,94	6,07
α_m	8,3	7,88	6,5
k_R	0,6	0,59	0,49
λ_w	0,084	0,125	0,13
λ_e	0,04	0,066	0,081
EN	1,6	1,6	1,5
I	6,77	6,88	7,88
E	15000	11000	19000
μ	0,35	0,399	0,35
σ_B	20—50	25—45	23—50
H_V	60—150 (Jodid V.)	40—160	30—150
Häuf.	0,015%	0,0024%	0,0002%

* Geschätzt
Zeichenerklärung S. 152.

wobei nur modernste, am zutreffendsten erscheinende Daten berücksichtigt sind. Viele der Eigenschaften sind, wie allgemein bei allen Übergangsmetallen, sehr stark von der Reinheit und vom Verformungsgrad abhängig, so daß gewisse Korrekturen der Werte in der Zukunft noch möglich sind.

5. Mechanische Eigenschaften

Die Va-Metalle sind kaltduktil, gute, handelsübliche Reinheit (Vanadin und Niob > 99,7; Tantal > 99,9%) vorausgesetzt. Die gute Verformbarkeit wird bis zu sehr niedrigen Temperaturen aufrecht erhalten. Die Temperatur des duktil-spröde Überganges liegt für Vanadin bei etwa —100 °C, bei Niob bei —200 °C. Tantal ist bis nahe dem absoluten Nullpunkt gut verformbar (vgl. Tab. 62).

Interessant ist, daß Niob in einzelnen Eigenschaften aus der Reihe herausfällt; zonengereinigtes Niob besitzt z. B. niedrigeren Elastizitätsmodul als höchst-

Tabelle 62. *Mechanische Eigenschaften der Va-Metalle (bei Raumtemperatur)**

Eigenschaft	Vanadin	Niob	Tantal
σ_B in kg/mm^2			
handelsübliche Reinheit	25—45	35—40	40
hochrein	18	20	20
Dehnung in %			
handelsübliche Reinheit	10	25	20
hohe Reinheit	40	50	50
E-Modul	14000—15000	11000—11500	18000—19000
Poissonsche Zahl	—	0,38	0,35
H_V in kg/mm^2			
handelsübliche Reinheit	80—150	100—160	90—150
hohe Reinheit	60—70	40—50	70—90
spröd-duktil Übergangs-temperatur	—100°C	—200°C	4°K

* Zusammengestellt aus Kieffer, R., Braun, H.: Vanadin, Niob, Tantal. Springer-Verlag, Berlin–Göttingen–Heidelberg 1963.

reines Vanadin und höchstreines Tantal; ebenso ist die Härte von hochreinem Niob niedriger als die von Vanadin und Tantal.

Der Einfluß der Verunreinigungen durch kleinatomige Metalloide (Sauerstoff, Stickstoff, Kohlenstoff, Silizium, Bor u. a.) auf die mechanischen Eigenschaften ist sehr stark. In Abb. 151 ist dieser Einfluß für Sauerstoff und Stickstoff auf

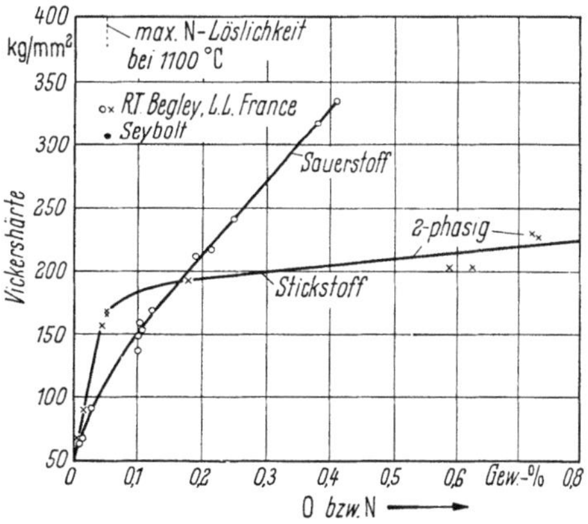

Abb. 151. Einfluß von Sauerstoff- und Stickstoffgehalt auf die Härte von Niob. (Nach Begley und France: Symp. Newer Metals, ASTM (1960) 56)

die Härte von Niob näher gezeigt. Die Härte kann in erster Näherung als Maß für die Reinheit der Metalle angesehen werden. Die Härte und die Festigkeit steigen auch bei Kaltverformung. Der Einfluß ist bei sehr reinen Metallen und bei einer 10- bis 20%igen Verformung am größten. Durch Glühen der kaltverformten Metalle im Hochvakuum werden die Ausgangshärten meist wieder erreicht, manchmal sogar leicht unterschritten.

Abb. 152 zeigt den Einfluß der Temperatur auf die Zugfestigkeit von verschieden reinen Va-Metallen. Aus der Abbildung geht hervor, daß die Festigkeit bei Temperaturen unter der Raumtemperatur steil ansteigt und daß bei Raumtemperatur interessanterweise ein flaches Minimum durchlaufen wird. Mit

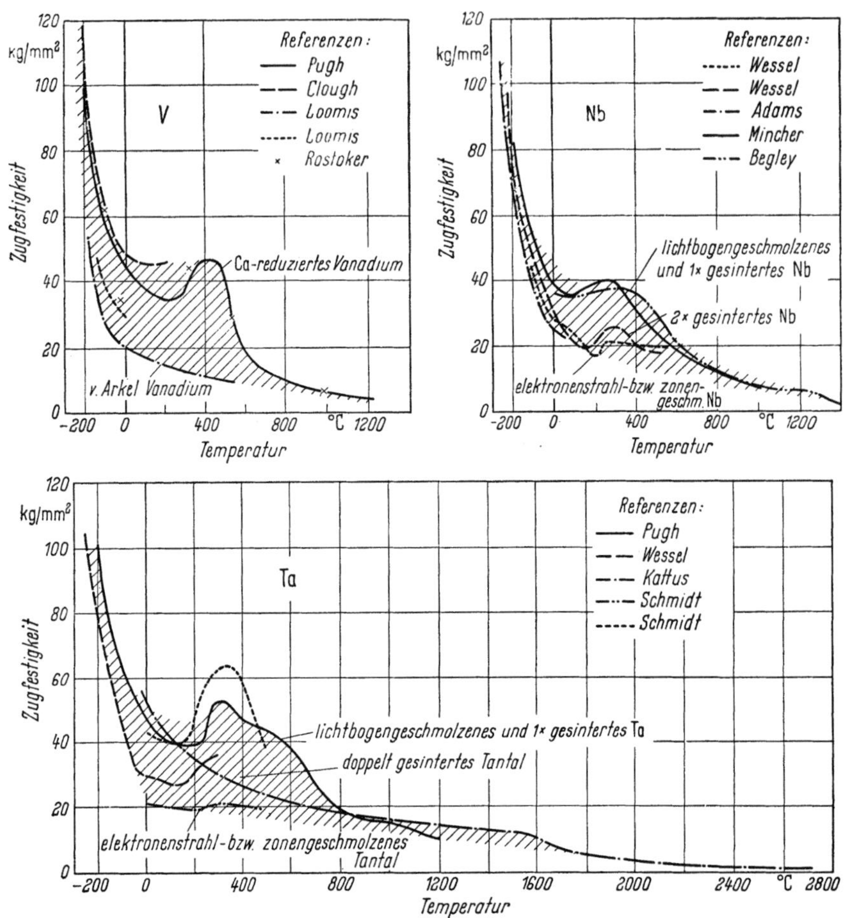

Abb. 152. Abhängigkeit der Zugfestigkeit von Vanadin, Niob und Tantal von Temperatur und Vorgeschichte. (Nach J. H. Bechthold, E. T. Wessel, L. L. France, Westinghouse Res. Lab., Paper 10-013-2-P4 (1960))

Temperaturerhöhung steigt die Festigkeit zuerst bis zu Temperaturen von 300 bis 400 °C etwas an und fällt erst dann wieder. Wie für Metalle allgemein üblich, ist der Verlauf der 0,2% Streckgrenze in Abhängigkeit von der Temperatur dem der Festigkeit sehr ähnlich. Die Kurven liegen lediglich um etwa 10—15% niedriger. Auf die genaue Wiedergabe der 0,2% Streckgrenze in Abhängigkeit von der Temperatur wurde daher verzichtet. Eine umfassende Zusammenstellung von näheren Details über die Eigenschaften der Va-Metalle sowie die Ergebnisse der einzelnen Autoren bringt das mehrfach zitierte Buch Kieffer-Braun.

6. Chemische Eigenschaften

Die Va-Metalle bilden eine Reihe von Verbindungen, in denen sie 3-, 4- und 5-wertig, auch 2wertig (Vanadin) sein können. Sie bilden sehr saure Oxide; die Salze der Va-Metalle neigen stark zur Hydrolyse. Von Niob und Tantal sind nur verschiedene komplexe Salze, in denen Niob und Tantal anionisch gebunden sind, bekannt. Vanadin bildet, zumindest in den niedrigen Wertigkeitsstufen, aber auch kationische, in Wasser beständige Verbindungen.

Im allgemeinen sind aber die Va-Metalle Säurebildner und liegen in wäßrigen Lösungen in Form der Vanadate, Niobate bzw. Tantalate vor. In sauren Lösungen bilden sie Polyanionen. Die Va-Metalle bilden mit den Halogenen stabile Verbindungen, von denen die höheren Chloride leicht flüchtig sind. Die Fluoride haben relativ hohen Siedepunkt. Sie sind in Alkalifluoridlösungen unter Komplexbildung löslich, während die Chloride leicht hydrolysieren. Es sind auch Oxyhalogenide ($VOCl_3$) und das technisch interessante $K_2(NbOF_5) \cdot H_2O$ bekannt.

Das chemische Verhalten der Va-Metalle, die, vor allem das Tantal, sehr korrosionsfest sind, wird hauptsächlich von der Neigung der Va-Metalle, mit den Metalloiden Kohlenstoff, Sauerstoff, Stickstoff, Wasserstoff, Silizium, Bor stabile Verbindungen einzugehen und diese Metalloide auch in echter Lösung, unter starker Versprödung schon bei geringen Gehalten, ins Gitter aufzunehmen, bestimmt.

Das Verhalten der reinen Metalle gegenüber verschiedenen Agenzien ist in Tab. 63 zusammengefaßt.

Tabelle 63. *Chemisches Verhalten der Va-Metalle*

Gegen Luft:	Vanadin, Niob und Tantal bilden an Luft dichte Oxidschichten. Bei höheren Temperaturen tritt aber rasch Bildung dickerer, lockerer, nicht mehr festhaftender Oxidschichten ein; gleichzeitig wird Sauerstoff in echter Lösung aufgenommen, wodurch die Metalle stark verspröden.
Gegen Stickstoff:	Nur bei tiefer Temperatur stabil; bei mittleren Temperaturen (bis etwa 800 °C) wird Stickstoff gelöst; bei höheren Temperaturen kommt es zu rascher Bildung von Nitriden, die sich im Hochvakuum oberhalb 1700—2200 °C wieder zersetzen lassen.
Gegen Halogene:	Rasche Reaktion erst bei Rotglut.
Gegen Kohlenstoff und Kohlenwasserstoffe:	Die Va-Metalle, die wie die anderen Übergangsmetalle auch starke Karbidbildner sind, reagieren schon bei relativ niedrigen Temperaturen (800—1100 °C) mit Kohlenstoff und Kohlenwasserstoffen unter Bildung von Karbiden.
Gegen Kohlenmonoxid:	Mit Kohlenmonoxid reagieren sie bei Rotglut unter Bildung von Oxikarbiden. Durch Erhitzen der Metalle im Hochvakuum auf Temperaturen über 1400 °C können diese Oxikarbide unter Rückbildung von CO wieder entfernt werden.
Gegen Wasserstoff:	Wasserstoff wird ab 300—400 °C rasch unter Hydridbildung (MeH_{1-x}) aufgenommen. Die Löslichkeit von Wasserstoff ist bei 1000 °C nur gering. Im Hochvakuum und bei Temperaturen ab 600—700 °C wird der Wasserstoff wieder restlos abgegeben.

Tabelle 63 (Fortsetzung)

Wasserdampf:	Reaktion bei Rotglut; bei strömendem Dampf zu Oxiden unter Wasserstoffbildung; bei stehendem Dampf daneben auch Hydridbildung.
Gegen flüssige Metalle:	
Flüssiges Natrium:	Greift alle drei Va-Metalle geringfügig an, wobei der Angriff weitgehend vom Oxidgehalt des Alkalimetalles abhängt. Wie Natrium verhalten sich auch Kalium und NaK-Legierung. Der Angriff wird in der Reihenfolge Tantal — Niob — Vanadin stärker.
Flüssiges Wismut und Wismutlegierungen:	Greifen Vanadin bis 650°C wenig an; Niob wird schon ab 500°C angegriffen; Tantal dagegen erst bei 900—1000°C. Bei Tantal wurde beim Angriff durch flüssiges Wismut interkristalline Korrosion beobachtet.
Blei- und Bleilegierungen:	Vanadin zeigt nur geringen Angriff, bei Niob ist der Angriff stärker, bei Tantal tritt Lochfraß auf.
Quecksilber, Thallium, Zinn:	Greifen alle drei Va-Metalle praktisch nicht an.
Uran:	Unterhalb des Uranschmelzpunktes ist die Beständigkeit gut; durch geschmolzenes Uran tritt Diffusion bzw. bei Tantal daneben auch interkristalline Korrosion auf. Für Hüllrohre für Uran bewährt sich Niob am besten. Es ist bis 1400°C verwendbar.
Zink:	Sehr starker Angriff.
Thorium-Zinn-Legierungen:	Wenig Angriff.

Tabelle 64. *Korrosionsverhalten der Va-Metalle (bei 100*°C)*

Angriffsmittel	Vandin	Niob	Tantal
Salzsäure 1:1	wenig beständig	beständig	vollkommen beständig
konz. HCl	unbeständig	beständig	vollkommen beständig
HNO_3 1:1	unbeständig	beständig	beständig
H_2SO_4 1:1	wenig beständig	vollkommen beständig	vollkommen beständig
H_2SO_4 konz.	wenig beständig	beständig	beständig
Ammoniak	wenig beständig	wenig beständig	beständig
2n Kalilauge	unbeständig	wenig beständig	beständig
50% Kalilauge	unbeständig	wenig beständig	Angriff
Königswasser	wenig beständig	beständig	beständig
HF 10%	unbeständig	unbeständig	wenig beständig
HF 30%	unbeständig	unbeständig	wenig beständig

* Kieffer, R., Braun, H.: Vanadin, Niob, Tantal. Springer-Verlag, Berlin–Göttingen–Heidelberg 1963.

Die *Korrosionsbeständigkeit* gegenüber verschiedenen wäßrigen Lösungen, gegen Salzschmelzen und gegen Metallschmelzen nimmt von Vanadin über Niob zu Tantal zu. Tantal zählt neben den Edelmetallen zu den korrosionsbeständigsten Metallen. Tantal wird außer von heißer konzentrierter Schwefelsäure bei 200 °C, heißer Alkalilauge und von Flußsäure praktisch von keinem Reagens angegriffen. Auch Niob ist noch ein bemerkenswert beständiger Werkstoff bei Raumtemperatur. Die hohe Flußsäureempfindlichkeit des Niobs und des Tantals kann durch Zulegieren von 18—25% Molybdän, vor allem aber von Wolfram, fast vollkommen beseitigt werden. Rein-Vanadin ist dagegen relativ unbeständig und ist selbst bei verbessernden Legierungszusätzen nur gegen kalte verdünnte Mineralsäuren, Kochsalz- und Alkalilösungen beständig (vgl. Tab. 64 und Tab. 6, S. 26).

7. Herstellung der Metalle

Obwohl für die Herstellung der Va-Metalle verschiedenste Verfahren möglich sind, haben sich in der Technik nur einige eingeführt.

Vanadin wird heute noch überwiegend durch Reduktion des V_2O_5 mit Calcium, daneben in steigendem Maße auf aluminothermischem Wege hergestellt. Das aluminothermisch hergestellte Vanadin ist zwar billiger, hat jedoch niedrigere Reinheit (meist nur 95%). Die Hauptmenge des verunreinigenden Aluminiums kann durch eine Vakuumnachbehandlung abgetrieben werden. Das verbleibende Vanadin mit 98—99% Vanadin wird jedoch nur für die Herstellung von Vanadinlegierungen eingesetzt. Durch zweimaliges Elektronenstrahl-Umschmelzen im Hochvakuum läßt sich auch aus aluminothermisch gewonnenem Vanadin ein Reinvanadin mit 99,8—99,9% V herstellen[1].

Für *Niob* war lange Zeit die karbothermische Reduktion des Oxides das wichtigste Verfahren. Heute wird Niob aluminothermisch in 500-kg-Chargen gewonnen und in Elektronenstrahlöfen auf sehr gute Reinheit von 99,7—99,9% Nb raffiniert[2]. Daneben kann Niob aber auch durch Reduktion des Doppelfluorides mit Natrium gewonnen werden.

Die Reduktion von Doppelfluorid mit Natrium ist das Hauptverfahren zur Gewinnung von *Tantal*, von dem allerdings auch ein großer Anteil durch Schmelzflußelektrolyse gewonnen wird.

Daneben wurden auch andere Verfahren, wie das Kroll-Verfahren, die Halogenidreduktion mit Wasserstoff, das Van Arkel-Verfahren zur Erzeugung der Va-Metalle mit Erfolg versucht. Diese Verfahren haben aber meist kein technisches Interesse gefunden.

Die Gewinnung der Ausgangsprodukte durch verschiedene Erzaufbereitungsverfahren ist für Vanadin einerseits und für Niob und Tantal, die stets vergesellschaftet vorkommen, andererseits verschieden. Die Verfahren werden daher getrennt besprochen.

---

[1] Krüger, J., Winterhager, H.: Metall *20* (1966) 430.

[2] Pers. Mittlg. von St. W. H. Yih, Präsident d. Wah Chang Albany Corp., Albany, Oregon, USA.

a) Aufbereitung der Vanadinerze

Wie schon erwähnt, wurden zur Gewinnung von Vanadin früher fast ausschließlich die heute fast erschöpften Patronit-Vorkommen (V_2S_x) verwendet. Heute sind die Ausgangsprodukte der Carnotit und der Roscoelit. Vor allem für die Gewinnung von Ferrovanadin wird auch von Zinnschlacken, vanadinhaltigen Phosphaten, vanadinhaltigen Kupfererzen und insbesondere von vanadinhaltigen Titan–Eisenerzen ausgegangen.

Die heute gebräuchlichen Methoden laufen meist auf oxydierendes Rösten unter Natriumchloridzusatz, seltener auf einen Schwefelsäureaufschluß hinaus, um das Vanadin in wasserlösliches Alkalivanadat überzuführen. Dabei wird Vanadin von den meisten Schwermetallsalzen abgetrennt. Aus den Laugungslösungen wird schließlich rohe Vanadinsäure oder ein unlösliches Vanadat (Calcium-, Ammoniumvanadat u. a.) gefällt.

Gewinnung aus Patronit und aus Roscoelit

Patronit-Erzkonzentrat, das Vanadin in sulfidischer Form enthält, und Roscoelit, ein oxidisches Vanadium-Erz, werden unter Zusatz von Natriumchlorid 1—2 Stunden lang in einem Etagen-Röstofen oder im Drehrohrofen bei Temperaturen von 800—850 °C geröstet. Das Röstprodukt wird mit sehr verdünnter Säure gelaugt und aus der Laugungslösung durch Zusatz von starker Säure Roh-V_2O_5 ausgefällt. Zur Reinigung wird dieses in Natronlauge gelöst und durch Zugabe von Ammonchlorid sehr reines Ammoniumvanadat ausgefällt, das zu reinem V_2O_5 verglüht wird.

Ganz ähnlich geschieht die Aufbereitung von vanadinhaltigen Titan–Eisenerzen, die zunehmend an Bedeutung gewinnt und in Finnland und in Südafrika durchgeführt wird. Durch Magnetscheidung werden die Erze, die meist nur 1—2% V_2O_5 enthalten, vorangereichert und die Konzentrate, wie beschrieben, chlorierend oder auch bei höheren Temperaturen (1200 °C) 12 Stunden lang unter Natriumchlorid- oder Natriumsulfatzusatz sinternd geröstet, die Röstprodukte gelaugt und Vanadinsäure ausgefällt.

Aus Carnotiten

Carnotit, ein uran- und vanadinhaltiges oxidisches Mineral, dient gleichzeitig zur Gewinnung von Uran und Vanadin. Die Aufarbeitung des Carnotits ist bei Uran näher beschrieben. Die vanadinreicheren Carnotite werden vorerst unter Zuschlag von Natriumchlorid geröstet und das Röstgut unter genauer Einhaltung der Laugungsbedingungen entweder mit schwacher Säure oder, seltener, mit schwacher Karbonatlösung gelaugt[1,2]. Bei entsprechendem pH-Wert der Laugungslösung wird überwiegend Vanadin ausgelaugt; Uran verbleibt im Rückstand. Aus den Laugungslösungen wird dann das Vanadin durch starkes Ansäuern und gegebenenfalls Oxydation in Form des roten V_2O_5 (red cake) ausgefällt (vgl. Fließschema Abb. 153). Heute werden Vanadin und Uran aus den sauren oder alkalischen Aufschlußlösungen von Carnotit auch durch Ionenaustausch-

[1] Crabtree, E. H., Padilla, V. E.: J. Less-Common Metals *3* (1961) 437

[2] Burwell, B.: J. Metals *13* (1961) 562.

verfahren getrennt. Es sind dazu verschiedene Varianten entwickelt worden, die näher bei SCHREITER[1] beschrieben sind.

Die rote Roh-Vanadinsäure kann nach gutem Auswaschen in flachen Tassen niedergeschmolzen und granuliert werden. In dieser Form kommt das nun

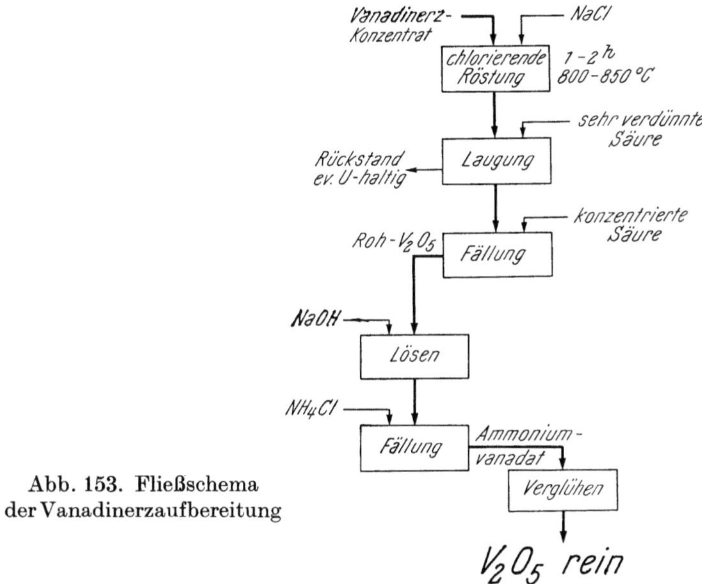

Abb. 153. Fließschema der Vanadinerzaufbereitung

schwärzlich-rote Produkt als technisch reines V_2O_5 in den Handel. Zur Feinreinigung wird aber die Roh-Vanadinsäure, wie schon beschrieben, in Ammoniak gelöst, mit Ammonchlorid Ammonvanadat gefällt und dieses zu reinem V_2O_5 ($> 98\%$ V_2O_5) verglüht.

Über diese und weitere, weniger wichtige Verfahren unterrichtet die sehr instruktive Darstellung von SMETANA[2], auf die hier verwiesen werden soll.

b) Aufbereitung der Niob-Tantal-Erze und Niob-Tantal-Trennung

Die Aufarbeitung der verschiedenen Niob–Tantal-Erze (vgl. Tab. 58) geschah nach den älteren Verfahren durch Aufschluß in geschmolzenem Ätznatron; heute wird der Flußsäureaufschluß vorgezogen. Die Trennung von Niob und Tantal kann nach dem älteren Marignac-Verfahren durch selektive Fällung von Doppel- bzw. Oxyfluorid geschehen. Moderne Verfahren bedienen sich der Lösungsmittelextraktion. Interesse kommt auch dem chlorierenden Aufschluß der Erze mit Kohlenstoffzusatz und elementarem Chlor nach dem Verfahren der CIBA[3] zu, bei dem die erhaltenen Pentachloride in einem weiteren Arbeitsgang durch Destillation getrennt werden.

---

[1] SCHREITER, W.: Seltene Metalle. VEB Deutscher Verlag für Grundstoffindustrie, Leipzig 1962, Bd. III: Vanadium S. 280.

[2] SMETANA, O.: in: DURRER, R., VOLKERT, G. (Hrsg.): Die Metallurgie der Ferrolegierungen. Springer-Verlag, Berlin–Göttingen–Heidelberg 1953.

[3] CIBA AG Basel: D. B. P. 1056105 (1959).

Ätznatron-Aufschluß

Feingemahlenes Erz wird in einem Eisentiegel mit geschmolzenem Ätznatron bei 800—1000 °C aufgeschlossen und dabei Niob und Tantal in Niobate bzw. Tantalate übergeführt. Nach Ausgießen der Schmelze auf Eisenplatten und Brechen der Schmelzkuchen wird mit Wasser gelaugt. Es gehen Silizium, Wolfram und Zinn als wasserlösliche Silikate, Wolframate und Stannate in Lösung, während Natriumniobat bzw. -tantalat im Rückstand verbleiben. Beim Laugen dieses Rückstandes mit HCl gehen weitere Verunreinigungen (vor allem Eisen und Mangan) in Lösung. Die Niobate und Tantalate werden dabei in die unlöslichen Säurehydrate verwandelt. Diese werden anschließend in Flußsäure in der Wärme gelöst und die Lösung auf einen Tantalgehalt von 130—140 g/l verdünnt. Unter Rühren wird eine Lösung von KHF_2 oder von KF in einer Menge zugesetzt, die zur Bildung des Doppelsalzes (K_2TaF_7 bzw. K_2NbOF_5) ausreicht. Beim Abkühlen der Lösung kristallisiert das in der Kälte wenig lösliche K_2TaF_7 relativ rein aus, während Niob in Lösung bleibt. Durch mehrmaliges Umkristallisieren in verdünnter Flußsäure läßt sich K_2TaF_7 in großer Reinheit erhalten. Die Fluoniobatlösung wird zuerst mit Ammoniak auf einen pH = 3 gebracht, dadurch Eisen gefällt, und schließlich durch weitere Ammoniakzugabe Roh-Niobsäure, die für die Herstellung von Ferroniob geeignet ist, gewonnen. Die Gewinnung von reiner Niobsäure für die Niobmetallherstellung aus der praktisch tantalfreien Fluoniobatlösung erfolgt in mehreren Reinigungsstufen. Es wird vorerst mit überschüssiger Natronlauge wenig lösliches Natriumniobat gefällt, dieses mit HCl in Niobsäure umgewandelt, die man in KOH zu sehr gut löslichem Kaliumniobat umsetzt. Durch mehrmaliges Umkristallisieren kann reines $4K_2O \cdot 3Nb_2O_5 \cdot 16H_2O$ gewonnen werden, das durch HCl zu reiner Niobsäure umgesetzt wird (Fließschema Abb. 154).

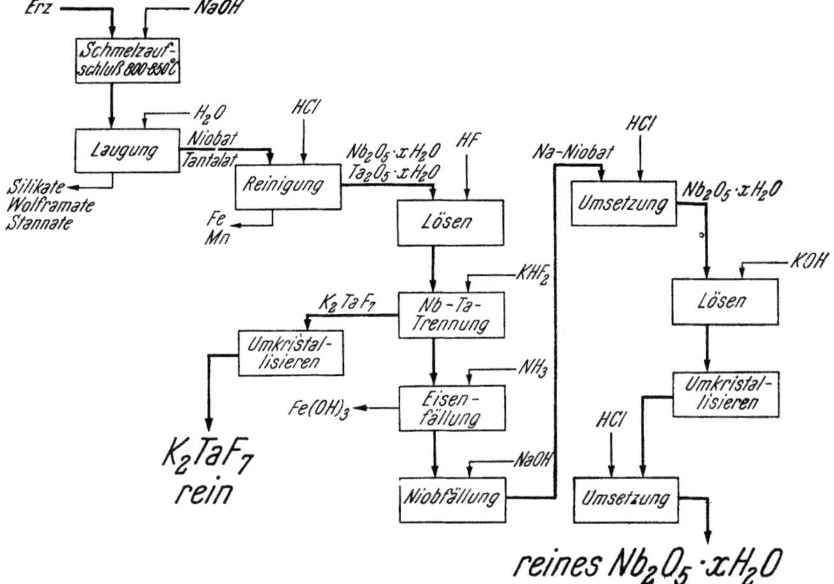

Abb. 154. Fließschema der Aufarbeitung komplexer Niob–Tantalerze

Flußsäureaufschluß

Der heute wichtigere Flußsäureaufschluß geschieht durch Behandlung der feingemahlenen Erze in einem mit Kohlenstoffsteinen ausgekleideten Stahlbottich mit einem Gemisch von konzentrierter Flußsäure und konzentrierter Schwefelsäure. Nach einstündigem Aufschluß wird mit Wasser verdünnt, 4 Stunden weitergekocht und schließlich absetzen gelassen. Der noch unaufgeschlossene Rückstand wird erneut wie oben behandelt und schließlich beide Aufschlußlösungen vereinigt.

Aus den Aufschlußlösungen können nach dem oben beschriebenen Marignac-Verfahren Niob und Tantal getrennt werden. Es wird aber heute meist die Trennung durch Lösungsmittelextraktion vorgezogen. Dazu wird die Lösung verdünnt, filtriert, mit Schwefelsäure versetzt und mit Methylisobutylketon bzw. Cyclohexanon extrahiert. Die Trennung von Niob und Tantal beruht auf der Verschiedenheit der Löslichkeiten der Fluoride in organischen Lösungsmitteln bei verschiedenem Säuregrad der wäßrigen Lösung. Man kann entweder, aus stark schwefel- und flußsauren Lösungen (10—15 n), Tantal und Niob gemeinsam extrahieren und dann zuerst das Niob mit einer Waschlösung, die Flußsäure und Schwefelsäure mit einer Normalität von 1—4 n enthält, eluieren. Schließlich wird mit reinem Wasser Tantal ausgewaschen.

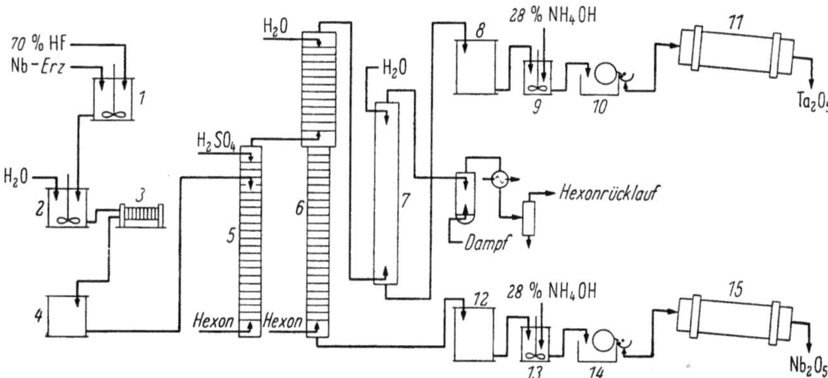

Abb. 155. Fließschema der Aufarbeitung komplexer Niob–Tantalerze durch Lösungsmittelextraktion. (Nach C. W. CARLSON und R. H. NIELSEN: J. Metals (1960) 472)
1 Aufschlußgefäß, *2* Verdünnungsgefäß, *3* Filterpresse, *4* Puffergefäß, *5* Extraktionskolonne, *6* Rückextraktionskolonne, *7* Tantalextraktionskolonne, *8* Puffergefäß, *9* Fällungsgefäß, *10* Trommelfilter, *11* Drehrohrofen, *12* Puffergefäß, *13* Fällungsgefäß, *14* Trommelfilter, *15* Drehrohrofen

Man kann aber auch die Lösungen des Flußsäureaufschlusses zuerst stark verdünnen (auf 1—4 n Säuregehalt), das Tantal extrahieren und schließlich nach Erhöhung des Säuregehaltes aus der nun praktisch tantalfreien Lösung das Niob in die organische Phase aufnehmen. Sowohl Niob als auch Tantal lassen sich dann leicht mit Wasser wieder auswaschen. Die erste Variante (vgl. Fließschema Abb. 155) ist in den meisten Fällen günstiger und wird überwiegend angewendet. Aus den Elutionslösungen werden Niob bzw. Tantal mit Ammoniak als Oxidhydrate gefällt und diese zu den Oxiden verglüht.

Aufschluß durch Chlorierung und Trennung durch Chloriddestillation

Bei dem auf Arbeiten der CIBA[1] zurückgehenden Verfahren werden Niob- und Tantalerze, Rohkarbide, Ferrolegierungen, auch Schlacken, gegebenenfalls unter Zusatz von Kohlenstoff (bei Erzen und Schlacken), mit elementarem Chlor behandelt und die leichtflüchtigen Chloride des Niobs und Tantals sowie andere Verunreinigungen (hauptsächlich Eisen, Molybdän, Wolfram, Titan, Zirkonium) abdestilliert (vergl. Siedepunkte verschiedener Metallchloride, Tab. 65). Durch Kondensation wird ein Rohchlorid erhalten, das reich an Niob und Tantal ist.

Tabelle 65. *Siedepunkte verschiedener Metallchloride*

Chlorid	Kp. in °C	Chlorid	Kp. in °C
$SiCl_4$	57	$GaCl_3$	302
$GeCl_4$	84	$FeCl_3$	315 subl.
$SnCl_4$	114	$HfCl_4$	317 subl.
$AsCl_3$	122	$ZrCl_4$	331
$TiCl_4$	136	$InCl_3$	498
VCl_4	164	$BeCl_2$	547
$AlCl_3$	183 subl.	$ZnCl_2$	732
$WOCl_4$	227,5	$CrCl_3$	947
$TaCl_5$	239	$FeCl_2$	1026
$NbCl_5$	249	$MgCl_2$	1318
$MoCl_5$	268	$CaCl_2$	ca. 1630
WCl_5	276		

Die Reinigung und gleichzeitige Trennung der Pentachloride des Niobs und des Tantals, deren Siedepunkte nur 10° auseinanderliegen, gelingt durch fraktionierte Destillation. Das Rohchlorid wird in ein Bad von geschmolzenem Natriumchlorid eingetragen, aus dem zuerst die leichter flüchtigen Chloride ($TiCl_4$, $SnCl_4$, $SiCl_4$) abdestillieren. $FeCl_3$ und $AlCl_3$ werden im Natriumchloridbad komplex gebunden und haben dann sehr niedrigen Dampfdruck, so daß bei weiterem Erhitzen des Kochsalzbades nur $NbCl_5$, $TaCl_5$ und $WOCl_4$ entweichen, die in einer Rektifikationskolonne getrennt werden. Man erreicht, wie Tab. 66 zeigt, außerordentlich reine Produkte.

c) Gewinnung der Rohmetalle

Nach den ersten erfolglosen Rein-Darstellungsversuchen gelang zuerst v. Bolton[2,3] der Nachweis, daß Niob und insbesondere Tantal — entgegen der damaligen allgemeinen Ansicht, nach der die Va-Metalle harte, unbildsame Elemente sein sollten — in Wirklichkeit duktile, hochbildsame metallische Werkstoffe sind. Den Anspruch die Ersten zu sein, die größere Mengen an walzbarem Vanadin hergestellt haben, genießen Marden und Rich[4]. In der Folge wurden sehr ver-

[1] CIBA AG Basel: D.B.P. 1056105 (1959).
[2] v. Bolton, W.: Z. Elektrochem. *11* (1905) 45 u. *13* (1907) 145.
[3] Siemens u. Halske AG: D.R.P. 216706 (1907).
[4] Marden, J. W., Rich, M.: Ind. Engng. Chem. *19* (1927) 786.

Tabelle 66. *Typische Analysen von $TaCl_5$ und $NbCl_5$ (hergestellt durch destillative Trennung, CIBA AG, Basel)*

Verunreinigungen	$TaCl_5$	$NbCl_5$
	Gehalt in ppm	
Ta	—	30—50
Nb	20	—
Zr	10	10
W	5	5
Ti	3	3
Si	3	3
SEM Summe	2	2
Al, Ca · Mg, je	1	1
Schwermetalle, je	1	1
B	0,1	0,1

schiedene Verfahren für die Herstellung der reinen Va-Metalle versucht, von denen sich nur wenige allgemein durchgesetzt haben.

Wie schon erwähnt, wird *Vanadin* hauptsächlich durch Reduktion des V_2O_5 mit Calcium unter Zusatz von Flußmitteln, daneben auch in steigendem Maße auf aluminothermischem Wege gewonnen. Für das im Moment noch gegenüber Tantal weniger gefragte *Niob* hat sich die Karbothermie neben der Reduktion des Doppelfluorides mit Natrium und für *Tantal* die natriothermische Reduktion des Doppelfluorides neben der Schmelzelektrolyse von Ta_2O_5 aus Fluoridbädern durchgesetzt. Daneben scheinen sich in neuerer Zeit, nach Neuerarbeitung der Grundlagen, auch für die Gewinnung von Vanadin und von Tantal karbo- bzw. karbidothermische Verfahren wieder in den Vordergrund zu schieben. Über weitere versuchte und in kleinem Maßstab angewendete Verfahren unterrichtet die Monographie Kieffer-Braun.

Gewinnung von Vanadin

Aluminothermisch: Durch Reduktion von V_2O_5 mit Aluminium läßt sich ein technisch reines Vanadinmetall herstellen, das üblicherweise 5—20, meist etwa 15% Aluminium enthält und das für Legierungszwecke (z. B. in Titan–Aluminium–Vanadin-Legierungen) gut eingesetzt werden kann. Mit stöchiometrischen Aluminiummengen läßt sich kein reines Vanadin gewinnen; erst bei größerem Aluminiumüberschuß ist das Produkt genügend sauerstofffrei.

Der Aluminiumgehalt läßt sich zwar durch eine Vakuumnachbehandlung praktisch vollkommen entfernen, doch ist die aluminothermische Gewinnung von aluminiumfreiem Vanadin der calciothermischen Reduktion nur bei Großchargen überlegen.

Zur aluminothermischen Gewinnung des Vanadins wird ein Gemisch von technisch reinem, meist noch alkalihaltigem V_2O_5 mit einem Überschuß an Aluminiumgrieß und mit einem Flußmittel, meist Calciumfluorid, in einen zerlegbaren Tiegel eingestampft und das Gemisch durch eine Zündpille gezündet. Die Reaktion läuft ohne äußere Wärmezufuhr mit großer Geschwindigkeit ab. Die bei der hohen Reaktionstemperatur flüssige Schlacke trennt sich im allgemeinen sehr sauber vom aluminiumhaltigen Vanadinregulus, der nach Abkühlen des Ofens entnommen werden kann. Die korundhaltige Schlacke kann an die keramische Industrie verkauft werden.

Die Aluminothermie für die Gewinnung von Vanadin, aber auch von Niob, hat heute wieder an Bedeutung gewonnen, nachdem es gelungen ist, aluminothermisch gewonnenes Vanadin und vor allem Niob nach den Verfahren der modernen Hochvakuummetallurgie (Umschmelzen im Elektronenstrahlofen) vollkommen aluminiumfrei zu erhalten und auf bildsame Werkstoffe mit Vanadin- bzw. Niobgehalten von mehr als 99,7% zu raffinieren[1].

Für die Gewinnung von Rein-Tantal kommt das aluminothermische Verfahren praktisch nicht in Frage, weil die Reaktionstemperatur nicht genügend gesteigert werden kann und sich das hochschmelzende Tantal nicht sauber von der Korundschlacke trennt. Die Aluminothermie könnte aber gewisse Aussichten für die Gewinnung von tantalreichen und niedrigschmelzenden Tantal(Eisen, Nickel, Kobalt, Aluminium)-Vorlegierungen erlangen, falls sich diese wirtschaftlich im Hochvakuum raffinieren lassen.

Calciothermisch: Durch calciothermische Reduktion von V_2O_5 erhält man reines, kaltwalzbares Vanadin. Im übrigen ähnelt das Verfahren der Aluminothermie; jedoch gibt Calcium geringere Reaktionswärme, so daß zur Bildung einer sich abtrennenden flüssigen Schlacke ein Booster zugegeben werden muß, der gleichzeitig die Schlacke verflüssigt.

Das Gemisch von V_2O_5 mit einem Calciumüberschuß von 50—100% und etwas Jod (etwa 0,2 Mol Jod je Mol Vanadin) bzw. Schwefel wird in einen Magnesiumoxidtiegel eingefüllt, der sich in einer mit einem Flansch verschließbaren Stahlbombe befindet. Zwischen Stahlbombe und Tiegel wird eine Schüttung von Magnesiumoxidpulver eingebracht. Beim Abbrennen des Gemisches bildet sich eine leichtflüchtige $CaO–CaJ_2$- bzw. CaO–CaS-Schlacke, die sich von dem regulinisch gesammelten Vanadin abtrennt. Das Vanadinmetall kann bei genügendem Calciumüberschuß mit Ausbeuten von 85—90% und nach mehrmaligem Umschmelzen im Elektronenstrahl-Schmelzofen mit einer Vickers-Härte von 80—90 kg/mm^2 erhalten werden.

Gewinnung von Niob und Tantal

Karbo- bzw. karbidothermisch: Die ersten Arbeiten an diesem noch heute für die Nioberzeugung überwiegend benützten Verfahren gehen schon auf die Jahrhundertwende zurück[2]. Erneut interessant wurde es jedoch erst nach den grundlegenden Arbeiten von Balke[3] und der technischen Entwicklung durch die Wah Chang Corporation[4,5].

Nach dem Verfahren der genannten Firma wird, entsprechend den von Balke angegebenen Prinzipien, zuerst Nb_2O_5 mit einer entsprechenden Menge an Lampenruß zu NbC umgesetzt, indem man das Gemisch in kontinuierlich arbeitenden

---

[1] Krüger, J., Winterhager, H.: Metall *20* (1966) 430.

[2] v. Bolton, W.: Z. Elektrochemie *13* (1907) 145, D.R.P. 216706 (1907) Siemens u. Halske AG.

[3] Balke, C. W.: Trans. electrochem. Soc. *85* (1944) 89.

[4] Li, K. C.: J. Metals *12* (1960) 485.

[5] Kieffer, R., Kieffer, B. F.: Metall *5* (1961) 394.

Röhrenöfen in Inertgasatmosphäre auf 1800 °C erhitzt. Das gewonnene NbC wird aufgemahlen, mit einer stöchiometrischen Menge an Nb_2O_5 gemischt, in Schlauchpressen zu Stäben verpreßt und diese in einem Graphitrohr-Vakuumofen auf Temperaturen über 1600 °C erhitzt. Unter Entwicklung von CO reagieren Nb_2O_5 und NbC zu einem Roh-Niobmetall. Diese spröden, noch kohlenstoff- und sauerstoffhaltigen Rohmetallstäbe (1—3% C + O) werden gepulvert, je nach Analyse unter Zusatz von entsprechenden Mengen an Oxid oder Karbid erneut zu Stäben gepreßt und in einer Vakuumglocke unter direktem Stromdurchgang (Coolidge-Verfahren) bei etwa 1600 °C gesintert. Wenn nötig, erfolgt noch eine Nachsinterung der bereits bildsamen Niobstäbe nach einer zwischengeschalteten geringen Kaltverformung.

Während große Mengen an Niob nach diesem Verfahren hergestellt werden, hat die karbidothermische Produktion für die Gewinnung von Vanadin und Tantal noch keine Bedeutung erlangt.

a) Reduktion von Halogeniden

Die Reduktion der Fluoride des Tantals und des Niobs in Form ihrer Kaliumdoppelsalze durch Natriummetall[1,2,3] ist eine schon sehr alte Technik, nach der auch heute noch große Mengen der genannten Metalle hergestellt werden und die erst in jüngerer Zeit durch die schmelzflußelektrolytische Tantalgewinnung[4–9] konkurrenziert wird.

Nach dem älteren Siemens-Halske-Labor-Verfahren wurden 2 kg scharf getrocknetes K_2TaF_7 oder eine entsprechende Menge des Niobsalzes, eine genügende Menge Natrium (656 g) in Form von kleinen Würfeln und 500—800 g Natriumchlorid in mehreren Lagen schichtweise in einen dünnwandigen, langen Eisen- oder Nickeltiegel, der mit einem Deckel dicht zu verschließen ist, eingefüllt. Mit Gasringbrennern wurde von unten erhitzt und durch die Zusatzheizung die Reaktionszone langsam von unten durch den ganzen Tiegel gezogen. Nach dem Abkühlen wurde in Alkohol eingetragen, der mit dem überschüssigen Natrium reagiert. Nicht umgesetztes Tantal- bzw. Niobfluorid wurde mit Wasser ausgewaschen. Das pulvrige Reaktionsprodukt wurde zur Reinigung mit Königswasser, dann mit Flußsäure gewaschen. Die Ausbeute auf Tantal bezogen betrug etwa 80%, die Reinheit des Tantalpulvers 99,6—99,8% Tantal. Die großtechnische Erzeugung geschieht auf ganz ähnliche Weise in 100—200 kg Chargen in etwa 200 l fassenden konischen Eisentiegeln.

Nach einer Verfahrens-Variante von H. Lang[10] (H. C. Starck, Goslar) werden das Fluorid und das Reduktionsmetall Natrium nicht gemischt, sondern in ver-

---

[1] Berzelius, J. J.: Ann. Phys., Lpz. *4* (1825) 10.

[2] Rose, H.: Ann. Phys., Lpz. *99* (1856) 69.

[3] v. Bolton, W.: Z. Elektrochem. *11* (1905) 45.

[4] Myers, R. H.: Proc. Aust. Inst. Min. Engrs. *144* (1946) 297.

[5] Chuk-Ching, Ma: Ind. Engng. Chem. (Industr.) *44* (1952).

[6] Friedrich, H. J.: Dissertation T. H. Hannover (1955).

[7] Drossbach, P., Petrick, P.: Z. Elektrochem. *61* (1957) 410.

[8] Kolk, A. J., jr., Sibert, M. E., Steinberg, M. A.: in: Gonser, B. W., Sherwood, E. W. (Hrsg.): Technology of Columbium (Niobium). J. Wiley & Sons, New York 1958.

[9] Huber, K.: Dissertation Chaperon, Bern 1956.

[10] Lang, H.: D.B.P. 815107 (1951).

schiedenen Schiffchen in ein evakuiertes Rohr (Abb. 156) eingeschoben. Das Rohr hat ein Temperaturgefälle vom Natriumschiffchen zum Fluorid, so daß das Natrium verdampft und sich bei etwa 800 °C langsam und kontrolliert mit dem Fluorid umsetzt. Der Vorteil des Verfahrens liegt darin, daß das Reaktionsprodukt praktisch kein freies Natrium und auch sehr wenig feinste Metallanteile enthält.

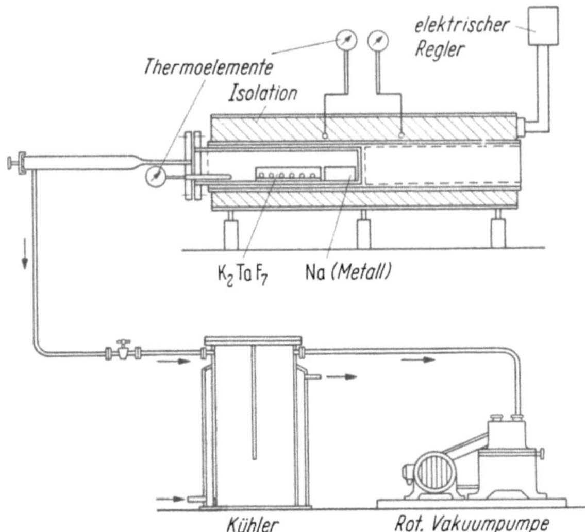

Abb. 156. Natriumreduktion von K_2TaF_7 nach dem Lang-Verfahren (H. C. STARCK, Goslar)

Das gewonnene Metallpulver wird durch Waschen mit Schwefelsäure und Flußsäure gereinigt. Man erhält bei Ausbeuten von 90% Metallpulver mit einer Reinheit von 99,5% Tantal bzw. 99% Niob.

Anstelle des K_2NbF_7 kann auch das leichter herzustellende K_2NbOF_5 eingesetzt werden. Man muß dann aber etwas höhere Sauerstoffgehalte im Metallpulver in Kauf nehmen. In letzter Zeit werden in den USA schon im technischen Umfang die Fluoride auch mit langsam und dosiert zugesetztem flüssigen Natrium umgesetzt. Diese Variante hat Interesse gefunden, seitdem man bei der Entwicklung der natriumgekühlten Atomreaktoren gelernt hat, flüssiges Natrium durch Filtration oxidfrei zu erhalten und das flüssige Natrium in Transportbehältern zu befördern.

Es wurde auch schon versucht, die Chloride von Tantal und Niob nach Methoden ähnlich dem Kroll-Verfahren mit Calcium oder besser Magnesium zu reduzieren. Diese Verfahren, die noch nicht eingeführt sind, könnten aber Interesse erlangen, wenn größere Mengen an billigen, z. B. nach dem CIBA-Verfahren hergestellten und getrennten Chloriden auf dem Markt sind[1].

b) Schmelzflußelektrolyse

Die Schmelzflußelektrolyse von Ta_2O_5-haltigen Alkalidoppelfluoriden in einem Alkalihalogenidbad wird in den USA schon fast ausschließlich zur Tantalgewinnung herangezogen, während man in Europa noch überwiegend die klassische

[1] CIBA AG Basel: D. B. P. 1056105 (1959).

Natriumreduktion anwendet. Für Niob und Vanadin sind schmelzflußelektrolytische Verfahren, wegen der Bildung von stabilen niedrigerwertigen Verbindungen [Nb(IV), V(III)], schwieriger und haben sich noch nicht durchgesetzt. Die Elektrolyse von VCl_2 in geschlossenen Anlagen findet aber neuerdings in den USA Interesse[1].

Die Elektrolyse kann grundsätzlich in zwei verschiedenen Arten von Bädern, nämlich in oxidhaltigen und in oxidfreien Halogenidschmelzen durchgeführt werden.

a) *Oxidhaltige Bäder:* Bei diesen bestehen die Elektrolyten aus etwa 50—70% KCl, 20—35% KF, 5—10% K_2TaF_7 und 4—5% Ta_2O_5. Verbrauchtes Tantalsalz kann wenigstens zum Teil durch Zugabe des billigeren Ta_2O_5 ersetzt werden. In der bei der Fansteel Corporation installierten Großanlage[2] wird in sechs auswechselbaren und in Serie geschalteten Gußeisentöpfen elektrolysiert. Die Eisentöpfe dienen als Kathoden; als Anoden sind Graphitstäbe vertikal angeordnet. Während der Elektrolyse, die bei 900 °C durchgeführt wird, werden K_2TaF_7 und Ta_2O_5 nachchargiert, bis das Bad nach mehrstündiger Elektrolyse von Tantalkristallen durchwachsen ist. Der Sauerstoffgehalt des Bades verhindert wirksam den „Anodeneffekt", d. h. die Überspannung an den Graphitanoden, wie sie bei reinen Halogenidbädern auftritt. Man muß durch den Sauerstoffgehalt aber höhere Anodenabbrände in Kauf nehmen. Nach dem Abkühlen wird der Salzkuchen herausgenommen, zerkleinert und auf einem Rüttelbrett mit Wasser gewaschen.

Auf ähnliche Weise wird bei der Union Carbide Metals Corporation[3] gearbeitet. Eine für die Niobabscheidung verwendete Elektrolysezelle zeigt Abb. 157. Bei

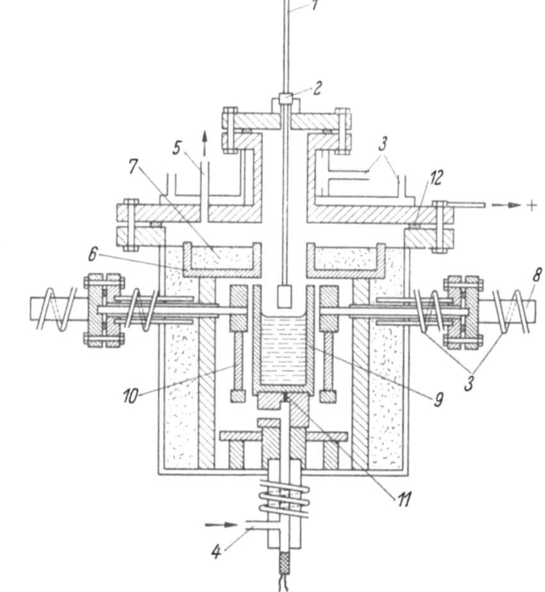

Abb. 157. Elektrolysezelle zur Salzbadelektrolyse von Niob. (Nach KOLK und Mitarbeitern, Lit. 8, S. 283)
1 Kathode, *2* Gummistopfen, *3* Luft- bzw. Wasserkühlung, *4* Argoneinlaß, *5* Argonauslaß, *6* Strahlungsschirm, *7* Isolierung (Ruß), *8* Stromzuführung, *9* Graphittiegel, *10* Graphitheizleiter, *11* Thermoelement, *12* Dichtung

[1] Persönliche Mitteilung von Mr. CAPUTO, F., Fa. OREMET, Albany, Oregon, USA.
[2] SOISSON, D. L., MC LAFFERTY, J. J., PIERRET, J. A.: Ind. Engng. Chem. *53* (1961) 861.
[3] CHILTON, C. H.: Chem. Eng. *65* (1958) 104.

dieser Zelle dient ein Graphittopf als Anode und herausziehbare Stäbe aus Metall, z. B. Nickel oder Molybdän, als Kathoden. Man arbeitet entweder unter Vakuum oder unter Argon als Schutzgas.

b) *Sauerstofffreie Bäder* konnten sich noch nicht im großen durchsetzen, obwohl sie durch die mögliche Verwendung der Pentachloride gewisse Vorteile bieten. Die Bäder bestehen aus Alkalihalogenidschmelzen (Chloride + Fluoride), in die die Chloride in Dampfform laufend eingeleitet werden. In den fluoridhaltigen Bädern setzen sich Tantal- bzw. Niobchlorid in die stabileren Fluoride um. Zur Verhinderung des Anodeneffektes, der durch einen Polster von freiem Halogen an den Anodenflächen entsteht, müssen genaue Stromdichtebedingungen eingehalten werden.

8. Raffination

Die nach den eben beschriebenen Verfahren hergestellten Rohmetalle sind meist für eine technische Anwendung schon rein genug und bedürfen selten einer nachfolgenden Raffination. Eine gewisse Raffination tritt auch beim üblichen Umschmelzen der Rohmetalle im Vakuumlichtbogen- oder insbesondere im Elektronenstrahlofen ein. Es werden nicht nur leicht verdampfbare Metalle, wie z. B. Aluminium oder Calcium bei aluminothermisch bzw. calciothermisch gewonnenen Metallen, sondern auch Kohlenstoff und Sauerstoff bei karbidothermisch gewonnenem Niob entfernt. Im Falle des Niob empfiehlt es sich, die Karbothermie so zu lenken, daß ein geringer Sauerstoffüberschuß (bezogen auf die Reaktion $2C + O_2 \rightleftharpoons 2CO$ des Kohlenstoffrestgehaltes im Rohmetall) verbleibt. Beim Umschmelzen wird dann praktisch aller Kohlenstoff als CO entfernt, während der überschüssige Sauerstoff im Hochvakuum in Form eines niedrigen Nioboxides, wahrscheinlich Nb_2O_{3-x} abgepumpt werden kann.

Als ausgesprochene Raffinationsverfahren zur Gewinnung höchstreiner Proben der Metalle Vanadin, Niob, Tantal dienen der Van Arkel-Prozeß (hauptsächlich für Vanadin) und das „electro-refining"-Verfahren, neben Sonderverfahren wie die Zonenreinigung.

a) Van Arkel-Verfahren

Für eine großtechnische Herstellung von Reinmetallen ist dieses kostspielige Verfahren nicht geeignet. Nach dem Van Arkel-Verfahren werden aber im Labormaßstab geringe Mengen an hochreinen Metallen für wissenschaftliche Untersuchungen hergestellt.

Die Apparatur zur Reinigung von Vanadin entspricht im wesentlichen den früher beschriebenen Apparaturen (vgl. Abb. 134, S. 244). Ein mit Molybdänblech ausgekleideter Behälter aus Inconel wird an der Wand mit Rohvanadin, das zwischen Wand und einem Zylinder aus gelochtem Molybdän eingestampft ist, ausgefüttert. Zentrisch ist ein Glühfaden aus einer Vanadin- oder Wolframdrahtschlinge angebracht. Das ganze System steht unter gutem Vakuum. Die eingebrachte geringe Menge an Jod setzt sich mit dem auf Rotglut befindlichen Rohvanadin (900—1000 °C) zu VJ_3 um, das sich an der weißglühenden Drahtschlinge (1400—1800 °C) zu Vanadin und Jod zersetzt und allmählich einen dicken Reinst-Vanadinstab bildet. Die Reinheit des Vanadins ist meist höher als 99,9%, da Oxide, Nitride, Karbide und andere Verunreinigungen sich nicht mit Jod umsetzen und im Rohvanadin verbleiben.

Man kann auch ein Gemisch von VCl_4 und Wasserstoff bei 800—1000 °C an einen glühenden Wolframdraht leiten, wobei jedoch geringste Spuren an Stickstoff im Reduktionsgas ebenso wie die Bildung von VCl_3 aus VCl_4 störend wirken. Aus der Gasphase abgeschiedenes, wasserstoffhaltiges Vanadin muß im Hochvakuum entgast werden.

b) Elektrolytische Salzbadreinigung (electro refining)

Die elektrolytische Salzbadreinigung hat für die Reinigung von Tantal und von Niob technische Bedeutung erlangt. Es lassen sich für die Raffination die gleichen Zellen, in leicht abgewandelter Form, wie für die Metallabscheidung aus Fluoriden (vgl. S. 285) verwenden. Anstelle der unangreifbaren Anoden aus Graphit werden Anoden aus den zu reinigenden Metallen bzw. die anodisch löslichen Rohkarbide eingesetzt. Die Kohlenstoff- und Stickstoffgehalte werden von einigen Zehntel Prozent auf einige Hundertstel Prozent gedrückt, während der Sauerstoffgehalt im allgemeinen in gleicher Höhe verbleibt. Der Sauerstoff wird beim nachfolgenden Hochvakuumschmelzen, eventuell unter Zusatz geringer Mengen an Kohlenstoff, entfernt.

Es hat auch nicht an Versuchen gefehlt, Niob und Tantal aus wäßrigen oder organischen Lösungen abzuscheiden; doch ist diesen Verfahren der technische Erfolg bis jetzt versagt geblieben.

9. Weiterverarbeitung der Va-Metalle

Bei den Metallgewinnungsverfahren fallen schwammartige Produkte bzw. Granulat (bei der Metallothermie) bzw. mehr oder weniger feine Pulver (bei der Schmelzflußelektrolyse) an, die zu kompakten Metallen verarbeitet werden müssen.

Nach älteren Verfahren geschieht die Kompaktierung durch Sintern. Das Sintern hat nur mehr für die Verarbeitung von Tantalpulver Bedeutung behalten, für Niob und vor allem Vanadin hat es nur mehr historisches Interesse. Ebenso haben sich das Drucksinterverfahren und das Pulverstrangpressen nicht einführen können.

In zunehmendem Maße wichtiger werden seit der Entwicklung von sehr großen Einheiten die Umschmelzverfahren im Lichtbogen- und Elektronenstrahlschmelzofen. Beim Umschmelzen kann bequem auch jede beliebige Menge an „Edelschrott", das sind Abfälle von Reinmetallen, die bei der Weiterverarbeitung anfallen, zugesetzt werden.

Die Weiterverarbeitung der Ingots zu Formstücken durch die üblichen Verfahren des Walzens, Schmiedens, Hämmerns, Drahtziehens bzw. durch spangebende Verformung macht bei den kaltduktilen Va-Metallen keine Schwierigkeiten.

a) Sintern

Ausgangsmaterial für das Sintern sind neben den bei der Schmelzflußelektrolyse gewonnenen Tantal- bzw. Niobpulvern auch die natriothermisch hergestellten

Metallschwämme sowie Hydridpulver und zerkleinerte Abfälle, sofern diese Produkte genügend günstiges Preßverhalten zeigen. Das Sintern der mit entsprechenden Preßdrücken hergestellten Körper kann im direkten Stromdurchgang oder auch durch indirekte Erhitzung erfolgen.

Sintern im direkten Stromdurchgang (Coolidge-Verfahren)

Nach diesem Verfahren werden gepreßte Großstäbe mit quadratischem oder mit besser entgasbarem flachem Querschnitt (heute bis 60 × 60 × 1200 mm bzw. 30 × 100 × 1200 mm) in Sinterglocken, die mit leistungsfähigen Hochvakuumaggregaten ausgestattet sind, im direkten Stromdurchgang erhitzt. Die Stäbe werden mit Strömen von 10000–50000 A bei Spannungen von wenigen Volt

Abb. 158. Gesinterte Niobstäbe in einer Vierstabsinterglocke (Coolidge-Verfahren). (Wah Chang Albany Corp., Albany, Oregon)

(maximal bis 60 Volt) erhitzt. Die Stäbe sind in wassergekühlte Metallklemmen eingespannt. In modernen Sinterglocken sind die Stäbe meist paarweise einseitig befestigt und am zweiten Ende mit einer Strombrücke versehen (Abb. 158, vgl. auch S. 112). Durch diese Anordnung wird der Schrumpfung der Stäbe beim Sintern kein Widerstand entgegengesetzt und ein Abreißen der Stäbe vermieden. Abb. 159 zeigt zwei solche Sinterglocken, in denen auch mehrere Paare von Sinterstäben eingespannt sein können und die sich nicht nur zum Sintern von Niob und Tantal, sondern auch zum Sintern von Niob- und Tantallegierungen sowie von Molybdän und Wolfram eignen.

Es hat sich als empfehlenswert erwiesen, die Sinterstäbe bei nicht zu hohen Preßdrücken herzustellen, da sie bei zu hohen Gründichten schlechter entgasen. Schwach gepreßte Sinterstäbe sind unter Umständen zur Steigerung der Festigkeit im Vakuum vorzusintern.

Die Sinterstäbe werden mehrstufig langsam hochgeheizt (vgl. Abb. 160). Dies hat den Zweck, das Ausdampfen von Verunreinigungen so zu lenken, daß kein

Auftreiben der Sinterstäbe erfolgt und die Dichtsinterung erst nach völligem Ausdampfen der Verunreinigungen eintritt.

In den unteren Temperaturstufen (400—800 °C) entweichen Wasserstoff und eventuell vorhandene Spuren von Alkalimetallen (bei natriothermisch gewonnenen

Abb. 159. Zwei große Tantalsinterglocken, Vorderansicht (Metallwerk Plansee AG)

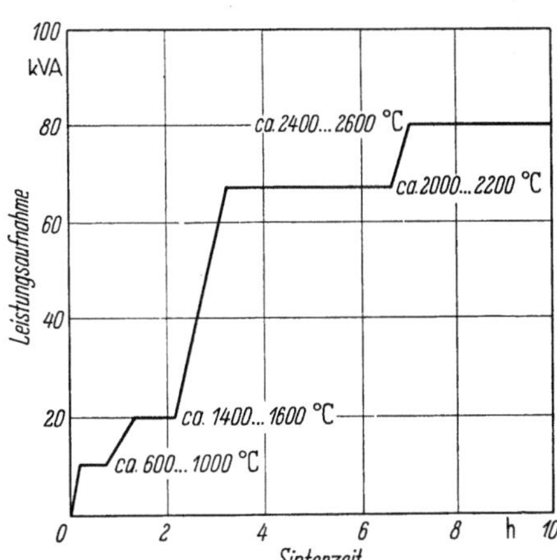

Abb. 160. Sinterdiagramm von Tantalstäben. (Nach R. Titterington und A. G. Simpson: Iron and Steel Inst. London Spec. Rep. 58, 1956)

Pulvern), bei 800—1200 °C entweichen Spuren von Alkalisalzen und Fluoriden und ab etwa 1400 °C setzt, besonders bei Niob, die Oxid–Karbid-Umsetzung ein. Oberhalb 2200 °C destillieren niedrige Oxide [$(Ta, Nb)_2O_{3-x}$] ab, und es beginnt die Zersetzung von Nitriden. Bei den Endtemperaturen von 2500—2700 °C bei

Tantal bzw. von 2100—2250 °C bei Niob verdampfen die Metalle bereits beträchtlich. Es wird mit Gewichtsverlusten von 1—3% gerechnet, die nur zum kleineren Teil auf das Verdampfen von Verunreinigungen zurückzuführen sind.

Bei der Tantalsinterung kommt man mit Gesamtsinterzeiten von etwa 8 bis 10 Stunden aus, während bei Niob wegen der niedrigeren Endsintertemperaturen zwei- bis vierfach längere Sinterzeiten notwendig sind.

Die Stabköpfe, die wegen der Einspannung in die Stromzuführungen weniger heiß werden, sind abzutrennen. Das Material kann hydriert und nach Aufmahlen beim Pressen von neuen Stäben zugesetzt werden.

Sintern mit indirekter Erhitzung

Das Sintern mit indirekter Erhitzung, das gegenüber der Sinterung im direkten Stromdurchgang höheren Energieaufwand erfordert, hat den Vorteil, beliebige Formteile, auch Großbleche und Rohrstücke sintern zu können. Auch die Temperaturverteilung ist bei der Indirektsinterung besser, und es treten keine Stabkopfverluste auf. Schwierigkeiten ergeben sich beim Sintern von hochschmelzenden Metallen dadurch, daß die Heizleitertemperaturen etwa 100—150 °C über der Sintertemperatur liegen müssen.

Für die Indirektsinterung wurden verschiedene Öfen (vgl. allgemeiner Teil des Buches) entwickelt, die praktisch ausschließlich mit Wolframheizkörpern, z. B. der Wolfram-Käfigofen (Seite 329), arbeiten. In modernen Öfen werden zunehmend rekristallisationsfeste Heizleiter aus Wolframdrahtgeweben (s. Abb. 77, S. 131) angewendet.

b) Schmelzen

Für die relativ hochschmelzenden und reaktiven Va-Metalle kommen praktisch nur tiegellose Schmelzverfahren, wie sie mehrfach in diesem Buch beschrieben sind, in Frage. Nur Vanadin läßt sich eventuell bei sehr kurzen Schmelzzeiten in Calciumoxidtiegeln schmelzen, ohne daß das Metall zu stark versprödet. Doch wird auch Vanadin fast ausschließlich nach verschiedenen tiegellosen Vakuumschmelzverfahren verarbeitet.

Zum Umschmelzen von Vanadin, Niob und Tantal bewähren sich alle Arten der Lichtbogenschmelzöfen und Elektronenstrahlöfen. Die Erstschmelze, d. h. das Einschmelzen von Schwamm, Pulver und kleinstückigem Material wird insbesondere bei Vanadin mit Permanentelektroden unter Argonschutzgas im Lichtbogenofen vorgenommen. Die Ingots werden dann zur Reinigung im Vakuum mit selbstverzehrenden Elektroden im Lichtbogen bzw. heute schon vielfach im Elektronenstrahlschmelzofen umgeschmolzen und dabei raffiniert[1]. Man kann die Erstschmelze mit Permanentelektroden, bei der immer zumindestens Spuren von Wolfram in das Metall übergehen, vermeiden, wenn die pulvrigen bzw. kleinstückigen Ausgangsmaterialien zu Elektroden verpreßt werden, die unter Umständen auch vorgesintert werden (s. Kap. Titan und Zirkonium).

[1] Belyaev, V. A.: Tsvet. Metal *40* (1967) 75.

Tab. 67 läßt die zunehmende Reinheit von mehrmals im Elektronenstrahlschmelzofen umgeschmolzenem Niob bzw. Tantal erkennen.

Tabelle 67. *Änderung der Analysen von Niob und Tantal im Verlauf der Reinigung durch Elektronenstrahlschmelzen**

Niob				
Element in ppm	vorgesinterter Stab	1. Schmelze	2. Schmelze	3. Schmelze
O_2	1500	100	75	50
C	300	50	20	20
H_2	28	3	1	1
N_2	75	50	30	25
Si	550	200	50	10
Fe	350	35	35	35

Tantal					
Element in ppm	vorgesinterter Stab	1. Schmelze	2. Schmelze	3. Schmelze	4. Schmelze
O_2	1120	130	90	80	60
C	150	30	20	20	20
H_2	75	17	15	10	5
N_2	100	40	15	15	15
Si	40	10	10	10	10
Fe	50	10	10	10	10

* Nach B. TOUGARINOFF: Le Vide, Nov./Dez. 1961, No. 96, 327.

Das Schmelzen mit Hilfselektroden ist die günstigste Technik für die schnelle Herstellung von Schmelzproben, besonders für die Erzeugung von kleinen Reguli für metallkundliche Untersuchungen, während die Vakuumschmelzverfahren in wassergekühlten Tiegelkokillen oder Abziehkokillen für das Schmelzen von großen Rundblöcken in Frage kommen.

Zur Herstellung von besonders reinen Metallproben oder von großen Einkristallen aus Vanadin, Niob und Tantal hat sich das Zonenschmelzen bewährt[1].

c) Verformen

Die Verformung der Va-Metalle macht, wie schon erwähnt, keine Schwierigkeiten, wenn die Metalle in genügender Reinheit vorliegen. Ihre niedrige Härte (H_v handelsüblicher Produkte 80—120 kg/mm²) macht sie kalt verformbar. Bei höheren Verformungsgraden (50—90%) tritt allerdings eine Verfestigung ein, sodaß die Metalle vor einer weiteren Kaltbearbeitung im Vakuum weichgeglüht werden müssen. Die günstigsten Glühtemperaturen liegen bei 50—60% des

[1] Anonym: Metals and Materials Today (ASM) Febr. 1967, S. 9

Schmelzpunktes, das sind für Vanadin 900—1000 °C, für Niob 1100—1300 °C und für Tantal 1200—1450 °C. Großblöcke von Niob- und Tantallegierungen werden oft auch warm bei Temperaturen bis 800 °C rasch mit großen Stichabnahmen auf Grobbleche gewalzt. Vor einer Zwischenglühung müssen die beim Warmwalzen gebildeten, bis zu 0,5 mm starken Zunderschichten, bestehend aus Oxiden und Nitriden, abgeschliffen bzw. abgebeizt werden, da sonst Sauerstoff und Stickstoff bei der Glühbehandlung in das Metall diffundieren und dieses verspröden.

Das *Walzen* der Va-Metalle ist nicht schwieriger als das Walzen anderer kaltduktiler metallischer Werkstoffe, wie Reinnickel, Reineisen, Monel u. a., wobei für die Va-Metalle eine relativ geringe Kaltverfestigung charakteristisch ist. Grobbleche werden meist auf Duo-, Feinbleche auf Quarto-Walzwerken und Folien auf Mehrfachwalzwerken unter Verwendung von Hartmetallwalzen hergestellt. Bei Feinblechen wird auch das Paketwalzen eventuell mit Beilagen von Monel durchgeführt.

Durch *Schmieden* werden zum Teil Sinterstäbe nachverdichtet; Rundblöcke können durch Schmieden zu Vierkantprofilen verarbeitet werden, soferne man es nicht vorzieht, die Vierkantstäbe auf Walzgerüsten herzustellen. Die Herstellung von Formstücken, vor allem aus Niob, gewinnt an Bedeutung, da Formstücke aus Niob in der Luftfahrt und im Raketenbau Verwendung finden.

Keine wesentlichen Probleme macht das *Strangpressen*, das vor allem zur Verarbeitung von Vanadin, aber auch von Nioblegierungen (z. B. Nb–10Ti–10Mo-Legierung) angewendet wird. Vanadin wird im Weicheisenhemd bei Temperaturen von 1050—1200 °C stranggepreßt. Die Eisenhemden lassen sich mechanisch entfernen, worauf die Preßlinge abgeschliffen und gebeizt werden, um alle Oberflächenverunreinigungen zu entfernen.

Da die Va-Metalle, besonders Niob und Tantal, beim *Drahtziehen* zum Fressen neigen, empfiehlt es sich, den Grobdraht anodisch in 1%iger Schwefelsäure zu oxydieren und die anodische Behandlung nach je 2—4 Zügen zu wiederholen. Rohre lassen sich durch Tiefziehen von Rondellen und anschließendes Überdornziehen herstellen. Rohre mit großem Durchmesser werden aber zweckmäßigerweise aus Blechen geschweißt und allfällig nachgezogen.

Das *Schweißen* von Vanadin, Niob und Tantal ist ein technisch besonders wichtiges Verfahren, da wichtige Verwendungsgebiete dieser Metalle, vor allem des Tantals, im Geräte- und Apparatebau liegen. Durch Argonarc- bzw. Heliarc-Schweißung lassen sich einwandfreie Verbindungen herstellen. Auch das Elektronenstrahlschweißen gewinnt in jüngster Zeit an Bedeutung. Zu neuen Methoden der Verbindungstechnik zählt das „Edelgasdruckschweißverfahren" (gas pressure bonding)[1], bei dem die zu verschweißenden Metallteile bei erhöhter Temperatur (1150 °C für Niob) stundenlang mittels eines Heliumgasdruckes von 700 kg/cm² zusammengepreßt werden. Es entstehen reine, gut haltbare Diffusionsverbindungen.

Die Va-Metalle können unter Vorsichtsmaßnahmen, die eine Aufnahme von Sauerstoff und Stickstoff während des *Lötens* vermeiden, sowohl kalt- als auch hartgelötet werden. Als Hochtemperaturlote für die Verbindung von Niob und Nioblegierungen sollen sich Titan und Titanlegierungen bewährt haben.

[1] Paprocki, S. J., Hodge, E. S., Gripshover, P. J.: DMIC-Rep. *159* (1961).

10. Legierungen

Die Va-Metalle, die alle kubisch raumzentrierte Struktur besitzen, zählen zu den relativ legierungsfreudigen Metallen. Untereinander sind die Va-Metalle voll mischbar; im System Vanadin–Tantal existiert, wegen der großen Unterschiede in den Atomradien der beiden Metalle, eine Mischungslücke bei tiefen Temperaturen. Mit den ebenfalls kubisch raumzentrierten VIa-Metallen werden zum Teil vollkommene Mischreihen gebildet (vgl. Abb. 161); Niob und Tantal sind mit Chrom nur teilmischbar. Bei den voll mischbaren Va–VIa-Systemen Vanadin–Chrom,

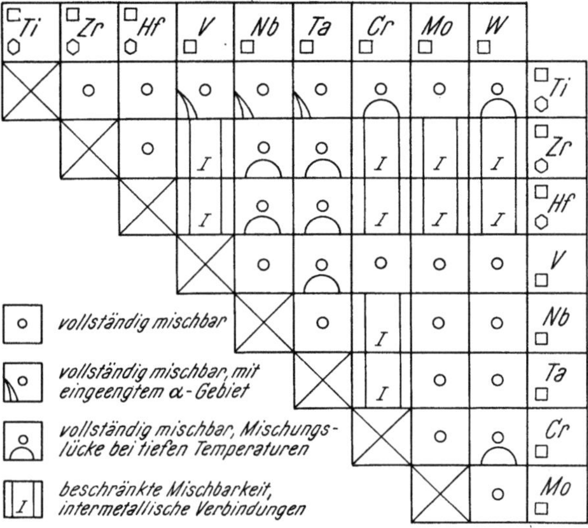

Abb. 161. Schematische Darstellung des Legierungsverhaltens der Metalle der IVa-, Va- und VIa-Gruppe des Periodensystems (Zustandsdiagramme Va–IVa-Metalle siehe Abb. 137)

Vanadin–Wolfram und Niob–Molybdän deuten die ausgeprägten Minima in den Liquiduslinien auf Tieftemperaturmischungslücken hin, die allerdings bis jetzt noch nicht bestätigt sind.

In den Systemen mit den IVa-Metallen werden ebenfalls Mischungslücken beobachtet. Nur Titan in der kubisch-raumzentrierten β-Form ist mit allen 3 Va-Metallen voll mischbar. In der hexagonalen α-Form ist es mit diesen nur teilmischbar. Mit dem Aktinidenmetall Uran ist nur Niob voll mischbar, Vanadin und Tantal bilden sehr breite Mischungslücken. Mit praktisch allen anderen Metallen sind die Va-Metalle wenig mischbar und es besteht starke Tendenz zur Bildung intermetallischer Verbindungen.

Als Legierungselement für Vanadin-, Niob- und Tantallegierungen hat das Titan die größte Bedeutung. Titan erhöht deutlich die Verformbarkeit der Va-Metalle, während andere Metalle schon bei geringen Legierungsgehalten (bis 10% Metall) die Va-Metalle stark verfestigen. Titangehalte in den Vanadin-, Niob- und Tantallegierungen vermögen aber die Zulegierbarkeit anderer Metalle so zu verbessern, daß z. B. bei 10—20% Titan in Vanadinlegierungen 5—20% Drittmetalle zulegiert werden können, ohne daß die Legierungen ihre

Kaltverformbarkeit einbüßen. Das Titan kann zumindest teilweise durch Zirkonium ersetzt werden. Abb. 161 zeigt schematisch das Legierungsverhalten der IVa-, Va- und VIa-Metalle untereinander sowie die Abb. 162 einige ausgewählte wichtige Zustandsdiagramme von Systemen der Va-Metalle.

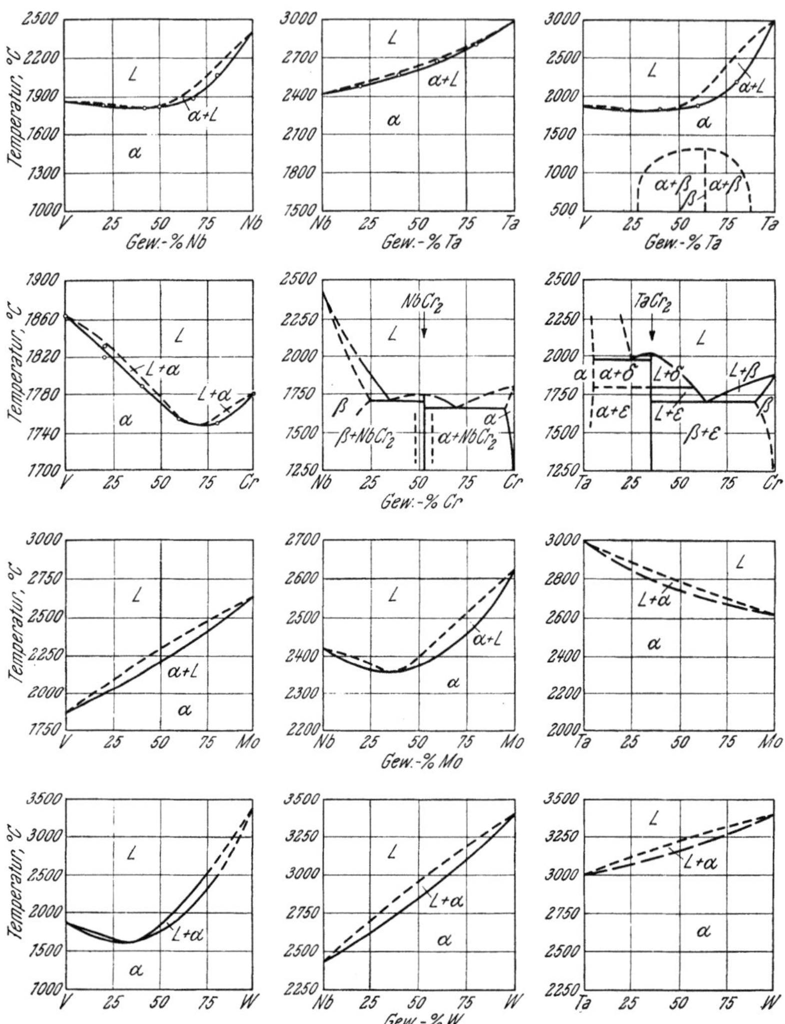

Abb. 162. Zustandsdiagramme der Systeme der Metalle der Va-Gruppe untereinander und mit den VIa-Metallen

Va-Metall-Legierungen konnten sich bisher nicht in größerem Umfang einführen. Trotz großer Anstrengungen, Legierungen mit günstigen Eigenschaften, wie hohe Warmfestigkeit, verbesserte Oxydationsbeständigkeit, verbessertes Korrosionsverhalten, geringere Anfälligkeit gegen Wasserstoff usw. aufzufinden, haben die Va-Metall-Legierungen als Werkstoffe heute noch keine größere Bedeutung; lediglich Vanadin ist als Legierungselement in den Ti–V–Al-Legierungen wichtig.

Interesse finden in der Raumfahrttechnik verschiedene hochwarmfeste Niob-Basis-Legierungen, die 5—10% Molybdän und/oder 15—28% Wolfram neben 7—10% Titan und/oder 0—5% Zirkonium enthalten und die die Warmfestigkeit des mit 0,5% Titan legierten Molybdäns noch übersteigen. Noch höhere Warmfestigkeit bei mittleren Temperaturen (1000—1600 °C) erreichen Tantallegierungen mit Wolfram- bzw. Wolfram–Hafnium-Zusätzen (vgl. Abb. 163).

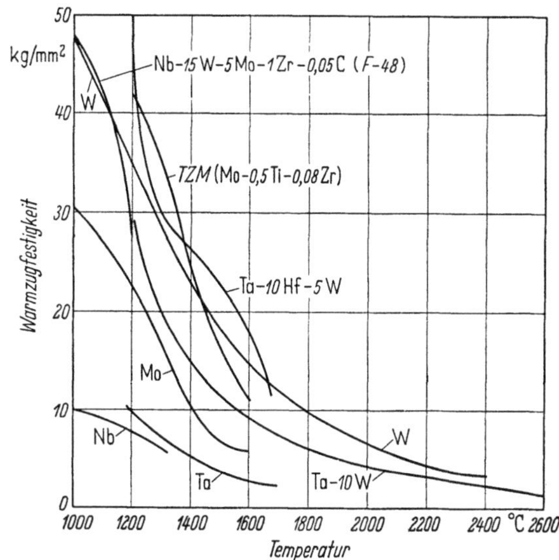

Abb. 163. Warmzugfestigkeit einiger hochwarmfester Legierungen in Abhängigkeit von der Temperatur. (Nach F. F. Schmidt, W. D. Klopp, W. M. Albrecht, F. C. Holden, H. R. Ogden, R. I. Jaffee: W.A.D.D. Techn. Rep. 59—13 (1959))

Größere Anwendung finden die Va-Metalle in Form der Karbide in den Hartmetallen („Kohlenstofflegierungen"), wo vor allem Tantalkarbid in den WC–TiC–TaC-Kobalt-Hartmetallen eingesetzt wird. Auch NbC–HfC- und TaC–HfC-Mischkristalle werden in steigendem Maß zumindest als Teilersatz des TaC verwendet[1,2]. Andere Hartstoffe der Va-Metalle, die Silizide und Boride, finden trotz teilweise interessanter Eigenschaften noch keine technische Anwendung; Einsatzmöglichkeiten für Karbide und Karbonitride zeichnen sich aber schon ab[3,4].

11. Anwendungen

Von den Va-Metallen hat bisher Tantal als Reinmetall die größten Anwendungsgebiete gefunden. Der Bedarf an Rein-Niob stieg in den letzten Jahren stärker an als der von Rein-Tantal und hat heute den Tantal-Bedarf nahezu erreicht. Es kann vorausgesagt werden, daß in der Zukunft die Verwendung des billigeren und häufiger vorkommenden Niobs die des Tantals überflügeln wird. Vanadin dagegen, das zwar gute, aber keine einzigartigen Eigenschaften aufweist,

[1] Kieffer, R., Benesovsky, F.: Hartstoffe. Springer-Verlag, Wien 1963.

[2] Kieffer, R., Trabesinger, G., Reiter, N.: Planseeber. Pulvermet. *17* (1969) 25.

[3] Kieffer, R., Nowotny, H., Ettmayer, P., Freudhofmeier, F.: Monatsh. f. Chem. *101* (1970) 65.

[4] Freudhofmeier, F.: Diss. an der Techn. Hochsch. Wien (1970).

hat bis jetzt noch keine praktische Verwendung als Reinmetall gefunden. Die Hauptmengen an Va-Metallen werden in Form von Ferrolegierungen zur Stahlveredlung eingesetzt. Die Metalle, aber auch die Oxide dienen als Ausgangsstoffe für die Karbide, die in Sinterhartmetalle eingehen, was ihnen einen festen Markt sichert[1,2].

Im einzelnen haben sich Vanadin, Niob und Tantal folgende Anwendungsgebiete erobert:

a) Vanadin

Ein Verwendungsgebiet des Vanadins als Reinmetall könnte sich in der Kerntechnik bei Hochtemperaturreaktoren ergeben, wo geplant ist, Hüllrohre aus Niob innen mit einer dünnen Schichte von Vanadin auszufüttern. Als Legierungszusatz hat Vanadin in die Titan–Aluminium–Vanadin-Legierungen Eingang gefunden (vgl. bei Titan), daneben werden Gold–Vanadin-Legierungen als Widerstandsdrähte für Meßwiderstände eingesetzt.

Vanadinkarbid findet sich als Kornwachstumsinhibitor in vielen Hartmetallen[1,2].

Wie erwähnt, werden größere Mengen an Ferrovanadin in der Stahlindustrie verbraucht. Aus den USA wird über einen erfolgreichen Einsatz von V_2C-haltigen Vorlegierungen als Stahlzusatz berichtet. Vanadin hat schwach desoxydierende Wirkung und ist als Karbidbildner auch Stahlveredler. Geringe Vanadinzusätze zu Kohlenstoffstählen erhöhen deren Zugfestigkeit und Warmfestigkeit; bei Vergütungsstählen bedingt Vanadinzusatz feinkörniges Gefüge.

Vanadinpentoxid ist ein hervorragender Oxydationskatalysator. Es hat bei der Schwefelsäurefabrikation die Platinkontakte weitgehend verdrängt, da V_2O_5 gegen Kontaktgifte unempfindlich ist. Auch bei der Oxydation von organischen Verbindungen, z. B. Phthalsäure aus Naphthalin, Aldehyde aus Alkoholen bzw. Phenolen, wird V_2O_5 als Katalysator eingesetzt.

b) Niob

Das Reinmetall kann in verschiedenen Anwendungsgebieten, vor allem in der chemischen Industrie, das teurere Tantal ersetzen[3]. Es findet in jüngster Zeit wegen seiner guten Warmfestigkeit, seiner guten Korrosionsbeständigkeit gegenüber flüssigen metallischen und gasförmigen Kühlmitteln und seiner guten Verträglichkeit mit Uran zunehmendes Interesse in der Kerntechnik als Material für Hüllrohre. Zulegieren von Niob zu Uran stabilisiert die kubisch raumzentrierte Uran-Phase, so daß Uran-Brennelemente, die mit Niob legiert sind, weniger zum Aufreißen neigen[4].

In der Raketentechnik werden Formstücke aus Niob für thermisch hochbeanspruchte Teile, wie Flügel, Kanten und Spitzen sowie für die Düsen von Raketenmotoren, eingesetzt. Abb. 164 zeigt eine Steuerdüse, deren Brennkammer

[1] Kieffer, R., Benesovsky, F.: Hartstoffe. Springer-Verlag, Wien 1963.

[2] Kieffer, R., Benesovsky, F.: Hartmetalle. Springer-Verlag, Wien–New York 1965.

[3] Kieffer, R., Bach, H., Binder, F., Kurka, F.: Werkstoffe u. Korrosion *19* (1968) 312.

[4] Lintner, K., Schmid, E.: Werkstoffe des Reaktorbaues. Springer-Verlag, Berlin–Göttingen–Heidelberg 1962.

aus der Ta–10W-Legierung, neuerdings aus der Ta–10W–10Hf-Legierung, besteht und deren Expansionskammer aus einer zunderbeständigen Nb–Hf–W-Legierung (WC-103) gefertigt ist. Niob läßt sich auch unter Normalatmosphäre kurzzeitig auf Temperaturen über 2000 °C erhitzen, wobei die Zunderfestigkeit noch durch Aufbringen von Überzügen erhöht werden kann[1,2].

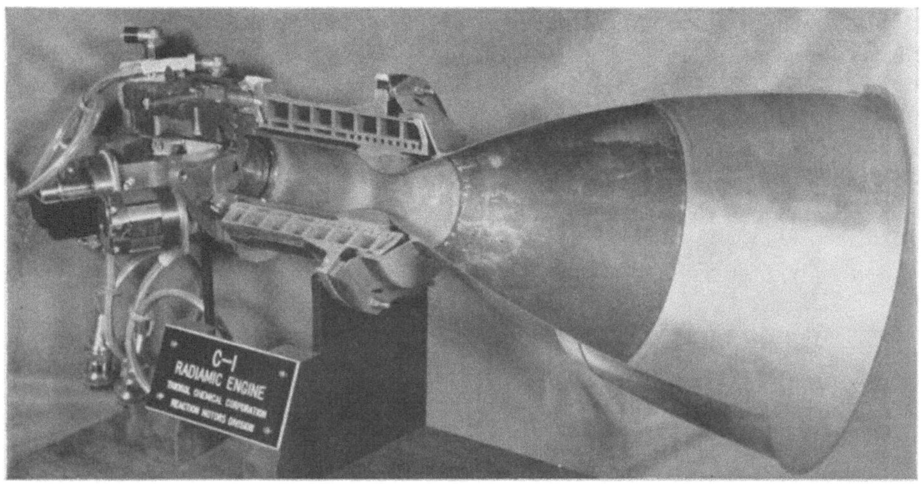

Abb. 164. Steuerdüse für 45 kg Schub. Brennkammer aus Ta–10W-Legierung, Expansionsteil aus Niob–Wolfram–Hafnium-Legierung. (Wah Chang Albany Corp., Albany, Oregon, USA)

Kleine Zusätze an Titan oder Zirkonium verbessern die Warmfestigkeit des Niobs. Die Oxydationsempfindlichkeit des Niobs kann durch Zusatz von Beryllium, Titan, Aluminium, Zirkonium, Chrom, Silizium und Vanadin, die die Oxidbildung verzögern, und gleichzeitig von Calcium, Cer, Lanthan, Thorium und Zinn, die die Diffusion von Sauerstoff in das Metall hemmen, stark vermindert werden. Geringe Mengen an Rein-Niob werden als hochwirksames Gettermaterial, mit günstigsten Arbeitstemperaturen von 400—850 °C, sowie für Glühkathoden in Elektronenröhren und als Wolframlote verwendet[3].

Als Legierungselement bringt Niob in kleinen Mengen zugesetzt eine Verbesserung von Zirkonium und Zirkoniumlegierungen, die als Hüllmaterial für Brennstäbe in der Kerntechnik eingesetzt werden. In kleinen Mengen (1—2%) zu Alnico-Magneten zugesetzt (Alcomax-Magnete) verstärkt es die erwünschte Stengelkristallbildung.

Die größten Mengen an Niob gehen als Ferroniob in die Stahlindustrie[4]. Als Kohlenstoffbinder ist Niob ein wertvoller Stahlveredler und vermag, in Mengen von 0,4—1% Sonderstählen zugesetzt, die interkristalline Oxydation dieser Stähle

---

[1] Machlin, I., Gilmore, Ch. M.: Metal Progress *90* (1966) 101.

[2] Gibeaut, W. A., Bartlett, E. S.: Battelle Techn. Rev. *15* (1966) 14.

[3] Espe, W.: Werkstoffe der Hochvakuumtechnik. VEB Deutscher Verlag der Wissenschaften, Berlin 1959.

[4] Durrer, R., Volkert, C. (Hrsg.): Die Metallurgie der Ferrolegierungen. Springer-Verlag, Berlin–Göttingen–Heidelberg 1953.

bei Erhitzen an Luft von 500—800 °C zu vermindern. Nitrierstählen zugesetzt erhöht Niob die Tiefe der Einsatzhärtung.

c) Tantal

Tantal fand im Gegensatz zu den anderen V a-Metallen Vanadin und Niob schon früh eine Verwendung in Form von Glühdrähten in Tantallampen. Heute wird Rein-Tantal in relativ großen Mengen in verschiedensten Verwendungsgebieten eingesetzt.

In der chemischen Industrie hat es sich als wertvoller, sehr korrosionsfester Werkstoff im Apparatebau durchgesetzt, dessen Verwendung durch seine gute Verformbarkeit, seine gute Schweißbarkeit und Festigkeit sowie sein hohes Wärmeleitvermögen sehr gefördert wird (Abb. 165, 166).

Abb. 165. Wärmetauscher aus Tantal. Links mit 41,5 m² Austauschfläche, rechts mit 12,1 m² Austauschfläche. (Leybold Heraeus GesmbH, Hanau)

Man fertigt aus Tantal Großbehälter für korrosive Flüssigkeiten, Reaktionskessel vor allem in der pharmazeutischen Industrie, Wärmetauscher für korrosive Medien, Apparateteile für säurefeste Pumpen, Spinndüsen und Sprühelektroden für elektrostatische Gasreinigungsanlagen.

Tantal dient wegen seines hohen Schmelzpunktes und des Umstandes, daß es nicht wie Molybdän und Wolfram durch Rekristallisation versprödet, als Heizleitermaterial für Hochtemperaturöfen. Es hat sich auch als sehr beständiges

Tiegelmaterial für die metallothermische Gewinnung verschiedener Metalle sowie für das Schmelzen vor allem der Seltenen Erdmetalle im Vakuum und unter Schutzgas bewährt. Die Beständigkeit von Tantaltiegeln gegen Metallschmelzen kann noch durch Überziehen mit Tantalborid (Erhitzen des Tiegels im Vakuum in Kontakt mit Bor auf etwa 1800 °C, dann nach Entfernen des Bors Nachglühen auf 1800—2000 °C, wobei ursprünglich gebildetes TaB_2 in TaB übergeht) verbessert werden.

Abb. 166. Kühler, Rührer und tantalverkleidete Stahldeckel für einen Appart aus Glas. (Leybold Heraeus GesmbH, Hanau)

Tantal war auch bei der Planung des LAMPRÉ-Reaktors, der mit flüssigem Plutonium arbeitet, als Material für den Behälter geplant. In diesen Behälter sollten 547 Tantalkühlrohre mit einem Durchmesser von 4,5 mm und einer Wandstärke von 0,125 mm eingeschweißt werden[1].

In der elektronischen Industrie ist Tantal ein wichtiger Werkstoff für verschiedene Formstücke wie für Anoden und für hochbelastete Kathoden in Senderöhren (Abb. 167). Tantal ist auch ein sehr wirksamer Getter, der bei Temperaturen von 650—1000 °C wirksam Sauerstoff, Wasserstoff und Stickstoff aufnimmt.

Wegen der guten Korrosionsbeständigkeit und Körperverträglichkeit wird Tantal in der Chirurgie für Knochennägel, Knochenersatzstücke, Klammern u. a. verwendet.

Die größte Anwendung von Rein-Tantal liegt heute bei der Herstellung von Elektrolytkondensatoren (Abb. 168). Tantal steht darin in erfolgreicher Konkurrenz zu Aluminium, dem es durch seine gute Korrosionsbeständigkeit gegen die aggressiven Elektrolyte überlegen ist. Tantalelektrolytgleichrichter wurden inzwischen aber weitgehend durch die Tantal-Trockengleichrichter verdrängt.

Tantalbasislegierungen haben fast durchwegs geringere Korrosionsbeständigkeit als Rein-Tantal, so daß Legierungen für korrosionsgefährdete Apparateteile

[1] USAEC-Rep LA-2112 (1957).

keine Bedeutung haben. Gewisse Legierungszusätze erhöhen aber die Warmfestigkeit des Tantals. So hat z. B. die Tantal–10 Wolfram-Legierung gute Festigkeit bis 2800°C. Sie erreicht nahezu die Warmfestigkeit des Wolframs, ist aber leichter verformbar und neigt weniger zur Rekristallisation. Sie findet Verwendung beim Bau von hochbelasteten Raketendüsen (vgl. Abb. 164, S. 297).

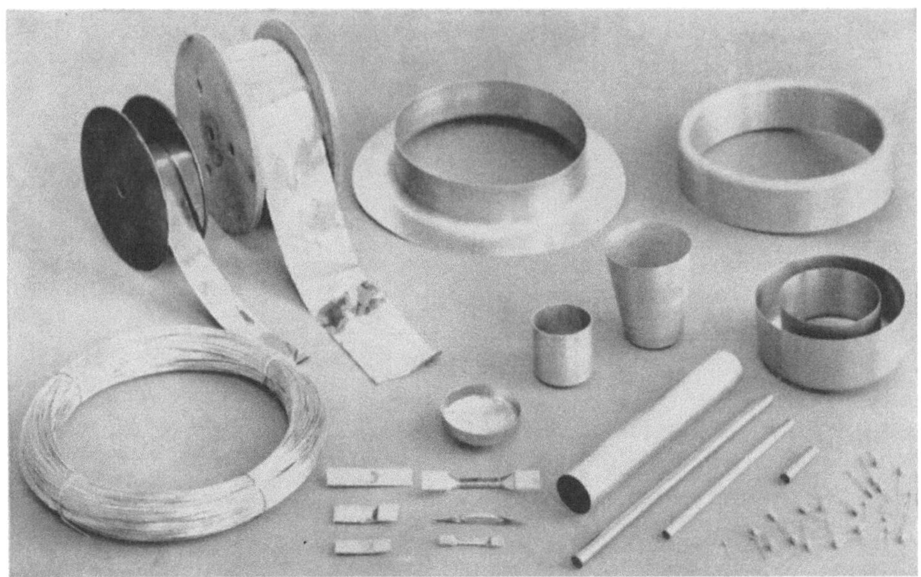

Abb. 167. Halbzeug für die elektronische Industrie. (Metallwerk Plansee AG, Reutte/Tirol)

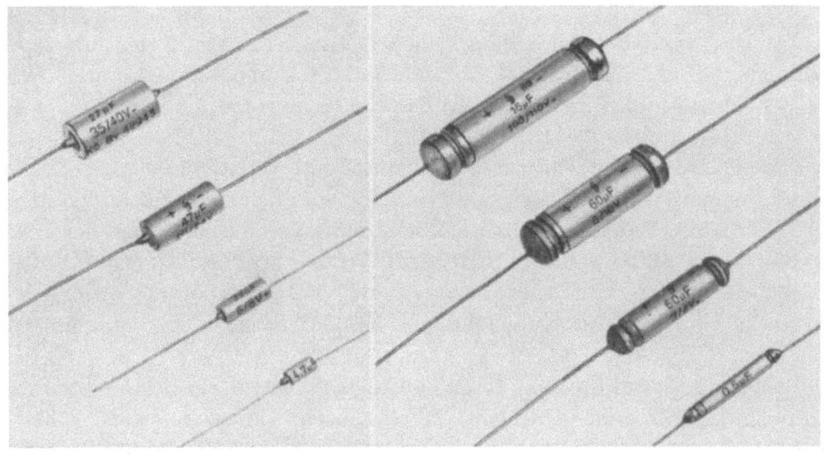

a b

Abb. 168. Tantal-Kondensatoren verschiedener Ausführung
a Trockensinterkondensatoren, b Folienkondensatoren

Als Stahlveredler hat Tantal wegen seines hohen Preises nicht dieselbe Anwendung wie Vanadin und Niob gefunden. Doch wird auch Ferrotantal in größeren Mengen verbraucht.

Vorläufig nicht zu ersetzen ist Tantal in Form des Tantalkarbides in den Hartmetallen, obwohl neuere Arbeiten darauf hinweisen, daß TaC-freie bzw. TaC-arme WC–TiC–Co-Hartmetalle mit NbC und HfC anstelle von TaC sehr gute Eigenschaften aufweisen[1]. Interesse kommt den vor kurzem entwickelten TaC–Cu bzw. TaC–Ag-Verbundwerkstoffen zu, die wegen des extrem hohen Schmelzpunktes von TaC thermisch höher belastbar sind als die üblichen W–Cu- bzw. W–Ag-Schwitzkühllegierungen[2].

In Form von Verbindungen hat Tantal wenig Anwendung gefunden. Es sei nur auf Ta_2O_5-haltige optische Gläser hingewiesen, die sehr hohe Brechungsindices aufweisen.

Buchschrifttum

KIEFFER, R., BRAUN, H.: Vanadin, Niob, Tantal. Springer-Verlag, Berlin–Göttingen–Heidelberg 1963.

ROSTOCKER, W.: The Metallurgy of Vanadium. J. Wiley & Sons, New York 1958.

DOUGLASS, D. L., KUNZ, F. W. (Hrsg): Columbium Metallurgy. Interscience Publ. New York–London 1961.

MILLER, G. L.: Tantalum and Niobium. Butterworths Scientific Publ., London 1959.

SISCO, F. T., EPREMIAN, E. (Hrsg.): Columbium and Tantalum. J. Wiley & Sons, New York–London 1963.

TIETZ, T. E., WILSON, J. W.: Behaviour and Properties of Refractory Metals. Stanford Univ. Press, Stanford, California 1965.

SCHREITER, W.: Seltene Metalle, Bd. II und III. VEB Deutscher Verlag für Grundstoffindustrie, Leipzig, 1961/62.

SAMSONOV, A. W., KONSTANTINOV, W. J.: Tantal und Niob. Verlag Nauka, Moskau 1959.

GONSER, B. W., SHERWOOD, E. M.: Technology of Columbium. J. Wiley & Sons, New York 1958.

ZACHAROVA, G. V., POPOW, J. A., ZOBROVA, L. P., FEDIN, B. V.: Niob und seine Legierungen. Verlag Nauka, Moskau 1961.

DUM, H. E., EDLUND, D. L.: Vanadium in: C. A. HAMPEL (Hrsg.): Rare Metals Handbook. Reinhold Publ. Corp., London, 2. Aufl. 1961, S. 629.

SHERWOOD, E. M.: Columbium ibid. S. 149.

HAMPEL, C. A.: Tantalum ibid. S. 469.

Technical Staff, Foote Mineral Co.: Vanadium in: C. A. HAMPEL (Hrsg.): The Encyclopedia of the Chemical Elements. Reinhold Book Corp., New York–Amsterdam–London 1968, S. 787.

SCHMIDT, F. F.: Niobium ibid. S. 681.

WEHRMANN, R. F.: Tantalum ibid. S. 681.

QUARRELL, A. G. (Hrsg.): Niobium, Tantalum, Molybdenum and Tungsten. Elsevier Publ. Co., New York 1961.

PROMISEL, N. E. (Hrsg.): The Science and Technology of Tungsten, Tantalum, Molybdenum, Niobium and their Alloys. AGARD Conf. on Refractory Metals Oslo 1963, Pergamon Press 1964.

Gmelins Handbuch der Anorganischen Chemie. Verlag Chemie, Weinheim/Bergstr., 8. Aufl. Syst.-Nr. 48 Vanadin 1967/68, Syst.-Nr. 49 Niob 1969, Syst.-Nr. 50 Tantal 1969.

[1] KIEFFER, R., TRABESINGER, G., REITER, N.: Planseeber. Pulvermet. *17* (1969) 25.

[2] KIEFFER, R., WINDISCH, ST., NOWOTNY, H.: Metall *17* (1963) 669.

F. Gruppe VIa

Chrom, Molybdän, Wolfram

Die Sondermetalle der VIa-Gruppe haben, vor allem das *Wolfram*, schon relativ früh Eingang in die Technik gefunden. Wolfram wird etwa seit der Jahrhundertwende zuerst als Stahlveredler, wenig später auch für Glühdrähte in den Metallfadenlampen verwendet. 1927 brachte die Entwicklung der Wolframkarbid-Hartmetalle einen weiteren Aufschwung für die Verwendung des Wolframs.

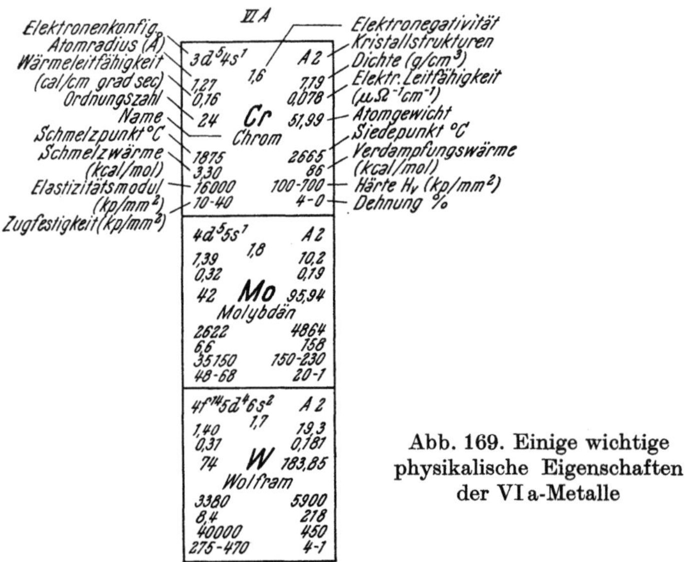

Abb. 169. Einige wichtige physikalische Eigenschaften der VIa-Metalle

Wolfram, das höchstschmelzende aller Metalle (Fp. 3400 °C), ist unersetzlich für die Glühlampen-, die Röntgen- und die elektronische Industrie, ebenso wie für die Fertigung höchstbeanspruchter Unterbrecherkontakte, für Höchsttemperaturheizleiterelemente, für Lichtbogenschweißelektroden sowie für Kathoden in Elektronenstrahlöfen und für Raketendüsen.

Das etwas niedriger schmelzende *Molybdän* (Fp. 2600 °C) steht auf vielen Verwendungsgebieten dem Wolfram gegenüber etwas im Hintergrund, findet aber starken Einsatz für Heizleiter und Strahlbleche in Hochtemperaturöfen, für Elektroden in elektrisch beheizten Glasschmelzöfen, für Spritzdrähte in Metallspritzpistolen und neuerdings in niedrig legierter Form als warmfester Werkstoff für Spritzgußformen und Stranggußdüsen in der Zink-, Aluminium- und Stahlindustrie. Die Verwendung des reinen Molybdäns und der Molybdänlegierungen könnte mengenmäßig die von Rein-Wolfram übertreffen, wenn zur Zeit nicht — ständig steigend — größere Mengen an reinem Wolframpulver zur Erzeugung von WC für Sinterhartmetalle Verwendung finden würden.

Chrom tritt gegenüber den anderen VIa-Metallen in der Verwendung als Rein-Metall sehr zurück. Die Herstellung von duktilem, bildsamem Chrom ist erst seit etwa 5 Jahren möglich. Das früher als unbildsam angesehene Chrom kann heute im Hochvakuum oder unter Edelgas zu etwa 20—50 kg schweren Blöcken geschmolzen werden, die sich einwandfrei zu walz- und hämmerbaren Drähten und Stäben verarbeiten lassen. Chrom hat aber als Legierungsbestandteil in den Sonderstählen, den Superlegierungen sowie als geringer Zusatz als stahlveredelnder Bestandteil überragende Bedeutung. Während der Verbrauch von Chrom als Reinmetall gegenüber dem von Molybdän und Wolfram völlig zurücktritt, verhalten sich die als Legierungsmetall eingesetzten Mengen etwa wie 100 (Chrom): 3,5 (Molybdän):1,5 (Wolfram). Beachtliche Mengen an Chromverbindungen werden auch für elektrolytische Verchromungen verwendet.

Im Vergleich zu ihren Nachbarn im Periodensystem haben die VIa-Metalle höhere Schmelzpunkte. Die höhere Dichte, die diejenige der Va-Metalle übertrifft und die nahe an die Dichte der spezifisch schwersten Metalle der Platingruppe heranreicht, macht vor allem das Wolfram als Basis von Wolframpseudolegierungen, dem sogenannten „Wolfram-Schwermetall“ interessant.

1. Entdecker und Namensgebung

Tabelle 68. *Entdecker und Namensgebung*

Chrom	Molybdän	Wolfram
Chrom erstmalig von PALLAS 1765 in Rußland in Rotbleierz (Krokoit Pb · CrO_4) aufgefunden. Reine Chromverbindungen 1797 aus Krokoit isoliert.	Natürlich vorkommender Molybdänglanz, wegen seines ähnlichen Aussehens und seiner ähnlichen physikalischen Eigenschaften schon in der Antike mit Bleiglanz und Graphit verwechselt. Daraus auch der Name Molybdän (Molybdos = Blei).	Wolframit (Eisen, Mangan)-Wolframat als schädliches Mineral im Zinnstein seit langem bekannt.
Name nach dem griechischen Chromos (= Farbe).		1781 von SCHEELE Wolframsäure aus schwedischen Schwersteinen (= Tungsten) isoliert.
In metallischer Form von BUNSEN, DEVILLE und GOLDSCHMIDT hergestellt.	Erstmalig 1782 von SCHEELE als eigenes Mineral erkannt.	Wolframmetall erstmalig 1783 von J. J. und F. DE ELHUYAR hergestellt.
	Technisch reines Metall 1790 erstmalig von T. J. VAN HELM durch Reduktion des Oxides mit Kohlenstoff hergestellt und von diesem Molybdän genannt.	Name im englischen Sprachgebiet tungsten nach dem schwedischen „tungsten“-Vorkommen; Wolfram: alte Bezeichnung der Bergleute für das „zinnfressende“ Begleitmineral des Zinnsteins.

2. Vorkommen, Häufigkeit

Die VIa-Metalle zählen zu den häufigeren Elementen. Chrom mit einem durchschnittlichen Gehalt von 200 g/t in der Erdkruste ist etwa gleich häufig wie Zirkonium und wesentlich häufiger als Zink, Nickel und Kupfer. Wolfram (69 g/t) erreicht sogar die Häufigkeit des Kupfers. Etwas seltener ist Molybdän (15 g/t), das aber noch immer zu den häufigeren Elementen zählt und in der Häufigkeit nahezu dem Blei entspricht.

Chrom, Molybdän und Wolfram bilden eigene Mineralien (vgl. Tab. 69), die zum Teil in großen Lagerstätten angereichert sind. Molybdän- und Wolframmineralien sind auch häufig mit anderen Erzen, hauptsächlich Blei- und Zinnerzen, vergesellschaftet. Da Chrom, Molybdän und Wolfram im allgemeinen nicht isomorph in Mineralien anderer Metalle eingebaut sind, sondern eigene Mineralien bilden, ist ihre Abtrennung und Gewinnung erleichtert.

Die Reserven an wirtschaftlich gewinnbaren Erzen der VIa-Metalle sind sehr groß. Die Reserven der USA an Molybdänerzen werden auf etwa 1,5 Mill. Tonnen, die der westlichen Länder zusammengenommen auf etwa 2,9 Mill. Tonnen geschätzt. Die Reserven an Wolfram dürften noch größer sein.

3. Produktion und Preis

Die Gesamtweltförderung an Chromerzen ist wegen der starken Verwendung des Chroms als Ferrochrom, in Chrom- und Chrom/Nickel-Stählen und für Chromsalze sehr groß. Sie beträgt etwa 1,0—1,1 Mill. t Chrominhalt im Erz pro Jahr. An der Gesamtproduktion waren in den letzten Jahren Kleinasien und Asien (vornehmlich Türkei und Philippinen) mit etwa 40—45%, Europa (europäisches Rußland und Balkan) mit etwa 20—30%, Afrika (Südrhodesien und Südafrikanische Union) mit 25—30% sowie Nordamerika (USA und Kuba) mit 5—6% beteiligt. Die USA sind der Hauptabnehmer an Chromerzen; bei nur geringer Eigenförderung wurden 1959 etwa ein Drittel der Weltförderung in den USA verarbeitet.

Vom gesamten geförderten Erz wird nur ein sehr geringer Teil auf Reinst-Chrommetall (etwa 100 jato) verarbeitet bzw. als Elektrolytchrom (etwa 2000 jato) gewonnen. Ein weiterer größerer Teil (etwa 5000—10000 jato) wird bei elektrolytischen Plattierungen metallisch abgeschieden. 60—70% des geförderten Erzes gehen in die Erzeugung von Ferrochrom; 22—27% werden für die Gewinnung von Chrom-Magnesitsteinen verwendet und 7—12% in der chemischen Industrie verbraucht.

Die Produktion von Molybdänerz ist dagegen wesentlich geringer. Es werden gegenwärtig Erze mit einem Molybdäninhalt von etwa 70000—80000 t im Jahr gefördert, wovon auf die Erzeugung in den östlichen Ländern etwa 15—20% entfallen. Der größere Teil der Erze wird auf Ferromolybdän verarbeitet. Die Produktion an Reinmetall beträgt etwa 1200—1500 Jahrestonnen.

Die Förderung von Wolframerzen ist mit etwa 15000—20000 Tonnen je Jahr Wolframinhalt geringer als die von Molybdänerzen, doch wird ein wesentlich größerer Teil der Erze auf Wolframmetall, gegenwärtig etwa 4000—5000 Tonnen je Jahr, verarbeitet.

Tabelle 69. *Mineralien der Metalle der VIa-Gruppe*

	Chrom		Molybdän		Wolfram	
Hauptmineralien:	Chromeistenstein = Chromit $FeO \cdot Cr_2O_3$ Konzentrate 47–50% Cr	Fundorte: Südrhodesien Südafr. Union, Türkei, UdSSR, Kuba, Neu-Kaledonien, Philippinen, Balkan	Molybdänglanz MoS_2	Fundorte: USA, Chile, UdSSR, Mexiko, Marokko, Kuba, China, Korea	Wolframit $(Fe, Mn)WO_4$ Scheelit $CaWO_4$	Fundorte: Ufergebiete des Stillen Ozeans, Malaya, Thailand, Indochina, Burma, Korea, USA, Mexiko, Bolivien, Argentinien, Brasilien, Australien, Spanien, Portugal
Mineralien, die vergesellschaftet vorkommen:	Rotbleierz = Kalochrom = Krokoit = $PbCrO_4$	wie oben	Wulfenit = Gelbbleierz = $PbMoO_4$ Powellit = $Ca(Mo, W)O_4$ Molybdit = Molybdänocker = $FeO \cdot 3MoO_3 \cdot 8H_2O$	wie oben	Stolzit = Scheelbleierz = $PbWO_4$ Powellit = $Ca(Mo, W)O_4$ Tungstit = WS_2 Wolframocker = $WO_3 \cdot xH_2O$	wie oben

Tabelle 70. *Preise von Chrom-, Molybdän- und Wolframprodukten in $/kg Metallinhalt*

Chrom		Molybdän		Wolfram	
im Erz	0,07– 0,10	im Erz	3,50– 3,80	im Erz *	6,–– 12,–
in Ferrochrom	0,60– 0,80	in MoO_3	3,80– 4,0	in WO_3	7,50– 15,–
aluminothermisch gewonnenes Chrom	1,80–2,30	in Ferromolybdän	5,0 – 5,30	in Ferrowolfram	7,50– 13,50
Elektrolytchrom (>99,8%)	2,10–2,50	Pulver	8,50–11,0	Pulver	9,–– 18,–
Elektrolytchrom nachgereinigt	8,0 –15,0	Blöcke und Stäbe	10,0 –25,0	Blöcke und Stäbe	20,–– 40,–
Jodidchrom	150 –250	Bleche (grob bzw. fein)	25,0 –50,0	Bleche (grob bzw. fein)	24,––140,–

* Wolframpreise stark schwankend

Die Preise von Chrom, Molybdän und Wolfram in den verschiedenen Produkten gibt Tab. 70 an. Der für die Metalle bezahlte Preis ist, vor allem bei Chrom, sehr vom Reinheitsgrad abhängig. Die Preise schwanken aber auch sehr stark je nach der Versorgungslage bzw. der Nachfrage. Während des 2. Weltkrieges und vor allem während der „stock-pile“-Käufe im Koreakrieg erreichten die Preise für Molybdän- und Wolframerze zum Teil den vier- bis fünffachen Normalwert. Sie haben sich inzwischen wieder auf ein einigermaßen normales Niveau eingependelt.

4. Physikalische Eigenschaften

Die wichtigsten physikalischen Eigenschaften der VIa-Metalle sind in Tab. 71 zusammengefaßt.

Tabelle 71. *Physikalische Eigenschaften von Chrom, Molybdän und Wolfram*

	Cr	Mo	W
OZ	24	42	74
AG	51,996	95,94	183,85
ES	(Ar) $3d^5 4s$	(Kr) $4d^5 5s$	(Xe) $4f^{14} 5d^4 6s^2$
GT	krz	krz	krz
	a = 2,8845	a = 3,146	a = 3,1648
AR	1,27	1,39	1,40
ϱ_{20}	7,19	10,2	19,3
Fp.	1875	2610	3380
Kp.	2665	4860	5900
ΔH_S	3,30	6,65	8,40
$\Delta H_{\text{subl.}}$	86,0	158,2	203,2
Δc_{p20}	5,58	5,68	5,80
α_m	6,2	5,1	4,44
k_R	0,51	0,36	0,31
λ_w	0,16	0,32	0,31
λ_e	0,078	0,19	0,181
EN	1,6	1,8	1,7
I	6,75	7,2	8,0
E	16000	35150	39000
μ	0,245	0,31	0,299
σ_B	40—70	50—80	75—470*
H_V	100—700	150—230	275—450
Häuf.	0,020%	0,0015%	0,007%

* Hoch-kaltverformter Feinstdraht
Zeichenerklärung S. 152.

Alle drei VIa-Metalle haben kubisch raumzentrierte Struktur, wodurch sich gute Legierbarkeit untereinander und mit den ebenfalls kubisch raumzentrierten Va-Metallen ergibt. Der Schmelzpunkt ist höher als der der Metalle in den benachbarten Gruppen und erreicht beim Wolfram mit dem Schmelzpunkt von 3400 °C den höchsten Schmelzpunkt aller Metalle. Dieser hohe Schmelzpunkt hat den VIa-Metallen, vor allem dem Molybdän und dem Wolfram, spezifische Anwendungsgebiete eröffnet. Von Chrom sind noch nicht alle Daten mit genügender Sicherheit bekannt, da duktiles Rein-Chrom erst eine sehr junge Errungenschaft der Metallurgie ist. Viele der in der Literatur zu findenden Angaben wurden noch an unreinen Chromsorten gemessen.

Auf die Wiedergabe der Temperaturabhängigkeit der physikalischen Eigenschaften wurde verzichtet. Nähere Details gehen aus dem Fachschrifttum hervor[1,2].

5. Mechanische Eigenschaften

Die mechanischen Eigenschaften, insbesondere die Festigkeitseigenschaften der VIa-Metalle werden nach H. Braun[2] dadurch bestimmt, daß diese Metalle bei Normaltemperatur spröde sind und daß sie einen scharf ausgeprägten Übergang vom spröden zum zähen (duktilen) Zustand bei mäßig erhöhter Temperatur

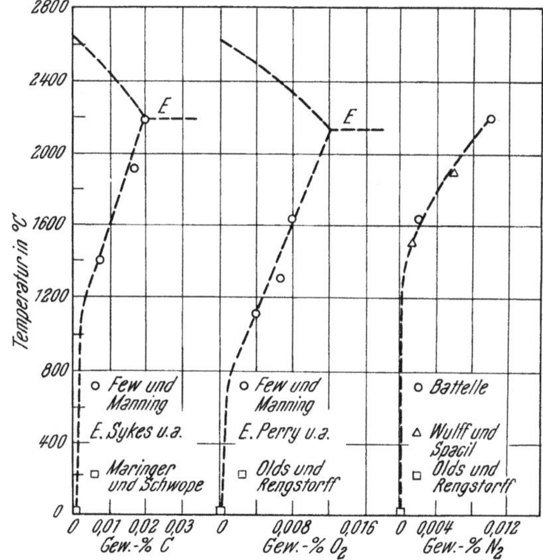

Abb. 170. Löslichkeit von Kohlenstoff, Sauerstoff und Stickstoff in Molybdän. (Nach H. S. Spacil und J. Wulff: Trans. Am. Soc. Met. *50* (1958) 267)

aufweisen. Sie sind daher praktisch nicht kaltverformbar, dagegen bei Temperaturen über der Spröd-Duktil-Übergangstemperatur relativ bildsam. Bei den VIa-Metallen sind auch keine allotropen Umwandlungen bekannt, die Eigenschaftsänderungen zur Folge haben könnten. Ferner ist bei den VIa-Metallen das die Übergangsmetalle charakterisierende Lösevermögen für die kleinatomigen Metalloide Kohlenstoff, Silizium, Stickstoff und Sauerstoff sehr gering (vgl. die Löslichkeiten in Molybdän, Abb. 170). Verunreinigungen durch gelöste Metalloide haben daher weniger Einfluß auf die mechanischen Eigenschaften als bei den anderen Übergangsmetallen, aber einen sehr starken Einfluß, wenn die Löslichkeitsgrenzen überschritten werden. Es bilden sich dann Karbide, Silizide, Nitride und Oxide, deren Anwesenheit die Eigenschaften der Legierungen sehr stark beeinflußt,

[1] Wolfram. Metallwerk Plansee, Reutte 1963, Prospekt.

[2] Braun, H.: Gießerei *52* (1965) 285.

wobei ausgeprägte Abhängigkeit von Kornform und Korngröße der Einschlüsse beobachtet wird. Bemerkenswert ist auch die starke Verfestigung der VIa-Metalle mit steigendem Verformungsgrad.

a) Festigkeit

Um gute Raumtemperatureigenschaften der VIa-Metalle — hohe Zugfestigkeit bei gleichzeitig guter Dehnung — zu erreichen, sind verschiedene Faktoren zu beachten. Die Metalle müssen vor allem eine möglichst hohe Reinheit besitzen,

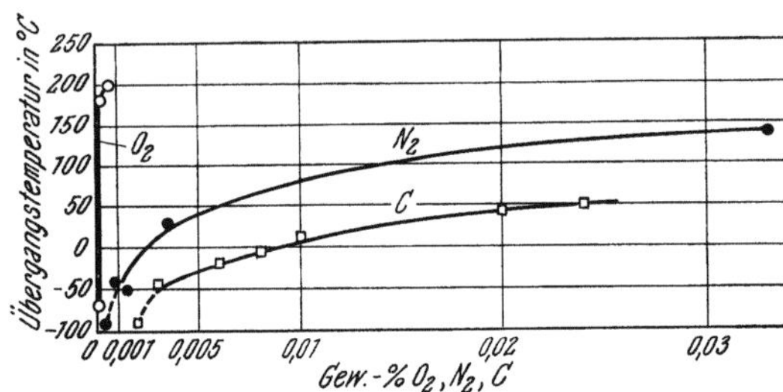

Abb. 171. Einfluß von Sauerstoff, Stickstoff und Kohlenstoff auf die Übergangstemperatur spröd–duktil von lichtbogengeschmolzenem Molybdän. (Nach H. Braun: Gießerei *52* (1965) 285)

schon geringe Gehalte an Metalloiden verschieben die Spröd-Duktil-Übergangstemperatur zu höheren Werten. Bei Molybdän ist vor allem der Einfluß von Sauerstoff groß, der von Stickstoff und Kohlenstoff geringer (Abb. 171). Für reinste Molybdänsorten liegt dieser relativ scharfe Übergangsbereich, der bei der Messung der Kerbschlagzähigkeit und beim Biegeversuch deutlich wird, unter —50 °C, bei handelsüblichen Molybdänsorten knapp über Raumtemperatur. Für Wolfram liegt der Spröd-Duktil-Übergangsbereich bei Temperaturen von etwa 200—400 °C, für Chrom bei Temperaturen etwa wie für Molybdän (—50 bis 100 °C). Die Übergangstemperatur wird auch durch Legierungszusätze beeinflußt.

Die Temperaturabhängigkeit von Zugfestigkeit und Härte verläuft dagegen stetig. Zugfestigkeit und Härte werden mit steigender Temperatur nur relativ langsam vermindert (Abb. 172a u. b). Die VIa-Metalle haben auch bei höherer Temperatur noch beachtliche Festigkeitswerte, bei 800 °C weist z. B. Chrom noch eine Zugfestigkeit von etwa 20 kg/mm², Molybdän von etwa 45 kg/mm² und Wolfram eine Zugfestigkeit von 80—90 kg/mm² auf. Bei 1400 °C hat Molybdän noch eine Zugfestigkeit von 20 kg/mm² und Wolfram von 40 kg/mm². Selbst bei 2200 °C ist die Zugfestigkeit des Wolframs noch 10 kg/mm².

Diese günstigen Zugfestigkeitswerte gelten für reinste, verformte und geglühte Proben. Die Zugfestigkeit, die Härte und vor allem die Dehnung werden nämlich sehr stark von der Vorgeschichte der Proben beeinflußt. Guß- und Sinterblöcke haben z. B. sehr grobkörniges Gefüge und daher schlechte mechanische Eigenschaften. Durch eine Verformung (meist mit Verformungsgraden über 50%) wird das Grobkorngefüge zertrümmert. Beim Hämmern, noch besser beim Drahtziehen, entsteht z. B. ein feinfaseriges Gefüge, das wesentlich bessere Festigkeiten aufweist.

Durch eine nachträgliche entsprechende Glühbehandlung läßt sich die Festigkeit und die Dehnung des Materials dem gewünschten Verwendungszweck anpassen. Bei einer Spannungsfreiglühung, die bei Chrom bei 750—850 °C, bei

Molybdän bei 800—1100 °C und bei Wolfram bei 1000—1400 °C vorgenommen wird, bleibt das feinkörnige Gefüge erhalten und die Zugfestigkeit fällt wenig ab. Durch kurzzeitige Rekristallisationsglühung bei etwas höheren Temperaturen, bei denen aber starke Grobkornbildung vermieden werden muß, wird weiches, gut verformbares Material mit hoher Dehnung, aber geringerer Festigkeit erhalten.

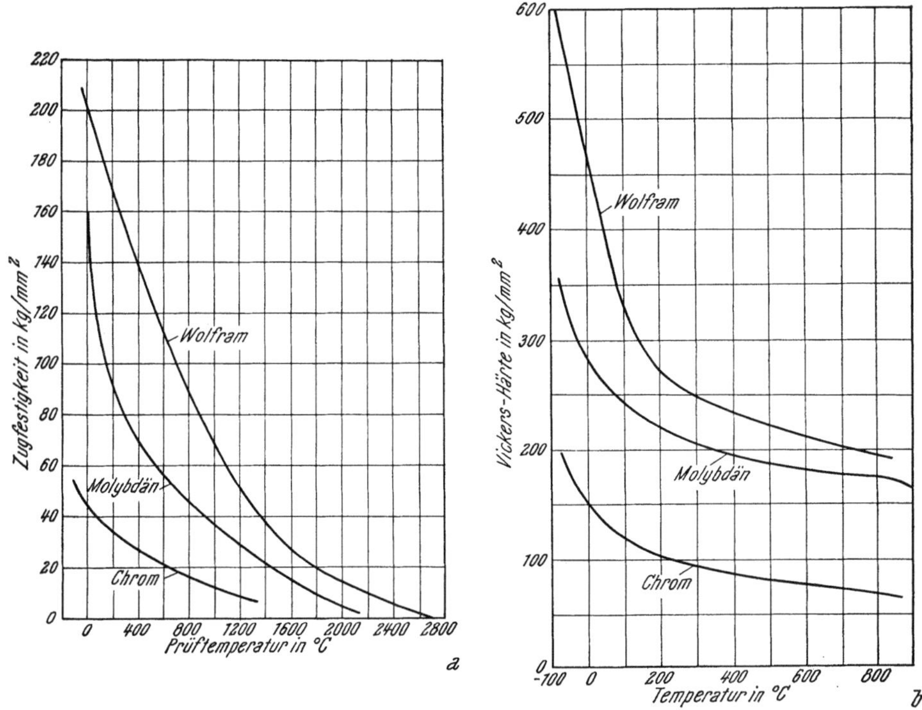

Abb. 172. Temperaturabhängigkeit von Zugfestigkeit (a) und Härte (b) der VIa-Metalle

Daß die unerwünschte Grobkornbildung durch Zusätze von feinstdispersen Oxiden, wie Aluminiumoxid und Thoriumoxid, vermieden werden kann, wurde mehrfach erwähnt.

b) Elastische Eigenschaften

Die VIa-Metalle zeichnen sich durch besondere Steifigkeit aus. Die Kennziffern der elastischen Eigenschaften sind in Tab. 72 zusammengefaßt.

Tabelle 72. *Elastische Eigenschaften der VIa-Metalle*

	Cr	Mo	W
E-Modul	25000 kg/mm²	35500 kg/mm²	39000 kg/mm²
Schub-Modul	9800 kg/mm²	13400 kg/mm²	15000 kg/mm²
Poisson-Zahl	0,28	0,31	0,30

c) Härte

Die Härtewerte von 99,9—99,95% reinen duktilen VIa-Metallen zeigen praktisch gleiche Temperaturabhängigkeit (vgl. Abb. 172) wie die Zugfestigkeitswerte. Sie sind durchwegs etwa um den Faktor 2,5 höher als die Zugfestigkeitswerte.

Wie die Zugfestigkeit wird auch die Härte durch Verformung stark erhöht. Durch entsprechende Glühbehandlung geht sie wieder auf oder etwas unter die Ausgangswerte zurück. Handelsübliche, vakuumgeschmolzene bzw. vakuum- oder wasserstoffgesinterte VIa-Metalle hoher Reinheit (99,90—99,99) haben folgende Härtewerte (Tab. 73).

Tabelle 73. *Härte reiner (99,90—99,99%) VIa-Metalle bei Raumtemperatur*

Metall	Reinheitsgrad	Härte H_V in kg/mm²
Cr	99,95—99,90	110—150
Mo	99,97—99,95	170—250
W	99,99—99,95	300—380

Legierungszusätze von Mischkristall- bzw. intermetallische Phasen bildenden Elementen steigern im allgemeinen die Härte. Interessant ist die Tatsache, daß sehr kleine Gehalte (0,02—0,15%) der gitterkontrahierenden Elemente Silizium, Nickel, Kobalt, Eisen, Chrom und Aluminium die Härte von Molybdän etwas erniedrigen. Dies hängt offenbar mit einer Verringerung des Lösungsvermögens des Molybdäns für nichtmetallische Verunreinigungen (Kohlenstoff, Stickstoff und Sauerstoff) zusammen, die dadurch an die Korngrenzen verdrängt werden. Umgekehrt ist durch Zusatz gitteraufweitender Elemente, vor allem von Zirkonium und Hafnium, eine Erhöhung der Löslichkeit der Einlagerungselemente und damit eine Verbesserung der Korngrenzenfestigkeit und der Zähigkeit, vor allem bei tiefen Temperaturen, zu erwarten.

6. Chemische Eigenschaften

Chrom, Molybdän und Wolfram bilden in ihren Verbindungen verschiedene Wertigkeitsstufen. Gemäß ihrer Stellung im Periodensystem in der VI. Gruppe sind die sechswertigen Verbindungen die beständigsten. Mit zunehmender Wertigkeit nehmen die Oxide sauren, mit geringerer Wertigkeit basischen Charakter an. So können Chrom, Molybdän und Wolfram in sechswertiger Form in wäßrigen Lösungen nur als Anionen in Form der Verbindungen MeO_4'' vorliegen; bei niedrigen Wertigkeitsstufen werden auch Salze, bei denen die Metalle kationisch sind, gebildet. Molybdän und Wolfram sind in ihrem chemischen Verhalten einander sehr ähnlich; Chrom unterscheidet aber in vielen chemischen Eigenschaften von diesen.

Neben sechswertigen Verbindungen bildet *Chrom* auch relativ beständige dreiwertige und zweiwertige Verbindungen. Die Chrom(III)salze zeigen in wäßrigen Lösungen ausgesprochene Tendenz zur Komplexbildung; freie Chrom(III)-ionen treten praktisch nicht auf. Je nach den Anionen, der Konzentration der Lösungen, dem pH-Wert und der Temperatur werden Komplexe gebildet, in denen das Chrom kationisch oder anionisch sein kann. Von Chrom sind auch zweiwertige Salze bekannt, die sehr stark reduzierend wirken und sogar Wasser unter Wasserstoffentwicklung zersetzen. Chrom bildet zwei Oxide, das rote CrO_3 und das grüne Cr_2O_3, von denen das Cr_2O_3 das beständigere ist. Mit Halogenen werden Halogenide gebildet, in denen das Chrom zwei- oder dreiwertig vorliegt. Lediglich in Oxyhalogeniden kann das Chrom auch sechswertig vorliegen.

Auch von *Molybdän* und *Wolfram* sind die beständigsten Verbindungen die sechswertigen. Zum Unterschied von Chrom sind niedrigere Wertigkeitsstufen (3- bzw. 4wertig) in wäßrigen Lösungen wenig beständig. Zweiwertige Molybdän- und Wolframverbindungen sind in Lösungen nicht bekannt. In den sechswertigen Verbindungen sind Molybdän und Wolfram ausschließlich anionisch. In alkalischen Lösungen liegen Molybdate (MoO_4'') bzw. Wolframate (WO_4'') vor, von denen nur die Alkali- und die Ammoniumsalze neben wenigen Salzen anderer Metalle (z. B. Magnesium-, Beryllium- und Thalliummolybdat) wasserlöslich sind.

Bei Ansäuern treten diese „Ortho"-Verbindungen zu Polyverbindungen zusammen. Je nach dem pH der Lösung liegen Trimolybdate $(Mo_3O_{11})^{4-}$, Para- oder Hexamolybdate $(Mo_6O_{21})^{6-}$, Meta- und Dodekamolybdate $(Mo_{12}O_{41})^{10-}$ bzw. ähnliche Polywolframsäuren vor. Bei noch stärkerem Ansäuern fallen Molybdänsäurehydrat bzw. Wolframsäurehydrat aus, von denen die Molybdänsäure noch teilweise löslich, die Wolframsäure dagegen unlöslich ist.

Die sechswertigen Molybdän- und Wolframverbindungen neigen im Gegensatz zu denen des Chroms zur Bildung von Heteropolysäuren, vor allem mit Phosphorsäure, Arsensäure und Kieselsäure. Ebenfalls im Gegensatz zu Chrom bilden Molybdän und Wolfram beständige Sulfide und wasserlösliche Sulfosalze. Die sechswertigen Oxide des Molybdäns und Wolframs sind relativ flüchtig; es existieren auch weniger flüchtige niedrige Oxide, Molybdän bildet z. B. MoO_2, Wolfram WO_2 und ein Monoxid WO.

Mit Halogenen werden verschiedenwertige Halogenide gebildet; bei Chrom liegt als höchstes Chlorid das $CrCl_3$ vor. Daneben ist $CrCl_2$ bekannt; Molybdän und Wolfram bilden dagegen als höchste Halogenide das MoF_6 und das WF_6. Von den Chloriden ist bei Wolfram das WCl_6, bei Molybdän das $MoCl_5$ als höchstes Chlorid bekannt.

Alle drei VIa-Metalle bilden flüchtige und leicht zersetzliche Carbonyle. In diesem Verhalten schließen sie an die VIIa- und VIIIa-Gruppe an, bei denen Carbonyle bekannt sind und auch technische Bedeutung haben. Bei Va- und IVa-Metallen ist die Existenz von Carbonylen noch zweifelhaft.

Wie alle Übergangsmetalle bilden auch die VIa-Metalle mit Kohlenstoff, Silizium und Bor sehr beständige, hochschmelzende und sehr harte Verbindungen, die sogenannten metallischen „Hartstoffe" (vgl. Übersicht S. 18), von denen die Karbide (vor allem das WC, daneben auch Mo_2C) große technische Bedeutung in der Hartmetallindustrie haben[1,2]. Chromkarbide sind in Schnell-

---

[1] Kieffer, R., Benesovsky, F.: Hartstoffe. Springer-Verlag, Wien 1963.

[2] Kieffer, R., Benesovsky, F.: Hartmetalle. Springer-Verlag, Wien–New York 1965.

drehstählen die die Härte tragenden Stoffe. $MoSi_2$ hat sich als temperatur- und zunderbeständiges Heizleitermaterial einen großen Markt erobert. Die Nitride der VIa-Metalle sind bis auf Cr_2N weniger stabil als die der IVa- und Va-Metalle; das Molybdännitrid ist ziemlich leicht zersetzlich[1]; noch unbeständiger sind Wolframnitride bzw. -oxynitride.

Das *Korrosionsverhalten* von Chrom einerseits und Wolfram und Molybdän andererseits ist sehr unterschiedlich (Tab. 74). Molybdän und Wolfram sind z. B. sehr beständig gegen verdünnte Mineralsäuren, besonders gegen Flußsäure; Chrom wird dagegen mehr oder weniger stark angegriffen. Das Korrosionsverhalten des Chroms ähnelt dem der rostfreien Stähle. Gegen oxydierende Säuren ist Chrom sehr beständig, Molybdän wird stark, Wolfram mäßig angegriffen.

An Luft oxydiert Molybdän schwach schon ab etwa 400 °C, ab 600 °C tritt starker Angriff durch Abrauchen des flüchtigen MoO_3 ein. Bei Wolfram beginnt die Luftoxydation ab etwa 500 °C, ab 800 °C wird sie stark unter Bildung einer samtigen, nicht deckenden WO_3-Schichte. Chrom bildet dagegen eine stabile, festhaftende und gasundurchlässige Cr_2O_3-Schichte und ist bis etwa 1000 °C erstaunlich zunderfest. Stickstoff und Ammoniak greifen kompaktes Molybdän und Wolfram kaum, Chrom jedoch unter Nitridbildung stark an.

Quantitative Daten über das Korrosionsverhalten der VIa-Metalle werden in der Literatur nur spärlich gefunden. Die für Chrom angegebenen Werte beziehen sich meist auf elektrolytisch abgeschiedene Schichten und nicht auf duktile Bleche. Im Zusammenhang mit der Korrosion der VIa-Metalle sei auf die vergleichenden quantitativen Korrosionsuntersuchungen an 10 Übergangsmetallen der IVa- bis VIIa-Gruppe von Kieffer, Binder und Bach[2,3] verwiesen (vgl. Tab. 6, S. 26).

Gegen Wasserstoff sind die VIa-Metalle, wie aus der Tab. 74 hervorgeht, gut beständig; sie bilden im Gegensatz zu den IVa- und Va-Metallen keine stabilen Hydride. Sie eignen sich daher als Heizleiter in Öfen, die mit Wasserstoff als Schutzgas betrieben werden. Molybdän und Wolfram können bis etwa 50% mit IVa- und Va-Metallen legiert werden, ohne daß eine Hydridbildung eintritt. Dies ist für die Entwicklung von weniger zur Versprödung neigenden und leichter verformbaren Heizleiterlegierungen wichtig.

Auch gegen Stickstoff und Ammoniak ist die Beständigkeit gut. Bei niedriger Temperatur (unter etwa 800 °C) bilden Molybdän und Wolfram Nitride, die Bildungsgeschwindigkeit ist bei kompakten Metallen jedoch sehr gering. Oberhalb 1100 °C sind die Nitride nicht mehr stabil, so daß Molybdän- und Wolframglühdrähte auch in stickstoffhaltigen Schutzgasen eingesetzt werden können.

Technisch wichtig ist daneben die gute Beständigkeit der VIa-Metalle, vor allem des Molybdäns und des Wolframs, weniger des Chroms, gegen flüssige Metalle. Molybdän, das niedrigen Neutroneneinfangquerschnitt hat, wurde deshalb als Material für Kernbrennstoffhüllrohre in flüssigmetall-gekühlten Reaktoren vorgeschlagen. Schwierigkeiten bestehen noch bei der Herstellung dünner, gut schweißbarer Molybdänrohre.

---

[1] Ettmayer, P.: Monatsh. f. Chem. *101* (1970) 127.

[2] Kieffer, R., Binder, F., Bach, H.: Werkstoffe u. Korrosion *19* (1968) 114.

[3] Kieffer, R., Bach, H., Binder, F., Kurka, F.: Werkstoffe u. Korrosion *19* (1968) 312.

Tabelle 74. *Korrosionsverhalten der VI a-Metalle*

	Chrom	Molybdän	Wolfram
a) Gegen wäßrige Medien:			
Nicht oxidierende Mineralsäuren	in der Kälte leichter Angriff, in der Wärme starker Angriff	kalt beständig, warm ganz geringer Angriff	kalt beständig, warm ganz geringer Angriff
HNO_3	gegen kalte verdünnte u. konzentrierte Säure beständig (Passivierung), in der Wärme schwacher Angriff	beständig in der Kälte u. in der Wärme bis 2% HNO_3; bei höherer Konzentration starker Angriff	in der Kälte beständig, in der Wärme leichter Angriff
Königswasser	starker Angriff	kalt gut beständig, in der Wärme starker Angriff	kalt gut beständig, in der Wärme starker Angriff
HF	unbeständig	kalt beständig, warm ganz leichter Angriff	kalt und warm beständig
Alkalilaugen	beständig	beständig	beständig
NH_3-Lösung	beständig	beständig	beständig
HF–HNO_3-Gemisch	unbeständig	starker Angriff	starker Angriff
H_2SO_4–HNO_3-Gemisch	unbeständig	starker Angriff	geringer Angriff
b) Gegen Schmelzen und Feststoffe			
Alkali	starker Angriff ab 600 °C	langsame Oxidation; bei Gegenwart von Oxidationsmitteln schnelle Auflösung	langsame Oxidation, bei Gegenwart von Oxidationsmitteln schnelle Auflösung
Schwefel	Angriff ab etwa 600 °C	langsamer Angriff ab 450 °C	langsamer Angriff
Kohlenstoff	Karbidbildung ab 1100 °C	Karbidbildung ab 1100 °C	Karbidbildung ab 1400 °C
Al_2O_3, BeO, MgO, ThO_2, TiO_2, ZrO_2	bis 1000 °C beständig	in reduzierender Atmosphäre bis 1500 °C sehr beständig	in reduzierender Atmosphäre bis 1900 °C bzw. bis 2200 °C (ThO_2) sehr beständig
TiC, TiN	sehr beständig	bis zu höchsten Temperaturen sehr beständig	sehr beständig
Glasschmelzen und Quarzschmelzen	Angriff	bis 1400 °C ausgezeichnet beständig, darüber sehr langsamer Angriff	wie Molybdän

Tabelle 74 (Fortsetzung)

	Chrom	Molybdän	Wolfram
c) Gegen geschmolzene Metalle:			
Alkalimetalle (sauerstofffrei)	beständig	bis 1200 °C sehr beständig	bis 1400 °C sehr beständig
Quecksilber und Quecksilberdampf	sehr beständig	sehr beständig	sehr beständig
Wismut, Magnesium, Blei und deren Legierungen	beständig	sehr gut beständig	sehr gut beständig
Zn, Sn	wenig beständig	geringe Beständigkeit	geringe Beständigkeit
d) Gegen Gase:			
Sauerstoff	bis 900 °C beständig	ab 350 °C Angriff	ab 400 °C Angriff
Luft	bis 900 °C beständig, darüber Bildung von Oxid- und Nitridschichten	wie Sauerstoff	wie Sauerstoff
Wasserdampf	bis zu hohen Temperaturen sehr beständig	bis 650 °C gut beständig	bei heller Rotglut rasche Oxidation
Wasserstoff	keine Reaktion	keine Reaktion	keine Reaktion
Stickstoff u. Ammoniak	Nitridbildung ab 800 °C stark über 1100 °C	bis 1100 °C gut beständig	bis 1400 °C gut beständig
Kohlenwasserstoffe	Karbidbildung bei Rotglut	bis 1100 °C beständig	bis 1100 °C beständig
H_2S	Angriff ab etwa 600 °C	bis 1000 °C gut beständig	bei Rotglut Angriff
Halogenwasserstoffe	starker Angriff	gut beständig bis zur Rotglut	gut beständig bis zur Rotglut
Halogene	starker Angriff	Fluor starker Angriff, Chlor gut beständig bis 230 °C, Brom und Jod bis ca. 400 °C	Fluor starker Angriff, gegen Chlor bis 250 °C, gegen Brom und Jod bis 500 °C beständig
CO	bis 1100 °C gut beständig	bis 1100 °C gut beständig	ab 800 °C Karbidbildung
CO_2	bis 1100 °C gut beständig	bis 1100 °C gut beständig	bis 1200 °C beständig

7. Gewinnung der Metalle

Zur Gewinnung der Metalle haben sich nur wenige Verfahren eingeführt. Molybdän und Wolfram werden so gut wie ausschließlich durch Reduktion der Oxide mit Wasserstoff in Pulverform erhalten. Chrommetall gewinnt man entweder durch metallothermische Reduktion des Oxides mit Aluminium, Calcium, seltener mit Silizium oder heute immer häufiger durch elektrolytische Abscheidung aus chromsauren oder Chromalaun-Lösungen.

Die für die Metallgewinnung benötigten Ausgangsprodukte, MoO_3, WO_3 und Cr_2O_3 bzw. CrO_3 und Chromalaun werden nach den unten beschriebenen Verfahren aus den Erzen gewonnen. Auf die Anreicherung der bergmännisch gewonnenen Erze, die bei Chromerzen einen relativ hohen Chromgehalt aufweisen, bei Molybdän- und vor allem Wolframerzen aber nur wenige Prozent der Metalle enthalten, kann nicht näher eingegangen werden. Man bedient sich dazu vor allem bei MoS_2-haltigen Erzen der Flotation, sonst auch magnetischer Aufbereitungsverfahren sowie der verschiedenen Schwerkraft-Aufbereitungsverfahren. Es werden möglichst hochhaltige Erzkonzentrate angestrebt; Wolframerzkonzentrate sollen z. B. mehr als 60% WO_3 enthalten.

a) Verarbeitung der Erze

Hauptausgangsprodukt für die Gewinnung der für die Metallerzeugung geeigneten Chromverbindungen ist der Chromeisenstein, ein spinellartiger Eisen(II)-chromit. Für die Herstellung von MoO_3 wird überwiegend von Molybdänglanz (MoS_2), daneben zum Teil von Wulfenit ($PbMoO_4$) ausgegangen. WO_3 wird überwiegend aus Wolframit (Eisen–Mangan-Wolframat) und zum Teil aus Scheelit ($CaWO_4$) gewonnen.

Gewinnung von Cr_2O_3, CrO_3 und Chromalaun

Ausgangsprodukt für die Erzeugung der Chromverbindungen ist überwiegend der Chromeisenstein. Nur gewisse Mengen an Chromalaun werden durch Aufschluß von Ferrochrom hergestellt.

Aufschluß von Chromeisenstein: Der Aufschluß von Chromeisenstein wird heute ausschließlich durch eine alkalische Sinterröstung durchgeführt, bei der das im Chromeisenstein vorliegende Chrom(III) zu Alkalichromat oxydiert wird.

Die Röstung führt man in Telleröfen, Ringherdöfen oder neuerdings in Drehrohröfen durch. Der feingemahlene Chromeisenstein wird mit geringem Überschuß an Soda vermischt. Um zu starkes Zusammensintern des Einsatzes zu vermeiden und guten Luftzutritt zu erleichtern, setzt man noch Brandkalk als Magerungsmittel zu. Durch den Brandkalkzusatz werden auch im Erz vorhandenes Aluminiumoxid bzw. Silikate in unlösliches Calciumaluminat bzw. Calciumsilikat übergeführt.

Die Sinterung erfolgt kontinuierlich bei Temperaturen von 1100—1150 °C, indem das Röstgut langsam mechanisch durch die Röstöfen gefördert wird. Beheizt werden die Öfen mit Gas-, Öl- oder Kohlenstaubbrennern. Das geröstete Gut wird schließlich im Gegenstrom mit Wasser gelaugt und man erhält bei geringen Chromverlusten Natriumchromatlösungen mit 350—400 g/l Na_2CrO_4. Der Chromverlust in Form von unlöslichem Calciumchromat kann durch Einleiten von CO_2, das das Calciumchromat spaltet, vermindert werden.

Die Lösungen werden dann durch Zusatz von Schwefelsäure neutralisiert, wobei restliches Aluminium als Hydroxid fällt. Beim weiteren Ansäuern mit Schwefelsäure wird das Chromat in Dichromat übergeführt. Beim Eindampfen dieser Lösung fällt praktisch alles vorhandene Natriumsulfat aus und es verbleibt eine relativ reine Dichromatlösung, aus der durch weiteres Eindampfen und Kristallisieren $Na_2Cr_2O_7$-Kristalle gewonnen werden.

Statt Schwefelsäure bewährt sich zum Ansäuern auch das Einleiten von CO_2 in Autoklaven. Bei Arbeitstemperaturen unter 50 °C und 15 atü CO_2 wird das überschüssige Alkali als $NaHCO_3$ gefällt.

Das beim Kristallisieren erhaltene feste Natriumdichromat kann durch Eintragen in konz. Schwefelsäure bei 200 °C in Chromsäure (CrO_3) übergeführt werden. Bei der hohen Temperatur schmilzt die in Schwefelsäure unlösliche Chromsäure und kann in geschmolzener Form aus dem Bad abgezogen werden. Sie wird auf Blechplatten gegossen und vermahlen. Das so erhaltene CrO_3 ist sehr rein, enthält neben 99,75% CrO_3 nur etwa 0,1% SO_3 und ist für die elektrolytische Chromgewinnung gut geeignet.

Um Cr_2O_3, das Ausgangsprodukt für die metallothermische Chromgewinnung, zu erhalten, wird festes $Na_2Cr_2O_7$ mit Holzkohlepulver vermengt und das Gemisch entzündet. Nach dem Abbrennen werden die Alkalisalze ausgelaugt. Reinstes Cr_2O_3 wird auch durch Verglühen von CrO_3 bei etwa 300 °C an Luft erhalten.

Aufschluß von Ferrochrom: Chrom(III)verbindungen, vor allem der für die elektrolytische Chromgewinnung verwendete Chromalaun, werden günstig durch Schwefelsäureaufschluß von Ferrochrom hergestellt. Der Aufschluß ist näher im Zusammenhang mit der Chromgewinnung nach dem Marietta-Verfahren beschrieben (s. S. 322).

Gewinnung von MoO_3

Die Hauptmenge an MoO_3 wird, wie schon erwähnt, aus MoS_2-führenden Erzen gewonnen. Die Erze werden nach entsprechender Feinmahlung zur Anreicherung einer Flotation unterzogen. Da der Molybdänglanz ein besonders gut flotierbares Material ist, gelingt es ohne wesentlichen Aufwand, Konzentrate mit 93—95% MoS_2 zu erhalten, die als Verunreinigungen nur geringe Mengen an silikatischer Gangart enthalten. Bei kupferhaltigen Molybdänerzen gehen allerdings erhebliche Mengen an Kupfer in das Konzentrat über.

Der Molybdänglanz wird vorzugsweise in Etagen-Röstöfen (Herreshoff-Öfen) bei einer Temperatur von etwa 600 °C zu Roh-Molybdänsäure abgeröstet. Höhere Rösttemperaturen sind wegen der Flüchtigkeit des MoO_3 zu vermeiden. Die Reinigung der Rohmolybdänsäure kann entweder naßchemisch oder besser durch Sublimation bzw. Destillation erfolgen.

Bei der naßchemischen Reinigung (vgl. Fließschema Abb. 173) wird das Röstgut in verdünnter ammoniakalischer Lösung (8—9% Ammoniak) gelöst, wobei zur Verhinderung der Fällung von Ammoniummolybdat ein etwa 10—15%iger Überschuß an Ammoniak erforderlich ist. Die Laugung geschieht mehrstufig im

Gegenstrom in rotierenden eisernen Laugungstrommeln. Bei der Laugung wird praktisch alles MoO_3 gelöst, es verbleibt ein geringer Rückstand von Calciummolybdat, unlöslichen Silikaten, etwas Eisenhydroxid und geringen Mengen an unlöslichem MoO_2. Eventuell vorhandene Kupfer-, Eisen- und Zinkmolybdate, die sich bei der Röstbehandlung bilden können, werden beim Laugen zersetzt.

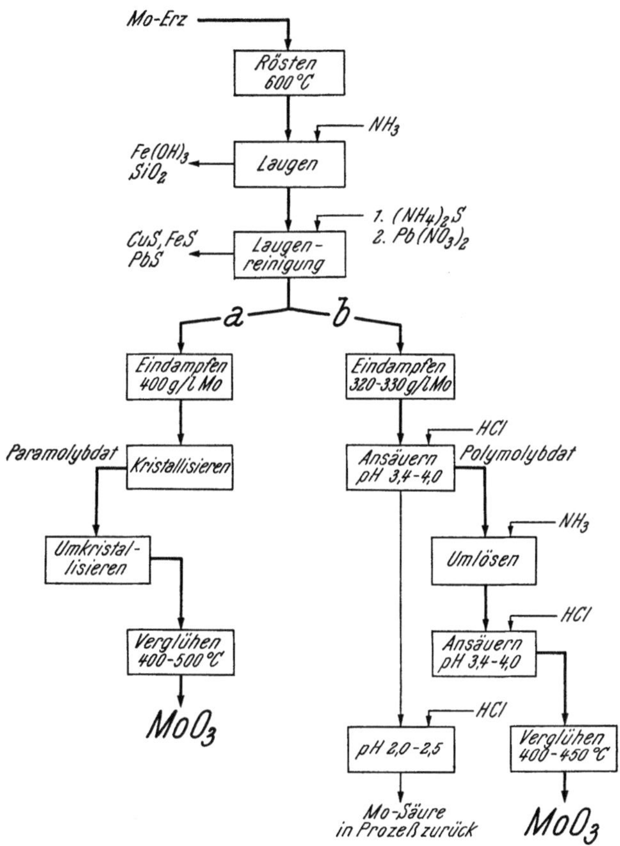

Abb. 173. Fließschema der Aufarbeitung von Molybdänerz

Die Laugungslösungen werden zur Entfernung von Kupfer und Eisen mit Ammonsulfid versetzt. Der ausfallende kupferhaltige Niederschlag kann an Kupferhütten abgegeben werden. Der Überschuß an Ammonsulfid wird mit einer genau dosierten Menge an Bleinitrat weggenommen.

Nach Abfiltrieren des Sulfidniederschlages wird die Lösung auf einen Gehalt von 320—330 g/l Molybdän in Apparaturen aus rostfreiem Stahl eingedampft. Beim nachfolgenden Ansäuern mit Salzsäure auf einen pH von 3,4—4,0 fällt Ammoniumpolymolybdat in großen, gut filtrierbaren Kristallen. Diese werden zur Reinigung erneut in Ammoniak gelöst, nochmals gefällt und schließlich bei 400—450 °C zu reinem MoO_3 verglüht. Die Mutterlauge der ersten Ammoniumpolymolybdatfällung, die noch 8—10 g/l Molybdän enthält, wird weiter mit HCl auf pH 2,0—2,5 angesäuert, wodurch der Restgehalt des Molybdäns als unreine Molybdänsäure fällt, die in den Prozeß zurückgeht.

Statt Polymolybdat durch Ansäuern der Laugungslösungen auszufällen, können die ammoniakalischen Laugungslösungen auch stark (auf etwa 400 g/l Molybdän) eingedampft werden. Beim Abkühlen fällt dann Ammoniumparamolybdat in großen Kristallen, die nach Umkristallisieren zu reinem MoO_3 verglüht oder direkt auf Metall verarbeitet werden.

Bei dem von P. Schwarzkopf entwickelten Sublimationsverfahren zur Reinigung von MoO_3 wird das Röstgut, dem Molybdänsäureabfälle und Molybdänmetallabfälle zugesetzt werden können, in rotierenden Quarztiegeln in mit Molybdänheizleitern ausgestatteten elektrischen Öfen auf etwa 1000—1100 °C erhitzt

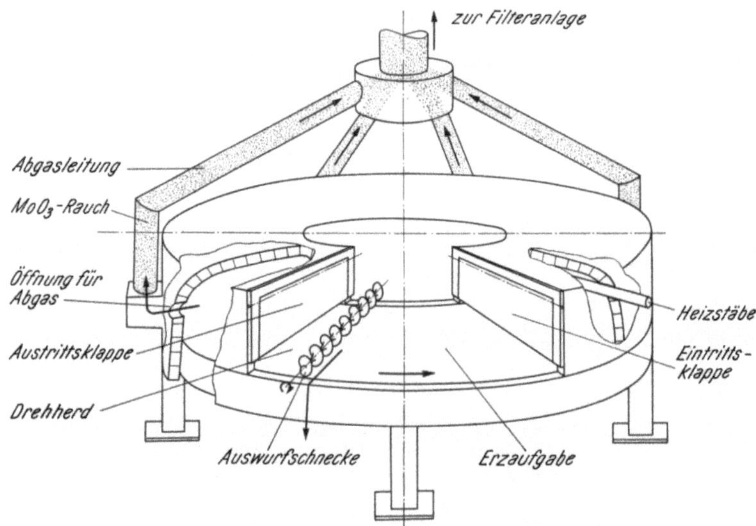

Abb. 174. Drehherdofen zur Gewinnung von sublimiertem Molybdänoxid aus sulfidischem Molybdänerz oder aus Molybdänabfällen (Climax Molybdenum Comp., Langeloth Plant)

(Abb. 174, vgl. auch Abb. 46, S. 86). Bei der Climax-Corporation werden Drehherdöfen mit Globarheizstäben verwendet. Bei der hohen Ofentemperatur verdampft das MoO_3, wird mit Luft abgetrieben und in Filtersäcken aufgefangen. Man erhält sehr feinkörniges MoO_3 mit einem Reinheitsgrad von mehr als 99,97% MoO_3. Durch Wiederholen der Sublimationsbehandlung kann das Produkt noch weiter gereinigt werden.

Niedrighaltige geröstete Molybdänkonzentrate sowie Molybdänlaugungsrückstände werden durch Sintern mit Soda aufgeschlossen. Der Molybdäninhalt wird beim Erhitzen mit calcinierter Soda auf 650—750 °C in Natriummolybdat übergeführt, das aus dem Sinterprodukt mit Wasser ausgelaugt wird. Nach verschiedenen Operationen zur Reinigung der Laugungslösung wird Molybdän durch Ansäuern mit Salzsäure als Oxidhydrat gefällt. Durch Umfällen der Rohmolybdänsäure wird ein besonders reines MoO_3 gewonnen. Die Reinheit der auf verschiedene Weise gewonnenen MoO_3-Produkte gibt Tab. 75 wieder.

Tabelle 75. *Reinheit von MoO_3, gewonnen nach verschiedenen Verfahren*

Herstellungsart	Reinheit
Molybdänkonzentrat abgeröstet	90—95% MoO_3 und 5—10% silikatische Gangart
Einmalige Sublimation des Röstgutes	>99,95% MoO_3; <0,05% (Si + Ca + Mg + Fe + Alkalien)
Zweimalige Destillation	>99,97% MoO_3
Chemisch gefällte Molybdänsäure	>99% H_2MoO_4
Chemisch umgefällt und geglüht	>99,98% MoO_3

Über die weniger wichtige Aufarbeitung von Wulfeniterzen und die Molybdängewinnung aus Mansfelder Ofensauen gibt SCHREITER[1] nähere Details.

Gewinnung von WO_3

Das bergmännisch gewonnene Wolframerz enthält Wolfram meist nur in geringen Konzentrationen (bis etwa 2% WO_3). Um Wolfram anzureichern, werden das Schwimm-Sink-Verfahren oder magnetische und elektrostatische Aufbereitungsmethoden angewendet. Man erhält Erzkonzentrate mit 60—70% WO_3. Falls sie größere Mengen an Schwefel oder Arsen enthalten, werden diese Konzentrate noch vor dem Aufschluß geröstet.

Wolframit- (Eisen–Mangan-Wolframat-) haltige Erze werden im allgemeinen durch Sintern mit Soda oder im Autoklaven mit Natronlauge, *Scheelit* (Calciumwolframat) durch Behandlung mit Salzsäure aufgeschlossen.

Aufschluß von Wolframiterzen: Die Behandlung mit calcinierter Soda in einem Überschuß von etwa 10—15% erfolgt unter gutem Rühren in flachen Öfen bei 850—900 °C oder kontinuierlich in Drehrohröfen bei 980—1000 °C (Fließbild Abb. 175). Nach zwei- bis dreistündiger Behandlung ist das Erzkonzentrat aufgeschlossen und das teigige Aufschlußgut wird abgezogen. Nach Abkühlen und Zerkleinern wird das Sintergut einer mehrstufigen Gegenstromlaugung mit Wasser bei 80 °C unterworfen und nach Absetzenlassen die Laugungslösungen abfiltriert. Der Laugungsrückstand enthält Eisen- und Manganoxide neben praktisch allem vorhandenen Kupfer, Blei und Zinn.

Statt des Sinteraufschlusses hat sich auch Aufschluß mit wäßriger starker Natronlauge bei Siedetemperatur der Lauge bewährt.

Falls die Laugungslösungen größere Mengen an Kieselsäure enthalten, kann diese durch Ausrühren mit Kalkmilch ausgefällt werden; Arsen und Phosphor lassen sich durch Zugabe von Ammoniak und Magnesiumchlorid als Magnesiumarsenat bzw. -phosphat, Molybdän durch Zugabe von Natriumsulfid als MoS_2 entfernen.

Das Wolfram wird schließlich aus den Laugungslösungen durch Zusetzen einer wäßrigen Calciumchloridlösung als Calciumwolframat, sogenannter „synthetischer

---

[1] SCHREITER, W.: Seltene Metalle, Bd. II. VEB Deutscher Verlag für Grundstoffindustrie, Leipzig 1961.

Scheelit“ gefällt. Die Fällung führt man bei einem Ausgangs-pH-Wert von 12—13 bei Siedetemperatur der Lösung durch. Es wird so lange 10%ige Calciumchloridlösung zufließen lassen, bis die Lösung nur mehr schwache Alkalität aufweist. Es fällt feinkristallines Calciumwolframat aus, das etwas Calciumkarbonat enthält.

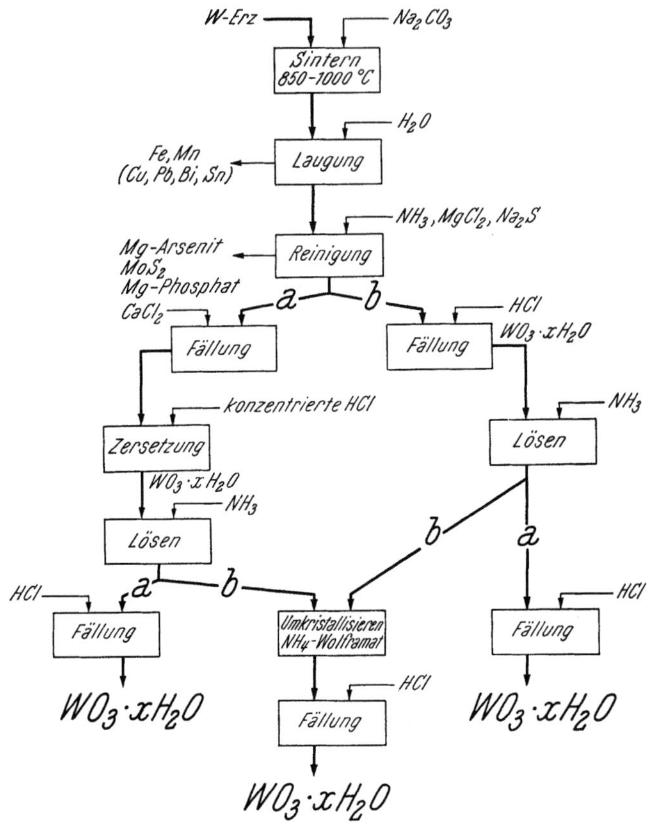

Abb. 175. Fließschema der Aufarbeitung von Wolframerzen

Der Niederschlag wird schließlich in säurefest ausgekleideten, verschlossenen Bottichen oder in säurefesten Autoklaven mit konzentrierter Salzsäure einige Stunden gekocht. Die entstehende Roh-Wolframsäure wird gut ausgewaschen und zur Reinigung in Ammoniak gelöst. Dabei verbleiben Verunreinigungen von Eisen, Mangan und Calcium im Rückstand. Durch Eingießen der Lösung in heiße Salzsäure wird reine Wolframhydratsäure H_2WO_4 erhalten, deren Reinheitsgrad durch Wiederholen der Operation gesteigert werden kann.

Eine Variante des Reinigungsverfahrens besteht darin, das Ammoniumparawolframat, das beim Eintragen von Roh-Wolframsäure in Ammoniak entsteht, umzukristallisieren. Das gereinigte Wolframat wird schließlich durch Salzsäure wieder zu gelborange gefärbter Wolframhydratsäure H_2WO_4 zersetzt.

Aufschluß von Scheelit: Scheelit, der sich zwar auch durch Soda aufschließen läßt, wird meist mit HCl aufgeschlossen. Das Calciumwolframat zersetzt sich leicht in siedender konzentrierter Salzsäure. Gegen Ende des Aufschlusses wird zur Oxydation eine geringe Menge an Salpetersäure zugesetzt und die entstehenden Stickoxide verkocht. Der Lösungsrückstand von Roh-Wolframsäure muß intensiv ausgewaschen werden, um alles vorhandene Calciumchlorid zu entfernen, da sonst bei der nachfolgenden Reinigung der Rohwolframsäure, nach den oben beschriebenen Verfahren, ein Teil des Wolframs als Calciumwolframat gebunden würde.

b) Gewinnung der Metalle

Während sich für die Gewinnung von Molybdän und Wolfram ausschließlich die Reduktion der Oxide mit Wasserstoff durchgesetzt hat, wird Chrom nach verschiedenen anderen Verfahren hergestellt. Neben der älteren aluminothermischen Reduktion von Cr_2O_3 nach dem Goldschmidt-Verfahren und der wenig angewendeten Silikothermie werden in immer steigendem Maße elektrolytische Verfahren angewendet. Ein gewisses Interesse kommt noch der karbo- bzw. karbidothermischen Chromgewinnung zu.

Gewinnung von Chrommetall

a) Die *aluminothermische Reduktion* des Cr_2O_3 hat auch heute noch größere Bedeutung. Nach diesem Verfahren wird Cr_2O_3 mit Aluminiumpulver vermischt in Tiegeln, die mit hochschmelzenden Oxiden ausgekleidet sind, eingesetzt und die Tiegel vorgewärmt, bis Selbstentzündung einsetzt. Da bei diesem Verfahren eine hochschmelzende Aluminiumoxid–Cr_2O_3-Schlacke entsteht, muß, trotz der großen Wärmetönung der Reaktion, mit CrO_3 + Aluminium oder BaO_2 + Aluminium (oder Magnesium)-Mischungen geboostert werden. Das Chrom setzt sich regulinisch ab. Es hat einen Gehalt von 98—99% Chrom und enthält neben 1—2% Aluminium noch geringere Mengen Eisen, Silizium und Sauerstoff sowie einige Hundertstel Prozente Kohlenstoff, Stickstoff und Schwefel.

b) Bei der *silikothermischen Gewinnung* reicht die Reaktionswärme nicht aus, um das Chrom aufzuschmelzen. Die Reduktion des Cr_2O_3 mit Silizium wird daher in einem Lichtbogenofen durchgeführt. Das so gewonnene Chrom enthält als Hauptvereinigung Silizium und ähnliche Mengen an anderen Verunreinigungen wie das aluminothermisch gewonnene.

c) *Karbo- bzw. karbidothermische Reduktion:* Entgegen früheren Ansichten, daß sich die während der Umsetzung bildenden Chromkarbide nicht zersetzen lassen, ist es COOPER[1] durch Vakuumbehandlung von genau stöchiometrischen Cr_2O_3–C-Mischungen bei 1400 °C gelungen, ein Metall mit nur 0,015% C, 0,04 % O_2 und 0,001% Stickstoff zu erhalten. Interessanter scheint eine karbidothermische Umsetzung (Cr_2O_3 mit Cr_3C_2), die auch bei der Herstellung von Niob und Tantal zum Erfolg geführt hat[2–4].

---

[1] COOPER, H. S.: U.S. Patent 2850378 (2. Sept. 1958).

[2] KIEFFER, R., BRAUN, H.: Vanadin, Niob, Tantal. Springer-Verlag, Berlin–Göttingen–Heidelberg 1963.

[3] KIEFFER, R., BACH, H., LUTZ, H.: Metall *1* (1967) 19.

[4] KIEFFER, R., LIHL, F., EFFENBERGER, E.: Z. Metallk. *60* (1969) 94.

Elektrolytische Abscheidung. Die Gewinnung des Chroms durch elektrolytische Abscheidung aus Chromsäurelösungen[1] wird in Europa und in den USA mit Erfolg durchgeführt. In einer Elektrolysezelle (vgl. Abb. 176) wird eine Lösung von 300 g/l CrO_3 und 4 g/l SO_4 bei Temperaturen über 85 °C zwischen unlöslichen

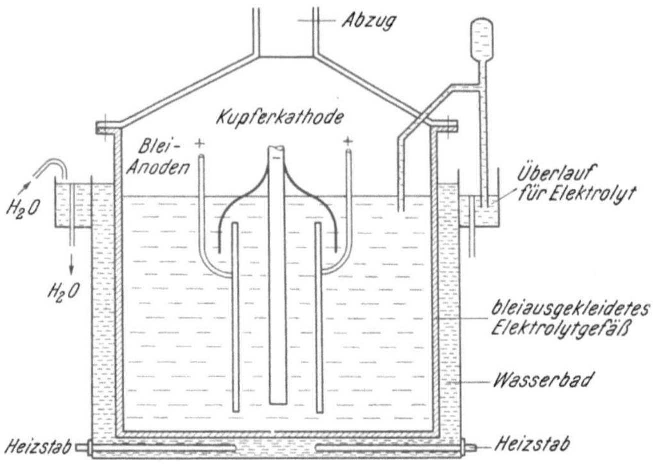

Abb. 176. Schema einer Elektrolysezelle zur Chromabscheidung aus CrO_3-Elektrolyten

Bleianoden und einer stabförmigen Kupfer- oder Edelstahlkathode elektrolysiert. Wichtig ist, daß die Bäder nicht zu viel Sulfat enthalten, da sonst das abgeschiedene Metall hohen Sauerstoffgehalt aufweist. Die angewendeten kathodischen Stromdichten sind mit etwa 9500 A/m² sehr hoch, die Stromausbeuten mit 6—7% sehr niedrig. Diaphragmen sind nicht notwendig. Das nicht gerade billige Verfahren ergibt bemerkenswert reines Chrommetall. Bei höheren Badtemperaturen (über 87 °C und einem CrO_3/SO_4-Verhältnis kleiner als 100) kann der Sauerstoffgehalt auf 0,01% gedrückt werden. Die wesentlich weniger Energie erfordernde Abscheidung aus Chrom(III)-lösungen ergibt Produkte mit wesentlich höherem Sauerstoffgehalt; doch wird das Verfahren wegen seiner Billigkeit angewendet, da man den Sauerstoffgehalt durch nachfolgende Raffinationsbehandlung genügend tief drücken kann. Das Verfahren ist, wie das Beispiel der Anlage der Union Carbide Metal Company in Marietta zeigt, sinnvoll mit einer Regenerierung der Elektrolyten und einer Nachbildung von Chrom(III)alaun aus Ferrochrom verbunden.

Nach diesem sogenannten Marietta-Verfahren[2] (vgl. Fließschema Abb. 177) wird feingemahlenes hochgekohltes Ferrochrom bei Siedehitze mit dem aus der Elektrolysezelle abgezogenen Anolyten und mit Mutterlaugen aus der Chromalaungewinnung behandelt. Der zur Auflösung des Ferrochroms notwendige Überschuß Schwefelsäure wird ebenfalls bei dieser Stufe zugesetzt. Nach geringer Abkühlung der Laugungslösung durch Zusatz von kalter Mutterlauge aus der

[1] Vagramyan, A. T., Soloveva, Z. A.: Itogi Nauki Elektrokhim *1* (1964) 166.

[2] Carosella, M. C., Mettler, J. D.: Ductile Chromium and its Alloys. Am. Soc. Met. Cleveland 1957, S. 75.

Ferroammonsulfatfällung werden die ungelösten Anteile, hauptsächlich Kieselsäure, abfiltriert und aus der Laugungslösung schließlich Ferroammonsulfat auskristallisiert. Um das Mitfällen von Chromalaun zu vermeiden, wird die Lösung vorher einige Stunden auf erhöhter Temperatur gehalten, wodurch das Chrom(III)-sulfat in nichtkomplexer Form erhalten bleibt.

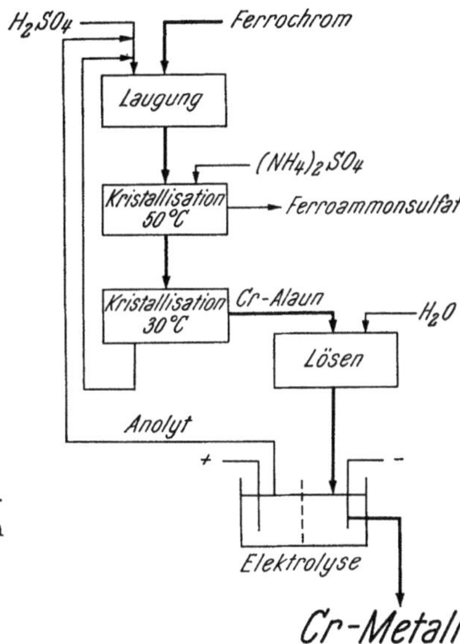

Abb. 177. Fließschema der Herstellung von Chrommetall durch Chromalaunelektrolyse

Beim Kühlen der Lösungen auf etwa 50 °C fällt Ferroammonsulfat, das abfiltriert wird. Eine kleinere Menge an Ammonsulfat muß als Ersatz für das in Form des Ferroammonsulfates abgezogene Ammonsulfat ständig nachgesetzt werden.

Das Filtrat wird schließlich bei 30 °C gerührt, wobei der größte Teil des Chrom(III)alauns ausfällt. Die Mutterlauge geht zur Laugung des Ferrochroms zurück. Die gefällten Chromalaunkristalle werden zur Gewinnung des Elektrolyten für die Chromelektrolyse in heißem Wasser gelöst, der Elektrolyt auf gewünschten pH gebracht und dem Kathodenraum der Elektrolysezelle zugeleitet. Der verbrauchte Elektrolyt wird aus dem Anodenraum der mit einem Diaphragma ausgestatteten Zellen abgezogen und für die Laugung von Ferrochrom verwendet.

Die Elektrolyse wird bei einer Temperatur von 50—55 °C und mit Stromdichten von etwa 750 A/m^2 durchgeführt. Der zulaufende Elektrolyt enthält etwa 130 g/l Chrom(III), 43 g/l NH_3 und 3 g/l Schwefelsäure. Er wird stark abgearbeitet und verläßt den Anodenraum mit einem Gehalt von etwa 15 g/l Chrom, davon 13 g/l Cr(VI) und 2 g/l Cr(III) sowie einem Gehalt von 280 g/l freier Schwefelsäure. Der pH des Zulaufelektrolyten muß ziemlich genau auf 2,1—2,4 gehalten werden. Bei höherem pH nimmt der Sauerstoffgehalt des Elektrolytniederschlages stark zu, bei niedrigerem pH fällt die Stromausbeute stark ab. Unter den angegebenen Elektrolysebedingungen erhält man Stromausbauten von etwa 45%. Die Kathoden bestehen aus rostfreiem Stahl, die Anoden aus einer Blei–Silber-Legierung. Nach etwa 72stündiger Elektrolyse sind die Niederschläge auf eine

Stärke von etwa 3—6 mm angewachsen und werden dann abgeschlagen, gewaschen und, trocken oder naß, unter Aceton in Kugelmühlen aus Sonderstahl oder mit Hartmetallauskleidung auf gewünschte Korngröße vermahlen.

Die Reinheit der aus Chromsäurebädern bzw. Chromalaunbädern erhaltenen Produkte ist zusammen mit der Analyse von auf verschiedene Weise raffinierten Produkten in Tab. 76 (s. S. 326) angegeben.

Raffination von Chrom

Die Bildsamkeit von Chrom hängt überaus stark vom Gehalt an Verunreinigungen, insbesondere von Sauerstoff und Stickstoff ab. Metallothermisch und elektrolytisch gewonnene Produkte weisen zu geringe Reinheit auf und sind nicht bildsam. Durch nachfolgendes Umschmelzen im Hochvakuum sind die schädlichen Verunreinigungen (Metalloide) praktisch nicht bzw. nur sehr bedingt durch Zugabe von Sauerstoff und Stickstoff bindenden Legierungsmetallen wie z. B. Zirkonium und Yttrium unschädlich zu machen. Es müssen daher besondere Raffinationsverfahren angewendet werden.

a) Wasserstoffnachbehandlung von Chrompulver

Es ist schon lange bekannt, daß Cr_2O_3 unter hochreinem Wasserstoff bei höheren Strömungsgeschwindigkeiten und bei höheren Temperaturen zu Metall reduziert wird. Für die Metallgewinnung war einem solchen Reduktionsprozeß kein Erfolg beschieden, doch ist die Wasserstoffreduktion ein wertvolles Nachreinigungsverfahren.

Es wird hauptsächlich Elektrolytchrompulver, vorzugsweise aus Chromsäureelektrolyten gewonnenes, bei 1400—1600 °C in Wolframschiffchen in Durchlauföfen mit Molybdän- oder Wolframheizleitern mit scharf getrocknetem Wasserstoff (Taupunkt unter —60 °C) im Gegenstrom behandelt, wodurch der Sauerstoffgehalt und auch der Stickstoffgehalt deutlich gedrückt werden. Metallische Verunreinigungen werden allerdings nicht entfernt (vgl. Tab. 76).

Die Wasserstoffbehandlung kann auch unter leichtem Vakuum (einige Torr) mit kontinuierlich strömendem Wasserstoff oder diskontinuierlich durch mehrfaches Fluten und Abpumpen des feucht gewordenen Wasserstoffs durchgeführt werden.

b) Calciumdampfbehandlung von Chrompulver

Das sehr wirksame Raffinationsverfahren wurde von der Lunex Company, USA, entwickelt[1]. Auf dem Boden einer mit Titanblech — das gleichzeitig als Getter dient — ausgekleideten Stahlbombe wird zuerst eine kleine Menge Calciummetall (etwa 3% des Gewichtes der Chromcharge) aufgelegt und schließlich in einem Korb aus 18/8 Drahtnetz das Chrompulver (mit einem Gehalt von 0,2 bis 0,3% Sauerstoff) frei hängend eingebracht. Nach Verschließen der Bombe wird 14 Stunden auf 1000 °C erwärmt, wobei das Calcium durch den Chromeinsatz hindurchdestilliert und sich das überschüssige, nicht zur Reduktion des Chromoxides verbrauchte Calcium am oberen, kälter gehaltenen Teil der Bombe ab-

[1] Fountain, R. W.: in: Hampel, C. A.: Rare Metals Handbook Reinhold Publ. Corp., London 1961, 2. Aufl., S. 101.

setzt. Nach Abkühlen wird das Chrom entnommen und das gebildete CaO durch Waschen mit Alkohol, dem Mineralsäuren zugesetzt sind, entfernt. Der Sauerstoffgehalt des Chroms wird durch eine solche Behandlung um etwa eine Zehnerpotenz auf 250—300 ppm (vgl. Tab. 76) gedrückt.

c) Van Arkel-Verfahren

Dieses, leider sehr teure Verfahren ist eine der wirksamsten Methoden zur Raffination des Chroms[1]. Man arbeitet wie bei der Herstellung von Jodidzirkonium, Jodidhafnium oder Jodidvanadin (siehe dort) in geschlossenen, evakuierten Gefäßen aus hochwertigen Geräteglas bzw. aus rostfreiem und warmfestem Stahl, in die das Rohchrompulver und elementares Jod aufgegeben werden. Bei einer Temperatur von etwa 900 °C bildet sich CrJ_3, das sich an Drahtschlaufen aus Wolfram oder aus Reinchrom, die auf 1000—1400 °C erhitzt sind, zersetzt.

Zur Vermeidung der Mitnahme metallischer Verunreinigungen kann das Chrom(III)jodid auch getrennt hergestellt und über die glühenden Zersetzungsdrähte geleitet werden. Bei meist erheblich schlechterem Wirkungsgrad erhält man ein noch reineres Endprodukt.

Die Tab. 76 bringt eine Zusammenstellung der Analysen von Chromsorten, die nach verschiedenen Verfahren hergestellt bzw. raffiniert wurden.

Gewinnung von Molybdänmetall- und Wolframmetallpulver

Obwohl es grundsätzlich möglich ist, Molybdän und Wolfram karbothermisch und metallothermisch aus den Oxiden sowie durch Schmelzflußelektrolyse aus den Halogeniden zu gewinnen und auch die Reduktion von gereinigtem MoS_2 mit Zinnmetall zum Erfolg führt, hat sich bis heute ausschließlich die Reduktion der Oxide mit Wasserstoff behauptet.

In einem Durchsatzofen (Abb. 178) wird das Einsatzgut — chemisch gefällte Molybdänsäure, sublimiertes MoO_3, Ammoniumparamolybdat oder die entsprechenden Wolframverbindungen — in Schiffchen aus Metall, vornehmlich aus Molybdän, Nickel oder einer Nickel-Chrom-Legierung, bei 700—1100 °C mit Wasserstoff im Gegenstrom reduziert. Meist wird, um unerwünschtes Kornwachstum zu vermeiden, zweistufig gearbeitet. Zuerst wird das MoO_3 bei 600—700 °C zu niedrigeren Oxiden, etwa der Formel MoO_{2+x} („Molybdänrot") reduziert, dann in einer zweiten Stufe bei 1000—1100 °C auf Molybdänmetall gearbeitet.

Durch Variieren der Reaktionstemperatur sowie der Durchlaufzeit durch den Ofen und der Strömungsgeschwindigkeit des im Kreislauf geführten Wasserstoffs kann die Korngröße des Molybdänmetallpulvers weitgehend beeinflußt werden. Üblicherweise werden Produkte mit Korngrößen von 2—12 μ erhalten. Werden die erkalteten Schiffchen unter Wasserstoff entnommen und das Metallpulver unter Inertgas weiterverarbeitet (Sieben, Mahlen u. a.) und gelagert, kann der Sauerstoffgehalt des Pulvers unter 0,05, eventuell sogar unter 0,03% gehalten werden.

Neuerdings finden auch Hubbalkenöfen, in denen großflächige Reduktionstassen — meist aus Molybdän oder Molybdänlegierungen — eingesetzt sind, Ver-

[1] Winterhager, H., Holtkamp, U.: Metall *22* (1968) 33.

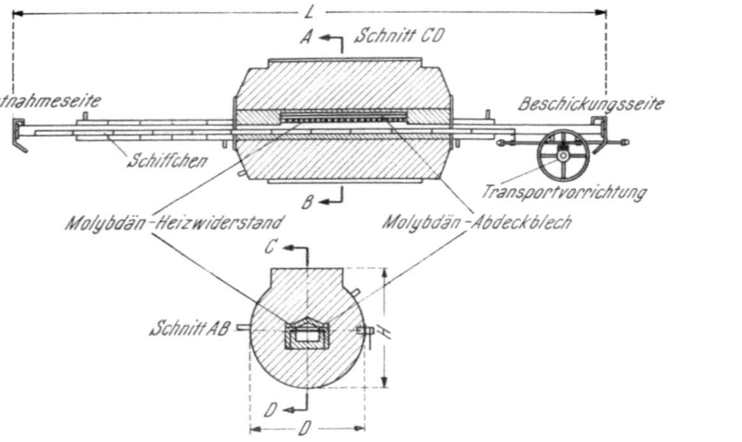

Abb. 178. Schema eines Durchsatzofens mit Molybdän-Heizleiter. (Metallwerk Plansee AG, Reutte/Tirol, Molybdän Firmenprospekt)

Abb. 179. Drehrohrofen zur Reduktion von Wolframtrioxid, schematisch. (Nach C. BALLHAUSEN[1])

Tabelle 76. *Reinheitsgrad verschiedener Chromsorten*

Verunreinigung	alumino-thermisch	elektrolytisch aus CrO_3	elektrolytisch aus Chromalaun-bädern	Wasserstoff nachreduziert	Ca-raffiniert	Jodidchrom
Al	1—2%	—	—	—	10 ppm	—
Fe	0,1—0,3%	—	—	—	100 ppm	30 ppm
Si	0,05—0,1%	5 ppm	5—10 ppm	5—10 ppm	40 ppm	50 ppm
O	0,2—0,4%	200 ppm	1000—3000 ppm	50 ppm	300 ppm	44 ppm
N	0,045%	25 ppm	100 ppm	10 ppm	20 ppm	13 ppm
C	0,03%	—	—	—	100—150 ppm	20 ppm
S	0,02%	—	—	—	40—120 ppm	100 ppm

wendung. In diesen Öfen werden die Tassen durch einen sinnreichen Mechanismus langsam weiterbefördert.

Die Methode zur Gewinnung von reinem Wolframpulver ähnelt weitgehend der der Gewinnung von Molybdän. Ausgangsprodukte sind ebenfalls Wolframsäure, Wolframtrioxid oder Parawolframat. Sie werden in Metallschiffchen durch meist elektrisch beheizte, 6—15 m lange Durchsatzöfen durchgeschleust und bei 850—900 °C mit trockenem, sauerstofffreiem Wasserstoff im Gegenstrom reduziert. Einige Wolframerzeuger reduzieren einstufig, andere zweistufig über WO_{2-x} („Wolframbraun") als Zwischenstufe. Wie bei Molybdän kann durch Wahl der Reaktionsbedingungen die Korngröße des erhaltenen Produktes beeinflußt werden. Für die Herstellung von duktilem Wolframpulver für Sinterzwecke wird üblicherweise auf ein Pulver mit einer mittleren Korngröße von 2—5 μ, für die Verwendung zur Herstellung von feinstem WC für die Hartmetallindustrie auf eine Korngröße von 0,3—1,5 μ hingearbeitet. Die Schwebebettreduktion hat sich noch nicht bewährt. In der Hartmetallindustrie stehen auch Drehröhröfen für die Gewinnung von feinsten Wolframpulversorten in Verwendung (Abb. 179)[1].

8. Herstellung der kompakten VIa-Metalle

Um duktiles Halbzeug aus den Pulvern der VIa-Metalle zu erhalten, sind verschiedene Verfahren eingeführt. Das höchstschmelzende Wolfram wird noch zum großen Teil, Molybdän noch teilweise durch Sintern, entweder im direkten Stromdurchgang (Coolidge-Verfahren), oder durch Indirektsintern verarbeitet. Daneben setzen sich für Molybdän und auch für Wolfram moderne Schmelzverfahren, wie das Vakuumlichtbogenschmelzen, die „skull-melting"-Technik und das Elektronenstrahlschmelzen durch.

Das vergleichsweise niedrigschmelzende Chrom wird nur zu einem geringen Teil gesintert; es läßt sich im Vakuumlichtbogenofen mit Abziehkokillen oder nach dem skull-melting-Verfahren verarbeiten. Das Elektronenstrahlschmelzen ist für Chrom, das bei der Schmelztemperatur einen hohen Dampfdruck besitzt, nur bedingt einsatzfähig. Es findet teilweise für die Erzeugung von Chromlegierungen Anwendung. Chrom läßt sich, im Gegensatz zu den höher schmelzenden Metallen Molybdän und Wolfram, auch in Tiegeln im Vakuuminduktionsofen schmelzen. Als Tiegelmaterial dient Zirkoniumdioxid, das mit Yttriumoxid stabilisiert ist[2].

Für die Verarbeitung von hochreinem Chrompulver konnte sich daneben auch das Strangpressen in Hüllen aus rostfreiem Stahl einführen. Diese Technik ist bedingt auch für Molybdän, nicht aber für Wolfram, dessen Sintertemperaturen zu hoch liegen, anwendbar.

Die Sinterung nach dem Coolidge-Verfahren wird in der Molybdän- und Wolframindustrie vorwiegend für die Herstellung von Drähten und Flachstäben bis etwa 10 kg Stückgewicht eingesetzt. Großformatiges Halbzeug mit Stückgewichten von 10—100, maximal 200 kg wird durch Indirektsinterung hergestellt. Durch Lichtbogenschmelzen mit Abziehkokillen werden heute 200—1000 kg

---

[1] Ballhausen, C.: Stahl u. Eisen *71* (1951) 1090.

[2] Fox, J. E.: APEX-Rep. *680* (1971/63).

schwere Rundblöcke aus Molybdän und Molybdänlegierungen gewonnen. Skull-melting im Lichtbogen- oder Elektronenstrahlofen kommt für kleinere Formgußstücke in Frage.

Chrom wird zum großen Teil durch Vakuumtiegelschmelzen verarbeitet, bei dem 20—50 kg schwere schmied-, walz- und strangpreßbare Blöcke von Chrom und Chromlegierungen gewonnen werden können[1].

a) Sintern

Die Sinterung von gepreßten, allfällig vorgesinterten Stäben mit Gewichten der Einzelstäbe von 0,5—10 kg im *direkten* Stromdurchgang unter Wasserstoff ist die noch heute bevorzugte Technik zur Erzeugung von feinkörnigem Molybdän- oder Wolframhalbzeug für die elektronische Industrie. Die älteren Einstabglocken (Abb. 181) sind durch Zwei- und Mehrstabglocken verdrängt worden (vgl. S. 288). Für das nachfolgende Rundhämmern und Drahtziehen werden quadratische Stäbe mit einem Querschnitt von 10 × 10 bis 25 × 25 mm, für die Blech- und Bandherstellung rechteckige Stäbe von 10 × 20 bis 30 × 80 mm bevorzugt. Die Länge der Stäbe liegt zwischen 300 und 1 000 mm.

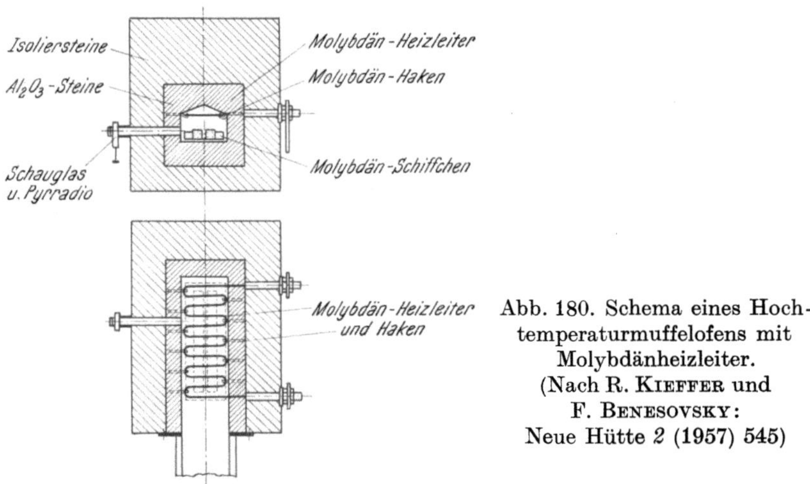

Abb. 180. Schema eines Hochtemperaturmuffelofens mit Molybdänheizleiter. (Nach R. Kieffer und F. Benesovsky: Neue Hütte *2* (1957) 545)

Das *Indirektsintern* ist für alle drei VIa-Metalle anwendbar. Es werden mit Molybdän- oder Wolframheizleitern ausgestattete Muffel-Öfen (Abb. 180), seltener Induktionsöfen verwendet. Die Indirektsintertechnik hat sich erst im letzten Jahrzehnt für die Erzeugung von großformatigem Molybdän-Halbzeug (20—200 kg schwere Stäbe oder Blöcke) durchgesetzt, seit ein Bedarf an Großblechen (Strahlbleche für Hochtemperaturöfen, Blechrondellen für Raketendüsen), an großen Rundstäben für Glasschmelzöfen, an endlosen Drahtbündeln für Drahtspritzpistolen u. a. aufgetreten ist.

Durch den Bedarf an geschmiedeten oder aus Großblechrondellen gezogenen Raketendüsen aus Wolfram wurden in den letzten Jahren auch große Wolfram-

[1] Fox, J. E.: APEX-Rep. *680* (1961/63).

blöcke (50—150 kg) indirekt gesintert, wozu allerdings die Entwicklung von speziellen Sinteröfen mit Wolframheizleitern für Temperaturen über 2500 °C (Wolframkäfigöfen, Abb. 182 und Abb. 77, S. 131) notwendig war.

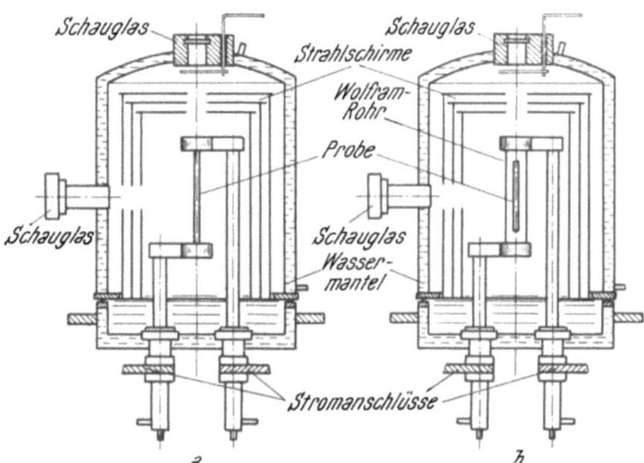

Abb. 181. Sinterglocken zur direkten und indirekten Sinterung von hochschmelzenden Metallen und Legierungen, schematisch a Coolidge-Technik, b indirekte Erhitzung. (Nach R. KIEFFER und F. BENESOVSKY: Neue Hütte *2* (1957) 545)

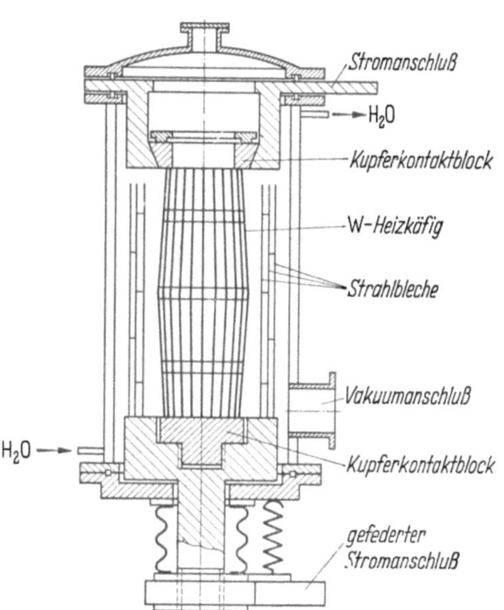

Abb. 182. Wolfram-Käfigofen (Siemens & Halske AG)

Während man bei der Direktsinterung meist Sintertemperaturen wählt, die bei 85—90% der Schmelztemperatur des Sintergutes liegen, betragen die Sintertemperaturen bei Indirektsinterung in der Regel nur 70—85% der Schmelztemperatur. Um die gewünschten Enddichten von mehr als 95% der theoretischen Dichte zu erreichen, sind daher bei der Indirektsinterung entsprechend längere Sinterzeiten (5—15 Stunden) notwendig, während man bei der Direktsinterung mit relativ kurzen Sinterzeiten (1—3 Stunden) auskommt.

Um rekristallisationsfestes Halbzeug, insbesondere stoßfeste Glühdrähte zu erhalten, wird Wolfram vorwiegend, Molybdän seltener, mit „Doping“-Zusätzen versehen. Es sind Alkalisilikate, Aluminiumoxid und Thoriumoxid (die beiden letzten meist als Nitrate eingebracht) und Gemenge aus diesen Materialien in Verwendung. Die in kleinen Mengen (etwa 0,03—1,5%) dem Wolframpulver vor dem Pressen und dem Sintern (überwiegend im direkten Stromdurchgang) zugemischten Zusätze vermindern das Kornwachstum während des Sinterns. Alkalisilikate verdampfen stufenweise als Alkalioxid und SiO_2 bzw. SiO während der Sinterung („Korngrenzenwäsche"). Es verbleiben gewöhnlich 0,005—0,02% SiO_2 in feinstdisperser Form. Aluminiumoxid, das zur Herstellung von stoßfesten Wolframdrähten zusätzlich in einer Menge von 0,02—0,05% aufgegeben wird, verflüchtigt sich zu 25—85%. Thoriumdioxid verbleibt praktisch quantitativ. Das thorierte Produkt stellt so den Prototyp eines „Cermets" dar. Thoriertes Wolfram mit einem Gehalt von 0,5—1% Thoriumdioxid verliert seine frühere große Bedeutung als Material für Röntgenkathoden, Elektronenemissionsglühdrähte usw., gewinnt aber Interesse als dispersionsverfestigter Hochtemperatur-Werkstoff.

Eine Vakuumsinterung oder eine desoxydierend und raffinierend wirkende kombinierte Wasserstoff-Vakuumbehandlung, bei der abwechselnd Wasserstoff aufgegeben und wieder abgepumpt wird, wird bei Molybdän und Wolfram selten angewendet.

b) Strangpressen

Das Strangpressen von Pulverfüllungen in evakuierten Behältern aus rostfreiem Stahl (Metallhemd), eine Technik, die sich für die Verarbeitung von Vanadin ausgezeichnet bewährt hat[1], wurde auch mit Erfolg von Grant[2] für die Kompaktierung von meist reinem Van Arkel-Chrompulver eingesetzt. Grant[2] füllte auf 3 mm gebrochene Körner von Jodidchrom in Behälter aus rostfreiem Stahl, evakuierte diese, entgaste zuerst das Produkt längere Zeit unter Vakuum von besser als 0,1 Torr bei 420 °C und schweißte dann den Behälter unter Vakuum zu. Der Behälter wurde dann auf 1200 °C erhitzt und mit einem Reduktionsverhältnis von 12:1 stranggepreßt. Das Stahlhemd ließ sich leicht entfernen. Grant erhielt hervorragend bildsames, kompaktes Chrom. Die Reinheit des eingesetzten Jodidchroms (3 ppm C, 25 ppm O_2, 3 ppm N und 10 ppm S) blieb beim Strangpressen erhalten.

Diese Blechhemdtechnik mit pulverförmigem Einsatzgut läßt sich auf reinstes, vorgereinigtes Molybdänpulver, aber nicht mehr mit Erfolg auf das wenig bildsame Wolframpulver übertragen.

c) Schmelzen

Schmelzen im Tiegel in Vakuuminduktionsöfen kommt aus chemischen, metallurgischen und aus ofentechnischen Gründen nur für das relativ niedrig schmelzende Chrom und für Chromlegierungen in Frage. Es werden Tiegel aus Sintertonerde oder besser aus mit Yttriumoxid stabilisiertem Zirkoniumdioxid verwendet, die durch eine Schüttung von grobem Zirkoniumdioxidpulver von der Induktionsspule isoliert sind. Die Tiegelkrägen und die Gußrinnen bestehen

---

[1] Lacy, C. E., Beck, C. I.: Trans. Am. Soc. Met. *48* (1956) 579.

[2] Cairns, R. E., Grant, N. I.: Trans. AIME *230* (1964) 1150.

aus calciumoxidstabilisiertem Zirkoniumdioxid. Das Chrom wird in Form von aus Pulver gepreßten Pellets eingesetzt, diese im Vakuum bei etwa 1200 °C entgast, dann, um zu große Chromverluste beim nachfolgenden Schmelzen zu vermeiden, Reinstargon als Schutzgas eingeleitet und auf Schmelztemperatur erhitzt. Nach Zugabe allfälliger Legierungsmetalle wird eine halbe bis eine Stunde auf 1925 bis 1980 °C gehalten und die Schmelze dann in wassergekühlte Kupferkokillen abgegossen. So hergestellte Chromingots von 2—35 kg Gewicht[1,2] lassen sich einwandfrei in der Wärme weiterverarbeiten und strangpressen.

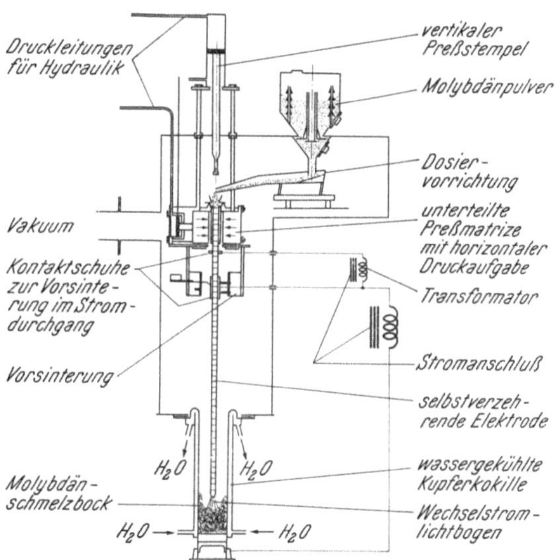

Abb. 183. Anordnung zum Hochvakuum-Lichtbogenschmelzen von Molybdän mit kontinuierlicher Aufgabe von Molybdänpulver (Verfahren der Climax Molybdenum Comp.)

Schmelzen im Vakuum-Lichtbogenofen eignet sich für alle drei VIa-Metalle. Die Abschmelzelektroden stellt man entweder aus gesinterten Stäben durch Zusammenschweißen her oder man erzeugt sie nach dem Climax-Verfahren[3,4] im Ofen selbst. Im Climax Verfahren werden sauerstoffarme Molybdänpulver mit etwa 0,02—0,1% Ruß als Desoxydationsmittel aufgegeben, diese in einem synchronisierten Arbeitsgang zuerst gepreßt, gesintert und ensprechend der Abschmelzrate vorgeschoben. Der Betrieb der Climax-Öfen (Abb. 183), in denen 300—800 kg schwere Blöcke aus Molybdän und Molybdänlegierungen (10 bis 20 moto) gefertigt werden, erfordert sehr große Erfahrung.

Die beim Erstschmelzen gewonnenen Blöcke werden meist durch ein weiteres Umschmelzen im Vakuumlichtbogenofen oder gelegentlich im Elektronenstrahlofen zu Ingots mit größerem Durchmesser (100—500 mm) verarbeitet. Das Material ist ziemlich grobkörnig und muß unter schweren Schmiedepressen oder durch ein- bis zweimaliges Strangpressen auf feinkörniges Gefüge (durch Kristall-

---

[1] Cairns, R. E., jr., Grant, N. J.: Trans. AIME *230* (1964) 1150.

[2] Fox, J. E.: Apex Report 680 (1961/63).

[3] Parker, R. M., Ham, J. L.: Metals Technology. Techn. Publ. Nr. 2052 (1946), Climax Molybdenum Co.

[4] Deuble, N. L.: Metal Progress *67* (1955) 87.

zertrümmerung) gebracht werden, um die weitere Verarbeitung auf Bleche, Stäbe oder Drähte zu ermöglichen.

Vor allem das grobkristalline, im Lichtbogen erschmolzene Wolfram ist schwer rissefrei zu verarbeiten, so daß heute noch vornehmlich für die Fertigung von Großformstücken (Großbleche und Raketendüsen) der Indirektsinterung der Vorzug gegeben wird.

Nach neueren Untersuchungen (Fox[1]) lassen sich auch Chrom- und Cr–1 Y-Legierungen gut im Vakuumlichtbogenofen verarbeiten. Das umgeschmolzene Chrom hat gute Reinheit und niedrige Härte.

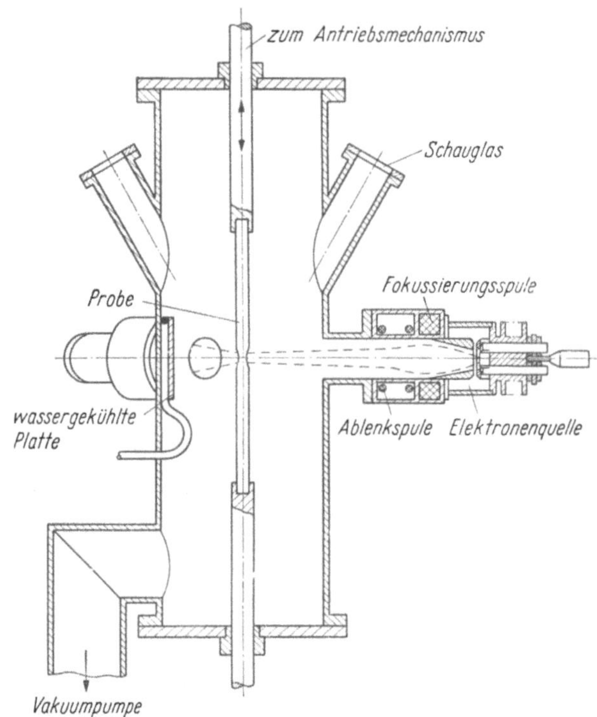

Abb. 184. Anordnung zum Zonenschmelzen von refraktären Metallen mit Hilfe von Elektronenstrahl-Fernkathoden. (Nach N. V. Eaton: I. Less Common Met. *2* (1960) 104)

Schmelzen im werkstoffeigenen Tiegel (skull-melting) hat sich, wie gesagt, für die Erzeugung von Formgußstücken aus Molybdän und Wolfram sowie für die versuchsweise Erzeugung von Chrom- und Chromlegierungs-Ingots bewährt. Es wird entweder mit selbstverzehrenden Elektroden oder mit Wolframpermanentelektroden im Lichtbogenofen bzw. mit Fernkathoden im Elektronenstrahlofen gearbeitet. Das Schmelzen mit Fernkathoden wurde besonders für die Aufarbeitung von Legierungsschrott aus hochschmelzenden Metallen ins Auge gefaßt[2] (s. S. 83ff.).

[1] Fox, J. E.: Apex-Report 680 (1961/63).
[2] Gruber, H.: Z. Metallk. *52* (1961) S. 291.

Das Elektronenstrahlschmelzen eignet sich für Chrom mit seinem relativ hohen Dampfdruck oberhalb des Schmelzpunktes nicht. Es hat sich aber für die labormäßige Erzeugung von reinem Molybdän und Wolfram mit niedriger Zäh-Spröd-Übergangstemperatur eingeführt. Die großen technischen Erfolge beim Schmelzen und Raffinieren der IVa- und V a-Metalle und deren Legierungen haben sich jedoch bei Molybdän und Wolfram nicht in gleichem Maße eingestellt. Wegen der starken Neigung zur Grobkornbildung zeigen Molybdän und Wolfram selbst in hochreiner Form nach einer Rekristallisationsglühung oft sprödes Verhalten. Bei Molybdän–Rhenium-Legierungen scheint sich aber das Elektronenstrahlschmelzen gegenüber der Sintertechnik schon durchgesetzt zu haben[1].

Das Zonenschmelzen dient bisher nur zur Erzeugung von höchstreinen Einkristallen aus Molybdän und Wolfram für wissenschaftliche Untersuchungen. Am besten bewährte sich das Zonen von 4—6 mm starken Rundstäben in einem Elektronenstrahl-Zonenschmelzgerät (Abb. 184). Die aus einem Kristall oder mehreren Einkristallen bestehenden gezonten Stäbe sind beachtlich kaltduktil, verlieren diese Eigenschaft aber wieder weitgehend nach Kaltverformung und einer rekristallisierenden Glühung (s. oben).

9. Weiterverarbeitung der VIa-Metalle

Da die Kaltbildsamkeit (vgl. mechanische Eigenschaften, S. 307) der geschmolzenen und gesinterten VIa-Metalle sehr schlecht ist, muß die Weiterverarbeitung bei erhöhter Temperatur geschehen. Die Warmverformbarkeit wird durch die sprunghafte Verbesserung der Duktilität bei Temperaturen von etwa 200—400 °C (Zäh-Spröd-Übergangstemperatur) sehr erleichtert.

Bei der industriellen Warmverarbeitung der VIa-Metalle, insbesondere des Molybdäns und des Wolframs, werden Temperaturen von 1000—1600 °C angewendet, die bei fortschreitender Verformung und fortschreitender Kristallzertrümmerung auf 400—800 °C gesenkt werden können. Die Warmverformung kann durch Schmieden, Rund-Hämmern, Walzen und Strangpressen geschehen, wobei meist unter Schutzgas gearbeitet wird. Bei raschem Arbeiten können zumindest Molybdän und Wolfram auch unter Normalatmosphäre verarbeitet werden, da diese Metalle praktisch keine Metalloide lösen und die gebildeten Oxide abrauchen. Man muß aber höhere Abbrandverluste in Kauf nehmen. So werden Molybdändrehanoden für Röntgenanlagen durch Gesenkschmieden von pulvermetallurgisch hergestellten Formteilen aus Sintermolybdän und spangebender Nachbearbeitung hergestellt. Auf diese Weise werden bei relativ niedrigem Abfall hochwertige und sehr dichte Werkstücke erhalten. Die verschiedenen Verarbeitungsstufen bei der Herstellung der Anoden zeigt Abb. 185. Einen für das Warmschmieden von Wolframsinterstäben verwendeten pneumatischen Hammer zeigt Abb. 186.

Für die Verarbeitung von Molybdän und Chrom haben besonders das Strangpressen im Blechhemd (18/8-Stahl) oder im Glashemd nach dem Séjournet-Verfahren in letzter Zeit verstärkte Bedeutung erlangt (vgl. Abb. 51, S. 90).

---

[1] Braun, H.: Metall *16* (1962) 646, 990.

Bei der Verformung durch Ziehen bzw. Walzen erhalten die VIa-Metalle ein faseriges bzw. laminares Gefüge, das bei einer nachfolgenden Glühbehandlung sehr stark zur Rekristallisation neigt. Durch das entstehende grobkörnige Rekristallisationsgefüge verspröden die Metalle wiederum außerordentlich. Beim

Abb. 185. Verarbeitungsstufen von Molybdändrehanoden für Röntgenröhren. (Metallwerk Plansee AG, Reutte/Tirol)

Abb. 186. Pneumatischer Hammer zur Verformung gesinterter Molybdänstäbe. (Metallwerk Plansee AG, Reutte/Tirol)

Entspannungsglühen von verformten Stücken ist sorgfältig auf die richtige Temperatur, die mit der beginnenden Rekristallisation zusammenfällt, zu achten.

Dieser bekannt lästigen Rekristallisationsversprödung kann durch weitgehende Desoxydation der Metalle und Raffination mit Kohlenstoff oder Bor[1]

[1] LUTZ, H., BENESOVSKY, F., KIEFFER, R.: J. Less-Common Metals *16* (1968) 249.

sowie durch kornwachstumshemmende Zusätze[1,2] (0,03—0,05% Al_2O_3, 0,25—1% Thoriumoxid) oder insbesondere durch Legierungsbildung mit Rhenium (5—40% Re[3,4]) entgegengearbeitet werden.

10. Legierungen

Die Arbeiten zur Entwicklung von Legierungen der VIa-Metalle erhalten durch die Forderung der Industrie nach möglichst warmfesten Werkstoffen, besonders für Turbinenschaufeln, Raketendüsen und in der Kerntechnik, einen starken Auftrieb. Von den klassischen warmfesten Legierungen auf Eisen-, Nickel-, Kobaltbasis lassen sich kaum mehr Steigerungen der Warmfestigkeit und der Zunderfestigkeit erwarten. Es wurde etwa um 1940 mit Untersuchungen über Chrom- und Chrom–Molybdän-Basislegierungen begonnen, die aber bisher noch keinen durchschlagenden Erfolg aufzuweisen haben. Weitere Forschungen und Entwicklungen befaßten sich mit den Legierungen der anderen hochschmelzenden Metalle sowie mit Cermets, Hartstoffen, hochschmelzenden intermetallischen Verbindungen und mit Pseudolegierungen hochschmelzender Komponenten[5,6,7].

Das Hauptaugenmerk richtete sich zuerst auf Molybdän-, später auf Niob- und in jüngerer Zeit auch auf Wolfram- und Tantallegierungen, während die Untersuchungen an Chromlegierungen erst in den letzten Jahren wieder größeren Umfang annehmen.

Das Legierungsverhalten der VIa-Metalle ist durch ihre kubisch raumzentrierte Struktur bestimmt. Bei Zutreffen der Hume-Rotheryschen-Volumenregel sind die VIa-Metalle daher mit anderen kubisch raumzentrierten Metallen mischbar. Untereinander sind die VIa-Metalle vollkommen mischbar, wenn auch im System Wolfram–Chrom wegen des großen Unterschiedes in den Atomradien eine Mischungslücke im festen Zustand beobachtet wird. Die im System Chrom–Molybdän vermutete Mischungslücke konnte bisher noch nicht bestätigt werden[8]. Mit Vanadin, Niob und Tantal sind Molybdän und Wolfram voll mischbar; Chrom ist nur mehr mit Vanadin voll mischbar, mit Niob und Tantal, die viel größere Atomdurchmesser besitzen, jedoch nur mehr teilmischbar. Mit den IVa-Metallen liegt im allgemeinen nur mehr Teilmischbarkeit vor. Lediglich die kubisch raumzentrierte und leicht stabilisierbare Hochtemperaturmodifikation des Titans mischt sich mit Chrom und auch Molybdän und nach neueren Untersuchungen auch mit Wolfram lückenlos[9] (vgl. Zustandsdiagramme Abb. 187).

---

[1] Millner, T., Prohaszka, J., Horvath, A.: Acta Techn. Acad. Sci. Hungariae *17* (1957) 67, 289.

[2] Krantz, E., Schultz, H.: Z. Metallk. *49* (1958) 399.

[3] Geach, G. A., Hughes, J. E.: in: Benesovsky, F. (Hrsg.): Pulvermetallurgie, 1. Plansee Seminar. Springer-Verlag, Wien 1953, S. 245.

[4] Jaffee, R. I., Sims, C. T., Harwood, J. J.: in: Benesovsky, F. (Hrsg.): Hochschmelzende Metalle, 3. Plansee Seminar. Springer-Verlag, Wien 1959, S. 380.

[5] Braun, H.: Metall *16* (1962) 990.

[6] Kieffer, R., Jangg, G.: Allgem. u. prakt. Chemie *18* (1967) 383.

[7] Kieffer, R., Jangg, G.: Chem.-Ing.-Techn. *39* (1967) 43.

[8] Hansen, M.: Constitution of binary alloys. McGraw-Hill Book Comp. Inc., New York–Toronto–London 1958.

[9] Rudy, E.: Compendium of Phase Diagram Data. AFML-TR-65-2 Teil V, Juni 1969.

In den Systemen des Molybdäns und Wolframs mit dem hexagonalen Rhenium (vgl. Abb. 210, S. 372) und den Eisen- und Platinmetallen existieren breite Mischbereiche; es treten aber auch zahlreiche Verbindungen auf.

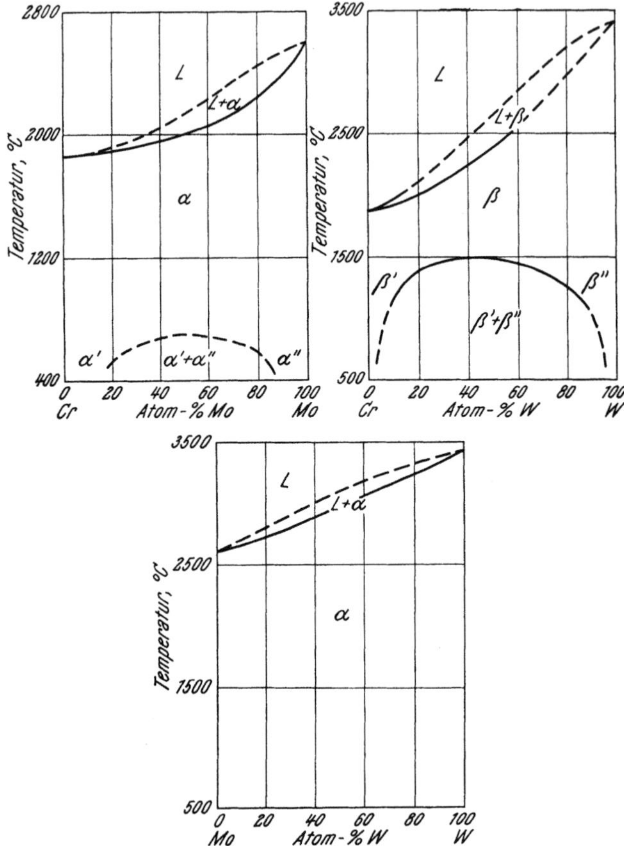

Abb. 187. Zustandsdiagramme der Systeme der VIa-Metalle (VIa-Metalle mit IVa-Metallen siehe Abb. 137, mit Va-Metallen siehe Abb. 162, mit Re siehe Abb. 210)

Mit den Alkali (Ia)- und Erdalkali (IIa)-Metallen sind die VIa-Metalle praktisch nicht mischbar; es werden auch keine Verbindungen gebildet. Ebenso unmischbar sind sie mit den Ib-Metallen (Kupfer, Silber, Gold), den IIb-Metallen (Zink, Kadmium, Quecksilber), mit denen sie ebenfalls keine Verbindungen bilden. Unmischbarkeit liegt auch mit den Metallen der IIIb-, IVb- und Vb-Gruppe vor, doch bilden diese zum Teil, vor allem das Aluminium, stabile Verbindungen. Die Bildung von harten metallischen und hochschmelzenden Verbindungen (Hartstoffe) mit den kleinatomigen Elementen Kohlenstoff, Stickstoff, Bor, Silizium wurde schon mehrfach erwähnt[1–4], ebenso die geringe Löslichkeit der

[1] Kieffer, R., Benesovsky, F.: Hartstoffe. Springer-Verlag, Wien 1963.
[2] Storms, E. K.: The Refractory Carbides. Academic Press, New York–London 1967.
[3] Goldschmidt, H. J.: Interstitial Alloys. Butterworths & Co. Ltd., London 1967.
[4] Samsonov, G. V.: Hartstoffe u. Hartmetalle. Verlag Metallurgizdat, Moskau 1964.

VIa-Metalle für Kohlenstoff, Sauerstoff, Stickstoff und Silizium (vgl. Löslichkeiten in Molybdän und Wolfram, Abb. 170).

Relativ große Mischbarkeit, aber geringe Tendenz zur Bildung von Verbindungen liegt in den Systemen der VIa-Metalle mit den IIIa-Metallen (Scandium, Yttrium, Lanthaniden und Actiniden) vor. Molybdän–Uran- und Molybdän–Plutonium-Legierungen konnten für Kernbrennstoffelemente Interesse erlangen.

Chromlegierungen befinden sich zur Zeit noch im Versuchsstadium; bisher konnte noch keine Chrom-Basislegierung technische Bedeutung erlangen. Die besonderen Schwierigkeiten bei der Entwicklung von Chromlegierungen bestehen darin, daß das an sich nicht gut verformbare Chrom durch Zulegieren anderer Metalle an Härte und an Sprödigkeit zunimmt. Bisher ist es noch nicht gelungen, durch Legierungszusätze die schlechte Verformbarkeit des Chroms entscheidend zu verbessern.

Auch *Wolframlegierungen* haben noch wenig technische Bedeutung erlangt, wenn man von den Wolfram–Rhenium-Legierungen absieht[1,2]. Breitere Anwendung finden aber Wolframpseudolegierungen, das sind Verbundmetalle, bei denen poröse Wolframsinterkörper mit anderen Metallen, vor allem Silber, Kupfer, Eisen, Nickel getränkt sind[3–10]. Diese Materialien stehen als Schwitzkühllegierungen, für hochbelastbare elektrische Kontakte und als Schwermetalle im Einsatz. Daneben sind die cermetartigen Sinterlegierungen mit kleinen Zusätzen von hochschmelzenden Oxiden zu erwähnen.

Molybdänlegierungen haben sich im Gegensatz zu Chrom- und Wolframlegierungen schon verstärkt einführen können; doch ist die Anwendung von Molybdänlegierungen gegenüber der Anwendung reinem Molybdäns noch gering.

a) Chromlegierungen

Die Metallurgie der Chromlegierungen ist noch sehr jung, wenn man von einer älteren Studie von Parke und Bens[11], denen jedoch nur relativ unreines Chrom zur Verfügung stand, absieht. In den neueren Arbeiten[12] wird meist mit Wasserstoff nachgereinigtes, fast sauerstofffreies Elektrolytchrom oder hochreines Jodidchrom mit Härten von 120—130 kg/mm[12] verwendet. Auch die Preß- und

---

[1] Geach, G. A., Hughes, J. E.: in: Benesovsky, F. (Hrsg.): Warmfeste und korrosionsbeständige Sinterwerkstoffe, 2. Plansee Seminar. Springer-Verlag, Wien 1956, S. 245.

[2] Jaffee, R. I., Sims, C. T., Harwood, J. J.: in: Benesovsky, F. (Hrsg.): Hochschmelzende Metalle, 3. Plansee Seminar. Springer-Verlag, Wien 1959, S. 380.

[3] Matt, R. E., Warga, J. J.: in: Benesovsky, F. (Hrsg.): Metalle für die Raumfahrt, 5. Plansee Seminar, Springer-Verlag, Wien–New York 1965, S. 233.

[4] Shaler, A. J., ibid. S. 77.

[5] Goetzel, C. G., Lavendel, H. W., ibid. S. 149.

[6] Schreiner, H.: Pulvermetallurgie elektrischer Kontakte. Springer-Verlag, Berlin–Göttingen–Heidelberg–New York 1964.

[7] Keil, A.: Werkstoffe für elektrische Kontakte. Springer-Verlag, Berlin–Göttingen–Heidelberg 1960.

[8] Palme, R.: Powder Metallurgy Bull. *6* (1958) 32.

[9] Creen, E. C., Jones, D. J., Pitkin, W. R.: Symp. on Powder Metallurgy London 1954, Iron and Steel Inst. London 1956 (Special Report) No. 58.

[10] Kieffer, R., Benesovsky, F.: Berg- und Hüttenm. Mh. *94* (1949) 284.

[11] Parke, R. M., Bens, F. P.: A. S. T. M. Symp. Mater. Gas Turbines (1946) 80.

[12] Rogers, J. A., Brown, A. R. G.: Metals and Materials *1* (1967) 246.

Schmelztechnik des Chroms hat einen hohen Stand erreicht und es wurde das Séjournet-Verfahren (Strangpressen im Glashemd) zur Verformung der erschmolzenen Ingots erfolgreich angewendet. Man hat auch die hervorragende „Scavenger"-Wirkung des Yttriums für Sauerstoff und Stickstoff und die verhältnismäßig große kohlenstoffbindende Wirkung der IVa-Metalle entdeckt.

Als Ergebnis dieser Entwicklungen wurden warmbildsame, warm- und zunderfeste Chrom-Basislegierungen erhalten[1], die in ihren Eigenschaften an die Nickel–Kobalt–Chrom-Superlegierungen heranreichen bzw. diese teilweise übertreffen. In der Kaltfestigkeit, insbesondere der Kaltdehnung und der Kaltbiegeschlagfestigkeit sind sie den gegossenen Kobalt–Chromlegierungen (Vitallium und Sonderstellite) noch unterlegen. Bei Sims[2] finden sich jedoch Hinweise, die eine Verbesserung erhoffen lassen, wenn für den Verbleib von 0,2 bis 0,3% Yttrium in den vakuumerschmolzenen Chrom–Titan–Zirkonium–Kohlenstoff-Legierungen gesorgt wird.

Die folgende Tab. 77 bringt eine Zusammenstellung einiger dieser versuchsweise erschmolzenen Chrom-Basislegierungen, die hoffnungsvolle Eigenschaften aufweisen.

Tabelle 77. *Chrombasis-Versuchslegierungen*

Legierungsgehalt	Eigenschaften
0,2—1 Y	Gute Duktilität, verbesserte Oxydationsbeständigkeit und Verminderung der Stickstoffanfälligkeit, hohe Dauerstandfestigkeit
15 Re–3 Al–0,75 Y	Besonders gute Zunderfestigkeit
2,4 Ti–0,5 Zr–0,5 C	Ausscheidungshärtbar, gute Warmfestigkeit
2 Ta–0,05 B	Gute Bruch- und Dauerstandfestigkeit
2 Ta—0,1 C	Hohe Rekristallisationstemperatur (1350 °C statt 850 °C für Rein-Chrom)
40 Ni	Warm- und zunderfeste Gußlegierung
Chromtränk-legierungen	Verbesserung des Zunderverhaltens der Tränkkörper

b) Molybdänlegierungen

Obwohl Sinterkörper aus Molybdänlegierungen mit Legierungszusätzen bis 3% Fremdmetall gut walzbar sind[3], hat sich das Lichtbogenschmelzen von Molybdänlegierungen allgemein durchgesetzt[4,5]. Allerdings sind die geschmolzenen Legierungen sehr grobkörnig, sind aber homogen und besser desoxydiert. Bei

[1] Rogers, J.A., Brown, A.R.G.: Metals and Materials *1* (1967) 246.

[2] Sims, C. T.: in: Benesovsky, F. (Hrsg.): Metalle für die Raumfahrt, 5. Plansee Seminar. Springer-Verlag, Wien–New York 1965, S. 650.

[3] Pipitz, E., Kieffer, R.: Z. Metallk. *46* (1955) 385.

[4] Braun, H.: Metall *16* (1962) 990.

[5] Semchyshen, M., Barr, R. Q.: Research Rep. Contract NONR-2390, Climax Molybdenum Comp. 1959, S. 125.

Zertrümmerung der groben Primärkristalle durch Verformung von erschmolzenen Blöcken treten gerne Anrisse auf, die sich auch beim Warmwalzen nicht mehr schließen.

Als besonders günstige Legierungszusätze haben sich Titan und Zirkonium sowie Niob und Tantal erwiesen. Titan und Zirkonium verbessern stark die Warmfestigkeit (vgl. Abb. 188) und die Warmhärte (vgl. Abb. 189) und erhöhen stark

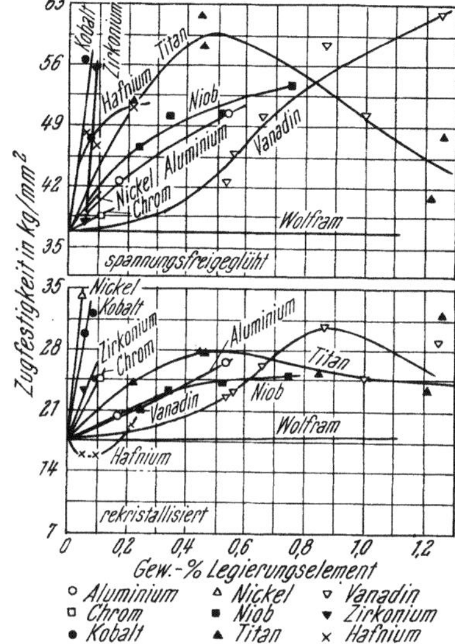

Abb. 188. Einfluß verschiedener Legierungselemente auf die Warmfestigkeit von Molybdän bei 870 °C. (Nach H. BRAUN[1])

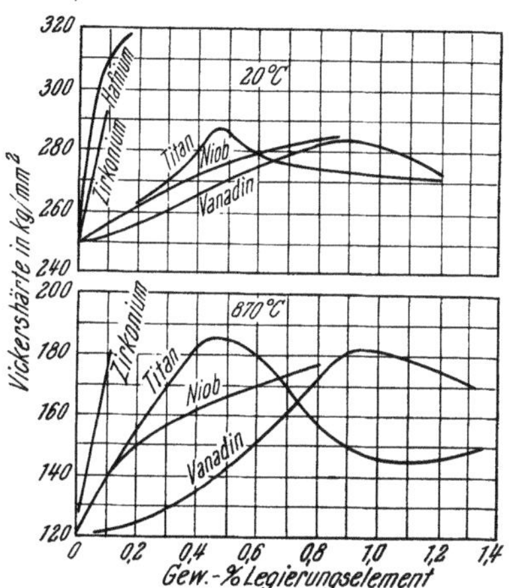

Abb. 189. Härtewerte von Molybdän (walzhart) bei wechselndem Gehalt an Legierungselementen. (Nach H. BRAUN[1])

die Rekristallisationstemperatur des Molybdäns. Vanadin und Niob haben bei gleichen Zusatzmengen etwas geringeren Einfluß. Ein interessantes Legierungsmetall ist auch das Rhenium, das kaltbildsame Molybdänlegierungen ergibt.

Molybdän–Titan-Legierungen

Die Verfestigung des Molybdäns durch Zulegieren von Titan oder Zirkonium wurde früher allein durch die Bildung von Substitutionsmischkristallen erklärt. Heute weiß man aber, daß die Verfestigung daneben auch auf die Bildung von feinstdispersen Karbidphasen zurückzuführen ist[1]. Die Warmfestigkeit einer Mo–0,5 Ti-Legierung ist nämlich sehr stark von einem bestimmten Verhältnis Titan:Kohlenstoff abhängig. Diese Karbidphasen lassen sich über ihre Wirkung als feindisperse Verfestiger auch zur Ausscheidungshärtung benützen, wie das Beispiel der TZC-Legierung (1,25 Ti, 0,15—0,5 Zr, 0,15—0,3 C) zeigt. Die kohlenstoffärmere TZM-Legierung (0,4—0,5 Ti, 0,06—0,12 Zr, 0,01—0,04 C) erreicht die hohe Warmfestigkeit der TZC-Legierung jedoch nicht (vgl. Tab. 78). Auch eine zirkoniumfreie Mo–0,5 Ti-Legierung ist im Handel[2].

---

[1] BRAUN, H.: Schweizer Archiv f. angew. Wissenschaft u. Technik *31* (1965) 65.

[2] BRAUN, H.: Metall *16* (1962) 990.

Molybdän–Wolfram-Legierungen

Molybdän und Wolfram sind miteinander lückenlos mischbar. Zugfestigkeit, Dehnung und Härte zeigen über den ganzen Legierungsbereich einen gleichmäßigen Verlauf ohne Maxima. Molybdän wird gewissermaßen mit steigendem Wolframgehalt veredelt, es wird härter, warmfester und korrosionsbeständiger, während Wolfram durch Zulegieren von Molybdän in allen Eigenschaften mit Ausnahme der Dehnung „verschlechtert" wird. Die Molybdän–Wolfram-Legierungen (90/10 und 70/30) haben sich eingeführt, weil sie bessere Eigenschaften als Rein-Molybdän aufweisen und leichter verformbar sind als Rein-Wolfram. Besonders für Zink-Spritzgußdüsen sind Molybdän–Wolfram-Legierungen im Einsatz.

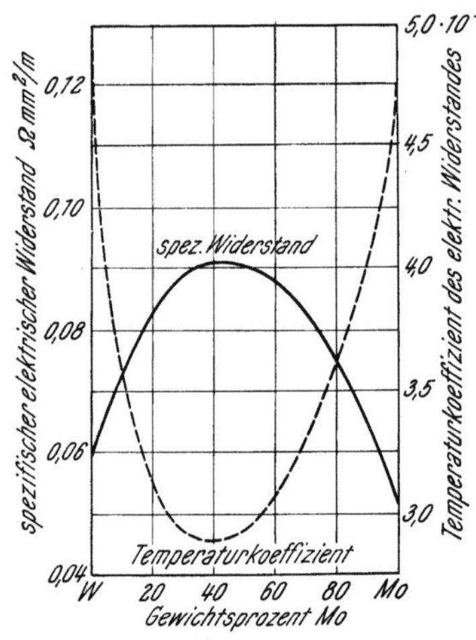

Abb. 190. Spezifischer Widerstand von W–Mo-Legierungen und ihr Temperaturkoeffizient. (Nach R. Kieffer, K. Sedlatschek und H. Braun)

Nicht gleichmäßig verläuft der spezifische elektrische Widerstand in der Legierungsreihe Molybdän–Wolfram. Er weist bei 50% Wolfram ein für Mischkristalle typisches Maximum und gleichzeitig ein Minimum des Temperaturkoeffizienten auf (Abb. 190). Drähte aus 50Mo–50W Legierung werden daher in der Glühlampen- und in der Radioröhrenindustrie für schlechter leitende Haltedrähte verwendet.

Molybdän–Rhenium-Legierungen

Die technisch und wissenschaftlich sehr interessante Entdeckung, daß Mischkristalle der kubisch raumzentrierten Metalle Molybdän und Wolfram mit dem hexagonalen Rhenium hervorragende Duktilität bei gleichzeitig hoher Warmfestigkeit aufweisen, geht auf Geach und Hughes[1] zurück. Ähnliche, wenn auch wesentlich schwächere Wirkung hat das Osmium[2]. Das Duktilitätsmaximum liegt an der Grenze der Mischkristallbildung bei einem allfällig schon geringen Anteil an σ-Phase (vgl. Zustandsschaubild Molybdän–Rhenium, S. 372). Die Molybdänlegierung mit 35 At.-% Rhenium ist hervorragend kaltwalzbar, während

---

[1] Geach, G. A., Hughes, J. R.: in: Benesovsky, F. (Hrsg.): Warmfeste und korrosionsbeständige Sinterwerkstoffe, 2. Plansee Seminar. Springer-Verlag, Wien 1956, S. 245.

[2] Baird, J. D., Geach, G. A., Knapton, A. G.: in: Benesovsky, F. (Hrsg.): Hochschmelzende Metalle, 3. Plansee Seminar. Springer-Verlag, Wien 1959, S. 371.

Tabelle 78. *Zusammensetzung und Eigenschaften der wichtigsten Molybdänlegierungen**

Bezeichnung	Legierungsgehalt in %				H_{V10} in kg/mm²		Zugfestigkeit in kg/mm²				Bruchdehnung in %				Rekristal-lisations-temp. in °C
	Ti	Zr	W	C	1100 °C	1650 °C	20 °C		1320 °C		20 °C		1320 °C		
							a	b	a	b	a	b	a	b	
Mo–0,5 Ti	0,5	—	—	0,02—0,05	63	20	60—90	40—52	14	12	36	36	70	94	1350
TZM	0,4—0,55	0,06—0,12	—	0,01—0,04	82	38	56—91	54—56	38	16,5	18	20	31	69	1600
TZC	1,25	0,15—0,5	—	0,15—0,3	130	48	84	61	42,5	32	22	—	17	—	1700
Mo–30 W	—	—	30	0,02	70	27	85	59	—	—	26	12	25	83	—

a spannungsfrei geglüht
b rekristallisiert

* Braun, H.: Metall *16* (1962) 646, 990.

sich die Warmwalzbarkeit auf einen Bereich von 25—40 At.-% Rhenium ersteckt. Die Härte steigt durch Zulegieren von Rhenium nach einem kleinen Minimum bei 5% Rhenium bis an die Mischkristallgrenze gleichmäßig von 175 bis 400 kg/mm² an. Die reine σ-Phase hat eine Härte von 1500 kg/mm². Mit höherem Rheniumgehalt nimmt die Härte wieder bis auf die Härte des reinen Rheniums (200 kg/mm²) ab.

Verbundlegierungen und cermetartige Legierungen

Molybdän–Uran-Legierungen, hergestellt durch Tränken eines porösen Molybdänkörpers mit Uran, wurden für eine Verwendung als Reaktorbrennstoff vorgeschlagen[1]. Dieser Verbundwerkstoff zeigt nicht das ungünstige Verhalten des Rein-Urans unter Reaktorbedingungen. Auch Molybdän–UO_2-Verbundkörper wurden für die Kernenergie entwickelt[2,3].

Schließlich sollen noch die cermetartigen duktilen Verbundwerkstoffe des Molybdäns mit 0,03—3% Al_2O_3, Thoriumdioxid, Zirkoniumdioxid und anderen Oxiden erwähnt werden, die als rekristallisationsfeste Werkstoffe in die Elektro- und elektronische Industrie Eingang gefunden haben. Das in jüngster Zeit entwickelte *Cermotherm* (unbildsamer Molybdän–Zirkoniumdioxid-Verbundwerkstoff mit 30—40% ZrO_2) hat als gegen Metallschmelzen hochbeständiges Tiegelmaterial und für Thermoelementschutzrohre sowie als Material für Metallspritzguß- und Strangpreßdüsen Anwendung gefunden[4,5].

c) Wolframlegierungen

Wolframlegierungen spielen — abgesehen von den hoch WC-haltigen Hartmetallen — in der Technik nur eine beschränkte Rolle. In breiterem Maße eingeführt haben sich nur Wolfram–Molybdän- und Wolfram–Rhenium-Legierungen sowie Verbundwerkstoffe z. B. auf Basis Wolfram–Kupfer und Wolfram–Silber. Cermetartige Kombinationen Wolfram–Thoriumdioxid und Wolfram–Aluminiumoxid haben in Drahtform in der elektronischen Industrie schon seit über 50 Jahren einen festen Platz.

Über amerikanische Legierungsstudien der letzten Jahre, die die Entwicklung entsprechender Hochtemperaturwerkstoffe für die Raumfahrt, insbesondere für Feststoffraketendüsen zum Ziele hatten, unterrichtet die Monographie von Tietz und Wilson[6]. Weitere Hinweise finden sich in den Literaturstellen [7–15].

---

[1] Kieffer, R., Sedlatschek, K.: Planseeber. Pulvermet. *5* (1957) 104.

[2] Cunningham, G. W., Kizer, D. E., Paprocki, S. J.: in: Benesovsky, F. (Hrsg.): Pulvermetallurgie in der Atomkerntechnik, 4. Plansee Seminar. Springer-Verlag, Wien 1962, S. 483.

[3] Gebhardt, E., Thümmler, F., Seghezzi, H. D.: Reaktorwerkstoffe, Teil 2. Verlag Teubner, Stuttgart 1969.

[4] Metallwerk Plansee, Reutte/Tirol, Prospekt „Cermotherm".

[5] Strohmeier, G., Sedlatschek, K., Pipitz, E.: Erzmetall *21* (1968) 51.

[6] Tietz, T. E., Wilson, J. W.: Behaviour and Properties of Refractory Metals. Stanford Univ. Press, Stanford, California 1965.

[7] Kieffer, R., Benesovsky, F.: Metall *13* (1959) 379.

[8] Kieffer, R., Jangg, G.: Allg. u. prakt. Chemie *18* (1967) 383.

[9] Kieffer, R., Jangg, G.: Chem.-Ing.-Techn. *39* (1967) 43.

Wolfram-Molybdän-Legierungen

Während die molybdänreichen Legierungen (90Mo/10W und 70Mo/30W) für Düsen beim Zinkspritzguß Anwendung finden, wurden 99W/1Mo- und 90W/10Mo-Legierungen versuchsweise für Kontakte, Schweißelektroden und Raketendüsen eingesetzt. Von einer spezifischen Veredlung des Wolframs durch das Schwestermetall Molybdän kann aber kaum gesprochen werden.

Wolfram–Rhenium-Legierungen

Wie bei Molybdän bewirkt ein Rheniumzusatz von 20—35 At.-% zu Wolfram eine erheblich bessere Verformbarkeit. Legierungen mit 26—30 At.-% Rhenium lassen sich bei Temperaturen von 800—1000 °C ausgezeichnet verwalzen. Walzen bei niedrigeren Temperaturen führt jedoch zu Anrissen. Legierungen mit höherem Rheniumgehalt enthalten schon erhebliche Anteile an σ-Phase und sind nicht mehr verformbar.

Wie bei Molybdän steigt auch bei Wolfram die Härte mit zunehmendem Rheniumgehalt der Legierung zuerst gleichmäßig, um bei 50—70 Gew.-% Rhenium die erstaunlich hohe, den Hartstoffen nahekommende Härte von 1900 bis 2300 kg/mm^2 zu erreichen (Abb. 191).

Bei einem Rheniumgehalt um etwa 30% haben die Wolfram–Rhenium-Legierungen ausgezeichnete Warmfestigkeitseigenschaften (vgl. Abb. 192). In der Praxis hat die gut schmiedbare, σ-freie W/25Re-Legierung, die in Elektronenstrahlöfen mit Rundblockgewichten von etwa ca. 50 kg (Wert ca. 15000.— bis 20000.— Dollar) erschmolzen wird, Eingang gefunden (vgl. Abb. 193).

Wolfram–Tantal- und Wolfram–Niob-Legierungen

Die gesinterten und sehr wahrscheinlich auch die erschmolzenen Legierungen mit bis zu maximal 15% Tantal und/oder Niob sind nach Braun, Kieffer und Mitarbeitern[1,2,3] ähnlich wie Rein-Wolfram zu verarbeiten. Die spezifischen Eigenschaften dieser Legierungen haben aber noch keinen größeren Einsatz in der Technik gerechtfertigt.

Oxidhaltige, cermetartige Legierungen

Schon 1913 wurden bei der Herstellung meterlanger dünner Einkristalle nach dem Pintsch-Verfahren plastifizierende Zusätze nebst Zusätzen von 1—2%

---

[10] Kieffer, R., Benesovsky, F.: Werkstoffe für Raketentriebwerke in: Handbuch der Astronautik. Akademische Verlagsgesellschaft Athenaion, Konstanz, Bd. 1, 1961, S. 219.

[11] Kieffer, R., Sedlatschek, K., Braun, H.: Z. Metallk. *50* (1959) 18.

[12] Kieffer, R., Sedlatschek, K., Braun, H.: J. Less-Common Metals *1* (1959) 19.

[13] Geach, G. A., Hughes, J. R.: in: Benesovsky, F. (Hrsg.): Warmfeste und korrosionsbeständige Sinterwerkstoffe, 2. Plansee Seminar. Springer-Verlag, Wien 1956, S. 245.

[14] Jaffee, R. I., Sims, C. T., Harwood, J. J.: in: Benesovsky, F. (Hrsg.): Hochschmelzende Metalle, 3. Plansee Seminar. Springer-Verlag, Wien 1959, S. 380.

[15] Savickij, E. M., Tylkina, M. A.: Zur. Neorg. Chim. *3* (1958) 820.

[1] Braun, H., Sedlatschek, K., Kieffer, B. F.: Planseeber. Pulvermet. *8* (1960) 58.

[2] Kieffer, R., Sedlatschek, K., Braun, H.: Z. Metallk. *50* (1959) 18.

[3] Kieffer, R., Sedlatschek, K., Braun, H.: J. Less-Common Metals *1* (1959) 19.

Thoriumoxid zu Wolframpulver angewendet. Der Thoriumdioxidzusatz sowie der Zusatz von Aluminiumoxid und gegebenenfalls der von ausdampfbaren Alkalisilikaten zur Veränderung des Kornwachstums beim Sintern hat bis heute seine Bedeutung erhalten.

In der technischen Anwendung tritt das Thoriumdioxid-haltige Wolfram (für Emissionsdrähte und Permanentelektroden beim Lichtbogenofen) hinter den stoßfesten Drahtwerkstoffen mit Aluminiumoxidzusätzen (0,03—0,05% Al_2O_3,

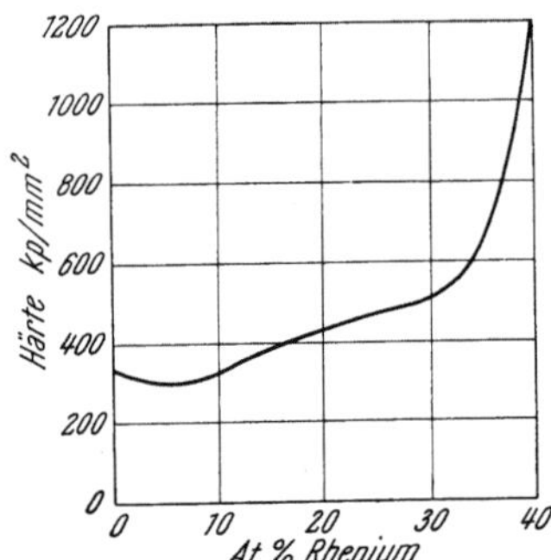

Abb. 191. Härte von Wolfram–Rhenium-Legierungen. (Nach R. I. JAFFEE, C. T. SIMS und J. J. HARWOOD: Lit. [14], S. 343)

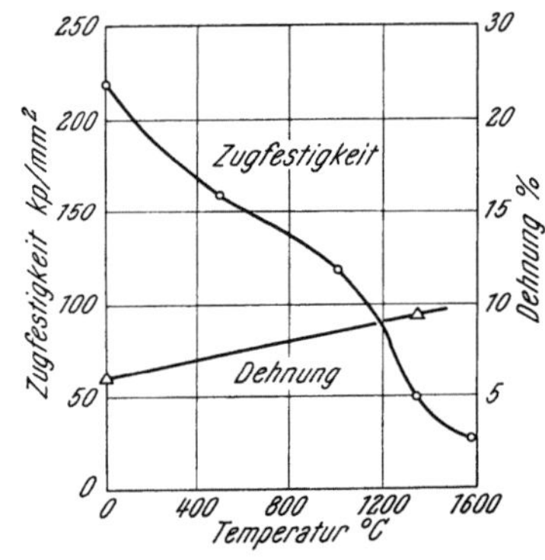

← Abb. 192. Temperaturabhängigkeit der Zugfestigkeit und Dehnung einer Wolfram–30% Rhenium-Legierung. (Nach R. I. JAFFEE, C. T. SIMS und J. J. HARWOOD: Lit. [14], S. 343)

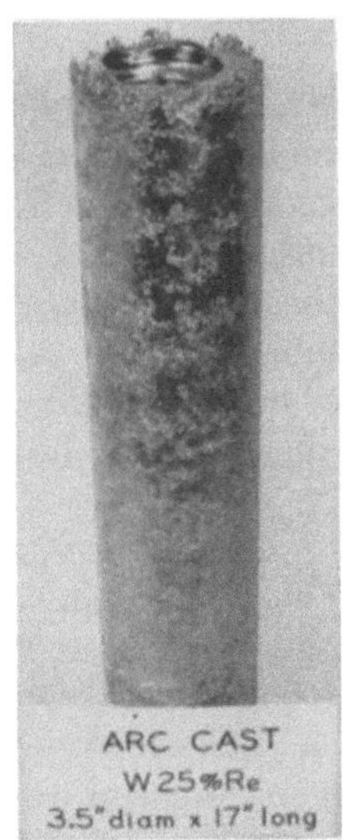

Abb. 193. Lichtbogengeschmolzene Wolfram–Rhenium-Legierung mit 25% Re. Maße des Ingots: 9 cm ⌀, 43 cm lang, Gewicht etwa 50 kg (Wah Chang Corp. USA)

gegebenenfalls noch 0,5—1 % beim Sintern ausdampfendes Alkalisilikat) zurück, die ihre geringe Rekristallisationsneigung durch ihre hohe Warmfestigkeit dem eingelagerten feinstdispersen Al_2O_3 nebst Spuren von SiO_2 verdanken.

Verbundmetalle

Die Pseudolegierungen aus Wolfram mit Kupfer oder Silber werden durch Sintern bzw. Drucksintern der Pulvermenge oder durch Tränken von Wolframskelettkörpern mit Kupfer- bzw. Silberschmelzen hergestellt. Sie spielen als Kontaktwerkstoffe bzw. für Raketendüsen eine große Rolle[1–5].

---

[1] MATT, R. E., WARGA, J. J.: in: BENESOVSKY, F. (Hrsg.): Metalle für die Raumfahrt, 5. Plansee Seminar. Springer-Verlag, Wien–New York 1965, S. 233.

[2] SHALER, A. J.: ibid. S. 77.

Verbundwerkstoffe mit etwa 8Ni + 2Cu werden als Wolfram–Nickel–Kupfer-Schwermetallegierungen wegen ihres hohen spezifischen Gewichtes verwendet[1]. Pseudolegierungen, die kupferfrei sind und als Tränkmetall Nickel und/oder Eisen bzw. allfällig auch Molybdän enthalten, weisen eine erstaunlich hohe Kaltdehnung und gute Bildsamkeit auf[2–5]. Sie haben die Wolfram–Nickel–Kupfer-Legierungen in vielen Fällen verdrängen können. Tab. 79 bringt eine Zusammenstellung der Eigenschaften einiger Wolfram–Nickel–Eisen(Molybdän)-Werkstoffe.

Tabelle 79. *Mechanische Eigenschaften zweier repräsentativer Proben von Schwermetall auf W/Ni/Fe-Basis**

	Probe 1		Probe 2	
	nach Sinterung (10 Min. 1460°C)	wärmebehandelt**	nach Sinterung (10 Min. 1460°C)	wärmebehandelt**
Zugfestigkeit (kg/mm²)	80	92	71	93
0,2%-Dehngr. (kg/mm²)	60	60	60	60
Proportionalitätsgrenze (kg/mm²)	33	27	32	35
Elastizitätsmodul	$43{,}6 \cdot 10^6$	$41{,}0 \cdot 10^6$	$41{,}0 \cdot 10^6$	$41{,}3 \cdot 10^6$
Bruchdehnung (%)	8,6	29,8	3,3	25,1
Brucheinschnürung (%)	7,8	41,5	2,5	32,3

* LARSEN, E. I., KROCK, R. H.: J. Electrochem. Soc. *108* (1961) 276.
** Keine genaueren Angaben über die Bedingungen der Wärmebehandlung.

11. Anwendungen

Dem duktilen Chrom ist der technische Durchbruch weder in Form von Reinst-Chrom noch in Form von Chrombasislegierungen bis jetzt gelungen, obwohl die Korrosionseigenschaften und die Zundereigenschaften des Chroms und insbesondere der Chrom–Yttrium-[6] und Chrom–40Nickel-Legierung hervorragend sind[7].

Molybdän hat sich dagegen als Sonderwerkstoff, sowohl in Form des Reinmetalles als auch in Form von Molybdänlegierungen, durchgesetzt. Es ist als

[3] GOETZEL, C. G., LAVENDEL, H. W.: ibid. S. 149.

[4] SCHREINER, H.: Pulvermetallurgie elektrischer Kontakte. Springer-Verlag, Berlin–Göttingen–Heidelberg–New York 1964.

[5] KEIL, A.: Werkstoffe für elektrische Kontakte. Springer-Verlag, Berlin–Göttingen–Heidelberg 1960.

[1] PRICE, C. H. S., SMITHELLS, C. J., WILLIAMS, S. V.: J. Inst. Metals *62* (1938) 239.

[2] PALME, R.: Powder Metallurgy Bull. *6* (1958) 32.

[3] CREEN, E. C., JONES, D. J., PITKIN, W. R.: Symp. on Powder Metallurgy, London 1954, Iron and Steel Inst. London 1956 (Special Rep. No. 58).

[4] KIEFFER, R., BENESOVSKY, F.: Berg- u. hüttenmänn. Mh. *94* (1949) 284.

[5] KIEFFER, R., NACHTIGALL, E.: Ö. P. 176979.

[6] FOX, J. E.: APEX Rep. *680* (1961).

[7] LEWIS, H.: Nickel Berichte *24* (1966) 173.

Material z. B. für Halte-, Kern- und Gitterdrähte in Elektronenröhren, für Hochtemperaturheizleiter und für andere Verwendungszwecke unersetzlich.

Ebenso wie Molybdän hat sich Wolfram vom „seltenen Metall" über das „Sondermetall' schon fast bis zum „Gebrauchsmetall" entwickelt. Dem duktilen Wolfram begegnet man im täglichen Leben in der Metallfadenglühlampe, in Elektronenröhren, in Unterbrecherkontakten und Zündkerzenelektroden in den Kraftfahrzeugen und in den Hämmern der automatischen Uhren. Dem Techniker ist es unentbehrlich als Material für die Anoden von Röntgenröhren, für Hochtemperaturheizleiter, für Schweißelektroden, Isotopenbehälter, Raketendüsen und nicht zuletzt in Form des WC als wesentliche Komponente in Hartmetallen.

a) Chrom

Anwendung findet das Metall Chrom heute überwiegend in Form des Ferrochroms für die Herstellung von niedrig- und hochlegierten Chrom- und Chrom–Nickel-Stählen sowie für chromhaltige zunderfeste Nickel- bzw. Kobaltbasislegierungen. Dabei ist der Trend zur Verwendung immer reinerer Ausgangsmaterialien bemerkenswert. Dieser Trend führte vom kohlenstoffreichen Ferrochrom carburé über kohlenstoffarmes Ferrochrom affiné, das praktisch kohlenstofffreie suraffiné-Produkt zum aluminothermisch hergestellten und schließlich zum hochreinen elektrolytisch abgeschiedenen Metall.

Beachtliche Mengen an Reinchrom werden neben Chromhalogeniden für Pack- und Gasinchromierungsverfahren verbraucht. Nach dem Akten-Kelley-Verfahren[1] z. B. werden Stahlgegenstände in eine Mischung von Chrompulver und Tonerde eingepackt und 3 bis 4 Stunden bei 1300—1400 °C unter Schutzgas einer Diffusionsglühbehandlung unterzogen, bei welcher eine zunderfeste Chrom–Eisen-Legierungsdeckschicht gebildet wird. Nach dem neueren BDS-Verfahren (*B*ecker-*D*aeves-*S*teinberg)-Gasinchromierungsverfahren[2,3], wird bei etwas niedrigerer Temperatur in Gegenwart von HCl oder HF unter Wasserstoff gearbeitet. Üblicherweise werden Stähle mit Kohlenstoffgehalten kleiner als 0,3% benutzt und Legierungsschichten mit Chromgehalten größer als 15% erzielt. Bei höher kohlenstoffhaltigen Stählen erhält man hochverschleißfeste Chromkarbid-haltige Deckschichten mit Härten von über 1000 kg/mm².

Weitere kleinere Mengen Chrom werden für Chromanoden in Röntgenröhren, für Metallaufdampfung und in Form von Chromkarbiden für säure- und verschleißfeste chromkarbidhaltige Sinterstähle verbraucht[4–6].

Die einzige Chrombasislegierung, die bisher technisch eingesetzt wurde, ist die 60Cr–40Ni-Gußlegierung der INCO[7]. Die nicht mehr schmiedbare Legierung zeigt hohe Warmfestigkeit und ausgezeichete Zunderfestigkeit.

---

[1] Kelley, F. C.: U. S. Patent 1365499 (1921).
[2] Becker, G., Daeves, K., Steinberg, F.: Stahl u. Eisen *61* (1941) 189.
[3] Daeves, K., Becker, G., Steinberg, F.: Metallwirtschaft *20* (1941) 217.
[4] Kieffer, R., Kölbl, F.: Powder Met. Bull. *4* (1949) 4.
[5] Pernegger, W.: Diss. an der Techn. Hochschule Wien 1968.
[6] Krünes, H.: Diss. an der Techn. Hochschule Wien 1969.
[7] Lewis, H.: Nickel Berichte *24* (1966) 173.

Im Zusammenhang mit der Anwendung von Chrom ist auf die galvanische Verchromung hinzuweisen. Je nach den Elektrolysebedingungen werden dünne dekorative Glanzchromschichten (Schichtdicke 0,2—0,5 μ) oder sehr verschleißfeste Hartchromschichten (Schichtdicke 0,07—0,3 mm, Härten von 800—900 Brinell) erhalten. Die elektrolytisch abgeschiedenen, nur mechanisch verankerten Chromschichten vertragen im Gegensatz zu den Inchromierungsschichten keine Temperaturbeanspruchung. Beim Erwärmen neigen sie zum Abblättern.

b) Molybdän

Die Hauptanwendungsgebiete für Molybdän liegen nach wie vor in der Elektro- und in der elektronischen Industrie sowie als Elektrodenmaterial für Glasschmelzöfen und als Spritzdrähte für das Aufbringen von Molybdänauftragschichten. Molybdän beginnt sich aber auch in anderen Bereichen, z. B. für Elektroden in Schmelzflußelektrolysen, als korrosionsfestes Material im chemischen Apparatebau und als Konstruktionswerkstoff in der Maschinenindustrie durchzusetzen.

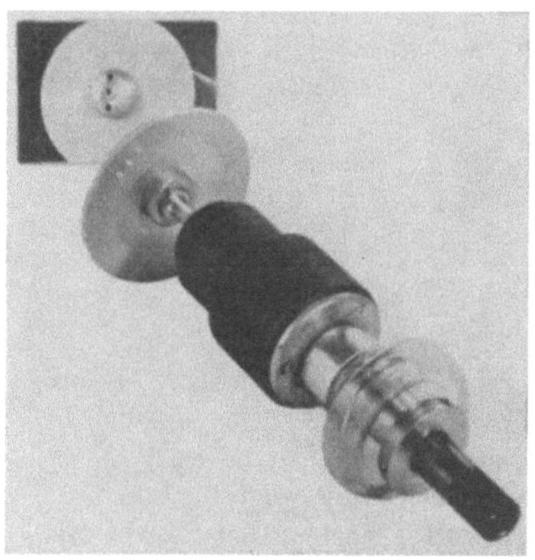

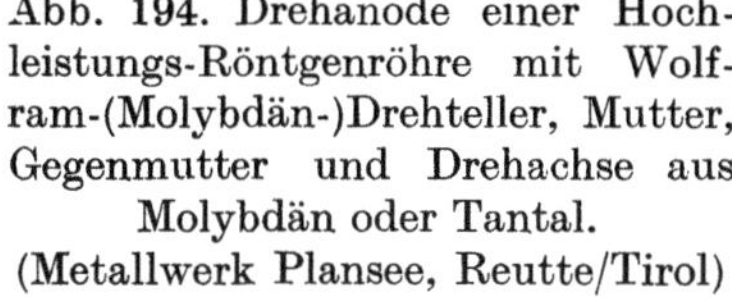

Abb. 194. Drehanode einer Hochleistungs-Röntgenröhre mit Wolfram-(Molybdän-)Drehteller, Mutter, Gegenmutter und Drehachse aus Molybdän oder Tantal. (Metallwerk Plansee, Reutte/Tirol)

Elektro- und elektronische Industrie. Haltedrähte, Kerndrähte, Anoden, Gitterkathoden sowie Glas- und Quarzeinschmelzungen von Elektronenröhren werden überwiegend aus Molybdän gefertigt (vgl. Abb. 194). Für diesen Verwendungszweck kann Molybdän kaum, lediglich durch teurere oder schlechter verarbeitbare Materialien wie Tantal, Niob oder Wolfram und nur zum geringen Teil durch Eisenmetallegierungen ersetzt werden.

Ebenso große Bedeutung hat Molybdän heute als Material für Heizleiter und Strahlbleche von Hochtemperaturöfen. Gegenüber dem höher schmelzenden Wolfram hat Molybdän den Vorteil der leichteren Verarbeitbarkeit und gegenüber dem ebenfalls höher schmelzenden Tantal den der Billigkeit und vor allem der geringeren Anfälligkeit gegen Verunreinigungen in Schutzgasen.

Öfen mit Molybdänheizleitern unter Wasserstoff (kurzfristig bis etwa 2000 °C) oder unter Vakuum arbeitend (bis etwa 1600 °C) haben sich in der Pulvermetallurgie und der Hartmetallindustrie für Reduktionsöfen, für Schutzgas- und Vakuumsinteröfen sowie für Muffelöfen zum Hartlöten und zum Vergüten, für Sublimationsöfen und für Schmelzöfen, z. B. für Kupfer, weitgehend durchgesetzt.

Vakuumöfen, meist mit freitragenden Molybdänheizkörpern (Abb. 195) ausgestattet, müssen mit niedrigen Spannungen betrieben werden. Bei den mit Molybdändraht bewickelten Schutzgasglühöfen sind höhere Ofenspannungen möglich, doch besteht bei diesen Öfen das Problem der Lagerung der Molybdänheizspiralen. Als Auflage haben sich Körper aus gesintertem Al_2O_3, ZrO_2 oder ThO_2 bewährt. Neben den Heizleitern werden auch Strahlenschutzschirme (Abb. 196), Glühschiffchen, Tiegel und früher auch in größerem Maßstab Raketendüsen (Abb. 197) aus Molybdän gefertigt.

Abb. 195. Molybdändrahtheizkörper für Drehstrom (rechts) mit Molybdänstrahlschirmen (links). (Metallwerk Plansee AG, Reutte/Tirol)

Abb. 196. Strahlenschutzschirme aus Molybdän für Hochtemperaturöfen. (Metallwerk Plansee AG, Reutte/Tirol)

Abb. 197. Raketendüsen aus Molybdän. (Metallwerk Plansee AG, Reutte/Tirol)

Für Glasschmelzöfen. Moderne Glasschmelzöfen werden kombiniert beheizt. Das Niederschmelzen des Einsatzgutes geschieht mit Gas- oder Ölfeuerung, das Warmhalten des Glasflusses während der Läuterung und der Verwendung durch elektrische Widerstandserhitzung. Von allen Materialien für die Elektroden hat sich Molybdän am besten bewährt. Die günstigste Art der Einführung der Molybdänelektroden wurde von PENBERTHY[1,2] angegeben. Durch Aneinanderschrauben

[1] PENBERTHY, H. L.: Glass Ind. *34* (1953) 380.

[2] PENBERTHY, H. L.: A. P. 2693498 (1953).

von Molybdänstäben mit 30—40 mm Durchmesser wird ein endloser Elektrodenstrang hergestellt, der durch ein seitliches Wandloch in die Schmelze eingeführt wird. Der aus dem Ofen herausragende und oxydationsgefährdete Teil der Kathode wird wassergekühlt (Abb. 198). Durch die Kühlung erstarrt das in der Öffnung befindliche Glas und schließt die Ofenwand nach außen dicht ab. Will man die Elektrode, die ständig etwas abgetragen wird, etwas nachschieben, wird kurzzeitig die Kühlung vermindert, wodurch die erstarrte Schmelze im Wandloch wieder zähflüssig wird.

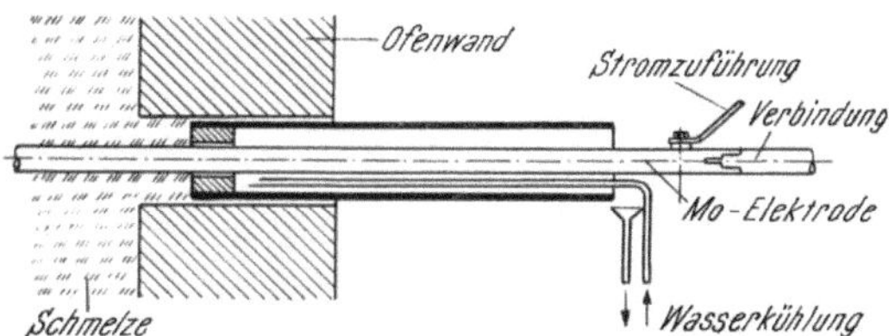

Abb. 198. Anordnung einer Molybdän-Glasschmelzelektrode. (Nach H. L. PENBERTHY)

Die Elektroden werden aus kohlenstoffarmen, lichtbogengeschmolzenen Molybdän-Ingots, besser aus kohlenstoff-freien Sinterblöcken durch Gesenkschmieden oder in Knüppelwalzwerken hergestellt. Nach rohen Schätzungen dürften heute bereits mehr als 30 Tonnen Molybdän je Monat für Glasschmelzelektroden verbraucht werden.

Metallisierung. Das Metallisieren mit Hilfe von Drahtspritzpistolen hat sich zur Erhöhung der Korrosionsfestigkeit oder der Verschleißfestigkeit von Werkstoffen und zur Ausbesserung und Wiederinstandsetzung abgetragener oder teilweise zerstörter Maschinenteile im großen durchgesetzt[1,2]. Als Auftropfmetall hat sich gerade Molybdän gut bewährt, weil Molybdän auch an glatten hochglanzpolierten Flächen ausgezeichnet haftet. Die große Haftfestigkeit ist durch die hohe Auftrefftemperatur der Molybdäntröpfchen und die Bildung eines flüchtigen Oxides bedingt. Trotz einer Restporosität von 8—15% haben die Auftragschichten hervorragende Verschleißfestigkeit mit Oberflächenhärten von 350 bis 600 kg/mm² und Spitzenwerten von 900 kg/mm². Wegen typischer Anwendungen des Molybdänspritzens sei auf die spezielle Literatur verwiesen[3–10].

Die Erzeugung der Molybdänspritzdrähte geschieht auf kontinuierlichen Hämmerstraßen oder Knüppel- oder Drahtwalzgerüsten (Abb. 199). Als Ausgangsmaterial sind erschmolzene sowie gesinterte Ingots gleichermaßen geeignet.

[1] MACHENSCHALK, R.: Planseeber. Pulvermet. *4* (1956) 80.

[2] KIEFFER, R., SEDLATSCHEK, K.: Molybdän Dienst Nr. 12, Oktober 1961.

[3] WAKELIELD, J. E.: Iron Age *163* (1949) 81.

[4] INGHAM, H. S., SHEPARD, A. P.: Das Metco-Handbuch des Metallspritzens; Metallizing, Engineering Co. Inc., Westbury, N. Y. 1951.

[5] CORBETT, R.: Electroplating *4* (1961) 45, 84

[6] HOLGATE, S. M.: Electroplating *8* (1955) 258.

[7] REININGER, H.: Gespritzte Metallüberzüge. C. Hanser-Verlag, München 1952, S. 67.

[8] VANDERPOOL, H., SHEPARD, A. P.: in: Surface Protection against Wear and Corrosion. Am. Soc. Met. Cleveland 1953, S. 231.

[9] CLINE, J. E., THURSTON, R. T., WULFF, J.: Welding J. *29* (1950) 320, 342

[10] SHEPARD, A. P.: Iron Age *173* (1954) 105.

Weitere Anwendungen. Einige weitere Anwendungen von Molybdän hat H. BRAUN[1,2] beschrieben. Rein-Mo, TZM und 70 Mo–30W haben sich für Werkzeuge für den Aluminium- und Zinkspritzguß ebenso bewährt wie für Strangpreßmatrizen. Der Vorteil dieser Materialien liegt nicht nur in der hohen Warmfestigkeit, sondern auch in der relativen Unempfindlichkeit gegenüber Wärmeschocks, die auf die hohe Wärmeleitfähigkeit, den niedrigen Ausdehnungskoeffizienten und den hohen Elastizitätsmodul zurückzuführen ist.

Abb. 199. Drahtwalzgerüste zur Molybdändrahtherstellung aus gesintertem Vormaterial. (Metallwerk Plansee AG, Reutte/Tirol)

Druckgußkerne aus Molybdän und Molybdänlegierungen erlauben Produktionszahlen von mehr als 100000 Stück und haben eine etwa fünffache Standzeit gegenüber den klassischen Werkzeugstählen.

Die hohe Steifigkeit des Molybdäns und das ausgezeichnete Dämpfungsverhalten haben Molybdän und dessen Legierungen als Achsen für rasch rotierende Schleifspindeln und für fliegende Bohrstangen interessant gemacht. Die Qualität von Tieflochbohrungen ist durch die ratterfrei arbeitenden Bohrstangen aus Molybdän sehr verbessert worden.

Weitere neue Anwendungsgebiete ergeben sich durch das gute Korrosionsverhalten des Molybdäns gegen Säuren und gegen Metallschmelzen in der chemischen Industrie, wo geschmiedete Apparateteile für Säurefestpumpen, Ventile, Förderschnecken und anderes eingesetzt werden. Auch Molybdänrohre und Bleche für Rohrleitungen und Wärmetauscher sind technisch im Einsatz.

Molybdän scheint in der Kernenergie für Hüllrohre von Brennstoffelementen, die mit flüssigen Metallen gekühlt werden, interessant.

---

[1] BRAUN, H.: Schweiz. Arch. angew. Wiss. Techn. *65* (1965) 65.

[2] BRAUN, H.: Metall *16* (1962) 646, 990.

Das Disilizid des Molybdäns ($MoSi_2$) hat seinen Platz als an Luft beständiger Hochtemperaturheizleiter erobert. $MoSi_2$-Heizelemente lassen sich in oxydierender Atmosphäre bis über 1600 °C[1,2,3] verwenden. Die hohe Zunderbeständigkeit wird durch einen sich bildenden dünnen Quarzfilm[1] hervorgerufen. Der Schutz von Molybdän durch Auftragen von Spritzschichten aus $MoSi_2$ oder anderen Materialien hat sich dagegen nicht bewährt. $MoSi_2$, $TiSi_2$ und $CrSi_2$ enthaltende Deckschichten (coatings) sind jedoch mit Erfolg bei Niob- und Tantal-Legierungen im Einsatz[4,5,6].

Als Tiegelmaterial, als Hüllrohre für Thermoelemente und neuerdings auch als Werkstoff für Strangpreßdüsen hat sich das kürzlich entwickelte Cermotherm, ein gesinterter Verbundwerkstoff aus Molybdän mit 30—40% ZrO_2, bewährt[7,8].

c) Wolfram

Wolfram hat ähnliche Anwendungsgebiete wie das Molybdän. Es wird diesem überall dort vorgezogen, wo es auf besonders hohen Schmelzpunkt und besonders hohe Warmfestigkeit des Werkstoffes ankommt. Für verschiedene Zwecke in der Elektro- und in der elektronischen Industrie ist Wolfram kaum durch andere Werkstoffe zu ersetzen.

Elektro- und elektronische Industrie. Diese Industriezweige verbrauchen die Hauptmenge des duktilen Wolframs in Form von dünnen Drähten, Stäben, Blechen und Formstücken (Abb. 200 und 201). Die wesentlichen Teile von Elektronenröhren wie Kathoden, Anoden, Gitter und aus Hartglaseinschmelzungen werden meist aus Wolfram, heute aber auch noch häufig aus Molybdän gefertigt. Die Glühfäden der Metallfadenglühlampen bestehen ausschließlich aus Wolfram. Die Drahtherstellung geschieht durch Hämmern und Ziehen von Wolframsinterstäben. Zur Erhöhung der Stoßfestigkeit und der Warmfestigkeit werden dem Glühfadenwolfram meist geringe Mengen an Aluminiumoxid oder Thoriumdioxid zugesetzt (sog. gedoptes Wolfram).

Wolfram ist auch das wichtigste Bauelement von Röntgenröhren; sowohl Kathoden als auch Anoden sind meist aus Wolfram gefertigt. Moderne Drehanoden (Abb. 202), die wesentlich höhere Belastungen aushalten, sind mit einer dünnen Schicht Wolfram–Rhenium-Legierung, die im Betrieb weniger aufrauht und aufreißt, plattiert[9].

In der Elektroindustrie hat Wolfram große Bedeutung als Werkstoff für elektrische Kontakte, bei denen wegen des hohen Schmelzpunktes des Wolframs

---

1 Kieffer, R., Benesovsky, F., Konopicky, C.: Ber. dtsch. keram. Ges. *31* (1954) 223.

2 Fitzer, E.: Elektrowärme *11* (1958) 253.

3 Rubisch, O., Buchner, E.: Elektrowärme *21* (1963) 512.

4 Jeffries, R. A., Gadd, J. D.: Thompson-Ramo-Wooldrige Inc. Rep. TM-2771-67 (1961).

5 Gadd, J. D., Jeffries, R. A.: Thomson-Ramo-Wooldrige Inc. Rep. ASD-TDR-62-934 (1962).

6 Blumenthal, H.: Planseeber. Pulvermet. *9* (1961) 44.

7 Metallwerk Plansee, Reutte/Tirol, Prospekt „Cermotherm".

8 Strohmeier, G. Sedlatschek, K., Pipitz, E.: Erzmetall *21* (1968) 51.

9 Kieffer, R., Sedlatschek, K., Kresser, A.: Öst. P. 218640 (1961), 219168 (1961) u. 224766 (1962).

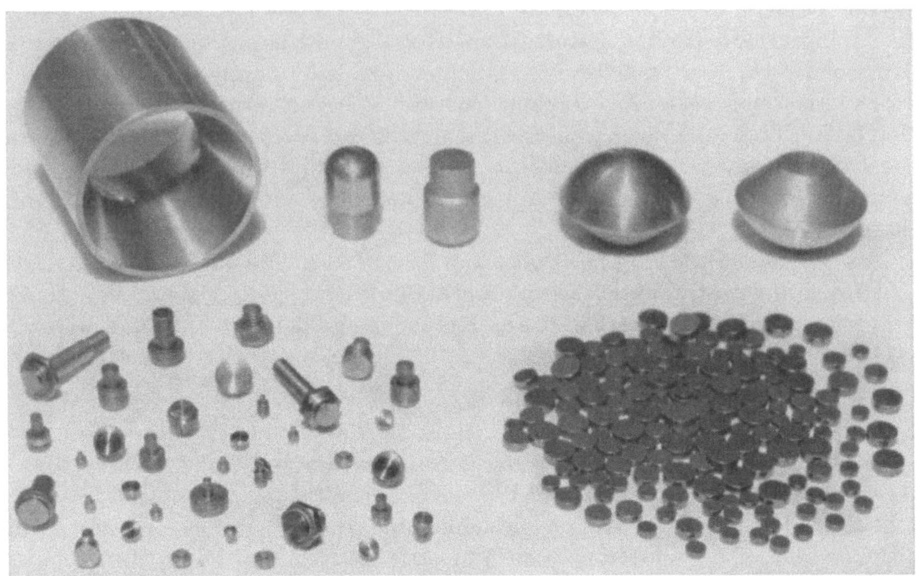

Abb. 200. Wolframformstücke für die elektronische Industrie. (Metallwerk Plansee AG, Reutte/Tirol)

Abb. 201. Glühschiffchen aus Wolfram. (Metallwerk Plansee AG, Reutte/Tirol)

Abb. 202. Wolfram-Drehanoden mit W–5% Re-Auflage auf der Brennbahn. (Metallwerk Plansee AG, Reutte/Tirol)

hohe Schaltleistung und geringer Abbrand ermöglicht wird. Zur Verbesserung der elektrischen Leitfähigkeit werden auch Wolfram–Silber- oder Wolfram–Kupfer-Verbundkörper mit Erfolg eingesetzt. Große Mengen an Wolframstäben werden für Unterbrecherkontakte und für Zündkerzenelektroden verwendet.

Schweißtechnik. Für die Schweißverfahren, bei denen mit atomarem Wasserstoff oder unter Inertgas gearbeitet wird (Arcatom-, Heliarc- und Argonarc-Verfahren) sowie für Plasmabrenner werden ausschließlich Wolframelektroden eingesetzt. Gegebenenfalls enthält das Wolfram, herstellungsmäßig bedingt, 1—2% Thoriumoxid oder Zirkoniumoxid.

Hochtemperaturtechnik. Gerade in der Hochtemperaturtechnik und für den Bau von Höchsttemperaturöfen hat das Wolfram eine große Bedeutung erlangt. Es wurden hochstandfeste Heizleiter in Form von Wolframrohren, Wolframdrahtnetzen und Wolframblechen entwickelt (Abb. 203). Wolframringe werden auch als Suszeptoren in Hochtemperaturinduktionsöfen eingesetzt.

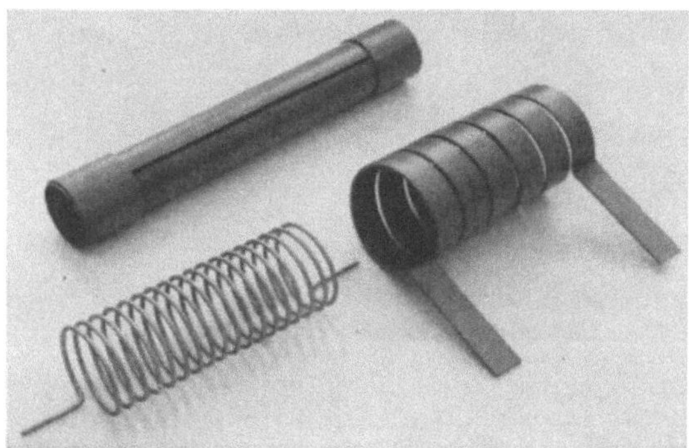

Abb. 203. Wolfram-Heizelemente für Hochtemperaturöfen. (Metallwerk Plansee AG, Reutte/Tirol)

Die modernen Elektronenstrahlöfen arbeiten mit Emissionselektroden aus Wolfram; ebenso sind die mit Permanentelektroden ausgestatteten Lichtbogenöfen mit Wolframelektroden bestückt.

Raumfahrttechnik. Bei der Fertigung der Düsen von Feststoffraketen hat das Wolfram die früher verwendeten Werkstoffe Graphit, Molybdän und Molybdän–Wolfram-Legierungen verdrängt. Nach Überwindung von Verarbeitungsschwierigkeiten hat sich auch die 80 Wolfram–20 Silber-Verbundlegierung durchgesetzt, die durch „Schwitzkühlung“ besonders hohe Wärmebelastung aushält. Bei der hohen thermischen Belastung wird das Silber in den Poren des Wolframskelettkörpers flüssig und verdampft schließlich, wodurch das Material durch die Schmelz- und Verdampfungswärme vor einer Überhitzung geschützt wird[1–4].

Die Herstellung von Wolframdüsen geschieht durch spangebende Verformung von indirekt bei 2500 °C gesinterten und anschließend geschmiedeten oder strang-

[1] Matt, R. E., Warga, J. J.: in: Benesovsky, F. (Hrsg.): Metalle für die Raumfahrt, 5. Plansee Seminar. Springer-Verlag, Wien–New York 1965, S. 233.

[2] Shaler, A. J.: ibid. S. 77.

[3] Goetzel, C. G., Lavendel, H. W.: ibid. S. 149.

[4] Kieffer, R., Jangg, G.: Allgem. u. prakt. Chemie *18* (1967) 383.

gepreßten Wolframblöcken, oder besser nach einem neueren Verfahren durch Fließdrücken von 10—12 mm starken gewalzten Blechrondellen (Durchmesser 300—500 mm).

Das Prinzip des Fließdrückens zeigt instruktiv die Abb. 49 (S. 89). Fließgedrückte Düsen (Abb. 204) zeichnen sich durch geringes Gewicht und geringen Materialverbrauch aus. In Abb. 204 ist daneben auch eine spanabhebend aus

Abb. 204. Wolframdüsen. Links: durch Fließdrücken erzeugt, rechts: geschmiedet. (Metallwerk Plansee AG, Reutte/Tirol)

Abb. 205. Verarbeitungsstufen bei der Herstellung geschmiedeter Wolframdüsen. (Metallwerk Plansee AG, Reutte/Tirol)

gelochten Schmiedestücken hergestellte Wolframdüse, wie sie auch heute noch erzeugt wird, gezeigt. Der Herstellungsweg geht anschaulich aus Abb. 205 hervor.

Kompliziertere Düsen (Kniedüsen u. a.) werden in den USA gelegentlich durch Elektronenstrahlschweißen von gedrückten Blechformstücken hergestellt, wobei die Schweißnaht und die benachbarten Rekristallisationsgebiete immer Schwächezonen bilden. Auch die Erzeugung von Düsen durch Aufspritzen von Wolfram mit Plasmabrennern auf Graphitkerne wurde schon versucht[1]. Abb. 206 zeigt

[1] Kirner, K.: Bosch Techn. Ber. *1* (1965) 65.

schließlich Düsen aus Wolfram–Silber-Verbundwerkstoffen, wie sie für die Polaris-Rakete verwendet werden, und die durch spanabhebende Bearbeitung von Wolfram–Silber-Tränkkörpern hergestellt werden[1].

Für die weitere Entwicklung von Feststoff-Raketendüsen sind auch die noch höher schmelzenden Karbide (z. B. TaC und HfC, Fp. etwa 3800 °C) sowie hochschmelzende Boride (z. B. HfB_2, Fp. 3150 °C) und Kombinationen mit Graphit von Interesse[2].

Abb. 206. Düsen aus Wolfram–Silber-Verbundwerkstoff für Polarisraketen

Wolfram-Schwermetalle. Sogenannte Wolfram-Schwermetalle, die sich durch sehr hohes spezifisches Gewicht, gute Festigkeitseigenschaften und gute Bearbeitbarkeit auszeichnen, sind Verbundwerkstoffe aus Wolfram mit metallischenBindern aus Nickel–Kupfer, Nickel–Eisen oder Nickel–Eisen–Molybdän[3–5]. Sie werden durch „Sintern mit flüssiger Phase" hergestellt, d. h. die gepreßten Pulvermischungen aus Wolfram- und den Bindermetallpulvern werden über den Schmelzpunkt des Bindermetalls erhitzt. Im wärmebehandelten Zustand weisen diese Legierungen neben hervorragender Zerspanbarkeit erstaunlich hohe Dehnungswerte von 10—15% auf.

Wolfram-Schwermetalle finden als Schwungmassen in der Flugzeugindustrie, als Uhrenhämmer für automatische Uhren, für Strahlenabschirmungen und für Isotopenbehälter Verwendung. Schätzungsweise werden heute schon etwa 15 bis 20 Monatstonnen an reinem Wolframpulver (Reinheit größer 99,95% W) für die Herstellung von Wolfram-Schwermetallen verbraucht.

Weitere Anwendungen. Die wichtigste Verwendung von reinem Wolframpulver liegt in der Herstellung von Wolframkarbid für die Hartmetallindustrie. Das Wolframkarbid wird auch heute noch, trotz Konkurrenz durch andere Verfahren, durch direkte Reaktion zwischen Wolframpulver und Ruß hergestellt. Es werden heute fast 1000 Monatstonnen an Wolframpulver für diesen Verwendungszweck

---

[1] Kieffer, R., Jangg, G.: Allgem. u. prakt. Chemie *18* (1967) 383.

[2] Kieffer, R., Windisch, St., Nowotny, H.: Metall *17* (1963) 669.

[3] Price, C. H. S., Smithells, C. J., Williams, S. V.: J. Inst. Metals *62* (1938) 239.

[4] Creen, E. C., Jones, D. J., Pitkin, W. R.: Symp. on Powder Metallurgy London 1954, Iron and Steel Inst. London 1956 (Special Rep. No. 58).

[5] Kieffer, R., Benesovsky, F.: Berg- u. hüttenmänn. Mh. *94* (1949) 284.

verbraucht. Wegen Einzelheiten über die Erzeugung von WC-haltigen Hartmetallen sei auf das Buchschrifttum[1,2] verwiesen.

Buchschrifttum:

SMITHELLS, J. C.: Tungsten. Chemical Publ. Corp., New York 1953.

AGTE, C., VACEK, J.: Tungsten and Molybdenum. NASA, Office of Scientific and Technical Information, Washington 1963.

SCHMIDT, F. F., OGDEN, H. R.: The Engineering Properties of Tungsten and Tungsten Alloys. Defense Metals Information Center, Battelle Memorial Institute, Columbia 1963.

HARWOOD, J. J.: The Metal Molybdenum. Am. Soc. Metals, Cleveland, Ohio, 1958.

MANZONE, M. G., BRIGGS, J. Z.: The Less Common Alloys of Molybdenum. Climax Molybdenum Co., New York 1960

Climax Molybdenum Co.: Molybdenum Metal. Climax Molybdenum Co. New York 1960.

SULLY, A. H.: Chromium. Butterworths Scientific Publ., London 1954.

UDY, M. J.: Chromium. Reinhold Publ. Corp., New York 1956.

NORTHCOTT, L.: Molybdenum. Butterworths Scientific Publ., London 1956

AGTE, C., VACEK, J.: Wolfram und Molybdän. Akademie-Verlag, Berlin 1959

TIETZ, T. E., WILSON, J. W.: Behaviour and Properties of Refractory Metals. Stanford University Press, Stanford, California 1965.

SCHREITER, W.: Seltene Metalle, Bd. I—III, VEB Deutscher Verlag für Grundstoffindustrie, Leipzig 1961/63.

QUARRELL, A. G. (Hrsg.): Niobium, Tantalum, Molybdenum and Tungsten. Elsevier Publ. Co., New York 1961.

PROMISEL, N. E. (Hrsg.): The Science and Technology of Tungsten, Tantalum, Molybdenum, Niobium and Their Alloys. AGARD Conf. on Refr. Metals, Oslo 1963, Pergamon Press 1964.

FOUNTAIN, R. W.: Chromium in: HAMPEL, C. A. (Hrsg.): Rare Metals Handbook. Reinhold Publ. Corp., London, 2. Aufl. 1961, S. 93.

ARCHER, R. S.: Molybdenum ibid S. 283.

LI, K. C.: Tungsten ibid. S. 580.

BACON, F. E.: Chromium in: HAMPEL, C. A. (Hrsg.): The Encyclopedia of the Chemical Elements. Reinhold Book Corp., New York–Amsterdam–London 1968, S. 145.

HERZIG, A. J., BRIGGS, J. Z.: Molybdenum ibid. S. 412.

DAVIES, B. E.: Tungsten ibid. S. 763

LI, K. C., WANG, C. Y.: Tungsten. Reinhold Publ. Corp., New York, 3. Aufl. 1955.

SMITHELS, C. J.: Tungsten. Chapman and Hall Ltd., London 1952

STOLARZ, ST., RUTKOWSKI, W.: Wolfram i Molibden. Warschau 1961.

Gmelins Handbuch der Anorganischen Chemie. Verlag Chemie, Weinheim/Bergstr., 8. Aufl. Syst.-Nr. 52 Chrom 1963/65.

[1] KIEFFER, R., BENESOVSKY, F.: Hartstoffe. Springer-Verlag, Wien 1963.

[2] KIEFFER, R., BENESOVSKY, F.: Hartmetalle. Springer-Verlag, Wien–New York 1965.

G. Gruppe VIIa

Mangan, Technetium, Rhenium

Die VIIa-Metalle haben bis jetzt sowohl als Reinmetalle als auch als VIIa-Metall Basislegierungen nur sehr beschränkte Anwendung in der Technik gefunden.

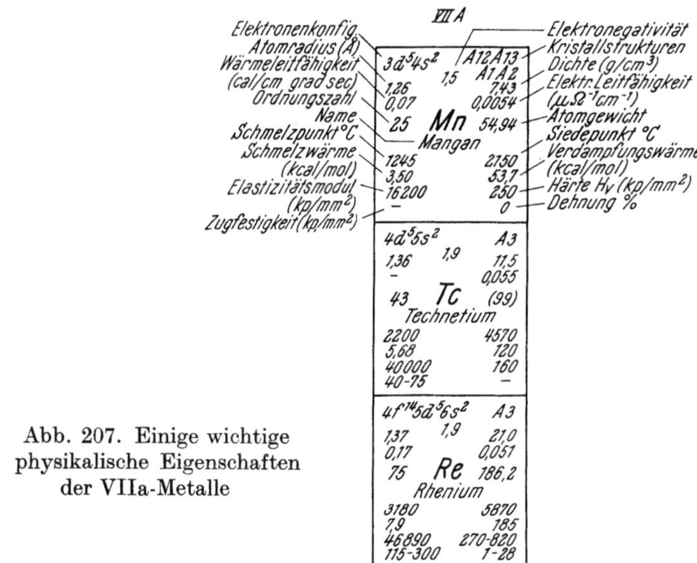

Abb. 207. Einige wichtige physikalische Eigenschaften der VIIa-Metalle

Mangan, das heute in großen Mengen elektrolytisch gewonnen wird, hat als Reinmetall keine brauchbaren Werkstoffeigenschaften; auch Manganbasislegierungen, die, wie z. B. die Mn–2Cu–1Ni-Legierung, bildsam sind, haben noch keine Bedeutung erlangen können. Bei weiterer Forschung über das Mangan und seine Legierungssysteme sind jedoch interessante Verwendungsgebiete für Mangan zu erwarten. Mangan geht heute — vorzugsweise in Form von Ferromangan — in die Stahlindustrie, zu einem kleineren Teil wird es in Bunt- und Leichtmetalllegierungen eingesetzt.

Technetium, das in der Natur nicht vorkommt und künstlich hergestellt wird, ist heute bereits in Gramm-Mengen erhältlich. Es wird vielleicht in 10 bis 15 Jahren näher zu besprechen sein, da es interessante, rheniumähnliche Eigenschaften besitzt.

Das erst 1925 entdeckte *Rhenium* spielte anfänglich nur eine untergeordnete Rolle in der elektronischen Industrie und für die Erzeugung von harten Füllfederspitzen. Erst durch die Pionierarbeiten von GEACH und Mitarbeitern[1,2], die die hervorragende Duktilität von Molybdän–Rhenium- und Wolfram–Rhenium-Legierungen erkannten, wurde Rhenium zu einem industriell genützten Sondermetall, vorzugsweise für die elektronische Industrie (Drehanoden) und für Hochtemperaturthermoelemente. Mit der steigenden Produktion ist der Preis für Rhenium gefallen und es ist anzunehmen, daß bei weiter fallendem Preis das Rhenium ein wichtiges Legierungselement werden wird.

1. Entdecker und Namensgebung

Tabelle 80. *Entdecker und Namensgebung*

Mangan	Technetium	Rhenium
Braunstein (MnO_2) wurde schon von Plinius beschrieben. Es wurde später auch als „magnesia nigra" bezeichnet.	W. u. I. Noddack glaubten das Element 43 in der Natur entdeckt zu haben und nannten es Masurium; es scheint aber in der Natur nicht vorzukommen	W. NODDACK, I. NODDACK/TACKE und O. BERG isolierten 1925 Rhenium aus Platinerzen und Niobiten, später auch aus Molybdäniten
SCHEELE erkannte den Braunstein als Oxid eines neuen Elementes. 1774 erstmals das Metall durch Kohlenstoffreduktion von Braunstein von GAHN gewonnen.	Es wurde erstmals von SEGRÉ in den USA als künstliches radioaktives Zerfallsprodukt erkannt. Das Isotop 99 ist relativ langlebig (Halbwertszeit $2{,}15 \cdot 10^5$ Jahre)	Rhenium ist nach dem Rhein bzw. dem Rheinland benannt
Name nach dem französischen magnesia nigra = Braunstein	Name von technitos = künstlich	

2. Vorkommen und Häufigkeit

Die Häufigkeit der VIIa-Metalle ist sehr verschieden. Während Mangan mit einer durchschnittlichen Häufigkeit von 1000 g/t in der Erdkruste zu den häufigsten Metallen zählt, wurde Technetium in der Natur bisher überhaupt nicht aufgefunden. Rhenium mit einem durchschnittlichen Gehalt von nur 0,001 g/t gehört zu den seltensten Elementen und ist deutlich seltener als z. B. Gold und Platin. Es ist aber nach neuen Verfahren relativ leicht als Nebenprodukt bei der Aufarbeitung von Molybdänerzen zu gewinnen und daher gut zugänglich.

[1] GEACH, G. A., HUGHES, J. E.: in: BENESOVSKY, F. (Hrsg.): Warmfeste und korrosionsbeständige Sinterwerkstoffe, 2. Plansee Seminar. Springer-Verlag, Wien 1956, S. 245.

[2] BAIRD, J. D., GEACH, G. A., KNAPTON, A. G.: in: BENESOVSKY, F. (Hrsg.): Hochschmelzende Metalle, 3. Plansee Seminar. Springer-Verlag, Wien 1959, S. 371.

Mangan bildet verschiedene Mineralien, die in mächtigen Lagerstätten vorkommen (Tab. 81). Abgebaut werden gegenwärtig nur die reichsten und am besten zugänglichen Erze; zum Teil geht man für die Mangangewinnung auch von manganreichen Hochofenschlacken aus.

Tabelle 81. *Wichtige Vorkommen und Mineralien der VIIa-Metalle*

	Vorkommen bzw. Mineral	Fundorte
Mangan		
	Braunstein (Pyrolusit) $MnO_{1,7-2}$	Kaukasus
	Hausmannit Mn_3O_4	Indien
	Braunit $3\,Mn_2O_3 \cdot MnSiO_3$	Ghana, Südafr.
	Bixbyit $(Mn, Fe)_2O_3$	Union
	Manganit $Mn_2O_3 \cdot H_2O$	Brasilien, Chile
	Manganspat (Rhodochrosit) $MnCO_3$	Argentinien, Mexiko
	Rhodosit $MnSiO_3$	Mandschurei
	Kryptomelan, Psilomelan $(Ba, Ta)O_{1-x} \cdot 4\,MnO_2 \cdot 2\,H_2O$	
	Hochofenschlacken mit 10—15% Mn	
Rhenium		
	keine eigenen Mineralien;	
	Hauptquellen:	
	Molybdänit (MoS_2), der mit sulfidischen Kupfererzen vergesellschaftet ist, enthält Rhenium als Sulfid. Kupferfreier Molybdänit ist fast rheniumfrei. Rhenium in Alvit, Gadolinit, Niobiten, Tantaliten, sulfidischen u. gediegenen Platinerzen. Spuren in Manganerzen	USA, UdSSR Finnland (Begleiter in Molybdän-, Niob-, Tantal- und Platinvorkommen)

Von *Rhenium* sind dagegen keine eigenen Erze bekannt. Rhenium ist Begleiter in vielen sulfidischen Erzen, vor allem in molybdänhaltigen Kupfererzen, bei denen Rhenium im Molybdänglanz in fester Lösung vorzuliegen scheint, in Mineralien der Seltenen Erden, in Niobiten, Tantaliten und in Platinerzen (vgl. Tab. 81).

Technetium kommt, wie gesagt, in der Natur nicht vor, es wird als künstliches radioaktives Isotop in Kernreaktoren durch Neutronenbeschuß von Niob- und Molybdänisotopen gewonnen und entsteht als Nebenprodukt bei der Uranspaltung.

3. Produktion und Preis

Die Hauptmenge (über 95%) der geförderten Manganerze geht vorzugsweise in Form von Ferrolegierungen in die Stahlindustrie. Man schätzt den Manganbedarf für diesen Verwendungszweck auf etwa 5 Mill. jato. Die Erzeugung von Rein-Manganmetall, heute überwiegend durch elektrolytische Abscheidung aus Sulfatlösungen, beträgt gegenwärtig etwa 30000 Jahrestonnen.

Das Elektrolytmangen wird bei der Fertigung von Sonderstählen, von Bunt- und Leichtmetallegierungen verwendet, insbesondere dort, wo Ferromangan wegen seines Gehaltes an Eisen und den klassischen Eisenbegleitern Kohlenstoff, Phosphor, Silizium und Schwefel nicht verwendbar ist. Mangan ist ein relativ billiges Metall, in Form von Ferromangan wird für je 1 kg Mangan —,45 $ (Ferromangan affiné mit 78% Mn) bis —,65 $ (bestes Ferromangan suraffiné) bezahlt. Elektrolytmangan kostet etwa —,60 bis —,75 $ je kg.

Die Gewinnung des erst 1925 entdeckten Metalles Rhenium stieg in den letzten Jahren stark an. Während im Jahre 1938 etwa 100 kg, 1959 etwa 700—800 kg Rhenium/Jahr erzeugt wurden, wird die Welterzeugung einschließlich der Oststaaten heute auf mehrere Jahrestonnen geschätzt. Der gegenwärtige, gegenüber früher stark gefallene Preis beträgt etwa 1,5 $ pro Gramm Pulver und ist damit wesentlich niedriger als der Preis für die in der Häufigkeit ähnlichen Platinmetalle. Durch den stark ansteigenden Verbrauch ist in den letzten eine gewisse Verknappung an Rhenium eingetreten. Allein durch Erfassung des Rheniumgehaltes aller gegenwärtig verarbeiteten Molybdänerze könnte aber die Rheniumerzeugung auf 10 jato und mehr gesteigert werden.

4. Physikalische Eigenschaften

Die physikalischen Eigenschaften von Mangan und Rhenium sind zusammen mit einigen Daten für Technetium in Tab. 82 aufgeführt.

Unter den Eigenschaften des Mangans[1] sticht die starke Neigung des Mangans zur Bildung von allotropen Modifikationen hervor. Es sind vier Modifikationen bekannt. Die Umwandlung der bei Normaltemperatur stabilen α-Phase in die β-Phase zeigt eine Hysterese. Die α–β-Umwandlung erfolgt bei 700 °C, die Rückwandlung beim Abkühlen erst wieder bei 665 °C. Die β–γ-Umwandlungstemperatur bzw. die γ–δ-Umwandlungstemperatur liegt bei 1079 °C bzw. 1140 °C. Die α- und die β-Phase zeigen nur wenig Bildsamkeit. Gute Duktilität weisen nur die kubisch flächenzentrierte γ- und die kubisch raumzentrierte δ-Phase auf. In reinem Mangan lassen sich die γ- und die δ-Phase durch Abschrecken nicht stabilisieren, sondern nur in Legierungen mit hohen Legierungszusätzen.

Auffallend ist der niedrige Schmelzpunkt des Mangans von 1244 °C sowie der hohe Dampfdruck, der eine destillative Reinigung des Mangans erlaubt. Auffallend ist auch die niedrige Leitfähigkeit des Mangans für Wärme und Elektrizität.

Rhenium kommt nur in einer Modifikation mit hexagonal dichtest gepackter Struktur vor. Es ist relativ gut bildsam und läßt sich trotz seines hohen Schmelzpunktes, der eine Kaltbildsamkeit nicht erwarten ließe, bei Normaltemperatur verformen. Schon geringe Kaltverformung bewirkt eine starke Kaltverfestigung, die Glühungen unter Wasserstoff zwischen den Verformungsstufen notwendig macht. Der hohe Schmelzpunkt des Rheniums fügt sich in die in Abb. 9 (S. 12) gezeigte Abhängigkeit der Schmelzpunkte der Metalle von der Stellung im Periodensystem gut ein.

---

[1] MEADEN, G. T.: Metals and Materials (1968) 252.

Tabelle 82. *Physikalische Eigenschaften von Mangan, Technetium und Rhenium*

	Mn	Tc	Re
OZ	25	43	75
AG	54,938	(99)	186,2
ES	(Ar)$3d^5 4s^2$	(Kr) $4d^5 5s$	(Xe) $4f^{14} 5d^5 6s^2$
GT	α: kub. A_{12} $a = 8{,}911$ *UT*: 721 °C β: kub. A_{13} $a = 6{,}314$ *UT*: 1101 °C γ: kub. A_1 $a = 3{,}862$ *UT*: 1137 °C δ: kub. A_2 $a = 3{,}147$	hex. d. P. $a = 2{,}740$ $c = 4{,}399$	hex. d. P. $a = 2{,}7609$ $c = 4{,}4582$
AR	1,26	1,36	1,37
ϱ_{20}	7,43	11,5	21,0
Fp.	1245	2200	3180
Kp.	2150	4600	5870
ΔH_s	3,48	5,68	7,9
$\Delta H_{\text{subl.}}$	67,2	155,0	185,4
Δc_{p20}	6,28	5,8	6,16
α_m	22		6,6
k_R	0,79	0,28	0,27
λ_w	0,07	—	0,17
λ_e	α Mn 0,0054 β Mn 0,011 γ Mn 0,025	0,055	0,051
EN	1,5	1,9	1,9
I	7,4	7,25	7,9
E	16200—20000	40000	47000 (gegl.)
μ	0,236	—	0,286
σ_B	50,6	40—75	115—300
H_V	250	160	270—820
Häuf.	0,10%	—	0,001 ppm

Zeichenerklärung S. 152.

5. Chemische Eigenschaften

Auch in den chemischen Eigenschaften fällt das Mangan etwas aus der Reihe heraus. Es ist weniger beständig als die ihm benachbarten Metalle Chrom, Eisen, Nickel und Kobalt. Rhenium dagegen ist ein hochbeständiges Metall, das in seiner guten chemischen Beständigkeit den Platinmetallen nahekommt. Die Neigung der VIIa-Metalle zur Bildung von Karbiden, Nitriden, Siliziden bzw. Boriden ist gegenüber den IVa—VIa-Metallen schon wesentlich vermindert. Die Verbindungen sind nicht mehr sehr stabil, auch chemisch nicht mehr so beständig und haben relativ niedrigen Schmelzpunkt. Die Löslichkeit für die kleinatomigen Metalle Kohlenstoff, Wasserstoff, Stickstoff, Sauerstoff ist ebenfalls schon sehr gering. In ihren Verbindungen können Mangan und Rhenium verschiedene Wertigkeiten annehmen, aber maximal siebenwertig sein. Als niedrigste Wertigkeitsstufen sind bei Mangan das Mn(II) und bei Rhenium das Re(III) bekannt. Bei Mangan sind die niedrigen Wertigkeitsstufen, bei Rhenium die höheren die stabileren. In den niedrigen Wertigkeitsstufen bilden die Metalle basische Oxide, in den höheren zunehmend saurer werdende Oxide. In der siebenwertigen Stufe werden Anionen, Permanganate bzw. Perrhenate gebildet.

Die chemischen Eigenschaften des Mangans und Rheniums sind in Tab. 83 angegeben.

Tabelle 83. *Chemische Eigenschaften von Mangan und Rhenium*

Medium	Mangan	Rhenium
feuchte Luft:	schon bei Raumtemperatur Oxidbildung	geringe Oxydation
trockene Luft u. Sauerstoff:	bei höherer Temperatur Verbrennung unter Feuererscheinung	bei Raumtemperatur beständig, bei höherer Temperatur langsamer Angriff
Wasser:	in der Kälte beständig, beim Kochen Angriff	gut beständig
verdünnte Mineralsäuren:	starker Angriff	sehr beständig, auch bei hoher Temperatur
konz. Mineralsäuren:	starker Angriff	bei höherer Temperatur Angriff
Salpetersäure:	starker Angriff	bei erhöhter Temperatur heftiger Angriff unter Oxydation
Alkalilaugen:	auch in der Wärme beständig	bei gleichzeitiger Oxydation Bildung von Perrhenat
Stickstoff u. Ammoniak:	Nitridbildung ab Rotglut	bildet keine Nitride
Wasserstoff:	schwache Löslichkeit, keine Hydride	keine Hydridbildung
CO_2	bei Rotglut starke Oxydation	beständig
CO	bei Rotglut Aufkohlung, Carbonyle bekannt	Carbonylbildung bekannt
Kohlenstoff:	Löslichkeit für Kohlenstoff bei höherer Temperatur, Bildung von Karbiden	keine Karbidbildung, bei höherer Temperatur geringe Löslichkeit für Kohlenstoff
Si, B, P, As	bei höherer Temperatur Bildung von Siliziden, Boriden, Phosphiden und Arseniden	bei höherer Temperatur Bildung von Siliziden, Boriden, Phosphiden und Arseniden
Aluminium, Beryllium:	bilden bei höherer Temperatur Aluminide und Beryllide	bei höherer Temperatur Bildung von Aluminiden und Berylliden
oxidfreie Metalle wie Na, K, Sn, Zn, Cu, Ag, Hg	wenig beständig, überwiegend Legierungsbildung	gut beständig

6. Gewinnung und Eigenschaften der VIIa-Metalle

Da sich Mangan und Rhenium in ihren Eigenschaften wesentlich voneinander unterscheiden und auch die Methoden zu ihrer Herstellung sehr verschieden sind, werden Mangan und Rhenium getrennt behandelt.

Auf Technetium, das nur in Gramm-Mengen hergestellt wird, wird nicht eingegangen.

a) Mangan

Gewinnung des Metalles

Da die Erzeugung von Rein-Mangan heute ausschließlich durch elektrolytische Abscheidung aus Mangansulfatlösungen geschieht[1], besteht die Aufgabe der Erzaufbereitung darin, aus den verschiedenen Erzen gereinigte, für die Elektrolyse geeignete Mangansulfatlösungen zu gewinnen. Auch durch Aufarbeitung von manganhaltigen Elektroofenschlacken werden heute Mangansulfatelektrolyte gewonnen.

Zur Gewinnung der Mangansulfatelektrolyte werden die Erze, die Mangan in oxidischer Form enthalten, in feingemahlenem Zustand reduzierend in rotierenden Trommelöfen geröstet. Es wird feinzerkleinerte Kohle als Reduktionsmittel zugesetzt. Die günstigste Rösttemperatur liegt bei 600 °C, da bei dieser Temperatur alles vorhandene Eisen als unlösliches Fe_3O_4 vorliegt. Bei höherer Rösttemperatur wird die Manganausbringung bei der nachfolgenden Laugung zwar besser, doch gehen dann erhebliche Mengen Eisen mit in Lösung.

Die gerösteten Erze werden mit abgearbeitetem Elektrolyt aus der Elektrolyse, der neben Ammonsulfat 25—40 g/l freie Schwefelsäure und 3 g/l Mangan enthält, gelaugt. Die Manganausbringung kann auf 98—99% gesteigert werden und man erhält fast neutrale Mangansulfatelektrolyte mit hohem Mangangehalt. Diese Lösungen müssen feinstgereinigt werden, da schon geringste Mengen an Verunreinigungen, vor allem an edleren Metallen wie Kupfer, Nickel, Kobalt, Arsen und Antimon, die Elektrolyse durch Bildung von Lokalelementen stark stören. Zur Feinstreinigung der Elektrolyte werden die Laugungslösungen vorerst mit Kalkmilch oder geröstetem Manganerz auf pH 6,5 gebracht, wodurch Eisen- und Aluminiumhydroxid ausfallen, die einen Großteil der Verunreinigungen mitreißen. Reste an Verunreinigungen werden schließlich aus der neutralen Lösung mit Schwefelwasserstoff oder Ammonsulfid gefällt. Der Erfolg der Elektrolytreinigung läßt sich nur durch Probeelektrolysen bestimmen. Analytische Methoden sind zum Nachweis der geringen noch störenden Mengen an Verunreinigungen meist nicht genau genug.

Die neutralen, gereinigten Elektrolyte werden in Elektrolysezellen, die aus Beton oder Holz bestehen und mit Bleiblech ausgekleidet sind, elektrolysiert. Die Kathoden sind aus nichtrostendem Stahl gefertigt; die Anoden bestehen aus Pb–1 Ag- oder Pb–Sn–Co-Legierungen. Die Elektrolysezellen sind mit Kunststofftüchern als Diaphragmen ausgestattet. Der Elektrolyt wird dem Kathodenraum zugesetzt, fließt durch die Diaphragmen, wird aus dem Anodenraum

---

[1] Springer, R.: Die elektrolytische Abscheidung des Mangans. Akademische Verlagsgesellschaft Geest u. Portig K.G., Leipzig 1951.

abgezogen und wieder für die Laugung von Röstgut verwendet. Nach etwa 60stündiger Elektrolyse werden die Kathodenniederschläge von den Kathodenblechen abgeschlagen. Zur Erzeugung von Manganpulver werden die spröden Bruchstücke in Backenbrechern weiter zerkleinert und in Hartmetallkugelmühlen fein gemahlen.

Die günstigsten Elektrolysebedingungen bei dem als Shelton-Verfahren[1] bekannt gewordenen Prozeß gehen aus Tab. 84 hervor.

Tabelle 84. *Günstigste Elektrolysebedingungen bei der elektrolytischen Mangangewinnung*

Elektrolyt-zusammensetzung: (Katholyt)	135—140 g/l Ammonsulfat 12 g/l Mangan, bis etwa 40 g/l Mangan als Sulfat
P_H:	7,2—8,5 0,1 g/l SO_2-Zusatz, zur Verhinderung der Oxydation von Mangan in der schwach alkalischen Lösung
Temperatur:	32—40 °C
Stromdichte:	
kathodisch:	400— 500 A/m²
anodisch:	800—1000 A/m²
Stromausbeute:	60—80%
Gesamtenergie-bedarf:	9—11 kWh/kg Mangan

Auch manganhaltige Hochofenschlacken, die in größeren Mengen anfallen, eignen sich zur Gewinnung von Mangansulfatelektrolyten[2,3]. Die Schlacken werden entweder sauer mit Schwefelsäure unter Zusatz von SO_2 oder ammoniakalisch gelaugt, das Eisen abgetrennt und die oben beschriebenen Reinigungsoperationen vorgenommen.

Die Reinheit des elektrolytisch gewonnenen Mangans beträgt mehr als 99,9% Mangan (vgl. Tab. 85).

Tabelle 85. *Analyse von Elektrolytmangan**

Mangan	99,9%
Eisen	0,001—0,002%
Kupfer	0,001%
Kobalt	0,0025%
Nickel	0,0025%
Blei	0,0025%
Kohlenstoff	0,002%
Schwefel	0,01—0,03%

* DEAN, R. S.: Electrolytic Manganese and its Alloys. Ronald Press Co., New York 1952.

Eine weitere Raffination durch Umschmelzen im Hochvakuum-Induktionsofen in Zirkon-, Aluminium- oder Berylliumoxidtiegeln, in Hochvakuum-Lichtbogenöfen oder durch Vakuumdestillation bringt keine wesentliche Erhöhung der Reinheit und der Bildsamkeit des gewonnenen Metalles mit sich.

[1] SHELTON: A. P. 2119560 (1936/38).
[2] CAROSELLA, M. C., FOWLER, R. M.: J. Electrochem. Soc. *104* (1957) 352.
[3] CHILTON, C. H.: Chem. Eng. *65* (1958) 136.

Vorschläge, die Elektrolyse an Quecksilberkathoden vorzunehmen, wurden, trotz mehrerer Vorteile, bisher nicht realisiert. Bei der Amalgamelektrolyse wäre die Feinstreinigung der Elektrolyte einzusparen, es kann aus saurer Lösung (pH 2—4) und mit Stromausbeuten von fast 100% abgeschieden werden[1].

Die älteren Verfahren zur Gewinnung von Reinmangan, wie die aluminothermische Gewinnung oder die destillative Abtrennung des Mangans aus Spiegeleisen, haben völlig an Bedeutung verloren. Lediglich für die Erzeugung kleinerer Mengen an höchstreinem Mangan (etwa 99,99%ig) wird noch die Hochvakuumdestillation herangezogen. Ausgangsprodukte sind entweder Ferromangan oder unreine Mangansorten. Die Destillation erfolgt bei 1100—1200 °C bei einem Vakuum von 0,02 Torr.

Legierungen des Mangans

Mangan weist ein ungünstiges Legierungsverhalten auf. Es bildet, wie schon erwähnt, vier Modifikationen, von denen die α- und β-Modifikationen spröde sind. Nur die kubisch flächenzentrierte γ- und die kubisch raumzentrierte δ-Modifikation sind bildsam. Bildsame und technisch interessante Manganbasislegierungen sind also nur durch Legierungszusätze zu erwarten, die die γ- bzw. die δ-Phase stabilisieren. Außerdem sind nur wenige Metalle, die ähnliche Atomradien wie Mangan (Atomradius 1,26 Å) haben, mit Mangan mischbar. Schon bei etwas größeren Unterschieden in den Atomradien ist eine Mischbarkeit nicht mehr gegeben. Vollmischbar mit der kubisch flächenzentrierten γ-Modifikation sind γ-Eisen, das kubisch flächenzentrierte α-Kobalt (Atomradius 1,25 Å) und Nickel (Atomradius 1,24 Å) (vgl. Zustandsschaubilder Abb. 208).

Von diesen Metallen sind jedoch relativ hohe Legierungszusätze notwendig, um die γ-Manganphase auch bei Raumtemperatur stabilisieren zu können. Nickel stabilisiert am stärksten; schon mit einigen Prozenten Nickel sind raumtemperaturstabile γ-Legierungen zu erhalten. Von Eisen und Kobalt sind etwas höhere Zusätze notwendig.

Vollmischbar ist γ-Mangan auch mit Kupfer (Atomradius 1,28 Å), doch wird die α–β- bzw. die β–γ-Umwandlungstemperatur mit steigendem Kupfergehalt nur wenig erniedrigt, so daß höhere Kupfergehalte zur Stabilisierung der γ-Manganphase notwendig sind. Während Eisen, Nickel und Kobalt bzw. Kupfer noch gute Mischbarkeit aufweisen, sind die Platinmetalle mit ihren größeren Atomradien (1,34—1,38 Å) nur mehr wenig in Mangan löslich. Silber mit einem Atomradius von 1,53 Å ist schon praktisch unlöslich. Im Legierungsverhalten mit Kohlenstoff und Stickstoff ähnelt Mangan dem Eisen. Auch bei Mangan wird das γ-Gebiet durch Kohlenstoff und Stickstoff aufgeweitet.

Aluminium stabilisiert schon bei geringen Legierungsgehalten die β-Modifikation des Mangans bis zur Raumtemperatur; doch sind derartige Mangan–Aluminium-Legierungen wegen der Sprödigkeit des β-Mangans technisch nicht interessant.

Mit den Übergangsmetallen der Gruppen IIIa—VIa werden keine wertvollen Legierungen gebildet. Das gegenseitige Lösungsvermögen dieser Metalle ist im allgemeinen gering und es werden eine Anzahl von Verbindungen (Ausnahme

[1] JANGG, G.: Erzmetall *16* (1963) 508.

Wolfram, das mit Mangan keine Verbindungen gibt) gebildet. Auch mit den Platinmetallen zeigt Mangan zum Unterschied vom VIIa-Metall Rhenium nur geringe Mischbarkeit.

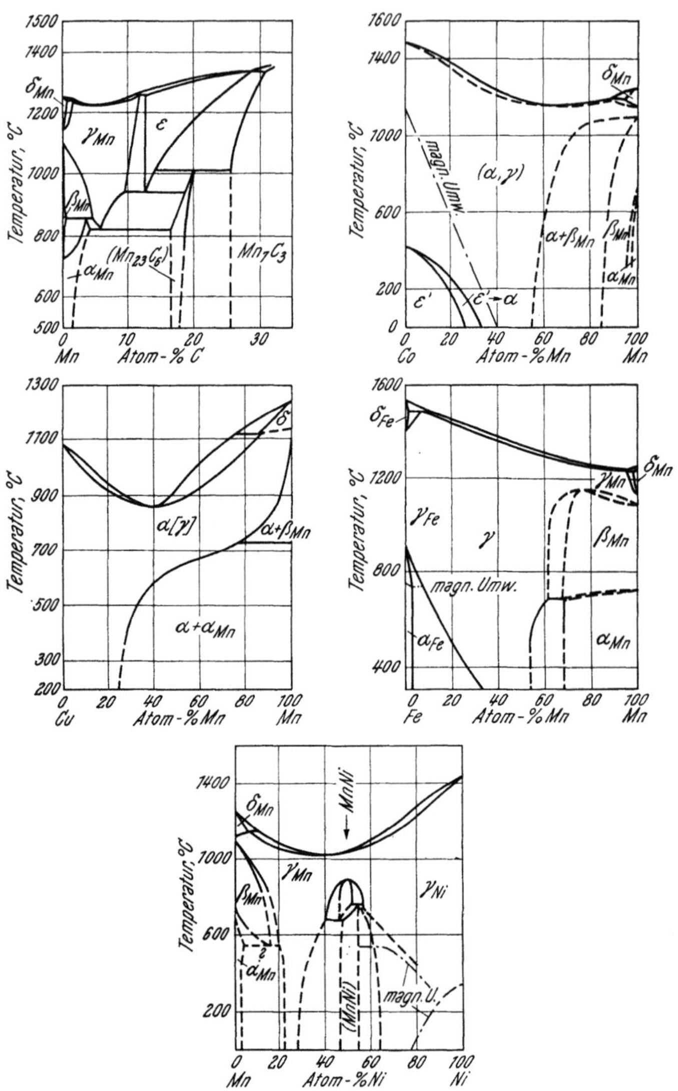

Abb. 208. Zustandsdiagramme der Systeme des Mangans mit C, Co, Cu, Fe, Ni

Anwendung

Die Hauptmengen an Mangan gehen in Form von Ferromangan in die Stahlindustrie, der Bedarf an Elektrolytmangan für Legierungszwecke in der Buntmetall- und in der Leichtmetallindustrie sowie der gelegentliche Bedarf an Rein-Mangan für Sonderstähle fällt mengenmäßig weniger ins Gewicht.

Mangan ist aber in kleineren Anteilen ein wertvoller Legierungsbestandteil. Es sei hier nur auf die Manganstähle (bis etwa 2% Mangan), die Manganhartstähle (12—14% Mangan) sowie die Kupfer–Mangan- bzw. Kupfer–Nickel–Mangan-Legierungen, die hohen elektrischen Widerstand aufweisen (Konstantan, Nickelin) hingewiesen. Technisch eingeführt sind auch Magnesium–Mangan-, Aluminium–Mangan- und Titan–Mangan-Legierungen.

Manganbasislegierungen haben dagegen bisher noch keinen Eingang in die Technik gefunden, obwohl von diesen verschiedene wertvolle Eigenschaften erwartet werden[1]. So haben manganreiche Mangan–Kupfer- bzw. die Mangan–Kupfer–Nickel-Legierungen besonders hohen elektrischen Widerstand bei gleichzeitig sehr geringen Temperaturkoeffizienten des Widerstandes. Die Legierung mit 72Mn, 18Cu und 10Ni besitzt einen sehr hohen thermischen Ausdehnungskoeffizienten. Sie wird als Bimetall in Thermostaten eingesetzt.

Noch größeren elektrischen Widerstand haben Mangan–Palladium-Legierungen mit 80—90% Mangan; Legierungen mit hohem Palladiumgehalt (57—58% Pd) weisen außerordentlich hohe magnetische Suszeptibilität auf.

Bemerkenswert und technisch interessant ist das ungewöhnlich hohe Schwingungsdämpfungsvermögen von γ-stabilisierten Kupfer–Mangan-Legierungen mit 50—90% Mangan. Diese Eigenschaft kann durch Kaltverformen noch weiter gesteigert werden.

b) Rhenium

Das Rhenium, das keine eigenen Erze bildet, sondern als Spurenmetall in verschiedenen Erzen vorkommt, wird im Zuge der Aufbereitung dieser Erze als Nebenprodukt gewonnen. Der größte Teil des heute gewonnenen Rheniums stammt aus der Aufarbeitung von Flugstäuben, welche beim Abrösten der rheniumhaltigen Molybdänit-Konzentrate anfallen[2]. Nur ein geringer Teil stammt aus anderen Ausgangsprodukten, vornehmlich aus rheniumhaltigen Flugstäuben von Kupferschmelzwerken. Ein beträchtlicher Anteil der früheren Rheniumproduktion stammte aus der Mansfelder Kupferhütte, bei der früher die anfallenden Ofensauen und heute nur mehr die bei der Röstung der bituminösen Kupferschiefer abgehenden Stäube auf Rhenium aufgearbeitet werden[3].

Aufarbeitung der Flugstäube der Molybdänit-Konzentrat-Röstung

Bei der Röstung von Molybdänit-Konzentraten (90% MoS_2 und 10% Gangart) bei Temperaturen von 550—650 °C geht ein erheblicher Teil des in diesen Konzentraten vorhandenen Rheniums in den Flugstaub über. Wird, wie heute üblich, auf einen Restschwefelgehalt von 0,2—0,4% S geröstet, finden sich etwa 55%

[1] SULLY, A. H.: Metallurgy of the Rarer Metals: No. 3 Manganese. Butterworths Scientific Publ., London 1955.

[2] ZIMMERBY, S. R., MALOUF, E. E. (Kennecott Copper Corporation): U. S. Patent 2809092 (1957).

[3] SCHREITER, W.: Seltene Metalle, Bd. II. VEB Deutscher Verlag für Grundstoffindustrie, Leipzig 1961.

des Rheniums in Form des flüchtigen Re_2O_7 neben anderen Rheniumoxiden im Flugstaub. Bei Röstung auf noch niedrigeren Schwefelgehalt, die aber teuer ist, wird Rhenium vollständiger oxydiert und bis zu 95% in die Flugstäube abgetrieben. Durch eine stärkere Röstung ließe sich daher ohne weiteres die heutige Rheniumproduktion erheblich steigern.

Da die abziehenden Rheniumoxide sehr fein sind, eignen sich gewöhnliche Sackfilter nicht zum Sammeln des Flugstaubes; auch elektrostatische Gasreinigungsverfahren haben sich nicht bewährt. Am wirksamsten erwies sich eine Naßwaschung der Gase mit sauren oder alkalischen Lösungen, bei der 90—95% des im Flugstaub enthaltenen Rheniums gebunden werden.

Zur Gewinnung des Rheniums aus den schlammhaltigen Waschwässern, die auch viel Molybdän enthalten, wird nach dem Verfahren der Kennecott Copper Corporation zuerst alles Rhenium mittels Perchlorsäure zu wasserlöslichen Rhenium (VII)-verbindungen oxydiert. Mit Ammoniak wird die Lösung auf pH = 9 eingestellt, wodurch verschiedene Verunreinigungen, vor allem Eisen, gefällt werden. Die klare Lösung wird dann über einen stark basischen Anionenaustauscher geschickt. Dieser nimmt Molybdän, bevorzugt aber Rhenium auf. Es wird solange Lösung aufgegeben, bis Rhenium durchzubrechen beginnt. Jetzt ist das mitaufgenommene Molybdän wieder überwiegend gegen Rhenium ausgetauscht. Durch Waschen mit verdünnter Natronlauge wird zunächst noch vorhandenes Molybdat ausgewaschen und schließlich mit einer 0,5 molaren Lösung von Perchlorsäure das Rhenium eluiert. Man erhält sehr reine Perrhenat-Lösungen, aus denen das Rhenium mit Ammoniak als Ammoniumperrhenat gefällt wird, das als Ausgangsprodukt für die Rheniummetallgewinnung geeignet ist (Fließschema Abb. 209).

Nach dem Verfahren der Tennessee University[1,2] wird die Gewinnung des Rheniums aus dem Flugstaub über die Stufe des Kaliumperrhenats durchgeführt. Zu diesem Zweck wird der Flugstaub in ein keramisches Gefäß gefüllt, dessen Boden aus einer porösen Filterplatte besteht. Durch diese Filterplatte wird ein starker Luftstrom geblasen und das Gefäß mit Wasser gefüllt. Durch das Luftdurchleiten werden noch vorhandene Sulfide oxydiert und Molybdän und Rhenium gelöst. Man filtriert die Lösung, läßt sie durch längeres Absetzen klären und setzt dann unter gutem Rühren langsam Kaliumchlorid zu, wodurch das unlösliche $KReO_4$ ausfällt. Das Filtrat wird auf Molybdän weiterverarbeitet. Das gewonnene Roh-Kaliumperrhenat läßt sich durch mehrmaliges Umkristallisieren hochreinigen.

Ähnlich geschieht die Rheniumgewinnung bei der Mansfelder Kupferhütte[3]. Beim Rösten der bituminösen molybdänhaltigen Kupferschiefer erhält man einen Flugstaub, der neben viel Blei und Zink auch den Hauptteil des Rheniums enthält. Dieser Flugstaub wird unter Zusatz von Koks niedergeschmolzen, wobei Rhenium und Blei als Sulfide in die Abgase gehen, Zink aber zurückbleibt. Zu den Abgasen wird Luft zugeleitet, wodurch Rhenium in wasserlösliches Re_2O_7 und Blei in Bleisulfat übergehen, die zusammen in Filtern aufgefangen werden.

---

[1] Melaven, A. D., Bacon, J. A. (University of Tenn. Research Corp.) U.S. Patent 2414965 (1947).

[2] Hampel, C. A. (Hrsg.): Rare Metals Handbook. Reinhold Publ. Corp., London, 2. Aufl. 1961, S. 420.

[3] Feit, W. Z.: Z. angew. Chem. *43* (1930) 459.

Durch Laugung mit Wasser wird das Rhenium in Lösung gebracht, die Lösung eingedampft, wobei die Hauptmenge an Verunreinigungen (hauptsächlich Zinksulfat und Alkalisulfate) auskristallisiert. Weitere Verunreinigungen werden mit Zinkstaub gefällt und schließlich durch Zugabe von Natriumsulfid zur gereinigten Lösung das Rhenium als Sulfid gefällt. Der Sulfidniederschlag wird unter Zusatz

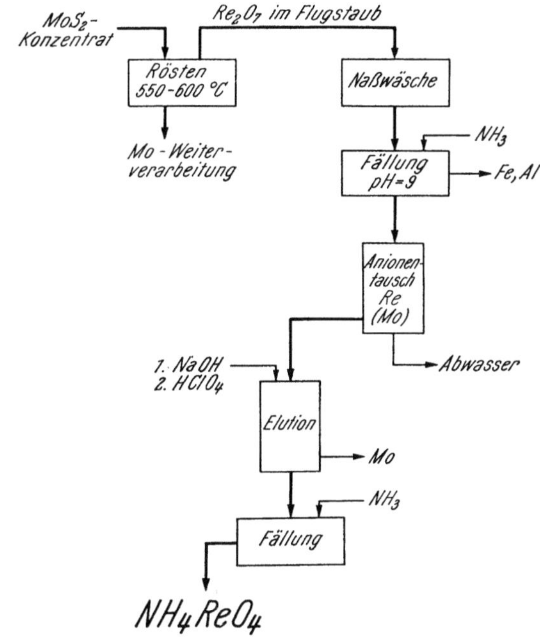

Abb. 209. Fließschema der Rheniumgewinnung aus Molybdänsulfidkonzentrat

von Soda vorsichtig bei 350 °C geröstet, das Röstprodukt gelaugt und zur Laugungslösung Kaliumchlorid zugegeben. Es fällt Kaliumperrhenat, das sich durch Glühen in wasserunlösliches ReO_2 und K_2O, das weggelaugt wird, zersetzen läßt. ReO_2 ist als Ausgangsprodukt für die Rheniummetallgewinnung direkt geeignet.

Reduktion zum Metall

Die Gewinnung des Metalles aus den bei der Flugstaubaufarbeitung gewonnenen Rheniumverbindungen geschieht durch Reduktion mit Wasserstoff. Als Ausgangsprodukte sind sowohl ReO_2 als auch $KReO_4$ und NH_4ReO_4 geeignet. In der Literatur sind verschiedene Verfahren beschrieben, die einander sehr ähneln. Meist wird die Reaktion in mehreren Stufen durchgeführt. Nach einer kurzen Trocknung bei 250 °C wird bei 500 °C reduziert. Bei Verwendung von Kaliumperrhenat darf diese Temperatur nicht überschritten werden, da sonst das Kaliumperrhenat schmilzt (Fp. 550 °C). Schließlich wird noch kurzzeitig bei 1000 °C nachreduziert. Bei Einsatz von Ammoniumperrhenat oder ReO_2 erhält man direkt ein sinterfähiges Metallpulver, bei Einsatz von Kaliumperrhenat muß entstandenes K_2O durch mehrmaliges Waschen mit heißer verdünnter Salzsäure ausgelaugt werden. Ein zu hoher Kaliumoxidgehalt des Pulvers äußert sich in schlechter Sinterfähigkeit.

Zur Raffination kann dieses alkalihaltige Metall mit Sauerstoff zu Re_2O_7 oxydiert werden, das sich leicht in Ammoniak zu Ammoniumperrhenat löst, das umkristallisiert wird. Aus dem gereinigten Ammoniumperrhenat läßt sich durch Wasserstoffreduktion schließlich reines Rheniummetall gewinnen.

Auch die Chlorierung des rohen Rheniummetalls oder die von Rheniummetallabfällen wird zur Reinigung herangezogen. Das entstehende flüchtige $ReCl_5$ wird in Eiswasser hydrolysiert, wobei die Hauptmenge des Rheniums als Hydroxid fällt und abfiltriert wird. Aus dem Filtrat gewinnt man die nicht hydrolysierten Anteile, die in Form von Perrhenaten und Chloriden vorliegen, durch Vervollständigung der Hydrolyse unter gleichzeitiger Reduktion mit Wasserstoffperoxid.

Aufarbeitung von Molybdän–Rhenium- bzw. Wolfram–Rhenium-Legierungsabfällen

Zur Wiedergewinnung des teuren Rheniums werden die Legierungsabfälle bei 500—600 °C in geschmolzenes Natriumnitrit eingetragen. Dabei werden lösliches Natriumwolframat bzw. -molybdat und Natriumperrhenat gebildet. Durch Zusatz von Kaliumchlorid zur Lösung dieser Salze fällt das Rhenium als Kaliumperrhenat, das durch Umkristallisieren gereinigt wird und aus dem schließlich nach oben beschriebenen Methoden Rheniumpulver gewonnen werden kann. Die Ausbringung von Rhenium beträgt 90—94%.

Gewinnung des kompakten, verformbaren Metalles

Die Herstellung von kompakten Rheniummetallstäben aus dem pulverförmig anfallenden Rheniummetall geschieht pulvermetallurgisch durch Direktsinterung nach dem Coolidge-Verfahren unter Wasserstoffatmosphäre bei 2700 °C oder durch Vakuumschmelzen im Lichtbogen, besser im Elektronenstrahlschmelzofen. Das Sinterverfahren eignet sich besonders für die Herstellung von Stäben mit kleineren Querschnitten mit Feinkorngefüge (vgl. Fertigung von Tantal und Wolfram), während das Elektronenstrahlschmelzen sich für die Erschmelzung größerer Blöcke (30—50 kg) vor allem von Molybdän–Rhenium- und Wolfram–Rhenium-Legierungen mit vergleichsweise grobem Korn bewährt hat (s. S. 344).

Sowohl beim Sintern unter Wasserstoff oder Vakuum als auch beim Vakuumschmelzen tritt eine starke Selbstreinigung des Rheniums ein, da alle Verunreinigungen einen erheblich höheren Dampfdruck als das Rheniummetall aufweisen.

Das so gewonnene Rhenium, das eine sehr gute Reinheit, $>$99,9% Re, aufweist, läßt sich relativ leicht kalt verformen. Es tritt aber schon bei geringen Verformungsgraden (Stichabnahmen beim Walzen 1—3%, maximal 5—10%) eine starke Kaltverfestigung ein, so daß vor weiterer Kaltverformung unter Wasserstoff oder im Vakuum bei 1600—2000 °C weichgeglüht werden muß. Durch mehrfache Kaltverformung mit Zwischenglühungen wird die Bildsamkeit des Rhenium verbessert. Es lassen sich schließlich 20—30%ige Verformungen erreichen, bevor neuerliche Zwischenglühungen notwendig werden. Eine versprödend wirkende Rekristallisation tritt bei den Glühbehandlungen nicht im wesentlichen Ausmaß ein.

Bei Warmverformung an Luft tritt durch Aufnahme von Sauerstoff und Bildung von schädlichen Oxidfilmen an den Korngrenzen Warmbrüchigkeit auf. Der aufgenommene Sauerstoff läßt sich durch Zwischenglühung unter Wasserstoff oder im Vakuum wieder größtenteils entfernen.

Tab. 86 gibt die mechanischen Eigenschaften von Stäben, Blechen und Drähten aus Sinterrhenium wieder.

Tabelle 86. *Mechanische Eigenschaften von Sinterrhenium*

	weich-geglüht	verformt 15%	weich-geglüht	verformt 15%		
Prüftemperatur	20 °C	20 °C	1000 °C	1000 °C	1500 °C	2000 °C
Zugfestigkeit in kg/mm²	115	240	56	87	28	10,5
Dehnung in %	24	2,5	—	1	1	1
0,2% Dehngrenze kg/mm²	32	185	—	—	—	—
E-Modul	47500	—	38000 (880 °C)	—	—	—
Härte H_B in kg/mm²	170—200	500—700	—	—	—	—

Legierungen des Rheniums

Rhenium ähnelt in seinem Legierungsverhalten wesentlich mehr den Platinmetallen als dem Mangan, mit dem es zusammen in der VIIa-Gruppe steht. Es ist, soweit bisher bekannt, mit den Platinmetallen zumindestens teilmischbar, mit Osmium sogar vollmischbar[1]. Die kleinatomigen Elemente werden höchstens in geringen Mengen gelöst. Verbindungen mit diesen sind nicht sehr stabil. Sehr hohe gegenseitige Löslichkeit ist in den Systemen des Rheniums mit Molybdän und Wolfram, etwas geringere mit den Metallen der Va- und IVa-Gruppe gegeben. Mit den IVa-, Va- und VIa-Metallen werden Verbindungen gebildet, deren Stabilität von den IVa-Metall- zu den VIa-Metall-Verbindungen stark abnimmt. Die Verbindungen haben zum Teil größere Homogenitätsbereiche. Die Legierungen des Rheniums mit Molybdän und mit Wolfram weisen im α-Bereich (vgl. Schaubilder Molybdän–Rhenium und Wolfram–Rhenium, Abb. 210) gute Kaltbildsamkeit und hervorragende Warmbildsamkeit auf[2–5]. Die Bildsamkeit dieser Legierungen wächst mit zunehmendem Rheniumgehalt und erreicht bei einer Konzentration ein Maximum, bei der schon geringe Mengen an σ-Phase auftreten. Die Eigenschaften der technisch wichtigen 50Re–50Mo- und der 25Re–75W-Legierungen gehen aus Tab. 87 hervor; daneben sei auf die Kapitel „Legierungen" bei Molybdän und Wolfram, sowie wegen der schon untersuchten Zwei- und Dreistofflegierungen mit Übergangsmetallen auf das Fachschrifttum

[1] Kieffer, B. F., jr.: Dissertation an der Montanistischen Hochschule Leoben 1962.

[2] Geach, G. A., Hughes, J. R.: in: Benesovsky, F. (Hrsg.): Warmfeste und korrosionsbeständige Sinterwerkstoffe, 2. Plansee Seminar. Springer-Verlag, Wien 1956, S. 245.

[3] Baird, J. D., Geach, G. A., Knapton, A. G.: in: Benesovsky, F. (Hrsg.): Hochschmelzende Metalle, 3. Plansee Seminar. Springer-Verlag, Wien 1959, S. 371.

[4] Jaffee, R. I., Sims, C. T., Harwood, J. J.: ibid. S. 380.

[5] Savickij, E. M., Tylkina, M. A.: Zur. Neorg. Chim. *3* (1958) 820

verwiesen[1,2]. Die zuletzt genannten Legierungen sowie ternäre Rhenium–Platin-Legierungen haben noch keine Anwendung gefunden.

Tabelle 87. *Eigenschaften von Mo–Re- bzw. W–Re-Legierungen*

Zusammensetzung	50Mo–50Re	75W–25Re	95W–5Re
Dichte in g/cm³	13,7	19,7	19,4
Härte in H_V in kg/mm²			
gegossen	300	350—400	390
walzhart	600	800	580
Zugfestigkeit in kg/mm²			
geglüht	105	140	100—150
walzhart	170	350	180—200
Dehnung in %			
geglüht	18—20	10	28
walzhart	3— 4	1—2	4
Zeitstandfestigkeit bei 0,4 kp/mm²	bei 2200 °C 40 Std.	bei 2600 °C 17 Std.	—

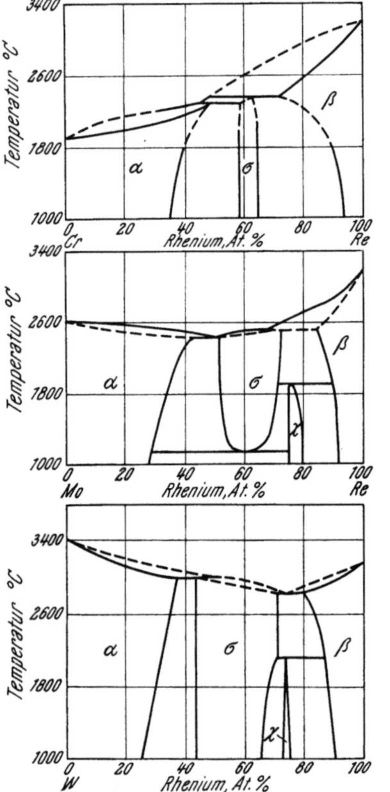

Verwendung

Spezifische Anwendungsgebiete hat sich das reine Rhenium bis heute noch nicht erobern können, obwohl die wolframähnlichen Hochtemperatureigenschaften des Rheniums einen Einbruch in gewisse Domänen des Wolf-

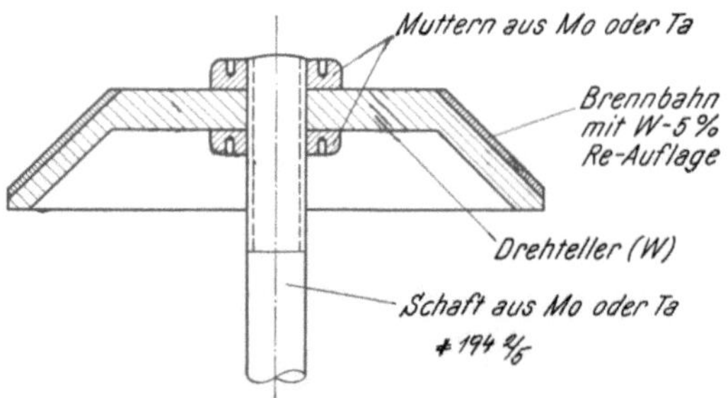

Abb. 211. Schnitt durch eine Wolfram-Drehanode mit W–5% Re-Auflage auf der Brennbahn

← Abb. 210. Zustandsdiagramme der Systeme des Rheniums mit Cr, Mo und W

[1] Savickij, E. M., Ryabchikov, D. I., Bibikova, V. I., Tylkina, M. A., Povarova, K. B.: Rhenium. Izdatel'stvo Akademii Nauk, SSSR, Moskau 1961.

[2] Kieffer, B. F., jr.: Dissertation an der Montanistischen Hochschule Leoben 1962.

rams erlauben würden. Doch steht die Seltenheit des Rheniums und dessen hoher Preis einer stärkeren Anwendung entgegen.

In Legierungen hat sich jedoch Rhenium bereits einführen können[1]. Erste Anwendung fand Rhenium in Form harter Rheniumbasislegierungen mit Zusätzen von Wolfram, Tantal, Platin, Nickel und Kobalt für Füllfederspitzen. Für Elektronenröhren haben Wolfram–Rhenium-Legierungen mit 4—6% Re als Glühdrähte Anwendung gefunden[2]. Besonderen technischen Erfolg haben Wolfram- oder Molybdändrehanoden für Röntgenröhren, die mit einer Auflage aus einer 95W–5Re-Legierung versehen sind (Abb. 211). Die gute Temperaturwechselbeständigkeit und die sehr gute Kaltdehnung der Wolfram–Rhenium-Legierungen verhindern die bekannte lästige Rißbildung und die starke Aufrauhung der Drehanoden aus reinem Wolfram. Längere Standzeiten und höhere Belastbarkeit der Drehanoden sind die Folge.

Rhenium–Wolfram-Legierungen finden auch als Material für Thermoelemente Verwendung. Die Thermoelemente, bei denen die Schenkel einerseits aus 95 Wolfram–5 Rhenium und andererseits aus 75 Wolfram–25 Rhenium bestehen, haben sich unter Wasserstoff oder im Vakuum für Temperaturmessungen bis 2200 °C gut bewährt.

Verschiedene Vorschläge für die Anwendung von Rhenium, Rheniumbasislegierungen und rheniumhaltigen Legierungen, z. B. für elektrische Kontakte, Katalysatoren, Heizleitermaterialien, Hochtemperaturschweißdrähte, Graphit–Rhenium-Verbundkörper, wurden bis jetzt noch nicht realisiert. Ein fallender Rheniumpreis in Verbindung mit einer höheren Produktion durch Erfassung aller Rheniumquellen würde vor allem den Rheniumlegierungen einen breiteren Markt erschließen. Neuerdings findet Rhenium Verwendung als Katalysator anstelle von Platin im „Rheniformierungsverfahren" zur Herstellung klopffester Benzine.

Buchschrifttum

SULLY, A. H.: Manganese. Academic Press, Inc., New York 1955.

Rhenium in: SCHREITER, W.: Seltene Metalle, II. Bd. VEB Deutscher Verlag für Grundstoffindustrie, Leipzig 1961.

SAVITSKIJ, E. M., RYABCHIKOV, D. I., BIBIKOVA, V. I., TYLKINA, M. A., POVAROVA, K. B.: Rhenium. Izdatel'stvo Akademii Nauk, SSSR, Moskau 1961.

BAIKOV, A. A. (Hrsg.): Rhenium. Verlag Nauka, Moskau 1964.

MANTELL, C. L.: Manganese in: HAMPEL, C. A. (Hrsg.): Rare Metals Handbook. Reinhold Publ. Corp., London 1961, 2. Aufl., S. 271.

MELAVEN, A. D.: Rhenium ibid. S. 418.

HAMPEL, C. A.: Manganese in: HAMPEL, C. A. (Hrsg.): The Encyclopedia of the Chemical Elements. Reinhold Book Corp., New York–Amsterdam–London 1968, S. 389.

RIMSHAW, S. J.: Technetium ibid. S. 693.

HAMPEL, C. A.: Rhenium ibid. S. 594.

COLTON, R.: The Chemistry of Rhenium and Technetium. Interscience Publishers, New York 1965.

PEACOCK, R. D.: The Chemistry of Technetium and Rhenium. Elsevier Publ. Corp., Amsterdam–London–New York 1966.

DEAN, R. S.: Electrolytic Manganese and its Alloys. The Roland Press, New York 1952.

---

[1] SPELMAN, J. W.: Metal Progress *93* (1968) 103.

[2] Climax Corp.: Tungsten News, Sept. 1966, S. 5.

H. Gruppe VIIIa

Eisenmetalle und Platinmetalle

Von den zur Gruppe VIIIa des Periodensystems zählenden drei Eisenmetallen Eisen, Kobalt und Nickel und den sechs Platinmetallen — die 3 „leichten“ Platinmetalle Ruthenium, Rhodium, Palladium sowie die 3 „schweren“ Platinmetalle Osmium, Iridium, Platin — sind einige schon Gebrauchsmetalle. Vor allem

VIII A

	a	b	c
Elektronenkonfig.	$3d^6 4s^2$	$3d^7 4s^2$	$3d^8 4s^2$
Kristallstrukturen	A2 A2 A1	A3 A1	A1
Elektronegativität	1,8	1,8	1,8
Atomradius (Å)	1,26	1,25	1,24
Dichte (g/cm³)	7,86	8,9	8,9
Wärmeleitfähigkeit (cal/cm grad sec)	0,18	0,16	0,15
Elektr. Leitfähigkeit ($\mu\Omega^{-1}cm^{-1}$)	0,12	0,18	0,16
Ordnungszahl	26	27	28
Symbol	Fe	Co	Ni
Atomgewicht	55,85	58,93	58,71
Name	Eisen	Kobalt	Nickel
Schmelzpunkt °C	1536	1495	1453
Siedepunkt °C	3000	2900	2730
Schmelzwärme (kcal/mol)	3,67	3,64	4,21
Verdampfungswärme (kcal/mol)	84,5	93	91,0
Elastizitätsmodul (kp/mm²)	21500	21300	22400
Härte H_V (kp/mm²)	45-150	125-310	60-230
Zugfestigkeit (kp/mm²)	19-40	25-70	32-100
Dehnung %	50-20	8-1	55-15

	a	b	c
Elektronenkonfig.	$4d^7 5s^1$	$4d^8 5s^1$	$4d^{10} 5s^0$
Kristallstrukturen	A3	A1	A1
Elektronegativität	2,2	2,2	2,2
Atomradius (Å)	1,34	1,34	1,37
Dichte (g/cm³)	12,2	12,4	12,0
Wärmeleitfähigkeit (cal/cm grad sec)	0,25	0,35	0,17
Elektr. Leitfähigkeit ($\mu\Omega^{-1}cm^{-1}$)	0,15	0,22	0,093
Ordnungszahl	44	45	46
Symbol	Ru	Rh	Pd
Atomgewicht	101,07	102,91	106,4
Name	Ruthenium	Rhodium	Palladium
Schmelzpunkt °C	2500	1960	1552
Siedepunkt °C	4100	3700	3560
Schmelzwärme (kcal/mol)	6,1	5,2	4,0
Verdampfungswärme (kcal/mol)	148	127	90
Elastizitätsmodul (kp/mm²)	42000	38640	12360
Härte H_V (kp/mm²)	200-500	100-500	37-100
Zugfestigkeit (kp/mm²)	50	90-145	23-42
Dehnung %	5-3	35-2	34-20

	a	b	c
Elektronenkonfig.	$4f^{14} 5d^6 6s^2$	$4f^{14} 5d^7 6s^2$	$4f^{14} 5d^9 6s^1$
Kristallstrukturen	A3	A1	A1
Elektronegativität	2,2	2,2	2,2
Atomradius (Å)	1,35	1,36	1,38
Dichte (g/cm³)	22,6	22,5	21,4
Wärmeleitfähigkeit (cal/cm grad sec)	0,21	0,35	0,17
Elektr. Leitfähigkeit ($\mu\Omega^{-1}cm^{-1}$)	0,12	0,21	0,095
Ordnungszahl	76	77	78
Symbol	Os	Ir	Pt
Atomgewicht	190,2	192,2	195,09
Name	Osmium	Iridium	Platin
Schmelzpunkt °C	3045	2443	1769
Siedepunkt °C	5000	4500	3800
Schmelzwärme (kcal/mol)	6,7	6,2	5,2
Verdampfungswärme (kcal/mol)	162	152	122
Elastizitätsmodul (kp/mm²)	57000	53830	17320
Härte H_V (kp/mm²)	300-670	200-700	35-93
Zugfestigkeit (kp/mm²)	n. b.	120-240	12-24
Dehnung %	0	5-0	40-20

Abb. 212. Einige wichtige physikalische Eigenschaften der Metalle der VIIIa-Gruppe

das Eisen ist das wichtigste und das am weitaus meisten verwendete Gebrauchsmetall. Die überragende Bedeutung des Eisens in der heutigen Zivilisation ist nicht nur auf seine große Häufigkeit, die nur von wenigen anderen Metallen übertroffen bzw. erreicht wird, oder auf die Tatsache, daß es relativ leicht aus seinen Erzen zu gewinnen und seit langem bekannt ist, zurückzuführen, sondern vor allem seinen spezifischen Eigenschaften zuzuschreiben. Durch seine Stellung im Periodensystem zählt Eisen zu den Übergangsmetallen, nimmt aber eine vermittelnde Stellung zu den B-Metallen ein. Es ist kein Zufall, daß bis jetzt nur einzelne Übergangsmetalle der VIIIa-Gruppe echte Gebrauchsmetalle sind und alle anderen Übergangsmetalle der IIIa—VIIIa-Gruppe heute noch weniger Verwendung finden bzw. erst zum geringen Teil an der Schwelle von einem Sondermetall zu einem Gebrauchsmetall (in erster Linie Titan, Zirkonium, Molybdän und Wolfram) stehen.

Beim Eisen kommen die den Übergangsmetallen entsprechenden Eigenschaften, vor allem das Lösevermögen für die kleinatomigen Metalloide und die Verbindungsbildung mit diesen zum Tragen. Diese Eigenschaften sind beim Eisen gegenüber dem Hauptteil der Übergangsmetalle aus der IIIa—VIIIa-Gruppe jedoch genügend abgeschwächt, so daß bei Eisen die großen Schwierigkeiten bei der Gewinnung und der Verarbeitung der Übergangsmetalle vermindert sind. Umgekehrt ist es aber gerade die Fähigkeit zur Bildung von nicht allzu stabilen Karbiden, im Verein mit der Eigenschaft des Eisens mehrere allotrope Modifikationen zu bilden, die die verschiedenen technisch wertvollen Möglichkeiten bei Eisen und Eisenlegierungen, wie Härtung durch Kohlenstoffzusatz, durch Abschrecken und Anlaßbehandlungen, durch Herstellung von graphitischem Gußeisen u. a., bedingen. Auch die Nitrierhärtung bei Eisen ist zu erwähnen.

Bei Nickel, ebenfalls schon lange ein Gebrauchsmetall, sind gewisse typische Übergangsmetalleigenschaften schon so wenig ausgeprägt, daß es als Reinmetall und in Form von Nickelbasislegierungen die Bedeutung des Eisens nicht erreichen kann. Die Bedeutung des Nickels liegt in der relativ guten Korrosionsbeständigkeit, die an das im Periodensystem benachbarte Kupfer erinnert. Ähnliches gilt für Kobalt, dem einzigen der Eisenmetalle, das noch heute zu den Sondermetallen zu zählen ist.

Die Wichtigkeit des Eisens, die auf seinen Übergangsmetalleigenschaften beruht, gibt begründeten Anlaß zur Erwartung, daß auch die anderen Übergangsmetalle, sobald deren Herstellung, Verarbeitung und deren Legierungsverhalten genügend studiert sind und sobald sie den großen technologischen Vorsprung des Eisens aufgeholt haben, große Bedeutung und verbreitete Anwendung finden werden.

Von den Platinmetallen sind die beiden der Gruppe Ib näher stehenden, das Palladium und das Platin, duktiler als die übrigen Platinmetalle. Palladium und Platin sowie auch das Rhodium stehen an der Schwelle vom Sondermetall zum Gebrauchsmetall, während die übrigen schwerer verarbeitbaren Platinmetalle Ruthenium, Osmium und Iridium durchaus noch echte Sondermetalle sind.

H1. Kobalt

Von den Eisenmetallen ist unter den Sondermetallen nur das Kobalt zu besprechen. Auf Eisen und Nickel wird nur bei Vergleichen mit Kobalt einige Male auf deren Eigenschaften hingewiesen werden.

Rein-Kobalt ist nach wie vor ein kaum verwendeter Werkstoff. Rein-Kobalt findet praktisch nur in Form des radioaktiven Isotops $Kobalt^{60}$ für Krebsbehandlungen und für Materialprüfungen Verwendung. Dagegen hat Kobalt als Legierungsmetall schon größere Anwendung gefunden. Es findet sich in zunder- und warmfesten Superlegierungen, in Schnelldrehstählen, in hart- und weichmagnetischen Legierungen, in Hartaufschweißlegierungen und Stelliten, sowie — ein relativ großer Markt — in kobaltgebundenen Hartmetallen.

Eine ganz ausgezeichnete und umfassende Darstellung über die Eigenschaften und die Verwendung von Kobalt stellt die Kobalt-Monographie des Centre d'Information du Cobalt, Brüssel[1] dar, auf die wegen näherer Einzelheiten verwiesen wird.

1. Entdecker und Namensgebung

Der Name Kobalt ist auf Kobold, den Schimpfnamen für verschiedene Mineralien zurückzuführen, aus denen trotz des deutlichen Erzcharakters keines der damals gebräuchlichen Metalle gewonnen werden konnte. Kobalt als eigenes Element wurde 1735 von Brandt entdeckt, die Eigenschaften des Metalles von Bergmann 1780 untersucht.

2. Vorkommen und Häufigkeit

Kobalt ist ein relativ häufiges Metall. Mit einem durchschnittlichen Gehalt von 23 g/t in der Erdkruste ist es etwa gleich häufig wie Niob, etwas häufiger als Blei und Molybdän, aber etwa halb so häufig wie z. B. Kupfer und Nickel. Es bildet eine Anzahl von eigenen Mineralien, die vorwiegend sulfidisch und arsenidisch, seltener oxidisch sind und die in verschiedenen Teilen der Welt in größeren Lagerstätten vorkommen (s. Tab. 88). Der Kobaltgehalt der Erze ist aber meist gering und das Kobalt im allgemeinen mit anderen Metallen, hauptsächlich mit Kupfer oder Nickel vergesellschaftet. Kobalt wird daher stets zusammen mit anderen Metallen gewonnen.

Tabelle 88. *Mineralien und Fundorte von Kobalt*

Mineral	Fundorte
Speiskobalt $(Co, Ni)As_{2-3}$ (Smaltit) Safflorit $(Co, Fe)As_2$ Skutterudit $CoAs_3$	Deutschland, Kanada, Marokko, Norwegen
Kobaltkies, Linneit $(Co, Ni, Fe)_3S_4$ Carollit $(Cu, Co)_2S$ Sirgenit $(Ni, Co)_3S_4$	Kanada, Katanga, Nordrhodesien
Kobaltglanz $(Fe, Co)AsS$	Kanada, Australien
Asbolan $(Co, Mn)O_2 \cdot 4\,H_2O$	Neukaledonien
Heterogenit (Co, Cu, Ni, Fe)-Hydroxide	Katanga
Erythoin $3\,CoO \cdot As_2O_5 \cdot 8\,H_2O$	Kanada, Deutschland, Marokko

Neben den kobalthaltigen Kupfer- und Nickelerzen, die zum Teil auch Silber und Gold enthalten und die wichtigsten Kobaltquellen darstellen, spielen auch kobalthaltige Uranerze, kobalthaltige Manganerze, kobaltführende Blei–Zink–Kupfererze und vor allem der an sich geringe Kobaltgehalt der Schwefelkiese für die Kobaltgewinnung eine Rolle.

3. Produktion und Preis

Die Produktion an Kobalt, in Form von Metall und Verbindungen, die vor 1925 nur wenige hundert Jahrestonnen betrug, steigt seit der Einführung von Stelliten, Magneten, Superlegierungen und Hartmetallen stark an (Tab. 89).

[1] Centre d'Information du Cobalt, Kobalt-Monographie: Eigenverlag Brüssel 1960.

Tabelle 89. *Weltproduktion von Kobaltprodukten (in Tonnen Kobaltinhalt)*

Land	Jahr					
	1930	1940	1950	1960	1965	1968
Kongo	700	2301	5148	8222	8388	10562
Rhodesien	—	1223	670	1750	1447	1344
Marokko	—	300	420	1339	1898	1529
Kanada	315	260	265	1565	2115	1963
Deutschland	—	—	300	1489	1256	810
andere	135	486	397	785	346	842
	1150	5000	7200	15150	15450	17050

Die Verwendung des Kobalts teilte sich z. B. in den USA 1953 wie folgt auf — Verhältnisse, die sich auch heute nicht stark verschoben haben:

Stähle, insbesondere Schnellarbeitsstähle	3,5%
Magnetische Legierungen	21,8%
Hochwarmfeste Legierungen	49,6%
Hartmetalle	8,8%
Nichteisenmetallegierungen	2,2%
Kobaltverbindungen	14,1%

Der Preis für Kobalt betrug 1929 etwa 4.— \$ je kg. Mit steigender Produktion fiel der Preis 1932 bis auf etwa 2 \$ pro kg und stieg nach dem 2. Weltkrieg, vor allem während des Korea-Krieges, wieder auf etwa 4.— \$ pro kg.

4. Physikalische Eigenschaften

Die physikalischen Eigenschaften des Kobalts sind in Tab. 90 zusammen mit denen der anderen Eisenmetalle Eisen und Nickel gebracht.

Kobalt ist ebenso wie Eisen und Nickel ein ferromagnetisches Metall. Seine Permeabilität beträgt etwa zwei Drittel derjenigen von Eisen, doch lassen sich die magnetischen Eigenschaften des Kobalts durch entsprechende Legierungszusätze ganz wesentlich steigern, so daß Kobalt eines der wichtigsten Legierungselemente für hochwertige hartmagnetische Legierungen ist. Der Curie-Punkt des Kobalts liegt bei 1120 °C.

Von Kobalt sind zwei Modifikationen, die hexagonal dichtest gepackte ε-Form und die kubisch flächenzentrierte α-Form bekannt. Die Umwandlung zwischen den beiden Phasen verläuft sehr langsam, so daß es schwierig ist, eine der beiden Phasen rein zu erhalten. Auch die Transformationstemperatur konnte noch nicht mit völliger Sicherheit bestimmt werden. Der wahrscheinlichste Wert beträgt 417° C.

Kobaltmetall ist, auch in reinem Zustand ($>$ 99,9% Co), relativ hart. Für reinstes gegossenes Kobalt wird eine Brinellhärte von 125—150 kg/mm^2

Tabelle 90. *Physikalische Eigenschaften von Eisen, Kobalt und Nickel*

	Fe	Co	Ni
OZ	26	27	28
AG	55,847	58,9332	58,71
ES	(Ar) $3d^6 4s^2$	(Ar) $3d^7 4s^2$	(Ar) $3d^8 4s^2$
GT	α: krz. $a = 2{,}866$ *UT*: 910 °C β: kfz. $a = 3{,}639$ *UT*: 1391 °C γ: krz. $a = 2{,}926$	ε: hex. d. P. $a = 2{,}507$ $c = 4{,}069$ *UT*: 495 °C α: kfz. $a = 3{,}544$	kfz. $a = 3{,}5238$
AR	1,26	1,25	1,24
ϱ_{20}	7,86	8,9	8,91
Fp.	1536	1495	1453
Kp.	3000	2900	2730
ΔH_s	3,67	3,64	4,21
$\Delta H_{\text{subl.}}$	88,3	101,6	95,2
Δc_{p20}	6,0	5,89	6,22
α_m	11,7	12,3	13,3
k_R	0,58	0,51	0,49
λ_w	0,18	0,16	0,145
λ_e	0,116	0,18	0,163
EN	1,8	1,8	1,8
I	7,9	7,85	7,65
E	21550	21280	22400
μ	0,291	0,32	0,304
σ_B	19—35	25—62	30—50
H_V	45—150	120—210	60—230
Häuf.	5,0%	0,0023%	0,008%

Zeichenerklärung S. 152.

gemessen. Durch Kaltverformen wird die Härte stark — auf etwa 310 kg/mm² — gesteigert. Durch Weichglühen von Kobalt (Elektrolytkobalt) wird die Härte wieder auf etwa 150 kg/mm² gesenkt.

5. Chemische Eigenschaften

In seinen chemischen Eigenschaften ähnelt Kobalt seinen Nachbarn im Periodensystem, dem Eisen und dem Nickel. Wie das Eisen bildet Kobalt zwei- und dreiwertige Verbindungen, wobei die dreiwertigen Verbindungen des Kobalts im Gegensatz zu denen des Eisens relativ unbeständig sind. Nickel bildet kaum mehr dreiwertige Verbindungen. Das Oxid des Kobalts ist stark basisch. Anionische Kobaltverbindungen sind nur in Form von Komplexen bekannt. In komplexer Form ist die dreiwertige Oxydationsstufe des Kobalts stabiler als die zweiwertige.

Tabelle 91. *Korrosionsverhalten des Kobalts*

Medium	Verhalten
trockene Luft	feinverteiltes Kobalt wird schon bei Raumtemperatur angegriffen, kompaktes Kobalt ist bis etwa 300 °C beständig
feuchte Luft, Wasser	Angriff schon bei Raumtemperatur
Salzlösungen	im allgemeinen beständig
verdünnte Mineralsäuren	Angriff
Alkalilaugen, Ammoniak	Angriff
Stickstoff, gasförmiger Ammoniak	Angriff
Wasserstoff	große Löslichkeit für Wasserstoff, wenig stabiles Hydrid bekannt
CO	mit feinverteiltem Kobalt werden bei niedriger Temperatur bzw. unter hohem Druck relativ wenig stabile, zersetzliche Karbonyle der Zusammensetzung $Co_2(CO)_8$ bzw. $Co_4(CO)_{12}$ gebildet; unter bestimmten Bedingungen kann ein sehr wenig stabiles Co_2C entstehen
Kohlenstoff	praktisch kein Angriff

Das Korrosionsverhalten des Kobalts gegenüber verschiedenen Agentien ist in Tab. 91 zusammengestellt. Kobalt ist im allgemeinen etwas beständiger als Eisen, aber etwas weniger beständig als Nickel.

6. Gewinnung des Metalles

Zur Kobaltgewinnung werden verschiedene Typen von kobalthaltigen Ausgangsmaterialien verwendet: die in Katanga und Nordrhodesien vorkommenden arsenfreien Kupfer–Kobalt-Erze; arsenhaltige Erze und Materialien (Kanada, Marokko; Speisen von anderen Metallgewinnungsprozessen); die Kupfer–Nickel–Kobalt-Erze der Sherritt-Gordon Mine; kobalthaltige Kiesabbrände, die hauptsächlich von der Duisburger Kupferhütte verarbeitet werden. Je nach dem Ausgangsprodukt ist die Kobaltmetallgewinnung etwas verschieden (vgl. Buchschrifttum).

Durch physikalische Aufbereitungsverfahren (Handlesen, Schwerkraftaufbereitung und Flotation) wird zuerst der Kobaltgehalt möglichst angereichert. Die eigentliche Trennung von den anderen Metallen ist aber nur durch naßchemische Aufbereitung, entweder durch selektive Fällung der Metalle aus Lösungen oder durch elektrolytische Verfahren möglich.

Arsenfreie Kupfer–Kobalt-Erze: Die Konzentrate dieser Erze werden im Elektroofen unter Zuschlag von Kalk und Kohle reduzierend niedergeschmolzen. Das entstehende Metall trennt sich in zwei Schichten. Die ,,rote" Legierung enthält neben 85% Kupfer etwa 4,5% Kobalt und wird auf Kupfer aufgearbeitet. Die zweite, spezifisch leichtere Schicht, die ,,weiße" Legierung, hat eine Zusammensetzung von etwa 42% Kobalt, 15% Kupfer, 39% Eisen, 1,6—2% Silizium und enthält die Hauptmenge des im Erz vorhandenen Kobalts. Die weiße Legierung wird granuliert oder gebrochen und in Salzsäure oder Schwefelsäure gelöst. Aus der Lösung fällt man die Wertträger nacheinander aus. Zuerst wird Kupfer durch Einleiten von H_2S als Sulfid niedergeschlagen, das auf Kupfer verhüttet wird. Das Kupfer kann auch durch Eisenschrott zementiert werden, doch wird der Schwefelwasserstoffällung der Vorzug gegeben, weil der durch das Zementieren erhöhte Eisengehalt in der Lösung die Kobaltverluste bei der nachfolgenden Eisenfällung vergrößert.

Zur Ausfällung des Eisens aus der von Kupfer befreiten Lösung wird mit Chlorgas oxydiert und durch Zusatz von Kalkmilch auf einen pH von etwa 5 gebracht. Das ausfallende Eisenhydroxid wird abfiltriert, es reißt einen Teil des Kobalts mit. Das Kobalt wird schließlich durch stärkere Oxydation mit Natriumhypochlorit bei 50 °C in die dreiwertige Stufe übergeführt und durch Abstumpfen der Lösung mit Natronlauge oder Soda in Form von Kobalt(III)hydroxid gefällt, das bei 1200 °C zu unreinem, noch Calciumsulfat enthaltendem CoO verglüht wird. Zur Reinigung wird das Rohkobaltoxid entweder mit Soda gesintert oder mit Sodalösung gekocht. Durch Umsetzung mit dem Gips entstandenes Natriumsulfat wird mit Wasser ausgezogen und schließlich das gebildete Calciumkarbonat mit verdünnter Salzsäure ausgelaugt. Das gereinigte Kobaltoxid wird dann im Elektroofen mit Koks oder in einem Tiegelofen mit Holzkohlepulver reduziert. Das im Elektroofen erschmolzene Metall kommt in Form von Granalien, das mit Holzkohle reduzierte in Form von Rondellen auf den Markt (Fließschema Abb. 213).

Arsenidische Erze geben beim Einschmelzen im Elektroofen, ebenfalls mit Calciumoxid und Kohlezuschlägen, eine geringe Menge an stark silberhaltigem Kupfermetall, das elektrolytisch weiterverarbeitet wird. Die Hauptmenge fällt als ,,Speise", d. i. ein Kupfer–Kobalt–Arsenid an. Die Speise wird nach Zerkleinern bei 650—750 °C auf Tellerröstöfen abgeröstet, wobei der Arsengehalt praktisch vollständig als flüchtiges As_2O_3 weggeht.

Das Röstgut kann schließlich in Salzsäure oder Schwefelsäure gelaugt und auf gleiche Weise, wie oben beschrieben, durch selektive Fällung der in der Lösung enthaltenen Metalle aufgearbeitet werden.

Nach modernen, immer mehr an Bedeutung gewinnenden Verfahren wird das Kobalt aus den beim Laugen gerösteter Speise erhaltenen Lösungen elektrolytisch gewonnen (Fließschema Abb. 213). In einer ersten Stufe wird bei pH 2,0—2,5 Kupfer abgeschieden, die Endlauge dann zuerst durch Neutralisieren mit Kalkmilch von Eisen und Aluminium befreit und der Restkupfergehalt durch Zementation mit Kobaltgranalien gewonnen. Aus der nun kupferfreien Lösung fällt man mit Kalkmilch Kobalthydroxid, das in abgearbeiteten Elektrolyten der Kobaltelektrolyse gelöst und der Elektrolyse zugeführt wird. Der so erhaltene Elektrolyt enthält etwa 10 g/l Kobalt, 0,25 g/l Nickel, 5 g/l Mangan, 1 g/l Zink, 70—80 g/l Magnesiumsulfat und 5 g/l Ammoniumsulfat und wird auf einen pH von 6,5 gestellt. Bei der Elektrolyse zwischen unlöslichen Bleianoden und Eisenkathoden, bei einer Temperatur von 50—58 °C und Stromdichten von 400 bis 600 A/m² erhält man mit Stromausbeuten von 95—99% und bei einem Energiebedarf von 6,4—6,5 kWh/kg ein Kobaltmetall, das etwa 3—4% Zink enthält.

Beim Einschmelzen verdampft das Zink zum größten Teil. Ein geringer Schwefelgehalt des Elektrolytkobalts kann beim Einschmelzen durch Kalkzusätze verschlackt werden.

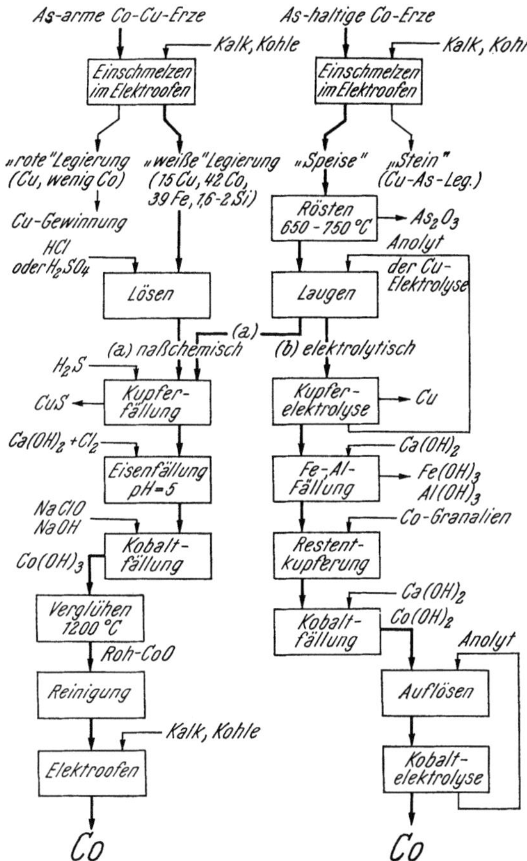

Abb. 213. Fließschema der Aufarbeitung von Kobalterzen

Auch arsenfreie Kobalterze werden heute elektrolytisch aufgearbeitet. Diese Erze werden *sulfatisierend* geröstet, wobei durch Arbeiten bei höheren Temperaturen Eisen und Kupfer als Oxide vorliegen. Kobalt verbleibt als Sulfat, das auch bei höherer Temperatur nicht zerfällt. Es wird mit heißem Wasser ausgelaugt und die Laugungslösung nach entsprechender Reinigung der Elektrolyse unterworfen.

Größere Mengen Kobalt werden auch aus kobalthaltigen Kiesabbränden gewonnen. Diese werden — vor allem von der Duisburger Kupferhütte — *chlorierend* geröstet[1], die Nichteisenmetalle ausgelaugt, Kupfer zementiert und Kobalt schließlich, nachdem das Eisen ausgefällt wurde, nach Oxydation mit Chlor

[1] WINTERHAGER, H., KAMMEL, R.: Die Nichteisen-Schwermetalle: in: WINNACKER, K. KÜCHLER, L. (Hrsg.): Chemische Technologie, Bd. 5. C. Hanser Verlag München, 2. Aufl. 1961, S. 326.

durch Neutralisieren mit Zinkhydroxid als Kobalt(III)hydroxid abgeschieden. Durch Verglühen und Reduktion mit Kohlenstoff im Elektroofen erhält man daraus Kobaltmetall.

Die Sherritt-Gordon Mine gewinnt Kobalt im Zuge der Aufarbeitung der sulfidischen Kupfer–Nickel-Erze durch *oxydierende Drucklaugung mit Ammoniak*, bei der nach Abscheidung des Kupfers aus der nickel-kobalthaltigen Lösung durch stufenweise Druckfällung mit Wasserstoff zuerst Nickel und dann Kobalt gewonnen wird.

Auf die beiden zuletzt genannten Verfahren, bei denen Kobalt nur ein Nebenprodukt darstellt, kann hier nicht näher eingegangen werden.

Während bei den meisten Verfahren das Kobalt in kompakter Form anfällt, wird beim Sherritt-Gordon-Verfahren[1–3] das Kobalt in Pulverform gewonnen. Das wasserstoffdruckgefällte Kobaltpulver konnte sich aber bei der Hartmetallfertigung überraschenderweise nicht durchsetzen. Für diesen Zweck, für den größere Mengen an Kobaltpulver (etwa 100 moto) benötigt werden, wird das Kobalt nach wie vor durch Reduktion von Kobaltoxid, seltener von Kobaltoxalat oder Kobaltformiat mit Wasserstoff gewonnen.

Tabelle 92. *Analyse von verschiedenen Kobaltsorten**

	Aus arsenidischen Erzen über das Oxid im Elektroofen reduziert (Deloro-Smelting and Refining Company)	Aus sulfidischen Erzen elektrolytisch gewonnen, im Elektroofen umgeschmolzen (Rhokana-Corporation)	Aus oxidischen Erzen elektrolytisch gewonnen, im Elektroofen umgeschmolzen (Union Miniere du Haut Katanga)	Aus sulfidischen Erzen durch Drucklaugung gewonnenes Pulver (Sherritt-Gordon Mine)
Co	98,60	99,89	99,00	99,30
Ni	0,70	0,00	0,50	0,39
Fe	0,37	0,03	0,15	0,03
Cu	0,03	0,04	0,02	n. b.
S	0,04	0,02	n. b.	0,02
C	n. b.	n. b.	0,10	n. b.
Si	0,12	n. b.	0,10	n. b.

* Kobalt-Monographie d. Centre d'Information du Cobalt, Brüssel 1960)

Das nach den verschiedenen Verfahren gewonnene Metall ist, wie aus Tab. 92 zu ersehen, relativ rein, enthält aber meist noch etwas Nickel und Eisen neben Spuren anderer Verunreinigungen.

Um reinstes Kobalt (99,9—99,99% Co) zu erhalten, wird von reinsten Kobaltverbindungen wie Oxid, Oxalat und anderen ausgegangen und diese bei 700 bis 800 °C mit Wasserstoff reduziert. Auch eine Zweitelektrolyse aus reinen Kobaltsulfatlösungen, hergestellt durch Auflösen von Kobaltgranalien in Schwefelsäure,

[1] Schaufelberger, F. A., Roy, T. K.: Trans. Inst. Mining Met. *64* (1954/55) 375.

[2] Forward, F. A., Halpern, J.: Bull. Inst. Mining Metallurgy *603* (1957) 191.

[3] Mackiw, V. N., Benz, T. W., Evans, D. J. I.: Metallurgical Reviews *11* (1966) 143.

ergibt reine Produkte, die jedoch noch Spuren von Nickel und Eisen enthalten. Das Karbonylverfahren, das sich für die Herstellung von Reinst-Eisen und Reinst-Nickel bewährt hat, kommt wegen der geringen Flüchtigkeit der Kobaltkarbonyle nicht in Frage.

Die verschiedenen Kobaltsorten, auch die geschmolzenen technisch reinen mit 99,0—99,5% Co bzw. aus Reduktionspulvern gepreßte und gesinterte Stäbe, lassen sich gut verformen. Sie sind kalt-, besser aber warmwalzbar, schmiedbar und ziehbar. Die Bildsamkeit wächst, wie üblich, mit steigender Reinheit[1], wobei kleinere Mengen Nickel und Eisen (< 1%) im Gegensatz zu Sauerstoff, Kohlenstoff, Schwefel und Silizium nicht duktilitätsmindernd sind.

7. Legierungen des Kobalts

Kobalt bildet, wie erwähnt, zwei Modifikationen mit dem relativ niedrigen Umwandlungspunkt von etwa 420 °C, wobei die Hochtemperaturphase, die kubisch flächenzentrierte α-Phase, vom legierungstechnischen Standpunkt die interessantere ist. Die Umwandlung der beiden Phasen ineinander geht sehr langsam vor sich, so daß auch bei Rein-Kobalt die ε-Phase (hexagonal dichtest gepackt) kaum rein zu erhalten ist.

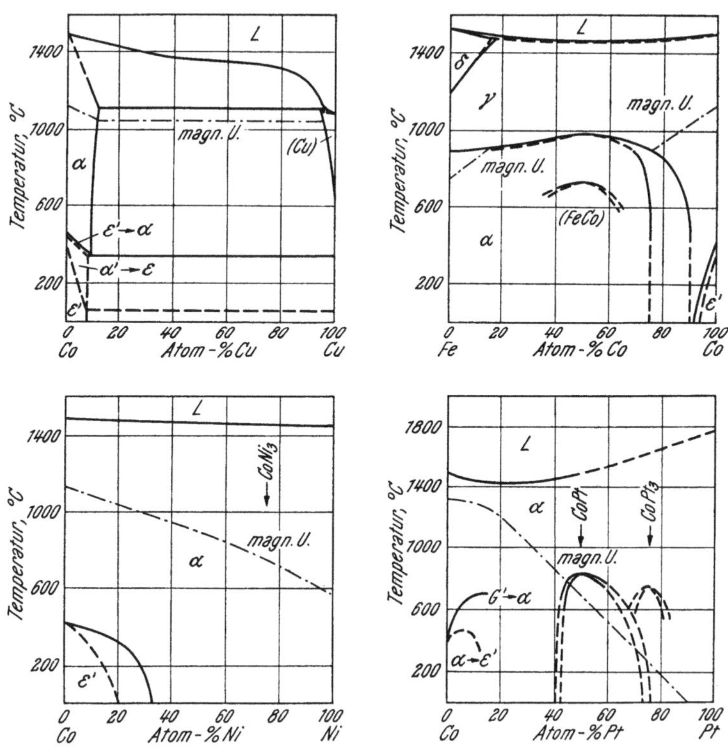

Abb. 214. Zustandsschaubilder Co–Cu, Co–Fe, Co–Ni, Co–Pt

[1] Kieffer, R., Hotop, W.: Pulvermetallurgie und Sinterwerkstoffe. Springer-Verlag, Berlin–Göttingen–Heidelberg 1948, S. 213.

Die α-Phase des Kobalts ist mit einigen Metallen voll mischbar, dazu gehören γ-Eisen, Nickel, γ-Mangan und Palladium, Platin, Rhodium und Iridium (vergleiche Zustandsschaubilder Abb. 214). Sehr weite Mischbereiche bildet α-Kobalt mit Kupfer, geringere Mischbarkeit liegt mit Aluminium, Titan, Zirkonium und Niob vor. Durch Zulegieren der genannten Metalle wird die α/ε-Umwandlungstemperatur zum Teil bis zu Raumtemperatur erniedrigt. Die Va-Metalle (außer Niob), die VIa-Metalle sowie Rhenium, Ruthenium und Osmium schränken das α-Feld des Kobalts ein. Rhenium, Ruthenium und Osmium sind mit der ε-Phase des Kobalts voll mischbar. Abb. 215 gibt einen schematischen Überblick über das Legierungsverhalten des Kobalts.

Li	Be ○											B □	C	N	O
Na	Mg											Al □	Si ○	P	S
K	Ca	Sc	Ti □	V ○	Cr ○	Mn ■	Fe ■	Co –	Ni ■	Cu □	Zn □	Ga	Ge ○	As ○	Se
Rb	Sr	Y	Zr □	Nb □	Mo ○	Tc	Ru ●	Rh ○*	Pd ■	Ag	Cd	In	Sn □	Sb ○	Te
Cs	Ba	Ce	Hf	Ta ○	W ○	Re ●	Os ●	Ir ○*	Pt ○*	Au	Hg	Tl	Pb	Bi	Po
1a	2a	3a	4a	5a	6a	7a	8_1	8_2	8_3	1b	2b	3b	4b	5b	6b

■ offenes α-Feld
□ aufgeweitetes α-Feld
● geschlossenes α-Feld
○ eingeengtes α-Feld
○* Übergangstemperatur $\varepsilon \rightarrow \alpha$ steigt, aber lückenlose Mischbarkeit im α-Phasenbereich

Abb. 215. Schematische Klassifizierung binärer Kobaltsysteme

Die Curie-Temperatur wird ganz allgemein durch alle Legierungszusätze, zum Teil sehr stark, herabgesetzt.

8. Anwendung

Rein-Kobalt hat bisher nur wenige Anwendungsgebiete gefunden. Neben der Herstellung von Röntgenanoden für Kobaltröhren und dem Einsatz von Kobaltpulver in der Hartmetallindustrie ist die einzige wichtige Anwendung für duktiles Kobalt der Einsatz von Stäben, Blechen, Rondellen usw. für die Erzeugung des Kobalt^{60}-Isotops. Die Halbwertszeit beträgt etwa 5,2 Jahre. Neben der Krebstherapie werden Kobalt^{60}-Präparate auch mit großem Erfolg für die zerstörungsfreie Materialprüfung an Stelle von Röntgenanlagen eingesetzt. Kobalt^{60}-Bestrahlung wurde auch für die Konservierung von Nahrungsmitteln und Saatgut vorgeschlagen. Eine gewisse Bedeutung haben Elektroplattierungen aus Kobalt oder Kobalt–Nickel-Legierungen; elektrolytisch abgeschiedene Kobaltniederschläge sind besonders dicht und fest haftend und geben vorzüglichen Korrosionsschutz.

Kobaltbasislegierungen finden noch keine technische Anwendung (s. aber Stellite und Superalloys mit hohem Kobaltgehalt). Dagegen ist Kobalt ein wichtiges Legierungsmetall für verschiedene spezielle Legierungen:

Schnellarbeitsstähle enthalten neben größeren Mengen Wolfram (10—18% W), einigen Prozenten Molybdän und Vanadin, 3—20% Chrom, bis 5% Kobalt und bis zu 1% in Form von Karbiden gebundenen Kohlenstoff.

Stellite. In der Schneidleistung werden die Schnellarbeitsstähle von den Stelliten und den Hartmetallen übertroffen. Stellite sind gegossene Legierungen des Kobalts mit Metallen der VIa-Gruppe, gegebenenfalls etwas Eisen und höherem Kohlenstoffgehalt. Ihre Zusammensetzung schwankt etwa in den Grenzen 35—55% Co, 10—25% Wolfram, 0—10% Eisen, 2—4% Kohlenstoff.

Hartmetalle enthalten 3—25, meist 6—15% Kobalt als Binder der harten Karbide der Übergangsmetalle (WC-; WC–TiC-; WC–TiC–TaC-; WC–TiC–NbC(TaC)–HfC-Mischkristalle u. a.).

Hochwarmfeste Legierungen (superalloys). Ein größerer Kobalt-Zusatz zu 18/8 Stählen, die auch etwas Molybdän, Wolfram, Vanadin, Niob, Tantal oder Titan enthalten, erhöht die Warmfestigkeit dieser Legierungen ganz beträchtlich. Die Zusammensetzung dieser Super-Legierungen, die für Düsentriebwerke verwendet werden, beträgt etwa 20—65% Kobalt, 18—28% Chrom, 10—30% Nickel, geringe Mengen an Molybdän, Wolfram, Niob, Tantal, Aluminium und etwa 0,4% Kohlenstoff. Einige dieser Legierungen enthalten auch 18—21% Eisen. Gewisse Legierungen kommen als Gußwerkstoffe zum Einsatz, so z. B. Vitallium 65Co–30Cr–5Mo.

Glaseinschmelz-Legierungen. Eine Legierung von z. B. 29% Nickel, 18% Kobalt, Rest Eisen hat den gleichen Wärmeausdehnungskoeffizienten wie Hartglas und findet für Glaseinschmelzungen Verwendung.

Weichmagnetische Werkstoffe. Zusatz in der Größenordnung von 30—50% Kobalt zu Eisen–Nickel-Legierungen erhöht deren Permeabilität. Doch sind die kobalthaltigen Legierungen schlecht verformbar.

Hartmagnetische Werkstoffe. Besonders in hartmagnetischen Werkstoffen hat Kobalt große Bedeutung erlangt. Sowohl Legierungen auf Basis Eisen–Kobalt (15—30% Kobalt und andere Legierungsmetalle wie Vanadin, Chrom, Molybdän, Wolfram), auf Kupfer–Nickel–Kobalt-Basis (29—41% Kobalt, 50—35% Kupfer, 21—24% Nickel) als auch die Alnico-Legierungen (Basis Eisen–Kobalt–Nickel–Aluminium–Titan) und die SEM-Co_5-Legierungen sind wertvolle hartmagnetische Werkstoffe.

Dental-Legierungen. Kobalt–Chrom-Legierungen (60—70% Kobalt, 18—30% Chrom, 2—6% Molybdän und geringe Mengen anderer Legierungsmetalle) sind gegen Körperflüssigkeiten besonders beständig und werden als meist präzisionsgegossene Dental-Legierungen und für chirurgische Zwecke eingesetzt.

H 2. Platinmetalle

Da die Platinmetalle z. T. gediegen vorkommen, sind sie schon lange bekannt. Erste Angaben über ein natürlich vorkommendes, platinhaltiges Metall stammen aus dem 16. Jh. Auch die Trennung der Platinmetalle und die Auffindung der selteneren gelang schon in der ersten Hälfte des 19. Jh.

Wegen der Seltenheit und des dadurch bedingten hohen Preises konnten sich die Platinmetalle trotz ihrer vielfach einzigartigen chemischen und physikalischen Eigenschaften bisher nur ein beschränktes Anwendungsgebiet erobern. Vor allem die schwieriger zu verarbeitenden Metalle Iridium und Rhodium werden heute nur für wenige spezielle Zwecke eingesetzt, Osmium und Ruthenium heute noch fast gar nicht verwendet. Platin und auch Palladium haben sich aber ihren Platz vor allem in der Schmuckindustrie, in der Zahntechnik, als Katalysatormaterial in der chemischen Großindustrie, als Tiegelwerkstoff im chemischen Labor und daneben in der Elektrochemie als Elektrodenmaterial, in der Elektrotechnik für Kontakte, Heizleiter usw. gesichert.

Die gut bekannten Eigenschaften des Platins und Palladiums, die gut beherrschte Verarbeitbarkeit und die schon weit ausgeschöpften Verwendungsmöglichkeiten lassen die Sondermetalle Platin und Palladium fast schon zu den Gebrauchs- und Werksmetallen zählen. Die übrigen reinen, unlegierten Platinmetalle sind aber im Sinne des vorliegenden Buches ohne Vorbehalt zu den Sondermetallen zu zählen. Iridium und Rhodium spielen aber als Legierungs-Komponenten in Pt–Ir- und Pt–Rh-Legierungen schon eine wichtige Rolle. Bei der Untersuchung ihrer Eigenschaften, ihrer Verarbeitbarkeit und vor allem ihrer Legierungen sind noch Überraschungen zu erwarten und für die Verwendung noch interessante, neue Aspekte offen.

1. Entdecker und Namensgebung

Tabelle 93. *Entdecker und Namensgebung*

Ru	Rh	Pd
Als letztes der Pt-Metalle 1844 von CLAUS entdeckt u. isoliert. Name nach Ruthenium (= Rußland)	1803 von WOLLASTON entdeckt und wegen der Farbe von Rh-Verbindungen nach rhodon (= Rose) benannt	1803 von WOLLASTON entdeckt und nach dem Planeten Pallas benannt
Os	**Ir**	**Pt**
1804 von TENNANT entdeckt. Name nach Osme (= Geruch) wegen des charakteristischen Geruchs von OsO_4	1804 von TENNANT entdeckt und wegen der Farbe von Ir-Salzen nach iris (= Regenbogen) benannt	Schon 1550 den Spaniern in Südamerika bekannt Name nach dem spanischen plata (= Silber)

2. Vorkommen der Platinmetalle

Die Platinmetalle zählen zu den seltensten auf der Erde vorkommenden Elementen. Die Häufigkeit des Platins in der Erdkruste (vgl. Tab. 3, S. 5) entspricht etwa der des Goldes (0,005 g/t), Palladium ist etwas häufiger (0,01 g/t). Die übrigen Platinmetalle kommen jedoch nur in äußerst geringen Mengen vor (etwa 0,001 g/t).

Die abbauwürdigen Lagerstätten enthalten die Platinmetalle entweder gediegen oder in Form von sulfidischen und arsenidischen Erzen. Meist sind die einzelnen Platinmetalle miteinander vergesellschaftet; lediglich Platin liegt in einigen Lagerstätten ohne größere Anteile anderer Platinmetalle vor (gediegenes Platin: 60—90% Pt; Rest hauptsächlich Eisen, wenig Chrom, Arsen und andere

Platinmetalle). Iridium und Osmium werden gediegen überwiegend als Legierungen, z. B. in Osmiridium (Os > Ir) und Iridosmium (Ir > Os) gefunden; Iridium tritt auch mit Gold legiert auf.

Sulfidisch sind die Platinmetalle Begleiter von Cu–Ni-Erzen. In solchen Erzen, bei deren Aufarbeitung die Platinmetalle, überwiegend Platin, Palladium und Iridium, als Nebenprodukte gewonnen werden, liegen die größten bekannten Reserven an Platinmetallen. Abbauwürdige Lagerstätten (platinmetallhaltige, sulfidische Cu–Ni-Erze mit größerem Gehalt an Platinmetallen von etwa 0,5 bis 1 g/t) liegen hauptsächlich im Sudbury District, Kanada und in Transvaal, Südafrika (Platinmetalle sulfidisch und gediegen nebeneinander, geringere Mengen an Kupfer und Nickel, Platinmetallgehalt 4—10 g/t).

Gediegenes Platin wird in größeren Mengen im Ural, daneben in kleineren Mengen in Kolumbien, Abessinien, Alaska, Australien, Kanada und an verschiedenen Stellen der USA abgebaut (vgl. Tab. 94). Ins Gewicht fallende Mengen an Platinmetallen werden daneben auch aus den Anodenschlämmen der Kupfer-Raffination gewonnen.

Tabelle 94. *Vorkommen und Fundorte der Platinmetalle*

Erz	durchschn. Gehalt an Pt-Metall		Art des Erzes	Fundorte
Pt-Seifen	60—80%, bis 5% andere Pt-Metalle (in den Konzentraten)		gediegen	Ural, Südafrika, Kolumbien, Alaska, Abessinien, Australien, Kanda
Pd-Seifen	selten		gediegen	Kolumbien, Brasilien, Transvaal, UdSSR
Osmiridium	2—3 g/to Os + Ir auch Pt		gediegen z. T. sulfidisch	Tasmanien, Witwatersrand (mit Gold vergesellschaftet)
Lavrit	Ru-sulfid	ca. 0,5 g/to	vergesellschaftet in Cu- und Ni-Erzen	Sudbury (Kanada)
Sperrylit	$PtAs_2$			Transvaal
Cooperit	PtS			Tasmanien
Braggit	(Pt, Pd, Ni)S			Borneo
Stibiopalladinit	Pd_3Sb			UdSSR

3. Produktion und Preis

Die Gesamtproduktion an Platinmetallen belief sich in den vergangenen Jahren auf etwa 60—80 t, die sich entsprechend der Tab. 95 auf die verschiedenen wichtigsten Erzeugungsländer verteilte:

Die Weltproduktion an Platinmetallen steigt stetig an. Während 1913 etwa 7,1 t erzeugt wurden, betrug die Produktion 1953 etwa 25,2 t, 1959 etwa 40 t und heute etwa 60—80 t. Trotz der wachsenden Produktion steigt auch der Preis für die Platinmetalle langsam an (Tab. 96).

Von größter Bedeutung für die Gewinnung der Platinmetalle ist die Rückgewinnung aus Altmaterial und Abfällen, die hauptsächlich aus der Schmuck-

Tabelle 95. *Die wichtigsten Erzeugungsländer von Platinmetallen*

Land	Anteil an Weltproduktion in %
Kanada	36
Südafrika	38
UdSSR	17
USA	4
Kolumbien	4
sonstige	1

Tabelle 96. *Preise der Platinmetalle in \$/g*
(Freihandelspreis New York, Notierungen in Europa z. T. wesentlich höher)

	1950	1960	1969
Platin	2,54	2,68	8,05—8,25
Palladium	-,77	-,72	1,37—1,45
Rhodium	4,02	4,20	7,70—8,0
Ruthenium	2,54	1,60	1,54
Iridium	4,70	2,22	5,95
Osmium	4,45	2,58	7,25

und Dentalindustrie, aus verbrauchten Katalysatormassen und Drahtnetzen, ausgeschiedenen Laborgeräten und Elektrokontakten stammen. Die so rückgewonnenen Mengen übertreffen die primär erzeugten Mengen um das 2- bis 3-fache, um so mehr, als die Platinmetalle aus den Abfällen mit sehr guter Ausbeute (bis 99%) und geringen Kosten (etwa 4% des Metallwertes) regeneriert werden können.

4. Physikalische Eigenschaften der Platinmetalle

Die Platinmetalle — zu den Übergangsmetallen zählend — besitzen durchwegs hohen Schmelzpunkt, niedrigen Dampfdruck und niedrigen Wärmeausdehnungskoeffizienten. Für die meisten Verwendungszwecke ist die hohe Warmfestigkeit von großer Bedeutung. Einen Überblick über die wichtigsten physikalischen Eigenschaften der Platinmetalle bringt die nachfolgende Tab. 97, in der nur neueste Daten aufgenommen sind. Die Angaben verschiedener Beobachter weichen oft stark voneinander ab, da verschiedene Eigenschaften schon durch sehr geringe Verunreinigungen — vor allem aber auch durch eine vorgegangene Kaltverformung bzw. Wärmebehandlung — stark verändert werden.

5. Chemische Eigenschaften der Platinmetalle

Die Platinmetalle zeichnen sich gegenüber den meisten anderen Metallen durch außerordentliche chemische Beständigkeit aus. Sie werden nur von wenigen Agentien angegriffen. Im Gegensatz zu den hoch- und höchstschmelzenden Nicht-

Tabelle 97. *Physikalische Eigenschaften der Platinmetalle*

	Ru	Rh	Pd	Os	Ir	Pt
OZ	44	45	46	76	77	78
AG	101,07	102,905	106,4	190,2	192,2	195,09
ES	(Kr) $4d^7 5s$	(Kr) $4d^8 5s$	(Kr) $4d^{10}$	(Xe) $4f^{14} 5d^6 6s^2$	(Xe) $4f^{14} 5d^7 6s^2$	(Xe) $4f^{14} 5d^9 6s$
GT	hex. d. P.	kfz	kfz	hex. d. P.	kfz	kfz
	$a = 2{,}7056$	$a = 3{,}8033$	$a = 3{,}8907$	$a = 2{,}7353$	$a = 3{,}8394$	$a = 3{,}9231$
	$c = 4{,}2816$			$c = 4{,}3191$		
AR	1,34	1,34	1,37	1,35	1,36	1,38
ϱ_{20}	12,2	12,41	12,02	22,6	22,65	21,4
Fp	2500	1966	1552	3045	2443	1769
Kp	4100	3720	3560	5000	4500	3830
ΔH_s	6,1	5,15	4,00	7,56	6,2	4,7
$\Delta H_{\text{subl.}}$	142	132,7	94,0	187,4	158,6	135
Δc_{p20}	5,69	5,94	6,25	5,95	6,12	5,2
α_m	9,6	8,3	11,1	6,58	6,2	9,1
k_R	0,33	0,36	0,56	0,29	0,28	0,35
λ_w	0,250	0,35	0,17	0,208	0,34	0,17
λ_e	0,14	0,22	0,093	0,12	0,21	0,095
EN	2,2	2,2	2,2	2,2	2,2	2,2
I	7,5	7,45	8,35	8,7	9,2	8,96
E	42000	38640	12360	57000	53830	17320
μ	0,25	0,26	0,39	0,253	0,26	0,397
σ_B	36—73	35—70	20—50	—	120—240	12—24
H_V	200—500	100—500	37—100	300—670	200—700	35—93
Häuf.	0,001 ppm	0,001 ppm	0,1 ppm	0,001 ppm	0,001 ppm	0,005 ppm

Zeichenerklärung S. 152

platinmetallen sind sie selbst bei hohen Temperaturen auch in oxydierender Atmosphäre — mit Ausnahme von Osmium — gut verwendbar.

Palladium besitzt den niedrigsten Schmelzpunkt und ist das unedelste unter den Platinmetallen. Kompaktes Palladium wird schon von heißer, konz. Salpetersäure langsam, in Pulverform erheblich schneller angegriffen. Auch gegen kochende, konz. Schwefelsäure ist Palladium nicht beständig. Platin wird nur durch Königswasser gelöst. Die übrigen Platinmetalle — außer Rhodium — sind sogar in feingepulverter Form gegen Königswasser beständig.

Gasförmige Halogene greifen alle Platinmetalle bei höherer Temperatur, Palladium jedoch schon bei Normaltemperatur an. Die Gegenwart von Alkalichlorid vermag durch die große Neigung der Platinmetalle Komplexsalze zu bilden, die Reaktion stark zu beschleunigen. Bei Iridium, dem beständigsten der Platinmetalle, ist Chlorieren unter Zusatz von Natriumchlorid die einzige Möglichkeit, zu Salzen des Iridiums zu gelangen. Ebenso wirken geschmolzene Alkalien, Peroxide, Nitrate und geschmolzenes Alkalicyanid stark korrosiv. Ruthenium und Osmium werden dabei in wasserlösliche Ruthenate bzw. Osmate übergeführt, Iridium in ein oxidisches Produkt umgewandelt, das sich im Gegensatz zum elementaren Metall in Königswasser lösen läßt. Aus den wäßrigen Lösungen von Osmaten und Ruthenaten können durch Kochen mit starken Oxydationsmitteln (Cl_2, Br, ClO_3, BrO_3) flüchtige Oxide (OsO_4, RuO_4) abdestilliert werden.

Beim Erhitzen an Luft bilden alle Platinmetalle außer Osmium einen festhaftenden, dichten und die weitere Oxydation hemmenden dünnen Film von Oxiden. Im Falle des Osmiums hat das gebildete Oxid (OsO_4) einen extrem niedrigen Siedepunkt (130 °C) und dampft schon bei mäßiger Temperatur vom Metall ab, das daher nicht sauerstoffbeständig ist. Die anderen Platinmetalle bilden Oxide mit wesentlich höheren Siedepunkten bzw. Zersetzungspunkten. Man nimmt an, daß der relativ hohe Gewichtsverlust beim Erhitzen der Platinmetalle an Luft auf die intermediäre Bildung von bei höheren Temperaturen flüchtigen Oxiden zurückzuführen ist und keine echte Verdampfung darstellt.

In reduzierender Atmosphäre greifen verschiedene Metalle und Nichtmetalle die Platinmetalle unter Bildung von Legierungen bzw. Verbindungen stark an, wodurch es zur Zerstörung von Platingeräten kommen kann. Besonders Blei, Wismut, Antimon, Silizium, Bor, Phosphor und Kohlenstoff greifen stark an. Wenig beständig bei Rotglut sind die Platinmetalle auch gegen schwefelhaltige Gase. Platin und vor allem Palladium vermögen — offenbar unter Bildung wenig stabiler Hydride — große Mengen an Wasserstoff zu lösen (kompaktes Palladium bei Normaltemperatur bis zum 600fachen seines Volumens). Palladium, besonders in feinverteilter Form als Palladiumschwamm oder -Mohr ist daher ein äußerst wirksamer Hydrierkatalysator.

Durch Einwirkung von Kohlenwasserstoffen bei höherer Temperatur verspröden die Platinmetalle infolge von Kohlenstoffaufnahme. Beständige Karbide werden nicht gebildet, sondern der Kohlenstoff in echter Lösung aufgenommen. Beim Abkühlen scheidet sich der gelöste Kohlenstoff wieder graphitisch aus.

Kohlenmonoxid greift die Platinmetalle nicht an. Nur mit Ruthenium wird ein Karbonyl gebildet.

6. Gewinnung der Metalle

Die Gewinnung der Metalle aus den verschiedenen Erzen, die die Platinmetalle gediegen oder sulfidisch enthalten, bzw. bei denen die Platinmetalle als Nebenprodukte der Gewinnung von Kupfer und Nickel erhalten werden, ist sehr unterschiedlich, so daß sie getrennt besprochen werden muß.

a) Aus sulfidischen Erzen

Sulfidische Erze kommen hauptsächlich in Kanada und in Südafrika vor; sie werden infolge ihrer verschiedenen Zusammensetzung verschieden aufgearbeitet.

Die kanadischen Erze sind relativ arm an Platinmetallen (0,5—1 g/t). Die Platinmetallgewinnung rentiert sich daher nur im Zusammenhang mit der Gewinnung von Kupfer und Nickel, die die Hauptwertträger der kanadischen Erze sind. Die südafrikanischen Erze weisen dagegen einen höheren Gehalt an Platinmetallen (4—10 g/t) neben geringeren Anteilen an anderen Metallen auf und werden hauptsächlich wegen der Platinmetalle gewonnen.

Aufarbeitung der kanadischen Erze[1,2]
(vgl. Fließschema, Abb. 216)

Durch Flotationstrennung werden aus den Roherzen zwei Konzentrate erhalten. Das kupferreiche und nickelarme Konzentrat, das nur wenig Platinmetalle enthält, wird auf normalem Wege zu Rohkupfer verarbeitet und der Edelmetallinhalt bei der Kupferraffination als Anodenschlamm isoliert. Bei der 2. Flotationsstufe fällt ein nickelreiches und noch Kupfer enthaltendes sulfidisches Konzentrat — den Hauptbestandteil an Platinmetallen enthaltend — an. Dieses Konzentrat wird aufgeschmolzen und zur Abtrennung der Platinmetalle soweit im Konverter verblasen, daß ein geringer Anteil an metallischem Kupfer und Nickel entsteht, der den Hauptteil der Platinmetalle aufnimmt bzw. „sammelt". Beim gesteuerten, extrem langsamen Kühlen — der „slow cooling technique" — entmischt sich die sulfidische Schmelze in drei Phasen: zu einer platinmetallreichen Cu–Ni-Legierung, zu kupferarmem Nickelsulfid und zu nickelarmem Kupfersulfid, die sogenannte Matte bildend. Nach Aufmahlen des erstarrten Schmelzkuchens kann zuerst die magnetische, edelmetallhaltige Legierung durch Magnetscheidung abgetrennt und dann die grobkörnig anfallenden, miteinander im festen Zustand nicht mischbaren Kupfersulfid- bzw. Nickelsulfidkristalle flotativ getrennt werden.

Die edelmetallhaltige Cu–Ni-Legierung wird zur weiteren Anreicherung an Platinmetallen erneut unter Zusatz von soviel Schwefel niedergeschmolzen, daß ein Großteil des Kupfers und Nickels wieder zu Sulfiden umgesetzt wird. Nach

[1] Dennis, W. H.: Metallurgy of the Non-Ferrous Metals. Sir Isaac Pitman & Sons Ltd., London 1954.

[2] Winterhager, H., Kammel, R.: Die Nichteisen-Schwermetalle in: Winnacker, K., Küchler, L. (Hrsg.): Chemische Technologie, Bd. 5. C. Hanser Verlag, 2. Aufl. München 1961, S. 267.

erneutem Abkühlen, Mahlen und Magnetscheiden wird eine relativ platinmetallreiche Kupferlegierung erhalten, bei deren elektrolytischer Raffination die Platinmetalle im Anodenschlamm verbleiben.

Aus dem Kupfersulfidkonzentrat — erhalten bei der flotativen Trennung der Matte — werden die geringen Edelmetallanteile bei der Kupfergewinnung in der

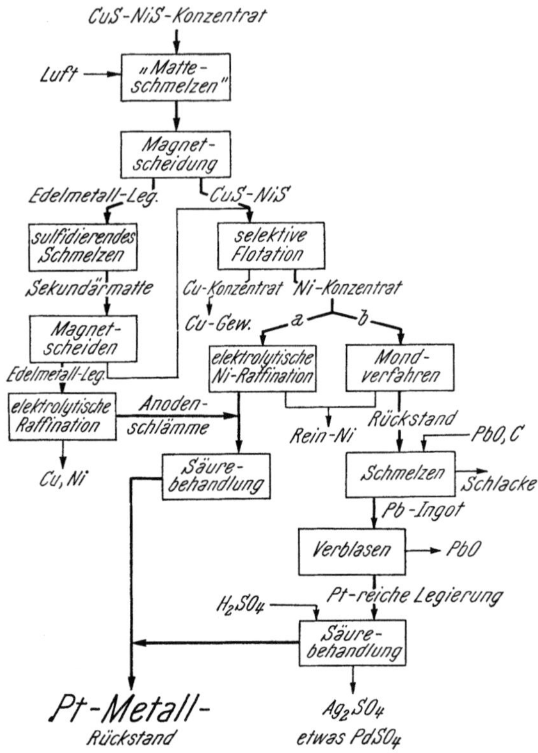

Abb. 216. Fließschema der Aufarbeitung von CuS–NiS-Konzentraten auf Platinmetalle

Raffinationsstufe erhalten. Ein weiterer Teil der Platinmetalle fällt bei der Verarbeitung des Nickelsulfidkonzentrats, entweder als Anodenschlamm bei der elektrolytischen Nickelgewinnung oder als Rückstand bei der Nickelgewinnung nach dem MOND-Verfahren, an.

Die Anodenschlämme der Kupfer- bzw. Nickelelektrolyse, die noch größere Mengen an anderen Metallen, vor allem Silber, Kupfer und evtl. Nickel enthalten, werden im allgemeinen nach vorheriger Entfernung von Cu, Se und Te zur Gewinnung des Silbers zu Anoden vergossen und elektrolysiert. Der Anodenschlamm der Silberelektrolyse ist Ausgangsprodukt der Platinmetallgewinnung.

Diese Schlämme und Rückstände der Silberelektrolyse werden häufig zur Anreicherung an Platinmetallen mit Schwefel- und anschließend mit Salpetersäure gelaugt, wobei die Hauptmengen der Unedelmetalle gelöst werden. Die gereinigten Schlämme enthalten dann bis zu 70% Platinmetalle und werden, wie später beschrieben, weiterverarbeitet.

Aufarbeitung der südafrikanischen Erze[1]

Bei diesen Erzen, die in erster Linie auf den Platinmetallgehalt aufgearbeitet werden, ist die erste Stufe eine Schwerkraftaufbereitung, die bei hoher Ausbringung (60—70%) ein Konzentrat mit 20—25% Platinmetallen ergibt.

Der Rückstand der Schwerkraftaufbereitung wird flotiert, wobei man ein platinmetallhaltiges Konzentrat von Kupfer- und Nickelsulfid erhält, das nach dem „Kopf- und Boden-Verfahren" weiter aufgearbeitet wird: durch Zusammenschmelzen mit Na_2S bzw. Na_2SO_4 + Kohlenstoff und langsames Kühlen erhält man zwei Schichten, von denen die obere ein $CuS–Na_2S$-Mischkristall ist, der alles Gold und Silber enthält. Die untere Schicht besteht aus Nickelsulfid, in dem die Platinmetalle zu finden sind. Die beiden Produkte werden getrennt, wie üblich weiter zu Rohkupfer bzw. Rohnickel verarbeitet und die Platinmetalle bei der elektrolytischen Raffination des Kupfers bzw. Nickels im Anodenschlamm angereichert.

Das beschriebene, in Südafrika noch heute geübte „Kopf- und Boden-Schmelzen"[1] wurde früher, bis zur Entwicklung der „slow-cooling"-Technik[2,3], auch in Kanada angewendet.

b) Aus Erzen, die gediegenes Platin enthalten

Durch Waschprozesse, Herdverfahren usw. ist es auf einfache Weise möglich, aus den Erzen, die Platinmetalle gediegen als Körner, Plättchen oder Klumpen in Form von Legierungen enthalten, Konzentrate mit hohem Platinmetallgehalt zu gewinnen, die man direkt weiterverarbeiten kann. Es treten hauptsächlich zwei solcher Platinmetall-Legierungen auf: gediegenes Platin mit überwiegend Platin (etwa 75—85%), geringen Mengen anderer Platinmetalle (zusammen nur wenige %) und etwas Eisen und Kupfer (etwa 5—15%); ferner Iridosmium bzw. Osmiridium mit überwiegend Iridium + Osmium (etwa 60—95%), geringen Mengen an Platin (bis 15%), etwas Palladium (bis 15%) und sehr wenig anderen Platinmetallen.

c) Weiterverarbeitung von Platinmetallkonzentraten und vorgereinigten Anodenschlämmen

Zur Weiterverarbeitung der Konzentrate und zur Gewinnung der Reinmetalle sind eine ganze Reihe verschiedener Verfahren erprobt worden, auf die hier im einzelnen nicht besonders eingegangen werden kann. In den wesentlichen Details ähneln sich aber alle diese Verfahren, so daß es genügend erscheint, hier auf den Verfahrensgang der INCO[4] (Abb. 217) einzugehen, nach dem ein Großteil der

---

[1] Hampel, C. A. (Hrsg.): Rare Metals Handbook. Reinhold Publ. Corp., London, 2. Aufl. 1961, S. 309.

[2] Winterhager, H., Kammel, R.: Die Nichteisen-Schwermetalle in: Winnacker, K., Küchler, L. (Hrsg.): Chemische Technologie, Bd. 5. C. Hanser Verlag, München, 2. Aufl. 1961, S. 267.

[3] International Nickel: A. P. 2425760 (1947).

[4] Dennis, W. H.: Metallurgy of the Non-ferrous Metals. Sir Isaac Pitman u. Sons Ltd., London 1954.

Platinmetalle gewonnen wird, und die verschiedenen Varianten kurz zu erwähnen.

Im allgemeinen werden die Konzentrate und Schlämme vor der eigentlichen Platinmetall-Gewinnung durch Kochen mit Schwefelsäure und anschließend mit Salpetersäure von allen Unedelmetallen möglichst weitgehend befreit. Bei allen ausgeübten Verfahren wird einheitlich anschließend mit Königswasser behandelt,

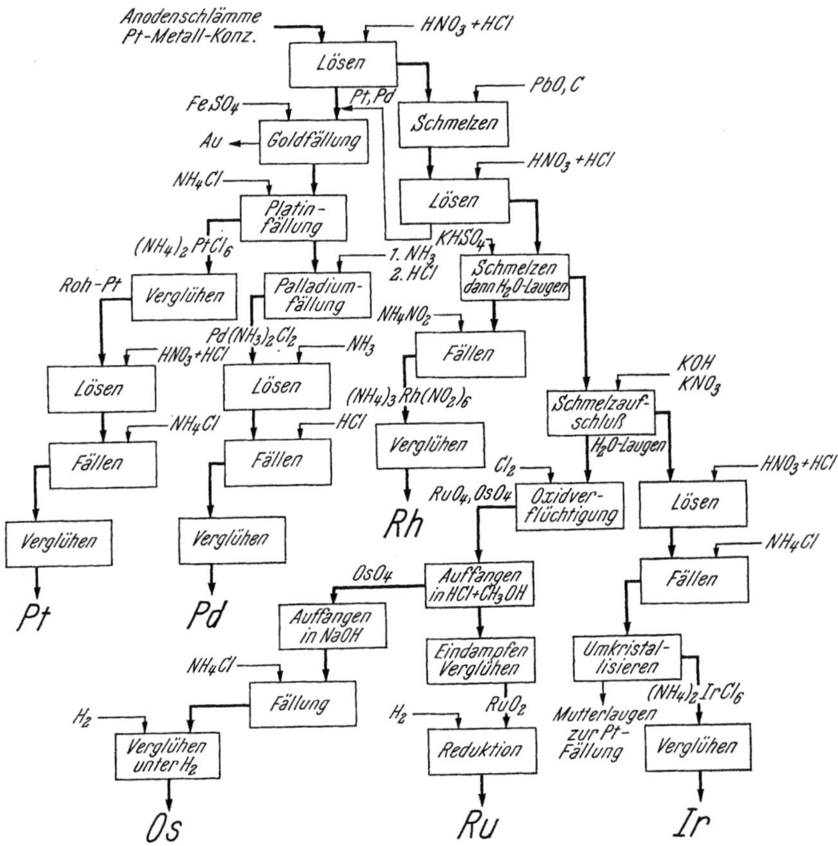

Abb. 217. Fließschema der Aufarbeitung von Anodenschlamm bzw. Platinmetallkonzentrat auf die Metalle der Platingruppe

wobei die restlichen Unedelmetalle, vorhandenes Gold und die Hauptmengen von Platin und Palladium in Lösung gehen. Die übrigen Platinmetalle bleiben praktisch ungelöst.

Aus den Lösungen wird vorerst durch Kochen mit $FeSO_4$ Rohgold gefällt, das umgeschmolzen und elektrolytisch raffiniert wird. Durch Zusatz von NH_4Cl fällt man dann schwerlösliches Platin–Ammoniumhexachlorid, das zu Rohplatin verglüht wird. Zur Reinigung löst man dieses Rohplatin erneut in Königswasser, fällt ein zweites Mal mit NH_4Cl und verglüht das Doppelsalz wieder zum Metall. Die Filtrate nach der Platin-Fällung werden dann zuerst mit Ammoniak übersättigt und schließlich durch Zusatz von Salzsäure $Pd(NH_3)_2Cl_2$ (Palladium–Diamminchlorid) zur Ausfällung gebracht. Die Fällung läßt sich durch Lösen in überschüssigem Ammoniak und Wiederausfällen mit Salzsäure reinigen. Palladium–Amminchlorid wird schließlich zu reinem Palladium verglüht. Aus den verbleibenden Lösungen werden geringe, noch vorhandene Mengen an Edelmetallen mit Eisen-, Zink-, Aluminium- oder Magnesium-Schrott auszementiert und das Zementat nach Reinigung mit Schwefelsäure bzw. Salpetersäure wieder in den Prozeß zurückgeführt.

Der unlösliche Rückstand der Königswasser-Behandlung (hauptsächlich Iridium und Ruthenium) wird beim INCO-Prozeß mit Bleioxid und Holzkohle niedergeschmolzen. Man erhält eine Bleilegierung, die die Platinmetalle gelöst enthält. Bei der nachfolgenden Behandlung des Regulus mit Salpetersäure geht mit dem Blei praktisch alles Silber, Palladium und Platin in Lösung. Die platin- und palladiumhaltigen Lösungen werden mit dem Königswasserextrakt aus dem Rohkonzentrat zusammen weiter behandelt. Es verbleibt ein feinpulvriger Rückstand von Rhodium, Iridium, Ruthenium und wenig Osmium. Ein Großteil des bislang nicht sehr gesuchten Osmiums geht beim Niederschmelzen mit PbO als OsO_4 verloren.

In einer Variante wird statt mit Blei durch Zuschmelzen von Zinkmetall der unlösliche Rückstand in eine leichter aufschließbare Legierung übergeführt. Das Legieren mit Blei oder mit Zink muß auch durchgeführt werden, wenn grobkörnige Platinmetall-Konzentrate vorliegen, die dem Lösen in Königswasser Schwierigkeiten entgegensetzen.

Zur Weiterverarbeitung des in Königswasser unlöslichen Anteils, der durch die Zwischenbehandlung mit Blei oder Zink feinpulvrig vorliegt, wird dieser nach dem INCO-Prozeß mit Kalium- oder Natriumbisulfat aufgeschmolzen und der Schmelzkuchen mit Wasser ausgezogen. Die Lösung enthält das Rhodium, das man durch Zugabe von Ammonnitrit ausfällt. Die Fällung wird zu Rhodium-Metall verglüht. Das Verglühen muß unter Wasserstoffatmosphäre geschehen.

Bei hohem Rhodiumgehalt des Königswasserrückstandes führt auch erneutes Niederschmelzen mit Blei bei niedriger Temperatur, Weglösen des Bleis aus dem Regulus mit Salpetersäure und schließlich Lösen des zurückbleibenden Rhodiums in heißer konz. Schwefelsäure zum Ziel, wobei die Rhodium-Lösung so wie erwähnt weiterbehandelt wird.

Die Feinreinigung des Rhodiums ist schwierig und erfordert viele Zwischenoperationen. Neuerdings haben sich auch Ionenaustauschverfahren als wirkungsvoll erwiesen.

Der Rückstand des wäßrigen Auszuges der $KHSO_4$-Schmelze besteht aus Iridium, Ruthenium und Osmium. Durch Schmelzen mit KOH und KNO_3 werden Ruthenium und Osmium in wasserlösliche Form übergeführt. Der Rückstand, Iridium in oxydierter Form, läßt sich in Königswasser in Lösung bringen. Durch Zusatz von NH_4Cl fällt man aus dieser Lösung Iridium–Ammoniumchlorid, das durch mehrmaliges Umkristallisieren von noch vorhandenem Platin–Ammonchlorid getrennt werden muß. Schließlich wird es zu Rein-Iridium verglüht.

Zur Gewinnung von Ruthenium und Osmium aus dem wäßrigen Extrakt der $KOH–KNO_3$-Schmelze sind verschiedene Verfahren möglich, die alle darauf beruhen, daß Ruthenium und Osmium unter verschiedenen Bedingungen als Oxide verflüchtigt werden können.

Zur Aufarbeitung des Rückstandes der Königswasserbehandlung des Platin-Metallkonzentrates sind außer den beschriebenen auch noch andere Wege üblich: durch Schmelzen mit Na_2O_2 oder mit BaO_2–$BaNO_3$-Gemisch wird Ruthenium und Osmium zu wasserlöslichen, Iridium zu säurelöslichen Verbindungen umgesetzt und auch Rhodium in säurelösliche Form gebracht. Aus dem Wasserauszug lassen sich Ruthenium und Osmium durch Abdestillieren als Oxide gewinnen und durch Wahl entsprechender Bedingungen trennen. Der Rückstand, enthaltend Iridium und Rhodium, wird in Säure gelöst und — wie früher beschrieben — Iridium und Rhodium getrennt gefällt.

Auch eine Behandlung mit Chlorgas bei etwa 700 °C in Gegenwart von NaCl führt zu einem Aufschluß des in Königswasser unlöslichen Rückstandes. Man geht vorteilhafterweise von feinen Metallpulvern aus, die man durch Umschmelzen mit Blei oder Zink und Weglösen der Hilfsmetalle erhält. Beim Laugen des Chlorierungsproduktes mit Wasser gehen die Platinmetalle als wasserlösliche, komplexe Chloride in Lösung und werden wie üblich selektiv gefällt.

Charakteristisch für alle Verfahren zur Trennung der Platinmetalle ist, daß jeweils eine sehr große Anzahl von Trennungsoperationen durchgeführt werden muß und daß wegen des hohen Preises der Platinmetalle alle Abfälle, Stäube und Mutterlaugen ständig rückgeführt und aus allen Abwässern — zumeist durch Zementieren — die Reste der Platinmetalle gesammelt werden.

7. Verarbeitung

Bei der Gewinnung der Platinmetalle fallen als Endprodukte meist feine Pulver an. Die Verarbeitung zu kompakten Metallen und Werkstücken kann auf verschiedene Weise pulver- oder schmelzmetallurgisch erfolgen.

Ein nicht unerheblicher Teil der Produktion wird auch heute noch auf pulvermetallurgischem Wege hergestellt. Platin kann unter Luft bei Temperaturen von 1500—1600 °C gesintert werden; Rhodium wird vorteilhaft bei etwa 1400 °C unter Luft oder Argon gesintert. Zur pulvermetallurgischen Verarbeitung von Osmium ist eine Temperatur von 2000 °C und Wasserstoff-Atmosphäre notwendig.

Es finden heute immer mehr moderne Schmelzverfahren, vor allem Induktions-, Lichtbogen- und Elektronenstrahlschmelzen, Anwendung. Die klassischen, vor allem für die Verarbeitung des Palladiums und Platins geübten Verfahren des direkten Einschmelzens im Tiegel mit einer Leuchtgas-Luft- bzw. Knallgasflamme treten immer mehr in den Hintergrund, da die Qualität der so gewonnenen Blöcke zu wünschen übrig läßt. Wichtig ist beim Gasschmelzen, daß die Flammen neutral eingestellt sind, da ansonsten entweder Kohlenstoff oder Sauerstoff in größerer Menge aufgenommen werden. Beim Schmelzen im offenen Tiegel nehmen die Metalle z. T. große Mengen an Gasen auf, die beim Abkühlen unter Spratzen wieder abgegeben werden. Auch Lunkerbildung ist nicht selten. Durch Restgehalte, vor allem an Sauerstoff, sind die Metalle spröde und müssen zweckmäßig unter Vakuum umgeschmolzen werden.

Gute Qualität der Metalle wird naturgemäß beim Vakuumschmelzen im Induktionsofen — dem für Platin heute fast allgemein üblichen Verfahren — erzielt.

Die höchstschmelzenden Platinmetalle Iridium und das seltene Osmium werden überwiegend pulvermetallurgisch auf ähnliche Weise wie Molybdän und Wolfram verarbeitet. (Es sei hier an die Auer v. Welsbachsche Metallfadenlampe mit gesinterten Osmiumfäden erinnert[1,2].) Als Tiegelmaterial beim Schmelzen verwendet man CaO (Fp. 2500 °C), das den Vorteil hat, während des Schmelzens Schlacken aufzusaugen. Die Tiegel müssen jedoch vor der Verwendung zur Entfernung okkludierter Gase ausgeglüht werden. Von anhaftendem CaO werden schließlich die Metalle durch Kochen mit HCl befreit. Die ebenfalls häufig verwendeten Tiegel aus stabilisiertem ZrO_2 (Fp. ca. 2600 °C) sind beständiger, brauchen nicht vorgeglüht zu werden und sind häufiger verwendbar als Tiegel aus CaO. ZrO_2 nimmt aber im Gegensatz zum CaO keine Schlacken auf. Tiegel aus Graphit, Zirkonsilikat, Aluminiumsilikat sind ungünstiger, da sie Verunreinigungen (Si, Al, C usw.) an die Platinmetalle abgeben. Lediglich ThO_2 (Fp. 3000 °C) wurde noch mit Erfolg als Tiegelmaterial versucht.

Verformen

Die wichtigste Bedingung für eine einwandfreie Weiterverarbeitung ist das Vorliegen möglichst reiner Metalle. Schon geringe Verunreinigungen an bestimmten Legierungselementen und nichtmetallischen Verunreinigungen können die Weiterverarbeitung wesentlich erschweren. Besonders störend sind z. B. Bi, Pb und Te, die Korngrenzenverunreinigungen geben, Si, P und C, die starkes Kornwachstum und Versprödung bewirken, S und B, die niedrig schmelzende Eutektika bilden, und ferner Reste an Gasen und Oxiden.

Die relativ weichen Sondermetalle *Palladium* und *Platin* sind auf alle bekannten Arten gut verformbar. Bei Metallen, die im offenen Tiegel erschmolzen wurden (Pd $H_v = 46-49$ kg/mm²; Pt $H_v = 42-45$ kg/mm²), werden meist zuerst bei Weißglut durch Hämmern und Schmieden eventuell vorhandene Hohlräume und Schlackeneinschlüsse entfernt. Dickere Blöcke werden dann bei etwa 800° C mit hoher Stichabnahme unter Luft heißgewalzt. Durch anschließendes Kaltwalzen, Rundhämmern, Ziehen usw. sind, eventuell mit Zwischenglühungen, ohne Schwierigkeiten auch sehr dünne Bleche, Folien und Feindrähte herstellbar.

Bekannt ist das sogenannte Wollaston-Verfahren, mit dem man feinste Platindrähte (bis 0,5 μ) erhalten kann. Ein Platindraht wird mit Silber oder Kupfer umgossen und der Silber- bzw. Kupferverbunddraht so lange gezogen, bis dessen Durchmesser nur mehr 0,2 mm beträgt. Nach Weglösen des Silbers oder Kupfers mit Salpetersäure verbleibt der auf besonders geringen Durchmesser gebrachte Platinkerndraht.

Rhodium ($H_v = 140-150$ kg/mm²) macht beim Kaltverformen durch starke Härtezunahme und Versprödung Schwierigkeiten. Die Kaltverformung gelingt

---

[1] AUER V. WELSBACH, K.; vgl. Ullmanns Encyklopädie der techn. Chemie. Urban & Schwarzenberg, Berlin–Wien, 2. Aufl., Bd. 5, 1951, S. 787.

[2] MENNICKE, H.: Die Metallurgie des Wolframs. M. Krayn, Berlin 1911, S. 322.

nur unter ständigem Zwischenglühen bei 1500 °C. Man zieht daher eine Warmverformung bei höheren Temperaturen einer Kaltverformung vor. Vorteilhaft wird die Verformung sogar bei Temperaturen um 1500 °C, d. i. etwas über der Rekristallisationstemperatur des Rhodiums durchgeführt. Im Temperaturbereich von 800—1000 °C tritt Warmversprödung auf. Bei diesen Temperaturen ist Rhodium nicht verformbar.

Iridium ($H_v = 180-190$ kg/mm²) läßt sich kalt nicht verformen. Auch Warmverformung, die bei Temperaturen über 1500 °C durchgeführt werden muß, gelingt befriedigend nur mit hochreinem Metall, das man durch Schmelzen im Vakuum erhält.

Ruthenium ($H_v = 230-310$ kg/mm²) erfordert zur Entfernung störender Oxidreste eine Vorglühung unter Wasserstoffatmosphäre. Es läßt sich dann bei etwa 1800 °C heißwalzen und zwischen 1400 und 1800 °C schmieden, wenn man für eine Schutzgasatmosphäre (H_2, Ar, He) Sorge trägt.

Am schwierigsten verarbeitbar ist *Osmium* ($H_v = 360-380$ kg/mm²), einerseits durch seinen hohen Schmelzpunkt, andererseits durch die große Sauerstoffempfindlichkeit. Osmium-Formkörper werden meist durch Sintern von Pulverpreßlingen unter Wasserstoffatmosphäre hergestellt. Die Verformung von Osmium ist bisher nur im Iridiumhemd und bei hoher Temperatur gelungen[1].

Die Schwierigkeiten bei der Verarbeitung einzelner Platinmetalle sind die hauptsächlichsten Gründe dafür, daß heute erst Palladium und Platin, eventuell noch Rhodium ihre festen Anwendungsgebiete gefunden haben, Ruthenium, Osmium und Iridium aber in unserem Sinne noch streng zu den Sondermetallen zu zählen sind.

Wie erwähnt, nehmen die Schwierigkeiten bei der Verformung mit zunehmendem Reinheitsgrad der Metalle entsprechend der fallenden Härte ab. Besonders hochreine Metalle (elektronenstrahl- bzw. zonengeschmolzen) sind wesentlich besser zu verarbeiten als normale Qualitäten[2–7]. Erwähnenswert ist auch, daß lichtbogengeschmolzene Metalle häufig schwerer verformbar sind als Proben, die aus Pulvern gesintert wurden. Dies wird — wie auch bei Molybdän und Wolfram — mit dem gröberen Korn der Kristalle im erschmolzenen Metall in Zusammenhang gebracht.

Durch Zulegieren anderer Platinmetalle bzw. anderer Übergangsmetalle kann die Verformbarkeit in einigen Fällen in günstiger Weise beeinflußt werden. Die Forschungen über diese Probleme sind noch im vollen Fluß und es ist eine breitere Verwendung der mit fast einzigartigen Eigenschaften ausgestatteten Platinmetalle, besonders der sprödharten Vertreter zu erhoffen.

---

[1] Jaffee, R. I., Maykuth, D. J., Douglass, R. W.: AIME Metallurgical Soc. Conferences *11* (1961) 383.

[2] Holden, F. C., Douglass, R. W., Jaffee, R. I.: Tensile Properties of the Platinum Group Metals, Symposium on Newer Metals, ASTM Spec. Techn. Publ. No. 272 (1959), S. 68.

[3] Rhys, D. W.: J. Less-Common Metals *1* (1959) 269.

[4] High-Temperature Properties and Alloying Behavior of the Refractory Platinum Group Metals. Office of Naval Research, Contract No. 2547, NRO 39-067.

[5] Calverley, A., Rhys, D. W.: Nature *183* (1959) 599.

[6] Raub, E., Röschel, E.: Metall *21* (1967) 1.

[7] Reinacher, G.: Metall *14* (1960) 664.

8. Legierungen der Platinmetalle

a) Untereinander

Von den 6 Platinmetallen besitzen 4 (Rh, Pd, Ir, Pt) kubisch flächenzentriertes Gitter mit sehr ähnlicher Gitterkonstante. Ruthenium und Osmium sind hexagonal dichtest gepackt. Die vier erstgenannten sind untereinander voll mischbar, ebenso Ruthenium mit Osmium.

Die kubisch flächenzentrierten und hexagonalen Metalle bilden untereinander Mischungslücken, deren Breite stark temperaturabhängig ist. Nach neueren

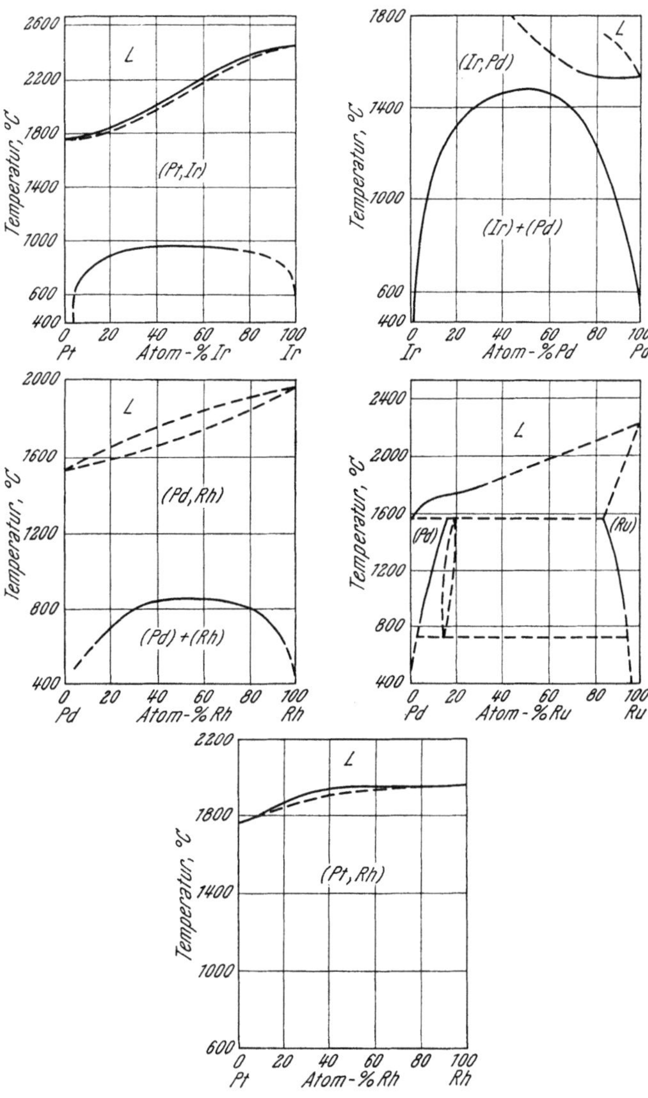

Abb. 218. Zustandsdiagramme der Platinmetalle untereinander

Untersuchungen sind auch Rh, Pd, Ir und Pt untereinander nur bei höheren Temperaturen voll mischbar; bei niedrigeren Temperaturen wurden z. T. Entmischungen festgestellt. Intermetallische Verbindungen treten in den Systemen der Platinmetalle nicht auf; lediglich im System Pd–Ru ist eine intermediäre Phase gefunden worden, die einen größeren Homogenitätsbereich (15—20 At.-% Ru) zu haben scheint.

b) Mit anderen Metallen

Mit den Übergangsmetallen besteht meist große gegenseitige Löslichkeit im festen Zustand. Es ist auch eine ganze Reihe von intermetallischen Verbindungen bekannt.

Metalle der Hauptgruppen bilden mit den Platinmetallen zahlreiche Verbindungen, die Löslichkeit im festen Zustand ist meist sehr gering. In den Systemen mit den Nichtmetallen treten im allgemeinen niedrigschmelzende Eutektika auf.

Obwohl heute fast nur die reinen Platinmetalle bzw. Legierungen untereinander verwendet werden, erscheinen Legierungen mit anderen Metallen, vor allem mit den Edelmetallen der Kupfer-Gruppe, den Eisenmetallen, den Metallen der Gruppen IVa, Va und VIa und dem Rhenium interessant.

Die Abb. 218 zeigt die Zustandsdiagramme der wichtigsten dieser Systeme, soweit sie bisher bekannt sind. Systeme mit Co vgl. Abb. 214.

9. Verwendung

Trotz des hohen Preises haben heute die Platinmetalle in allen Gebieten der Technik schon ausgedehnte Anwendungsgebiete gefunden. Vor allem Palladium und Platin, daneben noch das Rhodium, sind als Werkstoffe nicht mehr wegzudenken. Einer ebenso großen Verbreitung der anderen Platinmetalle stehen, wie erwähnt, in erster Linie die großen Schwierigkeiten bei der Verarbeitung entgegen.

Dem Charakter des vorliegenden Buches entsprechend soll auf die bekannten Verwendungszwecke der fast schon zu den Gebrauchsmetallen zu zählenden Sondermetalle Palladium und Platin nur allgemein und nicht im Detail eingegangen werden. Über die Verwendung der weniger verbreiteten Platinmetalle Rh, Ir, Ru und Os ist wegen ihrer relativen Seltenheit nur wenig zu sagen.

a) Platin

Platin[1,2] wird entsprechend den verschiedenen Anforderungen bei der Verwendung in verschiedenen Reinheitsstufen gehandelt.

Reinstes Platin, das heute schon 5-Neuner rein hergestellt werden kann, wird für die Platin-Widerstandsthermometer verwendet, die die internationale Temperaturskala zwischen —182,97 °C (Kp. von O_2 unter 1 at) und +630,5 °C (Fp. von

[1] INCO-Comp.: The Platinum-Group Metals in Industry. The International Nickel Company, New York 1964.

[2] Jaffee, R. I., Maykuth, D. J., Douglass, R. W.: AIME Metallurgical Soc. Conferences *11* (1961) 383.

Sb) festlegen. Hohe Reinheit wird auch bei der Verwendung zu Thermoelementdrähten — Platin bzw. Platin–Rhodium-Legierungen mit 10 oder 13% Rhodium — gefordert.

Tabelle 98. *Die hauptsächlichsten Verwendungsgebiete für Platinmetalle (USA 1959)**

	Pd	Pt	Ir	andere Pt-Metalle
	% des Gesamtverbrauches			
Chem. Industrie	8,8	57,0	8,8	61,9
Elektrische Industrie	76,6	23,3	26,6	16,9
Dentalwerkstoffe	6,4	4,2	4,3	2,9
Schmuckindustrie	7,0	13,8	58,0	13,5
Verschiedene	1,2	1,7	2,3	4,8
Gesamtverbrauch in kg	15179	11345	233	115

* QUIRING, H.: Platinmetalle. F. Enke, Stuttgart 1962.

Wie aus der Tab. 98 zu ersehen ist, werden die größten Mengen an Platin in der chemischen Industrie, für hochkorrosionsfeste Werkstoffe und als Katalysatoren verbraucht. In der elektrochemischen Industrie stehen ebenfalls große Mengen an Platin als Elektrodenmaterial im Einsatz. Zur Einsparung an Edelmetall werden heute oft auch Tantal- oder Titan-Bleche mit Platin plattiert oder mit galvanisch aufgebrachten Platin-Schichten verwendet. Das Unterlagsmetall Tantal oder Titan bewirkt die Korrosionsbeständigkeit der Elektroden, auch wenn der Platin-Überzug schadhaft geworden ist.

Großverbraucher an Platin ist auch die Schmuckindustrie; dagegen wird Platin in der Elektroindustrie — hauptsächlich als Kontaktmaterial und als Heizleiter — in zunehmendem Maße von billigeren oder noch besser beständigen Materialien verdrängt. So werden für weniger beanspruchte Kontakte zunehmend Legierungen mit geringerem Gehalt an Platin verwendet, Platin auch in den Legierungen häufig durch das billigere Palladium ersetzt und auch platinmetallfreie Werkstoffe verwendet. Bei hohen Beanspruchungen dagegen kommen zunehmend die anderen Platinmetalle, wegen ihrer besseren Korrosionseigenschaften, der höheren Härte und des höheren Schmelzpunktes, vor allem als Legierungspartner des Platins zum Einsatz (vgl. Tab. 99).

b) Palladium

Wegen seines geringen Preises und seiner niedrigeren Dichte wird Palladium trotz der mäßigen Korrosionsbeständigkeit oft als Ersatz für Platin verwendet, vor allem, wenn nicht höchste Anforderungen an die Werkstoffe gestellt werden[1,2,3]. Für elektrische Kontakte niedrigerer Schaltleistung wird häufig Palla-

[1] INCO-Comp.: The Platinum-Group Metals in Industry. The International Nickel Company, New York 1964.

[2] JAFFEE, R. I., MAYKUTH, D. J., DOUGLASS, R. W.: AIME Metallurgical Soc. Conferences *11* (1961) S. 383.

[3] INCO-Comp.: Palladium. The International Nickel Company, New York 1965.

Tabelle 99. *Die wichtigsten Platinlegierungen*

Zusammensetzung	Verwendung	Besondere Eigenschaften
Pt/Au (5—10% Au)	Laborgeräte	formbeständig, nicht benetzbar von Silikatschmelzen
Pt/Rh (5—10% Rh)	Katalysatornetze für NH_3-Verbrennung	bessere Ausbeute
	Glaswannen, Spinndüsen für Glasfasern, Chemiefasern	höhere Warmfestigkeit
Pt/Rh (10—13% Rh)	Thermoelemente	—
Pt/Rh (20% Rh)	Heizleiter, Glasindustrie, Laborgeräte	hochwarmfest
Pt/Ir (5—10% Ir)	Laborgeräte, Elektroden	Festigkeit hohe O_2-Überspannung
Pt/Ir (bis 30% Ir)	Füllfederspitzen, Nadeln usw.	besonders hart
Pt/Ru (5—10% Ru)	Kontakte, Zündkerzenelektroden	hohe Schaltleistung Pb-beständig
Pt/Pd/Ru (10% Pd + 6% Ru) Pt/Pd/W (10% Pd + 4% W)	Zündkerzenelektroden	Pb-beständig
Pt/W (5% W)	elektrische Kontakte	hohe Beanspruchbarkeit
Pt/Ni (2% Ni)	Glasspinndüsen	
Pt/Co (20—25% Co) Pt/Fe (20—25% Fe)	Dauermagnete	hohe Koerzitivkraft
Pt/Ru oder Au oder Cu (3—5%)	Schmuckindustrie	Härte

dium oder auch Palladium legiert mit 40% Cu oder 40—70% Ag eingesetzt. Die Legierung mit 40% Ag ist auch als Widerstandsmaterial wegen des besonders niedrigen Temperaturkoeffizienten der Leitfähigkeit interessant. Auch Pd–Re- und Pd–Au–Ni- bzw. Pd–Ag–Ni-Legierungen sind für Kontaktierungszwecke im Einsatz. Pd–Ag-Legierungen werden als Temperatur-Schmelzsicherungen in elektrischen Öfen verwendet.

In der chemischen Industrie hat Palladium vor allem als der wirkungsvollste Hydrierkatalysator Bedeutung. Mit Palladium können verschiedene Reaktionen schon bei Zimmertemperatur durchgeführt werden, die bei Verwendung von Platin oder Nickel höhere Temperaturen erfordern würden. Als Konstruktionswerkstoff ist Palladium dagegen nicht — auch nicht in Form von Palladium-Legierungen — gebräuchlich. Seine Korrosionsbeständigkeit übertrifft die von Silber.

Größere Mengen Palladium werden in der Dentalindustrie verbraucht. Wegen seiner guten Beständigkeit dient es in Form von goldhaltigen Legierungen als Ersatz von Zahngold. In den üblichen Au–Ag-Legierungen vermag bei Erhaltung der vollen Korrosionsbeständigkeit 1 Teil Pd 2 Teile Au zu ersetzen. Bei nicht zu hohem Palladiumgehalt (< 25% Pd) bleibt die Goldfarbe erhalten. Eine Legierung z. B. von 25—30% Pd, 50—60% Au, 8—10% Cu, 1—2% Zn ist bei sehr guter

Korrosionsbeständigkeit blaß goldfarben und zu hohen Festigkeitswerten aushärtbar.

In der Schmuckindustrie wird Palladium wegen seiner platinähnlichen Farbe oft als Ersatz für Platin verwendet. Legiert mit 4,5% Ru erreicht das an sich weiche Palladium genügende Härte. Legierungen mit viel Gold bzw. Silber und Gold (bis 20% Pd) sind als Weißgold in Verwendung. Sie sind weich, aber gut bearbeitbar und daher für handgearbeiteten Schmuck besonders geeignet.

Für Korrosionsschutzüberzüge oder für dekorative Zwecke wird Palladium auch galvanisch aufgetragen. Es läßt sich aus Natrium- oder Ammoniumnitritbädern glänzend und mit größerer Schichtstärke abscheiden. Schon sehr dünne Überzüge von 0,001 mm geben genügenden Schutz und genügende Färbung.

Nach neueren Vorschlägen werden gewisse Mengen Palladium auch speziellen 18/8-Stählen[1] und insbesondere Titanmetall[2,3] zulegiert. Schon 0,1—1% Palladium erhöhen, ebenso wie auch Platin, das aber des höheren Preises wegen weniger für diesen Zweck verwendet wird, stark die Korrosionsbeständigkeit. Schließlich sei noch erwähnt, daß sich Palladium, Pd–Ag–Mn- und Pd–Ag-Legierungen als Hartlote für Molybdän, für 18/8-Stähle, Ni–Cr- und Ni–Co–Cr-Legierungen bewähren.

c) Rhodium

Rhodium tritt gegenüber Platin und Palladium in der Verwendung stark in den Hintergrund. Wegen der schwierigen Verarbeitbarkeit wird es trotz besserer Korrosionsbeständigkeit, höherem Schmelzpunkt und besseren Festigkeitseigenschaften nur in kleinen Mengen für Spezialzwecke, bei denen seine besonderen Eigenschaften zum Tragen kommen, gebraucht. Besonders hoch beanspruchte Kontakte werden aus Rhodium gefertigt, ebenso Laborgeräte für höchste Beanspruchungen und hochtemperaturfeste Heizleiter. Hauptsächlich jedoch dient es als Legierungszusatz zu Platin, um dessen Eigenschaften zu verbessern (vgl. Platin).

Als Plattierung — vor allem galvanisch aus sauren Rhodium–Sulfat–Phosphat-Bädern abgeschieden — findet Rhodium verbreitete Anwendung. Die Überzüge erreichen fast die Härte von Hartchromabscheidungen, sind hochglänzend und vollkommen anlaufbeständig. Diese Eigenschaften machen Rhodiumüberzüge für den Schutz hochbeanspruchter Apparateteile besonders geeignet. Schon sehr geringe Schichtdicken (0,0004—0,001 mm) reichen für normale Beanspruchungen aus. Rhodiumüberzüge, galvanisch aufgebracht oder aufgedampft, haben überdies extrem hohes Reflexionsvermögen, so daß vor allem astronomische Spiegel und Scheinwerfer-Reflektoren häufig rhodiniert werden.

d) Iridium, Osmium, Ruthenium

Diese Platinmetalle werden heute in *unlegierter* Form noch nicht verwendet. Der Hauptgrund dafür liegt in den schon erwähnten großen Schwierigkeiten bei

[1] Tomashov, N. D.: Akad. Nauk S. S. S. R. *17* (1956). Siehe auch Platinum Metals Rev. *2* (1958) 117.

[2] Anonym.: Modern Metals *15* (1959) 82, Platinum Metals Rev. *3* (1959) 88, Chem. Eng. News *37* (1959) 26.

[3] Stern, M., Wissenberg, H.: J. Electrochem. Soc. *106* (1959) 759.

der Verarbeitung. Ihre Verwendung beschränkt sich hauptsächlich auf Legierungszusätze zu anderen Platinmetallen, die schon durch geringe Gehalte sehr stark gehärtet werden. Legierungen mit hohem Gehalt an Iridium, Osmium oder Ruthenium sind extrem hart und abriebfest und werden für spezielle Zwecke, z. B. Füllfederspitzen, Plattenspielernadeln usw. eingesetzt. Meist verwendet man dafür aber die natürlich vorkommenden Legierungen Osmiridium bzw. Iridosmium und umgeht so die schwierige Legierungsarbeit.

Forschungen, die in letzter Zeit intensiv von verschiedenen Stellen durchgeführt wurden, scheinen darauf hinzudeuten, daß man bald auch die Verarbeitung von Iridium, Osmium und Ruthenium beherrschen wird. Es ist dann damit zu rechnen, daß diese Metalle weitere Anwendung finden werden. Interessante Aspekte geben die besonders hohe Korrosionsbeständigkeit des Iridiums, der extrem hohe Schmelzpunkt des Osmiums und sein rheniumähnliches Legierungsverhalten.

Buchschrifttum

Centre d'Information du Cobalt, Kobalt Monographie. Eigenverlag Brüssel 1960.

Dennis, W. H.: Metallurgy of the Non-Ferrous Metals. Sir Isaac Pitman & Sons Ltd., London 1954.

Winterhager, H., Kammel, R.: Die Nichteisen-Schwermetalle in: Winnacker, K., Küchler, L. (Hrsg.): Chemische Technologie, Bd. 5, C. Hanser Verlag, München, 2. Aufl. 1961, S. 267.

Beamish, F. E., McBryde, W. A. E., Barefoot, R. R.: The Platinum Metals in: Hampel, C. A. (Hrsg.): Rare Metals Handbook. Reinhold Publ. Corp., London 1961, 2. Aufl. S. 304.

Whittemore, C. R.: Cobalt ibid. S. 114

Schreiter, W.: Seltene Metalle, Bd. II. VEB Deutscher Verlag für Grundstoffindustrie, Leipzig 1961.

Whittemore, C. R.: Cobalt in: Hampel, C. A. (Hrsg.): The Encyclopedia of the Chemical Elements. Reinhold Book Corp., New York–Amsterdam–London 1968, S. 154.

McBryde, W. A. E.: Ruthenium ibid. S. 610, Rhodium S. 598, Palladium S. 513, Osmium S. 494, Iridium S. 299.

Gmelins Handbuch der Anorganischen Chemie. Syst. Nr. 58, Cobalt. Verlag Chemie, Weinheim/Bergstr., 8. Aufl. 1961/63.

Perrault, R.: Le Cobalt. Dunod, Paris 1946.

Young, R. S.: Cobalt, its Chemistry, Metallurgy and Uses. Amer. Chem. Soc. Monograph 149. Reinhold Publ. Corp., New York 1960.

Iridium — the Metal, its Alloys, Chemical Compounds and Catalytic Properties. International Nickel Co. Inc., New York 1965.

Ruthenium — the Metal, its Alloys, Chemical Compounds and Catalytic Properties. International Nickel Co. Inc., New York 1963.

Gmelins Handbuch der Anorgan. Chemie. Syst. Nr. 68 Platin. Verlag Chemie, Weinheim/Bergstr., 8. Aufl. 1957.

Rhodium-the Metal, its Alloys, Chemical Compounds and Catalytic Properties. International Nickel Co. Inc. New York 1966.

Elemente der B-Gruppe des Periodensystems

Die Elemente der B-Gruppe des Periodensystems unterscheiden sich von denen der A-Gruppe in verschiedener Hinsicht. Während die A-Gruppen-Elemente durchwegs Metalle sind, wenn man vom gasförmigen Wasserstoff absieht, der in fester Form aber ebenfalls metallische Eigenschaften hat, haben die Elemente der B-Gruppe nur mehr zum Teil metallischen Charakter. Einige können als Halbmetalle bezeichnet werden, die übrigen, u. a. die Chalkogene, Halogene und Edelgase, sind ausgesprochen nichtmetallisch.

Die Metalle der B-Gruppe haben im allgemeinen niedrigen Schmelzpunkt, sind relativ edel und wenig reaktiv. Sie bilden zum Unterschied von den Übergangsmetallen keine stabilen Verbindungen mit den kleinatomigen Nichtmetallen Kohlenstoff und Stickstoff, auch Verbindungen mit den Halbmetallen Silizium und Bor sind zumindest wenig stabil. Sie besitzen auch kein nennenswertes Lösevermögen für Sauerstoff, Stickstoff oder Wasserstoff. Da sie auch überwiegend gut bildsam sind, macht das Verarbeiten dieser Metalle keine Schwierigkeiten. Abgesehen von den seltener vorkommenden, sind die Metalle der B-Gruppe schon lange wichtige Gebrauchsmetalle, wie übrigens alle wichtigen Gebrauchsmetalle (Kupfer, Silber, Gold, Zink, Zinn, Blei und das relativ junge Gebrauchsmetall Aluminium) mit der Ausnahme des Eisens und des Nickels B-Gruppen-Metalle sind.

Als Sondermetalle im Sinne des vorliegenden Buches sind von den B-Gruppen-Metallen nur mehr die relativ seltenen Metalle Gallium, Indium, Thallium zu bezeichnen und zu besprechen. Von gewissem Interesse im Zusammenhang mit den Sondermetallen sind noch die Halbmetalle Germanium und Silizium sowie wegen der Bildung der metallischen Verbindungen mit den Übergangsmetallen das Bor. Auf diese Elemente wird ebenfalls kurz eingegangen.

I. Sondermetalle der Gruppe IIIb

Gallium, Indium, Thallium

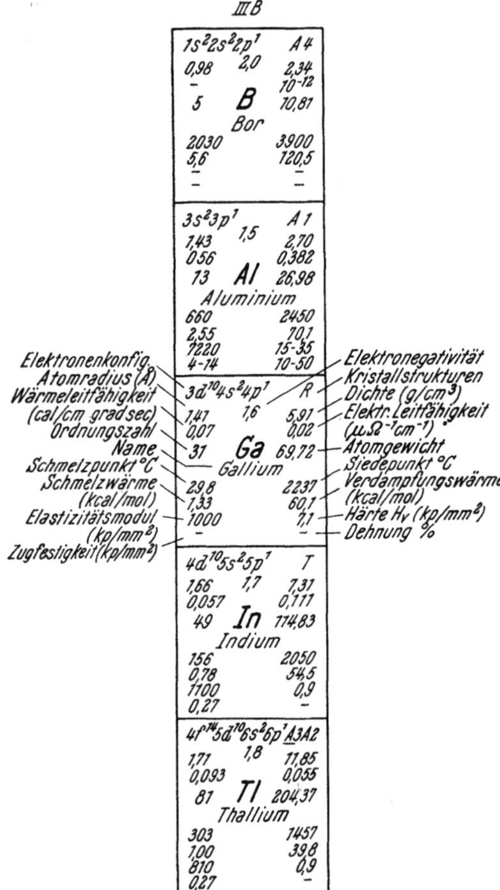

Abb. 219. Einige wichtige physikalische Eigenschaften der Elemente der Gruppe IIIB des Periodensystems

Die Metalle dieser Gruppe, Gallium, Indium, Thallium, die im Periodensystem unter Aluminium stehen, sind diesem in ihren Eigenschaften ähnlich.

Sie sind charakterisiert durch sehr niedrige Schmelzpunkte und relativ hohe Siedepunkte. Gallium ist spröde; Indium und Thallium sind sehr weich und außerordentlich leicht verformbar. Wie das Aluminium bilden sie im festen Zustand gute haftende dichte Oxidschichten, so daß sie an Luft gut beständig sind. Sie bilden 3-, 2- und 1wertige Verbindungen, wobei die Stabilität der niedrigwertigen Verbindungen vom Gallium zum Thallium stark zunimmt. Bei Thallium ist die Einwertigkeit soweit bevorzugt, daß sich Thallium in verschiedenen Verbindungen wie ein Alkalimetall verhält, z. B. bildet es die wasserlöslichen und stark alkalischen Verbindungen Tl_2CO_3 und TlOH. Thalliumhalogenide ähneln den Halogeniden des Silbers, sie sind in Wasser geringfügig besser löslich.

Die dreiwertigen Verbindungen der IIIb-Metalle Gallium, Indium, Thallium verhalten sich sehr ähnlich wie die Verbindungen des Aluminiums. Die Hydroxide sind amphoter, aber stärker basisch als $Al(OH)_3$.

Von den drei Metallen kommen in der Erdkruste Indium und Thallium nur in relativ geringen Mengen vor; lediglich Gallium ist weniger selten. Im Gegensatz zu vielen anderen, ebenso seltenen Metallen sind keine Gallium-, Indium- oder Thallium-Erze mit größerem, abbauwürdigem Metallgehalt bekannt. Indium und Thallium kommen meist mit Zink, Gallium mit Aluminium vergesellschaftet in sehr geringen Konzentrationen vor. Die Gewinnung aus Zink-Erzen bzw. aus Bauxit ist schwierig und lohnt sich nur als Nebenprodukt. Die Produktion an diesen Metallen ist noch relativ gering, da bisher nur wenige Anwendungsmöglichkeiten für diese Metalle gefunden wurden. Dementsprechend ist der heute zu bezahlende Preis noch relativ hoch; Gallium, Thallium, vor allem aber Indium dürften in naher Zukunft jedoch gewisse Bedeutung in der Halbleitertechnik und für supraleitende Verbindungen[1] erlangen.

1. Entdecker und Namensgebung

Tabelle 100. *Entdecker und Namensgebung*

Gallium	Indium	Thallium
Von MENDELEJEFF auf Grund seines von ihm aufgestellten Periodensystems vorausgesagt. 1875 von LECOQ DE BOISBAUDRAN in Zinkblende entdeckt und in metallischer Form gewonnen. Name Gallium nach Frankreich	1863 von F. REICH aus Zinkblende isoliert und in metallischer Form dargestellt. Name nach der indigoblauen Spektrallinie	Unabhängig voneinander 1861 von W. CROOKES in Rückständen der Selen-Gewinnung und von LAMY in Bleikammerschlamm entdeckt. Von LAMY in metallischer Form dargestellt. Name durch Crookes nach der grünen Spektrallinie, thallos (= frischer, grüner Zweig)

2. Vorkommen und Häufigkeit

Die Metalle Gallium, Indium und Thallium sind, wie erwähnt, relativ selten. Das häufigste dieser drei Metalle ist Gallium, das in einer durchschnittlichen Konzentration von 15 g/t und damit in einer ähnlichen Konzentration wie Molybdän in der Erdkruste vorkommt. Indium ist mit nur 0,1 g/t das seltenste Metall dieser Gruppe. Es entspricht in seiner Häufigkeit etwa dem Silber. Nur wenig häufiger und etwa gleich häufig wie Quecksilber ist Thallium mit einem durchschnittlichen Gehalt von 0,6 g/t in der Erdkruste.

Trotz des relativ hohen Gehaltes an *Gallium* im Gestein sind Erze mit höheren Galliumgehalten äußerst selten. Lediglich Germanit (eine kupfer- und germaniumhaltige arsenidische Zinkblende), der in Südafrika gefunden wird, enthält 0,1–0,8% Gallium und Renierit mit ähnlicher Zusammensetzung aus Belgisch-Kongo bis etwa 1% Gallium. Für die Gewinnung von Gallium spielen diese Erze jedoch keine Rolle. Gallium wird heute hauptsächlich als Nebenprodukt bei der

[1] Anonym: The Metal Indium and Its Use. Publ. by the Consolidated Mining and Smelting Company of Canada Ltd. 1957.

Aluminium-Fabrikation und aus Kohleflugaschen gewonnen. Bauxit enthält 0,0025–0,01% Gallium; in Kohleflugaschen findet man zwischen 0,05 und 0,25% Gallium. Auch Zinkblenden weisen in einzelnen Fällen Gallium-Gehalte bis 90 g/t auf und sind z. T. Ausgangsprodukte für eine Gallium-Gewinnung, ebenso wie zinkhaltige Kupfer-Erze in Mitteldeutschland.

Indium bildet keine eigenen Mineralien. Es kommt nur in sehr geringen Mengen in vielen Erzen, vor allem vergesellschaftet mit Blei und Zink und auch — in geringeren Gehalten — in Kupfer-Erzen vor, aus denen es als Nebenprodukt bei der Gewinnung von Blei und Zink erhalten wird. Im Durchschnitt enthalten die auf Indium aufgearbeiteten Erze 0,005% In. Reichere Zinkblenden mit bis zu 0,1% Indium sind selten.

Wie die beiden anderen Metalle dieser Gruppe bildet auch *Thallium* keine eigenen, abbauwürdigen Erze, sondern ist lediglich in geringen Mengen in sulfidischen Erzen und in Kali-Abraumsalzen angereichert. Gewonnen wird es ausschließlich als Nebenprodukt bei der Verarbeitung von Blei–Zink-Erzen bzw. — bei der Duisburger Kupferhütte — von Pyritabbränden.

3. Produktion und Preis

Über den Preis und die Produktion von Gallium, Indium und Thallium ist wenig bekannt geworden.

1955 wurden in der Welt etwa 250 kg *Gallium*, 1959 in den USA allein etwa 100 kg Gallium erzeugt. 1959 wurden für Gallium höchster Reinheit in den USA etwa 3 $/g bezahlt.

Nach Schätzungen wäre bei Ausnützung aller Möglichkeiten eine jährliche Produktion von mindestens 20 t ohne weiteres einzuhalten, doch besteht heute trotz der geringen Erzeugungsziffer ein deutliches Überangebot.

Indium war noch vor dem 2. Weltkrieg im Handel kaum zu haben und mußte dementsprechend hoch bezahlt werden. Erst nach dem Krieg wurde die Produktion von Indium, das besonders in der Halbleitertechnik Verwendung findet, stark auf gegenwärtig etwa 30—40 jato ausgeweitet. Damit zusammenhängend ist auch der Preis sehr stark von 720.— $/kg (1953) auf etwa 50.— bis 60.— $/kg zurückgegangen.

Thallium wird wegen des heute noch sehr geringen Verbrauches nur von wenigen Firmen gewonnen. Die Metall-Welterzeugung wird gegenwärtig auf etwa 20—25 jato geschätzt und es ist schwierig, diese Mengen auf dem Markt unterzubringen. Infolge der Überproduktion ist der Preis des Thallium-Metalls in den letzten Jahren von etwa 33 $/kg (1953) auf etwa 16,5 $/kg (1960) gefallen.

4. Physikalische Eigenschaften

Gallium, Indium und Thallium zählen zu den niedrigschmelzenden Metallen. Gallium (Fp. 29,8 °C) ist nach Quecksilber (Fp. —39 °C), Francium (Fp. etwa 25 °C) und Cäsium (Fp. 28,7 °C) das Metall mit dem viertniedrigsten Schmelzpunkt. Aber auch der Schmelzpunkt von Indium ist mit 156,2 °C und der von Thallium mit 303 °C sehr niedrig.

Die drei Metalle haben relativ hohes spezifisches Gewicht (vgl. Tab. 101, in der zum Vergleich auch die Eigenschaften des Aluminiums aufgenommen sind) und sind, mit Ausnahme des Galliums, weich und gut verformbar. Die sehr niedrige Bruchdehnung der Metalle ist darauf zurückzuführen, daß bei der Verformung keine Verfestigung eintritt. Bei Indium ist es schwierig, die für Halbleiterzwecke

Tabelle 101. *Physikalische Eigenschaften von Gallium, Indium und Thallium*

	Ga	In	Tl
OZ	31	49	81
AG	69,72	114,82	204,37
ES	(Ar) $3d^{10}4s^{2}4p$	(Kr) $4d^{10}5s^{2}5p$	(Xe) $4f^{14}5d^{10}6s^{2}6p$
GT	orthorhomb. fz.	tetragonal fz.	α: hex. d. P.
	$a = 4{,}526$	$a = 4{,}598$	$a = 3{,}456$
	$b = 4{,}520$	$c = 4{,}946$	$c = 5{,}524$
	$c = 7{,}660$		*UT*: 226 °C
			β: krz.
			$a = 3{,}882$
AR	1,41	1,66	1,71
ϱ_{20}	5,91	7,31	11,85
Fp.	29,8	156,2	303
Kp.	2237	2050	1457
ΔH_s	1,33	0,78	1,00
$\Delta H_{\text{subl.}}$	62,0	54,5	39,8
Δc_{p20}	6,23	6,39	6,31
α_m	18	33	29
k_R	1,5	2,7	2,8
λ_w	0,07	0,057	0,093
λ_e	0,02	0,111	0,055
EN	1,6	1,7	1,8
I	6,0	5,8	6,1
E	1000	1100	810
μ	0,467	0,45	0,45
σ_B	—	0,27	1—2
H_V	7,1	0,9	3
Häuf.	15 ppm	0,1 ppm	0,6 ppm

Zeichenerklärung S. 152.

notwendigen dünnen Drähte und Bleche durch Walzen oder Ziehen herzustellen. Bleche und Drähte mit Stärken unter 1 mm müssen durch Pressen erzeugt werden. Die für Transistoren gebräuchlichen dünnen Scheibchen werden aus dünn gewalzten Blechen gestanzt. Kügelchen werden durch Schmelzen von Drahtstückchen bzw. Scheibchen beim Durchfallen durch heißes Öl oder heißes Gas gewonnen, wobei sich sehr enge Toleranzen einhalten lassen.

Gallium zählt zu den seltenen Stoffen (neben Wasser, Wismut u. a.), die beim Erstarren eine Volumenausdehnung (um etwa 3,24%) erfahren. Diese Volumenausdehnung zusammen mit dem niedrigen Schmelzpunkt, der beim Lagern leicht überschritten werden kann, erlaubt es nicht, Galliummetall in zerbrechlichen Glasbehältern zu verpacken. Es müssen Kunststoffbehälter verwendet werden.

Gallium, vor allem aber Indium haben im flüssigen Zustand ein überaus hohes Benetzungsvermögen für die meisten Feststoffe. Sowohl Metalle als auch Glas und Keramik werden gut benetzt. Indium ist daher ein wichtiger Bestandteil von Glasloten.

Thallium bildet zwei Modifikationen mit einer Umwandlungstemperatur von 226 °C. Die bei niedriger Temperatur stabile Modifikation des α-Thalliums ist hexagonal dichtest gepackt, die β-Hochtemperaturmodifikation kubisch raumzentriert.

5. Chemische Eigenschaften

Gallium, Indium und Thallium kommen in ihren chemischen Verbindungen drei-, zwei- und einwertig vor, wobei die Stabilität der einwertigen Verbindungen vom Gallium zum Thallium deutlich zunimmt. In umgekehrter Reihenfolge, vom Thallium zum Gallium und Indium, nimmt der saure Charakter der Oxide zu.

Durch die Ausbildung von dichten Oxidschichten sind Gallium und Indium gegen Luft, Sauerstoff und Wasser relativ beständig. Sie beginnen an Luft erst bei Rotglut zu oxydieren. Thallium dagegen läuft an Luft schon bei Normaltemperatur langsam an und wird von Wasser unter Bildung von TlOH angegriffen. Im Handel befindliches Thalliummetall ist daher mit Paraffin überzogen.

Gallium und Indium werden von verdünnten Mineralsäuren nur langsam angegriffen. Thallium wird von Schwefelsäure und Salpetersäure rasch gelöst, nur Salzsäure greift Thallium wegen der Bildung des unlöslichen Thallochlorids nur langsam an. Indium ist auch gegenüber alkalischen Lösungen bemerkenswert beständig, Thallium und Gallium werden aber stärker angegriffen.

Gallium, Indium und Thallium reagieren mit Halogenen heftig zu ein-, zwei- und dreiwertigen Halogeniden, die hydrolysebeständig sind. Indium(I)halogenide disproportionieren beim Eintragen in wäßrige Lösungen zu Indium(III)-Verbindungen und zum Metall, was für ein Raffinationsverfahren ausgenützt wird. Mit Schwefel werden unter intensiver Reaktion Sulfide gebildet. Karbide, Silizide und Nitride bzw. größere Löslichkeiten von Kohlenstoff, Silizium oder Stickstoff in den Metallen sind nicht bekannt. Von Gallium ist ein flüchtiges Hydrid beschrieben.

Die geschmolzenen Metalle greifen fast alle anderen Metalle an. Gegen Galliumschmelzen sind z. B. nur Wolfram bis etwa 800 °C, Tantal bis 450 °C und Niob bis 400 °C beständig.

Thalliumsalze sind sehr giftig; Indium und Gallium gelten dagegen als relativ harmlos.

6. Gewinnung der Metalle

Die Methoden zur Gewinnung der einzelnen Metalle, die sich wesentlich voneinander unterscheiden, sind, ebenso wie die Verwendung der Metalle, im folgenden getrennt beschrieben.

a) Gallium

Gewinnung des Metalles

Als Nebenprodukt bei der Zink-Gewinnung

Die Gallium-Gewinnung rentiert sich nur im Zuge der Zink-Elektrolyse, nicht aber bei der Zink-Verhüttung.

Beim Abrösten der Zink-Erze bleibt Gallium überwiegend im Röstgut und wird bei der Laugung mit H_2SO_4 mit dem Zink mitgelöst. Bei der Reinigung der Zinklaugen fällt Gallium mit Eisen und Aluminium als Hydroxid aus. Der Niederschlag wird mit NaOH behandelt, Aluminium und Gallium werden in Lösung gebracht und — wie weiter unten beschrieben — durch fraktioniertes Ansäuern oder durch Ätherextraktion getrennt.

Als Nebenprodukt bei der Aluminium-Gewinnung

Der geringe Galliumgehalt des Bauxits läßt sich während der Aluminiumgewinnung entweder durch Fällung des Galliums aus den Aluminatlösungen des Bayer-Verfahrens oder bei der Raffination des Aluminiums durch die Drei-Schicht-Elektrolyse wirtschaftlich nutzen.

a) Aus Aluminat-Lösungen des Bayer-Verfahrens: Bei der Herstellung von Reintonerde nach dem Bayer-Verfahren verbleibt Gallium beim Ausrühren der Tonerde zu etwa 50—60% in Lösung (10% gehen in die Reintonerde, 30—40% in den Rotschlamm). Nach mehrmaligem Umlauf der Aufschlußlösung hat sich das Gallium bis auf 0,2—0,5 g/l Gallium angereichert und läßt sich nun wirtschaftlich gewinnen. Da Gallium ein weniger saures Hydroxid als Aluminium bildet, gelingt eine weitere starke Anreicherung des Galliums in der Aluminatlösung durch fraktioniertes Ansäuern, wobei vorerst galliumarmes $Al(OH)_3$, dann ein Mischhydroxid (Gallium : Aluminium = 1 : 10) ausfällt.

Das fraktionierte Ansäuern kann mit HCl, besser aber durch Einleiten von CO_2 geschehen. Bei Verwendung von HCl ist der Alkaliinhalt der Lösung verloren, während er sich bei Verwendung von CO_2 durch Umsetzung der gallium- und aluminiumfreien Restlösungen mit $Ca(OH)_2$ rückgewinnen läßt.

Die Trennung Gallium–Aluminium in dem Mischhydroxiden gelingt am besten durch Ätherextraktion. Nach Auflösen des Hydroxidniederschlages in HCl wird zuerst zur Abtrennung der ausfallenden Huminsäuren filtriert und die saure Lösung mit Äther behandelt, wobei Gallium, nicht aber Aluminium von der Ätherschichte aufgenommen wird. Gallium wird dann mit Wasser eluiert, aus dieser Lösung durch Einleiten von H_2S Schwermetallspuren gefällt, die Lösung schließlich mit NaOH alkalisch gemacht, filtriert und die Reingallatlösung — wie unten beschrieben — weiter verarbeitet.

b) Direkte elektrolytische Abscheidung von Gallium aus den Aluminat-Lösungen: Ein neues Verfahren nach de Brétèque gewinnt wegen seiner Billigkeit und Einfachheit steigende Bedeutung. Bei Verwendung von Quecksilberkathoden läßt sich Gallium mit genügender Stromausbeute direkt aus den Aluminatlaugen des Bayer-Verfahrens, die nur 170—200 mg/l Gallium enthalten, elektrolytisch gewinnen. An einer Quecksilberkathode wird Gallium bei kathodischen Stromdichten von 500—600 A/m^2 und einer Stromausbeute von 5—7% gewonnen. Man verwendet Nickelanoden und arbeitet bei einer Temperatur von 50—60 °C. Der Spannungsabfall beträgt 3,8—4 V. Sehr wichtig ist gutes Rühren der Quecksilberkathode, da sonst keine Gallium-Abscheidung stattfindet. Die Elektrolyse wird diskontinuierlich etwa 18—24 Stunden gefahren, bis das Quecksilber einen Gehalt von etwa 1% Gallium aufweist, und schließlich das Amalgam mit Natronlauge bei 100 °C in Gegenwart von Eisenspänen zu Gallatlösung zersetzt. Die bei der Elektrolyse verbleibende galliumarme Aluminatlösung mit einem Rest-Galliumgehalt von etwa 0,05—0,06 g/l Ga wird wie üblich auf Reintonerde weiterverarbeitet.

Aus der Anodenlegierung der Aluminium-Raffination der Dreischichten-Elektrolyse: Wird Gallium nicht, wie beschrieben, aus den Aluminatlösungen entfernt, verbleibt es im Hüttenaluminium und kann bei der Raffination durch Dreischichten-Elektrolyse gewonnen werden. Es verbleibt dabei in der Anodenlegierung (Al mit 25—30% Cu) und reichert sich im Laufe der Elektrolyse langsam an. Wenn die Anodenlegierung nach langzeitigem Betrieb so weit — vor allem durch Eisen und Mangan — verunreinigt ist, daß ihr Schmelzpunkt stark ansteigt, wird sie abgezogen. Sie enthält dann etwa 0,1—0,4% Gallium. Zur Gallium-Gewinnung wird die Anodenlegierung zuerst in heißer 6n HCl gelöst und vom schwammartig zurückbleibenden Kupfer abgetrennt. In das Filtrat leitet man trockenes HCl-Gas ein und bringt auf diese Weise das in der gesättigten HCl-Lösung schwer lösliche $AlCl_3 \cdot 6H_2O$ zur Ausfällung. Das in HCl gut lösliche $GaCl_3$ verbleibt in der Lösung und wird anschließend mit NH_3 ausgefällt. Nach verschiedenen Reinigungsoperationen erhält man schließlich eine reine Gallatlösung. Die Gallium–Aluminium-Trennung kann aber auch einfach durch eine Extraktion der in HCl gelösten Anodenlegierung mit Äther geschehen.

Aus Kohleflugaschen

Die Gallium-Gewinnung aus Kohleflugaschen der Generator- und Wassergasgewinnung aus Koks, die bis zu 1% Gallium und entsprechende Mengen Eisen enthalten, geschieht durch Einschmelzen der Aschen bzw. Schlacken im Elektro- oder Flammofen unter Zusatz von Kupferoxid und Kohle — Kupfer als „Sammler“ — sowie von Na_2CO_3 als Flußmittel. Es wird ein Kupfer-Regulus erhalten, der die Hauptmenge Gallium neben Germanium enthält (Ausbringung bis 80%). Der Regulus wird in HCl-Lösung durch Einleiten von Chlorgas gelöst, wobei Germanium als $GeCl_4$ (siehe Germanium) abdestilliert. Anschließend wird aus der Lösung die Hauptmenge Kupfer durch Abkühlen als $CuCl_2$ und der Rest durch Zementation mit Aluminium entfernt. Durch Extraktion mit Äther holt man dann das Gallium aus der Lösung, nach Eluieren mit Wasser und Reinigung mit H_2S liegt Gallium in Form einer Rein-Gallatlösung vor.

Gallium-Metallgewinnung aus den Rein-Gallatlösungen

Aus den Gallatlösungen wird Gallium-Metall meist durch Elektrolyse gewonnen. Schädliche Verunreinigungen — hauptsächlich Zink, Germanium, Antimon, Arsen, Zinn und Blei — sind meist schon bei der Reinigung der schwach sauren Gallatlösung durch Einleiten von H_2S oder auch durch Zementation mit Eisen genügend entfernt. Eluate der Ätherextraktion sind meist ebenfalls schon genügend rein. Eine eventuell notwendige Feinreinigung der Elektrolyte gelingt durch Zugabe von kleinen Mengen reinsten Nickel-Salzes zur Gallatlösung. Das ausfallende $Ni(OH)_2$ reißt alle schädlichen Verunreinigungen mit.

Die Elektrolyse wird in 2n NaOH-Lösungen mit sehr hohen kathodischen Stromdichten (10000—15000 A/m²) unter Verwendung einer 18/8-Stahlkathode und Nickel- bzw. 18/8-Stahl-Anoden durchgeführt. Bei der Anfangskonzentration von etwa 100—150 g/l Gallium werden über 80%ige Stromausbeuten erhalten und der Elektrolyt — meist im Kreislauf — zur Auflösung von frischem $Ga(OH)_3$ verwendet. Die Elektrolyten können bis auf einen Gehalt von 0,5 g/l Gallium abgearbeitet werden. Bei diesem niedrigen Gehalt fällt die Stromausbeute auf etwa 10%. Durch die Stromwärme werden die Elektrolyten so weit aufgeheizt, daß das flüssige Gallium von den Kathoden abtropft und sich am Boden sammelt. Das Kathodenmetall, das viel Natrium enthält und stark gast, wird mit verdünnter HNO_3 und schließlich mit HCl behandelt. Es verbleibt Gallium-Metall hoher Reinheit.

Hochreinigung von Gallium-Metall

Die Reinheit des durch Elektrolyse erhaltenen Gallium-Metalls reicht für verschiedene Zwecke aus. Für eine Verwendung in der Halbleitertechnik[1] muß das Metall jedoch noch weiter gereinigt werden, wofür verschiedene Verfahren vorgeschlagen wurden.

a) Zonenschmelzen des Metalles: Zonenschmelzen macht bei Gallium wegen seines sehr niedrigen Schmelzpunktes Schwierigkeiten. Man muß das durchlaufende Metall mit — von Eiswasser durchflossenen — Kühlschlangen umhüllen und gut kühlen. Günstiger erscheint es, nicht das Metall, sondern das $GaCl_2$ durch Zonenschmelzen zu reinigen. Nach 20 Durchläufen wird ein sehr reines Chlorid erhalten, das gelöst und elektrolysiert wird. Es besteht jedoch die Gefahr, daß bei der Elektrolyse wieder neue Verunreinigungen aufgenommen werden.

b) Kristallisieren: Da Gallium stark unterkühlbare Schmelzen bildet, ist eine Reinigung durch Kristallisieren leicht möglich. Durch Impfen ausfallende, rasch wachsende Kristalle werden aus der unterkühlten Schmelze laufend entfernt und die anhaftende Restschmelze abgeschleudert. Durch mehrmalige Wiederholung kann sehr reines Metall erhalten werden. Auch Einkristalle lassen sich ohne weiteres nach dem Czochralski-Verfahren ziehen.

c) Andere Verfahren, wie z. B. Umlösen in Quecksilber, Disproportionierung von $GaCl_2$, Zersetzung von organischen Gallium-Verbindungen oder Umelektrolysieren aus organischen Lösungen befinden sich noch in Erprobung.

Legierungen

Legierungen des Galliums haben keinerlei technische Bedeutung. Gallium ist ein nicht sehr legierungsfreudiges Metall. Mit einer großen Reihe von Metallen ist es nicht bzw. nur sehr gering mischbar (Aluminium, Wismut, Kadmium, Kupfer, Gold, Eisen, Blei, Quecksilber, Kalium und Natrium). Von folgenden Metallen ist gute Mischbarkeit mit Gallium bekannt: Indium, Lithium, Magne-

---

[1] GRUBEL, R.: J. Metals *19* (1967) 13.

sium, Nickel, Platin, Silber, Zinn und Zink. Einige intermetallische Phasen haben für die Halbleitertechnik Bedeutung.

Verwendung

Für Gallium wurden bisher nur geringe Verwendungsmöglichkeiten gefunden. Die an sich interessante Möglichkeit der Verwendung des flüssigen Galliums als Wärmeübertragungs- bzw. Kühlmittel verbietet sich wegen des starken Angriffs auf fast alle metallischen Werkstoffe und — für die Kerntechnik — wegen des hohen Neutroneneinfang-Querschnittes.

In geringen Mengen wird Gallium in Hochtemperaturthermometern verwendet. Doch macht die Herstellung solcher Thermometer Schwierigkeiten, da nicht vollkommen oxidfreies Gallium Glas und Quarz sehr stark benetzt und die Thermometer undurchsichtig macht. Auch für andere Verwendungszwecke, z. B. als Spiegelbelag, für Flüssigkeitsverschlüsse, als Sperrflüssigkeit, Elektrodenkontaktmaterial usw. wird Gallium nur in sehr geringem Maße verbraucht.

Interessant ist jedoch die Verwendung des Galliums in der Halbleitertechnik. Es dient als Legierungselement in Indium–Gallium-Legierungen und in Golddrahtdioden sowie zur Dotierung von n–p–n-Transistoren. Die $A^{III}B^{V}$-Verbindungen (kurz III/V-Verbindungen) besitzen gute Halbleitereigenschaften, vor allem *Galliumarsenid* besitzt hohe Elektronenbeweglichkeit (vgl. Tab. 102, S. 421) bei hoher Aktivierungsenergie und ist für Hall-Generatoren interessant.

b) Indium

Gewinnung

Die Gewinnung von Indium geschieht heute fast ausschließlich zusammen mit der Aufarbeitung von Blei–Zink-Erzen. Bei der flotativen Trennung von Blei und Zink verbleibt Indium überwiegend im Zink-Konzentrat, aus dem es nach verschiedenen Verfahren gewonnen wird. Die einzelnen angewendeten Methoden ähneln einander sehr stark; sie unterscheiden sich lediglich im Detail, so daß sie gemeinsam besprochen werden können. Wegen näherer Einzelheiten sei auf das Buchschrifttum, besonders auf SCHREITER[1] verwiesen.

a) Trockene Aufbereitung des Zinkblende-Konzentrats: Im Prinzip wird bei allen Verfahren so gearbeitet, daß Indium letztlich zusammen mit den während der Zink-Gewinnung bzw. der Zink-Raffination abgetrennten Restbleimengen — stark angereichert — anfällt und bei der Weiterverarbeitung dieses Bleis gewonnen wird:

Beim Rösten des Zinkkonzentrats verbleibt Indium im wesentlichen im Rückstand und geht nur zum Teil in die Flugstäube. Beim Verhütten des Röstgutes auf Zink nach den verschiedenen gebräuchlichen Verfahren destilliert der Hauptteil des Indiums (ca. 75%) mit dem Zink über und wird im Rohzink gefunden, das üblicherweise durch eine Destillation nach dem New Jersey-Verfahren gereinigt wird. Indium verbleibt dabei im „Waschzink", d. i. in der „Bleisäule". Das Wasch-

---

[1] SCHREITER, W.: Seltene Metalle, Bd. II. VEB Deutscher Verlag für Grundstoffindustrie, Leipzig 1961.

zink enthält neben 2—3% Pb etwa 0,05—0,1% Indium. Beim Abkühlen auf etwa 450—470 °C trennt sich die Hauptmenge des vorhandenen Bleis, das praktisch alles Indium gelöst enthält (0,5—1,2% Indium), von einer bleiarmen Zinkschichte ab, die in den Prozeß zurückgeht.

b) Nasse Aufarbeitung des Zinkblende-Konzentrats: Bei der modernen elektrolytischen Zink-Gewinnung wird Indium entweder aus den bei der Laugung des Röstgutes erhaltenen $ZnSO_4$-Lösungen gefällt oder selektiv gelaugt.

Die Laugungsbehandlung des Röstgutes mit verbrauchtem Elektrolyten oder mit frischer Schwefelsäure wird meist in zwei Stufen durchgeführt. Bei der ersten Stufe, bei der — um hohes Zink-Ausbringen zu gewährleisten — Säureüberschuß vorliegt, geht neben dem Zink auch das Indium in Lösung. Es wird aus dieser Lösung durch Zusatz von NaH_2PO_4 und Einstellen eines pH von 3,2 als Phosphat oder durch Zusatz von $NaHSO_3$ bei einem pH von etwa 3,2 als basisches Indiumsulfit oder durch Zusatz von Arsenat-Lösung selektiv gefällt. Nach Auflösen dieser Niederschläge in Schwefelsäure, eventuell nach Wiederholen der Fällung mit $NaHSO_3$, wird Indium mit Zink, Aluminium oder Magnesium auszementiert und das Zementat unter einer Schutzschichte (Paraffin oder NaOH) zu Roh-Indium verschmolzen.

Nach dem Verfahren der American-Smelting-and-Refining-Co. wird die Phosphatfällung mit starker Natronlauge in das Hydroxid übergeführt, dieses zum Oxid verglüht und schließlich durch Reduktion des Oxides mit Wasserstoff das Rohmetall gewonnen.

Wird Indium nicht aus den Laugungslösungen der ersten Stufe ausgefällt, so fällt es in der zweiten Laugungsstufe, in der die Laugungslösung mit überschüssigem Röstgut abgestumpft wird, wieder aus und bleibt im Laugungsrückstand. Bei der üblichen Verhüttung des Laugungsrückstandes auf Blei wird Indium dann vollständig in das Rohblei gebracht.

Ein Teil des Indiums (etwa 5%) geht bei der Verhüttung des Bleis in den Flugstaub bzw. in die Schlacken und wird auch aus diesen gewonnen, da die Schlacken und Flugstäube immer wieder in den Prozeß rückgeführt werden.

c) Indium-Gewinnung aus dem Rohblei: Das Indium geht bei der üblichen Reinigung des Rohbleis z. B. nach dem Harris-Verfahren — Behandlung mit Natriumhydroxid–Natriumchlorid-Schmelzen[1,2,3] — bzw. bei der dem Parkes-Verfahren[3] nachgeschalteten Entzinkungsstufe — Behandlung mit $NaOH–NaNO_3$-Schmelzen bzw. mit Bleichlorid–Zinkchlorid-Schmelzen — in die Schlacken über. Diese werden nach dem Mahlen mit Säure gelaugt, das in Lösung gegangene Indium mit Zink zementiert und das Zementat auf Roh-Indium verschmolzen.

Nach einer Variante[4,5], die die Consolidated-Mining-and-Smelting-Co. durchführt, wird der aus dem Rohblei ausgeseigerte Schlicker, der das Indium aufnimmt, getrennt weiterverarbeitet. Er wird im Flammofen auf Kupfer-Stein verschmolzen. Die dabei anfallende sulfidische Schlacke enthält fast alles Indium

---

[1] Soc. Dony et Armengand ainé, F. P. 519843 (1920).

[2] Schott, A. S.: Metall u. Erz *23* (1926) 306.

[3] Ullmanns Encyklopädie der techn. Chemie, 4. Bd. Urban & Schwarzenberg, München–Berlin 1953.

[4] Mills, J. R., Hunt, B. G., Turner, G. H.: J. Electrochem. Soc. *100* (1953) 136.

[5] Hunt, B. G., White, C. E. T., King, R. A.: C. I. M. Bulletin *52* (1959) 359.

in einer Konzentration von etwa 2,5—3,5%. Nach Aufmahlen und flotativer Abtrennung von Kupfer-Sulfid wird der Flotationsrückstand im Elektroofen reduzierend auf Blei verschmolzen, das 5—10% Indium neben hohen Gehalten an anderen Metallen aufweist. Dieses Blei wird in Kieselfluorwasserstoffsäure elektrolytisch raffiniert, wobei Indium als Indium–Antimon-Verbindung in den Anodenschlamm geht. Der Schlamm wird durch Erhitzen mit etwas konzentrierter Schwefelsäure aufgeschlossen und Indium aus dem wäßrigen Auszug nach elektrolytischer Abscheidung von Restmengen an Kupfer mit Zink zementiert.

Die Indium-Gewinnung lohnt sich nur bei entsprechendem Indium-Gehalt des Rohbleis. Es werden daher nur die indiumreichen Rohbleisorten, die bei der Aufarbeitung von Zinkblende-Konzentrat bzw. bei der Raffination von Rohzink anfallen, verwendet; Rohblei aus der Verhüttung von Bleiglanz-Konzentraten ist für eine Indium-Gewinnung zu arm an Indium. Eine schematische Übersicht über die Möglichkeiten der Gewinnung der seltenen Metalle aus Zinkblende-Konzentraten gibt Abb. 220.

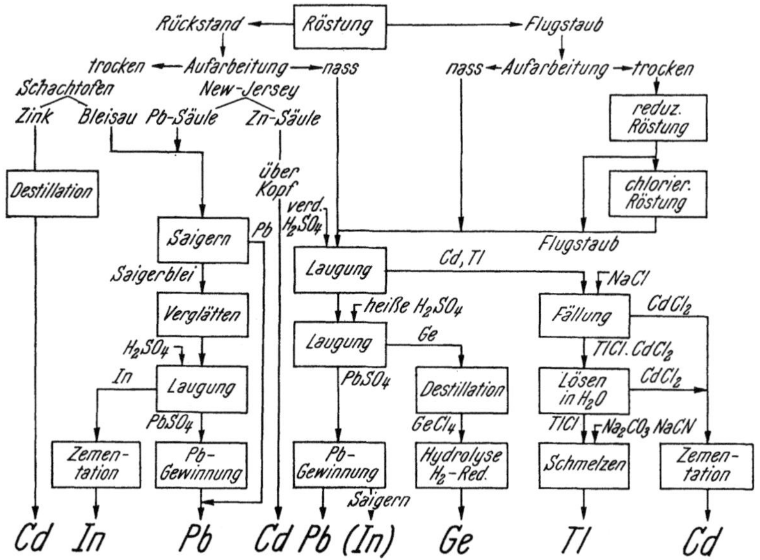

Abb. 220. Fließschema der Gewinnung von Cd, In, Tl, Ge (Pb) aus Zinkblendekonzentraten

d) Verfahren der Duisburger Kupferhütte: Neben den erwähnten Verfahren ist das der Duisburger Kupferhütte als interessant zu erwähnen, da die Duisburger Kupferhütte zur Gewinnung von Indium zusammen mit Kadmium und Thallium nicht von Zinkblende-Konzentraten, sondern von Pyritabbränden mit einem Gehalt von nur wenigen g/t Indium und Thallium ausgeht und prinzipiell andere Methoden anwendet[1,2].

---

[1] Teworte, W.: in Ullmanns Encyklopädie der technischen Chemie. Urban & Schwarzenberg, Berlin–Wien, Bd. 4, 1953, S. 819.

[2] Jangg, G., Bach, H.: in K. Eger (Hrsg.): Handbuch der Technischen Elektrochemie Bd. I, I. Teil, 2. Aufl., Akademische Verlagsgesellschaft Geest u. Portig K. G., Leipzig 1963.

Aus den bei der chlorierenden Röstung der Pyritabbrände anfallenden Löselaugen werden (vgl. Fließschema Abb. 221) zuerst nacheinander Kupfer, Restmengen an Eisen und Kobalt gefällt. Die Lösung, die neben hauptsächlich Zink die seltenen Metalle enthält, wird dann mit Zink-Staub zementiert, der Indium neben Thallium und Kadmium niederschlägt. Das Zementat wird in Schwefelsäure gelöst und die Lösung mit Zink-Amalgam unter ständigem Nachsetzen von Zink-Metall „phasengetauscht", bis das Amalgam einen Gehalt von etwa 5—6% Kadmium enthält. Durch genaue Kontrolle der Umsetzung ist es möglich, die

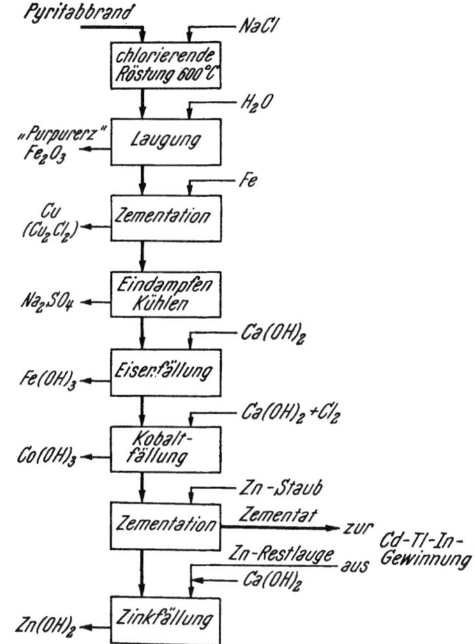

Abb. 221. Gesamtfließbild des Duisburger Verfahrens

seltenen Metalle praktisch vollständig aus der Lösung in das Amalgam überzuführen und das Amalgam gleichzeitig zinkfrei zu erhalten. Das Amalgam wird dann nach Filtration zur Abtrennung der in Quecksilber wenig löslichen Metalle destillativ aufgearbeitet. Bei einer Destillationstemperatur von 530—550 °C und einem Druck von 2—5 Torr gehen Kadmium und Quecksilber über, die in einer Fraktionierkolonne getrennt werden. Thallium und Indium verbleiben mit geringen Mengen an Quecksilber im Sumpf. Nach Lösen dieses Roh-Thalliums in Quecksilber wird mit verdünnter Schwefelsäure unter Zusatz von H_2O_2 behandelt. Dabei geht Thallium als Thallosulfat in Lösung. Indium wird anschließend mit verdünnter Salpetersäure in Lösung gebracht und aus dieser Lösung als Hydroxid gefällt. Durch Lösen des Hydroxids in HCl erhält man eine Indiumchloridlösung mit hohem Indium-Gehalt, aus der das Indium elektrolytisch an Quecksilber abgeschieden und Indium-Amalgam mit etwa 30—40% In erhalten wird. Dieses Amalgam wird schließlich anodisch unter Verwendung eines Elektrolyten von geschmolzenem Indiumchlorid zersetzt und an flüssigem Indium als Kathode das Indium niedergeschlagen (vgl. Fließschema Abb. 222). Nach diesem Verfahren werden etwa 500—700 kg Thalliumsulfat und 50—100 kg Indium-Metall pro Monat gewonnen.

Raffination von Roh-Indium

Roh-Indium, meist durch Zementation mit Zink erhalten, ist noch nicht genügend rein. Es muß durch verschiedene Verfahren gereinigt werden:

a) Beim vollständigen Auflösen des Roh-Indiums in verdünnter Schwefelsäure verbleiben Blei und edlere Metalle im Rückstand. Die Lösung wird anschließend mit Indium zementiert und dabei Restmengen an edleren Metallen ausgefällt. Anschließend wird mit Zink-Platten, die einen geringen Gehalt an Kadmium

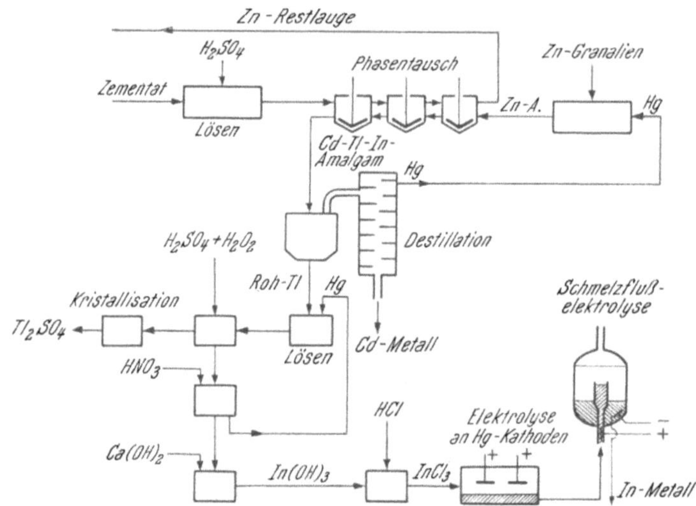

Abb. 222. Fließschema zur Gewinnung von Cd, Tl, In aus den Zinklaugen des Duisburger Verfahrens

aufweisen müssen, behandelt. Es scheiden sich Thallium und Kadmium ab, während Indium in der Lösung verbleibt. Nach Zusatz von Salzsäure zu der von Thallium und Kadmium befreiten Lösung wird durch Zementation mit Aluminium schließlich ein Indium-Zementat, das sich zu reinem Indium-Metall verschmelzen läßt, erhalten.

b) Durch Lösen des Roh-Indiums in Salzsäure, Abfiltrieren des ungelösten Rückstandes (Silber, Kupfer, Blei) und Oxydation mit Br_2 oder Cl_2 erhält man eine Lösung, aus der mit Äther Eisen und Thallium extrahiert werden können. Man fällt Indium dann kadmiumfrei mit $NaHSO_3$ und erhält nach Lösen des Niederschlages in HCl einen Elektrolyten, aus dem sich sehr reines Indium-Metall abscheiden läßt.

c) Ein größerer Zink-Gehalt des durch Zink-Zementation erhaltenen Roh-Indiums kann durch Polen mit Wasserdampf bei 300—700 °C bis auf weniger als 0,01% Zink entfernt werden.

d) Eine Möglichkeit der Raffination von Roh-Indium, durch die direkt sehr reines Indium-Metall erhalten wird, beruht auf der Disproportionierung des

Indium(I)chlorids zu Indium-Metall und Indium(III)chlorid. Wird das Roh-Indium mit einer Schmelze von $ZnCl_2$ und NH_4Cl behandelt, geht zuerst alles Thallium und nur wenig Indium in die Schlacke über, die abgetrennt wird. Durch weiteres Schmelzen mit $ZnCl_2$ und NH_4Cl wird dann fast alles Indium als Indium(I)-chlorid in die Schlacke gebracht, während sich die Verunreinigungen im ungelösten Rest an Indium-Metall anreichern. Beim Eingießen der Indium(I)chlorid-haltigen Schlacke in sehr verdünnte Salzsäure zerfällt das Monochlorid zu Indium(III)-chlorid und zu schwammigem, leicht niederzuschmelzendem reinen Metall. Die Ausbeute an reinem Indium beträgt bei diesem Verfahren jedoch nur 50%; der als Indium(III)chlorid in Lösung bleibende Rest muß durch Zementation rückgeführt werden.

Elektrolytische Abscheidung von Indium

Indium läßt sich aus verschiedenen Elektrolyten gut abscheiden. Zur Gewinnung des Metalles aus Indium-Lösungen wird hauptsächlich aus Chlorid- und Sulfatlösungen bei einem pH von 2,0—2,6 und etwa 40 °C unter Verwendung von Diaphragmen gearbeitet. Auch die elektrolytische Raffination von Roh-Indium wird durchgeführt. Die Indium-Anoden aus niedergeschmolzenem Zementat werden in Diaphragmen aus Filterpapier oder Jute eingeschlagen und als Elektrolyte schwach saure Lösungen von 20—75 g/l Indium mit 80—100 g/l NaCl verwendet. Die ebenfalls durchgeführte Abscheidung an Quecksilber-Kathoden wurde schon oben erwähnt (s. S. 417).

Feinstreinigung

Für eine Verwendung in der Halbleitertechnik[1] ist im allgemeinen die Reinheit des nach obigen Verfahren erhaltenen Indium-Metalls (etwa 4-Neuner rein) nicht ausreichend. Zur Feinstreinigung auf mindestens 6 Neuner reines Indium sind verschiedene Verfahren gebräuchlich bzw. in Erprobung.

Elektrolytische Verfahren: Mehrstufige elektrolytische Raffination von Rein-Indium, meist in salzsauren Elektrolyten, ergibt mindestens 5-Neuner reines Indium. Gleiche Reinheit ist auch durch mehrstufiges Umelektrolysieren an kreislaufgeführtem Quecksilber unter Ausnützung der ,,Sperrwirkung" der flüssigen Kathode — in der ersten Zelle kathodische Abscheidung, in der nächsten Zelle anodisches Lösen usw. — zu erhalten[2]. In der Endzelle werden Kathoden aus Titan-Metall eingesetzt.

Stabile, metallorganische Verbindungen, wie sie von den Metallen Aluminium, Gallium, Indium und Thallium relativ leicht gebildet werden, sind ebenfalls als Elektrolyte für eine Raffination geeignet[3].

Physikalische Methoden, wie Zonenreinigen und fraktionierte Destillation, sind ebenfalls in Anwendung, jedoch in der Literatur nicht im Detail beschrieben.

---

[1] Grubel, R.: J. Metals *19* (1967) 13.

[2] Morawietz, W.: Chem. Ing. Techn. *36* (1964) 638.

[3] Dötzer, R.: Chem. Ing. Techn. *36* (1964) 616.

Legierungen des Indiums

Lückenlose Mischreihen des Indiums mit anderen Metallen im festen Zustand sind nicht bekannt. Sehr gute gegenseitige Löslichkeit — mit nur geringen Mischungslücken im festen Zustand — besteht mit Blei und Thallium.

Mit den anderen niedrigschmelzenden Metallen ist Indium nur sehr wenig (z. B. Wismut, Kadmium, Zinn), bzw. praktisch unmischbar (z. B. Zink, Antimon). Mit Aluminium ist es auch im flüssigen Zustand teilweise unmischbar. Von den höher schmelzenden Metallen löst lediglich Silber bis etwa 19% Indium in festem Zustand. Alle anderen Metalle sind mit Indium praktisch unmischbar. Die Lösefähigkeit des Indiums für andere Metalle ist äußerst gering. Außer in den erwähnten Systemen Indium–Blei und Indium–Thallium ist eine größere Löslichkeit von Metallen in Indium nicht bekannt. Über wichtige intermetallische Phasen s. S. 421.

Verwendung von Indium

Die hauptsächlichste Verwendung findet Indium, das — schon in ganz dünnen Schichten aufgetragen — Reibung und Verschleiß stark vermindert, in Gleitlagern. Entweder wird Indium den Lagermetallen zulegiert, wo es schon in geringen Mengen (1% In) hohe Wirkung entfaltet, oder es wird galvanisch bzw. durch Plattierung auf normales Lagermetall aufgetragen und durch eine Wärmebehandlung in die Oberfläche eindiffundiert. Der Indium-Gehalt der oberflächennahen Schichten verbessert auch die Korrosionsbeständigkeit der Lagermetalle und verbessert die Adhäsion des Schmiermittels.

In der Flugzeugindustrie haben sich Lager durchgesetzt, bei denen auf eine Lagerschale aus Eisen nacheinander galvanisch Schichten von Silber, Blei und Indium aufgebracht werden. Die Stärke der Blei- und Indium-Schichten ist so aufeinander abzustimmen, daß nach einer Diffusionsbehandlung eine Blei–Indium-Legierung mit 3,5% Indium resultiert.

Durch die Eigenschaft von Indium, metallische und nichtmetallische Oberflächen besonders gut zu benetzen, ist Indium Hauptbestandteil verschiedener Weichlote, die — wegen der guten Beständigkeit des Indiums — auch gut korrosionsbeständig sind. Neben Loten, die in der Hauptsache Indium neben geringen Mengen Silber, Kupfer oder Blei enthalten, sind auch Lote auf Blei–Zinn-Basis mit Indium-Gehalten bis 50% gebräuchlich. Die besondere Alkalibeständigkeit hat die Verwendung von Legierungen mit 37,5% Blei, 37,5% Zinn und 25% Indium als Lote für alkalische Akkus rasch gefördert.

Indium-Lote sind auch deshalb interessant, weil sie noch bei sehr niedrigen Temperaturen (flüssiges Helium) gute Duktilität und Festigkeit besitzen. Indiumreiche Lote sind infolge der guten Benetzungsfähigkeit des Indiums auch als „Glaslote", d. h. zur gasdichten Verbindung von Metall und Glas oder Glas–Glas in Verwendung. Auch sonst schwer lötbare Metalle wie Aluminium, rostfreier Stahl, Titan, Zirkonium, Silizium, Antimon usw., oder sehr dünne Metallfilme auf keramischer Unterlage lassen sich mit Indium-Loten gut verbinden. Sogar das „Verlöten" von nichtmetallischen Werkstoffen mit rauher oder poröser Oberfläche, wie z. B. Porzellan, Steingut und gesinterte Oxide, ist mit Indium-Loten möglich. Die Verbindungen geben sehr guten elektrischen Kontakt. Indium-Lote werden daher auch für Kontaktierungen eingesetzt.

Indium als Zusatz in geringen Mengen verbessert die Aushärtbarkeit von Al–4Cu-Legierungen (0,1% In), verbessert ferner die Härte von Gold (4—7% In), ohne dessen Farbe zu beeinflussen, verbessert die Härte, Festigkeit und Korrosionsbeständigkeit von Dentallegierungen (0,5—5% In) und verbessert auch die Anlaufbeständigkeit von Silber. Gold–Indium-Legierungen mit 22,5% In haben sich wegen des niedrigen Schmelzpunktes von etwa 500 °C als Lote für das Einsetzen von Glasstücken in Goldschmuck eingeführt.

Ternäre Kupfer–Mangan–Indium- und Kupfer–Magnesium–Indium-Legierungen besitzen ferromagnetische Eigenschaften. Sie eignen sich zur Herstellung von Bauteilen mit geringer Koerzitivkraft und geringem elektrischen Leitvermögen für die Hochfrequenztechnik.

Halbleitertechnik

Das Reinmetall ist für die Verwendung in der Halbleitertechnik wegen der guten Benetzungsfähigkeit und des niedrigen Schmelzpunktes sehr gut geeignet. Die Dotierung mit Indium kann bei niedriger Temperatur geschehen, so daß die Gefahr der Aufnahme von Verunreinigungen sehr vermindert ist. Beim Eindiffundieren in Germanium entstehen keine Schrumpfspannungen. Anstelle von Reinst-Indium werden auch Halbleiterfolien aus Indium–Germanium–Aluminium-(89% In, 10 Ge, 1 Al) und Indium–Germanium–Gallium-(94,5 In, 5 Ge, 0,5 Ga) Legierungen verwendet.

Tabelle 102. *Einige Eigenschaften von Halbleiterverbindungen*

Verbindung	Schmelzpunkt °C	Elektronen-beweglichkeit cm^2/Vs	Löcherbew. cm^2/Vs	Bandbreite 300 °K eV
a) *Ga*				
GaSb	750	4000	700	—
GaAs	1250	4000	300	—
GaP	1350	1000	20	—
b) *In*				
InSb	523	78000	800	0,18
InAs	940	33000	500	0,36
InP	1070	5000	150	1,28

Besonders interessant für die Halbleitertechnik sind neben den reinen Metallen die Indium-Verbindungen, hauptsächlich die III/V-Verbindungen, von denen z. B. das *Indiumantimonid* (InSb) besonders hohe Elektronenbeweglichkeit aufweist (Tab. 102).

InSb besitzt von allen Verbindungen den größten Halleffekt und wird daher in Hallgeneratoren (Abb. 223 u. 224) überwiegend eingesetzt. Neuerdings gewinnen ternäre eutektische Legierungen von Indiumantimonid bzw. Galliumantimonid mit Schwermetallantimoniden (NiSb, FeSb, MnSb, CrSb u. a.) Interesse[1–3]. Durch entsprechende Abkühlung der eutektischen Schmelzen kann ein Gefüge erhalten werden, in dem feine, parallel angeordnete Nadeln des Schwermetallantimonides im Indiumantimonid vorliegen (vgl. Abb. 225). Solche Legierungen

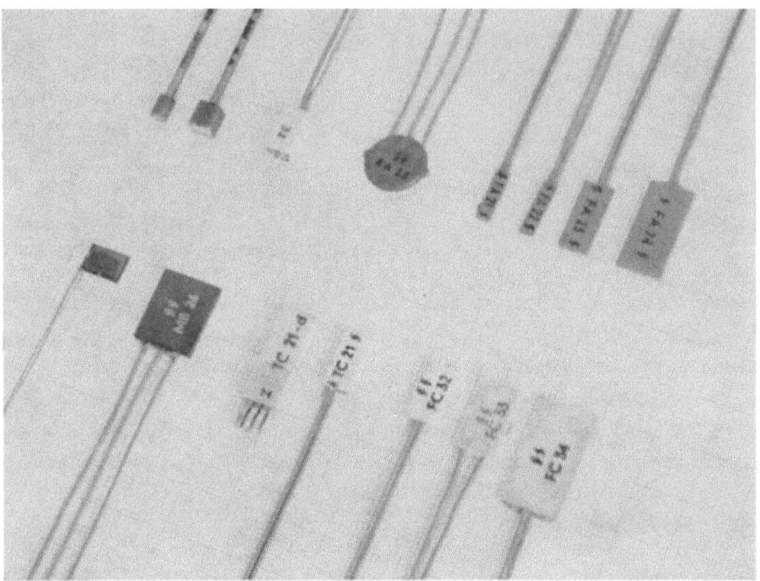

Abb. 223. Hallgeneratoren auf Basis von III–V-Halbleitern. (Siemens AG, Erlangen)

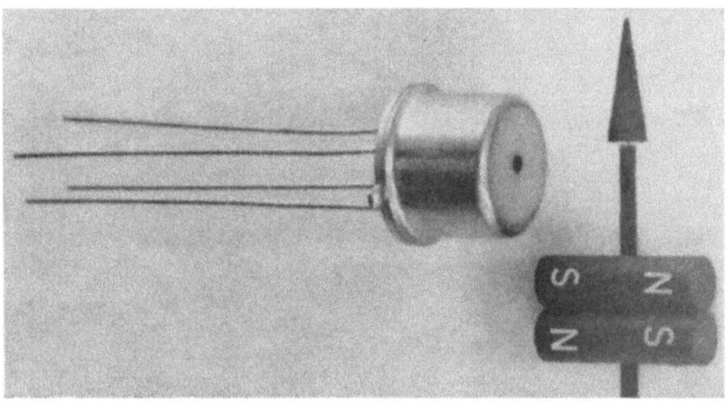

Abb. 224. Kontaktloser Signalgeber auf Hallgeneratorbasis. (Siemens AG, Erlangen)

zeigen stark anisotrope elektrische Eigenschaften, die im Verein mit der kaum herabgesetzten Elektronenbeweglichkeit des Indiumantimonides den Bau von Feldplatten, d. s. magnetisch steuerbare Widerstände, gestatten.

---

[1] Müller, A., Wilhelm, M.: J. Phys. and Chem. of Solids *26* (1965) 2021, 2029

[2] Müller, A., Wilhelm, M.: Mat. Research Bull. *2* (1967) 711.

[3] Müller, A., Wilhelm, M.: Z. Naturfschg. *22a* (1967) 264.

Wegen seiner hohen Durchlässigkeit für langwelliges Infrarot wird InSb auch für Fenster und Linsen in Infrarotgeräten verwendet. Durch Zusatz von Blei und Zinn zu InSb kann die optische Absorptionsgrenze zu kürzeren Wellenlängen verschoben werden. Man ist daher in der Lage, Filter auch für langwelliges Infrarot mit verschiedener Durchlässigkeit herzustellen.

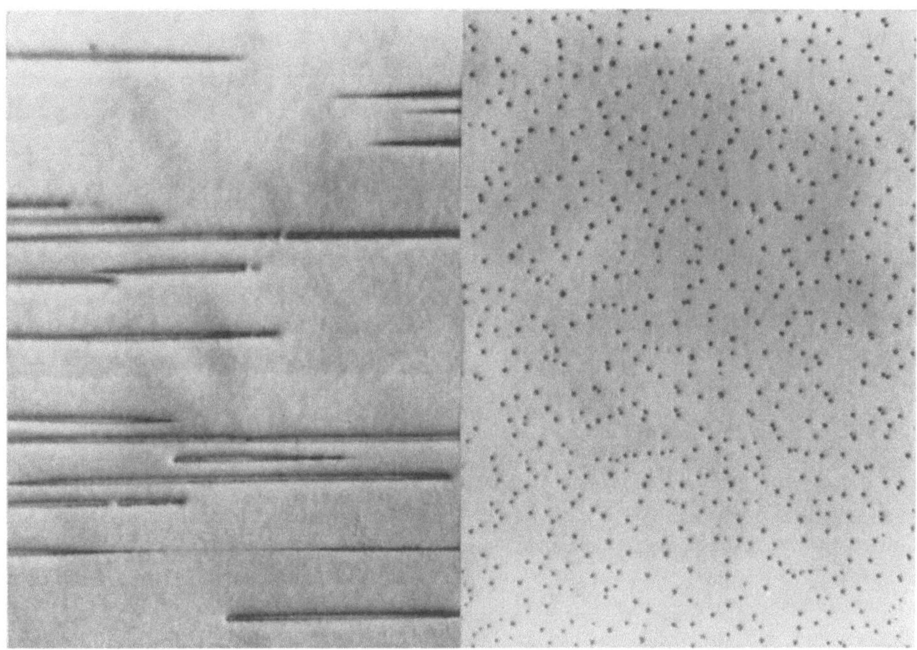

Abb. 225. Gerichtet kristallisierte Nadeln des Eutektikums in InSb–NiSb-Legierungen Links: Schnitt quer zu den Nadeln. Rechts: Schnitt in Längsrichtung zu den Nadeln. Vergrößerung 200×. (A. Müller, M. Wilhelm: J. Phys. and Chem. of Solids *26* (1965) 2021)

Die sehr starke Abhängigkeit der Leitfähigkeit der Halbleiter von der Temperatur, die für InSb und InAs besonders hoch ist, wird für Temperaturmessung und -regelung mit „Thermistoren" und andere Zwecke ausgenützt.

Für andere Verwendungszwecke beginnt sich Indium zum Teil erst in letzter Zeit mit der fortschreitenden Kenntnis über dieses Metall durchzusetzen. Indium soll in einer besonders langlebigen galvanischen Mikrobatterie als Anode Verwendung finden. Indium und niedrig schmelzende Indium-Legierungen sind als „Sperrflüssigkeiten" mit geringem Dampfdruck für hohe Temperaturen geeignet. Als Füllung für Hochtemperaturausdehnungs-Thermometer wurden Indium und seine Legierungen ebenfalls vorgeschlagen.

Infolge des hohen Neutroneneinfang-Querschnittes eignen sich Indium-reiche Verbindungen auch als Neutronendetektoren und Neutronenabsorber bei niedrigen Temperaturen. Radioaktive Isotopen des Indiums werden häufig für Verschleißuntersuchungen an Maschinenteilen eingesetzt, da sich Indium galvanisch gut auf den verschiedenen Metallen auftragen läßt.

c) Thallium

Gewinnung

Thallium ist, wie Indium, in geringen Mengen in sulfidischen Blei- und Zinkerzen enthalten. Beim Abrösten dieser Erze wird Thallium, im Gegensatz zu Indium, zum überwiegenden Teil verflüchtigt und scheidet sich im Flugstaub ab, aus dem es gewonnen wird. Jene geringen Mengen an Thallium, die im Röstgut verbleiben, können dann aus den Flugstäuben der Bleischachtöfen bzw. bei der Reinigung der durch Laugung der Abbrände mit Schwefelsäure hergestellten Zinkelektrolyten erhalten werden. Die Gewinnung aus dem Bleikammerschlamm der Schwefelsäureerzeugung, in dem sich Thallium anreichert, hat ebenso keine Bedeutung wie die Gewinnung aus thalliumhaltigen Abraumsalzen.

a) Aus den Flugstäuben des Röstprozesses: Der Flugstaub, der fast alles im Erz vorliegende Thallium neben größeren Mengen an Blei und Zink enthält, wird üblicherweise dem abgerösteten Bleikonzentrat zugesetzt und mit diesem zusammen auf Blei verhüttet. Bei der Bleiverhüttung wird Thallium zum Großteil wieder im Flugstaub des Schachtofens gefunden und aus diesem gewonnen (vgl. schematisches Fließbild der Gewinnung der seltenen Metalle aus Blei–Zink-Erzen, Abb. 220, S. 416). Nur zu einem geringen Teil wird der Flugstaub auch — wie unter b) beschrieben — direkt auf Thallium verarbeitet.

Vereinzelt kommen Verfahren zur Anwendung, bei denen, zur Anreicherung der seltenen Metalle, der Flugstaub der Sulfidröstung ein zweites Mal unter Zuschlag von Kohle chlorierend geröstet wird. Dabei gehen die seltenen Metalle als Chloride praktisch quantitativ in die nun geringen Mengen Flugstaub über. Der Flugstaub der chlorierenden Röstung wird in Schwefelsäure gelöst. Beim Neutralisieren der Lösung mit Kalkmilch fallen Zink und Blei und zum Teil auch Kadmium als Hydroxide, während Thallium überwiegend in Lösung bleibt, aus der es wie später beschrieben gewonnen wird.

b) Aus den Flugstäuben der Bleiverhüttung: Der Flugstaub, der neben viel Zink, Blei und Kadmium bis etwa 1% Thallium enthält, wird mit heißer Schwefelsäure gelaugt. Der unlösliche Rückstand, der viel $PbSO_4$ enthält und in die Blei-Hütte zurückgeht, wird abfiltriert, das Filtrat mit NaCl versetzt und gekühlt. Die Hauptmenge des Thalliums fällt als $TlCl \cdot CdCl_2$ aus, das abfiltriert und mit Wasser behandelt wird. Dabei zerfällt das Doppelsalz zu ungelöst verbleibendem TlCl und $CdCl_2$, das in Lösung geht.

Das so erhaltene Roh-Thalliumchlorid wird unter einer Schutzdecke von NaCN und Na_2CO_3 reduzierend zu einem noch sehr unreinen Metall eingeschmolzen, das unter Luftdurchleiten in heißer Schwefelsäure gelöst wird. Durch Kühlen dieser Lösung kann verkaufsfähiges Tl_2SO_4 auskristallisiert werden. Zur Gewinnung von Thallium-Metall wird die heiße Lösung mit Zink-Metall zementiert und das Zementat unter NaCN ungeschmolzen. Das mit einer Reinheit von etwa 95% Thallium anfallende Metall kann durch nochmaliges Lösen, Zementieren und Umschmelzen auf etwa 99,7% Thallium gebracht werden.

Nach einer Variante[1] wird das Roh-Thalliumchlorid mit konz. H_2SO_4 bei 350—400 °C behandelt und in das Sulfat übergeführt. Nach Lösen in Wasser

---

[1] Schreiter, W.: Seltene Metalle. VEB Deutscher Verlag für Grundstoffindustrie, Leipzig, Bd. III, 1962.

fällt man die Verunreinigungen — vor allem Kadmium, Eisen und Zink — durch Zugabe von Na_2CO_3. Nach Ansäuern des Filtrates mit Schwefelsäure — wobei Restmengen an Blei ausfallen — wird mit Zink zementiert und das Zementat unter Holzkohle niedergeschmolzen. Man erhält Thallium-Metall in einer Reinheit von mehr als 99,9% Tl.

Nach einem etwas abgeänderten Verfahren[1] wird Thallium aus dem Flugstaub der Bleischachtöfen in La Oraya, Peru, gewonnen. Bei diesem Verfahren, bei dem in erster Linie auf gute Ausbringung an Kadmium Wert gelegt wird, geht viel Thallium verloren.

Der pelletisierte Flugstaub wird zusammen mit Kohle, Soda und Kupfermetall im Flammofen niedergeschmolzen und bei dieser Behandlung alles Kadmium und ein Teil des Thalliums verflüchtigt. Der Sackfilterstaub wird mit Schwefelsäure gelaugt und zur Abscheidung des Thalliums aus der Kadmium-Lösung mit $Na_2Cr_2O_7$ versetzt. Das ausfallende Thalliumdichromat wird in 20%iger Schwefelsäure gelöst, zuerst in der Hitze mit etwas Zink-Metall behandelt, bis alles Chrom reduziert ist, und das Thallium schließlich an Zinkblechstreifen zementiert. Das Thallium-Zementat wird zur Reinigung erneut in Schwefelsäure gelöst, aus der Lösung durch Zusatz entsprechender Mengen an Na_2S vorhandene Schwermetalle (Blei, Kadmium, Kupfer usw.) ausgefällt und die Lösung wiederum mit Zink zementiert. Das unter NaOH umgeschmolzene Zementat ergibt ein sehr reines Metall (bis zu 99,999% Tl).

c) Gewinnung bei der Reinigung von $ZnSO_4$-Elektrolyten: Obwohl beim Rösten von Zinkblende-Konzentraten nur ein geringer Anteil Thallium im Röstgut verbleibt und beim nachfolgenden Laugen in Schwefelsäure in die Lösung geht, kann sich in gewissen Fällen die Thallium-Gewinnung bei der Reinigung der Zink-Elektrolyte rentieren. Bei dieser Reinigung durch Zementation mit Zink-Staub fällt ein Zementat an, daß neben der Hauptmenge an Kadmium auch etwas Thallium enthält. Vorhandenes Indium wird, wie früher beschrieben, vor der Zementation als Phosphat oder Sulfat gefällt. Das Zementat wird durch Lösen in Schwefelsäure auf $CdSO_4$-Elektrolyte weiter verarbeitet. Vor der Kadmium-Elektrolyse wird der etwas Mn(II)-haltige Elektrolyt zur Entfernung von Verunreinigungen bei pH 5—6 mit $KMnO_4$ behandelt. Das ausfallende Mangan-Oxidhydrat reißt alles Thallium in Form des $Tl(OH)_3$ mit. Der Niederschlag wird gelöst und aus der Lösung Thallium durch Zusatz von NaCl und Kühlen als $TlCl \cdot CdCl_2$-Doppelsalz gefällt.

d) Verfahren der Duisburger Kupferhütte und ähnliche: Das Verfahren der Duisburger Kupferhütte, das von Pyritabbränden ausgeht und bei dem verschiedene seltene Metalle, u. a. auch Thallium, gewonnen werden, ist schon bei Indium eingehend beschrieben worden.

Ein ähnliches Verfahren, ausgehend von Flugstäuben der Blei-Verhüttung, das sich zur Gewinnung der seltenen Metalle — neben Kadmium auch Thallium — ebenfalls eines Amalgamverfahrens bedient, wird neuerdings bei der Cimkenter-Bleihütte (USSR) durchgeführt[2].

---

[1] SCHREITER, W.: Seltene Metalle. VEB Deutscher Verlag für Grundstoffindustrie, Leipzig, Bd. III, 1962.

[2] KOZLOVSKIJ, M. T., ZABOTIN, P. J., ILJUSCHENKO, V. M., u. a.: Cvetnye metally *31* (1958) 30.

Die Flugstäube werden mit verdünnter Schwefelsäure gelaugt und aus der schließlich nur etwa 5 g/l freie Schwefelsäure enthaltenden Lösung die edleren Metalle mit Zinkamalgam gefällt. Unterschiedlich zum Verfahren der Duisburger Kupferhütte geschieht die Aufarbeitung der Amalgame nicht auf destillativem Wege, sondern durch anodische Zersetzung. In rotierenden Vertikalzellen wird das Amalgam stufenweise anodisch zersetzt. Zuerst geht Zink, dann Kadmium in Lösung. Das schließlich nur mehr Blei- und Thallium-haltige Amalgam wird mit alkalischer Thalliumnitratlösung behandelt, wobei alles Blei vollständig gegen Thallium ausgetauscht wird. Das nun reine Thalliumamalgam wird schließlich in 1 n Schwefelsäure anodisch zersetzt und kathodisch schwammförmiges reines Thallium-Metall abgeschieden.

e) Elektrolytische Gewinnung von Thallium: Aus dem handelsüblichen und sehr leicht auf chemischem Wege (Umsetzen von Roh-Thalliumchlorid mit Schwefelsäure) zu erhaltenden und durch Umkristallisieren zu reinigenden Tl_2SO_4 läßt sich sehr reines Thallium durch elektrolytische Abscheidung erhalten. Elektrolysiert wird in schwach saurer Sulfatlösung unter Verwendung von unlöslichen Anoden aus Platin oder einer Eisen–Silizium-Legierung. Die Kathoden bestehen aus Platin, Aluminium, Nickel oder nicht-rostendem Stahl. Die Bildung von Tl(III)-Ionen an der Anode wird durch einen Zusatz von Kresol verhindert. Bei einer Badtemperatur von etwa 30 °C und bei Stromdichten um 330 A/m^2 werden aus Lösungen mit einem Thallium-Gehalt von etwa 70 g/l dendritische Niederschläge mit einer Stromausbeute von 60% erhalten. Glatte Niederschläge erhält man aus Thalliumperchloratelektrolyten, die etwas freie Perchlorsäure (10—60 g/l) enthalten, bei Stromdichten von 50—180 A/m^2 und Zusätzen von Pepton und Kresol.

Die Reinheit des durch elektrolytische Abscheidung oder durch reduzierendes Schmelzen mit Natriumcyanid erhaltenen Metalles (3—4 Neuner rein) reicht für die üblichen Verwendungszwecke aus. Eine Raffination von Thallium wird nicht durchgeführt.

Legierungen

Thallium ist mit keinem anderen Metall in festem Zustand lückenlos mischbar; lediglich mit Blei und Indium ist die gegenseitige Löslichkeit sehr groß. Die meisten anderen Metalle haben mit Thallium nur eine sehr begrenzte Mischbarkeit im festen Zustand. In den Systemen mit Kupfer, Aluminium, Zink, Mangan, Nickel und Gallium werden auch im flüssigen Zustand große Mischungslücken beobachtet.

Erwähnenswert ist die eutektische Thallium–Quecksilber-Legierung mit 8,55% Tl, die den niedrigsten Schmelzpunkt aller bekannten binären Metall-Legierungen besitzt. Der Schmelzpunkt dieses Eutektikums liegt bei —59,9 °C und läßt sich durch geringe Zusätze von anderen Metallen, insbesondere Indium, Blei und Zinn, noch um einige Grade Celcius drücken.

Flüssiges Thallium greift die meisten Metalle stark an. Am beständigsten sind Mangan (gute Beständigkeit bis 1000 °C), austenitischer Chrom–Nickel-Stahl, Aluminium, Nickel und Monel (bis 650 °C). Reineisen ist beim Schmelzpunkt des Thalliums noch gut beständig.

Verwendung

Im metallischen Zustand und in Form von Legierungen wird Thallium heute noch sehr wenig verwendet. Pb–Tl- bzw. Tl-haltige Bleibasislegierungen haben als

Anodenmaterial für spezielle Zwecke in die Elektrochemie Eingang gefunden. Ein Zusatz von Thallium zu Blei bzw. zu Bleilegierungen setzt den anodischen Angriff stark herab.

Thallium-Zusatz zu Lagermetallen auf Bleibasis soll ebenfalls die Beständigkeit und vor allem die Bruchfestigkeit erhöhen. Gehalte von 10—22% Thallium machen Silber und Silberlegierungen anlaufbeständig und gegen Salzsäure korrosionsfester.

Die oben beschriebene eutektische Quecksilber–Thallium-Legierung mit 8,55 Gew.-% Tl (Schmelzpunkt —59,9 °C) wird als Füllung für Spezialthermometer und für Quecksilber-Schalter verwendet; derartige Instrumente sind jedoch wegen der großen Luftempfindlichkeit des Thalliumamalgams sehr schwierig herzustellen. Schon geringste Verunreinigungen des Amalgams mit Oxydationsprodukten bewirken eine Benetzung von Glas durch das Amalgam, wodurch die Thermometer undurchsichtig werden bzw. die Quecksilberschalter zum Zünden von Lichtbögen neigen.

Größere Verwendung findet Thallium in Form seiner Verbindungen, hauptsächlich in Form des Tl_2SO_4, als sehr wirksames Schädlingsbekämpfungsmittel. Durchsichtige Mischkristalle aus TlBr und TlJ dienen als optische Fenster, Linsen und Prismen für Infrarotgeräte, da sie für sehr langwelliges Infrarot durchlässig sind.

Verbindungen des Thalliums mit Schwefel, Selen und Tellur sind lichtempfindliche Halbleiter, die gute Empfindlichkeit im Infrarot besitzen. Die sogenannten Thallofidzellen enthalten als sehr wirksame Photohalbleiter z. B. Tl_2S, das durch Einbau von Sauerstoff in das Tl_2S-Gitter aktiviert ist.

Auf andere, meist wenig interessante Verwendungsmöglichkeiten soll hier nicht näher eingegangen werden. Erwähnt werden soll lediglich, daß wäßrige Lösungen von Thalliumsalzen infolge des hohen spezifischen Gewichtes dieser Salze und ihrer sehr hohen Löslichkeit in Wasser Flüssigkeiten mit besonders hoher Dichte ergeben (Lösung des Doppelsalzes Thalliumformiat–Thalliummalonat bis Dichte = 4,9, Thallium–Silber-Nitrat bis Dichte = 4,6), die in der Mineralogie als Schwereflüssigkeiten für die Gesteinsanalyse dienen.

Buchschrifttum

THOMPSON, A. P.: Gallium in: HAMPEL, C. A. (Hrsg.): Rare Metals Handbook. Reinhold Publ. Corp., London, 2. Aufl. 1961, S. 178.

MILLS, J. R., KING, R. A., WHITE, C. E. T.: Indium ibid. S. 220

HOWE, H. E.: Thallium ibid. S. 529.

FOSTER, L. M.: Gallium in: HAMPEL, C. A. (Hrsg.): The Encyclopedia of the Chemical Elements. Reinhold Book Corp., New York–Amsterdam–London 1968, S. 231.

LIANG, S. C., KING, R. A., WHITE, C. E. T.: Indium ibid. S. 283.

HOWE, H. E.: Thallium ibid. S. 706.

SCHREITER, W.: Seltene Metalle, Bd. I—III. VEB Deutscher Verlag für Grundstoffindustrie, Leipzig 1961/63.

LUDWICK, M. T.: Indium. The Indium Corp. of America, New York 1969.

SCHROEDER, H. J.: Mineral Facts and Problems. U. S. Bureau of Mines, Washington, D. C. 1965.

WAGGAMAN, W. H.: Thallium. U. S. Bureau of Mines, Inform. Circ. No. 7553 (1950).

Anonym: The Metal Indium and its Use. Publ. by the Consolidated Mining and Smelting Company of Canada Ltd. 1957.

K. Bor

Obwohl das Bor, das mit Aluminium, Gallium, Indium und Thallium in der Gruppe III b steht, nicht zu den Metallen gezählt wird, ist Bor jedoch als wichtiger Legierungsbestandteil in vielen Legierungen zu finden. Die hochschmelzenden Boride, Verbindungen des Bors mit den Übergangsmetallen, haben im allgemeinen ausgeprägt metallischen Charakter. Wegen dieser Eigenschaft des Bors — sich in Legierungen und Verbindungen mit Metallen metallisch zu verhalten — sowie wegen des Interesses, das Bor und die harten und hochschmelzenden Boride in neuer Zeit unter den Hartstoffen und in der Hochtemperatur-Technik finden, soll es mit den Sondermetallen besprochen werden.

Bor in Form seiner Verbindungen ist schon seit langem bekannt. Elementares Bor wurde aber erst 1808 von Gay-Lussac und Thénard durch Reduktion von Borsäure mit Kaliummetall bzw. von Davy durch Elektrolyse von Borsäureschmelzen in unreiner Form gewonnen. Erst vor relativ kurzer Zeit gelang die Herstellung von reinem Bor[1].

1. Vorkommen und Häufigkeit

Bor zählt mit einer Häufigkeit von etwa 3 g/t in der Erdkruste zu den selteneren Elementen. Es ist aber in größeren Lagerstätten — in Form verschiedener Borate — stark angereichert. Hauptmineralien sind:

Kernit	$Na_2B_4O_7 \cdot H_2O$
Ulexit	$NaBO_2 \cdot CaB_4O_7 \cdot 8\,H_2O$
Colemanit	$2\,CaO \cdot 3\,B_2O_3 \cdot 5\,H_2O$
Pandermit	$4\,CaO \cdot 5\,B_2O_3 \cdot 7\,H_2O$
Tinkal (Borax)	$Na_2B_4O_7 \cdot 10\,H_2O$
Sassolit	H_3BO_3

Diese Mineralien kommen an verschiedenen Stellen der Erde vor. Während früher Borsäure hauptsächlich aus den Abscheidungen vulkanischer Dämpfe (Fumarolen, Sassarolen) gewonnen wurde, ist heute praktisch nur mehr der Abbau von fast reinem Kernit — besonders in Kalifornien — von Bedeutung.

2. Produktion und Preis

Die abgebauten Mengen an Bormineralien übersteigen heute bereits 600000 jato, doch wird praktisch die gesamte Produktion in Form von Borverbindungen ver-

[1] Weintraub, E.: U. S. Patent 1046043 (1912) und 1074672 (1913).

braucht. Elementares Bor bzw. Bor als Legierungszusatz (Ferrobor) und in Form von Boriden wurden dagegen 1956 z. B. in den USA nur 21 Tonnen verbraucht.

Amorphes Bor erzielte 1953 einen Preis von 35 $ pro kg; für kristallines Bor wurden 1953 etwa 330 $/kg, 1957 130 $/kg und 1968 120—130 $/kg bezahlt.

3. Physikalische Eigenschaften

Das elementare Bor ist eine sehr spröde, harte, nichtmetallische Substanz (vgl. Tab. 103). Die Mikrohärte beträgt etwa 2300—2500 kp/mm². Es hat sehr hohen Schmelzpunkt (Fp. etwa 2300 °C), dessen genauer Wert heute noch nicht völlig gesichert erscheint. Der Siedepunkt liegt nur wenig höher (Kp. etwa 2500 °C).

Tabelle 103. *Physikalische Eigenschaften von Bor*

	B		B
OZ	5	c_{p20}	4,15
AG	10,811	α_m	8,0
ES	(He) $2s^2 2p$	k_R	0,55
GT	mehrere Struktur-vorschläge	λ_w	—
		λ_e	Halbleiter
		EN	2,0
AR	0,98	*I*	8,296
ϱ_{20}	2,34	*E*	—
Fp	2030	μ	—
Kp	3900	σ_B	spröde
ΔH_s	5,6	*H* (Knoop)	2900
$\Delta H_{\text{subl.}}$	133	Häuf.	3 ppm

Zeichenerklärung S. 152.

Wegen der Schwierigkeiten, reines kristallisiertes Bor herzustellen, ist die Struktur des Bors noch nicht eindeutig geklärt und scheint je nach der Herstellung der Proben verschieden. Es wurden tetragonale sowie hexagonale Strukturen gefunden[1].

Interessant ist die extreme Temperaturabhängigkeit des elektrischen Widerstandes von Bor. Bei tiefen Temperaturen (unter 0 °C) hat Bor einen außerordentlich hohen elektrischen Widerstand. Er nimmt mit steigender Temperatur stark ab; geringe Gehalte an gelöstem Kohlenstoff erhöhen die Leitfähigkeit des Bors ganz erheblich. Schon bei 7—8% Kohlenstoff wird die Leitfähigkeit von Graphit erreicht.

Von Bor sind zwei Isotopen, das Bor^{10} und das Bor^{11}, bekannt, die in der Natur im Verhältnis von etwa 20:80 vorkommen. Das natürliche Gemisch hat einen hohen Einfangquerschnitt für thermische Neutronen (750 barns). Noch wesentlich höher ist der Einfangquerschnitt des reinen Bor^{10} mit etwa 4000 barns.

---

[1] Hoard, J. L.: Structure and Polymorphism in Elemental Boron in: Gould, R. F. (Hrsg.): From Borax to Boranes (Advances in Chemistry Series, 32), American Chemical Society, Washington, D. C. 1961.

Natürliches Bor, aber auch das angereicherte Isotop B^{10} werden daher — meist in Form von Verbindungen oder Boriden — für Regelstäbe und für Abschirmungen verwendet.

4. Chemische Eigenschaften

Elementares Bor ist in feinverteilter Form sehr reaktionsfreudig und wird schon bei Zimmertemperatur langsam von Luftsauerstoff angegriffen. In massiver Form ist es dagegen sehr beständig und wird von Luft erst ab 750 °C oxydiert. Gegen nichtoxydierende Agentien (HCl, H_2SO_4, HF, NaOH usw.) ist Bor vollkommen beständig. Oxydierende Medien (HNO_3, Königswasser, geschmolzenes Na_2O_2 oder Schmelzen von $Na_2CO_3 + NaNO_3$) oxydieren zu Borsäure.

Die wichtigste Borverbindung ist Bortrioxid B_2O_3. Mit Halogenen bildet Bor flüchtige Verbindungen, mit Stickstoff bildet es Bornitrid BN, mit Kohlenstoff Borkarbid B_4C. Ferner geht Bor mit den meisten Metallen Verbindungen — die Boride — ein, die hohe Bildungswärmen aufweisen und sehr häufig ausgesprochen metallischen Charakter haben.

5. Gewinnung

Neben dem elementaren Bor sind verschiedenen Borverbindungen, vor allem das Bornitrid, das Borkarbid, verschiedene Übergangsmetallboride und das Ferrobor von technischem Interesse. Die Gewinnung der genannten Verbindungen geschieht häufig durch direkte Synthese aus den Komponenten, doch sind auch andere Verfahren gebräuchlich. Ferrobor wird durch aluminothermische Reduktion eines Gemisches von Bortrioxid und Eisenoxid, durch Reduktion von Bortrioxid mit Ferrosilizium oder durch Kohlenstoffreduktion von Bortrioxid gemeinsam mit Eisenoxid im Elektroofen erzeugt. Auf ähnliche Weise werden die als Vorlegierungen wichtigen Chrom–Bor-, Kupfer–Bor- bzw. Nickel–Bor-Legierungen hergestellt.

a) Elementares Bor

Kleinere Mengen von relativ reinem Bor werden durch thermische Dissoziation von Borhalogeniden oder von Borwasserstoff bzw. durch Reduktion der genannten Verbindungen durch Wasserstoff an glühenden Drähten von Molybdän, Wolfram oder Tantal gewonnen[1–6]. Auch beim Durchblasen der genannten Borverbindungen allein bzw. gemischt mit Wasserstoff durch elektrische Lichtbögen kann das Element gewonnen werden[7,8].

---

[1] VAN ARKEL, A.: U. S. Patent 1774410 (1930).

[2] LAUBENGAYER, A. J., HURD, D. T., NEWKIRK, A. E., HOARD, J. L.: J. Amer. chem. Soc. *65* (1943) 1924.

[3] KIESSLING, R.: Acta chem. Scand. *2* (1948) 707.

[4] MCCARTY, L. V., CARPENTER, D. R.: J. Electrochem. Soc. *107* (1960) 38.

[5] ANDERSON, R. D.: Operating Instructions for Production of Product 891-A at Stanford Research Laboratories. U. S. Army Engineering Corp., Vol. 1, 2, 3, LC, M-356 (1944—1946).

[6] ROCHOW, T. G.: Production of 891 (Crystalline Boron). AEC-Rep. A-1791 (1944),

[7] WEINTRAUB, E.: U. S. Patent 1046043 (1912) und 1074672 (1913).

[8] HACKSPILL, L., STICKER, A., HOCART, R.: Compt. rend. *193* (1931) 776.

Borsäure läßt sich mit Magnesiummetall in Kohletiegeln reduzieren. Das erhaltene Produkt ist jedoch stark, vor allem mit Magnesiumborid, Magnesiumoxid und Borsäure, verunreinigt. Durch abwechselndes Auskochen mit Säuren und Laugen kann man es auf eine Reinheit von 95–98% Bor bringen.

Bor wird heute überwiegend durch *Schmelzflußelektrolyse von* KBF_4 in geschmolzenem KCl, eventuell unter Zusatz von Borsäure, in Tiegeln aus hitzebeständigen Materialien, die mit Graphit ausgekleidet sind, hergestellt. Der Graphittiegel ist als Anode geschaltet, Kathoden sind Eisenbleche, an denen sich das Bor in feinkristallinen Krusten absetzt. Man schlägt das Bor vom Blech ab und reinigt es durch Auskochen mit Säuren. Elektrolysiert wird je nach Badzusammensetzung bei 650–1000 °C, mit Badspannungen von 3,5–10 V und mit hohen Stromdichten. Es werden Ausbeuten über 75% erzielt. Bei Gegenwart von Borsäure im Schmelzflußelektrolyten wird an der Anode Sauerstoff entwickelt und die Graphitauskleidung stark angegriffen. In borsäurefreien Schmelzen wird Chlor gebildet.

b) Trennung der Borisotope

Wegen des sehr hohen Neutroneneinfang-Querschnittes ist B^{10}, das zu etwa 20% in natürlichem Bor vorkommt, interessant. Die Trennung der Isotope geschieht durch fraktionierte Destillation von Bortrifluoriddimethyläther in 5 m langen Fraktionierkolonnen, wobei die B^{10}-Verbindung bevorzugt übergeht. Man kann das Borgemisch auf ein Verhältnis von $>96\%$ B^{10} und $<4\%$ B^{11} anreichern. Der Borfluoridätherkomplex wird schließlich mit Kaliumfluorid zu KBF_4 mit hohem B^{10}-Gehalt umgesetzt, aus dem durch Salzbadelektrolyse elementares, hochangereichertes B^{10} erhalten wird.

c) Bornitrid (BN)

Bornitrid kann durch Erhitzen von feinverteiltem Bor in Ammoniak- oder Stickstoffatmosphäre hergestellt werden. Auch durch Reduktion von Bortrichlorid mit Ammoniak bei höherer Temperatur wird Bornitrid erhalten. Das gewonnene hexagonale Bornitrid (weißer Graphit) läßt sich unter den Bedingungen der Diamantsynthese in fast diamanthartes, kubisches Bornitrid (Borazon) überführen[1,2]

d) Borkarbid (B_4C)

B_4C läßt sich durch Erhitzen von Bortrioxid mit Kohlepulver bei 2500 bis 2600 °C, bzw. durch Umsetzung von entwässertem feingemahlenem Borsäurepulver mit Magnesiummetall und Kohlepulver bei 1400 °C herstellen. Auch die Synthese aus den Komponenten durch Sintern bzw. Drucksintern ist selbstverständlich möglich[3,4].

---

[1] Anonym: Chem. Engng. News *47* (1969) 10.

[2] Anonym: Chemie f. Labor u. Betrieb *20* (1969) 413.

[3] Adlassing, K.: Planseeber. Pulvermet. *6* (1958) 92; Österr. Chem. Ztg. *60* (1959) 69.

[4] Dawihl, W.: in: Handbuch der Hartmetallwerkzeuge. Springer-Verlag, Berlin 1956, S. 358.

1a	2a	3a	4a	5a	6a	7a	8			1b	2b	3b	4b	5b	6b	7b	0
H_3B u. a.																	—
Li_3B	Be_5B Be_2B BeB_2 BeB_4 BeB_6											B	CB_4	NB	O_3B_2 u. a.	F_3B FB	—
	Mg_3B_2 MgB_2 MgB_{12}		TiB TiB_2	V_3B_2 VB V_3B_4 VB_2	Cr_4B Cr_2B Cr_5B_3 CrB Cr_3B_4 CrB_2	Mn_4B Mn_2B MnB Mn_3B_4 MnB_4 $MnB_{0,112}$	Fe_2B FeB	Co_3B Co_2B CoB	Ni_3B Ni_2B Ni_3B_2 NiB Ni_2B_3			AlB_2 AlB_4 AlB_{12}	SiB_3 SiB_4 SiB_6	PB	SB S_3B_2	Cl_3B ClB	—
	CaB_6	ScB_2 ScB_6	ZrB_2 ZrB_{12}	Nb_3B_2 NbB Nb_3B_4 NbB_2	Mo_2B Mo_3B_2 MoB MoB_2 Mo_2B_5 MoB_{12}		Ru_7B_3 $Ru_{11}B_3$ RuB Ru_3B_3 RuB_2 Ru_2B_5	Rh_7B_3 $RhB_{1,1}$ RhB_2	Pd_3B Pd_5B_2	CuB_{22}		GaB_{12}	GeB_6		Se_3B_2	Br_3B BrB	—
	SrB_6	YB_2 YB_4 YB_6 YB_{12}								AuB_2						J_3B JB	—
	BaB_6	LaB_3* LaB_4 LaB_6	HfB HfB_2	Ta_2B Ta_3B_2 TaB Ta_3B_4 TaB_2	W_2B WB W_2B_5 WB_{12}	Re_3B ReB_2	OsB OsB_2 Os_2B_5	$IrB_{1,1}$ IrB_2	PtB	AgB_2							—
		**															

*	CeB_4 CeB_6	PrB_3 PrB_4 PrB_6	NdB_4 NdB_6		SmB_4 SmB_6	EuB_6	GdB_5 GdB_4 GdB_6	TbB_4 TbB_6	DyB_4 DyB_6 DyB_{12}	HoB_4 HoB_6 HoB_{12}	ErB_4 ErB_6 ErB_{12}	TmB_4 TmB_6 TmB_{12}	YbB_3 YbB_4 YbB_6	LuB_4 LuB_6 LuB_{12}
**	ThB_4 ThB_6		UB_2 UB_4 UB_{12}		PuB PuB_2 PuB_6 PuB_4									

Abb. 226. Borverbindungen im Periodensystem. (Nach R. KIEFFER und F. BENESOVSKY)

e) Boride

Die Herstellung der hochschmelzenden Boride der Übergangsmetalle (vgl. Abb. 226) geschieht überwiegend durch Direktsinterung oder Drucksinterung der Komponenten bei 1600—2000 °C. Auch durch Umsetzung der Hydride z. B. von Titan und Zirkonium mit Borpulver oder von Bortrioxid–Metalloxidgemischen mit Aluminium, Magnesium, Silizium oder Kohlenstoff sind die Boride zu erhalten. Schließlich entstehen Boride auch durch Elektrolyse von schmelzflüssigen Calcium-, Magnesium- oder Lithiumfluoriden oder Oxiden, die Borsäure und die entsprechenden Metalloxide gelöst enthalten[1–5].

Die Zusammensetzung sowie einige interessante Eigenschaften der verschiedenen Übergangsmetallboride gehen aus Tabelle 104 hervor.

f) Ferrobor

Die verschiedenen Methoden zur Herstellung von Ferrobor, das als Desoxydationsmittel und als Stahlveredler Verwendung findet, werden hier nicht näher beschrieben. Es sei auf das Buchschrifttum verwiesen[6].

6. Verwendung

Elementares Bor hat bis jetzt noch keine praktische Verwendung gefunden. Es wird lediglich — meist in Form von Ferrobor — legierten Stählen und Superlegierungen in geringen Mengen (0,02—0,06% Bor) zugesetzt. Der Borgehalt erhöht besonders die Härtbarkeit der Stähle und kann einen großen Teil der Legierungsmetalle Chrom, Nickel, Molybdän in Sonderstählen ersetzen. Größere Mengen an Bor (1—3%) enthalten die als Hartauftropflegierungen verwendeten Chrom–Nickel–Silizium–Bor-Legierungen (Colmonoy, Eutalloy u. a.). Calcium- oder Manganboride werden Kupfer-, Nickel- und Edelmetall-Legierungen zur Desoxydation und zur Kornverfeinerung zugesetzt.

Versuche, Bor als Dotierungsmittel in der Halbleitertechnik einzusetzen, haben wegen der Schwierigkeiten, Bor genügend rein zu erhalten, wenig Erfolge gebracht.

Borkarbid: Wegen seiner außerordentlichen Härte wird Borkarbid als Ersatz von Diamant und in Konkurrenz zu Siliziumkarbid und Korund in der Schleifmittelindustrie verwendet.

Bornitrid: Die normale Modifikation des Bornitrids, die graphitisch kristallisiert, ist leicht bearbeitbar, hat besonders gute Feuerfestigkeit und wird als

---

[1] ANDRIEUX, L.: Ann. Chim. *12* (1929) 423; Rev. Mét. *45* (1948) 49; Compt. rend *189* (1929) 1279.

[2] ANDRIEUX, L.: in: LEBEAU, P.: Les hautes témpératures et leurs utilisation en chimie. Masson, Paris 1950, Bd. 1, S. 375.

[3] WEISS, G.: Ann. Chim. *1* (1946) 446.

[4] ANDRIEUX, L., WEISS, G.: Bull. Soc. Chim. France *15* (1948) 598.

[5] MEERSON, G. A., SMIRNOVA, M. P.: Chim. Redkich Elementov, Akad. Nauk. SSSR (1955) 130.

[6] SAMSONOV, G. V., et al.: Boron, Its Compounds and Alloys. Izd. AN, UkrSSR (1960).

Tabelle 104. *Zusammensetzung und Eigenschaften der IVa-, Va- und VIa-Boride**

Borid	Borgehalt Gew.-%	Struktur	Gitterkonstante Å	Dichte g/cm³	Härte HM (50 g) kg/mm²	Schmelzpunkt °C	ΔH kcal/Mol
TiB	18,45	orthorhombisch B 27	a = 6,12 b = 3,06 c = 4,56	5,09	2800	2600 zers.	—
TiB_2	31,1	hexagonal C 32	a = 3,026 c = 3,213	4,45	3480	2900 ± 80	—71
ZrB_2	19,18	hexagonal C 32	a = 3,169 c = 3,530	6,0	2200	2990 ± 50	—78
ZrB_{12}	58,75	kubisch D 2_f	7,408	3,75	2500	2680 ± 100	—120
HfB	5,72	orthorhombisch B 27		12,8	<1700	3000 zers.	—
HfB_2	10,81	hexagonal C 32	a = 3,141 c = 3,470	10,5	2900	3250	—74,2
V_3B_2	12,4	tetragonal D 5a	a = 5,745 c = 3,032	5,83	ca. 2200	2070	—
VB	17,5	orthorhombisch B_f	a = 3,10 b = 8,17 c = 2,98	5,44 ber.	ca. 2300	2250	—
V_3B_4	22,1	orthorhombisch D 7_b	a = 3,030 b = 13,18 c = 2,986	5,44 ber.	ca. 2350	2300 zers.	—
VB_2	29,8	hexagonal C 32	a = 2,998 c = 3,057	4,61	2080	2400	—24
Nb_3B_2	7,2	tetragonal D 5_a	a = 6,185 c = 3,280	8,0	2060	1860 zers.	—
NbB	10,4	orthorhombisch	a = 3,298 b = 8,724 c = 3,166	7,6 ber.	2200	2280	—

* Kieffer, R., Benesovsky, F.: Hartstoffe. Springer-Verlag, Wien 1963.

Tabelle 104 (Fortsetzung)

Borid	Borgehalt Gew.-%	Struktur	Gitterkonstante Å	Dichte g/cm³	Härte HM (50 g) kg/mm²	Schmelzpunkt °C	ΔH kcal/Mol
Nb_3B_4	13,5	orthorhombisch D 7_b	a = 3,305 b = 14,08 c = 3,137	7,333 ber.	2290	2700 zers.	—
NbB_2	18,89	hexagonal C 32	a = 3,086 c = 3,306	6,60	2600	3000	—36
Ta_2B	2,95	tetragonal C 16	a = 5,778 c = 4,864	15,18 ber.	ca. 2200	1920 zers.	—
Ta_3B_2	3,85	tetragonal D 5_a	a = 6,184 c = 3,284	15,01	2770	2120 ters.	—
TaB	5,6	orthorhombisch B_f	a = 3,276 b = 8,669 c = 3,157	14,0	3130	2430	—
Ta_3B_4	7,2	orthorhombisch D 7_b	a = 3,29 b = 14,0 c = 3,13	13,5	3350	2650 zers.	—
TaB_2	10,6	hexagonal C 32	a = 3,078 c = 3,265	11,7	2200	3150	—52
Cr_4B	4,94	orthorhombisch D 1_f	a = 4,262 b = 7,382 c = 14,71	6,24 ber.		ca. 1850 zers.	—
Cr_2B	9,45	orthorhombisch	a = 14,7 b = 7,34 c = 4,29	6,53 ber.		ca. 1850 zers.	—
Cr_5B_3 (Cr_3B_2)	11,1	tetragonal	a = 5,46 c = 10,64	6,13		ca. 1900 zers.	—30
CrB	17,2	orthorhombisch B_f	a = 2,969 b = 7,858 c = 2,932	6,05	2140	2050	—

Tabelle 104 (Fortsetzung)

Borid	Borgehalt Gew.-%	Struktur	Gitterkonstante Å	Dichte g/cm³	Härte HM (50 g) kg/mm²	Schmelzpunkt °C	ΔH kcal/Mol
Cr_3B_4	21,7	orthorhombisch D 7_b	a = 2,984 b = 13,02 c = 2,954	5,80 ber.	ca. 1950 zers.		—
CrB_2	29,5	hexagonal C 32	a = 2,969 c = 3,066	5,6	2250	2200	—31
Mo_2B	5,3	tetragonal C 16	a = 5,543 c = 4,735	9,1	2500	2140 zers.	—25,5
Mo_3B_2	7,0	tetragonal D 5_a	a = 6,002 c = 3,146	8,8—9	ca. 2300	2240 zers.	—42,0
MoB	10,1	δ: tetragonal Bg β: orthorhomb. B_f	a = 3,110 c = 16,95 a = 3,16 b = 8,61 c = 3,08	8,3	2500	2350	—16,3
MoB_2	18,4	hexagonal C 32	a = 3,05 c = 3,113	7,78 ber.	2100	2100	—23
Mo_2B_5	22,0	hexagonal D 8_h	a = 3,011 c = 20,93	7,01	3220	ca. 2300	—50
W_2B	2,86	tetragonal C 16	a = 5,564 c = 4,740	16,0	2350	2270	ca. —25
WB	5,56	δ: tetragonal B_g β: orthorhomb. B_f	a = 3,115 c = 16,92 a = 3,14 b = 8,40 c = 3,07	15,3	3750	2860 zers.	ca. —15
W_2B_5	12,81	hexagonal D 8_h	a = 2,982 c = 13,87	13,1 ber.	2700	ca. 2300	ca. —30

Tiegelmaterial eingesetzt. Bornitrid wird wie das Siliziumnitrid Si_3N_4 kaum von niedrigschmelzenden Metallen benetzt.

Das unter hohem Druck bei Temperaturen über 1700 °C in kubisch kristallisierter Form erhaltene Bornitrid ist sehr hart und ist unter dem Namen *Borazon* als Diamantersatzmittel in Verwendung. Es hat vor allem den Vorteil, bis 1400 °C gegen Oxydation beständig zu sein[1,2].

Boride: Die Boride verschiedener Übergangsmetalle wurden für die Verwendung in Hartmetallen, als Heizleiter, für temperaturbeständige Tiegel, Hochtemperaturwerkstoffe und als korrosionsfestes Material vorgeschlagen, konnten sich jedoch noch nicht in größerem Umfang durchsetzen[3,4]. Gewisse Mengen an TiB_2 finden für Verdampferschiffchen technische Verwendung.

In der *Kerntechnik* werden Borverbindungen und Borlegierungen wegen des hohen Neutroneneinfang-Querschnittes von Bor (besonders des Isotops B^{10}) in Kontrollstäben von Reaktoren bzw. als Abschirmmaterial verwendet. In Verwendung stehen borhaltige, korrosionsfeste Stähle, AlB_{12}, Titan–Bor-Legierungen, reines und kunststoffgebundenes Borkarbid und der aus etwa 35% B_4C, Rest Aluminium, bestehende Verbundwerkstoff *Boral.*

Borhaltige Mineralien für Neutronenabsorptionszwecke haben den Vorteil des geringen Gewichtes und Volumens, doch zeigen sie starke Strahlungsschäden, da Bor beim Neutroneneinfang in Lithium und Helium zerfällt. Die borhaltigen Materialien „brennen" rasch aus, da die entstehenden Produkte Lithium und Helium nur sehr geringe Einfangquerschnitte haben. Von Vorteil ist aber, daß beim Neutroneneinfang nur sehr weiche, leicht abschirmbare γ-Strahlung entsteht.

Buchschrifttum

COOPER, H. S.: Boron in: HAMPEL, C. A. (Hrsg.): Rare Metals Handbook. Reinhold Publ. Corp., London, 2. Aufl. 1961, S. 69.

SCHAEFER, J. C.: Boron in: HAMPEL, C. A. (Hrsg.): The Encyclopedia of the Chemical Elements. Reinhold Book Corp., New York–Amsterdam–London 1968, S. 73.

GOULD, R. F. (Hrsg.): From Borax to Boranes (Advances in Chemistry Series No. 32), Amer. Chem. Soc. Washington, D. C. 1961.

SAMSONOV, G. V., et al.: Boron, its Compounds and Alloys. Izd. AN Ukr. SSR 1960.

ADAMS, R. M. (Hrsg.): Boron, Metallo-Boron Compounds and Boranes. Interscience Publishers. J. Wiley & Sons, New York–London–Sydney 1964.

SCHREITER, W.: Seltene Metalle, Bd. I, 2. Aufl. VEB Deutscher Verlag für Grundstoffindustrie, Leipzig 1963.

[1] Anonym: Chem. Engng. News *47* (1969) 10.

[2] Anonym: Chemie f. Labor u. Betrieb *20* (1969) 413.

[3] KIEFFER, R., BENESOVSKY, F.: Hartmetalle. Springer-Verlag, Wien–New York 1965.

[4] KIEFFER, R., BENESOVSKY, F.: Hartstoffe. Springer-Verlag, Wien 1963.

L. Silizium und Germanium

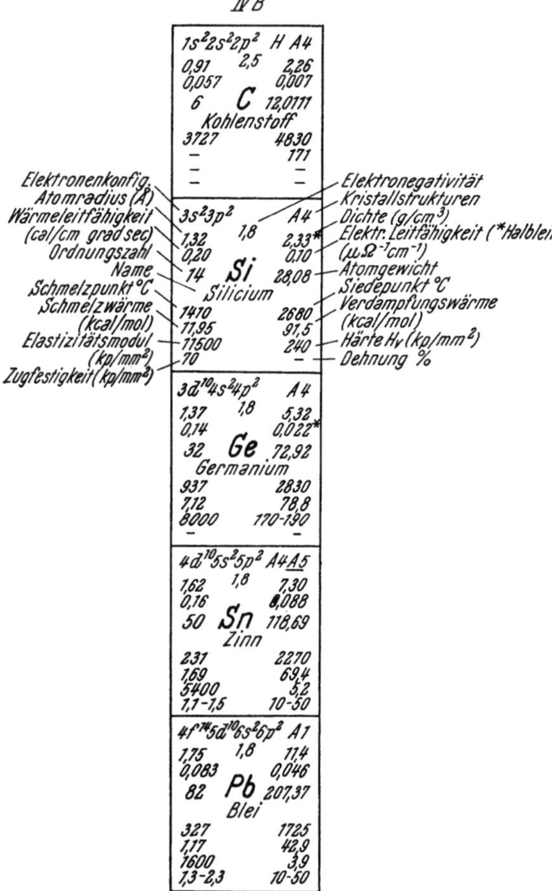

Abb. 227. Einige wichtige physikalische Eigenschaften der Elemente der IV b-Gruppe des Periodensystems

Silizium und Germanium gehören zusammen mit Zinn und Blei zur Gruppe IV b des Periodensystems.

Silizium und Germanium, die Elemente mit der nach dem Kohlenstoff niedrigsten Ordnungszahl dieser Gruppe, sind Halbmetalle. Ihre Stellung als Zwischenglied zwischen Metalloiden und Metallen macht sie für die immer wichtiger werdende Verwendung als Halbleiter geeignet. Zinn ist als Metall anzusprechen, lediglich seine Tieftemperaturmodifikation, das sogenannte graue Zinn, besitzt Metalloideigenschaften. Blei hat keine Halbmetalleigenschaften mehr.

Neben der Verwendung in der Halbleiterindustrie — für Transistoren, Dioden und Gleichrichter, bei der neuerdings Silizium gegenüber Germanium zu überwiegen beginnt — ist Silizium in Form der Übergangsmetallsilizide technisch interessant. Die harten und zumeist äußerst korrosions- und zunderfesten Übergangsmetallsilizide finden Verwendung zur Herstellung von harten, verschleißfesten und korrosionsfesten Überzügen auf metallischen Werkstoffen. Die weitaus größten Mengen an Silizium werden aber in Form von Ferrosilizium in der Stahlindustrie verbraucht.

Germanium hat neben seiner Verwendung in der Halbleiterindustrie noch keine nennenswerten Anwendungen gefunden.

1. Entdecker und Namensgebung

Tabelle 105. *Entdecker und Namensgebung*

Silizium	Germanium
Silizium in Form von Kieselsäure schon lange bekannt. 1800 erkannte DAVY, daß Kieselsäure ein Oxid eines eigenen Elementes ist. Name nach dem Hauptmineral Kieselsäure (silica)	1886 von C. WINKLER in einem Silbererz „Argydolit“ entdeckt Germanium nach Deutschland, dem Heimatland des Entdeckers benannt
Elementares Silizium erstmals 1854 von DEVILLE durch elektrolytische Abscheidung aus Salzschmelzen hergestellt	

2. Vorkommen und Häufigkeit

Silizium ist nach Sauerstoff das am häufigsten in der Erdkruste vorkommende Element. Es liegt in der Natur ausschließlich als SiO_2 bzw. in Form von Silikaten vor.

Germanium zählt dagegen mit einer Häufigkeit von etwa 7 g/t zu den selteneren Elementen. Es ist nur in wenigen Lagerstätten stärker angereichert. Gegenwärtig werden lediglich zwei Lagerstätten in erster Linie wegen ihres Germaniumgehaltes abgebaut: Germaniumerze in *Tsumeb* in Südafrika enthalten etwa 8% Germanium in Form des Germanites, eines Kupfer–Germanium–Arsen-Sulfides. Daneben werden in *Katanga*, zum Teil vergesellschaftet mit den dort vorkommenden Kupfererzen, Vorkommen von Renierit, d. s. komplexe germanium- und arsenhaltige Kupfer–Eisen–Zink-Sulfide mit einem Germaniumgehalt von 6 bis 8% Germanium gefunden und ausgebeutet.

3. Produktion und Preis

Die Produktion von *Ferrosilizium* ist eng mit der Stahlindustrie verknüpft und schwankt mit dieser je nach der Konjunkturlage in der Welt in relativ großen Grenzen. Im Durchschnitt werden jährlich etwa 0,8—1 Mill. t an Ferrosilizium mit einem Siliziuminhalt von 300000—400000 t erzeugt.

Diesen Werten gegenüber ist die Produktion an *reinem elementarem Silizium* sehr bescheiden. Immerhin wurden 1960 etwa 15000—20000 t elementares Silizium erzeugt und die Produktion steigt mit der wachsenden Verwendung des Siliziums weiter an. Mit der steigenden Produktion ist der Preis für elementares Silizium stark gefallen. Der Preis wird ganz wesentlich vom Reinheitsgrad des gehandelten Produktes bestimmt (Tab. 106).

Die Produktion an Germanium ist erst seit der Verwendung als Halbleitermaterial angelaufen, dann aber rasch gestiegen. 1948 wurden in den USA nur 0,5 t, 1958 aber schon 32 t erzeugt. Gegenwärtig stagniert die Germaniumproduk-

Tabelle 106. *Preise für verschiedene Siliziumsorten*

Sorte	Preis $/kg Siliziuminhalt
Ferrosilizium (40%)	0,32 bis 0,40
Rohsilizium (97%)	0,36 bis 0,45
Reinsilizium (99,7%)	12,— bis 14,—
Halbleitersilizium	160,— bis 800,—

tion, weil Germanium in seinen Verwendungsgebieten stark von Silizium konkurrenziert wird. Man wird daher nach neuen Märkten für Germanium suchen müssen.

Der Preis für Germanium ist relativ hoch. Für mäßig reines Metall wurden 1960 etwa 400.— $/kg bezahlt. Germanium-Einkristalle werden je nach ihrer Reinheit mit zum Teil noch erheblich höheren Preisen gehandelt.

4. Physikalische Eigenschaften

Silizium und *Germanium* sind in elementarer Form spröde und metallisch glänzend. Silizium hat noch weniger metallische Eigenschaften als Germanium.

Tabelle 107. *Physikalische Eigenschaften von Silizium, Germanium, Zinn und Blei*

	Si	Ge	Sn	Pb
OZ	14	32	50	82
AG	28,086	72,59	118,69	207,19
ES	(Ne) $3s^2 3p^2$	(Ar) $3d^{10} 4d^2 4p^2$	(Kr) $4d^{10} 5s^2 5p^2$	(Xe)$4f^{14} 5d^{10} 6s^2 6p^2$
GT	kub. A4	kub. A4	tetr. r.z.	kfz.
	$a = 5{,}4282$	$a = 5{,}6584$	$a = 5{,}8311$	$a = 4{,}9494$
			$c = 3{,}1814$	
AR	1,32	1,37	1,58	1,75
ϱ_{20}	2,33	5,32	7,30	11,4
Fp.	1410	937,4	231,9	327,4
Kp.	2680	2830	2270	1725
ΔH_s	11,95	7,12	1,69	1,17
$\Delta H_{\text{subl.}}$	108,4	78,4	71,7	43,6
Δc_{p20}	4,73	5,6	6,28	6,4
α_m	4,6	6,0	27,0	28,7
k_R	1,0	1,25	1,8	2,25
λ_w	0,20	0,14	0,16	0,083
λ_e	Halbleiter	Halbleiter	0,088	0,046
EN	1,8	1,8	1,8	1,8
I	8,15	8,15	7,35	7,4
E	11500	8000	5400	1600
μ	0,45	0,36	0,33	0,45
σ_B	70	—	1,1—1,5	2—3
H_V	240	170—190	5,2	3,9
Häuf.	27,72%	7 ppm	0,0040%	0,0016%

Zeichenerklärung S. 152.

Silizium, das Diamantgitter besitzt, hat in reinem Zustand und bei Normaltemperatur nur geringe elektrische Leitfähigkeit. Bei dem ebenfalls im Diamantgitter kristallisierenden Germanium ist schon meßbare elektrische Leitfähigkeit vorhanden.

Die wichtigsten Eigenschaften der Elemente Silizium und Germanium sind in Tab. 107 angeführt. Zum Vergleich sind in die Tabelle auch die Werte für die in der gleichen Gruppe stehenden Metalle Zinn und Blei mit aufgenommen.

5. Chemische Eigenschaften

Chemisch sind sowohl Silizium als auch Germanium sehr beständig. *Silizium* wird von Mineralsäuren praktisch nicht angegriffen, es löst sich nur in einem Gemisch von Salpetersäure und Flußsäure. Es kann auch durch Kochen in konzentrierter Natronlauge oder durch Schmelzen mit Natriumperoxid in Lösung gebracht werden.

Germanium ist etwas weniger beständig, wird aber ebenfalls nur von stark oxydierenden Medien — Salpetersäure, Königswasser, alkalische Wasserstoffperoxidlösung, Natriumhypochloritlösung u. a. — angegriffen. Gegenüber Luft sind Silizium und Germanium gut beständig. Sie beginnen an Luft erst bei Temperaturen über etwa 500 °C zu oxydieren.

Silizium ist in seinen Verbindungen fast ausschließlich vierwertig, zweiwertiges Silizium liegt in SiO vor; von Germanium sind neben den vierwertigen auch weniger stabile, meist flüchtige, zweiwertige Verbindungen bekannt. Silizium und Germanium bilden sehr stark saure Oxide, die sich in Alkalien zu Silikaten bzw. Germanaten lösen. Kationische Silizium- oder Germaniumverbindungen sind in wäßrigen Lösungen nicht bekannt.

6. Gewinnung und Verwendung

a) Silizium

Darstellung

Die Gewinnung von elementarem Silizium geschieht überwiegend durch Reduktion von reinem natürlichen oder synthetischen SiO_2 mit Kohlenstoff im Lichtbogenofen. Das anfallende, meist noch viel Sauerstoff, Kohlenstoff und Eisen enthaltende Produkt wird in feingemahlenem Zustand zur Reinigung zuerst längere Zeit mit einem Salpetersäure–Salzsäure-Gemisch gekocht, schließlich mit einem Flußsäure–Schwefelsäure-Gemisch gewaschen. Nach Niederschmelzen des so gewonnenen Produkts ist das Silizium auch für die Zonenreinigung[1,2] geeignet.

Reinere Silizium-Sorten werden nach verschiedenen anderen Verfahren, u. a. durch Reduktion von $SiCl_4$ mit Alkalimetalldampf bzw. vorteilhafter mit Wasserstoff bei 1100—1200 °C oder durch thermische Zersetzung von SiJ_2, Silanen oder

[1] Pfann, W. G.: Zone Melting. J. Wiley & Sons, New York 1958.

[2] Parr, N. L.: Zone Refining and Allied Techniques. G. Newnes, London 1960.

Silizium-Chloroform an einem glühenden Draht oder an glühenden Blechen erhalten[1]. Die Verfahren haben jedoch nur für spezielle, präparative Zwecke und für die Herstellung von Halbleitersilizium Interesse.

Reinigung

Da an die Reinheit des hauptsächlich in der elektronischen Industrie verwendeten Siliziums größte Anforderungen gestellt werden, muß die Reinigung besonders weit getrieben werden. Als Feinstreinigungsverfahren hat sich vor allem das *Zonenschmelzen* bewährt, doch macht das Zonenschmelzen bei Silizium wegen dessen hohen Schmelzpunktes (Fp. 1410 °C) und vor allem wegen der starken Aggressivität des geschmolzenen Siliziums Schwierigkeiten. Daneben ist es wegen des nahe bei 1 liegenden Segregationskoeffizienten schwer möglich, das besonders störende Bor genügend zur entfernen.

Um den Schwierigkeiten aus dem Wege zu gehen, wurde aus dem Zonenschmelzen in neuerer Zeit das „Zonenfloating"-Verfahren[2,3,4,5,6] entwickelt. Bei diesem wird ein vertikal eingespannter Stab mittels Induktionsheizung an einer kleinen Stelle so aufgeheizt, daß der sich bildende Schmelztropfen (s. S. 82) zwischen den beiden Stabenden hängen bleibt. Durch Verschieben der Heizzone kann der Schmelztropfen tiegellos durch den ganzen Stab gezogen werden.

Durch die modernen Reinigungsverfahren ist es möglich geworden, Siliziummetall mit nur 0,003 ppm Verunreinigungen zu erzeugen. Diese extreme Reinheit ist die Voraussetzung für die hochwertigen und die Elektronik revolutionierenden Halbleiter-Bauelemente, die Leistungen in bezug auf Betriebssicherheit, Lebensdauer, Kleinheit der Anlagen, Schaltgeschwindigkeit, Ansprechempfindlichkeit usw. gebracht haben, die noch vor einigen Jahren für unmöglich gehalten wurden

Legierungen

Silizium bildet mit sehr vielen Metallen und Nichtmetallen Verbindungen, von denen in neuerer Zeit die Silizide der IVa-, Va- und VIa-Metalle Bedeutung als Heizleitermaterial ($MoSi_2$), für Hartauftropflegierungen und für verschleiß- bzw. zunder- und korrosionsfeste Deckschichten (Chrom–Titan–Molybdän-Silizide) gewonnen haben.

Die wichtigsten Verbindungen des Siliziums sind in Abb. 228 zusammengestellt; die Eigenschaften der technisch wichtigen Disilizide gehen aus Tab. 108 hervor.

Das Karbid (SiC) wird in großem Maße in der Industrie als Schleifmittel (Karborundum), als Heizleitermaterial (Silit, Globar usw.) und — keramisch gebunden — als hochwarmfestes und temperaturwechselbeständiges Material beim Ofenbau verwendet.

---

[1] Schreiter, W.: Seltene Metalle, Bd. 2. VEB Deutscher Verlag für Grundstoffindustrie, Leipzig 1961.

[2] Pfann, W. G.: Zone Melting. J. Wiley & Sons, New York 1958.

[3] Parr, N. L.: Zone Refinig and Allied Techniques. G. Newnes, London 1960.

[4] Hillmann, H.: Metall *15* (1961) 106.

[5] Calverley, A., Davis, M., Lever, R. F.: J. Sci.-Instrum. *34* (1957) 142.

[6] Eaton, N. V.: J. Less-Common Metals *2* (1960) 104.

1a	2a	3a	4a	5a	6a	7a	8			1b	2b	3b	4b	5b	6b	7b	0
H_4Si																	
$Li_{15}Si_4$ Li_2Si												B_6Si B_4Si B_2Si	CSi	N_4Si_3	OSi O_2Si	F_4Si	
$NaSi$	Mg_2Si												Si	PSi	S_2Si	Cl_4Si	
KSi KSi_4	Ca_2Si $CaSi$ $CaSi_2$	Sc_5Si_3 $ScSi_2$	Ti_5Si_3 $TiSi$ $TiSi_2$	V_3Si V_5Si_3 VSi_2	Cr_3Si Cr_5Si_3 $CrSi$ $CrSi_2$	Mn_3Si Mn_5Si_3 $MnSi$ $MnSi_2$	Fe_3Si Fe_5Si_3 $FeSi$ $FeSi_2$	Co_3Si Co_2Si $CoSi$ $CoSi_2$	Ni_3Si Ni_2Si Ni_5Si_2 Ni_3Si_2 $NiSi$ $NiSi_2$	Cu_3Si				As_2Si $AsSi$	Se_2Si	Br_4Si	
$RbSi$ $RbSi_6$	$SrSi$ $SrSi_2$	Y_5Si_4 Y_5Si_3 YSi YSi_2	Zr_4Si Zr_2Si Zr_3Si_2 Zr_6Si_5 $ZrSi$ $ZrSi_2$	Nb_4Si Nb_5Si_3 $NbSi_2$	Mo_3Si Mo_5Si_3 $MoSi_2$		Ru_2Si $RuSi$ $RuSi_2$	Rh_2Si Rh_5Si_3 Rh_3Si_2 $RhSi$ Rh_3Si_2	Pd_3Si Pd_2Si $PdSi$						Te_2Si $TeSi$	J_4Si	
$CsSi$ $CsSi_3$	$BaSi$ $BaSi_2$	$LaSi_2$ *	Hf_2Si Hf_5Si_3 Hf_3Si_2 $HfSi$ $HfSi_2$	$Ta_{4,5}Si$ Ta_2Si Ta_5Si_3 $TaSi_2$	W_5Si_3 WSi_2	Re_3Si Re_5Si_3 $ReSi_2$	$OsSi$ $OsSi_2$ $OsSi_3$	Ir_3Si Ir_2Si Ir_3Si_2 $IrSi$ $IrSi_2$ $IrSi_3$	Pt_2Si Pt_2Si $PtSi$								
**																	

*	Ce_2Si $CeSi_2$ $CeSi$ Ce_3Si	$PrSi_2$	$NdSi_2$		$SmSi_x$		Gd_3Si_5 $GdSi_2$		Dy_3Si_5 $DySi_2$		Er_3Si_5		$YbSi_2$	Lu_3Si_4
**	Th_3Si_2 $ThSi$ $ThSi_2$		U_3Si_2 USi U_2Si_2 USi_2 USi_3	$NpSi_2$	$PuSi$ $PuSi_2$									

Abb. 228. Siliziumverbindungen im Periodensystem. (Nach R. Kieffer und F. Benesovsky)

Tabelle 108. *Zusammensetzung und Eigenschaften der Silizide der IVa-, Va- und VIa-Metalle**

Silizid	Si-Gehalt Gew.-%	Struktur	Gitterkonstante Å	Dichte g/cm³	Härte (100 g) kg/mm²	Schmelzpunkt °C	ΔH kcal/Mo
Ti_5Si_3	26,1	hexagonal D 8_8	a = 7,465 c = 5,162	4,32	980	2120	—138
TiSi	37,0	orthorhomb. B 27	a = 3,611 b = 4,960 c = 6,479	4,21	1040	1760	—31
$TiSi_2$	53,9	orthorhomb. C 54	a = 8,236 b = 4,773 c = 8,523	3,83	620	1540	—32
Zr_4Si	7,2	DO_{19}	—	6,04	—	1630	—76
Zr_2Si	13,3	tetragonal C 16	a = 6,612 c = 5,371	5,96	1230	2110	—74
Zr_3Si_2	17,1	tetragonal D 5_a	—	5,86	>1300	2220 zers.	—140
ZrSi	23,6	orthorhomb. B 27	a = 6,972 b = 3,784 c = 5,301	5,56	1100	2100 zers.	—35
$ZrSi_2$	38,1	orthorhomb. C 49	a = 3,72 b = 14,61 c = 3,67	4,73	1030	1520 zers.	—36
Hf_2Si	7,2	tetragonal D 16	a = 6,48 c = 5,21	11,7 ber.	> 900	2500 zers.	—
Hf_5Si_3	8,6	hexagonal D 8_8	a = 7,888 c = 5,557	10,8 ber.	>1100	2600	—
HfSi	13,6	orthorhomb. B 27	a = 6,853 b = 3,75 c = 5,191	9,7 ber.	>1000	2200	—

* Kieffer, R., Benesovsky, F.: Hartstoffe. Springer-Verlag, Wien 1963.

Tabelle 108 (Fortsetzung)

Silizid	Si-Gehalt Gew.-%	Struktur	Gitterkonstante Å	Dichte g/cm³	Härte (100 g) kg/mm²	Schmelzpunkt °C	ΔH kcal/Mol
$HfSi_2$	23,9	orthorhomb. C 49	a = 3,67 b = 14,56 c = 3,64	7,2	865	1900 zers.	40–45
V_3Si	15,5	kubisch A 15	a = 4,712	5,33	1500	2060 zers.	–37
V_5Si_3	24,8	tetragonal D_{2d}^{11}	a = 9,431 c = 4,756	4,80	1500	2150	–115
VSi_2	52,4	hexagonal C 40	a = 4,562 c = 6,359	4,34	960	1650	–22,7
Nb_4Si	7,0	hexagonal $D0_{19}$(?)	a = 3,59 c = 4,96	7,74	550	1950 zers.	—
Nb_5Si_3	15,3	α tetrag. T 2 D_{4h}^{18} β tetrag. T 1 D_{2d}^{11}	a = 6,570 c = 11,882 a = 10,080 c = 5,077	6,26	600	2480 α/β ca. 2000	–25
$NbSi_2$	37,7	hexagonal C 40	a = 4,785 c = 6,576	5,54	700	1950	–12
$TaSi_{4,5}$	3,0–3,7	hexagonal DO_{19}(?)	a = 6,105 c = 4,920	12,7	1200	2510	< –10
Ta_2Si	7,2	tetragonal C 16	a = 6,157 c = 5,039	13,5 ber.	1500	2450 zers.	–20
Ta_5Si_3	8,5	α tetragonal T 2 D_{4h}^{18} β tetragonal T 1 D_{2d}^{11}	a = 6,516 c = 11,873 a = 9,88 c = 5,06	11,6	1500	2500	–76
$TaSi_2$	23,7	hexagonal C 40	a = 4,773 c = 6,552	8,4	1200	2200	–28

Tabelle 108 (Fortsetzung)

Silizid	Si-Gehlat Gew.-%	Struktur	Gitterkonstante Å	Dichte g/cm³	Härte (100 g) kg/mm²	Schmelzpunkt °C	ΔH kcal/Mol
Cr_3Si	15,3	kubisch A 15	a = 4,555	6,32 ber.	1000	1710	—
Cr_5Si_3	24,5	tetragonal T 1 D^{11}_{2d}	a = 9,188 c = 4,65	5,4	1280	1560 zers.	—
CrSi	35,0	kubisch B 20	a = 4,620	5,22	1000	1550	—
$CrSi_2$	51,9	hexagonal C 40	a = 4,422 c = 6,531	4,73	1100	1550	—24
Mo_3Si	8,9	kubisch A 15	a = 4,89	8,7	1310	2150 zers.	—24
Mo_5Si_3	14,9	tetragonal T 1 D^{11}_{2d}	a = 9,642 c = 4,905	7,4	1170	2100	—67
$MoSi_2$	36,9	tetragonal C 11	a = 3,200 c = 7,861	6,3	1290	2050	—26
W_5Si_3	8,4	tetragonal T 1 D^{11}_{2d}	a = 9,605 c = 4,964	12,2	770	2320	—30
WSi_2	23,4	tetragonal C 11	a = 3,212 c = 7,880	9,25	1090	2165	—22

Die gegenseitige Mischbarkeit des Siliziums mit anderen Metallen ist gering. In festem Zustand ist die gegenseitige Löslichkeit mit praktisch allen Metallen fast Null (Ausnahme Silizium–Germanium), selbst in flüssigem Zustand mischt sich Silizium z. B. nicht mit Wismut, Blei und Thallium und ist mit anderen Metallen (Zink, Kadmium) nur teilmischbar.

Siliziumreiche Legierungen werden in großtechnischem Maßstab entweder durch gemeinsame Reduktion der Oxide mit Kohlenstoff, durch Reduktion der Metallverbindungen mit Siliziumüberschuß oder durch Reduktion von SiO_2 mit Metallüberschuß erzeugt[1]. Sie dienen hauptsächlich als Desoxydationsmittel und als Vorlegierungen (Ferrosilizium, Calcium–Silizium) für die Herstellung verschiedener, siliziumhaltiger Legierungen, von denen die wichtigsten in Tab. 109 zusammengestellt sind.

Tabelle 109. *Die wichtigsten siliziumhaltigen Legierungen*

Zusammensetzung	Si-Gehalt	Verwendungszweck
Si–Fe	bis 0,5%	verschleißfeste, anlaßbeständige Legierungen. Mit Mn- oder Cr-Gehalt Federstähle
Si–Fe–Cr	2 – 2,5%	hochzunderfeste Stähle
Si–Fe	0,5– 3,2%	Dynamobleche
Si–Fe	3 – 4 %	Trafobleche
Si–Fe	14 –18 %	hochkorrosionsfester Ferrosiliziumguß
Si–Fe	40 –95 %	Ferrosilizium-Vorlegierungen
Si–Ni–Cr–B	1 –4 %	Auftropf- und Aufspritzlegierungen
Si–Cu (Zn, Sn)	1 – 4 %	Si-Bronze, korrosionsbeständig, Lote
Si–Al	11 –13 %	Siluminguß, korrosionsfest
Si–Al	1,2–10 %	Spritzgußlegierungen
Si–Al–Mg	bis 1%	warmaushärtende Legierungen
Si–Ti (Al, V u. a.)	1 – 2 %	Si-haltige Ti-Legierung

Verwendung von Rein-Silizium

Elementares Rein-Silizium wird heute fast ausschließlich in der elektronischen Industrie und in der Elektroindustrie verwendet, wenn man von der geringen Anwendung von unreinem Silizium als metallischem Reduktionsmittel absieht.

Auf die Herstellung, den Aufbau und die Verwendung der verschiedenen elektronischen Bauteile, die auf den halbleitenden Eigenschaften verschiedener Elemente, hauptsächlich Silizium, Germanium und Selen, und der Verbindungen des III — V-Typs (s. bei Gallium — Indium — Thallium) beruhen, kann hier nicht näher eingegangen werden. Es sei nur erwähnt, daß Silizium vor Germanium und Selen den Vorteil der wesentlich höheren Temperaturfestigkeit besitzt. Während Silizium-Gleichrichter und Transistoren bis zu Temperaturen von 200 °C betriebsfähig sind, liegen die Grenzen für Germanium bei 95 °C, für Selen bei 75 °C.

[1] Kieffer, R., Benesovsky, F.: Hartstoffe. Springer-Verlag, Wien 1963.

Siliziumkarbid, das ebenfalls als Halbleiter eingesetzt werden kann, ist sogar bis 350 °C betriebsfähig.

Die höhere Temperaturbeständigkeit des Siliziums ermöglicht auch die wesentliche höhere Belastbarkeit von Siliziumbauelementen gegenüber solchen aus Germanium. Trotz der wesentlich größeren Schwierigkeiten bei der Herstellung von Silizium-Elementen im Vergleich zu solchen aus Germanium oder Selen haben Silizium-Gleichrichter schon weitgehend die Selen- und Germanium-Gleichrichter verdrängt.

b) Germanium

Darstellung

Wie erwähnt, wird Germanium nur zum Teil direkt aus Erzen mit höherem Germaniumgehalt gewonnen. Die Hauptmenge des erzeugten Germaniums wird während der Aufarbeitung von germaniumhaltigen Zink-Erzen bzw. aus Kohleaschen gewonnen. Bei allen Verfahren ist einheitlich die letzte Stufe der Aufbereitung nach Ankonzentrierung des Germaniums eine Destillation des leichtflüchtigen $GeCl_4$ (Kp. 83,1 °C).

Aus germaniumhaltigen Erzen

a) Der Aufschluß der sulfidischen Erze geschieht nach einem der gebräuchlichen Verfahren durch Kochen mit starker Natronlauge und Ausziehen des schließlich getrockneten Produktes mit Wasser, wobei Germanium als Sulfogermanat in Lösung geht. Nach Abscheidung von Arsen (als As_2S_3) und von Gallium (als Natrium–Galliumarsenat) durch Ansäuern, Oxydieren und Einstellung des pH auf 3 wird aus dem Filtrat mittels Ammoniak $Ge(OH)_4$ gefällt. Nach Filtration und Trocknen dieses Niederschlages und Aufnehmen in 7n HCl wird $GeCl_4$ abdestilliert.

b) Auch durch Kochen mit Salpetersäure–Schwefelsäure kann Germanit aufgeschlossen werden. Die Aufschlußmasse wird mit Wasser gelaugt und dadurch eine Reihe von Begleitmetallen herausgelöst. Aus dem Rückstand wird nach Zusatz von HCl und Oxydieren mit Cl_2 ein unreines $GeCl_4$ abdestilliert.

c) In Tsumeb werden Germanitkonzentrate — und bei anderen Firmen germaniumhaltige Flugstäube — zur Gewinnung des Germaniums nach dem Vertikalretortenverfahren unter Zuschlag von Ölpech auf 870—900 °C erhitzt. Bei dieser Behandlung werden die entstehenden zweiwertigen Germanium-Verbindungen (GeO und GeS) neben viel Arsensulfid verflüchtigt und in Kondensatoren niedergeschlagen. Durch oxydierendes Rösten wird aus dem aufgefangenen Staub Arsen verflüchtigt und die Germanium-Verbindung in GeO_2 verwandelt. Aus dem germaniumhaltigen Rückstand wird, wie üblich, $GeCl_4$ ausgetrieben (vgl. Fließschema, Abb. 229).

Als Nebenprodukt

a) Germaniumhaltige Flugstäube der Kupfer-Konzentratröstung und der Verblasöfen werden in Katanga nach Anteigen mit Schwefelsäure direkt oxydierend geröstet und der Germanium-Inhalt mit verdünnter Schwefelsäure ausgelaugt.

Nach Reinigung der Lösung von Arsen wird Germanium mit Magnesiumoxid als $Ge(OH)_4$ ausgefällt, das wieder in einer Chloriddestillationsstufe weiterverarbeitet wird.

b) Ähnlich geschieht die Gewinnung von Germanium aus den Flugstäuben der Zinksulfidröstung. Beim neuerlichen Rösten des Staubes unter Natriumchlorid- und Kohlenstoff-Zusatz geht Germanium neben Kadmium in die Staubfilter.

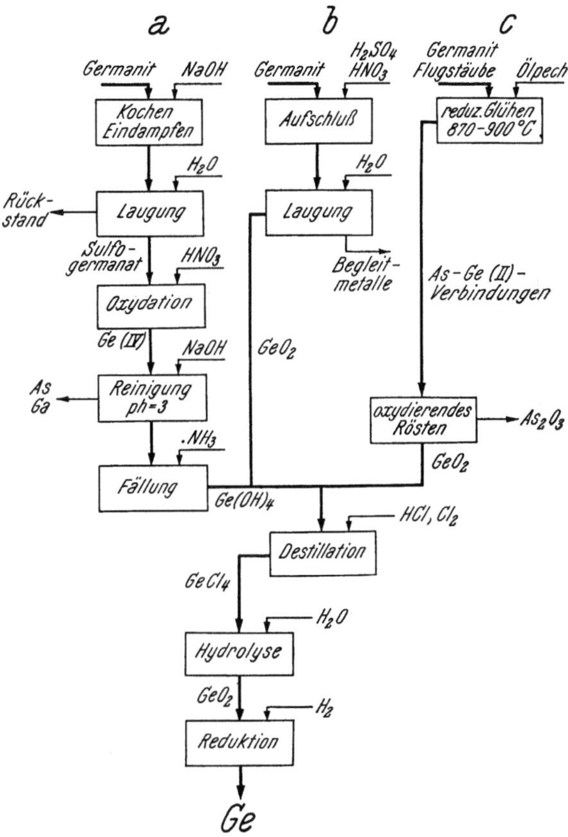

Abb. 229. Fließschema der Aufarbeitung von Germaniumerzen bzw. Flugstaub auf Germanium

Dieser germaniumhaltige Staub wird mit Schwefelsäure gelaugt und die Laugungslösung mit Zinkstaub behandelt. Man kann Kadmium und Germanium gesondert durch Zugabe berechneter Zinkstaubmengen fällen oder beide gemeinsam mit einem Überschuß zementieren. Germanium wird dann aus dem Zementat wieder mit heißer, starker Schwefelsäure herausgelöst und erneut mit Zinkstaub gefällt. Das Germanium-Zementat wird zu GeO_2 geröstet und aus dem Röstprodukt nach Zusatz von Salzsäure $GeCl_4$ abgetrieben (vgl. Fließschema, Abb. 220, S. 416).

Statt durch Zinkstaubfällung in der Laugungslösung der NaCl + C-Röstung kann Germanium neben anderen Metallen auch durch H_2S niedergeschlagen werden. Der Sulfidniederschlag wird wiederum geröstet und aus dem Röstprodukt Germanium als Tetrachlorid entfernt.

c) Da die heute sehr häufig durchgeführte Zinkelektrolyse durch Germanium, das schon in Spuren als Elektrolysegift wirkt, gestört wird, muß der Elektrolyt gereinigt werden und es zahlt sich in einzelnen Fällen aus, das Germanium aus dem Reinigungsschlamm der Zinkelektrolyse zu gewinnen. Geschieht die Reinigung mit Zinkstaub, kann aus dem Zementat neben dem ebenfalls wertvollen Kadmium das Germanium wie oben beschrieben gewonnen werden.

Werden die Elektrolyten durch adsorptives Fällen von Eisenhydroxid gereinigt, so findet sich Germanium im Hydroxidniederschlag, der nach Trocknen mit Schwefel verschmolzen werden kann und einen sehr germaniumreichen Flugstaub ergibt. Auch Niederschmelzen des Hydroxidniederschlages mit CaO-, CuO- und Kohle-Zuschlag ist gebräuchlich. Der entstehende Cu–Fe-Regulus, der das Germanium aufnimmt, wird granuliert. Nach Zusatz von starker Salzsäure wird das Germaniumtetrachlorid abdestilliert.

Aus Kohleaschen

Verschiedene, hauptsächlich in England abgebaute Kohlen enthalten so viel Germanium, daß sich in gewissen Fällen die Germanium-Gewinnung lohnt. Die Flugaschen von Gaswerken, deren Koksretorten mit Generatorgas befeuert werden, enthalten GeS oder — falls nachverbrannt wird — GeO_2. Die Flugaschen werden — nach einem ähnlichen Verfahren wie die Hydroxidfällschlämme der Zinkelektrolytreinigung — mit einem Zuschlag von CuO, CaO, Soda und Kohle verschmolzen, der gebildete metallische Regulus zerkleinert und $GeCl_4$ abdestilliert.

Aus Metallabfällen

Von Bedeutung ist auch die Aufarbeitung von Germanium-Metallabfällen, die bei der Fabrikation von Halbleiterbauteilen in großer Menge anfallen. Diese Abfälle werden meist chloriert, dabei $GeCl_4$ abgetrieben und dieses nach Reinigung wieder zur Metallgewinnung eingesetzt.

Verarbeitung des Chlorides zum Metall

Als Ausgangsprodukt für die Gewinnung des reinen Metalles dient ausschließlich hochgereinigtes Germaniumtetrachlorid ($GeCl_4$). Das $GeCl_4$, dessen Hauptverunreinigung Arsen ist, kann leicht durch mehrfache Destillation über Kupferspäne rein erhalten werden. Auch durch Behandlung mit konzentrierter Salzsäure in Gegenwart von freiem Chlor läßt sich Arsen praktisch vollkommen aus dem flüssigen, nicht mit der Salzsäure mischbaren $GeCl_4$ extrahieren.

Das gereinigte $GeCl_4$ wird dann — um neuerliche Verunreinigung hauptsächlich durch Silizium zu vermeiden — in Kunststoffgefäßen zu $Ge(OH)_3$ hydrolysiert und dieses in Quarz- oder Graphitschiffchen, mit denen weder GeO_2 noch Ge-Metall reagieren, zu GeO_2 verglüht. Das GeO_2 wird mit gereinigtem Wasserstoff schließlich zum Metall reduziert. Man beginnt die Reduktion bei einer Temperatur von 650—675 °C, steigert langsam auf 900 °C und schmilzt schließlich das Germanium (Fp. 958 °C) bei 1100 °C nieder.

Raffination des Metalles

Das so gewonnene Metall ist im allgemeinen für die Verwendung als Halbleiter noch nicht genügend rein[1]. Bei Germanium macht aber die Feinstreinigung durch Zonenschmelzen keine Schwierigkeiten, da Germanium einen relativ niedrigen Schmelzpunkt besitzt und geschmolzenes Germanium gegenüber Quarz oder Graphit nicht aggressiv ist. Zur Gewinnung von Einkristallen wird meist nach dem Czochralski-Verfahren vorgegangen. Bei Germanium ist auch das Dotieren des Metalles während des Einkristallziehens gut möglich.

Legierungen

Germanium ist kein legierungsfreudiges Metall, es bildet nur mit Silizium eine lückenlose Mischreihe. Mit den meisten übrigen Metallen hat es nur geringe Mischbarkeit im festen Zustand. Auch Verbindungsbildung (Germanide) ist relativ selten. Über eine Verwendung von Germanium-Legierungen[1] (Ge-Bronzen usw.) in der Technik ist bisher fast nichts bekannt geworden.

Anwendungen

Germanium-Metall wird ebenso wie das Silizium in der Halbleitertechnik ver wendet. In Gleichrichtern hat es Selen und Kupferoxid weitgehend verdrängt da Germanium-Gleichrichterelemente höhere Spannungen und höhere Strombelastungen vertragen und geringere innere Verluste aufweisen. Gegenüber Silizium weist Germanium eine geringere Temperaturbelastbarkeit auf (Si 150 bis 200 °C, Ge 95 °C), aber es besitzt den Vorteil der leichteren Verarbeitbarkeit Das Metall ist gegen chemische Einflüsse weniger empfindlich, es bildet kein Karbid und eventuell gebildete Oxidschichten lassen sich durch Wasserstoffreduktion wieder entfernen. Die Anwendungsmöglichkeiten sind dieselben wie für Silizium, bei dem die verschiedenen Anwendungsgebiete ausführlicher angegeben sind.

Buchschrifttum

LYON, D. W., FIELD, J. E.: Silicon in: HAMPEL, C. A. (Hrsg.): Rare Metals Handbook. Reinhold Publ. Corp., London, 2. Aufl. 1961, S. 459.

HARNER, H. R.: Germanium ibid. S. 188.

LANNING, F. C.: Silicon in: HAMPEL, C. A. (Hrsg.): The Encyclopedia of the Chemical Elements. Reinhold Book Corp., New York–Amsterdam–London 1968, S. 634.

WITT, A. F., GATOS, H. C.: Germanium ibid. S. 237.

GMELIN: Handbuch der Anorgan. Chemie, Syst. Nr. 45, Germanium. Verlag Chemie, Weinheim/Bergstr., 8. Aufl. 1958.

SIDGWICK, N. V.: Chemical Elements and their Compounds, Bd. I. University Press, London–Oxford 1950.

HANNAY, N. B.: Semiconductors. Reinhold Publ. Corp., New York 1959.

SCHREITER, W.: Seltene Metalle, Bd. I. 2. Aufl. u. Bd. II. VEB Deutscher Verlag für Grundstoffindustrie, Leipzig 1963 und 1961.

[1] GRUBEL, R.: J. Metals *19* (1967) 13.

Namenverzeichnis

Sachverzeichnis

MIX
Papier aus verantwortungsvollen Quellen
Paper from responsible sources
FSC® C105338

If you have any concerns about our products,
you can contact us on
ProductSafety@springernature.com

In case Publisher is established outside the EU,
the EU authorized representative is:
Springer Nature Customer Service Center GmbH
Europaplatz 3, 69115 Heidelberg, Germany

Printed by Libri Plureos GmbH
in Hamburg, Germany